石油化工高技能人才培训教材

焊 工

中石化第四建设有限公司 编

中国石化出版社

内 容 提 要

本书为石油化工高技能人才培训教材系列之一，内容共分四个部分。第一部分为基础知识，包括金属学及热处理、常用金属材料；第二部分为焊接方法与设备，包括焊条电弧焊、埋弧焊、钨极气体保护焊、熔化极氩弧焊、二氧化碳（CO_2）气体保护焊、药芯焊丝电弧焊、等离子弧焊接等电弧焊及其他焊接方法；第三部分为金属材料的焊接，包括各种金属材料的焊接工艺；第四部分为焊接结构与生产，包括焊接工艺评定、焊接质量管理与检验、常见焊接结构的生产。

本书可作为石油化工行业高技能人才培训教材，亦可供石油化工行业特别是炼化工程建设和安装领域的技师、高级技师等阅读使用。

图书在版编目（CIP）数据

焊工/中石化第四建设有限公司编. —北京：
中国石化出版社，2017.8
石油化工高技能人才培训教材
ISBN 978-7-5114-4614-5

Ⅰ.①焊… Ⅱ.①中… Ⅲ.①焊接–技术培训–教材
Ⅳ.①TG4

中国版本图书馆 CIP 数据核字（2017）第 194284 号

中国石化出版社出版发行
地址：北京市朝阳区吉市口路 9 号
邮编：100020　电话：（010）59964500
发行部电话：（010）59964526
http://www.sinopec-press.com
E-mail：press@sinopec.com
北京柏力行彩印有限公司印刷
全国各地新华书店经销
*
787×1092 毫米 16 开本 34.25 印张 862 千字
2017 年 9 月第 1 版　2017 年 9 月第 1 次印刷
定价：120.00 元

《焊工》编写委员会

主　编：陈玉清

编　委：(按姓氏笔画排序)

王洪军　王洪健　王敬一　孙桂英　李　俊

李雪梅　孟宇泽　武立娜　姜　兵　高明军

审　稿：(按姓氏笔画排序)

张清桂　邱长友　郁东键　徐心志　彭京旗

前　言

为进一步贯彻落实中国石油化工集团公司人才工作会议精神，宣传高技能人才的重要作用和突出贡献，更好地营造崇尚技能、尊重技能人才的良好氛围，提高炼化工程技能人才的学习能力、分析能力和解决实际操作难题的能力，在中国石油化工集团公司人事部的大力支持下，中石化第四建设有限公司组织开发了炼化工程企业技师、高级技师系列培训教材，并已在中国石油化工集团公司主办的技师、高级技师培训班使用。根据几年来的培训总结、学员反馈及征求兄弟单位意见，中石化第四建设有限公司组织石油化工高技能人才培训教材编写指导委员会对培训教材进行了修改和补充，并以石油化工高技能人才培训教材出版。

本系列教材包括《石油金属结构制作工》《管工》《焊工》《安装钳工》《安装起重工》《安装电工》《安装仪表工》《起重机驾驶员》。

《焊工》教材是依照《国家职业标准》，结合炼化工程行业的生产特点、技术进步、设备更新和产品换代对焊工技术素质的新要求而编写的。在教材编写过程中，得到了中国石油化工集团公司人事部、工程企业管理部及炼化工程各单位的大力支持与帮助，在此一并表示感谢。

本教材参考了有关图书和文献，在此向作者致谢。由于水平所限，不足之处在所难免，欢迎广大读者批评指正。

目 录

第一篇 基础知识

第二篇 焊接方法与设备

第四篇　焊接结构与生产

第一篇　基础知识

第一章　金属学及热处理

第一节　金属的晶格结构

金属不透明、有光泽、有延展性、有良好的导电性和导热性，并且随着温度的升高，金属的导电性降低，电阻率增大。金属的这些特性，是由金属原子的结构特点和金属原子结合的特点所决定的。

一、金属晶体

在物质内部，凡是原子呈无序堆积状况的，称为非晶体；凡是原子作有序、有规则排列的则称为晶体。一般的固态金属和合金都是晶体。

晶体是由无数个晶粒组成的。在金属多晶体中，每个晶粒内部的原子排列都是大体上整齐一致的，但是，不同晶粒中原子排列的位向并不相同，因此在晶粒交界处，两边原子的排列不能恰好衔接一致，出现一个原子排列不太规则的过渡区，这就是晶粒界面。由于晶界的存在，破坏了整块晶体的完整性，使原子的规则排列只存在于每个晶粒内部。

为了研究原子排列的规律，近似把晶粒内部看作理想晶体，其特点是内部原子排列具有一定的几何规律，如图1-1所示。为了清楚表明原子在空间排列的规律，可以把原子简化成一个点，这个点代表原子的振动中心，用假想的线将这些点连结起来，就得到一个几何空间格架，称为晶格，见图1-2(a)。晶格是由许多形状、大小相同的几何单元重复堆积而成的，在晶格中取出一个完全能代表晶格的最小单元，这样的单元称为晶胞，见图1-2(b)。

研究各种金属的晶体结构时，一般都是取出它的晶胞来研究的。

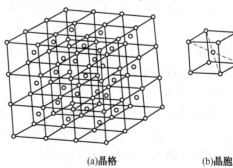

(a)晶格　　　　　　(b)晶胞

图1-1　晶体内部原子排列示意图　　　　图1-2　晶格和晶胞示意图

金属的晶格类型很多，最典型、最常见的金属晶体结构有三种：体心立方晶格、面心立方晶格和密排六方晶格，如图1-3所示。

体心立方晶格的晶胞是一个立方体，原子位于立方体的八个顶角上和立方体的中心。纯铁在912℃以下的温度就具有体心立方晶格，称为 α-Fe，具有体心立方晶格的金属还有 δ-

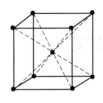 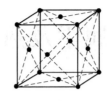 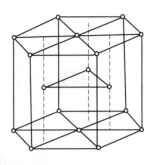

(a)体心立方晶格　　　　(b)面心立方晶格　　　　　　(c)密排六方晶格

图1-3　晶体内部原子排列示意图

Fe、Cr、Mo、W、V、Nb 等。

面心立方晶格也是一正六面体，原子位于立方体八个顶上和立方体六个面的中心。纯铁在 912~1394℃的温度区间内就具有面心立方晶格，称为 γ-Fe。属于这种晶格的金属还有 Cu、Al、Ag、Ni、β-Co、γ-Mn 等。

密排六方晶格的晶胞是个正六方柱体，原子排列在柱体的每个角上和上下底面的中心，另外还有三个原子排列在柱体内。属于这种晶格的金属有 Mg、Zn、Be、Cd、α-Ti 等。

晶格中原子的排列、密度对金属的塑性变形能力的影响很大。如面心立方晶格的金属，塑性好；密排六方晶格的金属，塑性较差。

晶格中原子排列的越紧密，相同数量的原子所占的空间体积越小，反之越大。由于面心立方晶格比体心立方晶格原子排列得紧密，当金属晶体结构由面心立方晶格转变为体心立方晶格时，会发生体积膨胀。所以钢在淬火时因相变会发生体积变化。

此外，金属的其他性能，如导电性、磁性等，也与晶体结构有着密切的联系。

二、金属的结晶

1. 金属结晶的概念

物质从液态转变为固态时的凝固过程，即为晶体结构的形成过程，称为结晶。从原子排列的情况来讲，结晶是原子以不规则排列过渡到规则排列的过程。

每一种金属都有一个平衡结晶温度(T_0)，当液态金属冷却到低于这一温度时即开始结晶。实际结晶温度总是低于平衡结晶温度，二者之差称为过冷度。过冷度的大小与冷却速度有关，冷却愈快，过冷度愈大。

2. 金属结晶过程

液态金属向固态转变经历形核和长大两个过程。首先，在液态金属中形成极小的晶体-晶核作为结晶中心。此后，已形成的晶核不断地长大，同时液相中又不断产生新的晶核并长大，直至液相完全消失，每个晶核长大作为一个晶粒。

晶粒的大小对金属的许多性能有很大影响。晶粒度的影响，实质是晶界面积大小的影响。晶粒越细小，则晶界面积越大，对性能的影响也越大。

对于金属的常温性能来说，一般是晶粒越细小，则强度和硬度越高，同时塑性和韧性也越好，通常总是希望钢铁材料的晶粒越细越好。

3. 金属在固态下的转变

有些金属结晶以后，固态下还可能发生同素异构转变或磁性转变。同素异构转变是金属结晶之后继续冷却时，由一种晶格转变为另一种晶格的现象，可发生这种转变的金属有 Fe、Co、Mn、Ti、Sn 等。铁的同素异构转变如图 1-4 所示。铁在结晶之后，有二次晶格的转变。铁结晶后形成体心立方晶格的 δ-Fe，在 1392℃时 δ-Fe 转变为面心立方晶格的 γ-Fe，在 912℃时 γ-Fe 又转变为 α-Fe，恢复成体心立方晶格。

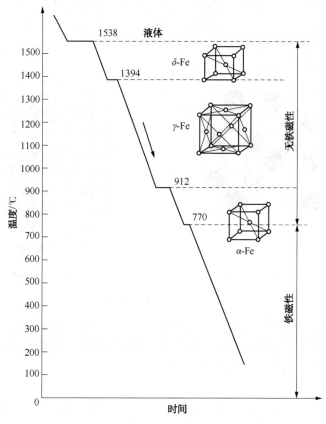

图 1-4　铁的同素异构转变示意图

三、合金的相结构

合金是两种或两种以上的金属元素，或金属元素与非金属元素组成的、具有金属特性的物质。合金通过不同元素的结合，使材料强度、硬度、耐磨性得到改善，工艺性能得到提高。与组成它的纯金属相比，合金除具有更高的机械性能外，有的还可能具有强磁性、耐蚀性等特殊的物理化学性能。同时，通过调节其组成的比例，可获得一系列性能各不相同的合金。

组成合金最基本的独立物质称为组元，简称元。组元就是组成合金的元素。由两个组元组成的合金称为二元合金，由三个组元组成的合金称为三元合金，由三个以上组元组成的合金则称为多元合金。

合金的性能比纯金属更为优异的原因，是由于组成合金的元素相互作用会形成各种不同的相所致。相是指合金中具有同一化学成分、同一结构和原子聚集状态、并以界面而互相分开的、均匀的组成部分。在二元以及更多组元的合金中，由于组元的相互作用，则可能形成更多的不同的相，在金属或合金中由于形成的条件不同，各种相将以不同的数量、形状、大小互相组合，使金属或合金具有各种不同的组织。

固态合金中，基本的相结构为固溶体和金属化合物。

1. 固溶体

固溶体是合金中一组元溶解其他组元，或组元之间相互溶解而形成的一种均匀固相。在固溶体中保持原子晶格不变的组元叫溶剂，而分布在溶剂中的另一组元叫溶质。

当两种原子直径大小相近时，溶质原子置换了溶剂晶格中某些结点位置上的溶剂原子而形成的固溶体，称为置换固溶体，如图1-5(a)所示。如果溶质原子分布在溶剂晶格的间隙处，则称为间隙固溶体，如图1-5(b)所示。

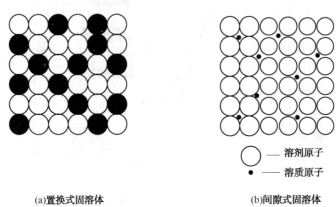

○	—— 溶剂原子
●	—— 溶质原子

(a)置换式固溶体 (b)间隙式固溶体

图1-5　固溶体示意图

在固溶体中随着溶质原子的溶入及其浓度的增加，而使溶剂晶格发生畸变，固溶体的强度、硬度升高，物理性能也发生变化，溶质原子使固溶体的强度和硬度升高的现象称为固溶强化，它是提高合金材料机械性能的重要途径之一。

2. 金属化合物

合金组元间发生相互作用而形成一种具有金属特性的物质称为金属化合物。金属化合物的晶格类型和性能完全不同于任一组元，可用化学分子式来表示。金属化合物一般均具有较高的熔点、较高的硬度及较大的脆性，当合金中出现金属化合物时，将使合金的强度、硬度及耐磨性提高，但将使其塑性降低。如钢中的碳化铁(Fe_3C)、氮化铁(Fe_4N)，会使钢强度、硬度提高，韧性下降；FeS使钢变脆。不锈钢(尤其是高铬铁素体不锈钢)在焊接时，可能产生σ相(FeCr)，也是一种硬而脆的金属化合物。同时σ相的产生，还会降低焊接接头的耐蚀性能。

3. 混合物

两种或两种以上的相按一定质量分数组成的物质称为混合物。混合物中，各组成部分，仍保持自己原来的晶格。混合物的性能取决于各组成相的性能，以及它们分布的形态、数量和大小。

四、铁碳合金的基本组织

1. 铁素体

碳溶解在α-Fe中形成的间隙固溶体为铁素体，用符号F来表示。由于α-Fe是体心立方晶格，晶格间隙较小，所以碳在α-Fe中溶解度较低，在727℃时，α-Fe中最大溶碳量仅为 0.0218%，并随温度降低而减少；室温时，碳的溶解度降到 0.008%。由于铁素体的含碳量低，所以铁素体的性能与纯铁相似，即具有良好的塑性和韧性，强度和硬度也较低。

2. 奥氏体

碳溶解在 γ-Fe 中所形成的间隙固溶体，称为奥氏体，用符号 A 来表示。由于 γ-Fe 是面心立方晶格，晶格的间隙较大，故奥氏体的溶碳能力较强。在 1148℃溶碳量可达 2.11%，随着温度下降，溶解度逐渐减少，在 727℃时，溶碳量为 0.77%。

奥氏体的强度和硬度不高，没有磁性，具有良好的塑性，是绝大多数钢在高温进行锻造和轧制时所要求的组织。

3. 渗碳体

渗碳体是含碳量为 6.69%的铁与碳的金属化合物。其分子式为 Fe_3C，常用符号 Cm 表示。渗碳体具有复杂的斜方晶体结构，它与铁和碳的晶体结构完全不同。它的熔点为 1227℃，不发生同素异构转变。渗碳体的硬度很高，塑性很差，是一种硬而脆的组织。随着钢的含碳量的增加，其硬度、强度提高，而塑性、韧性下降。

4. 珠光体

珠光体是铁素体和渗碳体的机械混合物，用符号 P 表示。根据渗碳体的形状，珠光体分为片状珠光体和粒状珠光体两种。根据渗碳体的大小，又可分为珠光体、索氏体(细珠光体)、屈氏体(极细珠光体)三种。珠光体、索氏体、屈氏体三者实质是同一组织，只是渗碳体片的厚度不同，因而片层间距不同而已。

珠光体的力学性能介于铁素体和渗碳体之间，其硬度适中、强度比铁素体高，但脆性并不大，同时具有良好的塑性和韧性。

5. 马氏体

马氏体是碳溶于 α-Fe 中形成的过饱和固溶体，用符号 M 表示。奥氏体发生转变时，如果冷却速度快，使碳原子来不及析出而被迫固溶于晶格中，呈过饱和状态，即形成马氏体。这时晶格发生畸变，并在晶粒之间产生内应力，增加了金属抵抗塑性变形的能力，使之具有较高硬度和强度，但塑性和韧性极低，低得几乎不能承受冲击载荷。

高碳淬火马氏体(也称片状马氏体)具有很高的硬度和强度，但很脆，低碳回火马氏体(也称条状马氏体)则具有相当高的强度和较好的韧性。马氏体加热后易分解成其他组织。

6. 莱氏体

莱氏体是含碳量为 4.3%的合金，在 1148℃时从液相中同时结晶出来奥氏体和渗碳体的混合物。用符号 Ld 表示。由于奥氏体在 727℃时还将转变为珠光体，所以在室温下的莱氏体由珠光体和渗碳体组成，这种混合物仍叫莱氏体，用符号 L′d 来表示。

莱氏体的力学性能和渗碳体相似，硬度高，塑性很差。

7. 贝氏体

贝氏体是介于珠光体和马氏体之间的一种组织，是在铁素体基体上沉淀较细的碳化物(渗碳体)的混合组织，属于中温转变产物，用符号 B 表示。

在不同转变温度的条件下，贝氏体的形态和性能有很大差别，可分为上贝氏体、下贝氏体及粒状贝氏体，羽毛状的上贝氏体和针片状的下贝氏体一般出现在中碳钢和高碳钢中，在低碳钢和低碳、中碳合金钢中，会出现粒状贝氏体。粒状贝氏体的形成温度高于上贝氏体，强度低，但塑性较高，上贝氏体的韧性最差，下贝氏体具有良好的综合力学性能。

下贝氏体的性能比片状马氏体好，而上贝氏体的性能则不如条状马氏体。

五、铁碳合金相图

1. 铁碳合金相图的结构

合金的组织比纯金属复杂，为研究合金的组织与性能的关系，必须探求合金中各种组织形成及变化的规律。铁碳合金相图不仅可以表明平衡条件下任一铁碳合金的成分、温度与组织之间的关系，而且可以推断其性能与成分或温度的关系，因此铁碳相图是研究钢铁的成分、组织和性能之间关系的理论基础，也是制定各种热加工工艺的依据。

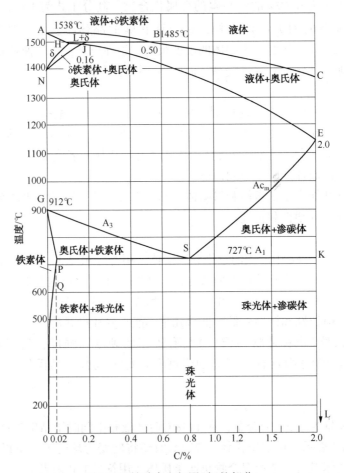

图 1-6　铁碳合金相图(钢的部分)

铁碳合金相图表明了不同含碳量的各铁碳合金在不同温度下的组织。含碳量小于2%的铁碳合金相图，是钢的相图，如图1-6所示。图中纵坐标表示温度，横坐标表示碳的百分含量。相图主要由标志某些特性的点和线组成。

2. 铁碳合金相图中的特性点

钢的相图中各重要点的特性及含碳量、温度值见表1-1。

表 1-1　铁碳合金相图中的特性点

特性点	温度/℃	碳含量/%	说　　明
A	1538	0	纯铁的熔点
B	1485	0.50	包晶转变时液态合金的浓度
E	1148	2.11	碳在 γ-Fe 中最大溶解度
G	912	0	α-Fe $\Longleftrightarrow\gamma$-Fe 纯铁的同素异晶转变点
H	1495	0.09	碳在 δ-Fe 中的最大溶解度
J	1495	0.17	包晶点 $L_B+\delta_H\Longleftrightarrow A$
N	1394	0	γ-Fe $\Longleftrightarrow\delta$-Fe 同素异晶转变点
P	727	0.0218	碳在 α-Fe 中的最大溶解度
S	727	0.77	共析点 A $\Longleftrightarrow$ F+Fe$_3$C
Q	600	0.01	碳在 α-Fe 中的溶解度

3. 钢的相图中的特性线

ABC 线为合金的液相线，钢加热到此线以上相应温度时，全部变成液态，而冷却到此线时，开始结晶出现固相。

AHJE 线为铁碳合金的固相线，钢加热到此线相应的温度，开始出现液相，而冷却到此线时全部变成固相。

ES 线是碳在奥氏体中的溶解度线，常用 A_{cm} 表示。从线上可以看出，1148℃时 γ-Fe 中溶解的含碳量最大为 2.065，在 727℃溶解的含碳量为 0.8%。因此含碳量大于 0.8% 的铁碳合金，自 1148℃冷却到 727℃的过程中，由于奥氏体溶解碳量的减少，将从奥氏体中析出渗碳体，一般称为二次渗碳体。

GS 线常用 A_3 表示，它表示不同含碳量的奥氏体冷却时开始析出铁素体的温度线，或加热时铁素体完全转变成奥氏体的温度线。

PQ 线是碳在铁素体中的溶解度线。铁素体在 727℃时溶解碳量最大为 0.2%，室温仅溶解 0.008% 的碳。

GP 线为含碳量在 0.02% 以下的铁碳合金，在冷却时奥氏体全部转变为铁素体的温度线，或在加热时铁素体开始转变为奥氏体的温度线。

PSK 线为共析转变线，常用 A_1 表示，经过 PSK 线时会发生珠光体与奥氏体之间的相互转变。

4. 钢的临界温度

任一含碳量的碳素钢，在缓慢加热和冷却过程中其固态组织转变的临界点，都可根据铁碳合金相图上 A_1 线、A_3 线 A_{cm} 线来确定。通常称 A_1 为下临界点，A_3 和 A_{cm} 为上临界点。A_1、A_3、A_{cm} 点都是平衡临界点，实际转变过程不可能在平衡临界点进行。加热转变只有在平衡临界点以上才能进行，冷却转变只有在平衡临界点以下才能进行。所以，实际的加热转变点和冷却转变点都偏离平衡临界点。通常将加热转变点标以"c"，冷却转变点标以"r"。碳素钢的这些临界点在铁碳合金相图上的位置如图 1-7 所示。

这几个实际转变点的物理意义如下：

A_{c_1}：加热时珠光体向奥氏体转变的开始温度；

A_{r_1}：冷却时奥氏体向珠光体转变的开始温度；

A_{c_3}：加热时游离铁素体全部转变为奥氏体的终了温度；

A_{r_3}：冷却时奥氏体开始析出游离铁素体的温度；

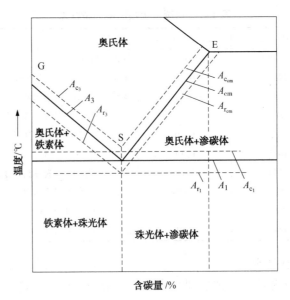

图 1-7　钢在加热和冷却时各临界点的位置

$A_{c_{cm}}$：加热时二次渗碳体全部溶入奥氏体的终了温度；

$A_{r_{cm}}$：冷却时奥氏体开始析出二次渗碳体的温度。

第二节　钢的热处理

一、热处理概述

钢的热处理的工艺特点是：把钢在固态下加热到预定的温度，保温预定的时间，然后以预定的方式冷却下来。通过这样一个工艺过程，使钢的性能发生预期的变化。

热处理的主要目的在于改变钢的性能，即改善钢的工艺性能和提高钢的使用性能。钢的组织决定钢的性能，热处理改变钢的性能，是通过改变钢的组织来实现的。钢中组织转变的规律，就是热处理的原理。根据热处理原理制订的温度、时间、介质等参数，就是热处理工艺。

热处理的第一道工序一般都是把钢加热到临界点以上，目的是为了得到奥氏体组织，这是因为，珠光体、贝氏体、马氏体都是由奥氏体转变成的。因此，为了获得其中任一种组织，都必须首先得到奥氏体，所以加热是热处理的第一道工序。

二、热处理的种类及用途

热处理的种类很多，主要分为退火、正火、淬火、回火及表面热处理。

1. 退火

将钢加热到适当温度，并保温一定时间，然后缓慢冷却（一般随炉冷却）的热处理工艺，称为退火。

退火的目的有：降低钢的硬度，提高塑性，以利于切削加工及冷变形加工；细化晶粒，使钢的组织及成分均匀，改善钢的性能或为以后的热处理作准备；消除钢中的残余内应力，以防止变形和开裂。

根据退火温度、退火时间的不同，常用的退火方法可分为完全退火、球化退火、去应力退火等。

（1）完全退火　是将钢加热到 A_{c_3} 以上 20~50℃，使钢完全奥氏体化，随炉冷却到 600~650℃ 后空冷，完全退火的目的是细化晶粒，消除过热缺陷，降低硬度，提高塑性，便于冷加工。完全退火主要用于中碳钢及低、中碳合金结构钢的锻件、铸件等。

（2）球化退火　球化退火是将钢加热到 A_{c_1} 以上 20~50℃，使钢中碳化物呈球状化而进行的退火。球化退火的目的是为了降低硬度，便于机加工，并为淬火作准备，即经过球化退火的钢在淬火加热时，奥氏体晶粒不易粗大，冷却时工件的变形和开裂倾向小。

球化退火适用于碳素工具钢、合金工具钢、轴承钢等。

（3）去应力退火　去应力退火是将钢加热到略低于 A_1 的温度，经保温缓慢冷却即可，在去应力退火中，钢的组织不发生变化，只是消除内应力。

去应力退火是为了去除由于塑性变形、焊接等原因造成的以及铸件内存在的残余应力而进行的退火。

2. 正火

将钢加热到 A_{c_3} 或 A_{cm} 以上 30~50℃，保持适当的时间后，再在空气中冷却的热处理工艺称为正火。

由于正火的冷却速度高于退火的冷却速度，所以正火后得到的珠光体组织比退火的细，一般为索氏体。

正火是为了细化晶粒，提高钢的强度并兼有良好的塑性、韧性，以具备良好的综合力学性能。正火只适用于碳素钢及低、中合金钢。

3. 淬火

淬火是将钢加热到临界点 A_{c_1} 以上 30~50℃，经适当保温使钢的组织转变为奥氏体，然后在水、空气或油中以适当速度冷却以获得马氏体或贝氏体组织的热处理工艺。

淬火是为了提高钢的强度、硬度和耐磨性，多用于某些机械零件或刃具。

4. 回火

钢件淬火后，再加热到 A_{c_1} 点以下的某一温度，保温一定时间，然后冷却到室温的热处理工艺称为回火。

淬火处理后得到的马氏体组织很硬、很脆，并存在大量的内应力，而易于突然开裂，因此，淬火后必须经回火热处理才能使用。

回火的目的：减少或消除工件淬火时产生的内应力，防止工件在使用过程中的变形和开裂；通过回火提高钢的韧性，适当调整钢的强度和硬度，使工件达到所要求的力学性能，以满足各种工件的需要；稳定组织，使工件在使用过程中不发生组织转变，从而保证工件的形状和尺寸不变，保证工件的精度。

根据回火温度，可分为低温回火、中温回火和高温回火。

（1）低温回火　淬火钢件在 150~250℃ 之间进行的低温回火工艺，可降低淬火钢的脆性，消除部分淬火内应力，可得到回火马氏体组织。

（2）中温回火　淬火钢件在 300~500℃ 之间进行的回火工艺，中温回火可得到回火托氏体组织。

（3）高温回火　淬火钢件在 500℃进行的回火工艺，高温回火可消除内应力，获得强度、硬度、塑性和韧性良好的综合力学性能。

淬火后再进行高温回火的复合热处理工艺称为调质处理。高温回火后，材料发生再结晶，内应力基本消除，屈服点、塑性及韧性明显提高。高温回火后的组织为回火索氏体。

第二章　常用金属材料

第一节　常用金属材料的物理、力学性能

一、常用金属材料的物理、力学性能

1. 常用金属材料的物理性能

（1）密度　金属的密度是指单位体积金属的质量。一般密度小于 $5\times10^3\,kg/m^3$ 的金属称为轻金属，密度大于 $5\times10^3\,kg/m^3$ 的金属称为重金属。

（2）熔点　纯金属和合金从固态向液态转变转变时的温度称为熔点。纯金属都有固定的熔点，合金的熔点决定于它的成分。

（3）导热性　金属材料传导热量的性能称为导热性。合金的导热性比纯金属差。

导热性是金属材料的重要性能之一，在制订焊接和热处理工艺时，必须考虑材料的导热性，防止金属材料在加热或冷却过程中形成过大的内应力，造成金属材料变形或破坏。

（4）热膨胀性　金属材料随着温度变化而膨胀、收缩的特性称为热膨胀性。热膨胀的大小用线胀系数和体胀系数表示，体胀系数近似为线胀系数的 3 倍。

在实际工作中考虑热胀性的地方很多，例如异种金属焊接时要考虑它们的热胀系数是否接近。

（5）导电性　金属材料传导电流的性能称为导电性。衡量金属材料导电性的指标是电阻率。电阻率越小，金属导电性越好。合金的导电性比纯金属差。

（6）磁性　金属材料在磁场中受到磁化的性能称为磁性。磁性与材料的成分和温度有关，而不是固定不变的。当温度升高时，有的铁磁材料会消失磁性。

2. 常用金属材料的力学性能

金属材料的力学性能是指在力或能的作用下，材料所表现出来的一系列与力学有关的特性，如强度、塑性、硬度、韧性和疲劳强度等力学性能指标，反映了金属材料在各种形式外力作用下抵抗变形或破坏的能力，它们是选用金属材料的重要依据。

（1）强度

是指材料在外力作用下抵抗塑性变形和破裂的能力。抵抗能力越大，金属材料的强度越高。强度的大小通常用应力来表示，根据载荷性质的不同，强度可分为抗拉强度、抗压强度、抗剪强度、抗扭强度和抗弯强度，其中常用抗拉强度作为金属材料性能的主要指标。

1）屈服强度

钢材在拉伸过程中当载荷不再增加甚至有所下降时，仍继续发生明显的塑性变形现象，这一现象叫"屈服"，材料开始发生屈服时所对应的应力，称为屈服强度。用符号 σ_s 表示，单位为 $MPa(N/mm^2)$。有些金属材料（如高碳钢、铸钢等）没有明显的屈服现象。测定 σ_s 很

困难，在此情况下，规定以试样长度方向产生 0.2% 塑性变形时的应力作为材料的"条件屈服强度"，或称屈服极限。用 $\sigma_{0.2}$ 表示。

2）抗拉强度

拉伸试验时，材料在拉断前所承受的最大应力，称为抗拉强度，以符号 σ_b 表示。计算式如下：

$$\sigma_b = \frac{F_b}{S_0}$$

式中　F_b——试样拉断前承受的最大载荷，N；

　　　S_0——试样原始横截面积，mm²；

　　　σ_b——抗拉强度，MPa。

抗拉强度是材料重要的力学性能指标，当材料所受应力达到 σ_b 时，将引起破坏。工程上不仅希望材料具有较高的屈服点，而且要求 σ_b 比 σ_s 大一些，即具有适当的屈强比（σ_s/σ_b）。屈强比小，说明材料的塑性储备较高，即使应力超过 σ_s，也不会马上断裂破坏。但屈强比过小，则会降低材料的有效利用率。

（2）塑性

塑性是金属材料在外力作用下（断裂前）发生永久变形的能力，常以金属断裂时的最大相对塑性变形来表示，如拉伸时的断裂伸长率和断面收缩率。

1）伸长率

金属材料在拉伸试验时，试样被拉断后其标距部分所伸长的长度与原始标距长度的百分比，称为断裂伸长率，也叫伸长率，用 δ 表示。列计算式如下：

$$\delta = \frac{L_1 - L_0}{L_0} \times 100\%$$

式中　L_1——试样拉断后的标距长度，mm；

　　　L_0——试样原始标距，mm；

　　　δ——伸长率，%。

2）断面收缩率

金属试样在拉断后，其缩颈处横截面积的最大缩减量与原始横截面积的百分比，称为断面收缩率，以符号 ψ 表示。计算式如下：

$$\psi = \frac{S_0 - S_1}{S_0} \times 100\%$$

式中　S_0——试样原始横截面积，mm²；

　　　S_1——试样拉断后缩颈处的最小横截面积，mm²；

　　　ψ——断面收缩率，%。

3）弯曲角

常温下，金属材料弯曲试验（也称冷弯试验）时，试件弯曲到受拉面出现裂纹前的最大角度，称为弯曲角。

弯曲试验不仅可测试钢材及接头的塑性，还可发现受拉面材料中的缺陷及焊缝、热影响区与基体金属三者变形是否均匀、一致。

（3）硬度

材料抵抗局部变形，特别是抵抗塑性变形、压痕或划痕的能力称为硬度。硬度是衡量钢材软硬的一个指标，根据测量方法不同，其指标可分为布氏硬度（HBS）、洛氏硬度（HR）、维氏硬度（HV）。依据硬度值可近似地确定抗拉强度值。

1）布氏硬度

用一直径为 D 的淬火钢球或硬质合金球，施以一定的载荷 F 将钢球压向被测金属表面，保持一定时间后卸去载荷，再根据压痕的表面积 S 与载荷 F 计算硬度值。布氏硬度用符号（HBS、HBW）表示。

当压头为淬火钢球时，布氏硬度用 HBS 表示，它适用于测量软钢、灰铸铁，有色金属等布氏硬度在 450 以下的材料；压头为硬质合金球时，用 HBW 表示，适用于布氏硬度值在 650 以下的材料。

布氏硬度试验的优点是测定数据准确、稳定。通常用于测定铸铁、有色金属、低合金钢等材料以及退火、正火和调质工件的硬度测定。缺点是不宜测定高硬度或厚度很薄的材料。

2）洛氏硬度

洛氏硬度试验是目前应用最广的一种硬度测量方法。这种方法是测量压痕的深度，以深度值表示材料硬度。其压头分硬质和软质两种：硬质压头的顶角是 120° 的金刚石圆锥体，适用于淬火材料等较硬材料的硬度测定；软质压头由直径为 1.588mm（1/16″）或 3.175mm 的淬火钢球制成，适用于退火材料、有色金属等较软材料的测定。

根据试验材料种类的不同，压头材质不同，所加试验力也不同（一般分为 3 个等级），通常划为 A、B、C 3 个标尺，因此用 HRA、HRB、HRC 3 种硬度表示。

硬度值的表示是以 HR 符号前的数字表示，HR 后面的符号表示不同的洛氏硬度，如 60HRC 表示用 C 标尺测定的洛氏硬度值为 60。

洛氏硬度试验的优点是操作迅速、简便，可由硬度计的表盘直接读出硬度值，不必计算或查表；压痕小，可测量较薄工件。缺点是精确性差。

3）维氏硬度

维氏硬度的测定方法基本与布氏硬度相同，也是根据压痕凹陷面积及试验力来计算硬度值的，不同的是所用压头为对面夹角互为 136° 的金刚石正四棱锥体。

（4）冲击韧性

金属材料抵抗冲击载荷不致被破坏的性能，称为韧性。它的衡量指标是冲击韧性值。冲击韧性值指试样冲断后缺口处单位面积所消耗的功，用符号 a_k 表示。金属的韧度通常随加载速度提高、温度降低、应力集中程度加剧而减少。

冲击韧度通常是在摆锤式冲击试验机上测试的。带有缺口的冲击试样在摆锤的突然打击下而断裂，消耗掉一定的功，消耗功越高，冲击韧度也越高。目前国内外多数国家均采用夏比 V 形缺口试样。

实验证明，a_k 值对材料组织缺陷非常敏感，能灵敏地反映出材料品质、宏观缺陷和显微组织方面的微小变化，如白点、夹杂及过热、过烧、回火脆性等。因此冲击韧度是检验材料冶金质量和脆性倾向的有效手段，也是检验焊接接头性能的试验方法之一。

冲击试验根据试验温度可分为高温冲击、室温冲击和低温冲击三类。

（5）疲劳强度

金属材料在无数次重复交变载荷作用下不致破坏的最大应力，称为疲劳强度。实际上并不可能作无数次交变载荷试验，所以一般试验时规定，钢在经受 $10^6 \sim 10^7$ 次，有色金属经受 $10^7 \sim 10^8$ 次交变载荷作用时不产生破裂的最大应力，称为疲劳强度。

（6）蠕变

在长期固定载荷作用下，即使载荷小于屈服强度，金属材料也会逐渐产生塑性变形的现象称蠕变。蠕变极限值越大，材料的使用越可靠。温度越高或蠕变速度越大，蠕变极限就越小。

第二节　常用金属材料的牌号、性能和用途

一、钢

1. 钢的分类

钢的分类方法很多，可以按化学成分、冶炼方法、品质、用途及金相组织等进行分类。

（1）按化学成分分类

钢按化学成分可分为碳钢、合金钢。

1）碳钢(非合金钢)：

含碳和铁两种基本元素，还存在其他少量元素锰、硅、硫、磷、氧、氮、氢等。碳钢按含碳量分为以下几类：

a. 低碳钢：含碳量≤0.25%。

b. 中碳钢：含碳量0.25%~0.6%。

c. 高碳钢：含碳量>0.6%。

2）合金钢

常用合金元素：锰、铬、镍、钼、铜、硅、钨、钒、铌、锆、钴、钛、硼、氮等。

按合金钢含量分为：

a. 低合金钢：合金含量<5%。

b. 中合金钢：合金含量5%~10%。

c. 高合金钢：合金含量>10%。

按含主要合金元素分为：铬钢、铬镍钢、锰钢、硅锰钢、铬钼钢等。

（2）按冶炼方法及脱氧程度分类

1）根据炼钢炉类别可分为平炉钢、转炉钢(又分氧气吹炼和空气吹炼转炉钢)和电炉钢(又分电弧炉钢、电渣炉钢、感应炉钢和电子束炉钢等)三大类。

2）根据冶炼时脱氧程度的不同，可分为沸腾钢、镇静钢及半镇静钢。

沸腾钢是脱氧不完全的钢，钢在熔炼后期，钢液仅用弱脱氧剂(锰铁)脱氧，所以钢液中有相当数量的氧化亚铁(FeO)。在浇注与凝固时，由于碳与氧化亚铁反应，钢液不断析出一氧化碳，产生沸腾现象，故称为沸腾钢，以符号"F"表示。耐腐蚀性和力学性能差，不宜作重要结构使用。

镇静钢为完全脱氧钢，浇注凝固时钢液镇静不沸腾，故称为镇静钢。这种钢冷凝后有集中缩孔，所以成材率低，成本高。但气体含量低，偏析少，时效倾向低，质量较高，因此得到广泛应用。优质钢和合金钢以及锅炉压力容器用钢多为镇静钢。镇静钢以符号"Z"表示，但一般省略。

半镇静钢为半脱氧钢。脱氧程度介于上述两者之间，用符号"b"表示。

（3）按品质分类

根据钢中有害杂质硫、磷的含量，可分为普通钢、优质钢和高级优质钢。

1）普通钢：含硫≤0.050%　含磷≤0.045%。

2）优质钢：含硫≤0.035%　含磷≤0.035%。

3）高级优质钢：含硫≤0.030%　含磷≤0.035%。

（4）按用途分类

钢按用途可分为结构钢、工具钢、特殊用途钢等。

（5）按金相组织分类

钢按金相组织可分为铁素体钢、珠光体钢、马氏体钢、奥氏体钢等。

2. 钢的种类、标准与性能

（1）碳钢

1）碳钢又称碳素钢，是以铁为基本成分、含有少量碳的铁碳合金。实际上，碳钢中除以碳作为主要合金元素外，还含有少量有益元素 Mn 和 Si，Mn 含量一般小于1%，个别碳钢达到1.2%，Si 都在0.5%以下，另外，还含有少量杂质元素 S 和 P。

2）碳素结构钢

普通碳素结构钢的牌号由代表屈服点的拼音字母"Q"、屈服点数值、质量等级符号和脱氧方法符号四个部分按顺序组成，表示方法如下：

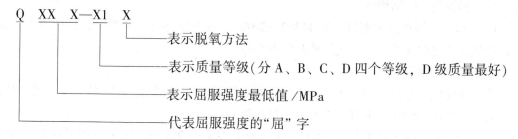

这类钢的牌号、力学性能见表2-1。

表2-1　普通碳素结构钢力学性能（GB 700—2006）

牌号	等级	屈服强度$^a R_{eH}$/（N/mm^2） 不小于						抗拉强度$^b R_m$/（N/mm^2）	断后伸长率 A/% 不小于					冲击试验（V 形缺口）	
		厚度（或直径）/mm							厚度（或直径）/mm					温度/℃	冲击吸收功（纵向）/J 不小于
		≤16	>16~40	>40~60	>60~100	>100~150	>150~200		≤40	>40~60	>60~100	>100~150	>150~200		
Q195	—	195	185	—	—	—	—	315~430	33	—	—	—	—	—	—
Q215	A	215	205	195	185	175	165	335~450	31	30	29	27	26	—	—
	B													+20	27
Q235	A	235	225	215	215	195	185	370~500	26	25	24	22	21	—	—
	B													+20	27^c
	C													0	
	D													−20	

牌号	等级	屈服强度ᵃ R_{eH}/(N/mm²) 不小于 厚度(或直径)/mm						抗拉强度ᵇ R_m/(N/mm²)	断后伸长率 A/% 不小于 厚度(或直径)/mm					冲击试验(V形缺口)	
		≤16	>16~≤40	>40~≤60	>60~≤100	>100~≤150	>150~≤200		≤40	>40~≤60	>60~≤100	>100~≤150	>150~≤200	温度/℃	冲击吸收功(纵向)/J 不小于
Q 275	A	275	265	255	245	225	215	410~540	22	21	20	18	17	—	—
	B													+20	27
	C													0	
	D													−20	

ᵃ Q195 的屈服强度值仅供参考，不作交货条件。

ᵇ 厚度大于 100mm 的钢材，抗拉强度下限允许降低 20N/mm²。宽带钢(包括剪切钢板)抗拉强度上限不作交货条件。

ᶜ 厚度小于 25mm 的 Q235B 级钢材，如供方能保证冲击吸收功值合格，经需方同意，可不作检验。

3）碳素铸钢

与焊接关系密切的碳素铸钢有以下两类：

a. 焊接结构用铸钢件(GB 7659—2010)。这类铸件共有 3 个牌号，焊接性能良好，常用作一般工程的铸—焊结构件。

b. 一般工程用铸造碳钢件(GB 11352—2009)。这类铸件有 5 个牌号，总的说来，这一类铸钢较少考虑焊接性能，因此焊补时应当小心。

（2）低合金强度用钢

本节所述低合金强度钢是在热轧、控轧控冷及正火(或正火加回火)状态下焊接和使用，屈服强度为 295~460MPa 的低合金高强度结构钢。

GB/T 1591—2008 对低合金高强度结构钢的化学成分和力学性能要求作了规定，力学性能见表 2-2、表 2-3。标准中钢的分类是按照钢的力学性能划分的。钢的牌号由代表屈服点的汉语拼音字母 Q、屈服点数值、质量等级符号三个部分按顺序排列。按照钢的屈服强度，低合金高强度钢分 5 个强度等级，分别是 295MPa、345MPa、390MPa、420MPa 及 460MPa。每个强度等级又根据冲击吸收功要求分成 A、B、C、D、E 五个质量等级，分别代表不同的冲击韧性要求。

表 2-2 低合金高强度结构钢的冲击试验温度及冲击吸收能量(GB/T 1591—2008)

牌　号	质量等级	试验温度/℃	冲击吸收能量(KV_2)ᵃ/J 公称厚度(直径、边长)		
			12~150mm	>150~250mm	>250~400mm
Q345	B	20	≥34	≥27	27
	C	0			
	D	−20			
	E	−40			

牌　号	质量等级	试验温度/℃	冲击吸收能量(KV_2)[a]/J		
			公称厚度(直径、边长)		
			12~150mm	>150~250mm	>250~400mm
Q390	B	20	≥34	—	—
	C	0			
	D	-20			
	E	-40			
Q420	B	20	≥34	—	—
	C	0			
	D	-20			
	E	-40			
Q460	C	0	≥34	—	—
	D	-20			
	E	-40			
Q500、Q550、Q620、Q690	C	0	≥55		
	D	-20	≥47		
	E	-40	≥31		

[a] 冲击试验取纵向试样。

低合金高强钢中 $w(C)$ 一般控制在 0.20% 以下，为了确保钢的强度和韧性，通过添加适量的 Mn、Mo 等合金元素及 V、Nb、Ti、Al 等微合金化元素，配合适当的轧制工艺或热处理工艺来保证钢材具有优良的综合力学性能。由于低合金高强钢具有良好的焊接性、优良的可成形性及较低的制造成本，因此被广泛地用于压力容器、车辆、桥梁、建筑、机械、海洋结构、船舶等制造中，其已成为大型焊接结构中最主要的结构材料之一。

低合金高强度钢按其用途还可分为：锅炉压力容器用钢（GB 713—2008）、管线用钢（GB/T 9711—2011）、容器用钢、造船用钢及桥梁用钢等。专门用途低合金高强度钢的力学性能见表 2-4。

（3）低温钢

低温用钢主要用于低温下工作的容器、管道和结构，如液化石油气储罐、冷冻设备及石油化工低温设备等。低温用钢可分为不含 Ni 及含 Ni 的两大类，其牌号、力学性能和所属标准，如表 2-5、表 2-6 所示。在低温用钢中常加入 V、N、Nb、Ni 等合金元素，如我国的低温压力容器用钢 09Mn2VDR、15MnNiDR 及 09MnNiDR 等、16MnDR 钢可作为 -40℃ 低温用钢。为保证低温韧性，在低温用钢中尽量降低含碳量，并严格限制 S、P 含量。低温用钢还有相应的铸件、锻件及管材，JB 4727—1994 规定的常用低合金低温钢锻件钢号有：16 MnD、09 Mn2VD、09MnNiD、16 MnMoD、20 MnMoD、08MnNiCrMoVD 及 10Ni3MoVD。

（4）耐热钢

1）耐热钢的种类

碳素结构钢强度性能随着工作温度的提高而急剧下降，其极限的工作温度为 350℃。在更高的温度下必须在钢中加入一定量的合金元素以提高钢的高温强度和持久强度。

表 2-3　低合金高强度结构钢的拉伸性能（GB/T 1591—2008）[a,b,c]

牌号	质量等级	拉伸试验																						
		下屈服强度（R_eL）/MPa 以下公称厚度（直径，边长）									抗拉强度（R_m）/MPa 以下公称厚度（直径，边长）							断后伸长率（A）/% 公称厚度（直径，边长）					
		≤16mm	>16~40mm	>40~63mm	>63~80mm	>80~100mm	>100~150mm	>150~200mm	>200~250mm	>250~400mm	≤40mm	>40~63mm	>63~80mm	>80~100mm	>100~150mm	>150~250mm	>250~400mm	≤40mm	>40~63mm	>63~100mm	>100~150mm	>150~250mm	>250~400mm
Q345	A	≥345	≥335	≥325	≥315	≥305	≥285	≥275	≥265	≥265	470~630	470~630	470~630	470~630	450~600	450~600	450~600	—	—	—	—	—	—
	B																	≥20	≥19	≥19	≥18	≥18	≥17
	C																	≥21	≥20	≥20	≥19	≥18	≥17
	D																						
	E																						
Q390	A	≥390	≥370	≥350	≥330	≥330	≥310	—	—	—	490~650	490~650	490~650	490~650	470~620	—	—	—	—	—	—	—	—
	B																	≥20	≥19	≥19	≥18	—	—
	C																						
	D																						
	E																						
Q420	A	≥420	≥400	≥380	≥360	≥360	≥340	—	—	—	520~680	520~680	520~680	520~680	500~650	—	—	—	—	—	—	—	—
	B																	≥19	≥18	≥18	≥18	—	—
	C																						
	D																						
	E																						

拉伸试验 [a,b,c]

牌号	质量等级	以下公称厚度（直径，边长）下屈服强度（R_{eL}）/MPa									以下公称厚度（直径，边长）抗拉强度（R_m）/MPa							断后伸长率 A/% 公称厚度（直径，边长）					
		≤16mm	>16~40mm	>40~63mm	>63~80mm	>80~100mm	>100~150mm	>150~200mm	>200~250mm	>250~400mm	≤40mm	>40~63mm	>63~80mm	>80~100mm	>100~150mm	>150~250mm	>250~400mm	≤40mm	>40~63mm	>63~100mm	>100~150mm	>150~250mm	>250~400mm
Q460	C	≥460	≥440	≥420	≥400	≥400	≥380	—	—	—	550~720	550~720	550~720	550~720	530~700	—	—	≥17	≥16	≥16	≥16	—	—
	D	≥460	≥440	≥420	≥400	≥400	≥380	—	—	—	550~720	550~720	550~720	550~720	530~700	—	—	≥17	≥16	≥16	≥16	—	—
	E	≥460	≥440	≥420	≥400	≥400	≥380	—	—	—	550~720	550~720	550~720	550~720	530~700	—	—	≥17	≥16	≥16	≥16	—	—
Q500	C	≥500	≥480	≥470	≥450	≥440	—	—	—	—	610~770	600~760	590~750	540~730	—	—	—	≥17	≥17	≥17	—	—	—
	D	≥500	≥480	≥470	≥450	≥440	—	—	—	—	610~770	600~760	590~750	540~730	—	—	—	≥17	≥17	≥17	—	—	—
	E	≥500	≥480	≥470	≥450	≥440	—	—	—	—	610~770	600~760	590~750	540~730	—	—	—	≥17	≥17	≥17	—	—	—
Q550	C	≥550	≥530	≥520	≥500	≥490	—	—	—	—	670~830	620~810	600~790	590~780	—	—	—	≥16	≥16	≥16	—	—	—
	D	≥550	≥530	≥520	≥500	≥490	—	—	—	—	670~830	620~810	600~790	590~780	—	—	—	≥16	≥16	≥16	—	—	—
	E	≥550	≥530	≥520	≥500	≥490	—	—	—	—	670~830	620~810	600~790	590~780	—	—	—	≥16	≥16	≥16	—	—	—
Q620	C	≥620	≥600	≥590	≥570	—	—	—	—	—	710~880	690~880	670~860	—	—	—	—	≥15	≥15	≥15	—	—	—
	D	≥620	≥600	≥590	≥570	—	—	—	—	—	710~880	690~880	670~860	—	—	—	—	≥15	≥15	≥15	—	—	—
	E	≥620	≥600	≥590	≥570	—	—	—	—	—	710~880	690~880	670~860	—	—	—	—	≥15	≥15	≥15	—	—	—
Q690	C	≥690	≥670	≥660	≥640	—	—	—	—	—	770~940	750~920	730~900	—	—	—	—	≥14	≥14	≥14	—	—	—
	D	≥690	≥670	≥660	≥640	—	—	—	—	—	770~940	750~920	730~900	—	—	—	—	≥14	≥14	≥14	—	—	—
	E	≥690	≥670	≥660	≥640	—	—	—	—	—	770~940	750~920	730~900	—	—	—	—	≥14	≥14	≥14	—	—	—

a 当屈服不明显时，可测量 $R_{p0.2}$ 代替下屈服强度。

b 宽度不小于600mm的扁平材，拉伸试验横向取样；宽度小于600mm的扁平材、型材及棒材取纵向试样，断后伸长率最小值相应提高1%（绝对值）。

c 厚度>250~400mm的数值适用于扁平材。

表 2-4　专门用途低合金高强度钢的力学性能

用途	钢号	钢板厚度/mm	σ_b/MPa	σ_s/MPa	δ_5/%	A_{KV}/J	弯曲180°
石油天然气输送管线用钢(GB/T 9711—1997)	S290	—	415	290	20.6	27(0℃，横向)	$d=2\alpha$
	S315		435	315	19.7		
	S360		455	360	19.0	31(0℃，横向)	
	S385		490	385	17.7		
	S415		515	415	17.0		
	S450		530	450	16.5		
	S480		565	480	15.6		
压力容器用钢(GB 6654—1996)	16MnR	6~16	510~640	345	21	31(20℃，横向)	$d=2\alpha$
		>16~36	490~620	325	21		$d=3\alpha$
		>36~60	490~600	305	21		$d=3\alpha$
		>60~100	470~590	285	20		$d=3\alpha$
		>100~120	450~580	275	20		$d=3\alpha$
	15MnNbR	10~16	530~650	370	20	34(-20℃，横向)	$d=3\alpha$
		>16~36	530~650	360			
		>36~60	520~640	350			
	15MnVR	6~16	530~650	390	19	31(20℃，横向)	$d=3\alpha$
		>16~36	510~645	370			
		>36~60	490~625	350			
	15MnVNR	6~16	570~710	440	18	34(20℃，横向)	$d=3\alpha$
		>16~36	550~690	420			
		>36~60	530~670	400			
	18MnMoNbR	30~60	590~740	440	17	34(20℃，横向)	$d=3\alpha$
		>16~100	570~720	410			
	13MnNiMoNbR	≤100~120	570~720	390 380	18	31(0℃，横向)	$d=3\alpha$
船体用钢(GB 712—1988)	AH32	≤50	440~590	315	22	31(0℃，纵向)，22(0℃，横向)	$b=5\alpha$ 120°
	DH32					31(-20℃，纵向)，22(-20℃，横向)	$d=3\alpha$
	EH32					31(-40℃，纵向)，22(-40℃，横向)	
	AH3		490~620	355	21	34(0℃纵向)，24(0℃横向)，	$b=5\alpha$ 120°
	DH36					34(-20℃纵向)，24(-20℃横向)，	$d=3\alpha$
	EH36					34(-40℃纵向)，24(-40℃横向)，	

用途	钢号	钢板厚度/ mm	σ_b/ MPa	σ_s/ MPa	δ_5/ %	A_{KV}/ J	弯曲 180°
桥梁用钢 （YB/T 10—1981）	16Mnq 16MnCuq	≤25 26～36 38～50	510 490 470	343 323 314	21 19 19	27（-40℃，U 形缺口）	d=2α d=3α d=3α
	15MnVq	≤25 26～36 38～50	529 510 490	392 372 353	19 18 18	27（-40℃，U 形缺口）	d=3α
	15MnVNq	≤25 26～36	568 549	421 412	19 19	32（-40℃，U 形缺口）	d=3α

注：① 表中所列单值为最小值。

② 伸长率按 $\phi10mm$ 试件截面计算。

③ 表中前三个标准已修订为：GB/T 9711—2017；GB/T 713—2014；GB/T 712—2011。

在要求抗氧化和高温强度的运行条件下，各种典型耐热钢的极限工作温度示于图 2-1。在不同的运行条件下，各种耐热钢容许最高工作温度列于表 2-7。

耐热钢按其合金成分的质量分数可分低合金、中合金和高合金耐热钢。合金元素总质量分数在 5% 以下的合金钢通称为低合金耐热钢，其合金系列有 Mo、Cr-Mo、MO-V、Cr-Mo-V，Mn-Mo-V，Mn-Ni-Mo，和 Cr-Mo-W-V-Ti-B 等。对焊接结构用的低合金耐热钢，为改善其焊接性，碳的质量分数均控制在 0.2% 以下，某些合金成分较高的低合金耐热钢，标准规定其碳的质量分数不高于 0.15%。

低合金耐热钢通常以退火状态，或正火+回火状态供货。合金总质量分数在 2.5% 以下的低合金耐热钢在供货状态下具有珠光体+铁素体组织。故也称珠光体耐热钢。合金总质量分数在 3%~5% 的低合金耐热钢，在供货状态下具有贝氏体+铁素体组织，亦称为贝氏体耐热钢。常用低合金耐热钢的牌号见表 2-8。

合金总质量分数在 6%~12% 的合金钢系统称为中合金耐热钢。目前，在动力、化工和石油等工业部门经常使用的中合金耐热钢有 5Cr-0.5Mo，7Cr-0.5Mo，9Cr-1MoV，9Cr1MoVNb，9Cr-2Mo 等。这些中合金钢必须以退火状态或正火+回火状态供货，某些钢也可以调质状态供货。合金总质量分数在 10% 以下的耐热钢，在退火状态下具有铁素体+合金碳化物的组织。在正火+回火状态下，这些合金钢的组织为铁素体+贝氏体。当钢的合金总质量分数超过 10% 时，其供货状态下的组织为马氏体，属于马氏体级耐热钢。

合金总质量分数高于 13% 的合金钢称为高合金耐热钢。按其供货状态下的组织可分为马氏体、铁素体和奥氏体三种。应用最广泛的高合金耐热钢为铬镍奥氏体耐热钢，其合金系列为：Cr-Ni，Cr-Ni-Ti，Cr-Ni-Mo，Cr-Ni-Nb，Cr-Ni-Mo-Nb，Cr-Ni-Mo-V-Nb，Cr-Ni-Si 等。

2）耐热钢的应用范围

在常规热电站、核动力装置、石油精炼设备、加氢裂化装置、合成化工容器、宇航器械以及其他高温加工设备中，耐热钢的应用相当普遍。正确地选用耐热钢种对于保证高温高压设备长期工作的可靠性和经济性具有头等重要的意义，为此应综合考虑下列因素：

a. 常温和高温短时强度；

b. 高温持久强度和蠕变强度；

表 2-5　国内外常用低温钢板的基本力学性能

序号	钢号或钢种	标准号	类别	厚度 δ/mm	交货状态	拉力试验 σb/MPa	拉力试验 σs/MPa	拉力试验 δs/%	冷弯试验 180°	试验温度/℃	冲击试验 AKV/J 10mm×10mm×55mm	冲击试验 AKV/J 5mm×10mm×55mm
1	Q345R	GB6654	—	6~16	热轧或正火	510~655	≥345	≥21	d=2a	−20	≥27	≥13.5
				17~25		480~635	≥325	≥20				
				26~36		490~635	≥305	≥19				
				36~60		470~620	≥285	≥19	d=3a			
				>60~100		450~590	≥265	≥18				
2	16MnDR	GB3531	—	6~20	正火	490~617	≥314	≥21.0	d=2a	−40	≥20.6	≥13.7
				21~38		470~598	≥294	≥19.0	d=3a	−40①		
				40~50		451~578	≥225	≥19.0	d=3a	−30		
3	09Mn2VDR	B3531	—	6~20	正火	461~588	≥323	≥21.0	d=2a	−70	≥20.6	≥13.7
				21~32		441~569	≥304	≥21.0	d=3a	−70		
4	06MnNbDR	B3531	—	6~16	正火调质	392~519	≥294	≥21.0	d=2a	−90		
5	CF-62	GB 150《钢制压力容器》附录 A	—	20~50	调质	610~740	≥490	≥17	d=3a	−20	≥47(33)	≥23.5
										−40		
6	2.5Ni	ASME II-A	A	≤50	正火（正火加回火）	450	255	≥23	②	−68	18(14)	≥8
			B			485	275	≥21		−68	20(16)	≥11
7	3.5Ni	SA203 SA203M	C	≤50	正火（正火加回火）	450	255	≥23	②	−101	18(14)	≥8
			D			485	275	≥21		−101	20(16)	≥11
			E		淬火加正火	550	380	≥20		−107	20(16)	≥11
			F			515	345	≥20		−107	20(16)③	≥11
8	9Ni	SA353/SA353M	—		正火加回火	690~820	515	≥20		−196	≥20	≥11
		SA555/SA553M			调质	690~825	585					

注：① δ≥34mm，试验温度为−30℃。
② 冷弯试验要求见 ASME II-A，SA-20/SA-20M 说明。

· 24 ·

③ 三个试样最小平均值，括号内为单个试样最小值。
④ 根据 GB 6654—86，20R 和 16MnR 钢板的正火状态交货以及-20℃低温夏比冲击试验为协议项目。
⑤ 如协商同意，16MnR 钢板正火状态时，板厚 6~25mm 最低冲击试验温度可为-30℃，板厚 26~50mm，可为-25℃。经试验合格后可以应用。

表2-6 国内外低温无缝钢管的基本力学性能

序号	类别	钢号	标准号	厚度 δ/mm	交货状态	拉力试验 σb/MPa	σs/MPa	δs/%	冲击试验 试验温度/℃	AKV/J 10mm×10mm×55mm	AKV/J 5mm×10mm×50mm
1	一	16Mn	GB 6479	≤40	正火	490~670	≥320	≥21	-40	≥20.6	≥13.7
2	一	09Mn2V	GB150 附录 A	≤16	正火	450~590	≥315	≥23	-70	≥21	≥14
3	1	2.5Ni 和 3.5Ni	ASME II－A	≥8	正火	379	207	≥25	-46	≥17.6 (13.6)*	≥9.5 (6.8)*
	3				正火+回火	448	241	≥20	-101		
	4					414	241	≥16.5	-101		
	6		SA 333			414	241	≥16.5	-46		
	7					448	241	≥20	-73		
	9		SA 334			434	317	≥28	-73		
4	8	9Ni	SA 334		正火+回火 或二次正火+回火	689	517	≥22	-196	待补充	

注：* 为三个试样最小平均值，括号内为单个试样最小值。

c. 耐蚀性、抗氢能力和抗氧化性；

d. 抗脆断能力；

e. 可加工性，包括冷、热成形性能，热切割性和焊接性；

f. 成本。

表 2-7　不同的运行条件下各种耐热钢容许最高工作温度

钢种　　　运行条件	最高工作温度/℃						
	0.5Mo	1.25Cr-0.5Mo 1Cr-0.5Mo	2.25Cr-1Mo 1CrMoV	2CrMoWVTi 5Cr-0.5Mo	9Cr-1Mo 9CrMoV 9CrMoWVNb	12Cr-MoV	18-8CrNi （Nb）
高温高压蒸气	500	550	570	600	620	680	760
常规炼油工艺	450	530	560	600	650	—	750
合成化工工艺	410	520	560	600	650	—	800
高压加氢裂化	300	340	400	550	—	—	750

表 2-8　常用低合金耐热钢牌号

钢种类型	钢号	
	国标	ASME 或（DIN）
0.3Mo	15Mo	A335-P1 （15Mo3）
0.5Mo	20Mo	—
1Cr-0.5Mo	12CrMo	A335-P2
	15CrMo	A335-P11 A387-P12 （13CrMo44）
1Cr-Mo-V	12Cr1MoV	（13CrMo42）
2.25Cr-1Mo	12Cr2Mo	A387-22 A335-P22 （10CrMo910）
2CrMo-W-V-Ti-B	12Cr2MoWVTiB	—
3Cr-Mo-V-Si-Ti-B	12Cr3MoWSiTiB	—
Mn-Mo-Nb	18MnMoNb	A302AB
Mn-Ni-Mo-Nb	18MnNiMoNb	A533-B （18MnNiMo54）

（5）不锈钢

1）不锈钢概述

不锈钢是指主加元素铬含量能使钢处于钝化状态，又具有不锈特性的钢。为此，不锈钢 $w(\mathrm{Cr})$ 应高于 12%。此时，钢的表面能迅速形成致密的 Cr_2O_3 氧化膜，使钢的电极电位和在氧化性介质中的耐蚀性发生突变性提高。在非氧化性介质（HCl、H_2SO_4）中，铬的作用并不明显，除了铬外，不锈钢中还须加入能使钢钝化的 Ni、Mo 等其他元素。

通常所说的不锈钢实际是不锈钢和耐酸钢的总称，不锈钢一般泛指在大气、水等弱腐蚀介质中耐蚀的钢，耐酸钢则是指在酸、碱、盐等强腐蚀介质中耐蚀的钢。两者在化学成分上的共同特点是 $w(Cr)$ 均在 12% 以上，但由于合金化的差异，不锈钢并不一定耐酸，而耐酸钢一般具有良好的不锈性能。按照习惯叫法，本章将不锈钢和耐酸钢简称为不锈钢。

2）不锈钢的种类、化学成分及其用途

不锈钢按照组织类型可分为五类，即铁素体不锈钢、马氏体不锈钢、奥氏体不锈钢、双相不锈钢和沉淀硬化不锈钢。

不锈钢的重要特性之一是耐蚀性，但不锈钢的不锈性和耐蚀性都是相对的、有条件的，其受到诸多因素的影响，包括介质种类、浓度、纯净度、流动状态、使用环境的温度、压力等，目前还没有对任何腐蚀环境都具有耐蚀性的不锈钢。因此，不锈钢的选用应根据具体的使用条件加以合理选择，才能获得良好的使用效果。

奥氏体不锈钢在各种类型不锈钢中应用最为广泛，品种也最多。由于奥氏体不锈钢的 Cr、Ni 含量较高，因此在氧化性、中性以及弱还原性介质中均具有良好的耐蚀性。奥氏体不锈钢的塑韧性优良，冷热加工性能俱佳，焊接性优于其他类型不锈钢，因而广泛应用于建筑装饰、食品工业、医疗器械、纺织印染设备以及石油、化工、原子能等工业领域。

铁素体不锈钢的应用比较广泛，其中 Cr13 和 Cr17 型铁素体不锈钢主要用于腐蚀环境不十分苛刻的场合，例如室内装饰、厨房设备、家电产品、家用器具等。超低碳高铬含钼铁素体不锈钢因对氯化物应力腐蚀不敏感，同时具有良好的耐点蚀、缝隙腐蚀性能，因而广泛用于热交换设备、耐海水设备、有机酸及制碱设备等。

马氏体不锈钢应用较为普遍的是 Cr13 型马氏体不锈钢。为获得或改善某些性能，添加 Ni、Mo 等合金元素，形成一些新的马氏体不锈钢，例如 0Cr13Ni4Mo、0Cr16Ni5Mo 等。马氏体不锈钢主要用于硬度、强度要求较高，耐腐蚀要求不太高的场合，如量具、刃具、餐具、弹簧、轴承、汽轮机叶片、水轮机转轮、泵、阀等。

双相不锈钢是金相组织由奥氏体和铁素体两相组成的不锈钢，而且各相都占有较大的比例。双相不锈钢具有奥氏体不锈钢和铁素体不锈钢的一些特征，韧性良好，强度较高，耐氯化物应力腐蚀，适于制作海水处理设备、冷凝器、热交换器等，在石油、化工领域应用广泛。

沉淀硬化不锈钢是在不锈钢中单独或复合添加硬化元素，通过适当热处理获得高强度、高韧性并具有良好耐蚀性的一类不锈钢。通常作为耐磨、耐蚀、高强度结构件，如轴、齿轮、叶片等转动部件和螺栓、销子、垫圈、弹簧、阀、泵等零部件以及高强度压力容器、化工处理设备等。

3）不锈钢的物理性能和力学性能

a. 不锈钢物理性能　奥氏体不锈钢比电阻可达碳钢的 5 倍，线膨胀系数比碳钢的约大 50%，而马氏体不锈钢和铁素体不锈钢的线膨胀系数大体上和碳钢的相等。奥氏体不锈钢的热导率为碳钢的 1/2 左右。奥氏体不锈钢通常是非磁性的。铬当量和镍当量较低的奥氏体不锈钢在冷加工变形量较大的情况下，会产生形变诱导马氏体，从而产生磁性。用热处理方法可消除这种马氏体和磁性。

b. 不锈钢的力学性能　马氏体不锈钢在退火状态下，硬度最低，可淬火硬化，正常使用时的回火状态的硬度又稍有下降。铁素体钢的特点是常温冲击韧性低。当在高温长时间加热时，力学性能将进一步恶化，可能导致 475℃ 脆化、σ 脆性或晶粒粗大等。奥氏体不锈钢常温具有低的屈强比(40%~50%)，伸长度、断面收缩率和冲击吸收功均很高并具有高的冷加工硬化性。某些奥氏体不锈钢经高温加热后，会产生 σ 相和晶界析出碳化铬引起的脆化现象。在低温下，铁素体和马氏体不锈钢的夏比冲击吸收功均很低，而奥氏体和马氏体不锈钢则有良好的低温韧性。对含有百分之几铁素体的奥氏体不锈钢，则应注意低温下塑性和韧性降低的问题。

3. 常见元素在钢中的作用

(1) 碳(C)

碳含量越多，钢的强度、淬硬性越高，但塑性韧性越低，焊接性能越差。一般含量不超过 0.25%。

(2) 锰(Mn)

作为脱氧剂加入钢液中，Mn 溶入铁素体增加强度、细化组织、提高韧性。同时可以脱 S，形成 MnS 作为杂质含量较少(小于 0.8%)，对钢的性能影响不大。

(3) 硅(Si)

作为脱氧剂加入钢液中，Si 能溶入铁素体有提高强度、硬度作用，但使韧性、塑性降低。在镇静钢中含量为 0.1%~0.4%，沸腾钢中约为 0.03%~0.07%。

(4) 硫(S)

由生铁和燃料中带入钢中的有害元素以 FeS 形式存在。它与铁形成低熔点共晶体(985℃)分布于晶界上。当钢材在 800~1200℃锻轧时，由于低熔点共晶体熔化而使钢材沿晶界开裂，此现象称为"脆热"，因此对硫在钢中含量有严格限制。

(5) 磷(P)

由矿石生铁而来，溶入铁素体中造成晶格畸变严重，从而使塑性和韧性大大降低，尤其在低温时韧性降低特别明显，这种现象称冷脆。所以严格限制其含量(在铁素体晶界上形成磷化物薄膜)。

(6) 氮(N)、氧(O)、氢(H)

N 形成气孔疏松，使碳钢出现时效现象。

O 使钢强度、塑性降低，热脆加重，疲劳强度降低。

H 引起钢氢脆、白点、氢鼓泡、氢腐蚀等缺陷。

所以氮、氧、氢在钢中称为"有害元素"。

(7) 铬和镍(Cr、Ni)

增大奥氏体钢的过冷度从而细化组织起强化作用，改善冲击韧性，降低冷脆转变温度，增加钢耐大气腐蚀能力。镍全部溶入铁素体中不形成碳化物，而铬部分溶于铁素体中，部分存在于渗碳体中，可提高渗碳体的稳定性，降低 P 球化倾向，防止钢的石墨化。

(8) 钼(Mo)

在铁素体中最大溶解度4%，有明显的固溶强化作用，是强碳化物形成元素。提高钢的高温强度、防止回火脆性、增加过冷度。钼的不良影响是促进钢的石墨化。

所以才有从 16Mo → 15CrMo → 12CrMo → 12CrMoV → 12Cr1MoV 的衍变。

(9) 钒(V)

钒是强碳化物形成元素，能在钢中形成极稳定的碳化物和氮化物，并以细小颗粒弥散分布阻止了晶粒的长大，提高了晶粒粗化温度，从而降低了钢的过热敏感性，显著提高钢的常温和高温强度及韧性，增强钢的抗氢腐蚀能力。

（10）钛（Ti）

钛是最强碳化物形成元素，能提高钢在高温高压下的稳定性，TiC 极为稳定能细化晶粒，提高钢的强度和韧性。不锈钢中加入 Ti 即使钢中多余的 C 与之结合成 TiC 而使 Cr 全部溶入铁素体中。

（11）铌（Nb）

强碳化物形成元素，碳化铌具有稳定弥散可以细化晶粒，提高钢的强度和韧性，使钢有良好的抗氢性能。

（12）硼（B）

用量甚微，能提高钢的淬透性，改善钢的高温强度。

（13）氮（N）

溶入铁素体固溶强化，与钢不形成氮化物但与其他合金形成氮化物如 TiN，起细晶效果。

（14）稀土（Re）

钢中含有稀土元素镧、铈、镨、钕时，能净化晶界上的杂质，提高钢的高温强度，改善钢中非金属夹杂物的形态，改善钢的塑性。

4. 国内外钢号对照

国内外钢号对照见表 2-9、表 2-10、表 2-11。

表 2-9　碳素结构钢钢号近似对照

（1）碳素结构钢和工程用钢

No.	中国 GB	德 国		法国 NF	国际标准化组织 ISO	日本 JIS	俄罗斯 ГОСТ	瑞典 SS	英国 BS	美 国	
		DIN	W-Nr							ASTM	UNS
1	Q915 （A1，B1）	S185 （et33）	1.0035	S185 （A33）	HR2	—	CT. 1kn Ct. cn CT. 1cn		S185 （040A10）	A285M Gr. B	—
2	Q215A	Ust34-2	1.0028	A34	HR1	SS330	Ct. 2kn-2， -3	1370	040A12	A283M Gr. C	
3	A215B （A2，C2）	RSt34-2	1.0034	A34-2NE		（SS34）	CT. 2nc-2， -3 CT. 2cn-2， -3			A573M Gr. 58	
4	Q235A	S235JR	1.0037	S235JR	Fe360A	SS400	CT. 3Кп-2	1311	S235JR	A570Gr. A	K02501
5	Q235B	S235JRG1	1.0036	S235JRG1	Fe360D	（SS41）	CT. 3 Кп-3	1312	S235JRG1	A570Gr. D	K02502
6	Q235C	S235JRG2	1.0038	S235JRG2	Fe360D		CT3 Кп-4		S235JRG2	A283MGr. D	
7	Q235D （A3，C3）	（St37-2 USt37-2， RSt37-2）		（E24-2， E24-2NE）		BCT. 3 Кп-2			（40B，C）		
8	Q255A	St44-2	1.0044	E28-2	—	SM400A		1412	43B	A709MGr. 36	
9	Q255D （A4，C4）					SM400B （SM41A， SM41B）	CT. 4 Кп-2 CT. 4 Кп-3 BCT. 4 Кп-2			—	
10	A275 （C5）	S275J2G3 S275T2G4	1.0144 1.0145	S275J2G3 S275J2G4	Fe430A	SS490 （SS50）	CT. 5 Кп-2 CT. 5пC-2	1430	S275J2G3 S275J2G4 （43D）	—	K02901

（2）优质碳素结构钢

No.	中国 GB	德国 DIN	德国 W-Nr	法国 NF	国际标准化组织 ISO	日本 JIS	俄罗斯 ГОСТ	瑞典 SS	英国 BS	美国 ASTM/AISI	美国 UNS
1	05F	D6-2	1.0314	—	—	—	05кп	—	015A03	1005	G10050
2	08F	USt4	1.0336	—	—	S9CK	08кп	—	—	≈1008	—
3	08	—	—	XC6	—	—	08	—	040A04 050A04	1008	G10080
4	10F	USt13	—	—	—	—	10кп	—	—	≈1010	—
5	10	C10 Ck10	1.0301 1.1121	C10 XC10	—	S10C	10	1265	040A10 045M10	1010	G10100
6	15	C15 Ck15	1.0401 1.1141	C12 XC15	—	S15C	15	1350 1370	040A15 080M15	1015	G10150
7	20	C22E Ck22	1.1151	C22E XC18	—	S20C	20	1435	C22E 070M20	1020	G10200
8	25	C25E	1.1158	C25E XC25	C25E4	S25C	25	—	C25E 070M26	1025	G10250
9	30	C30E Ck30	1.1178	C30E XC32	C30E4	S30C	30	—	C30E 080M30	1030	G10300
10	35	C35E Ck35	1.1181	C35E XC38	C35E4	S35C	35	1572	C35E 080M36	1035	G10350
11	40	C40E Ck40	1.1186	C4E XC42	C40E4	S40C	40	—	C40E 080M40	1040	G10400
12	45	C45E Ck45	1.1191	C45E XC48	C45E4	S45C	45	1660	C40E 080M46	1045	G10450
13	50	C50E Ck53	1.1210	C50E	C50E4	S50C	50	1674	C50E 080M50	1050	G10500
14	55	C55E Ck55	1.1203	C55E XC55	C55E4	S55C	55	1665	C55E 070M55	1055	G10550
15	60	C60E Ck60	1.1221	C60E XC60	C60E4	—	60	1678	C60E 070M60	1060	G10600
16	65	Ck67	1.1231	XC65	SL, SM	—	65	1770	060A67	1065	G10650
17	15Mn	15Mn3	1.0467	12M5	—	—	15г	1430	080A15	1016	G10160
18	20Mn	21Mn4	1.0469	20M5	—	—	20г	1434	080A20	1022	G10220
19	25Mn	—	—	—	—	—	25г	—	080A25	1026	G10260
20	30Mn	30Mn4	1.1146	32M5	—	—	30г	—	080A30	1033	G10330
21	35Mn	36Mn4	1.0561	35M5	—	—	35г	—	080A35	1037	G10370
22	40Mn	40Mn4	1.1157	40M5	SL, SM	SWRH42B	40г	—	080A40	1039	G10390
23	45Mn	—	—	45M5	SL, SM	SWRH47B	45г	1672	080A47	1046	G10460
24	50Mn	—	—	—	SL, SM	SWRH52B	50	1674	080A52	1053	G10530
25	60Mn	60Mn3	1.0642	—	SL, SM	S58C SWRH62B	60г	1678	080A62	1062	—

注：括号内为旧钢号。

表 2-10 合金结构钢钢号近似对照

No.	中国 GB	德国 DIN	W-Nr	法国 NF	国际标准 化组织 ISO	日本 JIS	俄罗斯 ГОСТ	瑞典 SS 14	英国 BS	美国 ASTM/AISI	UNS
1	20Mn2	20Mn6	1.1169	20M5	22Mn6	SMn420	20г2	—	150M19	1320	—
2	30Mn2	30Mn5	1.1165	32M5	28Mn6	—	30г2	—	150M28	1330	G13300
3	35Mn2	36Mn5	1.1167	35M5	36Mn6	SMn433	35г2	2120	150M36	1335	G13350
4	40Mn2	—	—	40M5	42Mn6	SMn438	40г2			1340	G13400
5	45Mn2	46Mn7	1.0912	45M5	—	SMn443	45г2	—	—	1345	G13450
6	50Mn2	50Mn7	1.0913	55M5	—	—	50г2	—	—	—	—
7	15MnV	15MnV5	1.5213	—	—	—	—	—	—	—	—
8	20MnV	20MnV6	1.5217								
9	42MnV	42MnV7	1.5223	—	—	—	—	—	—	—	—
10	35SiMn	37MnSi5	1.5122	38MS5	—	—	35Cr	—	En46[②]	—	—
11	42SiMn	46MnSi4	1.5121	41S7			42Cr				
12	40B								170H41	14B35	
13	45B	—	—							14B50	—
14	40MnB			38MB5					185H40		
15	15Cr	15Cr3	1.7015	12C3	—	SCr415	15X	—	523A14 523M15	5115	G51150
16	20Cr	20Cr4	1.7027	18C3	20Cr4	SCr420	20X	—	527A20	5120	G51200
17	30Cr	28Cr4	1.7030	32C4	—	SCr430	30X	—	530A30	5130	G51300
18	35Cr	34Cr4	1.7033	38C4	34Cr4	SCr435	35X	—	530A36	5135	G51350
19	40Cr	41Cr4	1.7035	42C4	41Cr4	SCr440	40X	2245	530A40 530M40	5140	G51400
20	45Cr	—	—	45C4	—	SCr445	45X	—	—	5145	G51450
21	50Cr	—	—	50C4	—	—	50X	—	—	5150	G51500
22 23	12CrMo 12CrMoV	13CrMo–44	1.7335	12CD4	—	—	12XM 12XMФ	2216	1501–620 Cr27	4119	—
24	15CrMo[①]	15CrMo5	1.7262	15CD 4.05	—	SCM415	15XM	—	1501–620 Cr31	—	—
25	20CrMo	20CrMo5	1.7264	18CD4	18CrMo4	SCM420	20XM	—	CDS12	4118	G41180
26	25CrMo[①]	25CrMo4	1.7218	25CD4	—	—	30XM	2225	—	—	—
27	30CrMo	—	—	30CD4	—	SCM430	—	—	—	—	—
28	35CrMo	34CrMo4	1.7220	35CD4	34CrMo4	SCM435	35XM	2234	708A37	4135	G41350

No.	中国 GB	德国		法国 NF	国际标准化组织 ISO	日本 JIS	俄罗斯 ГOCT	瑞典 SS 14	英国 BS	美国	
		DIN	W-Nr							ASTM/AISI	UNS
29	35CrMoV						35XMΦ		CDS13		
30	42CrMo	42CrMo4	1.7225	42CD4	42CrMo4	SCM440	—	2244	708M40	4140	G41400
31 32	25Cr2MoVA 25Cr2Mo1VA	24CrMo V55	1.7733	—	—	—	25X2M1Φ	—	—	—	—
33	20Cr-3 M0WVA	21Cr-VMoW12	—	—	—	—	ЭИ415	—	—	—	—
34	38CrMo-Al	41Cr-AlMo7	1.8509	40CAD 6.12	41Cr AlMo74	—	38X-2МЮОА	2940	905M39	—	—
35	20CrV	21CrV4	1.7510	—	—	—	—	—	—	6120	
36	50CrVA	51CrV4 (50CrV4)	1.8159	50CV4	13	SUP10	50XΦA	2230	735A50	6150	G61500
37	15CrMn	16MnCr5	1.7131	16MC5	—	—	15XГ	2511	—	5115	G51150
38	20CrMn	20MnCr5	1.7147	20MC5	20MnCr5	SMnC420	20XГ			5120	G51200
39 40 41	20CrMnSi 30CrMnSi 35CrMnSiA	—	—	—	—	—	20XГС 30XГС 35XГСA	—	—	—	—
42	20CrMnMo	—	—	—	—	SCM421	18XГM	—	—	4119	
43	40CrMnMo	42CrMo4	1.7225	—	42CrMo4	SCM440	40XГM	—	708A42	4142	G41420
44 45	20CrMnTi 30CrMnTi	30MnCr-Ti4	1.8401	—	—	—	18 XГT 30 XГT	—	—	—	—
46 47 48	20CrNi 40CrNi 50CrNi	40NiCr6	1.5711	—	—	—	20XH 40XH 50XH	—	640M40	3140	G31400
49	12CrNi2	14NiCr10	1.5732	14NC11	—	SNC415	12XH2A	—	—	3415	—
50	12CrNi3	14NiCr14	1.5752	14NC12	15NiCr13	SNC815	12XH3A	—	665A12 665M13	3310	G33106
51	20CrNi3	—	—	20NC11	—	—	20XH3A	—	—	—	—
52	30CrNi3	31NiCr14	1.5755	30NC11	—	SNC836	30XH3A	—	653M31	3435	—
53	12Cr2Ni4	14NiCr18	1.5860	12NC15	—	—	12X2H-4A	—	659M15	2515	—
54 55	20Cr2Ni4 18Cr2Ni4-WA	~14Ni-Cr14	1.5752	18NC13	—	~SNC815	20X2H-4A 18X2H-4BA	—	~665M13	3316	—
56	20CrNiMo	21NiCr-Mo2	1.6523	20NCD2	20NiCrMo2	SNCM 220	20XHM	2506	805m20	8620	G86200
57 58	40CrNiMo 45CrN-MoVA	36CrNi-Mo4	1.6511	40NCD3	—	SNCM 439	20XHM 45X2H2M-ΦA	—	816M40	4340	G43400

注：①中国 YB 标准旧钢号。

②英国 BS 标准旧钢号。

表2-11 最新不锈钢牌号对照、国家新旧标准

序号	中国 GB 旧牌号	中国 GB 新牌号 07.10	日本 JIS	美国 ASTM	美国 UNS	韩国 KS	欧盟 BSEN	印度 IS	澳大利亚 AS	中国台湾 CNS	德国 DIN 钢号
						奥氏体不锈钢					
1	1Cr17Mn6Ni5N	12Cr17Mn6Ni5N	SUS201	201	S20100	STS201	1.4372	10Cr17Mn6Ni4N20	201-2	201	X12CrMnNiN17-7-5
2	1Cr18Mn8Ni5N	12Cr18Mn9Ni5N	SUS202	202	S20200	STS202	1.4373			202	X12CrMnNiN18-9-5
3	1Cr17Ni7	12Cr17Ni7	SUS301	301	S30100	STS301	1.4319	10Cr17Ni7	301	301	X5CrNi17-7
4	0Cr18Ni9	06Cr19Ni10	SUS304	304	S30400	STS304	1.4301	07Cr18Ni9	304	304	X5CrNi18-10
5	00Cr19Ni10	022Cr19Ni10	SUS304L	304L	S30403	STS304L	1.4306	02Cr18Ni11	304L	304L	X2CrNi19-11
6	0Cr19Ni9N	06Cr19Ni10N	SUS304N1	304N	S30451	STS304N1	1.4315		304N1	304N1	X5CrNiN19-9
7	0Cr19Ni10NbN	06Cr19Ni9NbN	SUS304N2	XM21	S30452	STS304N2			304N2	304N2	X2CrNiN18-10
8	00Cr18Ni10N	022Cr19Ni10N	SUS304LN	304LN	S30453	STS304LN			304LN	304LN	
9	1Cr18Ni12	10Cr18Ni12	SUS305	305	S30500	STS305	1.4303		305	305	X4CrNi18-12
10	0Cr23Ni13	06Cr23Ni13	SUS309S	309S	S30908	STS309S	1.4833		309S	309S	X12CrNi23-13
11	0Cr25Ni20	06Cr25Ni20	SUS310S	310S	S31008	STS310S	1.4845		310S	310S	X8CrNi25-21
12	0Cr17Ni12Mo2	06Cr17Ni12Mo2	SUS316	316	S31600	STS316	1.4401	04Cr17Ni12Mo2	316	316	X5CrNiMo17-12-2
13	0Cr18Ni12Mo3Ti	06Cr17Ni12Mo2Ti	SUS316Ti	316Ti	S31635		1.4571	04Cr17Ni12MoTi20	316Ti	316Ti	X6CrNiMoTi17-12-2
14	00Cr17Ni14Mo2	022Cr17Ni12Mo2	SUS316L	316L	S31603	STS316L	1.4404	02Cr17Ni12Mo2	316L	316L	X2CrNiMo17-12-2
15	0Cr17Ni12Mo2N	06Cr17Ni12Mo2N	SUS316N	316N	S31651	STS316N			316N	316N	
16	00Cr17Ni13Mo2N	022Cr17Ni13Mo2N	SUS316LN	316LN	S31653	STS316LN	1.4429		316LN	316LN	X2CrNiMoN17-13-3
17	0Cr18Ni12Mo2Cu2	06Cr18Ni12Mo2Cu2	SUS316J1			STS316J1			316J1	316J1	
18	00Cr18Ni14Mo2Cu2	022Cr18Ni14Mo2Cu2	SUS316J1L			STS316J1				316J1L	
19	0Cr19Ni13Mo3	06Cr19Ni13Mo3	SUS317	317	S31700				317	317	

序号	中国 GB		日本 JIS	美国		韩国 KS	欧盟 BSEN	印度 IS	澳大利亚 AS	中国台湾 CNS	德国 DIN 钢号
	旧牌号	新牌号 07.10		ASTM	UNS						
20	00Cr19Ni13Mo3	022Cr19Ni13Mo3	SUS317L	317L	S31703	STS317L	1.4438		317L	317L	X2CrNiMo18-15-4
21	0Cr18Ni10Ti	06Cr18Ni11Ti	SUS321	321	S32100	STS321	1.4541	04Cr18Ni10Ti20	321	321	X6CrNiTi18-10
22	0Cr18Ni11Nb	06Cr18Ni11Nb	SUS347	347	S34700	STS347	1.4550	04Cr18Ni10Nb40	347	347	X6CrNiNb18-10
奥氏体-铁素体型不锈钢（双相不锈钢）											
23	0Cr26Ni5Mo2		SUS329J1	329	S32900	STS329J1	1.4477		329J1	329J1	X2CrNiMoN29-7-2
24	00Cr18Ni5Mo3Si2	022Cr19Ni5Mo3Si2N	SUS329J3L		S31803	STS329J3L	1.4462		329J3L	329J3L	X2CrNiMoN22-5-3
铁素体型不锈钢											
25	0Cr13Al	06Cr13Al	SUS405	405	S40500	STS405	1.4002	04Cr13	405	405	X6CrAl13
26		022Cr11Ti	SUH409	409	S40900	STS409	1.4512		409L	409L	X2CrTi12
27	00Cr12	022Cr12	SUS410L			STS410L			410L	410L	
28	1Cr17	10Cr17	SUS430	430	S43000	STS430	1.4016	05Cr17	430	430	X6Cr17
29	1Cr17Mo	10Cr17Mo	SUS434	434	S43400	STS434	1.4113		434	434	X6CrMo17-1
30		022Cr18NbTi			S43940		1.4509		439	439	X2CrTiNb18
31	00Cr18Mo2	019Cr19Mo2NbTi	SUS444	444	S44400	STS444	1.4521		444	444	X2CrMoTi18-2
马氏体型不锈钢											
32	1Cr12	12Cr12	SUS403	403	S40300	STS403			403	403	
33	1Cr13	12Cr13	SUS410	410	S41000	STS410	1.4006	12Cr13	410	410	X12Cr13
34	2Cr13	20Cr13	SUS420J1	420	S42000	STS420J1	1.4021	20Cr13	420	420J1	X20Cr13
35	3Cr13	30Cr13	SUS420J2			STS420J2	1.4028	30Cr13	420J2	420J2	X30Cr13
36	7Cr17	68Cr17	SUS440A	440A	S44002	STS440A			440A	440A	

二、有色金属

1. 铝及铝合金

铝及铝合金按成材方式可分为变形铝合金(LF、LY、LC、LD)和铸造铝合金(ZL)。按合金化系列,铝及铝合金可分为1×××系(工业纯铝)、2×××系(铝-铜)、3×××系(铝-锰)、4×××系(铝-硅)、5×××系(铝-镁)、6×××系(铝-镁-硅)、7×××系(铝-锌-镁-铜)、8×××系(其他)等八类合金。按强化方式,可分为热处理不可强化铝及铝合金(LF)及热处理强化铝合金。前者仅可变形强化,后者既可热处理化,亦可变形强化。

国标 GB/T 3190 及 GB/T 3880、GB/T 1173 分别规定了铝合金牌号、化学成分。

2. 铜及铜合金

常用的铜及铜合金有四种:

(1) 纯铜 因表面呈紫红色而得名,又可称红铜。它是 $w(Cu)$ 不低于 99.5% 的工业纯铜,具有极好的导电性、导热性、良好的常温和低温塑性,以及对大气、海水和某些化学药品的耐腐蚀性。因而在工业中被广泛用于制造电工器件、电线、电缆、热交换器等。

纯铜中的所有杂质都是因冶炼过程而带入,它们都不同程度地降低纯铜的各种优良性能。其中氧、硫、铅、铋等元素还能与铜形成各种脆性化合物和低熔点共晶,增加材料的冷脆性和接头中出现热裂纹的倾向性。因此,要求 $w(Pb)$ 不能超过 0.003%,$w(Bi)$ 不能超过 0.003%,含氧和含硫量分别不超过 0.03% 和 0.01%。磷虽然也可能与铜形成脆性化合物 Cu_3P,但当其含量不超过它在室温铜中的最大溶解度 0.4% 时,反而可作为一个良好的脱氧剂而加入到铜中。

纯铜的牌号及用途是根据其含氧量不同而划分的。我国生产的纯铜种类如表 2-12 所示,纯铜的主要物理性能及力学性能数据见表 2-13,纯铜有很好的加工硬化性能。经冷加工变形,强度可提高一倍,而塑性降低好几倍。加工硬化后的纯铜可通过退火恢复其塑性,退火温度为 550~600℃。

表 2-12　纯铜的化学成分及用途

级别	牌号	代号	化学成分(质量分数)/%									用途
			主要成分			杂质 ≤						
			Cu 不大于	P	Mn	Bi	Pb	S	P	O	总和	
纯铜	C11000	T₁	99.95	—	—	0.002	0.005	0.005	0.001	0.02	0.05	电线,电缆雷管
		T₂	99.90	—	—	0.002	0.005	0.005	—	0.06	0.1	导电用铜材,冷凝管
	C11300	T₃	99.70	—	—	0.002	0.01	0.01	—	0.1	0.3	一般用铜材,如电气开关、散热片
		T₄	99.50	—	—	0.003	0.05	0.01	—	0.1	0.5	一般用铜材,输电管道等
无氧铜	C10200	TU₁	99.97	—	—	0.002	0.005	0.005	0.003	0.003	0.03	电真空器件用铜
		TU₂	99.95	—	—	0.002	0.005	0.005	0.003	0.003	0.05	电真空器件用铜件

级别	牌号	代号	化学成分(质量分数)/%									用途
			主要成分			杂质≤						
			Cu 不大于	P	Mn	Bi	Pb	S	P	O	总和	
无氧铜	C12200	TUP	99.50	0.01~0.04	—	0.003	0.01	0.01	—	0.01	0.49	焊接等用铜材
		TUMn	99.60	—	0.1~0.3	0.002	0.007	0.005	0.003	—	0.30	电子管的脚栅极支杆

表 2-13 纯铜的性能

性能指标	力学性能		物理性能							
	抗拉强度 σ_b/MPa	伸长率 δ/%	密度 γ/(g/cm³)	熔点 $T_{熔}$/℃	弹性模量 E/MPa	热导率 λ/[W/(m·K)]	比热容 c/[J/(g·℃)]	电阻率 ρ/(10⁻⁸ Ω·m)	线胀系数 α/10⁻¹ K⁻¹	表面张力 /10⁻⁵ (N/cm)
软态	196~235	50	8.94	1083	128700	391	0.384	1.68	16.8	1300
硬态	392~490	6								

（2）黄铜　黄铜原指由铜和锌组成的二元合金，并因表面呈淡黄色而得名。黄铜具有比纯铜高得多的强度、硬度和耐腐蚀能力，并保持有一定的塑性，又能承受冷、热加工，因而作为结构材料在工业中得到广泛的应用。

在普通黄铜中可加入少量锡、铅、锰、铁、硅等元素，但其总量≤4%，且固溶于铜中形成具有(α+β)双相组织的特殊黄铜，提高了黄铜的强度，耐蚀性和机加工性能，但对焊接性能不利。

（3）青铜　青铜实际上是除铜-锌、铜-镍合金以外所有铜基合金的统称，如锡青铜、铝青铜、硅青铜和铍青铜等。为了获得某些特殊性能，青铜中还加入少量的多种其他元素。

青铜的主要特点是：

1）青铜中所加入的合金元素量大多控制在 α 铜的溶解度范围内，在加热冷却过程中没有同素异构转变。只有合金含量较高的某些青铜能通过热处理来改变性能。

2）青铜具有比纯铜，甚至比大部分黄铜高得多的强度和耐磨性，并保持一定的塑性。

3）除铍青铜外，其他青铜的导热性能比纯铜和黄铜降低几倍至几十倍，并具有较窄的结晶区间，因而大大改善焊接性。

青铜的上述性能使它被广泛用作耐蚀性的机械结构材料、铸件材料和堆焊材料。

（4）白铜　白铜是铜和镍的合金。是因镍的加入使铜由紫色逐渐变白而得名。白铜是作为一种高耐蚀性能结构材料广泛应用于化工、海水工程中。在焊接结构中使用的白铜多是 w(Ni)10%、20%、30%的合金。

由于镍无限固溶于铜，白铜具有单一的 α 相组织。

白铜不仅具有较好的综合力学性能，而且由于导热性接近于碳钢而变得较容易焊接，不需预热，但这些合金对于磷、硫杂质很敏感，易形成热裂纹。焊接时要严格限制这些杂质的含量。

3. 钛及钛合金

我国现行标准按钛合金退火状态的室温平衡组织分为 α 钛合金、β 钛合金和 α+β 钛合金3类，分别用 TA、TB 和 TC 表示。钛及其合金的化学成分如表 2-14 所示。TA2、TA7、TC4、TC10、TB2 分别是 α 型、α+β 型和 β 型钛合金的代表。

工业纯钛由于塑性韧性好、耐腐蚀、焊接性好和易于成型等优点，在化学工业等领域得到广泛地应用，$w(Pd)0.2\%$ 的 Ti-0.2Pd 合金抗间隙腐蚀性能比工业纯钛好得多。TA7 具有良好的超低温性能，氧、氮、氢等间隙元素含量很低的 TA7 合金(美国称 ELI 级)可用于液氢、液氮储箱和其他超低温构件。另外，它的综合性能和焊接性很好，在航空工业中用于制造机匣、机尾罩等。α 型钛合金不能热处理强化，必要时可进行退火处理，以消除残余应力。

α+β 型钛合金可热处理强化，TC4 钛合金是这类合金的代表。经淬火-时效处理能比退火状态抗拉强度提高 180MPa。TC4 合金综合性能良好，焊接性也是满意的，因此得到最广泛地应用，在航空、航天工业中应用的钛合金多是这种牌号的。这种合金的主要缺点是淬透性较差，不超过 25mm。为此发展了高淬透性和强度也略高于 TC4 的 TC10 合金。

TB2 钛合金是近年来我国研制的高强钛合金，它属于亚稳 β 合金，它的强度高、冷成形性好、焊接性尚可。Ti-33Mo 属于稳定 β 型合金，它的耐腐蚀性非常好。

4. 镁及镁合金

镁是比铝还轻的一种有色金属，它的熔点为 651℃，密度为 $1.74×10^{13}kg/m^3$。纯镁由于强度低，所以很少用它作为工程材料，常以合金形式使用，镁合金具有较高的比强度和比刚度，并具有高的抗振能力，能承受比铝合金大的冲击载荷，此外还具有优良的切削加工性能，并易于铸造和锻压，所以在航天、航空、光学仪器、无线电技术等工业部门获得较多应用。

镁的力学性能与组织状态有关，变形加工后力学性能明显提高。镁的抗拉强度与纯铝相近，但屈服强度和塑性却比铝低，这是镁及多数镁合金的一个缺点。

镁的合金化一般是利用固溶时效处理所造成的沉淀硬化来提高合金的常温和高温性能。因此，所选择的合金元素在镁基体中应具有较高的固溶度，并随温度有较明显的变化。在时效过程中能形成强化效果显著的第二相。另外，也要考虑合金元素对抗腐蚀性和工艺性能的影响。目前实际应用的镁合金，无论是铸造镁合金还是变形镁合金，主要有以下几种合金系统：

高强镁合金：Mg-Al-Zn 系，如 MB2、MB3、ZM1；Mg-Zn-Zr 系，如 ZM1、MB15。

耐热镁合金：Mg-RE-Zr，或 Mg-RE-Mn 系如 ZM8、MB8。

其中，ZM 为铸造镁合金；MB 为变形镁合金。

镁合金的主要优点是能减轻产品的重量，主要缺点是在潮湿大气中耐腐蚀性能差，缺口敏感性较大。镁在水及大多数酸盐溶液中易遭腐蚀，只在氢氟酸、铬酸、碱及汽油中比较稳定。

表2-14 钛及钛合金牌号和化学成分（GB/T 3620.1—94）

合金牌号	化学成分组	化学成分/%															杂质 不大于					其他元素	
		Ti	Al	Sn	Mo	V	Cr	Fe	Mn	Zr	PD	Ni	Cu	Nb	Si	B	Fe	C	N	H	O	单一	总和
TAD	碘法钛	余量	—	—	—	—	—	—	—	—	—	—	—	—	—	—	0.03	0.03	0.01	0.015	0.05	—	—
TAo	工业纯钛	余量	—	—	—	—	—	—	—	—	—	—	—	—	—	—	0.15	0.10	0.03	0.015	0.15	0.1	0.4
TA1	工业纯钛	余量	—	—	—	—	—	—	—	—	—	—	—	—	—	—	0.25	0.10	0.03	0.015	0.20	0.1	0.4
TA2	工业纯钛	余量	—	—	—	—	—	—	—	—	—	—	—	—	—	—	0.30	0.10	0.05	0.015	0.25	0.1	0.4
TA3	工业纯钛	余量	—	—	—	—	—	—	—	—	—	—	—	—	—	—	0.40	0.10	0.05	0.015	0.30	0.1	0.4
TA4	Ti-3Al	余量	—	—	—	—	—	—	—	—	—	—	—	—	—	—	0.03	0.10	0.05	0.015	0.15	0.1	0.4
TA5	Ti-4AL-0.005B	余量	—	—	—	—	—	—	—	—	—	—	—	—	—	0.005	—	0.10	0.04	0.015	0.15	0.1	0.4
TA6	Ti-5Al	余量	—	—	—	—	—	—	—	—	—	—	—	—	—	—	0.30	0.10	0.05	0.015	0.15	0.1	0.4
TA7	Ti-5Al-2.5Sn	余量	—	—	—	—	—	—	—	—	—	—	—	—	—	—	0.50	0.10	0.05	0.015	0.20	0.1	0.4
TA7 ELI	Ti-5Al-2.5Sn (ELI)	余量	—	—	—	—	—	—	—	—	—	—	—	—	—	—	0.25	0.05	0.035	0.0125	0.12	0.05	0.3
TA9	Ti-0.2Pd	余量	—	—	—	—	—	—	—	—	0.12 ~ 0.25	—	—	—	—	—	0.25	0.10	0.03	0.015	0.20	0.1	0.4
TA10	Ti-0.3Mo-0.8Ni	余量	—	—	0.2 ~ 0.4	—	—	—	—	—	—	0.6 ~ 0.9	—	—	—	—	—	0.08	0.03	0.015	0.25	0.1	0.4
TB2	Ti-5Mo-5V-8Cr-3Al	余量	2.5 ~ 3.5	—	4.7 ~ 5.7	4.7 ~ 5.7	7.5 ~ 8.5	—	—	—	—	—	—	—	—	—	0.30	0.05	0.04	0.015	0.15	0.1	0.4
TB3	Ti-3.5Al-10Mo-8V-1Fe	余量	2.7 ~ 3.7	—	9.5 ~ 11.0	7.5 ~ 8.5	—	0.8 ~ 1.2	—	—	—	—	—	—	—	—	—	0.05	0.04	0.015	0.15	0.1	0.4
TB4	Ti-4Al-7Mo-10V-2Fe-1Zr	余量	3.0 ~ 4.5	—	6.0 ~ 7.8	9.0 ~ 10.5	—	1.5 ~ 2.5	—	0.5 ~ 1.5	—	—	—	—	—	—	—	0.05	0.04	0.015	0.20	0.1	0.4

合金牌号	化学成分组	化学成分/%															杂质 不大于					其他元素	
		Ti	Al	Sn	Mo	V	Cr	Fe	Mn	Zr	PD	Ni	Cu	Nb	Si	B	Fe	C	N	H	O	单一	总和
TC1	Ti-2Al-1.5Mn	余量	1.0~2.5	—	—	—	—	—	0.7~2.0	—	—	—	—	—	—	—	0.30	0.10	0.05	0.012	0.15	0.1	0.4
TC2	Ti-4Al-1.5Mn	余量	3.5~5.0	—	—	—	—	—	0.8~2.0	—	—	—	—	—	—	—	0.30	0.10	0.05	0.012	0.15	0.1	0.4
TC3	Ti-5Al-4V	余量	4.5~6.0	—	—	3.5~4.5	—	—	—	—	—	—	—	—	—	—	0.30	0.10	0.05	0.015	0.15	0.1	0.4
TC4	Ti-6Al-4V	余量	5.5~6.8	—	—	3.5~4.5	—	—	—	—	—	—	—	—	—	—	0.30	0.10	0.05	0.015	0.20	0.1	0.4
TC6	Ti-6Al-1.5Cr-2.5Mo-0.5Fe-0.3Si	余量	5.5~7.0	—	2.0~3.0		0.8~2.3	0.2~0.7							0.15~0.40	—	—	0.10	0.05	0.015	0.18	0.1	0.4
TC9	Ti-6.5Al-3.5Mo-2.5Sn-0.3Si	余量	5.8~6.8	1.8~2.8	2.8~3.8	—								0.2~0.4	—	0.4	0.10	0.05	0.015	0.15	0.1	0.4
TC10	Ti-6Al-6V-2Sn-0.5Cu-0.5Fe	余量	5.5~6.5	1.5~2.5		5.5~6.5		0.35~1.0					0.35~1.0			—	—	0.10	0.04	0.015	0.20	0.1	0.4
TC11	Ti-6.5Al-3.5Mo-1.5Zr-0.3Si	余量	5.8~7.8	—	2.8~3.8	—			0.8~2.0					0.20~0.35	—	0.25	0.10	0.05	0.012	0.15	0.1	0.4
TC12	Ti-5Al-4Cr-4Mo-2Zr-2Sn-1Nb	余量	4.5~5.5	1.5~2.5	3.5~4.5	—	3.5~4.5	—	1.5~3.0				0.5~1.5	—	—	0.30	0.10	0.05	0.015	0.20	0.1	0.4

注："ELI"表示为超低间隙。

第二篇　焊接方法与设备

第三章　概　　述

一、焊接方法发展概况

焊接是指通过适当的物理化学过程(加热、加压或两者并用)使两个分离的固态物体产生原子(分子)间结合力而连接成一体的连接方法。被连接的两个物体可以是各种同类或不同类的金属、非金属(石墨、陶瓷、玻璃、塑料等),也可以是一种金属与一种非金属。

早期的焊接,是把两块熟铁(钢)加热到红热状态以后用锻打的方法连接在一起的锻接;用火焰铁加热低熔点铅锡合金的软钎焊,已经有几百年甚至更长的应用历史。现代焊接方法的发展是以电弧焊和压力焊为起点的。电弧作为一种气体导电的物理现象,是在19世纪初被发现的,但只是到19世纪末电力生产得到发展以后,人们才有条件研究电弧的实际应用。

近半个世纪以来,正是现代工业和科学技术迅猛发展的时代,一方面,这些工业和科学技术的发展不断提出了各种使用要求(动载、强韧性、高温、高压、低温、耐蚀、耐磨等)、各种结构形式及各种黑色和有色金属材料的焊接问题。例如,造船和海洋开发工业的发展要求解决大面积拼板大型立体框架结构自动焊及各种低合金高强钢的焊接问题;石化工业的发展要求解决各种耐高、低温及耐各种腐蚀性介质的压力容器焊接;航空航天业则要求解决大量铝、钛等轻质合金结构的焊接;电子及精密仪表制造业则要求解决大量微型精密件的焊接。另一方面,现代科学技术和工业的大量成就又为焊接方法的发展提供了宽广的技术基础,焊接方法就是在现代工业和科学技术的推动下相辅相成的蓬勃发展起来的。

二、焊接的本质及其分类

金属等固体材料之所以能保持固定形状的整体,是因为其内部原子之间的距离(晶格)十分小,原子之间形成了牢固的结合力。要把一块固体金属一分为二,必须施加足够的外力破坏这些原子间的结合力。若把两个分离的金属构件靠原子结合力的作用连接成一整体,则须克服两个困难:

(1) 待连接表面不平。即使进行最精密的加工,其表面不平度也只能达到 μm(微米)级,仍远远大于原子间结合所要求的数量级 $10^{-4}\mu m$。

(2) 表面存在的氧化膜和其他污染物阻碍金属表面原子之间接近到晶格距离并形成结合力。因此,焊接过程的本质就是通过适当的物理化学过程克服这两个困难,使两个分离表面的金属原子之间接近至 U 晶格距离并形成结合力。

按照焊缝金属结合的性质,基本的焊接方法通常分为三大类。

(1) 熔化焊接

使被连接的构件表面局部加热熔化成液体,然后冷却结晶成一体的方法称为熔化焊接。为了实现熔化焊接,关键是要有一个能量集中、温度足够高的加热热源。按热源形式的不同,熔化焊接基本方法分为:气焊(以氧乙炔或其他可燃气体燃烧火焰为热源);铝热焊(以铝热剂放热反应热为热源）；电弧焊（以气体导电时产生的热为热源）；电阻点、缝焊（以焊件本身通电时的电阻热为热源）；电渣焊（以熔渣导电时的电阻热为热源）；电子束焊（以高速运动的电子束流为热源）；激光焊（以单色光子束流为热源）等若干种。

其中，电弧焊按照采用的电极，又分为熔化极和非熔化极两类。熔化极电弧焊是利用金属焊丝（焊条）作电极同时熔化填充焊缝的电弧焊方法，它包括焊条电弧焊、埋弧焊、熔化极氩弧焊、CO_2 电弧焊等方法；非熔化极电弧焊是利用不熔化电极（如钨棒）进行焊接的电弧焊方法，它包括钨极氩弧焊、等离子弧焊等方法。

（2）压力焊接

利用摩擦、扩散和加压等物理作用克服两个连接表面的不平度，除去（挤走）氧化膜及其他污染物，使两个连接表面上的原子相互接近到晶格距离，从而在固态条件下形成的连接统称为固相焊接。固相焊接时通常都必须加压，因此通常这类加压的焊接方法称为压力焊接。为了使固相焊接容易实现，大都在加压同时伴随加热措施，但加热温度都远低于焊件的熔点。

（3）钎焊

利用某些熔点低于被连接构件材料熔点的熔化金属（钎料）作连接的媒介物在连接界面上的流散浸润作用，然后冷却结晶形成结合面的方法称为钎焊。

三、焊接的优缺点

1. 焊接的优点

（1）节省金属材料、减轻结构重量，且经济效益好；

（2）简化加工与装配工序，生产周期短，生产效率高；

（3）结构强度高，接头密封性好；

（4）为结构设计提供较大的灵活性；

（5）用拼焊的方法可以大大突破铸锻能力的限制；

（6）焊接工艺过程易实现机械化和自动化。

2. 焊接的缺点

（1）用焊接方法加工的结构易产生较大的焊接变形和焊接残余应力，从而影响结构的承载能力、加工精度和尺寸稳定性，同时在焊缝与焊件交界处还会产生应力集中，对结构的疲劳断裂有较大的影响；

（2）焊接接头中存在着一定数量的缺陷，如裂纹、气孔、夹渣、未焊透、未熔合等。这些缺陷的存在会降低强度，引起应力集中，损坏焊缝致密性，这是造成焊接结构破坏的主要原因之一。

（3）焊接接头具有较大的性能不均匀性，由于焊缝的成分及金相组织与母材不同，接头各部位经历的热循环不同，使接头不同区域的性能不同（主要指焊缝区、热影响区的性能不同，及与母材也不相同，接头的薄弱区域主要是热影响区）；

（4）焊接生产过程中产生高温、强光及一些有毒气体，对人体有一定损害，因此要加强焊接操作人员的劳动保护。

第四章　电弧焊

第一节　焊接电弧

电弧是所有电弧焊接方法的能源。到目前为止，电弧焊在焊接方法中其所以仍占据着主要地位，就是因为电弧能简单而有效地将电能转化为熔化焊接过程所需要的热能和机械能。

为熟悉和掌握电弧焊方法，必须首先弄清电弧的实质，本章作为电弧焊的基本理论，将结合电弧形成过程，讨论电弧带电粒子的产生和气体导电的机理、电弧的构造和性能，分析电弧的产热和产力机构，磁场对电弧的作用等。

一、电弧的物理基础

焊接电弧发出强烈的光和热，但却不是一般的物质燃烧现象。实质上是在焊接电源供给一定电压的两个电极之间或者电极与工件之间，在气体介质中产生的强烈而持久的一种气体放电现象（图4-1），也就是电荷通过两极间气体空间的一种导电

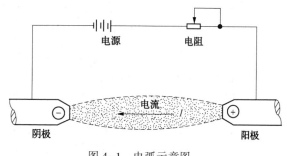

图4-1　电弧示意图

现象。借助这种特殊的气体放电过程，电能转化为热能、机械能和光能。焊接时主要利用的是电弧的热能和机械能。

1. 气体放电的基本概念

各种物质不论其形态为固态、液态或气态，能否呈现导电性，都取决于它在电场的作用下是否拥有可以自由移动的带电粒子。正常状态下的气体不含带电粒子，几乎完全由中性的分子或原子组成，因此它是不导电的。若要正常状态的气体导电，必须先有一个产生带电粒子的过程，然后才能呈现导电性。

气体导电时，在不同条件下和不同的电流区间，其导电机制和放电形态有显著不同。在较小的电流区间，气体导电所需要的带电粒子不能通过导电过程本身产生，而需要外加措施（加热、光激励等）来造成带电粒子，促使气体导电。一旦外加激励取消，则气体不在发生电离，放电现象也就停止。这种导电现象叫做被激放电，也称为非自持放电。当电流大于一定数值时，气体放电只在开始时需要外加措施制造带电粒子，进行诱发（通常称为"点燃"），在放电过程中阴极不断的发射出足够的电子，气体电离度较大，气体导电过程本身就可以产生维持导电所需要的带电粒子。因此，一旦放电开始，取消外加诱发措施，放电过程仍能继续下去。这种放电过程叫做自持放电。按照电流数值和放电特性的不同，自持放电又可分为：暗放电、辉光放电和电弧放电三种基本形式，其中电弧放电的电压最低、电流最大、温度最高、发光最强。因此，电弧在工业中作为热源和光源被广泛应用。

2. 电弧中带电粒子的产生过程

电弧中带电粒子主要是由气体介质中的中性粒子的电离及从阴极发射电子这两个物理过程所产生的，同时伴随着一些其他过程，如：解离、激发、扩散、复合、复离子的产生等。

（1）电离和激发

气体受到电场或热能等的作用，就会使中性的气体分子中的电子获得足够的能量，以克服原子核对它的引力，而成为自由电子，同时中性原子由于失去电子而变成带正电荷的正离子。这种使中性的气体分子或原子释放电子形成正离子的过程称为气体电离。

电弧气氛中可能遇到的气体电离电压列于表4-1。

表4-1　常见气体粒子的电离电压

元　素	电离电压/V	元　素	电离电压/V
H	13.5	W	8
He	24.5(54.2)	H₂	15.4
Li	5.4(75.3, 122)	C₂	12
C	11.3(24.4, 48, 65.4)	N₂	15.5
N	14.5(29.5, 47, 73, 97)	O₂	12.2
O	13.5(35, 55, 77)	Ci₂	13
F	17.4(35, 63, 87, 114)	CO	14.1
Na	5.1(47, 50, 72)	NO	9.5
Ci	13(22.5, 40, 47, 68)	OH	13.8
Ar	15.7(28, 41)	H₂O	12.6
K	4.3(32, 47)	CO₂	13.7
Ca	6.1(12, 51, 67)	NO₂	11
Ni	7.6(18)	AI	5.96
Cr	7.7(20, 30)	Mg	7.61
Mo	7.4	Ti	6.81
Cs	3.9(33, 35, 51, 58)	Cu	7.68
Fe	7.9(16, 30)		

注：括号内的数字依次为二次，三次，……电离电压。

除原子状态的气体可电离外，分子状态的气体也可以直接被电离。在通常情况下，分子状态时的电离电压值比原子状态时的电离电压值要高一些，如 H 原子为 13.5V，而 H_2 分子为 15.4V。当然也有个别气体分子的电离电压比原子的电离电压低，如 NO 分子的电离电压为 9.5V，而 N 原子和 O 原子的电离电压则分别为 14.5V 和 13.5V。

气体粒子电离电压的大小标志着在电弧气氛中产生带电粒子的难易程度。在相同的外加能量条件下，电离电压低的气体介质提供带电粒子较容易，是引弧和稳弧的有利条件之一。但是，影响电弧稳定性的因素很多，气体的其他性能（如解离性能、热物理性能等），会影响整个电弧空间的能量状态、带电粒子的产生和移动等过程，同样会影响电弧的稳定性。因此，在分析焊接电弧现象时，不能只看气体的电离电压，而应综合考虑气体的各种性质。

当电弧空间同时存在几种不同的气态物质时，电离电压低的气体粒子将先被电离，如果这种低电离电压的气体供应充分，则电弧空间的带电粒子将主要依靠这种气体的电离来提供，所需要的外加能量也主要取决于这种气体的电离电压。由表4-1可知，Fe 的电离电压为 7.9V，比 CO_2 或 Ar 的电离电压（13.7，15.7）低得多。因此，在钢材的气体保护焊接时，如果焊接电流较大时，电弧空间将充满铁的蒸气，电弧空间的带电粒子将主要由铁蒸气的电离过程来提供，电弧气氛的电离电压也将由铁蒸气的电离电压来决定。比较之下，为提供电弧导电所需要的带电粒子而要求的外加能量可以较低。

在正常状态下，原子处于最低能级，这时电子在离核最近的轨道上运行，这种状态叫做基态。当原子吸收一定的外界能量(热能、光能、机械能、电能、化学能等)不足以使电子完全脱离原子，原子便可以从基态跃迁到较高能级，这时电子也跃迁到离核较远的轨道上运行，导致原子的稳定状态受到破坏，这种状态叫做激发，也称激励。使中性粒子激发所需要的最低外加能量称为最低激发电压。某些气体的最低激发电压见表4-2。

表4-2　常见气体粒子的最低激发电压

元素	激励电压/V	元素	激励电压/V	元素	激励电压/V
H	10.2	K	1.6	CO	6.2
He	19.8	Fe	4.43	CO_2	3
Ne	16.6	Cu	1.4	H_2O	7.6
Ar	11.6	H_2	7	Cs	1.4
N	2.4	N_2	6.3	Ca	1.9
O	2	O2	7.9		

电弧空间气体除了中性粒子外，还同时含有电子和正离子，其间的碰撞和能量传递与它们的质量比有密切关系。被撞粒子与撞击粒子的质量比越大，被撞粒子获得的能量则越大。电子的质量大大小于气体原子、分子或离子的质量，因而当具有足够动能的电子与中性粒子进行非弹性碰撞时，它的动能几乎可以全部传递给中性粒子，转换为中性粒子的内能，使其激发与电离。当中性粒子之间进行碰撞时，由于它们的质量相近，则只能将部分能量传递给被碰撞的粒子，最多不超过原动能的一半，因此在电弧中通过碰撞传递使气体粒子电离的过程中，电子的作用是所有粒子中最主要的。

在实际电弧过程中，通过气体粒子间的碰撞将能量传递给中性粒子并使之电离，是电弧本身制造带电粒子维持其导电的最主要途径，而通过光辐射传递方法来产生带电粒子则次要的。

(2) 电离的种类

电弧中气体粒子的电离因外加能量的种类不同而分为热电离、电场作用下的场电离和光电离三种。

1) 热电离　气体粒子受热的作用而产生的电离称为热电离。根据气体分子运动理论可知，气体的温度高低意味着气体粒子(包括中性粒子/电子和离子)总体动能的大小，亦即气体粒子平均运动速度的快慢。

气体温度越高，气体粒子的运动速度也越快，即动能越大。在一定温度下，气体粒子的质量越小其运动速度越快。由于气体粒子的运动是无规则运动，粒子之间将发生频繁碰撞，若粒子的运动速度足够高(即动能足够大)粒子之间可能发生非弹性碰撞，引起气体粒子的激励或电离。因此热电离实质上是由于粒子之间的碰撞而产生的一种电离过程。

电弧中不仅含有常态的中性气体粒子，而且也含有电子、正离子和激励状态的中性粒子等。这些粒子都有相互碰撞的机会，而发生电离可能性最大的是电子对激励状态的中性粒子或对常态中性粒子的碰撞，因为电子在与中性粒子进行非弹性碰撞时，几乎全部能量都传给中性粒子。

气体中各个粒子在同一温度下的热运动，其运动速度是不一样的，因此，在某一温度下粒子所具有的动能并不相同，只有拥有大于电离电压能量的那部分粒子才有可能引起中性粒子的电离。单位体积内被电离的粒子数与气体电离前粒子总数的比率称电离度。一般以 x 表示，即：x＝电离后的正离子密度/电离前的中性粒子密度。

由于弧柱的温度一般在 5000～30000K 范围，所以热电离是弧柱部分产生带电粒子的最主要途径。

因电弧的温度很高，电弧中的多原子气体(是由两个以上原子构成的气体分子)由于热的作用将分解为原子，这种现象称为热解离。在热电离之前气体分子首先要产生热解离。热解离也需要外加能量，是吸热反应。气体分子产生热解离所需要的最低能量称为解离能。不同气体分子的解离能是不同的。电弧气氛中常遇到的几种气体分子的解离能如表 4-3 所示。

表 4-3　几种气体的解离能

解离过程	解离能/eV	解离过程	解离能/eV
$H_2{\rightarrow}H+H$	4.4	$NO{\rightarrow}N+O$	6.1
$N_2{\rightarrow}N+N$	9.1	$CO{\rightarrow}C+O$	10.0
$O_2{\rightarrow}O+O$	5.1	$CO_2{\rightarrow}CO+O$	5.5
$H_2O{\rightarrow}OH+H$	4.7		

各种气体的解离度(分解的分子数/分子总数)与气体的种类和温度有关。几种气体的解离度与温度的关系如图 4-2 所示。

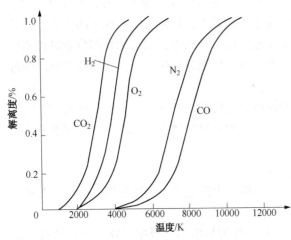

图 4-2　几种气体解离度与温度的关系

由于解离能皆低于电离能，电弧中气体分子受热作用时将首先大量解离成原子，然后由大量原子和少量分子组成的气体继续受热作用而产生电离。气体解离过程伴随着吸热作用，所以它除了影响带电粒子的产生过程外，还对电弧的电和热性能产生显著的影响。焊接时，电弧的不同保护气氛引起的许多不同现象常与气氛的解离过程有密切关系。例如在 CO_2、N_2 等气氛中，在相同电弧长度下，电弧电压和温度要比单原子气体 Ar 中的电弧电压和电弧温度高，就是因为 CO_2、N_2 等多原子气体在高温下首先发生解离，吸收大量解离能，强迫电弧收缩所造成。

2) 电场作用下的电离　当气体中有电场作用时，则带电粒子除了做无规则的热运动外，还产生一个受电场影响的定向加速运动。正、负带电粒子定向运动的方向相反，它们因加速运动而将电场给予的电能转化为动能，当带电粒子的动能在电场的作用下增加到足够数值，则可能与中性粒子产生非弹性碰撞而使之电离，这种电离称为电场作用下的电离。由于带电粒子是在充满气体粒子的空间运动，它一边与气体粒子发生碰撞，一边沿电场方向运动，它总的趋势虽与电场方向一致，但每次碰撞后的运动方向确是变化的，而并不一定与电场方向一致。

在普通电弧中，由于弧柱部分的电场强度较弱，一般为 10V/cm 左右，电子在平均自由行程中所能获得的动能较小，比热作用所获得的动能要小的多，所以在弧柱中热电离是主要形式，电场作用下的电离是次要的。而在阴极压降和阳极压降区(在阴极和阳极前面的极小区间)，电场强度可能达到很高的数值(约为 $105\sim107V/cm$)，只有在这两个区域才显著产生电场作用下的电离现象。

3)光电离　中性气体粒子吸收了光子的能量而发生的电离叫做光电离。

电弧的光辐射仅能对电弧气氛中常含有的 K、Ca、Na、Al 等金属蒸气直接引起光电离，而对其他气体不能直接引起光电离，但这些气体如果处于激发状态，则有可能受光辐射作用而引起电离。实际上光电离是电弧中产生带电粒子的一个次要途径。

(3)电子发射

电弧中带电粒子除依靠电离过程产生外，另一个重要来源是从电极中发射出来的电子。在焊接电弧中电极只能发射电子而不能发射离子。从电极表面发射电子的过程在阴极和阳极皆可能产生。当阴极或阳极表面接受一定外加能量作用时，电极中的电子可能冲破金属电极表面的约束而飞到电弧空间，这种现象称为电子发射。但是只有自阴极发射出来的电子在电场的作用下参加导电过程，而自阳极发射出来的电子因受到电场的排斥，不可能参加导电过程，只能对阳极区空间电荷的数量产生一定的影响。因此这里只讨论阴极表面的电子发射现象。

通常，电子可以在金属内部自由运动，但不能轻易地越过金属表面而逸出，只有当金属内的自由电子接受外界施加的能量足以使其冲破金属表面的阻碍时，才能够逸出。使一个电子由金属表面飞出所需要的最低外加能量称为逸出功(W_ω)，单位是电子伏(eV)。因电子电量 e 是一个常数，通常以 $W_\omega/e=U_\omega(V)$ 逸出电压来表示逸出功的大小。逸出功的大小或逸出电压的高低标志着电子逸出的难易程度，各种金属中原子核对自由电子的约束力不同，因此它们的逸出功也各不相同。电弧焊时，常作为金属电极以及有关物质的逸出功如表 4-4 和表 4-5 所示。

表 4-4　几种金属及其氧化物的逸出功

金属种类		W	Fe	Al	Cu	K	Ca	Mg
逸出功/eV	纯金属	4.54	4.48	4.25	4.36	2.02	2.12	3.78
	金属氧化物		3.92	3.9	3.85	0.43	1.8	3.31

表 4-5　钨及其合金钨极的逸出功

钨极成分	W	W-Cs	W-Ba	W-Th	W-Zr
逸出功/eV	4.54	1.36	1.56	2.63	3.14

由表 4-4 可见所有金属表面带有氧化物时其逸出功皆减小。金属表面状态不同时，逸出功的数值也不一样，当钨极表面敷以 Cs、Ba、Th、Zr 等物质时，则逸出功的数值也减小。因此，为提高电子发射能力和改善工艺性能，在钨极中常加入 Th、Cs 等成分，这可以提高钨极电流容量和改善引弧性能。

如上所述，金属内部的自由电子只有接受外加能量大于或等于 W_ω 时，才能逸出金属表面而实现发射。根据外加能量的形式和发射机制不同，阴极发射电子可分为以下几种：

1)热发射　金属表面承受热作用温度升高，金属内部的自由电子热运动速度增加而逸出金属表面的电子发射现象称为热发射。

在实际焊接电弧中，电极的最高温度不可能超过其材料的沸点，当使用沸点高的钨或碳作阴极材料时(其沸点分别为 5950K 和 4200K),电极可能被加热到很高的温度(一般可达 3500K 以上),这种电弧称为热阴极电弧,这种电弧的阴极区主要靠热发射来提供电子。当使用钢、铜、铝、镁等材料作阴极时,由于它们的沸点较低(分别为 3008K、2868K、2770K、1375K),阴极加热温度受材料沸点的限制不可能很高,此种电弧称为冷阴极电弧。这种电弧阴极区不可能通过热发射提供足够的电子,必需依靠其他方式补充发射电子,才能满足导电的需要。

2) 电场发射 当金属表面空间存在一定强度的正电场时,金属内的电子受此电场静电库仑力的作用,当此力达到一定程度时,电子可飞出金属表面,这种现象称电场发射。热发射电子流密度与电极表面温度成指数关系。事实上在较低温度(室温或 0℃)下也仍有电子热发射,只是数量较少。当电极表面前存在正电场时,电场的静电库仑力将帮助电子飞出金属表面,相当于降低了电极材料的逸出功,可使较多的电子在较低的温度下飞出金属表面。

对于低沸点材料的冷阴极电弧,电场发射对阴极区提供带电粒子起重要作用。这时阴极区的电场强度可达 $10^5 \sim 10^7 \mathrm{V/cm}$,具备产生电场发射的有利条件。

3) 光发射 当金属表面接受光辐射时,也可使金属表面自由电子能量增加,冲破金属表面的制约跑到金属外面来,这种现象称光发射。

实际证明光发射在阴极发射现象中属次要地位。

产生光发射时,由于金属表面接受光辐射能量与电子逸出功相等,所以它不像热发射时那样对电极有冷却作用。

4) 粒子碰撞发射 高速运动的粒子(电子或离子)碰撞金属表面时,将能量传给金属表面的电子,使其能量增加而跑出金属表面,这种现象称为粒子碰撞发射。

焊接电弧中阴极将接受正离子的碰撞,带有一定运动速度的正离子到达阴极时,将其动能传递给阴极,它将首先从阴极得到一个电子与自己中和而成为中性粒子。如果这种碰撞还能使另一个电子飞出电极表面到电弧空间,其能量必须达到对电极表面施加 2 倍的逸出功。

焊接电弧中阴极区前面有大量的正离子聚积,由于空间电荷的存在使阴极区形成一定强度的电场,正离子在此电场作用下被加速而冲向阴极,可能形成碰撞发射。在一定条件下,这种电子发射形式是电弧阴极区提供导电所需电子的主要途径。

焊接电弧中的带电粒子中除了电子和正离子之外,还可能有另一种带电粒子——负离子。负离子是在一定的条件下,某些中性原子或分子吸附一个电子而形成的。中性粒子吸附电子形成负离子时,其内部能量不是增加而是减少。减少的这部分能量称为中性粒子的电子亲和能,通常以热能或光辐射能的形式释出。电子亲和能越大的元素形成负离子的倾向越大,卤族元素(F、Cl、Br、I 等)的电子亲和能较大,比较容易形成负离子。此外,电弧中的 O、O_2、OH、NO_2、H_2O、Li 等气体具有一定的电子亲和能,所以也都可能形成负离子。由于形成负离子要伴随着放热过程且电子在高温时运动速度高,所以在电弧高温区负离子不易形成和存在,而只能在电弧的周边形成和存在。负离子所带的电荷量虽然与电子相同,但因其质量比电子大很多,不能有效地参加电弧导电过程,所以电弧中如果产生大量的负离子,则必然会引起电弧导电困难而使其稳定性降低。电弧中通过上述带电粒子的产生和消亡等一系列物理过程,不断地把电能转换为热、光和机械能,以满足焊接和其他工业应用的需要。

3. 焊接电弧的构成及其导电特性

焊接电弧由三个不同电场强度的区域,即阳极区、阴极区和弧柱区构成(图 4-3)。其

中弧柱区电压降 $U_ω$ 较小而长度较大，说明其阻抗较小，两个极区沿长度方向尺寸较小但电压降较大（U_A 为阳极压降，U_K 为阴极压降），可见其阻抗较大。电弧的这种特性是由于各区域的导电机构不同所决定的。

（1）弧柱区的导电特性

弧柱是阴极区和阳极区中间的区域，其长度比两极区大得多，占了电弧长度的绝大部分，因而可以认为弧柱的长度基本上等于电弧的长度。弧柱温度因气体种类和电流大小不同，一般在 5000～50000K 范围内，因此弧柱气体将产生以热电离为主的导电现象。由热电离产生的带电粒子在外加电场的作用下，正离子向阴极方向运动、电子向阳极方向运动而形成电流。这种受电场作用而形成的电子流和离子流，将由阴极区和阳极区产生相应的电子流和正离子流予以补充，保证弧柱带电粒子的动平衡。从整体来看，弧柱呈电中性，因此电子流和离子流通过弧柱时不受空间电荷场的排斥作用，从而决定电弧放电具有大电流、低电压的特点（电压降几伏，电流却可达上千安培）。

弧柱的导电性能的优劣，直接表现在弧柱导电时所需要的电场强度大小。电场强度 E 的大小与电弧气氛种类和电流大小有密切关系，图 4-4 为几种气体的弧柱电场强度与电流的关系。由图可知，在较小电流区间，电场强度随电流的增加而减少；在较大的电流区间，电场强度则随电流的增加而增加。

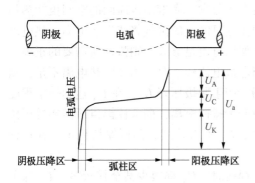

图 4-3 电弧各区的电压分布示意图

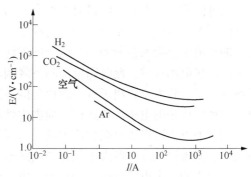

图 4-4 弧柱电场强度与气体种类和电流的关系

（2）阴极区的导电特性

阴极区的作用是向弧柱区提供所需要的电子流，接受由弧柱送来年正离子流。由于阴极材料种类、电流大小以及气体介质不同，阴极区的导电机构可分为三种类型。

1）热发射型阴极区导电机构　当阴极采用 W、C 等高熔点材料，电流较大时，由于阴极可达到很高的温度，弧柱所需要的电子流主要靠阴极的发射来提供，这样的阴极区称为热发射型阴极区。如果阴极通过发射能够提供所需要的全部电子，则阴极区不复存在，阴极压降也不存在，即阴极前面的电场强度完全和弧柱区一致。在大电流钨极氩弧焊时，这种阴极导电机构占主要地位。

2）电场发射型阴极导电机构　当阴极材料为 W、C 但电流较小或者阴极材料采用熔点较低的 Fe、Al、Cu 时，阴极表面的温度受电流或材料沸点的限制，不能产生较强的热发射，以供给所需的电子流。由于电子供应不足，使得在邻近阴极的弧柱处正负电荷的平衡首先受到破坏，造成过剩的正离子堆积，形成正电场。热发射愈弱，则正电场愈强。在这一正电场的作用下，使阴极造成电场发射，同时加速电子运动，在阴极区产生碰撞电离，共同向弧柱提供所需要的电子流。这种型式的导电机构也称为冷阴极导电机构，是熔化极电弧焊常见的导电机构。在通常情况下热发射和电场发射两种阴极导电机构并存，并且根据电极材料、电流大小和气体介质不同而自动调节。当电极材料熔点较高或者电流较小时，热发射比例较大，电场发射比例较小，阴极压降较低；反之，电场发射比例增大，阴极压降也随之提高。

在冷阴极小电流或低气压钨极氩时，由于阴极热发射不足以提供所要求的电子，在阴极前造成正电荷堆积，产生阴极压降 U_k，$U_k < U_i$ 不足以使中性粒子产生碰撞电离，也不能引起强烈的电子发射时，正离子到达阴极时与阴极发射的电子中和成为中性粒子，并携带中和时放出的部分能量回弹到阴极区聚集成为一个高温区。该高温区使中性粒子再次被加热电离，生成的电子供弧柱所需要的电子流，生成正离子流向阴极形成正离子流。这种导电机构的特点是靠近阴极处有高亮度的辉点，阴极压降在 0 与 U_i 之间。随着电流增加，这种阴极导电机构可向热发射转变，辉点逐渐消失，阴极压降也随之降低。

（3）阳极区的导电特性

阳极区的作用是接受由弧柱流过来的电子流和向弧柱提供所需要的正离子流。阳极区接受电子的过程较为简单，每一个电子到达阳极时便向阳极释放相当于逸出功 W 的能量。但由于阳极不能直接发射正离子，所以正离子只能由阳极区供给。根据电弧电流密度大小，阳极区可以由二种方式提供正离子。

当电流密度较大时，阳极温度很高，阳极材料发生蒸发，靠近阳极前面的空间也加热到很高的温度。当电流密度增加到一定程度时，聚积在这里的金属蒸气将产生热电离。热电离生成的正离子供给弧柱的需要，电子则流向阳极。如果电流足够大，则弧柱所需要的正离子可全部由热电离提供，此时阳极压降下降到零。当电弧电流较小时，阳极区热电离不足，阳极前面电子数将大于正离子数，形成负的空间电场、产生阳极压降 U_A，在 U_A 达到一定程度时，会使弧柱来的电子加速运行，撞击中性粒子而产生碰撞电离，向弧柱提供所需要的正离子。当这种电离可以满足弧柱所需的正离子数目时，U_A 不再继续升高而保持稳定。在这种情况下，阳极区压降一般大于气体介质的电离电压。

试验表明，大电流钨极氩弧焊及大电流熔化极焊接时，U_A 都很少甚至接近零。U_A 除了与焊接电流有关外，还与材料的导热性能有关。在相同条件下，阳极材料的导热性能越强，U_A 越大。

二、焊接电弧中的能量平衡及电弧力

1. 焊接电弧中的能量平衡

电弧可以看作为一个由电能转换为热能的元件，当其各部分（弧柱、阴极区、阳极区）的能量交换达到平衡时，电弧便处于稳定燃烧状态。由于电弧三个区域导电性能不同，因而各区的能量产生和转换的特性也不一样，各区的温度也不相同。

（1）弧柱区的能量平衡　单位时间内弧柱区所产生的能量，主要有通过弧柱电场而被加速的对正离子和自由电子所获得的动能，并借助于其间的碰撞以及中和作用转变成的热能。单位时间内弧柱产热量可用单位弧长的外加能量 IE（I 为电流，E 为弧柱电场强度）来表示。弧柱区的产热和热损失相平衡。热损失有对流、传导和辐射等，其中对流约占 80% 以上，传导与辐射各约 10% 左右。

弧柱区的产热量在电流一定时，将随热损失量的大小通过自动改变其 E 值而自行调节。例如，气体质量不同，导热性能不同，周围散热条件不同等都会引起电弧燃烧时的热损失不同，通过自动调节弧柱的电场强度 E，可使得弧柱的产热量也相应变化。当 E 升高时，意味着热损失和产热量增加，也意味着电弧温度升高，当弧柱外围有强迫冷却或气压升高时，都会造成弧柱电场强度和温度升高的倾向。

一般电弧焊接过程中，弧柱的热量不能直接作用于加热焊条(丝)或母材，只有很少一部分通过辐射传给焊条和工件。当电流较大产生等离子流时，才会将弧柱的部分热量带到工件上，增加工件的热量。在等离子弧焊接、切割或钨极氩弧焊时，则主要利用弧柱的热量来加热工件和填充焊丝。

(2) 阴极区的能量平衡　由阴极区的导电机理可知，该区是由电子与正离子两种带电粒子构成的，这两种带电粒子不断地产生、消失和运动，便构成了能量的转变与传递过程。在能量交换过程中，阴极区获得的能量，有被阴极压降 U_k 加速的正离子动能，正离子达到阴极表面取出等量的电子并与之中和而放出的电离能，以及由阴极发射的电子经阴极压降加速后在阴极区和弧柱区交界面上释放的动能等。单位时间内阴极区实际获得的能量，在数值上等于阴极电流(电子流和离子流之和)和阴极压降的乘积 IU_K。

阴极的产热，在焊接过程中可直接用来加热焊丝或工件。

(3)阳极区的能量平衡　阳极区的能量转换过程比较简单，一般只考虑接受电子流所产生的能量转换。单位时间内阳极接受电子时将获得三部分能量，即经阳极压降 U_A 加速获得的动能 IU_A，电子从阴极带出的逸出功 IU_W 以及从弧柱带来的与弧柱温度相对应的热能 IU_T。在焊接过程中，阳极产热量也是用来直接加热焊丝或工件的能量。

2. 电弧的能量密度和温度分布

单位面积上热功率称为能量密度。能量密度大时，则能有效地利用热源，提高焊接速度，减少焊接热影响区，达到改善焊缝质量的目的。

由电弧各部分导电特点可知，其各部分的轴向能量密度的分布与电流密度的分布是相对应的，即阴极区和阳极区的能量密度高于弧柱区的能量密度。但温度的轴向分布却不与能量密度分布相对应，而是弧柱温度较高，两电极温度较低，如图 4-5 所示。这是因为电极温度受到电极材料导热性能以及熔点和沸点的限制，而弧柱的温度则不受材料限制的缘故。而阴极和阳极的温度哪个更高些，则不仅与该极区的产热量有关，而且还受材料热物理性能(熔点、沸点和导热性能等)、电极的几何尺寸大小以及周围的散热条件等因素的影响。在相同产热量的情况下，如果材料沸点低，导热性好，电极的几何尺寸大，则该极区温度低；反之，则该极区温度高。

3. 电弧的主要作用力

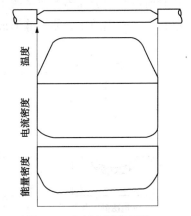

图 4-5　电弧各区的温度、电流密度、能量密度的轴向分布

电弧在焊接过程中不仅是一个热源，而且也是一个力源。焊接电弧的作用力对于熔池和焊缝的形成，以及焊丝(条)金属熔滴的过渡都有着重要的影响。电弧的主要作用力有以下几种。

(1)电磁收缩力　从电工学已经知道，两根相距不远的导线中通过同向电流时则产生相互吸引力(图 4-6(a))，如果电流方向相反则产生互相排斥力(图 4-6(b))。当电流在一个导体中流过时，整个电流可以分成许多电流线，这些电流之间也将产生相互吸引力，而有使导体断面产生收缩的倾向。如果导体是固体，这种收缩力不足以改变导体的外形；如果导体是液体或气体，则将发生收缩并在导体内引起径向和轴向压力。

实际焊接电弧的形状是一个断面直径变化的截锥体，由于它是气态导体（图4-7），因此在电磁收缩力的作用下，径向压力将使电弧发生收缩，由于接近焊丝（条）的断面直径较小，而接近工件导电断面直径较大，轴向压力将因直径不同而产生压力差，从而产生由焊丝（条）指向工件的向下推力，这种电弧的压力称为电弧的电磁静压力。电磁静压力作用在熔池上将形成如图4-8（a）所示的熔深轮廓。

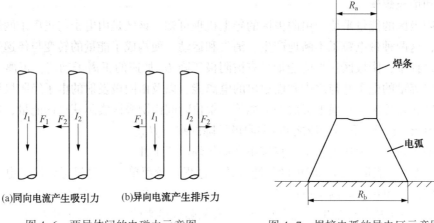

图4-6　两导体间的电磁力示意图　　　　图4-7　焊接电弧的导电区示意图

（2）等离子流力　由于上述电磁收缩力引起的轴向推力的作用，使靠近焊条（丝）端头处的高温气体向工件方向流动（图4-9），由于高温气体的流动，将引起焊丝（条）上方的气体以一定的速度连续进入电弧区。这些新进入电弧的气体被加热电离后受轴向推力的作用继续冲向工件，对熔池形成附加压力。这种高温电离气体（产生等量的电子和正离子）高速流动时所形成的力称为等离子流力。等离子流力又称为电磁动压力，等离子流速度可达每秒钟数百米、产生的压力使焊缝形成图4-8（b）所示的熔深形状。

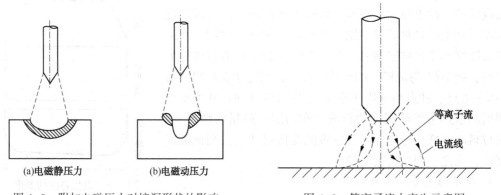

图4-8　附加电磁压力对熔深形状的影响　　　图4-9　等离子流力产生示意图

（3）斑点力　斑点力又称极点力或极点压力，是电弧施加在电极上的作用力（如图4-10所示）。这种电弧作用力在一定条件下将阻碍金属熔滴的过渡。通常认为斑点力是由正离子和电子的撞击力、电磁收缩力和电极材料蒸发的反作用力等几个部分组成的。

阳极受到电子的撞击、阴极受到正离子的撞击是斑点形成的原因之一。由于正离子的质量大于电子质量，同时一般情况下阴极压降 U_K 大于阳极压降 U_A，因此通常这种力在阴极上表现较大，在阳极上表现较小。当电弧的形态如图4-11时，电弧集中在熔滴下端斑点，使电流只能从斑点处通过电弧。根据电磁收缩力原理，电磁收缩力垂直于电流流线，这样斑点处将产生向上的电磁收缩力分力，阻碍了熔滴过渡。在一般情况下，阴极斑点小于阳极斑点，所以这种原因产生的斑点力也是阴极大于阳极。由于斑点电流密度很高，局部高温使电极产生剧烈蒸发，金属蒸气以一定速度从斑点喷出并施加给斑点一定的反作用力。

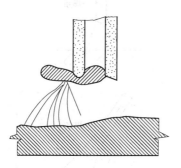 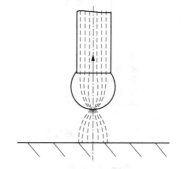

图 4-10　斑点力示意图　　　　　　　图 4-11　斑点的电磁收缩力

三、磁场对电弧的作用

电弧是一种气态导体，从宏观上看是呈中性的，但在电弧导体内，正、负电荷分离并以一定的方向运动而形成电流。因此当有磁场存在时，将会对电流产生一定的作用力。力、磁场、电流方向之间的关系仍可用左手定则来确定。电弧周围的磁场有两种来源，一种为电弧本身的电流所产生的磁场称为自身磁场，另一种为外加磁场。下面分别讨论它们对电弧的影响。

1. 电弧自身磁场的作用

电弧和其他通电导体一样，在其周围也要产生磁场，电流与磁场的方向由右旋定则确定，如图 4-12 所示。这种磁场能够引起电磁收缩力、促进熔滴过渡、保证熔池深度并且使电弧具有一定的刚性。

电弧的刚直性是电弧抵抗外界机械干扰、力求保持沿焊丝（条）轴向流动的性能。前面已经谈过电磁收缩力的产生机理，这种电磁的相互作用也是产生电弧刚直性的原因。如图

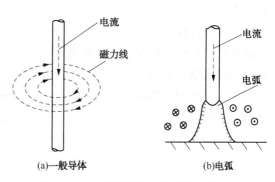

图 4-12　电流导体和电弧周围的磁场

4-13所示，当电流通过电弧空间时，带电粒子的流动有尽量朝电弧中心方向集中的倾向。沿 2-2′ 和 3-3′ 运动的带电粒子也都受到自身磁场产生的力 F 的作用，而被推向电弧中心。因此当电弧受风等某种机械作用欲使电弧偏离焊丝轴向时，自身磁场则有抵抗这种干扰的能力，使电弧尽量保持在焊丝的轴线方向上。由于电弧具有这种刚直性，所以当焊丝（条）与工件有一定倾角时（图 4-14）电弧仍将保持轴线方向，而不垂直于工件表面。由于自身磁场的强度决定于产生此磁场的电流大小，因而在一般情况下电流越大，电弧的刚直性也越大。

2. 电弧的磁偏吹

当在焊丝（条）轴线周围的磁场强度均匀，亦即磁力线的分布在焊丝（条）轴线周围是均匀的时候，电弧能保持轴向位置，即具有刚直性。但是在实际焊接过程中，由于种种原因，

这种磁力线分布的均匀性可能受到破坏，而使电弧偏离焊丝(条)轴线方向，这种现象称为磁偏吹。

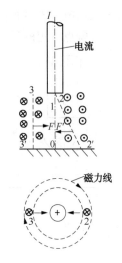

图4-13　自身磁场保持电弧刚
　　　　直性的作用

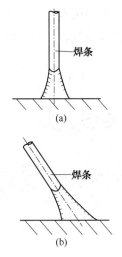

图4-14　焊条倾斜时电弧刚
　　　　直性的表现

电弧磁偏吹使焊接电弧失去刚直性，造成电弧飘摆和不稳定，甚至会使电弧熄灭。由于电弧不稳定，会使施加在熔池上的作用力也不稳定，同时也使熔滴过渡不规则，导致焊缝成形不规则，从而引起未焊透、夹渣等缺陷。此外，磁偏吹还会破坏电弧周围的保护气氛，混入有害气体，也会影响焊缝内在质量。因此，必须研究电弧磁偏吹产生的原因，尽可能克服其有害影响。

（1）导线位置引起的磁偏吹　当焊接导线接法如图4-15所示时，电流不仅在通过焊丝与电弧的空间产生磁场，而且在流经工件的空间产生磁场。这样在左侧空间为两段电流导体产生的磁力线同方向迭加，提高了该处的磁力线密度，而电弧右侧空间只有电弧本身产生的磁力线，它相对左侧较小，磁力线分布失去对称性，从而产生了从磁力线密度较大的一方指向磁力线密度较小一方的横向推力，结果使电弧偏离焊丝(条)轴线(图4-15(a))。

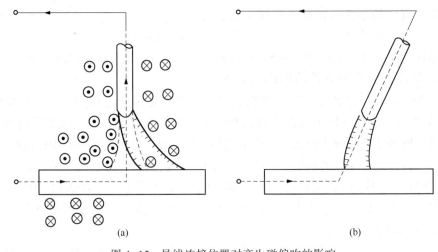

图4-15　导线连接位置对产生磁偏吹的影响

（2）电弧附近的铁磁体对产生磁偏吹的影响　当电弧一侧有钢板等良导磁体时，电弧将偏离轴线而趋向钢板，如图4-16所示。这是因为在电弧一侧放置钢板时，因其磁阻较小，以致较多的磁力线集中到钢板中，使电弧右侧空间的磁力线密度显著降低，破坏了空间磁力线分布的均匀性，电弧将偏向钢板一侧，看上去好象钢板吸引了电弧，实质上是被另一侧较强磁场推向有钢板一侧。电弧一侧钢板越大或距离越近，引起磁力线密度分布不对称的程度就越严重，电弧磁偏吹也越厉害。

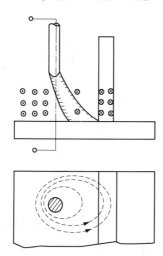

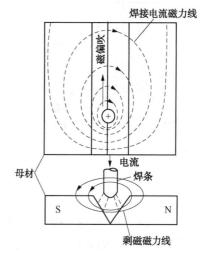

图4-16　电弧一侧近处有铁磁物质引起的磁偏吹　　图4-17　加工剩磁引起的磁偏吹

（3）由剩磁引起的磁偏吹　在坡口机械加工等过程中，焊件可能产生剩磁。如图4-17所示的焊件剩磁方向和电流方向。根据左手定则，电弧将沿焊件坡口方向发生偏吹。

交流电弧的磁偏吹要比直流电弧的弱很多，这主要因为交流电弧的电流和磁场都是变化的。交流正弦波电流在1/2半波内由零值增加到最大值，由于电弧偏离轴线到最大值需要一定的时间，但电流到最大值时(1/2半波处)便立刻减小，磁偏吹力也减小，这样电弧还来不偏离到最大值就要随磁偏吹力的减小而回到焊丝轴线方向的位置上，因此交流电弧磁偏吹现象比直流显著减弱。

在实际焊接过程中，可根据磁偏吹产生的原因，采取适当措施防止或减弱磁偏吹的有害影响。例如可采用小电流短弧以减小磁偏吹力或使焊丝(条)倾斜(图4-15(b))，调整电弧左右两侧空间的大小，使磁力线密度趋向平衡，以减小磁偏吹。加对称铁磁物质可以使电弧两侧磁力线趋于平衡，也可减小磁偏吹。针对剩磁方向加反向磁场是克服加工剩磁引起磁偏吹的有效方法。此外，在焊接过程中对电弧进行屏蔽，也可以在一定程度上克服磁偏吹现象。

3. 外加磁场对电弧的作用

根据磁场会对电弧产生作用的原理，为了某种目的可以人为地加上某种磁场，以实现对电弧的控制。利用外加磁场对电弧进行控制的方式通常有外加横向磁场、外加纵向同轴磁场以及外加尖角形磁场等三种。

（1）外加横向磁场对电弧的作用　外加横向磁力线垂直通过电弧轴线的外加磁场，如图4-18(a)所示。如果加一个固定的横向磁场，根据左手定则，电弧将偏向一侧，如图4-18(b)所示。若外加频率为50Hz的交流磁场，在交变磁场的作用下，电弧将会每秒钟摆动50

次，如图 4-18(c)所示。电弧以一定的频率来回摆动，可以加宽电弧加热范围，减少热量集中。这种方法可用于焊接薄板而不致烧穿，堆焊可以获得较浅的熔深和降低稀释率。此外，这种交变横向磁场还可以使电弧产生旋转，进行管板环形接头的焊接。这种方法通常以钨为电极，外加 50Hz 的交流磁场，适用于直径为 10mm 钢管的管板焊接。

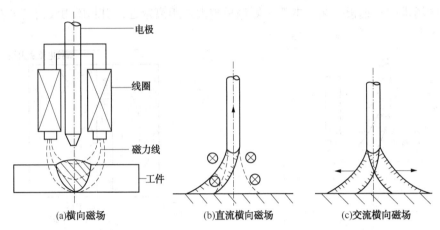

图 4-18　外加横向磁场对电弧的作用

（2）外加纵向同轴磁场对电弧的作用　　外加纵向同轴磁场产生的磁力线方向与电弧的轴线平行（见图 4-19）。如果电弧中带电质点的运动方向与电弧轴线方向保持严格平行，那么外加纵向同轴磁场对电弧不会产生任何作用。但是在实际焊接电弧中，带电质点并不是与电弧轴线平行的，而是由于电弧扩散为截锥状，带电质点与电弧轴线呈一角度运动，因而不与外加磁场的磁力线平行。在这种情况下，带电质点将受磁场的作用，因为电弧电流主要是电子流，因此磁场对电弧带电质点的作用主要是对电子产生附加作用力。

假设一个电子在外加磁场 B 中以 v 速度运动如图 4-20 所示。电子垂直于磁力线方向的速度分量为 v_x，根据左手定则，电子在 v_x 方向切割外加磁场磁力线，受磁场力 F 的作用，其方向垂直于 v_x，电子运动的方向也将随 F 的作用而改变，同时电子运动受 F 的作用也会改变运动速度。电子运动方向和速度的改变又会反过来引起 F 方向的改变，结果使电子产生圆周运动。根据离心力平衡关系，电子运动的半径与 v_x 的大小成正比，与外加磁感应强度 B 的大小成反比。

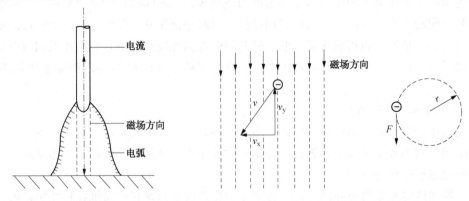

图 4-19　外加纵向同轴磁场示意图　　　图 4-20　电子在磁场中的运动

电子除了有 v_x 的运动外，还有垂直方向 v_y 的运动，所以电子的实际路径是以 r 为半径的螺旋线。因此，在外加纵向磁场的作用下，电弧中带电粒子的运动将变成平行于磁力线方向的螺旋运动。磁场强度越大，螺旋的半径越小。因此纵向同轴磁场可以限制电弧的扩散，使电弧能量更为集中，同时也可以用来增加电弧的刚直性，抵抗磁偏吹及其他干扰。在自动焊接方法中，可以在电弧外套以螺旋管线圈获得纵向同轴磁场，使电弧能量集中以增加熔深和电弧的稳定性。

（3）外加尖角形磁场对电弧的作用　利用图4-21所示的外加磁场可以使柱状电弧变化为椭圆形电弧。图示磁场配置成尖角状故称尖角磁场。当电流方向从工件流向电极时，磁场将使电弧在纵向拉伸、横向压缩而成为椭圆形。改变磁场配置方向或电流方向，就可以改变电弧压缩和拉伸的方向。这种压缩电弧可以提高电弧功率密度和弧柱电场强度，同时还可以增加纵向加热长度，提高焊接生产率。

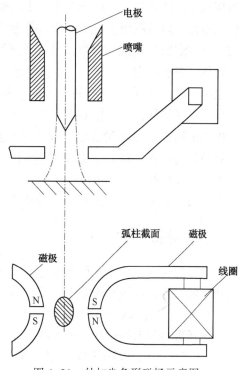

图4-21　外加尖角形磁场示意图

四、电弧的极性及其选择方法

电弧的气体放电是通过两个电极接通焊接电源而产生的。电弧的两极与焊接电源的联接方式即称为电源的极性。交流电弧焊接时，电源极性交替变化，所以电弧的两极可与电源两接线柱任意联接。在直流电弧焊接时，电源两极固定，因此电弧两极可以有两种方式与电源两级相连接。若焊件与焊机的正极相接，焊条或焊炬与负极相接，称为正接法或正极性（图4-22(a)）；反之则称为反接法或反极性（图4-22(b)）。由此可见，极性是以工件为基准的，工件为正即为正接法，反之则为反接法。

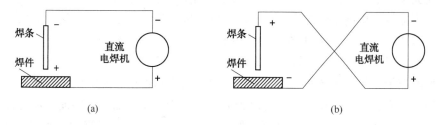

图4-22　直流电弧焊的极性接法

由于直流电弧两极的导电机理和产热特性各不相同，因而两极不同的接法对于焊接电弧的稳定性以及焊丝(条)和母材的熔化特性都有着重要的影响。直流电弧极性的选择，通常可遵循以下原则：即对于非熔化极焊接，希望电极获得较少的热量，尽量减小电极的烧损，一般采用正极性；对于熔化极电弧焊接，则希望母材获得较少的热量，减少熔深以降低堆焊的稀释率和防止薄板烧穿。此外，还必须综合考虑电弧的稳定性，例如，减少飞溅及减少极点压力等。下面试举几例说明电弧极性选择的实用方法。

在直流钨极氩弧焊、等离子弧焊和碳弧焊等非熔化极焊接时，为了使电极获得较少的热量从而使钨极烧损较小，通常采用直流正接法，即工件接电源正端，电极接电源负端。因为电极为高熔点材料，作为阴极时具有很强的电子热发射能力，因而阴极压降 U_k 极低，阴极产热量小于阳极产热量，这样就使钨和碳极获得较少的热量而母材获得较大的热量。埋弧焊采用低锰低硅焊剂以及焊条电弧焊使用碱性焊条时，为了获得稳定的焊接电弧以及使母材有较大熔深，应该选用直流反极性。因为埋弧低硅低锰焊剂以及碱性焊条的药皮中都含有大量的莹石(氟化钙)高温时分解出具有较高的电离电压(U_i)的氟($CaF_2 \rightleftharpoons CaF+F$)。又因为这两种焊接方法均为冷阴极，要获得足够的带电粒子必须提高 $U_k(U_k>U_i)$，加强电场发射和场致电离。随着 U_k 的提高会使得阴极产热量高于阳极产热量，从而使母材有较大的熔深。对于熔化极气体焊，一般也采用直流反极性。这是因为 Ar、CO_2 和 He 等保护气体都具有较高的电离电压 U_i，且不论是焊丝或母材都为冷阴极材料。因此，要获得足够的带电粒子必须具有较高的阴极压降 U_k，这就使得阴极产热量大于阳极产热量，从而使母材有较大熔深。另外，反极性时电子撞击熔滴具有较小的极点压力，使电弧和熔滴过渡比正极性时稳定性要高，这对于 CO_2 气体保护焊是十分重要的。

五、电弧的静特性

电弧燃烧时，两极间稳态的电压和电流关系曲线称为电弧静特性，表示变化状态电流与电压之间关系的曲线称为电弧的动特性。

1. 电弧静特性曲线的形状

电弧静特性曲线形状一般如图 4-23 所示，有三个不同的区域。当电流较小时(图中 A 区)，电弧是负阻特性，随着电流的增加电压减小；当电流增大时(图中 B 区)，电流几乎不变，电弧呈平特性；当电流更大时(图中 C 区)，电压随电流的增加而升高，电弧呈上升特性。各种工艺因素使电弧静特性曲线有不同的数值，但都有如图 4-23 那样的趋势。电弧电压(U_a)是由阴极压降(U_K)、弧柱压降(U_C)和阳极压降(U_A)三部分组成，即 $U_a = U_K + U_C + U_A$。电弧静特性就是这三部分电压降的总和与电流的关系。在小电流区间，因为电弧电流较小，弧柱的电流密度基本不变，弧柱断面将随电流的增加而按比例增加。若电流增加四倍，弧柱断面也增加四倍，而弧柱周长却只增加二倍，使电弧向周围空间散失热量也只增加两倍。减少了散热，提高了电弧温度及电离程度，因电流密度不变，必然使电弧电场强度下降，U_a 有下降趋势，因此在小电流区间，使电弧静特性呈负阻特性。

当电流稍大时，焊丝金属将产生金属蒸气的发射和等离子流。金属蒸气以一定速度发射要消耗电弧的能量，等离子流也将对电弧产生附加的冷却作用，此时电弧的能量不仅有周边上的散热损失，而且还与金属蒸气与等离子流消耗的能量相平衡。这些能量消耗将随电流的增加而增加，因此在某一电流区间，可以保持 E 不变，即 U_a 不变来保证产热与散热平衡，使电弧电压不变而呈平特性。钨极氩弧焊时，在小电流区间电弧为负阻特性；埋弧焊、焊条电弧焊和大电流钨极氩弧焊时，因电流密度不太大，电弧呈平特性。

当电流进一步增大时，特别用细丝 MIG 焊时，金属蒸气的发射和等离子冷却作用进一步加强，同时因电磁力的作用，电弧断面不能随电流的增加成比例的增加，电弧的电导率将减小，要保证一定的电流则要求较大的电场强度 E，所以在大电流区间，随着电流的增加，电弧电压 U_a 升高，而呈上升特性。

2. 影响电弧静特性的因素

(1) 电弧长度的影响　电弧长度改变时，主要是弧柱长度发生变化，整个弧柱的

压降 EL_e（L_e 为弧柱长度）增加时，电弧电压增加，电弧静特性曲线的位置将提高，见图 4-24。另外，电流一定时，电弧电压随弧长的增加而增加，对熔化极和钨极都有类似的情况。

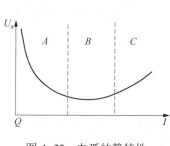

图 4-23　电弧的静特性

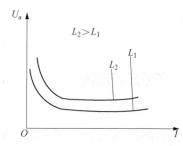

图 4-24　电弧长度对电弧静特性的影响
（L_1、L_2 为电弧长度）

（2）周围气体种类的影响　气体介质对电弧静特性有显著的影响，这种影响也是通过对弧柱电场强度的影响表现出来的。主要有两方面原因：一是气体电离能不同；二是气体物理性能不同。第二个原因往往是主要的。气体的导热系数、解离程度及解离能等对电弧电压都有决定性的影响。双原子气体的分解吸热以及导热系数大的气体对电弧冷却作用的加强，即热损失的增加，使电弧单位长度上要求有较大的 IE 与之平衡。当 I 为定值时，E 必然要增加，从而使电弧电压升高。图 4-25 给出了不同保护气体电弧电压的比较，Ar+H_2 50% 的混合气体电弧电压比纯 Ar 气的电弧电压高得多。这一现象无法用气体的电离能来解释，因为 H_2 的电离能（H 为 13.5eV、H_2 为 15.5eV）比 Ar 的电离能（Ar 为 15.7eV）低得多，但 Ar+H_2 的电弧电压却较高，这只能解释为 H_2 的高温解离吸热及导热系数比 Ar 大得多（图 4-26），对电弧的冷却作用很强所致，使电弧电压显著升高。

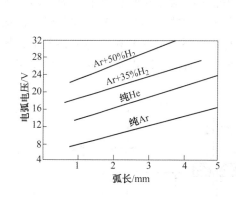

图 4-25　不锈钢 TIG 焊时弧压与弧长的关系
（I=100A）

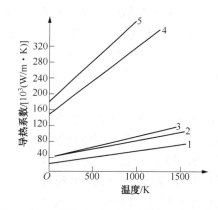

图 4-26　不同气体的导热系数与温度的关系
1—Ar；2—N_2；3—CO_2；4—He；5—H_2

（3）周围气体介质压力的影响　其他参数不变，气体介质压力的变化将引起电弧电压的变化，即引起电弧静特性的变化。气体压力增加，意味着气体粒子密度的增加，气体粒子通过散乱运动从电弧带走的总热量增加，因此，气体压力越大，冷却作用就越强，弧压就越升高。

第二节　焊丝的熔化及熔滴过渡

在熔化极自动和半自动电弧焊中，焊丝的熔化以及熔滴过渡是影响焊缝质量和焊接生产率的重要因素之一。

一、焊丝的加热与熔化

1. 焊丝的加热熔化特性

熔化极电弧焊时，焊丝具有两方面的作用，即一方面作为电弧的一极导电并传输热量；另一方面作为填充材料向熔池提供熔化金属和熔化的母材一起冷却结晶而形成焊缝。焊丝的加热熔化主要是靠单位时间内阴极区（正接）或阳极区（反接）所产生的热量，而弧柱的辐射热则是次要的。

单位时间内阳极区和阴极区的产热量，可分别用电功率 P_A 和 P_K 表示：

$$P_A = I(U_A + U_W + U_T)$$
$$P_K = I(U_K - U_W - U_T)$$

在通常电弧焊的情况下，弧柱平均温度为 6000K 左右，U_T 小于 1V；当焊接电流较大时，阳极区压降 U_A 极小，故上二式可简化为：

$$P_A = IU_W$$
$$P_K = I(U_K - U_W)$$

即阴极区和阳极区的产热主要决定于 U_K 和 U_W。焊丝接正时产热量多少，主要决定于材料的逸出功 U_W 和电流大小。在电流一定的情况下，材料的逸出功也是一个固定的数值，受其他因素的影响不大，因此，当焊丝接正时，焊丝的熔化系数是个相对固定的数值。当焊丝接负时，焊丝的加热与熔化则决定于 U_K-U_W。有很多因素影响阴极电子发射，即影响阴极压降值 U_K 大小，也就必然影响阴极产热多少及焊丝的加热与熔化情况。熔化极气体保护焊时，焊丝均为冷阴极材料，$U_K \gg U_W$，所以 $P_K > P_A$。用同一材料和相同电流情况下，焊丝为阴极的产热将比焊丝为阳极时产热多。因散热条件相同，所以焊丝接负时比焊丝接正时熔化快。

焊丝除了受电弧的加热外，在自动和半自动焊时，从焊丝与导电嘴接触点到电弧端头的一段焊丝（即焊丝伸出长度用 L_S 表示）有焊接电流流过，所产生电阻热对焊丝有预热作用，从而影响焊丝的熔化速度（图 4-27）。特别是焊丝比较细和焊丝金属的电阻系数比较大时（如不锈钢），这种影响更为明显。

焊丝伸出长度的电阻热为：

$$P_R = I^2 R$$

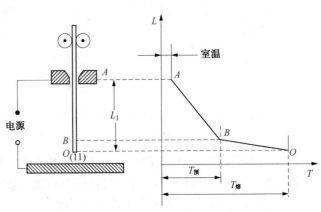

图 4-27　焊丝伸出长度的电阻

$$R_S = \rho \frac{L_S}{S}$$

式中　R_S——L_S 段的电阻值；

　　　ρ——焊丝的电阻率；

　　　L_S——焊丝的伸出长度；

　　　S——焊丝的断面积。

材料不同时，焊丝伸出长度部分产生的电阻热也不同。如熔化极气体保护焊时，通常 $L_S = 10 \sim 30mm$，对于导电良好的铝和铜等金属，P_R 与 P_A 或 P_K 相比是很小的，可忽略不计。而对钢和钛等材料，电阻率高。当伸出长度较大时，P_R 与 P_A 及 P_K 相比较大才有重要的作用。

因此，用于加热和熔化焊丝的总热量 P_m 主要由两部分组成，即

$$P_m = I(U_m + IR_S)$$

由上式可见，加热和熔化焊丝的热 P_m 是单位时间内由电弧热和电阻热提供的能量。

2. **影响焊丝熔化速度的因素**

焊丝的熔化速度与焊接条件有密切的关系。极性对熔化速度的影响，对不同材料表现有不同特征。焊接规范参数如焊接电流、电压、气体介质、电阻热及焊丝表面状态等都影响焊丝的熔化速度，简述如下。

(1)电流和电压对熔化速度的影响　随着焊接电流的增大，焊丝的电阻热与电弧热增加，焊丝的熔化速度加快。图 4-28 和图 4-29 分别表示铝和不锈钢的熔化速度与电流的关系。对铝焊丝，因电阻较小，电流与熔化速度是直线关系，但斜率不同。焊丝越细，斜率越大，说明焊丝熔化系数 a_m 越大。a_m 是指单位时间内通过单位电流时焊丝的熔化量[g/(A·h)]。

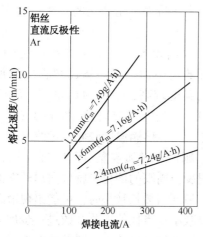
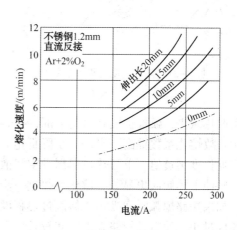

图 4-28　铝焊丝熔化速度与电流的关系　图 4-29　$\phi1.2mm$ 不锈钢焊丝熔化速度与电流的关系

对不锈钢焊丝，它的熔化速度与电流不是直线关系，随着电流的增大，曲线斜率增大。这是因为不锈钢的电阻率大，伸出长度部分的电阻热不能忽略，a_m 因电流不同而变化所致。

电弧电压较高时，电弧电压对焊丝熔化速度影响不大；在电弧电压较低范围内弧压变小，反而使焊丝熔化速度增加。特别对铝合金，这种影响更加明显。如图 4-30(a)中的各条曲线，就是对于 $\phi1.6mm$ 铝合金焊丝，等速送丝的熔化速度与电弧电压和电流的关系。由图

中的曲线可以看到，当弧长较长时，曲线垂直于横轴，此时送丝速度与熔化速度平衡，焊丝熔化速度主要决定于电流大小，即曲线的 *AB* 段。当电弧长度减小到8mm以下时，要熔化一定数量的焊丝所需要的电流减小。也就是说，电弧较短时焊丝的熔化系数增加。这种倾向对铝焊丝较明显，对钢焊丝较弱（图4-30(b)）。由于在 *BC* 段有熔化系数随电弧长度变化的现象，所以当电弧长度因受外界干扰发生变化时，电弧本身有恢复原来弧长的能力，一般称为电弧的固有自调节作用。对铝焊丝因其固有自调节作用很强，等速送丝时可以用恒流特性电源进行熔化极气体保护焊。

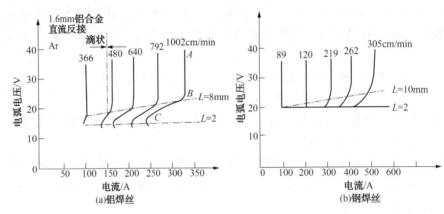

图4-30　熔化极气体保护焊时电弧的固有自调节作用

BC 段的这种现象是由于弧长变短时，电弧空间的热量向周围散失减少，提高了电弧的

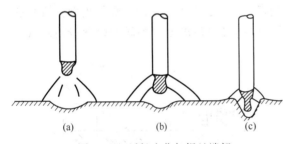

图4-31　弧长变化与焊丝端部
弧根长度的关系

热效率，使焊丝的熔化系数增加所致。同时，由于熔滴的加热温度因电弧长度的变化而变化，单位重量熔化金属过渡时从焊丝带走热量也发生变化的结果。如图4-31所示，电弧较长时（图4-31(a)），电弧向空间散热较多，弧根集中在熔滴的端头，电弧的集中加热使熔滴过热程度增加，熔滴的温度较高，带走的热量多，故熔化系数较小。当电弧较短时（图4-31(b)），电

弧空间散热减少，弧根扩展到熔滴上部，使熔滴受热均匀，熔滴温度较低，过渡时带走的热量较少，故熔化系数提高。当进一步降低电弧长度，则产生潜弧现象（图4-31(c)），这时电弧可见长度为负值，电弧热量向周围空间散失的很少，周围的熔化金属也向焊丝端部辐射热量，则使上述倾向更显著，熔化系数进一步增高。另外当弧长减小时，可能出现短路过渡现象，如果短路熄弧时间极短，熔滴过热程度进一步减小，也促使熔化系数进一步加大。当电弧长度过小，使电弧短路熄弧时间较长，电弧对熔滴加热过分减少，则熔化系数降低。

（2）气体介质对焊丝熔化速度的影响　不同气体介质直接影响阴极压降的大小和焊接电弧产热多少，因此影响焊丝的熔化速度。熔化极气体保护焊时，Ar 与 CO_2 不同气体混合比的混合气体对焊丝熔化速度的影响如图4-32所示。焊丝为阴极时的熔化速度总是大于焊丝为阳极时的熔化速度，并因气体混合比不同而变化。焊丝为阳极时，其熔化速度基本不变。因为混合气体成分变化时，将主要引起阴极压降 U_K 的变化，阴极产热与阴极压降 U_K 有关，而阳极产热与 U_W 有关，所以焊丝为阴极时，气体成分对焊丝熔化速度有很大的影响。另外，

不同气体混合比还影响熔滴过渡形式，这也影响熔滴的加热及焊丝熔化，所以正极性时混合气体成分对焊丝熔化速度的影响呈现出一条复杂的曲线。

（3）电阻热　熔化焊时，由于采用的电流密度较大，所以在焊丝伸出长度上产生的电阻热对焊丝起着预热作用，可以影响到焊丝的熔化速度。特别是当焊丝金属的电阻系数比较大时（如不锈钢焊丝），这种电阻热对焊丝熔化速度的影响就更为明显，即随着焊接电流或焊丝伸出长度的增大，导致电阻热的增加和预热温度的升高，从而使焊丝的熔化速度增大。

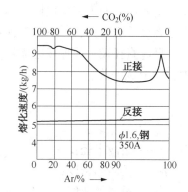

图 4-32　Ar 与 CO_2 混合比对不同极性焊丝熔化速度的影响

二、熔滴过渡

在电弧热作用下，焊丝与焊条端头的熔化金属形成熔滴，受到各种力的作用向母材过渡，称为熔滴过渡。它与焊接过程稳定性、焊缝成形、飞溅大小有直接的关系。

1. 熔滴上的作用力

焊条端头的金属熔滴受以下几个力的作用：表面张力、重力、电磁收缩力、斑点压力、等离子流力和其他力。

（1）表面张力

表面张力是在焊条端头上保持熔滴的主要作用力。如图 4-7 所示，若焊丝半径为 R，这时焊丝和熔滴间的表面张力为：

$$F_\sigma = 2\pi R\sigma$$

式中 σ 为表面张力系数。σ 数值与材料成分、温度、气体介质等因素有关。在表 4-6 中列出了一些纯金属的表面张力系数资料。

表 4-6　纯金属的表面张力系数

金属	Mg	Zn	Al	Cu	Fe	Ti	Mo	W
$\sigma/10^{-3}$(N/m)	650	770	900	1150	1220	1510	2250	2680

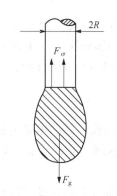

图 4-33　熔滴承受重力和表面张力示意图

在熔滴上具有少量的表面活化物质时，可以大大地降低表面张力系数。在液体钢中最大的表面活化质是氧和硫。如纯铁被氧饱和后其表面张力系数降低到 1030×10^{-3}N/m。因此，影响这些杂质含量的各种因素（金属的脱氧程度、渣的成分等）将会影响熔滴过渡的特性。

增加熔滴温度，会降低金属的表面张力系数，从而减少熔滴尺寸。

（2）重力　焊丝末端的金属加热熔化后形成的熔滴，要受到自身重力（$F_g = mg$）的作用，如图 4-33 所示。

重力对熔滴的作用取决于焊缝在空间的位置。平焊时，重力是促使熔滴和焊丝末端相脱离的力；仰焊时，重力则成为阻碍熔滴和焊丝末端相脱离的力。熔化极气体保护焊时生成的熔滴尺寸很小，故熔滴的重力也很小。只有在熔滴尺寸相当大，才不可忽视重力对熔滴过渡的影响。

当焊丝直径较大而焊接电流较小时，在平焊位置的情况下，使熔滴脱离焊丝的力主要是重力（F_g）其大小为：

$$F_g = mg = \frac{4}{3}\pi r^3 \rho g$$

式中　　r——熔滴半径；

　　　　ρ——熔滴的密度；

　　　　g——重力加速度。

如果熔滴的重力大于表面张力时，熔滴就要脱离焊丝。

（3）电磁力　电流通过熔滴时，导电的截面是变化的，电磁力产生轴向分力，其方向总是从小截面指向大截面，如图4-34所示。这时，电磁力可分解为径向和轴向的两个分力。

电流在熔滴中的流动路线可以看做圆弧形，这时电磁力对熔滴过渡的影响，可以按不同部位加以分析。在焊丝与熔滴连接的颈处，形成的电磁力可由下列数值方程决定；

$$F_{cz} = I^2 \lg \frac{d_D}{d_s}$$

式中　　F_{cz}——电磁力，N；

　　　　I——电流，A；

　　　d_s——焊丝直径，mm；

　　　d_D——熔滴直径，mm。

这时的电磁力是由小断面指向大断面，它是促进熔滴过渡的。在熔滴与弧柱间形成斑点，它的面积大小决定于电流线在熔滴中的流动形式。若斑点面积小于熔滴直径，此时形成电磁力为：

$$F_{cz} = I^2 \lg \frac{d_G}{d_D}$$

式中　　d_G——弧根面积的直径，mm。

若$d_G < d_D$时，形成的合力向上，构成斑点压力的一部分，会阻碍熔滴过渡。若$d_G > d_D$时，形成的合力向下会促进熔滴过渡。由此可见，电磁力对熔滴过渡的影响决定于电弧形态。若弧根面积笼罩整个熔滴，此处的电磁力促进熔滴过渡；若弧根面积小于熔滴直径，此处的电磁力形成斑点压力的一部分会阻碍熔滴过渡。

（4）等离子流力

从电弧的力学特点可知，自由电弧的外形通常呈圆锥形，不等断面电弧内部的电磁力是不一样的，上边的压力大，下边的压力小，形成压力差，使电弧产生轴向推力。由于该力的作用，造成从焊丝端部向工件的气体流动，形成等离子流力。

电流较大时，高速等离子流将对熔滴产生很大的推力，使之沿焊丝轴线方向运动。这种推力的大小与焊丝直径和电流大小有密切的关系。

（5）斑点压力

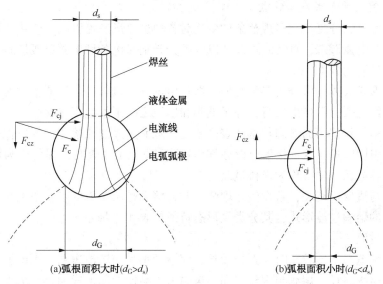

图 4-34 电磁力分布和熔滴上弧极面积大小的关系

电极上形成斑点时，由于斑点是导电的主要通道，所以此处也是产热集中的地方。同时该处将承受电子(反接)或正离子(正接)的撞击力。又因该处电流密度很高，将使金属强烈的蒸发，金属蒸发时对金属表面产生很大的反作用力，对电极造成压力。如同时考虑电磁力的作用，使斑点压力对熔滴过渡的影响十分复杂，当斑点面积较小时(如 CO_2 焊接时的情况)，斑点压力常常是阻碍熔滴过渡的力；而当斑点面积很大，笼罩整个熔滴时(如 MIG 焊喷射过渡的情况)，斑点压力常常促进熔滴过渡。

(6) 爆破力

当熔滴内部含有易挥发金属或由于冶金反应而生成气体时，都会使熔滴内部在电弧高温作用下气体积聚和膨胀而造成较大的内力，从而使熔滴爆炸而过渡。当短路过渡焊接时，在电磁力及表面张力的作用下形成缩颈，在其中流过较大电流，使小桥爆破形成熔滴过渡，同时会造成飞溅。

通过上述可以看到，影响熔滴过渡的力有五六种之多。除重力和表面张力外，电磁收缩力、等离子流力和斑点压力等都与电弧形态有关。各种力对熔滴过渡的作用，根据不同的工艺条件应做具体的分析。如重力在平焊时是促进熔滴过渡的力；而当立焊和仰焊时，重力则使过渡的金属偏离电弧的轴线方向而阻碍熔滴过渡。

在长弧时，表面张力总是阻碍熔滴从焊丝端部脱离，但当熔滴与熔池金属短路并形成液体金属过桥时，由于熔池界面很大，这时表面张力 F_σ 有助于把液体金属拉进熔池，而促进熔滴过渡；电磁力 F_C 也有同样的情况，当熔滴短路使电流线呈发散形(图4-35)，也会促进液态小桥金属向熔池过渡。

综上所述，熔化极气体保护焊时，作用于熔滴的力对熔滴过渡的影响，应从焊缝的空间位置、熔滴过渡形式、电弧形态、采用的工艺条件及规范参数等方面进行具体的分析。

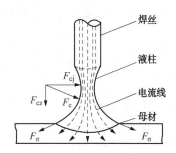

图 4-35　熔滴与熔池短路时表面张力与电磁力对过渡的影响

2. 熔滴过渡主要形式及其特点

熔滴过渡现象十分复杂，当规范条件变化时各种过渡形态可以相互转化，因此必须按熔滴过渡的形式及电弧形态，对熔滴过渡加以分类，分别讨论各种熔滴过渡形式的特点。

（1）熔滴过渡的分类

熔滴过渡形式大体上可分为三种类型，即自由过渡、接触过渡和渣壁过渡。所谓自由过渡，是指熔滴经电弧空间自由飞行，焊丝端头和熔池之间不发生直接接触。

接触过渡是焊丝端部的熔滴与熔池表面通过接触而过渡。在熔化极气体保护焊时，焊丝短路并重复的引燃电弧，这种接触过渡亦称为短路过渡。TIG 焊时，焊丝作为填充金属，它与工件间不引燃电弧，也有称为搭桥过渡的。

渣壁过渡与渣保护有关，常发生在埋弧焊时，熔滴是从熔渣的空腔壁上流下的。

几种典型的熔滴过渡形式，其分类及形态特征如表4-7所示。

（2）滴状过渡

电流较小和电弧电压较高时，弧长较长，使熔滴不易与熔池短路。因电流较小，弧根面积的直径小于熔滴直径，熔滴与焊丝之间的电磁力不易使熔滴形成缩颈，斑点压力又阻碍熔滴过渡。随着焊丝的熔化，熔滴长大，最后重力克服表面张力的作用，而造成大滴状熔滴过渡。在氩气介质中，由于电弧电场强度低，弧根比较扩展，并且在熔滴下部弧根的分布是对称于熔滴的，因而形成大滴滴落过渡，如图4-36就是这种过渡形式的示意图。

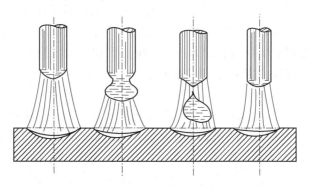

图4-36　滴状过渡示意图

CO_2 气体保护焊时，因 CO_2 气体高温分解吸热对电弧有冷却作用，使电弧电场强度提高，电弧收缩，弧根面积减小，增加了斑点压力而阻碍熔滴过渡并顶偏熔滴，因而形成大滴状排斥过渡，如表4-7中的示意图所示。熔化极气体保护焊直流正接时，由于斑点压力较大，无论用 Ar 还是 CO_2 气体保护，焊丝都有明显的大滴状排斥过渡现象。

表4-7　熔滴过渡分类及其形态特征

	熔滴过渡类型	形　态	焊接条件
自由过渡	1. 滴状过渡 （1）大滴过渡 1）大滴滴落过渡 2）大滴排斥过渡 （2）细滴过渡		高电压小电流 MIG 焊 高电压小电流 CO_2 焊接及正极性焊接时大电流 CO_2 气体保护焊 大电流 CO_2 焊

熔滴过渡类型	形　态	焊接条件
自由过渡	2. 喷射过渡 　（1）射滴过渡 　（2）射流过渡 　（3）旋转射流 3. 爆炸过渡	铝 MIG 焊及脉冲焊 钢 MIG 焊 特大电流 MIG 焊 熔滴内产生气体的 CO_2 焊
接触过渡	4. 短路过渡 5. 搭桥过渡	CO_2 气体保护短路过渡焊 非熔化极填丝焊
渣壁过渡	6. 沿熔渣壳过渡 7. 沿套筒过渡	埋弧焊 手工电弧焊

中等电流规范 CO_2 气体保护焊时，因弧长较短，同时熔滴和熔池都在不停地运动，熔滴与熔池极易发生短路过程，所以 CO_2 气体保护焊除大滴状排斥过渡外，还有一部分熔滴是短路过渡。正因为这种过渡形式有一定量的短路过渡易形成飞溅，所以在焊接回路中应串联大一些的电感，使短路电流上升速度慢一些，这样可以适当地减少飞溅。

CO_2 气体保护焊时，随着焊接电流的增加，斑点面积也增加，电磁力增加，熔滴过渡频率也增加，如图 4-37 所示。虽然由于电流增加使熔滴细化，熔滴尺寸一般也大于焊丝直径。当电流再增加时，它的电弧形态与熔滴过渡形式没有突然变化，这种过渡形式称为细颗粒过渡。因飞溅较少，电弧稳定，焊缝成形较好，在生产中广泛应用。对用 $\phi1.6mm$ 焊丝，电流 400A 焊接时，即为这种过渡形式。

（3）喷射过渡

在纯氩或富氩保护气体中进行直流负极性熔化极电弧焊时，若采用的电弧电压较高（即弧长较长），一般不出现焊丝末端的熔滴与熔池短路现象，会出现喷射过渡形式。根据不同的焊接条

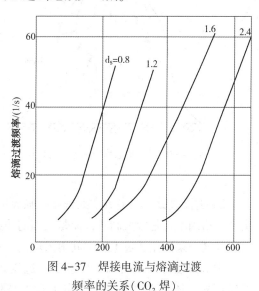

图 4-37　焊接电流与熔滴过渡
频率的关系（CO_2 焊）

件，这类过渡形式可分为射滴、亚射流、射流、旋转射流等过渡形式。

1）射滴过渡　过渡时，熔滴直径接近于焊丝直径，脱离焊丝沿焊丝轴向过渡，加速度大于重力加速度。此时焊丝端部的熔滴大部分或全部被弧根所笼罩。钢焊丝脉冲焊及铝合金熔化极氩弧焊经常是这种过渡形式。

还有一个特点，就是焊钢时总是一滴一滴的过渡，而焊铝及其合金时常常是每次过渡 1~2 滴，这是一种稳定过渡形式。

射滴过渡时电弧呈钟罩形，如图4-38所示。由于弧根面积大，并包围熔滴，使流过熔滴的电流线发散，则产生的电磁收缩力F_c形成较强的推力。斑点压力F_b作用在熔滴的不同部位，不只是在下部阻碍熔滴过渡，而且在熔滴的上部和侧面压缩和推动熔滴而促进其过渡。这时阻碍熔滴过渡的力主要是表面张力。由于铝合金的导热性好，熔点低，不会在焊丝端部形成很长的液态金属柱，所以常常表现为这种过渡形式。气体保护焊时，均有射滴过渡形式。对钢焊丝MIG焊时，射滴过渡是界于小电流滴状过渡和大电流射流过渡之间的一种熔滴过渡形式。它的电流区间非常窄，甚至可以认为钢焊丝MIG焊时基本上不出现射滴过渡。

从大滴状过渡转变为射滴过渡的电流值为射滴过渡临界电流（图4-39）。该电流大小与焊丝直径、焊丝材料、伸出长度和保护气体成分有关。对低熔点和熔滴含热量小的焊丝，临界电流都比较小，如铝焊丝的临界电流就比较低。焊丝直径与临界电流的关系，如图（4-50）所示。随焊丝直径的增加，临界电流也增加。保护气体成分对射滴过渡临界电流值也有很大的影响。

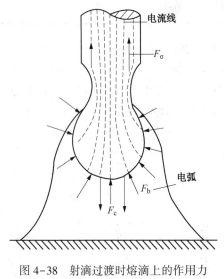

图4-38 射滴过渡时熔滴上的作用力

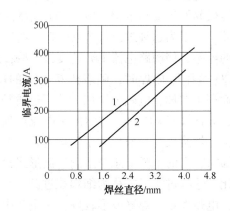

图4-39 焊丝直径与射滴过渡临界电流的关系
1—铝合金；2—纯铝

2）射流过渡 当电流增大到某一临界值时，熔滴的形成过程和过渡形式便发生根本性的突变，熔滴不再是较大滴状，而是微细的颗粒，沿电弧轴向以很高的速度和过渡频率向熔池喷射，如同一束射流通过电弧空间射入熔池（图4-40a），这种过渡状态通常称为"射流过渡"。

射流过渡除呈现熔滴颗粒细小，过渡频率高（每秒钟几十到二百滴以上）和喷射速度高等特征外，还具有电弧平稳、电流和电压恒定、弧形轮廓清晰（肉眼可见一条窄细的白亮区）、熔深大、飞溅小、焊缝成形质量高等特征。

射流过渡时的电弧功率大，电流密度大，热流集中，等离子流力作用明显，焊件的熔透能力强。另外，射流状过渡熔滴沿电弧轴线以极高的速度喷向熔池，对熔池中液体金属有较强的机械冲击作用，使焊缝中心部位的熔深明显增大呈蘑菇形，如图4-40（b）所示。因而射流过渡主要用于在平焊位置焊接厚度大于3mm的构件，对薄壁零件则不适用。

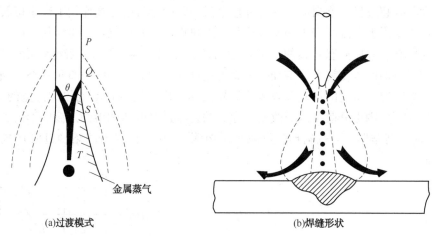

(a)过渡模式　　　　　　　　　　　　(b)焊缝形状

图 4-40　射流过渡示意图

发生射流过渡时的临界电流区间很窄，是一种突变，例如用 $\phi 1.6mm$ 低碳钢焊丝，在 Ar99%+O$_2$1% 的保护气氛中，直流反接，当电流较小时为大滴状过渡，随电流的增加，熔滴的体积略有减小。当电流由 255A 增到 265A 时，熔滴数由 15 滴/s 变到 240 滴/s，熔滴过渡频率发生了突然变化，熔滴体积也突然变小，如图 4-41 所示。当电流超过 265A 后进一步增加电流时，熔滴过渡频率增加得不多，所以称 265A 为射流过渡临界电流值。焊接条件变化时，临界电流值也随之改变。

射流过渡的重要条件是：氩气或富氩气体保护的熔化极电弧焊，直流负极性，电流大而且超过一定的临界值，电弧电压较高，阳极弧根大。

射流过渡的发生过程是：当电流达到或超过临界电流时，阳极弧根由焊丝端部扩展到侧面(图 4-40(a))，此时，自阳极传给焊丝的热流可近似地分成两部分，一部分通过 Q 点以下的熔化金属传给焊丝，另一部分则通过焊丝的固态侧表面(PQ 段)传给焊丝，因而大大加速了焊丝熔化和熔滴形成的过程。PQ 段的焊丝熔化是从表面向内逐渐进行的；QS 段的熔化条件好，累积受热时间也由 Q 点到 S 点逐渐增长，因此，由 Q 点向焊丝中心部位熔化，被熔化的焊丝金属在固-液界面的表面张力和电弧力(其中等离子流力很重要)的作用下，形成液态尖锥，锥顶是 T 点，而中心部分形成固态锥体，锥顶是 S 点。

锥顶的液态金属呈拉长、变细、脱离的势态，在电磁力的挤压和等离子流力的推动下，形成颗粒很小的熔滴并以很高的频率连续射向熔池。研究还发现，熔滴脱离液态锥尖时，阳极斑点频繁地向缩颈根部转移，称这一现象为跳弧现象。

当焊丝熔化速度加快并且送丝速度也相应加快时，固态锥体的锥角 θ 变小；当送丝速度一定时，锥角 θ 与焊丝材料的热导率有关，热导率大，θ 也大，反之则小。显然 θ 越小，熔滴越容易脱离焊丝。

射流过渡的临界电流值主要取决于焊丝金属的化学成分与直径、保护气体成分、电流极性和焊丝伸出长度等。在焊丝化学成分确定时，随着焊丝直径的增大或液体金属的表面张力系数的提高，临界电流值就增大。图 4-42 是不同化学成分和直径的焊丝在氩气中焊接时的临界电流值。而表 4-8 是不同成分和直径的焊丝进行熔化极氩弧焊时，要获得射流过渡可选用的焊接电流范围。

影响射流过渡稳定性的因素主要是：

a. 焊接电流的影响　在射流过渡条件下选用的焊接电流不是越大越好。如果采用的焊接电流过大，并超过另一范围值，这时焊接电弧在强的自身电磁场作用下产生旋转。同时在焊丝末端由于受强大电流所产生的电弧热与电阻热作用，其熔化长度也增长，随着电弧旋转也跟着一起旋转，并使液态金属的尖端产生弯曲，如图 4-43 所示。若继续增大焊接电流，焊丝尖端旋转弯曲的角度就继续增加，一直可达到几乎和焊丝轴线呈直角状态。当电弧和焊丝尖端产生旋转时，熔化的焊丝金属将从焊丝尖端甩出，过渡到熔池的比较宽的面积范围，且电弧力的作用范围也分散，因而改变了原有的射流过渡电弧和熔滴过渡的形态，以及焊缝的熔透形状(从蘑菇形变为宽扁形，且减小了熔深)，在这情况下的熔滴过渡形式就变为旋转射流过渡。

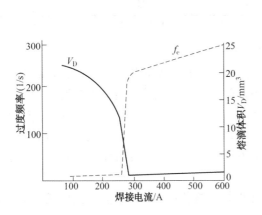

图 4-41　MIG 焊时熔滴过渡与电流的关系

V_D—熔滴平均体积；f_c—过渡频率

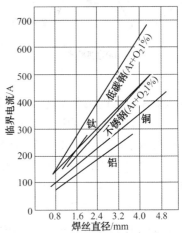

图 4-42　各种焊丝的临界电流

表 4-8　不同成分与直径的焊丝在氩弧焊时获得射流过渡的焊接电流范围
(直流负极性)

焊丝材料	在下列直径(mm)时选用的焊接电流/A						
	0.8	1.0	1.2	1.6	2.0	2.5	3.0
L4	80~140	—	100~225	130~330	145~350	210~400	235~420
LF	—	—	105~203	140~350	160~370	220~420	245~420
铜合金[①]	—	150~260	170~340	220~380	250~420	—	300~500
1Cr18Ni9Ti	150~200	180~250	190~310	240~450	280~500	320~550	—
钛			210~330	250~450	290~550	360~600	380~650
碳钢	160~280		210~330	260~500	320~550	—	—

①为各种铜合金的平均值。

　　产生旋转射流过渡的焊接电流值也取决于焊丝材料的化学成分与直径、焊丝伸出长度以及电弧电压等，一般随着焊丝伸出长度的增大或电弧电压的升高，会使产生旋转射流过渡的电流值降低。而开始形成旋转射流过渡的焊接电流值，可称为第二临界电流值。因此，对于一定成分与直径的焊丝，要保证获得稳定的轴向射流过渡，其选用的焊接电流值范围，应是大于产生射流过渡的临界电流和低于第二临界电流。

　　b. 电弧电压的影响　要获得稳定的射流过渡，在选定焊接电流后，还要匹配合适的电弧电压，亦即控制合适的弧长。实践表明，每一临界电流值，都有一个与它相匹配的最低电弧电压值（或最短的弧长）。如果电弧电压值低于这最低值，将出现射流过渡兼有短路过渡的特征，电弧就会发生"噼啪"的声响，并产生轻微的金属飞溅。因此，为了保证获得稳定的射流过渡，电弧电压应选得比最低值高一些，以不产生"噼啪"声为宜。但是电弧电压也不宜过高，如果电弧电压过高（即弧长过长），不仅使电弧热损失增加，容易引起电弧飘动，且可能降低保护气的保护效果。

由试验测出的两种直径的不锈钢焊丝可获得稳定射流过渡的范围，如图 4-44 中阴影线区所示（$d_s=1.2mm$ 焊丝为虚线部分，$d_s=1mm$ 焊丝为实线部分）。从图可见在焊接时若要增加电流，则电弧电压也要随之增大，这是因为熔化极电弧具有上升的电弧静特性，为保持弧长恒定，焊接电流增大后就要相应地提高电弧电压。从图中可以明显看出，若焊丝直径（d_s）变粗，则获得射流过渡时要求采用较大的电流和较高的电压。

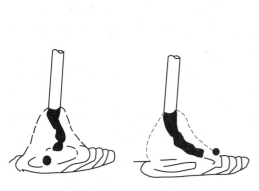

图 4-43　旋转射流过渡示意图

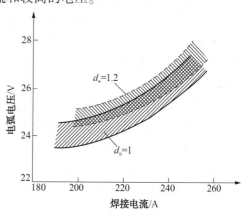

图 4-44　不同直径的不锈钢焊丝获得稳定
射流过渡的电压与电流匹配

c. 电源极性的影响　在直流负极性时，焊丝为阳极，熔滴受到的斑点压力较小，要获得射流过渡的临界电流值较低。反之，若采用直流正极性，因焊丝是阴极，熔滴受到斑点压力较大，易阻碍熔滴和焊丝末端相脱离，使产生射流过渡的临界电流值增大。另外，焊接电流增大，对熔池的热输入也增加，同时作用于熔池的电弧力也增强，从而易把液体金属从熔池中吹出，将降低焊缝成形质量，因而通常不采用直流正极性。

为了改善直流正极性熔滴过渡特性，试验研究表明，可采用活化焊丝的方法，如在钢焊丝表面敷涂一层逸出功低的活化剂（含有铯、锶或钙等元素的物质）。这样在直流正极性焊接时，活化焊丝能发射较多数量的电子，以减少阴极区中的正离子流分量，致使熔滴受到的斑点压力减弱，有利于形成射流过渡。图 4-45 是经过活化处理的低碳钢焊丝在 $Ar+O_2 1\%$ 的保护气中焊接时，焊丝表面

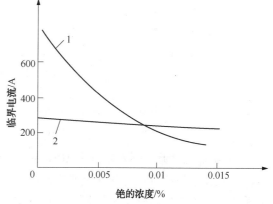

图 4-45　低碳钢焊丝表面的含铯量对临界电流的影响
1—直流正极性焊接；2—直流负极性焊接
（$d_s=1.6mm$；$L_s=19mm$；$Ar+O_2 1\%$）

铈的含量对临界电流的影响。从图可见，活化焊丝对负极性的临界电流几乎无影响。而对于正极性，则随着含铈量的增加，临界电流值就降低，当含铈量超过 0.008% 时，正极性的临界电流值就比负极性临界电流值为低。

d. 保护气成分的影响 焊接实践表明，用直流反接熔化极气体保护焊时，保护气成分对熔滴过渡特性有明显的影响，例如用钢焊丝进行熔化极氩弧焊时，在 Ar 气中加入 CO_2 或 O_2，当其加入量少时，由于氧是一种表面活性元素，可降低熔滴的表面张力，减少了阻碍熔滴过渡的力，使过渡的熔滴尺寸细化，临界电流也略为降低。另外，因保护气体具有轻微的氧化性，能使熔池表面产生连续的弱氧化作用，有利于稳定阴极斑点，可消除因阴极斑点游动所引起的电弧飘荡，提高了电弧稳定性。图 4-46 是钢焊丝焊接时，氩气中含 CO_2 量对临界电流的影响。

但是应当指出，在 Ar 气中含 CO_2 或 O_2 量不能过多，因含量多，其分解吸热等对电弧会产生较强的冷却作用，使熔滴上的弧根和弧柱收缩，弧柱电场强度增加，促使电弧收缩，难以实现弧根的扩展，跳弧困难，阻碍熔滴过渡的力增大，所以临界电流反而提高。当 Ar 气中加入的 CO_2 气体超过 30% 时，便不能形成射流过渡，而仅具有 CO_2 焊时细颗粒过渡的特点。

e. 焊丝伸出长度的影响 焊丝伸出长度增加，电阻热的预热作用就随之增强，会引起焊丝的熔化速度加快，故可降低射流过渡临界电流值。

图 4-47 是采用低碳钢焊丝进行直流反接 MIG 焊时，焊丝伸出长度对临界电流的影响。但在实际焊接生产中，选用的焊丝伸出长度不宜过大，否则有可能引起旋转射流过渡，反而达不到稳定射流过渡的目的。

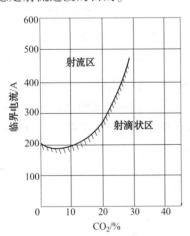

图 4-46 氩气中加 CO_2 对临界电流的影响
（低碳钢丝 φ1.2mm，焊丝伸出长度 15mm）

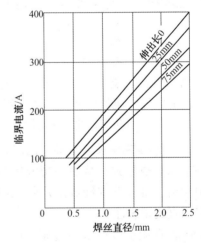

图 4-47 焊丝直径、伸出长度与临界电流的关系
（低碳钢，Ar+O21%，直流反接，弧长 6mm）

3）亚射流过渡 通常铝合金 MIG 焊时，熔滴过渡可分为大滴状过渡、射滴过渡、短路过渡、及介于短路过渡与射滴过渡之间的亚射流过渡，如图 4-48 所示。因其弧长较短，在电弧热作用下焊丝熔化金属累积、拉长并形成缩颈，在即将脱离焊丝而以射滴形式过渡之际即与熔池接触造成短路，在短路电流和电磁收缩力的作用下细颈破断，并重燃电弧完成过渡，它与正常短路过渡的差别是：正常短路过渡时在熔滴与熔池接触前并未形成已达临界状态的缩颈，因此熔滴与熔池的短路时间较长，短路电流很大。而亚射流过渡时短路时间极

短，电流上升得不太大就使熔滴缩颈破断，因已形成缩颈，短路峰值电流很小，所以破断时冲击力小而发出轻微的"啪啪"声。这种熔滴过渡形成的焊缝成形美观，焊接过程稳定，在铝合金 MIG 焊时广泛应用。

亚射流过渡时熔滴过渡频率与电压有关。当电弧电压较低时，熔滴尺寸较大，过渡频率较低，焊丝的熔化速度（即送丝速度）较快。而当电压增高时，弧长增大，熔滴尺寸减小，过渡频率增高，焊丝熔化速度减慢。当电弧长度在 2~8mm 之间变化时，属于亚射流过渡，当弧长大于 8mm 时，熔化速度受电压影响较小。

（4）短路过渡

在较小电流、低电压时，熔滴未长成大滴就与熔池短路，在表面张力及电磁收缩力的作用下，熔滴向母材过渡的这种过程称短路过渡。这种过渡形式电弧稳定，飞溅较小，熔滴过渡频率高，焊缝成形较好，广泛用于薄板焊接和全位置焊接。

1）短路过渡过程　细丝（$\phi 0.8~1.6mm$）气体保护焊时，常采用短路过渡形式。这种过渡过程的电弧燃烧是不连续的，焊丝受到电弧的加热作用后形成熔滴并长大，而后与熔池短路熄弧，在表面张力及电磁收缩力的作用下形成缩颈小桥并破断，再引燃电弧，完成短路过渡过程，如图 4-49 所示。

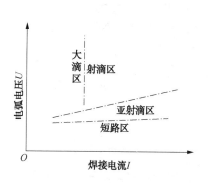

图 4-48　合金熔滴过渡形式与电参数的关系

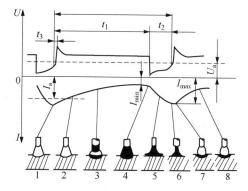

图 4-49　短路过渡过程与电流电压波形

t_1— 燃弧时间；t_2—短路时间；t_3—拉断熔滴后的电压恢复时间；

t—短路周期；$T = t_1 + t_2 + t_3$；I_{max}—最大电流（短路峰值电流）；

I_{min}—最小电流；I_a—平均焊接电流；U_a—平均电弧电压

图 4-49 中：1 为电弧引燃的瞬间，然后电弧燃烧析出热量熔化焊丝，并在焊丝端部形成熔滴（图中 2），随着焊丝的熔化和熔滴长大（图中 3），电弧向未熔化的焊丝传递热量减少，使焊丝熔化速度下降，而焊丝以一定的速度送进，使熔滴接近熔池，并造成短路（图中 4），短路电流逐渐增大，形成短路液柱（图中 5）。随着短路电流的增加，液柱部分的电磁收缩作用，使熔滴与焊丝之间形成缩颈（称短路小桥，图中 6）。当短路电流增加到一定数值时，小桥迅速断开，电弧电压很快恢复到空载电压，电弧又重新引燃（图中 7），电流下降，然后又开始重复上述过程。

2）短路过渡的稳定性　为保持短路过渡焊接过程稳定进行，不但要求焊接电源有合适的静特性，同时要求电源有合适的动特性，它主要包括以下三个方面。

a. 对不同直径的焊丝和规范，要保持合适的短路电流上升速度，保证短路"小桥柔顺的断开，达到减少飞溅的目的。

b. 要有适当的短路电流峰值 I_m，短路焊接时 I_m 一般为 I_a 的 2~3 倍。I_m 值过大会引起缩颈小桥激烈的爆断造成飞溅，过小则对引弧不利，甚至影响焊接过程的稳定性。

c. 短路完了之后，空载电压恢复速度要快，以便及时引燃电弧，避免熄弧现象。一般硅整流焊接电源电压恢复速度很快，都能满足短路过渡焊接对电压恢复速度的要求。

短路电流上升速度及短路电流峰值，主要通过焊接回路的感抗来调节。一般焊机都在直流回路中串联电感来调节电源的动特性，电感大时短路电流上升速度慢，电感小时短路电流上升速度快。

短路过渡时，过渡熔滴越小、短路频率越高，则焊缝波纹越细密，焊接过程也越稳定。在稳定的短路过渡的情况下，要求尽量高的短路频率。短路频率大小常常作为短路过渡过程稳定性的重要标志。

3) 影响短路过渡频率的主要因素

a. 电弧电压 短路过渡时，电弧长度或电弧电压数值对焊接过程有明显的影响。如图4-50所示。由图可见，为获得最高短路频率，有一个最佳的电弧电压数值。例如，对于 $\phi 0.8mm$、$1.0mm$、$1.2mm$、$1.6mm$ 直径焊丝，该值大约为20V左右。这时短路周期比较均匀，焊接时发出轻轻的"啪啪"声。

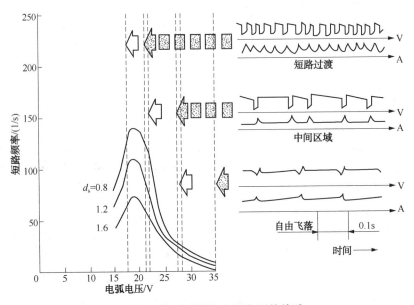

图4-50 短路频率与电弧电压的关系

如果电弧电压高于最佳值较多时（如30V以上），这时熔滴过渡频率降低，无短路过程。例如 $\phi 1.2mm$ 焊丝，其过渡频率由20V的100次/s减少到30V的5次/s时，已无短路过程。当电弧电压在 $22\sim28V$ 时，因电弧电压数值仍比正常短路电压值高，熔滴体积比较大，属于大滴状排斥过渡，其中一部分熔滴可能通过短路过渡到熔池中去。

若电弧电压低于最佳值时，弧长很短，熔滴很快与熔池接触，燃弧时间 t_1 很短，短路频率较高。如果电压过低，可能熔滴尚未脱离焊丝时，焊丝未熔化部分就插入熔池，造成焊丝固体短路（图4-51）。这时由于短路电流很大，焊丝很快熔断。熔断后的电弧空间比原来的电弧长度更大，使短路频率下降，甚至造成熄弧。由于焊丝突然爆断以及电弧再产生，使周围气体膨胀，从而冲击熔池，产生严重的飞溅，使焊接过程无法进行。

b. 电源动特性 电源动特性对熔滴过渡有重要影响。而动特性主要是由回路电感所决定的。回路电感增大，最高短路频率下降(图4-52)，整个曲线向左移，因为回路电感大，短路电流上升速度 di/dt 下降，短路峰值电流 I_{max} 减小所致。回路电感过小时，由于短路电流上升速度过快和短路峰值电流过大，会造成短路过程不稳定。引起大量飞溅。相反，若回路电感过大，短路小桥的缩颈难以形成，同时由于短路峰值电流过小，小桥不易断开，甚至造成焊丝固体短路，使焊接过程不能进行。电感值大不仅对短路频率及焊接过程有影响，同时影响焊接线能量及焊缝成形。电感大些，燃弧时间长可以改善焊缝熔合情况。

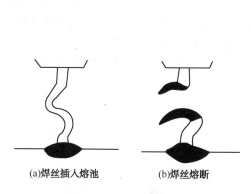

图4-51 电弧电压边低时造成的固体短路

(a)焊丝插入熔池　(b)焊丝熔断

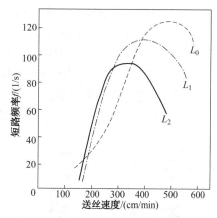

图4-52 回路电感对短路频率的影响

电感 $L_0 = 50\mu H$；$L_1 = 180\mu H$；$L_2 = 400\mu H$

(空载电压 22V，焊丝 $\phi 1.0mm$，焊丝伸出长度 10mm，CO_2 焊)

c. 电源外特性　电源外特性通过短路电流增长速度 di/dt 值的大小对短路过渡的稳定性产生影响。平特性的焊接电源，回路感抗较小，因此具有较大的 di/dt 值和短路电流峰值。而缓降外特性的焊接电源，其 di/dt 值较小些。因此，从满足 di/dt 要求来看，用细焊丝(直径<1.2mm 时应选用平特性的焊接电源为宜；而用较粗焊丝时，则宜选用缓降外特性焊接电源。

4) 短路过渡的主要焊接特点

a. 由于采用较低的电压和较小的电流，所以电弧功率小，对焊件的热输入低、熔池冷凝速度快。这种熔滴过渡方式适用于焊接薄板，并易于实现全位置焊接。

b. 由于采用细焊丝，电流密度高。例如：直径为 1.2mm 的钢焊丝，当焊接电流为 160A 时，电流密度可达 141A/mm² ，是通常埋弧焊电流密度的 2 倍多，是焊条电弧焊的 8~10 倍，因此，对焊件加热集中，焊接速度快，可减小焊接接头的热影响区的焊接变形。

短路过渡是 CO_2 焊的一种典型过渡方式，焊条电弧焊也常常采用。

5) 渣壁过渡　渣壁过渡是指在药皮焊条电弧焊和埋弧焊时的熔滴过渡形式。使用药皮焊条焊接时，可以出现四种过渡形式：渣壁过渡、大颗粒过渡、细颗粒过渡和短路过渡。过渡形式决定于药皮成分和厚度、焊接工艺参数、电流种类和极性等。

用厚药皮焊条焊接时，焊条端头形成带一定角度的药皮套筒，它可以控制气流的方向和熔滴过渡的方向。套筒的长短与药皮厚度有关，通常药皮越厚，套筒越长，吹送力也强。但药皮层厚度应适当，过厚和过薄都不好，均可产生较大的熔滴。当药皮厚度为 1.2mm 时，熔滴的颗粒最小。用薄药皮焊条焊接时，不生成套筒，熔渣很少，不能包围熔化金属，而成为大滴或短路过渡。通常使用的焊条都是厚药皮焊条。

对于碱性焊条，在很大电流范围内均为大滴状或短路过渡。这种过渡特点首先是因为液体金属与熔渣的界面有很大的表面张力，不易产生渣壁过渡，同时在电弧气氛中含有 30% 以上的 CO_2 气体，与 CO_2 气体保护焊相似，在低电压时弧长较短，熔滴还没有长大就发生短路而出现短路过渡。当弧长增加时，熔滴自由长大，将呈大滴过渡，如图 4-53(a) 所示。

使用酸性焊条焊接时为细颗粒过渡，这是因为熔渣和液态金属都含有大量的氧，所以在金属与渣的界面上表面张力较小。焊条熔化时，熔滴尺寸受电流影响较大。部分熔化金属沿套筒内壁过渡，部分直接过渡，如图 4-53(b)、(c) 所示。若进一步增加电流时，将提高熔滴温度同时降低表面张力，在高电流密度时，将出现更细的熔滴过渡，如图 4-53(d) 所示。这时电弧电压在一定范围内变化时，对熔滴过渡影响不大。当渣与金属生成的气体较多时（CO_2、H_2 等），由于气体的膨胀，造成渣和液体金属爆炸，如图 4-53(e) 所示，飞溅增大。

埋弧焊时，电弧在熔渣形成的空腔（气泡）内燃烧。这时熔滴通过渣壁流入熔池（图 4-54），只有少数熔滴通过气泡内的电弧空间过渡。

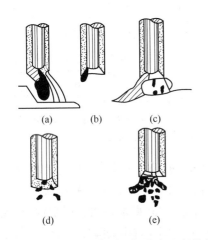

(a) (b) (c)

(d) (e)

图 4-53 厚药皮焊条手弧焊熔滴过渡形式

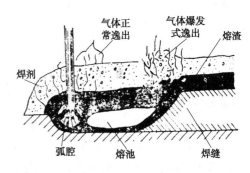

图 4-54 埋弧焊熔滴过渡情况

埋弧焊熔滴过渡与焊接速度、极性、电弧电压和焊接电流有关。在直流负极性时，若电弧电压较低，焊丝端头呈尖锥状，其液体锥面大致与熔池的前方壁面相平行。这时气泡较小，焊丝端头的金属熔滴较细，熔滴将沿渣壁以小滴状过渡。相反，在直流正接的情况下，焊丝端熔滴较大，在斑点压力的作用下，熔滴不停地摆，这时熔滴呈大滴状过渡，每秒钟仅10 滴左右，而直流反接时每秒钟可达几十滴。焊接电流对熔滴过渡频率有很大的影响。随着电流的增加，熔滴过渡频率增加，其中以直流反接时更为明显。

三、熔滴的几何尺寸

熔滴尺寸大小主要与焊接电流、弧长、极性和焊条直径，焊接材料（焊丝和药皮成分）等因素有关。

在同一焊接过程中，熔滴的大小不完全均匀相同。熔滴尺寸（直径）以 mm 计。在大多情况下，熔滴内部因气体膨胀而呈空心状。

由图 4-55 和表 4-9 可以看出，焊接电流增大时，熔滴尺寸变小，而数目增多。MIG 焊当射流过渡时，熔滴细小，单位时间内移向熔池的熔滴数目较多。

焊丝成分和药皮成分对熔滴尺寸也有较明显的影响。随着焊条金属中含碳量的增加，熔滴变细，小尺寸的熔滴份额增大，这主要是由于金属中强烈产生 CO 或 CO_2 而把熔滴打碎了的缘故。焊条表面涂有降低表面张力的物质(如含氧的铁矿粉、钛铁矿粉等)都能使熔滴变细；凡增大表面张力的物质(如铝粉等)，则促使熔滴变粗。

此外，电流种类(交流或直流)和极性对熔滴尺寸也有一定的影响。

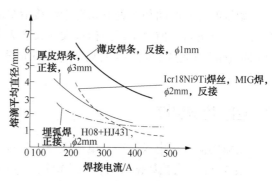

图 4-55 熔滴尺寸与焊接电流的关系

从实验和研究中发现，熔滴越细小，则它的密度越小，这是由于熔滴中含有熔渣及气体的夹杂而造成的。较大的熔滴含有熔渣杂质及气体，其密度为 2.3~5.9g/cm³ 之间；而细小熔滴含有气体的孔隙，因此其密度为 1.11~2.0g/cm³。

由表 4-10 可以看出，每秒钟生成的熔滴数目越多，熔滴在焊丝末端存在或停留的时间越短(由 1s 到 0.02s)；同时熔滴数目越多，随着单个熔滴体积的减少，则熔滴的比表面积(单位重量的表面积)就越大，也就是它与熔渣或周围气氛接触的表面积就越大，可达1000~10000cm²/kg。熔滴的比表面积往往比炼钢时的液体金属比表面积要大数百倍甚至数千倍，比如，用不着与大型炼钢炉相比，只拿小型高频炼钢炉来说，若浇铸 7kg 的锭子，其钢水的比表面积只有 10 cm²/kg。

表 4-9　熔滴尺寸与焊接电流的关系

焊接电流/ A	各类尺寸的熔滴所占份额/%		
	2~3mm	1~2mm	<1mm
160~180	59	28	13
200~220	41	40	19
290~310	24	48	28
320~340	7	68.5	24.5
350~470	—	73	27
480~500	—	64	36

表 4-10　熔滴数目对熔滴存在时间及熔滴比表面积的影响

每秒熔滴数	熔滴存在的时间/s	熔滴质量/ g	熔滴直径/ mm	熔滴体积/ mm³	熔滴表面积/ mm²	熔滴比表面积/ (mm²/kg)
1	1	0.7	5.6	100	98.2	1400
5	0.2	0.14	3.35	20	35.5	2520
10	0.1	0.07	2.66	10	22.3	3200
20	0.05	0.035	2.12	5	14.2	4050
40	0.025	0.0175	1.66	2.5	8.7	4980
50	0.020	0.0140	1.56	2.0	7.6	5430

注：焊丝是低碳钢、直径 φ5mm。

熔滴的存在时间和比表面积对于焊接冶金有重大的影响。虽然熔滴存在时间短不利于冶金反应充分进行，但其比表面积很大，又会大大加速冶金反应，将促使熔化金属与周围介质（气体或熔渣）激烈反应。同时熔滴存在时间短也还有它有利的一面，即金属和有益元素的烧损可相应减少。

四、熔滴温度

熔滴的温度因电极材料、电源极性、焊接方法和焊接工艺参数的不同而不同。

表 4-11 中实验数据表明，在小电流(5A)和空气中引燃电弧，W、C、Fe、Cu 的阳极温度高于阴极温度，其中尤以 W 和 C 表现突出。W 的这一性质对于钨极氩板焊时合理地选择电源极性具有指导意义。

表 4-11　不同材料的阴极和阳极的温度(电流 5A，大气中)

金属	C	W	Fe	Ni	Cu	Al	Zn
阴极/K	3500	3000	2400	2400	2200	3400	3000
阳极/K	4200	4200	2600	2400	2400	3400	3000
熔点/℃	—	3410	1537	1453	1083	660	420
沸点/℃	—	5930	2848	2730	2595	450	906

在熔化极气体保护焊的条件下，如 CO_2 焊、熔化极氩弧焊等，所有电极材料分别为 Fe和 Ni、Cu、Al 等以及它们的合金，都属于冷阴极材料，因此大多数情况下都是阴极温度和阴极析热高于阳极温度和阳极析热。

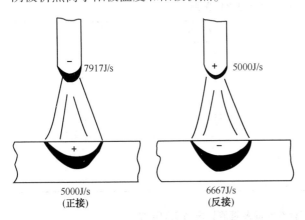

图 4-56　含负电元素时电极的析热状态
(埋弧焊：焊丝 H08A，HJ431)

焊条电弧焊和埋弧焊表现出两种情况。一种情况是，在采用无负电元素或很少含负电元素的焊条或焊剂进行焊接，焊接电流在正常规范内，反接时熔滴温度平均值为 2200℃ 左右，正接时则不超过1900℃，即表明阳极温度高于阴极温度。另一种情况是，当采用含负电元素(F，以 CaF2 形式加入焊条药皮或焊剂中)较多时，则由于在阴极附近形成较多的负离子(F⁻)时放出热量，因此阴极温度高于阳极温度。图 4-56 是采用含 F 的焊剂进行埋弧焊，碳钢焊丝作为阴极(正接)比它作为阳极(反接)时析热多；作为工件也是阴极析热高于阳极，因此当工件作为阴极时，它的熔深也大。含 CaF2 较多的低氢型焊条在焊接时也明显地表现出这一特点。

上述情况表明，不同的焊接条件下两电极的热量分配不同，温度也不同。但从总的情况看，熔滴温度都有一定的过热，例如碳钢用电焊条，熔滴的平均温度大都在 1800~2400℃ 范围内。熔滴过热所消耗的热量约占电极所获总热量的 20%~30%，焊条端部的热平衡如表 4-12 所示。

表4-12　焊条端部的热平衡(电弧热)

电弧给焊条的热量	焊芯熔化	金属蒸发	熔滴金属过热
100%	50%~60%	20%	20%~30%

五、飞溅损失及影响因素

电弧焊过程中，熔化的焊丝不能全部过渡到焊缝中去，其中一部分以蒸发、氧化、飞溅等形式损失掉。损失的方式和损失量直接影响焊接效率和焊缝质量，特别是飞溅造成的不良后果更显突出。

各种焊接条件下的熔敷效率是不同的，概括统计表明，电弧焊总体上可达90%左右，其中熔化极氩弧焊和埋弧焊的熔敷效率明显地高于90%，而CO_2焊和焊条电弧焊通常低于90%，有时仅能达到80%左右。焊丝熔化金属的损失，大部分是由于飞溅而造成的。飞溅程度与电流大小、熔滴过渡形式、电弧极性、电弧长度等多种因素有关，其中电弧长度和熔滴过渡形式尤为重要。实际上，熔滴过渡形式也是由多种焊接因素所决定的，集中反映出各种焊接因素对飞溅的影响。

1. 滴状过渡飞溅的特点

当用CO_2或含CO_2大于30%的混合气体进行保护焊时，熔滴在斑点压力的作用下而上挠，易形成为大滴状飞溅，如图4-57(a)所示。这种情况经常出现在用较大电流焊接时，如用$\phi1.6$mm焊丝，电流为300~350A，当电弧电压较高时就会产生，飞溅率ϕ_s约12%。

如果再增加电流，将成为强滴过渡，这时飞溅减少，主要产生在熔滴与焊丝之间的缩颈处，该处通过的电流密度较大，使金属过热而爆断，形成颗粒细小的飞溅，如图4-57(b)所示。电流为400A时，就属于这种情况，ϕ_s约8%~10%。

图4-57(c)表示在细滴过渡焊接过程中，可能由熔滴或熔池内抛出小滴飞溅。这是由于焊丝或工件清理不良或焊丝含碳量较高，在熔化金属内部大量生成CO等气体，这些气体聚积到一定体积，压力增加而从液化金属中析出，造成小滴飞溅。

大滴状过渡时，如果熔滴在焊丝端头停留时间较长，加热温度很高，熔滴内部发生强烈的冶金反应或蒸发，同时猛烈地析出气体，使熔滴爆破而造成的飞溅，如图4-57(d)所示。

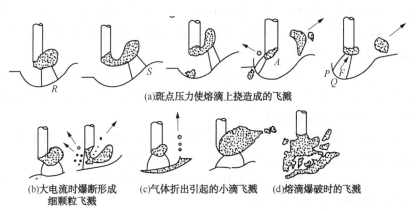

(a)斑点压力使熔滴上挠造成的飞溅

(b)大电流时爆断形成　　(c)气体折出引起的小滴飞溅　(d)熔滴爆破时的飞溅
　　　细颗粒飞溅

图4-57　滴状过渡时飞溅的主要形式

2. 射流过渡飞溅的特点

富氩气体保护焊形成射流过渡时，熔滴沿焊丝轴线方向以细滴状过渡。对钢焊丝为射流过渡，焊丝端头呈"铅笔尖"状，它又被圆锥形电弧所笼罩，如图4-58(a)所示。在细颈断面 I-I 处，焊接电流不但通过细颈流过，同时将通过电弧流过。这样，由于电弧的分流作用，从而减弱了细颈处的电磁收缩力和爆破力，这时促使细颈破断和熔滴过渡的原因主要是等离子流力机械拉断的结果，而不存在小桥过热问题，所以飞溅极少。在正常射流过渡情况下，飞溅率仅在1%以下。

在焊接工艺参数不合理的情况下，如电流过大，同时电弧电压较高和焊丝伸出长度过长时，

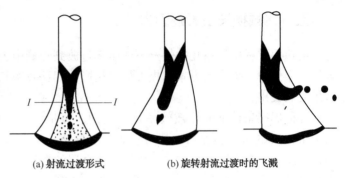

(a) 射流过渡形式　　　(b) 旋转射流过渡时的飞溅

图4-58　射流过渡时的飞溅

焊丝端头熔化部分变长，而它又被电弧包围着，则焊丝端部液体金属表面产生强烈的金属蒸气，当受到某一扰动后，该液柱就发生弯曲，在金属蒸气的反作用力推动下，将发生旋转，形成旋转射流过渡。此时熔滴往往是横向抛出，成为飞溅，如图4-58(b)所示。

3. 短路过渡飞溅的特点

当熔滴与熔池接触时，由熔滴把焊丝与熔池连接起来，形成液体小桥，随着短路电流的增加，使缩颈小桥金属迅速地加热，最后导致小桥金属发生气化爆炸，引起金属的飞溅。飞溅的多少与爆炸能量有关，此能量主要是在小桥破断之前的 $100 \sim 150 \mu S$ 短时间内聚集起来的，主要由这个时间内短路电流大小所决定。所以减少飞溅的主要途径是改善电源的动特性，限制短路峰值电流。在细丝小电流 CO_2 气体保护焊时，飞溅率较小，通常在5%以下。如果短路峰值电流较小，飞溅率可降低到2%左右[图4-59(a)]当提高电弧电压增大电流，以中等工艺参数焊接时，短路小桥缩颈位置对飞溅的影响极大。所谓缩颈位置是指缩颈出现在焊丝与熔滴之间，还是出现在熔滴与熔池之间。如果是前者，小桥的爆炸力将推动熔滴向熔池过渡[图4-59(b)]，此时飞溅较小；若是后者，缩颈在熔滴与熔池之间爆炸，则爆破力会阻止熔滴过渡，并形成大量飞溅[图4-59(c)]，最高飞溅率可达25%以上。为此必须在焊接回路中串入较大的不饱和电感，以减小短路电流上升速度，使熔滴与熔池接触处不能瞬时形成缩颈，在表面张力作用下，熔化金属向熔池过渡，最后使缩颈发生在焊丝与熔滴之间，同时也减小了短路峰值电流，将显著减小飞溅。

焊接工艺参数不合适时，如送丝速度过快而电弧电压过低，焊丝伸出长度过大或回路电感过大时，都会发生固体短路[图4-59(d)]。这时固体焊丝可以成段直接被抛出，同时熔池金属也被抛出，而造成大量的飞溅。

在大电流 CO_2 潜弧焊接情况下，如果偶尔发生短路再引燃电弧时，由于气动冲击作用，几乎可以将全部熔池金属冲出而成为飞溅，如图4-59(e)所示。

在大电流细颗粒过渡时，如果再发生短路就立刻产生强烈的飞溅。这是因为此时的短路电流很大，这种飞溅如图4-59(f)所示。

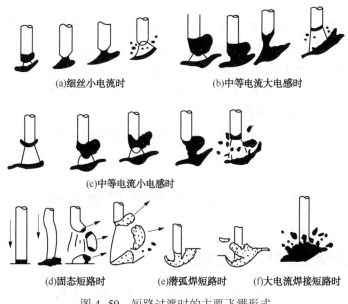

(a)细丝小电流时　　　　(b)中等电流大电感时

(c)中等电流小电感时

(d)固态短路时　　　(e)潜弧焊短路时　　　(f)大电流焊接短路时

图 4-59　短路过渡时的主要飞溅形式

六、熔滴过渡的控制

当焊接材料和焊接方法确定后，对熔滴过渡形式和过渡过程进行控制，是保证获得良好焊接结果的关键环节。最常用的方法是控制焊接工艺参数，例如焊条电弧焊的短路过渡是靠压低电弧和采用较小的电流，同时还要靠人工智能和操作技巧来实现；埋弧焊也主要是靠控制焊接电流、电弧电压、电流种类或极性等焊接工艺参数来控制渣壁过渡状态的；而熔化极气体保护焊，除调整气体成分和工艺参数外，尚可采用脉冲电流和脉冲送丝等方法进行控制。

1. 脉冲电流控制法

是熔化极气体保护焊常用的一种控制熔滴过渡的方法，使焊接电流以一定的频率变化来控制焊丝的熔化及熔滴过渡。对于纯氩或富氩保护下的脉冲电弧焊（即脉冲式 MIG 或 MAG），可在小电流的条件下实现稳定的射滴过渡或射流过渡。采用不同的脉冲电流频率和不同的脉冲电流幅值，可实现一个电流脉冲过渡一滴或多滴，或多个脉冲过渡一滴的方式进行焊接。

脉冲电流焊可控制对母材的热输入和焊缝成形，以满足高质量焊接的要求。

2. 脉动送丝控制法

是通过特殊的送丝机构，使送丝速度周期性变化以实现对熔滴过渡的控制。脉动送丝速度以正弦规律变化，以此决定了熔滴的开头和过渡的速度。最初熔滴的运动速度缓慢，其上作用着指向焊丝的惯性力，该力使熔滴变扁；当送丝速度达最大值后，送丝速度逐渐降低，而熔滴因受惯性力作用仍继续向前作加速运动，于是熔滴因拉长而形成缩颈，继而从焊丝上拉断，向熔池过渡。由于脉动送丝的惯性力促进熔滴过渡，因此脉动送丝焊接的最小电流将比电控脉冲焊的平均电流小 10%~20%。

脉动送丝焊接，在电弧电压较高时可实现无短路焊接；在电压较低时也可实现短路过渡，若焊接工艺参数合适，则短路过程十分规则，飞溅小，焊接过程稳定。

3. 机械振动控制方法

焊接电参数和送丝速度都保持不变，只是机头(包括送丝机构)以一定的频率振动，使电弧长度按振动频率由零(短路)变化到某一长度，然后再变到零。通过焊丝端头与熔池的接触和拉开(即电弧的熄灭和点燃)，将焊丝的熔化金属过渡到熔池，这实质上与短路过程相同，只是外加的机械振动使短路过渡过程更加稳定，而且可控。机械振动的频率大都采用100Hz，振幅可在0.5~3mm之间调节。

机械振动控制法主要用于磨损零件的修复堆焊，如各种轴、杆等。通常用CO_2作为保护气体。

第三节　母材熔化和焊缝成形

一、焊缝和熔池的形状尺寸及焊缝形成

焊接接头的型式很多，这里主要介绍对接接头，附带提一下角接接头。厚度比较小的工件，通常用单面单道焊或双面单道焊焊成，厚度较大的可用多层多道焊。这里只讲最基本的单道焊时的焊缝成形。

1. 焊缝形状尺寸及其与焊缝质量的关系

图3-1是对接接头和角接接头焊缝横截面的形状尺寸。

对接接头焊缝最重要的尺寸是熔深H，它直接影响到接头的承载能力。另一重要尺寸是焊缝宽度B。B与H之比(B/H)叫做焊缝的成形系数ϕ。ϕ的大小会影响到熔池中的气体逸出的难易、熔池的结晶方向、焊缝中心偏析严重程度等。因此焊缝成形系数的大小要受焊缝产生裂纹和气孔的敏感性，即熔池合理冶金条件的制约。如埋弧焊焊缝的焊缝成形系数一般要求大于1.25。堆焊时为了保证堆焊层材料的成分和高的堆焊生产率，要求熔深浅，焊缝宽度大，成形系数可达到10。

焊缝的别一个尺寸是余高α。余高可避免熔池金属凝固收缩时形成缺陷，也可增大焊缝截面提高承受静载荷能力。但余高过大将引起应力集中或疲劳寿命的下降，因此要限制余高的尺寸。通常，对接接头的$\alpha=0~3mm$或者余高系数(β/α)大于4~8。当工件的疲劳寿命是主要问题时，焊后应将余高去除。理想的角焊缝表面最好是凹形的(图4-60)，可在焊后除去余高，磨成凹形。

焊缝的宽度、熔深和余高确定后，基本确定了焊缝横截面的轮廓，但还不能完全确定焊缝横截面的轮廓形状。焊缝的轮廓形状可由焊缝断面的粗晶腐蚀确定，也就决定了焊缝的横截面面积。焊缝的熔合比γ决定于母材金属的焊缝中的横截面积与焊缝横截面面积之比。

$$\gamma = \frac{F_m}{F_m + F_H}$$

式中　　F_m——母材金属在焊缝横截面中所占面积；

F_H——填充金属在焊缝横截面中所占的面积。

坡口和熔池形状改变时，熔合比都将发生变化。电弧焊接中碳钢、合金钢和有色金属时，可通过改变熔合比的大小来调整焊缝的化学成分，降低裂纹的敏感性和提高焊缝的机械性能。

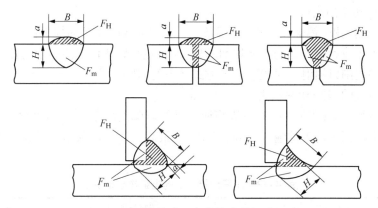

图 4-60　对接接头和角接接头的焊缝尺寸

2. 焊缝与熔池的关系及焊缝形成

母材金属和焊丝金属在电弧作用下被熔化而且混合在一起形成熔池，电弧正下方的熔池金属在电弧力的作用下克服重力和表面张力被排向熔池尾部。随着电弧前移，熔池尾部金属冷却并结晶形成焊缝。焊缝的形状决定于熔池的形状，熔池的形状又与接头的型式和空间位置、坡口和间隙的形状尺寸、母材边缘、焊丝金属的熔化情况及熔滴的过渡方式（这与熔滴金属对熔池冲击力的大小有关）等有关。

接头的型式和空间位置不同，则重力对熔池的作用不同；焊接工艺方法和规范参数不同，则熔池的体积和熔池长度等都不同。平焊位置时熔池处于最稳定的位置，容易得到成形良好的焊缝。在生产中常采用焊接翻转机或焊接变位机等装置来回转或倾斜工件，使接头处于水平或船形位置进行焊接。在空间位置焊接时，由于重力的作用有使熔池金属下淌的趋势，因此要限制熔池的尺寸或采取特殊措施控制焊缝的成形。例如采用强迫成形装置来控制焊缝的成形，在气电立焊和电渣焊时皆采用这种措施。

当坡口和间隙、焊接规范参数等不合适时，除了可能产生裂纹和气孔等缺陷外，还可能产生焊缝成形方面的缺陷。为了得到成形良好的焊缝，就要分析影响焊缝成形的各种因素和了解焊缝成形的基本规律。

二、电弧热与熔池形状的关系

1. 电弧对焊件的热输入和热效率

电弧对焊件的热输入仅占电弧总功率的一部分。热输入可用输入的电弧功率表示为

$$q_m = \eta_m q = \eta_m IU$$

式中　q_m——电弧对焊件的热输入，包括熔滴带到熔池中的热能，W；

　　η_m——电弧加热焊件的热效率，%；

　　I——焊接电流，A；

　　U——电弧电压，V；

　　q——电弧功率，W。

由上式可得出电弧热效率的表达式

$$\eta_m = \frac{q_m}{q} - \frac{q - q_s}{q}$$

式中　q_s——电弧的热功率损失，W。

电弧的(热)功率损失包括:

(1) 用于加热电极(钨极或碳极)、焊条头、焊钳或导电嘴等的损失;

(2) 用于加热或熔化焊条药皮或焊剂的损失(不包括熔渣传导给熔池的那部分功率);

(3) 电弧向周围以辐射、对流、传导方式散失的(热)功率;

(4) 飞溅造成的(热)功率损失。

埋弧焊时电弧空间(弧腔)被液态渣膜所包围,电弧的辐射、气体的对流和金属的飞溅损失很少,因而埋弧焊的工件输入电弧(热)效率最高。各种电弧焊方法的电弧热效率如表4-13所示。

表4-13 不同焊接方法的电弧热效率 η_m

焊接方法	厚药皮焊条电弧焊	埋弧焊	钨极氩弧焊		熔化极氩弧焊	
			直流	交流	钢	铝
η_m	0.77~0.87	0.77~0.99	0.78~0.85	0.68~0.85	0.66~0.6	0.70~0.85

不同焊接条件下的热损失是不同的,因而 η_m 值也不同。如深坡口窄间隙焊热效率比在平板上堆焊时高;电弧拉长时,辐射和对流的热损失增大,因而 η_m 减小。表4-14是钨化极氩弧焊的 η_m 值与弧长的关系。表中的数据是在用水冷铜阳极的情况下测得的, η_m 值比焊接时的高。

表4-14 弧长与工件热输入的关系(水冷铜阳极)

钨极氩弧 ($I=185A$)	弧 长/mm					
	1	2	3	4	5	6
电弧电压/V	9.3	10.8	12	13.2	14.1	15
电弧功率/W	1726	2006	2227	2449	2617	2784
热输入/W	1609	1797	1914	2090	2215	2320
热效率 η_m	0.93	0.9	0.87	0.85	0.85	0.83

电弧焊的值 η_m、q_m 是在实测的基础上计算求得,其数值的大小决定着熔池的几何尺寸和温度。

2. 焊接熔池的温度分布

在电弧作用下,熔池中各部位的温度是不相同的,其温度分布情况如图4-61所示。在电弧作用中心的温度最高,远离电弧作用中心的温度逐渐变低。显然,熔池边缘处的温度等于母材的熔点。

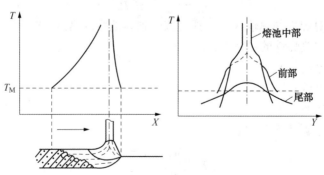

图4-61 熔池的温度分布

沿熔池的纵向来看(图4-61),电弧作用中心的前方(熔池头部)的金属处于急剧升温并迅速熔化的阶段;电弧作用中心的后方(熔池尾部)金属已经开始降温,并进入结晶凝固阶段,并且热量向周围传导;正处在电弧作用中心下的金属则处于过热状态。也就是说,随着电弧的移动,熔池中同时存在着熔化过程(熔池头部)和结晶过程(熔池尾部)。不难看出,处在电弧移动轴线上的任何一点金属都经历着完全相同的温度循环,即经历着同样的加热、熔化、过热、冷却、结晶的循环过程。随着电弧的移动,液态金属不断更新,并进行热能交换和冶金反应。

为了便于表示焊接熔池的温度概况,忽略其分布不均匀性,而用熔池平均温度表示。实测结果表明低碳钢的熔池平均温度在1600~1900℃范围内。如表4-15的数据所示,熔池的平均温度与焊接工艺参数之间看不出有多大联系,大体都在1770℃±100℃左右。

表4-15　焊接熔池的平均温度和质量

编号	焊接工艺参数			熔池金属质量/g	熔池平均温度/℃
	焊接电流/A	焊接电压/V	焊接速度/(m/h)		
1	300	24	20	5.77	1710
2	300	29	20	6.58	1860
3	300	36	20	8.70	1840
4	500	26	24	21.60	1810
5	500	36	24	26.52	1770
6	500	49	24	31.00	1730
7	830	25	24	43.30	1730
8	820	29	24	68.80	1790
9	860	36	24	105.60	1705
10	830	42	24	86.85	1735

注：低碳钢,埋弧焊。

对于不同的金属材料,其熔池的平均温度是不相同的。曾测定高铬钢(Cr12WV)埋弧堆焊时熔池的平均温度为1560℃±60℃(焊接电流280~500A,电弧电压25~38V),Cr12WV钢的熔点比低碳钢的熔点大约低220℃,其熔池平均温度也恰好相应地比低碳钢低200℃左右。又测得Cr12钢也有上述类似情况,其熔池平均温度大约是1550℃±100℃。因此,可以认为熔池的平均温度与母材的熔点有关,它随母材熔点的变化而相应变化。

至于熔池金属的过热程度,对于钢来说,要比它的熔点平均过热250℃左右。熔池的这种过热程度远不如熔滴的过热严重。

实验还确定,焊接各种钢材时,同熔池接触的焊接熔渣也被加热到很高的温度,平均可达1500~1600℃,而常因焊接熔渣的熔点多为1000~1200℃,所以焊接熔渣也处于过热状态。

综合以上所述,可以得出这样的结论:焊接熔池、金属熔滴以及焊接熔渣的温度主要取决于它们自身材料的热物理性质,而与焊接规范关系不大,甚至可以认为无关。在用与母材相同成分的焊丝焊接低碳钢时,它们的平均温度大体是:

熔池　1770℃±100℃

熔滴　2300℃±200℃

熔渣　1500℃±100℃

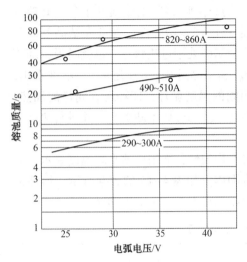

图 4-62 在低碳钢厚大焊件
上堆焊时熔池的质量

3. 熔池的质量和存在时间

焊接熔池的质量和它在液体状态存在的时间，对于熔池中进行的冶金反应、结晶过程都有很大的影响，直接关系着焊接质量。

从表 4-15 看到，即便在大电流埋弧焊情况下，焊接熔池的金属质量也是较小的，大多在 100g 以下。手工焊时，熔池金属质量更小，通常在 0.6~16g 范围内，多数为 5g 以下。由此可知，焊接熔池的体积是不大的。实验证明，熔池金属的质量与焊接工艺参数有关，焊接电流越大，熔池质量越大；焊接电压越高，熔池质量也越大。这种变化规律如图 4-62 所示。

熔池存在的时间与熔池金属的质量是相互关联着的，显然，熔池金属越多，即质量越大，则熔池存在时间越长，反之亦然。总的看来，焊接熔池的体积较小，所以它在液态下存在的时间是有限的。实验确定，各种钢在焊条电弧焊时，熔池存在时间多半小于 10s，埋弧焊时，一般也不超过 30s，可参照表 4-16。

表 4-16　焊条电弧焊和埋弧自动焊时熔池存在的时间

焊件厚度/mm	焊接方法	焊接工艺参数			熔池存在时间/s
		电流/A	电压/V	焊速/(m/h)	
5	埋弧焊	575	36	50	4.43
10		840	37	41	8.20
16				20	16.50
23		1100	38	18	25.10
—	焊条电弧焊	150~200	—	3	24.0
—				7	10.0
—			—	11	6.5

由表 4-16 还可以看出，熔池存在时间与焊接工艺参数有关，它与焊接电流和电压的大小成正比，而与焊接速度成反比，这种关系可用公式表示如下：

$$t = K\frac{UI}{v}$$

式中　t——熔池在液态存在的时间，s；

　　　I——焊接电流，A；

　　　U——焊接电压，V；

　　　v——焊接速度，（cm/s）；

　　　K——系数，主要与焊接材料的热物理性质有关。K 值可由实验确定，埋弧焊低碳钢时，K = 2.8~3.6mm/kVA，厚皮焊条电弧焊时，K = 1.7~2.3mm/kVA。

令 $q_i = \dfrac{UI}{v}$，表示焊接热源输入给单位长度焊缝上的能量（J/cm）叫做"线能量"。可见焊接电流越大，线能量就越大，熔池存在时间就越长；焊接速度增大时，线能量减小，熔池存在时间也就减少。由于焊接电压在数值上变化不会太大，所以它对于熔池存在时间的影响实际上不如电流的影响显著。

从冶金反应考虑，熔池在液态停留时间短促是一个不利因素，长使反应不能进行到底，但另一个角度来看，停留时间短促却能使焊缝的热影响区变窄，减少过热程度，这是有利的一面。

4. 熔池金属的受力和流动状态

焊接熔池在接受电弧热作用的同时，还受到各种机械力的作用，其中有各种形式的电弧力，还有熔池金属自身的重力和表面张力等。尽管在不同焊接条件下各种力的作用方向及效果有所不同，但它们共同作用的最终结果是使熔池中液体金属处于运动状态(图4-63)，使熔池液面凹陷、液态金属被排向熔池尾部，并且尾部的液面高出工件表面。凝固后，高出部分成为焊缝的余高。熔池金属因受力面产生的流动起到搅拌作用，使过渡到熔池中的焊丝成分和母材成份均匀化；当有熔渣保护时，搅拌作用有利于熔池的冶金反应和渣的浮出，这有助于获得良好的焊缝。液态金属的流动还使得熔池内部进行热对流交换，可减少各部分金属之间的温差，这对于焊缝成形和焊接质量有益的。

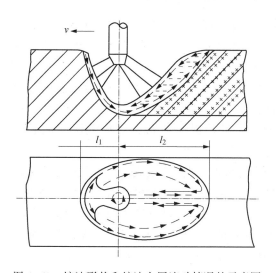

图 4-63　熔池形状和熔池金属流动情况的示意图

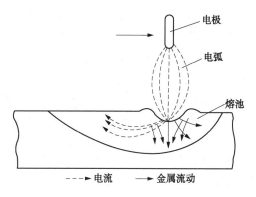

图 4-64　熔池中的电磁收缩作用图

对熔池金属起明显作用的力，主要是：

（1）电弧力

1）电磁静压力　如前章所述，由于焊接电弧呈圆锥状而形成的电磁静压力始终指向熔池，使电弧正下方的液体金属发生流动，并向周围排开。

2）电磁收缩力　当电流从电弧的阴极（或阳极）斑点通过熔池时，由于斑点面积较小，而熔池的导电面积大，这就造成了熔池中电流场的发散，熔池中斑点附近的电流密度大，离开斑点后电流密度减小(图4-64)。金属流体中这种电流密度的变化就造成了电磁收缩力和流体中压力差，使电弧斑点区熔池金属压力大于其他部门，结果引起熔池中液体金属沿着电流方向向下运动。这不仅加剧了熔池中凹坑的形成，而且还会形成熔池金属旋涡状运动。其状态如同水池底部放水时从表面看到的现象。在水银池中插入一根电极并通以电流，模拟实验证实了这种电磁力的存在及其对熔池的影响。

3）等离子流力 由高温等离子体高速流动而形成的动态电磁压力也使熔池金属流动，并且在电弧中心的正下方加剧凹坑的形成和深度。

4）熔滴的冲击力 熔滴往往能够以较快的速度过渡到熔池中，其冲击力对熔池的作用是不可忽视的，特别是在熔化极氩弧焊射流过渡条件下，以高频率、高速度过渡的细小熔滴，沿电弧轴线集中而准确地冲击熔池，具有较大的动能，使得熔池金属凹陷、流动并形成指状熔深。

熔滴冲击作用的实验数据如表 4-17 所示。

表 4-17　熔滴冲击熔池形成的凹穴深度（熔化极氩弧焊，钢焊丝 1.2mm）

焊接电流/ A	熔　　滴				凹穴深度①	
	质量/ 10^{-6}kg	半径/ 10^{-2}m	末速度/ （m·s^{-1}）	频率/s^{-1}	最大值/ 10^{-3}m	有效值/ 10^{-3}m
100	82	1.48	0.43	11	0.6	0
150	43	1.19	0.76	74	2.5	0
200	6	0.62	1.58	320	3.1	2.6

① 表中最大值系指熔滴冲击熔池时的深度；有效值指下一个熔滴到达前尚存在的凹穴深度。

上述各种电弧力的大小及其对熔池金属的作用程度，都与电流密度有关，电流密度越大则力的数值也越大，对熔池的作用也就越强烈。电弧焊时的气体吹力和带电粒子的撞击力对于熔池金属也具有一定的作用。

还应该指出，熔池金属的流动，不仅仅是因为受到力的作用，由于熔池的温度分布不均匀而造成的液态金属的密度差，也会引起液态金属的自由对流运动。温度高的地方金属密度小，温度低的地方金属密度大，这种密度差促使液态金属从低温区向高温区流动。

（2）液体金属的重力 其大小正比于熔池体积，亦即与焊接能量成正比。其作用力方向和作用性质与焊接位置有关，平焊位置时跟电弧力的方向相同，此时可将重力视作保持熔池金属平稳的惯性力，只有当电弧力克服其惯性时，金属才能够流动并产生凹坑，金属的流动速度和凹坑的几何尺寸取决于电弧力的强弱。值得注意的是，除平焊位置外，在其余的各种空间位置焊接时，金属重力的作用方向往往是破坏熔池稳定性的主要因素，为焊接过程的控制造成困难，对焊缝成形是不利的。

（3）液体金属的表面张力 其大小取决于液体金属的成分和温度。纯金属或合金的表面张力大，金属氧化物的表面张力比较低。当液体金属的温度增高时，其表面张力减小。但是，焊接熔池的金属成分往往相当复杂，温度分布也不均匀，因此，要想精确地估计表面张力随成分及温度的变化情况及其对熔池的影响是困难的。但可以肯定的是：表面张力是阻止熔池液态金属在电弧力的作用下流动的力，既影响熔池表面形状，也影响熔池金属在坡口中的堆敷情况。由于熔池各处成分及温度的差别而造成液体金属表面张力不同，从而可能导致熔池内形成涡流，将影响熔池的深度和宽度。

三、焊接参数和工艺因素对焊缝尺寸的影响

影响焊缝尺寸的因素很多，关系也较复杂，现以埋弧焊为例，通过实验找出各种因素对焊缝尺寸影响的规律。

1. 电流、电压、焊速等的影响

焊接电流、电弧电压和焊接速度是决定焊缝尺寸的主要能量参数。

（1）焊接电流

焊接电流增大时（其他条件不变），焊缝的熔深和余高均增大，熔宽没多大变化（或略为增大）。这是因为：

1）电流增大后，工件上的电弧力和热输入均增大，热源位置下移，熔深增大。熔深与焊接电流近于成正比关系，与电弧焊的方法、焊丝直径、电流种类等有关。

2）电流增大后，焊丝熔化量近于成比例地增多，由于熔宽近于不变，所以余高增大。

3）电流增大后，弧柱直径增大，但是电弧潜入工件的深度增大，电弧斑点移动范围受到限制，因而熔宽近于不变。焊缝成形系数则由于熔深增大而减小。

（2）电弧电压

电弧电压增大后，电弧功率加大，工件热输入有所增大；同时弧长拉长，分布半径增大，因此熔深略有减小而熔宽增大。余高减小，这是因为熔宽增大，焊丝熔化却稍有减小所致。

各种电弧焊方法由于焊接材料及电弧气氛的组成不同，它们的阴极压降、阳极压降以及弧柱的电位梯度的大小各不相同，电弧电压的选用范围也不一样。为了得到合适的焊缝成形，通常在增大电流时，也要适当地提高电弧电压，也可以说电弧电压要根据焊接电流来确定。

（3）焊接速度

焊速提高时线能量减小，熔宽和熔深都减小。余高也减小，因为单位长度焊缝上的焊丝金属的熔敷量与焊速 v 成反比，而熔宽则近似于与 $\sqrt{v}$ 成反比。

焊接速度的高低是焊接生产率高低的重要指标之一。从提高焊接生产率考虑，措施之一是提高焊速。要保证给定的焊缝尺寸，则在提高焊速时要相应地提高焊接电流和电弧电压，这三个量是相互联系的。

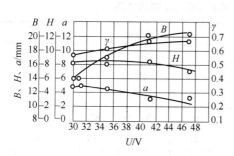

图 4-65　交流埋弧焊电压对焊缝尺寸的影响

焊接电流：800A　焊丝直径：5mm

焊接速度：40m/h

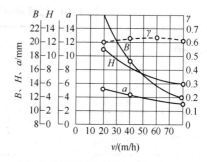

图 4-66　交流埋弧焊时焊速对焊缝尺寸的影响

电弧电压：36~38V；焊接电流：800A；

焊丝直径：5mm

大功率电弧高速焊时，强大的电弧力把熔池金属猛烈地排到尾部，并在那里迅速凝固，熔池金属没有均匀分布在整个焊缝宽度上，形成咬边。这种现象限制了焊速的提高。采用双弧焊或多弧焊可进一步提高焊速，并可防止上述现象的产生。

2. 电流的种类和极性以及电极尺寸等的影响

电流的种类和极性影响到工件上热量输入的大小，也影响到熔滴过渡的情况以及熔池表面氧化膜的去除等。钨极端部的磨尖角度和焊丝的直径及焊丝伸出长度等，影响到电弧的集中系数和电弧压力的大小，也影响到焊丝的熔化和熔滴的过渡，因此都会影响到焊缝的尺寸。

（1）电流的种类和极性

熔化极电弧焊时，直流反接时熔深和熔宽都要比直流正接的大，交流电焊接时介于两者之间，这是因为工件（阴极）析出的能量较大所致。直流正接时，焊丝为阴性，焊丝的熔化率较大。表4-18是埋弧焊时极性对熔宽的影响。直流反接时的熔深比正接时大约大40%～50%。

钨极氩弧焊时直流正接的熔深最大，反接最小。焊铝、镁及其合金有除熔池表面氧化膜的问题，用交流为好，焊薄件时也可用反接。焊其他材料一般都用直流正接。

（2）钨极端部形状、焊丝直径和伸出长度的影响

钨极的磨尖角度等对电弧的集中系数和电弧压力的影响前面已经提过，q_m增大和电弧压力的增大都使熔深增大。

熔化极电弧焊时，如果电流不变，焊丝直径变细，则焊丝上的电流密度变大，工件表面电弧斑点移动范围减小，加热集中，因此熔深增大，熔宽减小，余高也增大。表4-19是埋弧焊时电流、焊丝直径与熔深的关系。从表中可知，达到同样的熔深，焊丝直径越细，则所需电流越小，但与之相应的电流密度却显著提高了，即细焊丝的熔深系数大。

表4-18　埋弧焊（焊剂431）时电流极性对熔宽的影响

电弧电压/V	焊缝宽度/mm	
	正极性	反极性
30～32	21～23	22～24
40～42	25～27	28～30
50～52	26～28	33～35

表4-19　埋弧焊时电流、焊丝直径与熔深的关系

焊丝直径/mm	电流/A 和电流密度/（A·mm^{-2}）	熔深/mm						
		3	4	5	6	8	10	12
5	电流	450	500	550	600	725	825	930
	电流密度	23	26	28	31	37	42	47
4	电流	375	425	500	500	675	800	925
	电流密度	29	35	40	44	53	64	73
3	电流	300	350	400	500	625	750	875
	电流密度	43	50	57	71	89	107	127
2	电流	200	300	350	400	500	600	700
	电流密度	64	104	127	143	157	200	224

焊丝伸出长度加大时，焊丝电阻热增大，焊丝熔化量增多，余高增大，熔深略有减小，熔合比也减小。焊丝材质电阻率越高、越细、伸出长度越大时，这时影响越大。所以，可利用加大焊丝伸出长度来提高焊丝金属的熔敷效率。为了保证得到所需焊缝尺寸，在用细焊丝，尤其是不锈钢焊丝（电阻率高）焊接时，必须限制焊丝伸出长度的允许变化范围。

3. 其他工艺因素对焊缝尺寸的影响

除上述因素外，其他工艺因素：如坡口尺寸和间隙大小、电极和工件的倾角、接头的空间位置等都对焊缝成形有影响，下面作一简要的叙述。

（1）坡口和间隙

焊对接接头时可根据板厚不留间隙、留间隙、开 V 形坡口或 U 形坡口。其他条件不变时，坡口或间隙的尺寸越大，余高越小，相当于焊缝位置下沉（图4-67），此时熔合比减小。因此，留间隙或开坡口可用来控制余高的大小和调整熔合比。留间隙和不留间隙开坡口相比，两者的散热条件有些不同，一般来说开坡口的结晶条件较为有利。

（2）电极（焊丝）倾角

焊丝倾斜时，电弧轴线也相应偏斜。焊丝前倾时，电弧力对熔池金属向后排出的作用减弱，熔池底部的液体金属层变厚，熔深减小。所以电弧潜入工件深度减小，电弧斑点移动范围扩大，熔宽增大，余高减小。α 角越小，这一影响越明显（图4-68）。焊丝后倾时，情况相反。

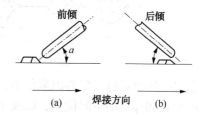

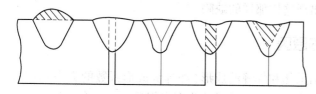

图4-67　间隙和坡口对焊缝形状的影响

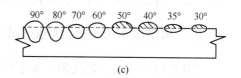

图4-68　焊丝倾角对焊缝成形的影响

（3）工件倾角和焊缝的空间位置

焊接倾斜的工件时，熔池金属在重力作用下有沿斜坡下滑的倾向。下坡焊时，这种作用阻止熔池金属排向熔池尾部，电弧不能深入加热熔池底部的金属，熔深减小，电弧斑点移动范围扩大，熔宽增大，余高减小。倾角过大会导致熔深不足和焊缝流溢。上坡焊时，重力有助于熔池金属排向熔池尾部，因而熔深大，熔宽窄，余高大。上坡角度 $\alpha>6°\sim12°$ 时，余高过大，且两侧易产生咬边（图4-69）。

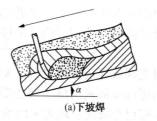

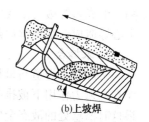

(a)下坡焊　　　　(b)上坡焊

图4-69　工件倾角对焊缝成形影响

焊接结构上的焊缝往往在各个空间位置，空间位置不同时，焊接时重力对熔池金属的影响不同，常常对焊缝的成形带来不良影响，需要采取措施来削弱这种不良影响。

（4）工件材料和厚度

熔深与电流成正比，熔深系数 K_m 的大小还与工件的材料有关。材料的容积热容 c_p 越大，则单位体积金属升高同样的温度需要的热量越多，因此，熔深和熔宽都小。材料的密度越大，则熔池金属的排出越困难，熔深也减小。工件的厚度影响到工件内部热量的传导工件越厚，熔宽和熔深都小。当熔深超出板厚的 0.6 倍时，焊缝根部出现热饱和现象而使熔深增大。

（5）焊剂、焊条药皮和保护气体

焊剂的成分影响到电弧极区压降和弧柱电位梯度的大小。稳弧性差的焊剂使焊缝的熔深较大。当焊剂的密度小，颗粒度大或堆积高度小时，电弧四周的压力低，弧柱膨胀，电弧斑点移动范围大，所以熔深较小，熔宽较大，余高小。大功率电弧焊厚件时，用浮石状焊剂可降低电弧压力，减小熔深，增大熔宽，改善焊缝的成形。熔渣应有合适的粘度，粘度过高或熔化温度较高使渣透气不良，在焊缝表面形成许多压坑，成形变差。焊条药皮成分的影响与焊剂有相似之处。

保护气体（如 Ar、He、N_2、CO_2 等）的成分也影响电弧的极区压降和弧柱的电位梯度。导热系数大的气体和高温分解的多原子气体，使弧柱导电截面减小，电弧的动压力和比热流分布等都不同，这些都影响到焊缝的成形（图 4-70）。

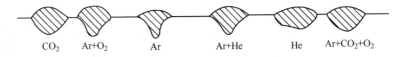

$$CO_2 \qquad Ar+O_2 \qquad Ar \qquad Ar+He \qquad He \qquad Ar+CO_2+O_2$$

图 4-70　保护气体的成分对焊缝成形的影响

总之，影响焊缝成形的因素很多，要获得良好的焊缝成形，要根据工件的材料和厚度、接头的形式和焊缝的空间位置，以及工作条件对接头性能和焊缝的尺寸要求等，选择适当的焊接方法和焊接规范才行，否则就可以出现这样那样的缺陷。

四、焊缝成形缺陷及缺陷形成的原因

电弧焊时的气孔，裂纹和夹渣等缺陷虽然和焊缝的成形（如焊缝成形系数的大小）有关，但主要是冶金因素影响，这里不再多作讨论。常见的成形缺陷有未焊透、未熔合、烧穿、咬边和焊瘤等，形成这些缺陷的原因常常是坡口尺寸不合适、规范选择不当或焊丝未对准焊缝中心等。

1. 未焊透

熔焊时，接头根部未完全焊透的现象叫未焊透。在单面焊和双面焊时都可能产生这种缺陷。形成未焊透的主要原因是焊接电流小，焊速过高或坡口尺寸不合适以及焊丝未对准焊缝中心等造成。细焊丝短路过渡 CO_2 焊时，由于工件热输入低容易产生这种缺陷。

2. 未熔合

熔焊时，焊道与母材之间或焊道焊道之间，未能完全熔化结合的部分叫未熔合。熔池金属在电弧力作用下被排向尾部而形成沟槽。当电弧向前移动时，沟槽中又填以熔池金属，如果这时槽壁处的液态金属层已经凝固，填进来的熔池金属的热量又不足以使之再度熔化，则形成未熔合。在多数情况下熔合区内都有渣流入。高速焊时为防止这种缺陷应设法增大熔宽或者采用双弧焊等。

3. 烧穿

熔焊时熔化金属自焊缝背面流出，形成穿孔的现象叫烧穿。焊接电流过大、焊速过小或者间隙坡口尺寸过大都可能形成这种缺陷。

4. 咬边

在沿着焊趾的母材部位，烧熔形成凹陷或沟槽的现象叫咬边。大电流高速焊时可能产生这种缺陷。腹板处于垂直位置的角焊缝焊接时,如果一次焊接的焊脚过大或者电压过高时,在腹板上也可能产生咬边。这种缺陷在焊对接接头时如果操作不当亦会产生。

5. 焊瘤

熔焊时熔化金属流淌到焊缝以外未熔合的母材上形成金属瘤的现象叫焊瘤,有时也称为满溢。在焊瘤处有局部未熔合。焊瘤是由填充金属过多引起的,这与间隙和坡口尺寸小、焊速低、电压小或者焊丝伸出长度大等有关。在焊上述的角焊缝时,如果焊丝位置或角度等不合适,则可在腹板上形成咬边的同时在底板上形成焊瘤。为了防止产生这种缺陷可在船形位置(当工件允许转动时)焊角焊缝,这时相当于在90°的V型坡口内焊对接焊缝。

除了上述缺陷之外,还有凹坑(焊后在焊缝表面或背面形成的低于母材表面的局部低洼部分)和塌陷(单面熔化焊时,由于焊接工艺不当,造成焊缝金属过量透过背面,使焊缝正面塌陷,背面凸起的现象)等。

在平焊时容易得到成形良好的焊缝。在空间位置焊接时,为了得到成形良好的焊缝就要根据具体的情况采取适当的控制措施。

五、焊缝成形的控制

要想得到良好的焊缝成形,必须从焊前的备料工作着手,对下料、清理、装配、引弧、焊接、收弧等一系列的有关工序进行全面控制。

1. 下料、清理和装配

按照材质和产品的技术条件,下料可采用火焰切割、等离子弧切割或刀具切削(铣、刨)等方法,要求工件待焊边缘平整、坡口尺寸和形状符合设计要求,应检验合格。装配前和装配后要将待焊处规定范围内的油、锈等污物清除干净;焊接材料要进行常规处理(如焊条、焊剂的烘干等)。焊件的组对、装配要满足精度要求,间隙应均匀一致,防止上下错口;要充分考虑焊接过程中的收缩、弯曲或角变形,采取有效的限制和反变形措施;定位焊既要牢固又要控制焊点尺寸。

2. 焊接

各种位置的焊缝都要按预定的工艺参数和程序进行焊接,手工电弧焊和半自动气体保护焊主要靠焊工的操作技能来保证焊缝成形质量,而埋弧焊与熔化极氩弧焊则主要靠控制系统的先进性和可靠性加以保证,例如,可采用功能完善的焊缝跟踪装置,以保持焊丝与坡口的对中性;还可采用焊接参数自控装置,对焊接参数的变化自动进行调整,以保持焊接过程的稳定性。

各种条件下的电弧焊,都有一些各不相同的情况、要求和措施。

(1)平焊 平焊时成形条件最好。对于较厚的工件可采用双面焊、单面多道焊或单面焊双面成形等工艺。单面焊双面成形可分为自由成形和衬垫承托的强制成形两种方式。自由成形时靠熔池金属的表面张力托住背面,液态金属自然形成,因此要求工艺参数配合得当并且稳定,熔池体积不宜太大。所以,这种单面焊双面成形的工件厚度是有限的。

衬垫承托强制成形法是靠衬垫承托背面,液态金属注入衬垫圆弧形沟槽形成背面余高。这种成形方法可承受较大的熔池重量,因此可采用较大的电弧功率来焊接较厚的工件。

(2)立焊和横焊 立焊、横焊甚或仰焊,也都可以采用自由成形或者强制成形的方法。自由成形时,熔池尺寸受到比平焊位置更苛刻的限制,只宜采用较小的焊接电流,电弧还要进行适当的摆动和停留，以便控制熔池形状。摆动的轨迹、频率和停留时间等参数，要根据焊缝的空间位置和坡口形状、尺寸等，通过工艺试验确定。摆动方法有机械、电控和磁控三种基本类型。

横焊也可采用窄间隙焊，焊缝由多层组成。

立焊的强制成形主要采用水冷式铜滑块贴紧工件表面，自下而上进行焊接。这种方法适合于厚板焊接。

（3）曲面焊缝的焊接　曲面焊缝中最常见的是封闭式环形焊缝和螺旋式焊缝，它们的焊接方式有两种，一是工件转动而焊头固定，二是工件不能转动，只能采取焊头绕工件转动的全位置焊接。

焊头固定的焊接方法比较容易控制，普遍应用于筒形结构的环缝焊接和螺旋钢管的焊接。为了削弱曲面对熔池金属流动的不利影响，无论焊接外环缝或是内环缝，焊丝都应逆工件旋转方向偏移环缝纵轴一段距离，使熔池接近处于水平位置，以获得较好的成形。焊接螺旋缝或形状更为复杂的曲面焊缝时，在可能的情况下仍应该使熔池始终处于接近水平的位置。当曲面接缝产生几何偏差时，该部位的焊接参数也要根据需要进行自动（或手工）调整，以获得均匀一致的较好成形。

全位置焊接的技术难度较大，设备也比较复杂。一些现场安装的卧式筒体或管子在焊接环缝时不允许转动，此时只能采用焊枪绕工件转动的全位置焊接方法。这时的熔池位置和熔池金属的受力状态在焊接过程中是不断变化的。为此，通常用细焊丝、小电流进行焊接，或采用脉冲电流等。在手工焊时，焊工可根据坡口尺寸和空间位置等，随时改变焊条或焊枪角度、运条方法及焊接线能量参数等控制焊缝成形。在埋弧焊时，通常是把圆周按挂钟时针刻度划分成几个区，在不同的区域采用不同的焊接能量参数，当焊枪运行到不同的空间位置时，程序控制装置将焊接参数自动切换到相应的预定值。

3. 引弧和收弧

焊接起始的引弧和焊接终（中）止时的收弧，它们各自的工作条件和工作状态与正常焊接过程有明显的差别，这两处不容易获得良好的成形，往往成为整条焊缝中的薄弱部位甚至引起质量事故，因此，必须采取有效措施改善其焊接状态和成形。

（1）引弧　作为电弧焊过程的开始，首先要求可靠地引燃电弧，但因工件尚处于冷态而且金属散热快，热量积累少，所以引弧处的熔池体积小、熔深浅，而引弧后焊丝已熔化填充，故余高大。又因散热冷却快，熔池中含有的气体来不及上浮外逸，往往在引弧处焊缝中出现气孔。

补偿和控制措施：

1）手工操作的电弧焊在引弧后可稍作停留或缓慢运条，使引弧处获得较多的热输入，然后进入正常焊接。

2）埋弧焊在焊接平板纵长焊缝时，可在焊件接缝两端放置引入板和引出板，焊后将它们切掉；对于熔化极气体保护电弧焊，可通过附加电抗器适当选定焊接回路的电感值，来提高引弧时短路电流增长速度，以使改善电弧的启动特性；也可采用缓慢送丝引弧装置，使引弧时的送丝速度约为正常焊接时的30%~50%；若为熔化极脉冲氩弧焊，开始引弧时可采用大脉冲宽度，以便提高引弧时的热输入。

（2）收弧　为了得到优良的焊缝整体成形质量，要求焊缝在收弧处也不存在明显的下凹弧坑，也不产生裂纹、气孔等缺隐。另外在熔化极电弧焊时，应避免收弧过程中出现焊丝与焊件粘住，以及因电弧回烧而使焊丝与导电嘴粘合等毛病。因此，收弧控制是焊接工艺中不可忽视的一个问题。

控制措施：

1）手工操作的电弧焊，焊工应灵活掌握，收弧时缓慢运条将弧坑填满。

2）埋弧焊最常见的是回烧焊丝收弧法，也可采用回抽焊丝等方法。

3）自动的熔化极气体保护焊，焊机种类较多，根据焊机特性，除"回烧"、"回抽"两种收弧方法可供选用外，尚需采取其他收弧措施。

回烧焊丝收弧法　收弧时先停止送丝，经过一短时间后再切断焊接电源。因为停止送丝后，由于送丝电动机的惯性作用，焊丝还会在短时间内继续送进，不过其送丝速度在逐渐减慢并很快降到零。这时由于焊接电源尚未切断，电弧仍然存在，焊丝会继续熔化过渡，同时，电弧逐渐拉长，形成所谓"回烧"过程。

从图4-71可见，随着弧长(L)的增大，电弧静特性曲线的位置上移，焊接电流逐渐减小，起到焊接电流自动衰减的作用。当弧长拉长到一定值后，电弧熄灭，收弧过程结束，然后切断焊接电源。

回烧焊丝收弧法主要应用于等速送丝的情况下。

回抽焊丝收弧法　收弧时，控制电路使送丝电动机倒转以回抽焊丝，弧长逐渐拉长，电流也逐渐减小，这时焊丝仍熔化过渡以填满弧坑。当弧长拉长到一定长度时，产生断弧，收弧过程就此结束。

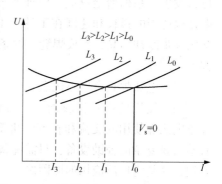

图4-71　回烧收弧过程的弧长和电流变化

回抽焊丝收弧法一般只在采用变速送丝方式的焊机中才能实现，而对于等速送丝方式的焊机则难以做到。

电流突降收弧法　收弧时，控制电路使送丝速度和焊接电流同时突然降低（图4-72），以减小收弧处的热输入和电弧力，并保证填满弧坑，然后熄弧。别外，在大电流焊接时，为了填满较大的弧坑，还可以采用在降低送丝速度和焊接电流的情况下，进行多次熄弧的收弧方案（图4-73）。

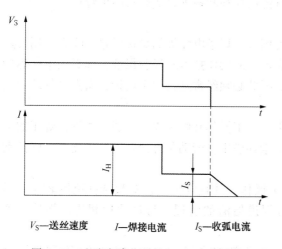

V_S—送丝速度　　I—焊接电流　　I_S—收弧电流

图4-72　电流突降收弧的 V_s、I 变化情况

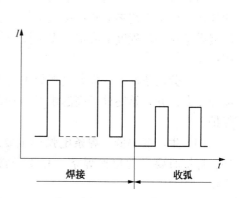

图4-73　熔化极脉冲氩弧焊的收弧控制方案

降低脉冲电流收弧法 熔化极脉冲氩弧焊时，可采用脉冲电流突然降低，同时相应降低脉冲频率的收弧方法，能够很好地填满弧坑，收弧处获得良好的焊缝成形。

第四节 焊条电弧焊

焊条电弧焊是用手工操纵焊条进行焊接的电弧焊方法。焊条电弧焊时，在焊条末端和工件之间燃烧的电弧所产生的高温使焊条药皮与焊芯及工件熔化，熔化的焊芯端部迅速地形成细小的金属熔滴，通过弧柱过渡到局部熔化的工件表面，融合一起形成熔池。药皮熔化过程中产生气体和熔渣，不仅使熔池和电弧周围的空气隔绝，而且和熔化了的焊芯、母材发生一系列冶金反应，保证所形成焊缝的性能。随着电弧以适当的弧长和速度在工件上不断地前移，熔池液态金属逐步冷却结晶，形成焊缝。焊条电弧焊的过程如图4-74所示。

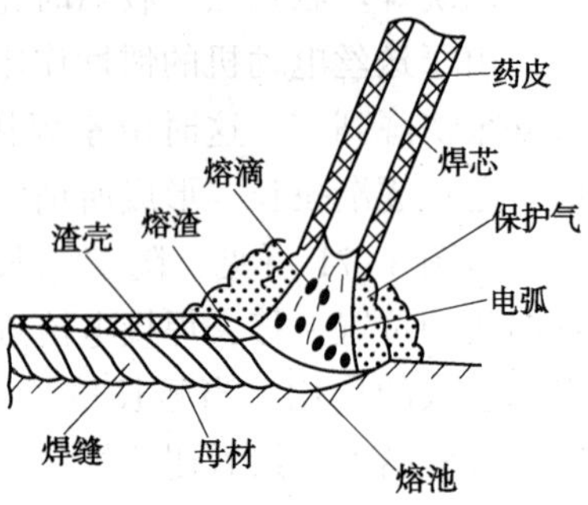

图 4-74 焊条电弧焊的过程

焊条电弧焊具有以下优点：

（1）使用的设备比较简单，价格相对便宜并且轻便。焊条电弧焊使用的交流和直流焊机都比较简单，焊接操作时不需要复杂的辅助设备，只需配备简单的辅助工具。因此，购置设备的投资少，而且维护方便，这是它广泛应用的原因之一。

（2）不需要辅助气体防护。焊条不但能提供填充金属，而且在焊接过程中能够产生保护熔池和焊接处避免氧化的保护气体，并且具有较强的抗风能力。

（3）操作灵活，适应性强。焊条电弧焊适用于焊接单件或小批量的产品，短的和不规则的、空间任意位置的以及其他不易实现机械化焊接的焊缝。凡焊条能够达到的地方都能进行焊接。

（4）应用范围广，适用于大多数工业用的金属和合金的焊接。焊条电弧焊选用合适的焊条不仅可以焊接碳素钢、低合金钢，而且还可以焊接高合金钢及有色金属，不仅可以焊接同种金属，而且可以焊接异种金属，还可以进行铸铁焊补和各种金属材料的堆焊等。

但是，焊条电弧焊有以下的缺点：

（1）对焊工操作技术要求高，焊工培训费用大。焊条电弧焊的焊接质量，除靠选用合适的焊条、焊接工艺参数和焊接设备外，主要靠焊工的操作技术和经验保证，即焊条电弧焊的焊接质量在一定程度上决定于焊工操作技术。因此必须经常进行焊工培训，所需要的培训费用很大。

（2）劳动条件差。焊条电弧焊主要靠焊工的手工操作和眼睛观察完成全过程，焊工的劳动强度大，并且始终处于高温烘烤和有毒的烟尘环境中，劳动条件比较差，因此要加强劳动保护。

（3）生产效率低。焊条电弧焊主要靠手工操作，并且焊接工艺参数选择范围较小，另外，焊接时要经常更换焊条，并要经常进行焊道熔渣的清理，与自动焊相比，焊接生产率低。

（4）不适于特殊金属以及薄板的焊接。对于活泼金属（如 Ti、Nb、Zr）等和难熔金属（如 Ta、Mo 等），由于这些金属对氧的污染非常敏感，焊条的保护作用不足以防止这些金属氧化，保护效果不够好，焊接质量达不到要求，所以不能采用焊条电弧焊；对于低熔点金属如 Pb、Sn、Zn 及其合金等，由于电弧的温度对其来讲太高，所以也不能采用焊条电弧焊焊接。另外，焊条电弧焊的工件厚度一般在 1.5mm 以上，1mm 以下的薄板不适于焊条电弧焊。

一、焊接工艺参数

焊接工艺参数(焊接规范)是指焊接时，为保证焊接质量而选定的诸物理量(例如：焊接电流、电弧电压、焊接速度、线能量等)的总称。

焊条电弧焊的焊接工艺参数通常包括：焊条选择、焊接电流、电弧电压、焊接速度、焊接层数和预热温度等。焊接工艺参数选择的正确与否，直接影响焊缝的形状、尺寸、焊接质量和生产率。

1. 焊条的选择

(1) 焊条牌号的选择

焊缝金属的性能主要由焊条和焊件金属相互熔化来决定。在焊缝金属中填充金属约占 50%~70%，因此，焊接时应选择合适的焊条牌号才能保证焊缝金属具备所要求的性能。否则，将影响焊缝金属的化学成分、机械性能和使用性能。

(2) 焊条直径的选择

为了提高生产率，应尽可能选用较大直径的焊条，但是用直径过大的焊条焊接，会造成未焊透或焊缝成形不良。因此必须正确选择焊条的直径。焊条直径大小的选择与下列因素有关：

1) 焊件的厚度　厚度较大的焊件应选用直径较大的焊条；反之，薄焊件的焊接，则应选用小直径的焊条。在一般情况下，焊条直径与焊件厚度之间关系的参考数据，见表4-20。

表 4-20　焊条直径选择的参考数据　　　　　　　　　　　　　　　mm

焊件厚度	≤1.5	2	3	4~5	6~12	≥12
焊条直径	1.5	2	3.2	3.2~4	4~5	4~6

2) 焊缝位置　在板厚相同的条件下焊接平焊缝用的焊条直径应比其他位置大一些，立焊最大不超过 5mm，而仰焊、横焊最大直径不超过 4mm，这样可造成较小的熔池，减少熔化金属的下淌。

3) 焊接层数　在进行多层焊时，如果第一层焊缝所采用的焊条直径过大，会造成因电弧过长而不能焊透，因此为了防止根部焊不透，所以对多层焊的第一层焊道应采用直径较小的焊条进行焊接，以后各层可以根据焊件厚度，选用较大直径的焊条。

4) 接头形式　搭接接头、T 形接头因不存在全焊透问题，所以应选用较大的焊条直径以提高生产率。

2. 焊接电流的选择

焊接时，流经焊接回路的电流称为焊接电流。焊接电流的大小是影响焊接生产率和焊接质量的重要因素之一。

增大焊接电流能提高生产率，但电流过大易造成焊缝咬边、烧穿等缺陷，同时增加了金属飞溅，也会使接头的组织产生过热而发生变化；而电流过小也易造成夹渣、未焊透等缺陷，都降低焊接接头的机械性能，所以应适当地选择电流。焊接时决定电流强度的因素很多，如焊条类型、焊条直径、焊件厚度、接头形式，焊缝位置和层数等。但是主要的是焊条直径、焊缝位置和焊条类型。

（1）根据焊条直径选择

焊条直径的选择是取决于焊件的厚度和焊缝的位置，当焊件厚度较小时，焊条直径要选小些，焊接电流也应小些，反之，则应选择较大直径的焊条。焊条直径越大，熔化焊条所需要的电弧热量也越大，熔化焊条所需要的电弧热量也越大，电流强度也相应要大。焊接电流大小与焊条直径的关系，一般可根据下面的经验公式来选择：

$$I_h = (35 \sim 55)d$$

式中　I_h——焊接电流，A；

　　　d——焊条直径，mm。

根据以上公式所求得的焊接电流只是一个大概数值，在实际生产中，焊工一般都凭自己的经验来选择适当的焊接电流。先根据焊条直径算出一个大概的焊接电流，然后在钢板上进行试焊。在试焊过程中，可根据下述几点来判断选择的电流是否合适：

1）看飞溅　电流过大时，电弧吹力大，可看到较大颗粒的铁水向熔池外飞溅，焊接时爆裂声大；电流过小时，电弧吹力小，熔渣和铁水不易分清。

2）看焊缝成形　电流过大量，熔深大、焊缝余高低、两侧易产生咬边；电流过小时，焊缝窄而高、熔深浅、且两侧与母材金属熔合不好；电流适中时，焊缝两侧与母材金属熔合得很好，呈圆滑过渡。

3）看焊条熔化状况　电流过大时，当焊条熔化了大半根时，其余部分均已发红；电流过小时，电弧燃烧不稳定，焊条容易粘在焊件上。

（2）根据焊缝位置选择

相同焊条直径的条件下，在焊接平焊缝时，由于运条和控制熔池中的熔化金属都比较容易，因此可以选择较大的电流进行焊接。但在其他位置焊接时，为了避免熔化金属从熔池中流出，要使熔池尽可能小些，所以电流相应要比平焊小一些。

（3）根据焊条类型选择

当其他条件相同时，碱性焊条使用的焊接电流应比酸性焊条小些，否则焊缝中易形成气孔。

3. 电弧电压的选择

焊条电弧焊的电弧电压主要由电弧长度来决定。电弧长，电弧电压高；电弧短，电弧电压低。

在焊接过程中，电弧不宜过长，电弧过长会出现下列几种不良现象：

（1）电弧燃烧不稳定，易摆动，电弧热能分散，飞溅增多，造成金属和电能的浪费。

（2）熔深小，容易产生咬边、未焊透、焊缝表面高低不平整、焊波不均匀等缺陷。

（3）对熔化金属的保护差，空气中氧、氮等有害气体容易侵入，使焊缝产生气孔的可能性增加，使焊缝金属的机械性能降低。

因此在焊接时应力求使用短弧焊接，在立、仰焊时弧长应平焊时更短一些，以利于熔滴过渡，防止熔化金属下淌。碱性焊条焊接时应比酸性焊条弧长短些，以利于电弧的稳定和防止气孔。所谓短弧一般认为应是焊条直径的 0.5～1.0 倍，用计算表示如下：

$$l_{弧} = (0.5 \sim 1.0)d(\text{mm})$$

式中　$l_{弧}$——电弧长度

　　　d——焊条直径

4. 焊接速度

单位时间内完成的焊缝长度称为焊接速度。焊接过程中，焊接速度应该均匀适当，既要保证焊透又要保证不烧穿，同时还要使焊缝宽度和高度符合图样设计要求。

如果焊接速度过慢，使高温停留时间增长，热影响区宽度增加，焊接接头的晶粒变粗，机械性能降低，同时使变形量增大。当焊接较薄焊件时，则易烧穿。如果焊接速度过快，熔池温度不够，易造成未焊透、未熔合、焊缝成型不良等缺陷。

焊接速度直接影响焊接生产率，所以应该在保证焊缝质量的基础上，采用较大的焊条直径和焊接电流，同时根据具体情况适当加快焊接速度，以保证在获得焊缝的高低和宽窄一致的条件下，提高焊接生产率。

5. 焊接层数

在焊件厚度较大时，往往需要多层焊。对于低碳钢和强度等级低的普低钢的多层焊时，每层焊缝厚度过大时，对焊缝金属的塑性(主要表现在冷弯角)稍有不利的影响。因此对质量要求较高的焊缝，每层厚度最好不大于 4~5mm。

根据实际经验：每层厚度约等于焊条直径的 0.8~1.2 倍时，生产率较高，并且比较容易操作。因此焊接层数可近似地按如下经验公式计算：

$$n = \frac{\delta}{md}$$

式中　n——焊接层数；

　　　δ——焊件厚度，mm；

　　　m——经验系数，一般取 $m = 0.8 \sim 1.2$；

　　　d——焊条直径，mm。

焊条电弧焊时的焊接工艺参数可参阅表 4-21。表中的数据仅供参考，焊接时应根据具体工作条件和焊工技术熟练程度合理选用。

上述各项焊接工艺参数，在选择时，不能单以一个参数的大小来衡量对焊接接头的影响，因为单以一个参数分析是不全面的。例如，焊接电流增大，虽然热量增大，但不能说明加到焊接接头上的热量也大。因为还要看焊接速度的变化情况。当焊接电流增大时，如果焊接速度也相应增快，则焊接接头所得到的热量就不一定大，故焊接接头的影响就不大。因此焊接工艺参数的大小应综合考虑，即用线能量来表示。

所谓线能量，是指熔焊时，由焊接能源输入给单位长度焊缝上的能量。电弧焊时，焊接能源是电弧。根据焊接电弧可知，焊接时是通过电弧将电能转换为热能，利用这种热能来加热和熔化焊条和焊件的。如果将电弧看作是把全部电能转为热能量，则电弧功率可由下式表示：

$$q_0 = I_{\text{h}}U_{\text{h}}$$

式中　q_0——电弧功率，即电弧在单位时间内所析出的能量，J/s；

　　　I_{h}——焊接电流，A；

　　　U_{h}——电弧电压，V。

表 4-21 焊条电弧焊适用的焊接工艺参数

焊缝空间位置	焊缝横断面形式	焊件厚度或焊角高度/mm	第一层焊缝		其他各层焊缝		封底焊缝	
			焊条直径/mm	焊接电流/A	焊条直径/mm	焊接电流/A	焊条直径/mm	焊接电流/A
平对接焊缝		2	2	55~60	—	—	2	55~60
		2.5~3.5	3.2	90~120	—	—	3.2	90~120
		4~5	3.2	100~130	—	—	3.2	100~130
			4	160~200	—	—	4	160~210
			5	200~260	—	—	5	220~250
		5~6	4	160~210	—	—	3.2	100~130
					—	—	4	180~210
		≥6	4	160~210	4	160~210	4	180~210
					5	220~280	5	220~260
		≥12	4	160~210	4	160~210	—	—
					5	220~280	—	—
立对接焊缝		2	2	50~55	—	—	2	50~55
		2.5~4	3.2	80~110	—	—	3.2	80~110
		5~6	3.2	90~120	—	—	3.2	90~120
		7~10	3.2	90~120	4	120~260	3.2	90~120
			4	120~160				
		≥11	3.2	90~120	4	120~160	3.2	90~120
			4	120~160	5	160~200		
		12~18	3.2	90~120	4	120~160	—	—
			4	120~160			—	—
		≥19	3.2	90~120	4	120~160	—	—
			4	120~160			—	—
横对接焊缝		2	2	50~55	—	—	2	50~55
		2.5	3.2	80~110	—	—	3.2	80~110
		3~4	3.2	90~120	—	—	3.2	90~120
			4	120~160	—	—	4	120~160
		5~8	3.2	90~120	3.2	90~120	3.2	90~120
					4	140~160	4	120~160
		≥9	3.2	90~120	4	140~160	3.2	90~120
			4	140~160			4	120~160
		14~18	3.2	90~120	4	140~160	—	—
			4	140~160			—	—
		≥19	4	140~160	4	140~160	—	—

焊缝空间位置	焊缝横断面形式	焊件厚度或焊角高度/mm	第一层焊缝		其他各层焊缝		封底焊缝	
			焊条直径/mm	焊接电流/A	焊条直径/mm	焊接电流/A	焊条直径/mm	焊接电流/A
仰对接焊缝		2	—	—	—	—	2	50~66
		2.5	—	—	—	—	3.2	80~110
		3~5	—	—	—	—	3.2	90~110
							4	120~160
		5~8	3.2	90~120	3.2	90~120	—	—
					4	140~160		
		≥9	3.2	90~120	4	140~160	—	—
			4	140~160				
		12~18	3.2	90~120	4	140~160	—	—
			4	140~160				
		≥19	4	140~160	4	140~160		
平角接焊缝		2	2	55~65	—	—	—	—
		3	3.2	100~120	—	—		
		4	3.2	100~120				
			4	160~200				
		5~6	4	160~200	—	—		
			5	220~380				
		≥7	4	160~200	5	220~230	—	—
			5	220~280				
			4	160~200	4	160~200	4	160~220
					5	220~280		
立角接焊缝		2	2	50~60	—	—	—	—
		3~4	3.2	90~120	—	—	—	—
		5~8	3.2	90~120				
			4	120~160				
		9~12	3.2	90~120	4	120~160	—	—
			4	120~160				
		—	3.2	90~120	4	120~160	3.2	90~120
			4	120~160				

焊缝空间位置	焊缝横断面形式	焊件厚度或焊角高度/mm	第一层焊缝		其他各层焊缝		封底焊缝	
			焊条直径/mm	焊接电流/A	焊条直径/mm	焊接电流/A	焊条直径/mm	焊接电流/A
仰角接焊缝		2	2	50~60	—	—	—	—
		3~4	3.2	90~120	—	—	—	—
		5~6	4	120~160	—	—	—	—
		≥7	4	140~160	4	140~160	—	—
			3.2	90~120	4	140~160	3.2	90~120
			4	140~160			4	140~160

实际上电弧所产生的热量不可能全部都用于加热熔化金属,而总有一些损耗,例如飞溅带走的热量,辐射、对流到周围空间的热量,熔渣加热和蒸发所消耗的热量等等。所以电弧功率中一部分能量是损失的,只有一部分能量利用在加热焊件上,故真正有效于加热焊件的有效功率为:

$$q = \eta I_h U_h$$

式中　η——电弧有效功率系数;

　　　q——电弧有效功率,J/s。

在一定条件下 η 是常数,主要决定于焊接方法,焊接工艺参数和焊接材料的种类等,各种电弧焊方法在通用工艺参数条件下的电弧有效功率系数 η 值参见表4-22。

表4-22　各种电弧焊方法有效功率系数 η 值

弧焊方法种类	η
直流焊条电弧焊	0.75~0.85
交流焊条电弧焊	0.65~0.75
埋弧自动焊	0.80~0.90
CO_2 气体保护焊	0.75~0.90
钨极氩弧焊	0.65~0.75
熔化极氩弧焊	0.70~0.80

各种电弧焊方法的有效功率系数在其他条件不变的情况下,均随电弧电压的升高而降低,因为电弧电压升高即电弧长度增加,热量辐射损失增多,因此有效功率系数 η 值降低。

由上式可知,当焊接电流大,电弧电压高时,电弧的有效功率就大。但是这并不等于单位长度的焊缝上所得到的能量一定多,因为焊件受热程度还受焊速的影响。例如用较小电流,小焊速时,焊件受热也可能比大电流配合大焊速时还要严重。显然,在焊接电流、电压不变的条件下,加大焊速,焊件受热减轻。因此线能量为:

$$\frac{q}{v} = \eta \cdot \frac{I_h U_h}{v} (\text{J/cm})$$

式中　q——线能量；

　　　v——焊接速度，cm/s。

焊接工艺参数对热影响区的大小和性能有很大的影响。采用小的工艺参数，如降低焊接电流，增大焊接速度等，都可以减少热影响区尺寸。不仅如此，从防止过热组织和晶粒粗化角度看，也是采用小参数比较好。

由图 4-75 可以看出，当焊接电流增大或焊接速度减慢使焊接线能量增大时，过热区的晶粒尺寸粗大，韧性降低严重；当焊接电流减少或焊接速度增大，在硬度强度提高的同时，韧性也要变差。因此，对于具体钢种和具体焊接方法存在一个最佳的焊接工艺参数。例如图中 20Mn 钢（板厚 16mm、堆焊），在线能量 $q/v = 30000$ J/cm 左右，可以保证焊接接头具有最好的韧性，线能量大于或小于这个理想的数值范围，都引起塑性和韧性的下降。

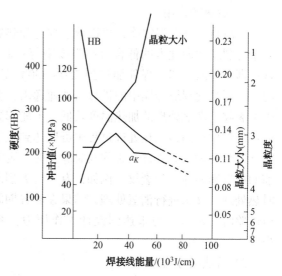

图 4-75　焊接线能量对 20Mn 钢过热区性能的影响

以上是线能量对热影响区性能的影响。对于焊缝金属的性能，线能量也有类似的影响。对于不同的钢材，线能量最佳范围也不一样，需要通过一系列试验来确定恰当的线能量和焊接工艺参数。此外还应指出，仅仅线能量数据符合要求还不够，因为即使线能量相同，其中的 I_h、U_h、v 的数值可能有很大的差别，当这些参数之间配合不合理时，还是不能得到良好的焊缝性能。例如在电流很大，电弧电压很低的情况下得到窄而深的焊缝；而适当地减小电流，提高电弧电压则能得到较好的焊缝成形，这两者所得到的焊缝性能就不同。因此应在参数合理的原则下选择合适的线能量。

6. 预后热

（1）预热

1）预热的作用

预热能降低焊后冷却速度。对于给定成分的钢种，焊缝及热影响区的组织和性能取决于冷却速度的大小。对于易淬火钢，通过预热可以减小淬硬程度，防止产生焊接裂纹。另外，预热可以减小热影响区的温度差别，在较宽范围内得到比较均匀的温度分布，有助于减小因温度差别而造成的焊接应力。

由于预热有以上良好作用，在焊接有淬硬倾向的钢材时，经常采用预热措施。但是，对于铬镍奥氏体钢，预热使热影响区在危险温度区的停留时间增加，从而增大腐蚀倾向。因此，在焊接铬镍奥氏体钢时，不可进行预热。

2）预热温度的选择

焊件焊接时是否需要预热，以及预热温度的选择，应根据钢材的成分、厚度、结构刚性、接头形式、焊接材料、焊接方法以及环境因素等综合考虑，并通过可焊性试验来确定。

3）预热的方法

预热时的加热范围，对于对接接头每侧加热宽度不得小于板厚的 5 倍，一般在坡口两侧各75~100mm范围内保持一个均热区域，测温点应取在均热区域的边缘。如果采用火焰加热，测温最好在加热面的反面进行。除火焰加热外，还可用工频感应加热，红外线加热等方法加热。在刚度很大的结构上进行局部预热时，应注意加热部位，控制升温速度，避免造成很大的热应力。

（2）后热

1）后热的作用

焊后将焊件保温缓冷，可以减缓焊缝和热影响区的冷却速度，起到与预热相似的作用。对于冷裂纹倾向性大的低合金高强度钢等材料，还有一种专门的后热处理，也称为消氢处理；即在焊后立即将焊件加热到250~350℃温度范围，保温2~6h后空冷。消氢处理的目的，主要是使焊缝金属中的扩散氢加速逸出，大大降低焊缝和热影响区中的氢含量，防止产生冷裂纹。消氢处理的加热温度较低，不能起到松弛焊接应力的作用。对于焊后要求进行热处理的焊件，因为在热处理过程中可以达到除氢目的，不需要另作消氢处理。但是焊后若不能立即热处理，而焊件又必须及时除氢时，则需及时作消氢处理。否则焊件有可能在热处理前的放置期间内产生裂纹。例如，有一台大型高压容器，焊后探伤检查合格，但因焊后未及时热处理，又未进行消氢处理，结果在放置期间内产生了延迟裂纹。当容器热处理后进行水压试验时，试验压力未达到设计工作压力，容器就发生了严重的脆断事故，使整台容器报废。

2）后热的方法

后热的加热方法，加热区宽度，测温部位等要求与预热相同。

二、焊条电弧焊电源

弧焊电源按其特性控制方式的不同可分为：机械调节型、电磁控制型和电子控制型三种。表4-23列出三种控制型各种弧焊电源。属于机械调节型的弧焊电源有弧焊变压器和弧焊整流器，属于电磁控制型的弧焊电源包括磁放大器式整流器和弧焊发电机，电子控制的弧焊电源有晶闸管式弧焊整流器、晶体管式弧焊整流器、弧焊逆变器、矩形波交流弧焊电源和微机控制的弧焊电源等。前两种控制型的弧焊电源是传统产品，它们在焊接技术发展中发挥过巨大作用。其外特性、动特性和调节性能均主要取决于结构本身，尽管结构结实，简单可靠、容易制作、但调节不灵活，反应速度慢，笨重费料，只能用在要求不高的场合。

随着电子技术和电子器件的发展，推动了世界上各种工业技术的发展，同样也促进了弧焊电源的发展。电子控制的弧焊电源就是在这种发展形势下问世和成长的，进入焊接生产领域已有30多年的历史。它无论是外特性还是动特性，都完全借助于电子线路（含反馈电路）来进行，包括对输出电流、电压波形的任意控制，且稳定性好，抗干扰性强，而与本身结构没有决定性的关系；满足各种弧焊方法的需要；良好的动特性；可调参数多，可对电弧功率进行精密控制和遥控；便于微机控制，是弧焊机器人的理想电源等优点。电子控制型弧焊电源的出现使弧焊电源的发展进入一个新的时代，它具有取而代之普通弧焊电源的倾向。目前，一些工业发达国家已淘汰了弧焊发电机，磁放大器式弧焊整流器也正在逐步淘汰中，有些国家准备逐步减少弧焊变压器的生产，只有在要求较低的场合才使用这些"粗糙"的弧焊电源。同样我国已于1992年决定停止生产弧焊发电机。但目前弧焊发电机、弧焊变压器和磁放大器式弧焊整流器的生产和使用仍占60%~70%。基于上述情况，本节将介绍传统与最新弧焊电源的基本内容。

表 4-23　弧焊电源的分类

机械调节型	电磁控制型	电子控制型			
		移相式	移相式	开关式	
				二次分频式	一次分频式
动圈式弧焊变压器、动铁式弧焊变压器、抽头式弧焊变压器、动圈式弧焊整流器、动铁式弧焊整流器、抽头式弧焊整流器、滑动调节式弧焊整流器、单相整流式脉冲弧焊电源	串联饱和电抗器式弧焊电源、磁放大器式弧焊整流器、磁放大器式脉冲弧焊电源、电动式弧焊发电机、柴油汽油驱动式弧焊发电机	晶闸管式弧焊电源、晶闸管电抗器式矩形波交流弧焊电源	模拟式晶体管弧焊电源、模拟式晶体管脉冲弧焊电源	开关式晶体管弧焊电源、开关式晶体管脉冲弧焊电源、数字开关式晶闸管矩形波交流弧焊电源、逆变式晶闸管矩形波交流弧焊电源	晶闸管式弧焊逆变器、晶体管式弧焊逆变器、场效应管式弧焊逆变器、IGBT式弧焊逆变器

弧焊控制型

1. 对焊条电弧电源的要求

焊条电弧焊电源是对焊接电弧提供电能的装置，它除需满足一般电力电源的要求之外，还需具备由电弧特性和弧焊工艺对电源要求的特殊性能。一般要求是：结构上要简单轻巧、制造容易、消耗材料少、节省电能、成本低；使用上要方便、可靠、安全、性能良好并容易维修。特殊要求主要是：①易于引弧；②电弧能稳定燃烧；③焊接工艺参数稳定；④具有足够宽的焊接工艺参数调节范围。⑤在特殊环境下（如高原、水下和野外焊接等）工作的弧焊电源，还需具备对环境的适应性。

现仅从电气性能方面讨论对焊条电弧焊电源的要求。

（1）要有下降的外特性

电源的外特性是指在电源内部参数一定的条件下，当改变负载，电源稳定输出时的电压 U_y 与电流 I_y 之间关系，即 $U_y = f(I_y)$。依此式得到的相应坐标曲线，称为电源外特性曲线。为了引弧方便及保持电弧稳定燃烧，焊条电弧焊电源应有适当的空载电压和下降的外特性曲线，其短路电流应有所限制不能过大，如图 4-76 中的曲线 1 所示。图中曲线 2 是焊条电弧焊电弧静特性曲线，也就是电弧稳定燃烧的伏安曲线。两条曲线相交于 A_0、A_1 两点。这意味着在 A_0、A_1 两点时，电源的输出功率等于电弧功率，两者处于平衡。在"电源-电弧"系统无外界因素干扰时，能在这两点维持连续电弧放电。但在实际焊接过程中，经常出现外界干扰，如操作不稳、工件表面不平和电网电压变化等，从而引起焊接工艺参数的变化。干扰消失以后，系统应能自动恢复原有的平衡态，焊接工艺参数得以恢复。事实上只有 A_0 是电弧稳定工作点，而 A_1 不是稳定工作点。

先看 A_0 点。当某种干扰使工作点 A_0 的电弧电流减少了 ΔI_f 时，电源工作点移至 B_1，此时电源电压升高为 $U_y = U_f + U_y$，而电弧工作点移至 B_2。当干扰消失后，由于这里的电源电压高于电弧电压，即供大于求，所以促使电弧电流增加，即 ΔI_f 减小，直至恢复到原平衡点 A_0。而当某种因素使电弧电流增加时，则因电源电压降低，且此时 $U_y > U_f$，供小于求，所以促进电弧电流减小，也可恢复到平衡 A_0 点。

再看 A_1 点。当电弧电流增加时，也使 $U_y < U_f$，从而电流继续增加，直到工作点移至 A_0

才达到平衡，此时不能恢复到原工作点 A_1。如果电弧电流减小，由于 $U_y < U_f$，则使电流继续减小直至电弧熄灭。因此，A_1 不是稳定工作点。

若电源处特性曲线是平的或上升的，则在 A_0 点也不可能稳定。所以，在焊条电弧焊电弧静特性条件下，为了保证电弧稳定燃烧，电源外特性应是下降的。

下降式电源外特性的另一个好处是有利于保持焊接工艺参数稳定和得到较好的电弧弹性。现比较图 4-77 所示三种外特性曲线。开始时，假设电弧在 A_0 点稳定燃烧，其弧长为 l_1。当由于某种原因使弧长由 l_1 缩短到 l_2 时，那么对于下降陡较大的外特性曲线 1 来说，新的工作点移至 A_1，此时电流增加了 ΔI_1，而对于下降陡度较小的外特性曲线 2 来说，则新的工作点在 A_2，对应的电流增加了 ΔI_2，显然 $\Delta I_2 > \Delta I_1$。当电弧长度增大时，相应结果也是 $\Delta I_2 > \Delta I_1$。由此可见，弧长变化时，电源外特性下降的陡度越大，电流偏差越小，越能保持焊接工艺参数稳定，还可增强电弧弹性。所谓电弧弹性，是指在弧长较大时，不致因电流减小而使电弧熄灭。使用图 4-77 中曲线 3 所示的垂直下降（恒流）外特性的电源，焊接工艺参数最稳定，电弧弹性最好。

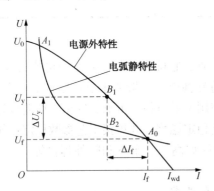

图 4-76　焊条电弧焊电源的外特性

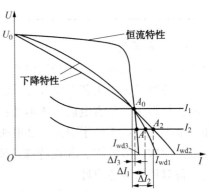

图 4-77　弧焊电源外特性的比较

以上三种外特性弧焊电源的短路电流 I_d 也不相同，I_{d2} 最大，I_{d1} 次之，I_{d3} 最小。从保证易于引弧，电弧有较大穿透力来看，短路电流大些为好，但过大，会使弧焊电源产生较大热量，焊条过热，药皮脱落，飞溅增加，电弧不够稳定；短路电流过小，将造成引弧困难，电弧穿透力弱，熔深浅，而且熔滴过渡困难。合适的短路电流值 I_d 由下式限定：

$$1.25 < \frac{I_{wd}}{I_p} < 2$$

式中　I_p——对应于稳定工作点的工作电流。

目前焊条电弧焊电源的外特性有两种：

1）缓降特性　其特点是当输出电压变化时，输出电流亦有变化。按其变化特征又可细分为：①按接近于 1/4 椭圆规律变化的；②按接近于直线规律变化的两种，如图 4-78(a)、(b) 所示。

2）恒流带外拖特性　其特点是在工作部分的恒流段，输出电流基本不随输出电压变化，但在输出电压下降到一定值后，外特性变为缓降的外拖段，随着电压的降低，输出电流将有较大增加，如图 4-78(c) 所示。电流开始增大的点称为外拖拐点。这种外特性的外拖拐点和外拖斜率可以调节。

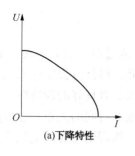 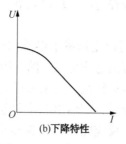 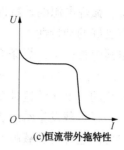

(a)下降特性　　　　(b)下降特性　　　　(c)恒流带外拖特性

图 4-78　弧焊电源外特性

从以上外特性比较可见，恒流带外拖特性的弧焊电源，既可保证焊接工艺参数稳定，又借助外拖增大短路电流，提高引弧性能和电弧穿透能力，并有利于熔滴过渡，从而获得稳定的焊接过程和良好的焊缝成形，因而是最理想的外特性。其次是下降陡度较大的特性。外特性下降陡度太小，曲线过于平缓则不可取。

弧焊电源的空载电压越高，引弧越容易，电弧燃烧越稳定。但空载电压过高，不仅不利于焊工的人身安全，而且使电源的容量和体积增大，效率和功率因数降低。因此，在满足焊接工艺的前提下，空载电压应尽可能低一些。一般弧焊电源的空载电压如下：

交流弧焊电源　　$U_0 = 55 \sim 75\text{V}$

直流弧焊电源　　$U_0 = 45 \sim 70\text{V}$

（2）要有合理的调节特性

为了适应不同材质、不同厚度、不同结构及不同坡口形式焊件的焊接，弧焊电源应有满意的调节焊接工艺参数的特性。这里所指的焊接工艺参数主要是电弧工作电压 U_f 和工作电流 I_f。调节焊接工艺参数借助调节电源的外特性来实现。

弧焊电源的调节特性不外以下三种情况：

第一种是焊接电流减少时，空载电压同时降低，如图 4-79（a）所示。这种调节特性不好，当用小电流焊接时，空载电压低不易引弧。

第二种是空载电压不随焊接电流变化，如图 4-79（b）所示。具有这种调节特性的弧焊电源的引弧性能比前一种好。

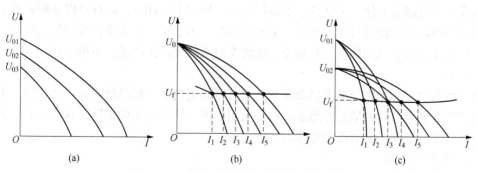

图 4-79　弧焊电源外特性在调节时的变化

第三种是空载电压随电流的减少而增大，随电流的增大而减少，如图 4-79（c）所示。这种调节特性最理想，因为在使用小电流时，空载电压高容易引弧，而在使用大电流时，空载电压低仍满足实际需要，且可提高功率因数，节省电能。

如前所述，电弧电压和电流是由电弧静特性曲线和弧焊电源外特性曲线相交的一个稳定工作点所决定的。对应于一定的弧长，只有一个稳定点。为了能在一定的焊接电流和电压范围内进行焊接，弧焊电源的外特性最好能连续均匀调节。

（3）要有良好的动特性

熔化极电弧焊过程中，焊条金属熔化形成了熔滴向熔池过渡，由此引起弧长频繁地变化。当大颗粒熔滴进入熔池时，还可能造成电弧短路。因此，焊接过程中电弧电压、电流是不断地发生变化的。电弧的这种动负载特性，要求弧焊电源具有良好的动特性。所谓弧焊电源的动特性，是指负载发生瞬时变化时，其输出电流和电压对时间的关系。也可以用一组参数表征弧焊电源的这种对负载瞬变的反应能力。一般来说，弧焊变压器的电磁贯性小，动特性均能符合要求，而直流弧焊电源却要考核其动特性指标。

2. 焊条电弧焊电源的结构、原理及特点

焊条电弧焊电源按电流种类不同可分为交流弧焊电源、直流弧焊电源和逆变式弧焊电源；按同时供应的焊站数分为单站式和多站式。

（1）交流弧焊电源

交流弧焊电源实质是一个降压变压器，与普通电力变压器不同之处在于：为了保证电弧引燃并能稳定燃烧和得到陡降的外特性，弧焊变压器必须具有较大的漏抗，而普通变压器的漏抗很小；在结构上，弧焊变压器是在电力变压器基础上增加一个电抗器就可以了。根据电抗器与变压器结构方式和电抗器本身的结构特点，以及获得下降外特性的方法，弧焊变压器有以下类型。

1）同体式弧焊变压器

2）动铁心式弧焊变压器

3）动圈式弧焊变压器

4）抽头式弧焊变压器

5）多站式弧焊变压器

（2）直流弧焊电源

直流弧焊电源分为两大类，一类是弧焊发电机，另一类是弧焊整流器。弧焊发电机是使用较早的直流焊接电源，它具有引弧容易、电弧稳定、过载能力强等优点，其缺点耗电多、费材料、噪声大。弧焊整流器是随着半导体技术发展于 1960 年代发展起来的，它与弧焊发电机相比，具有制造方便、价格低、空载损耗小、噪声小等优点，而且可以远距离调节，能自动补偿电网电压波动时对焊接电压、电流的影响。由于弧焊整流器比弧焊发电机具有明显优点，因而正在被大力发展。与其相反，弧焊发电机已属淘汰产品，不再生产。本书只讲述弧焊整流器。

直流弧焊整流器是把交流电经降压整流后获得直流电的。弧焊整流器由变压器、半导体整流元件以及调节特性的装置等组成。由于所用的半导体整流元件不同，这种弧焊电源又可分为硅弧焊整流器和晶闸管弧焊整流器两类。

1）硅弧焊整流器

2）晶闸管式弧焊整流器

晶闸管式弧焊整流器有以下特点：

a. 控制性能好。由于它可以用很小的触发功率控制整流器的输出，且电磁惯性小，因而易于控制；通过不同的反馈方式可以获得各种形状外特性；电流、电压可以在很宽范围内均匀、精确、快速地调节；易于实现电网电压补偿。

b. 动特性好。由于它的内部电感小，因此电磁惯性小，反应速度快。

c. 节能、省料、噪声小。

（3）弧焊逆变器

弧焊逆变器是一种新型的弧焊电源，1980年代初才面市，我国亦有产品出售。图4-80所示为晶闸管式弧焊逆变器的原理方框图。单相或三相50Hz的交流网路电压先经输入整流器整流和滤波变为直流电，再通过大功率开关电子元件(本图为晶闸管，亦可用晶体管或场效应管)的交替开关作用，变为几百赫或几十千赫的中频交流电，后经变压器降至适合于焊接的几十伏电压。若直接输出，此逆变器便是交流电源；若再用输出整流器整流并经电抗器滤波，则可输出适于焊接的直流电，此逆变器便是直流电源。

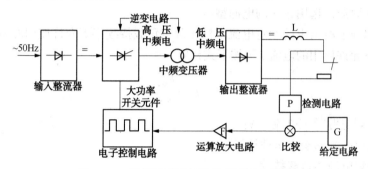

图4-80　晶闸管式弧焊逆变器原理方框图

弧焊逆变器采用了较复杂的变流顺序，这就是：工频交流——直流——中频交流——降压——交流或直流。主要思路是将工频交流变为中频交流之后再降至适于焊接的电压，这样做可以带来许多好处。

由电工学知道，变压器设计采用以下基本公式：

$$U = 4.44fNSB_m$$

式中　　U——二次电压，V；

　　　　S——铁心截面积，cm^2；

　　　　B_m——磁感应强度的最大值，T；

　　　　f——工作频率，Hz；

　　　　N——绕组匝数。

变压器的重量、体积与 NS 有关，而 NS 与 f 又有直接关系，即

$$NS = U/4.44fB_m$$

当取 B_m 为一定值时，若使频率从工频50Hz提高到2000Hz，则绕组匝数与铁心截面积的乘积 NS 就减小到原来的1/40。通常，在普通弧焊整流器中，主变压器占整机重量的1/3~2/3，因而降低主变压器的重量就可使整机重量大大减轻。

弧焊逆变器与前述传统式弧焊的电源相比，具有如下优点：

1）重量轻、体积小。主变压器的重量仅为传统式弧焊电源的几十分之一，整机重量、整机体积分别为传统弧焊电源的 1/10~1/5 和 1/3 左右。

2）高效节能。效率为80%~90%，功率因数高达0.99，空载损耗极小，只有几十W至百余W，是一种节能效果十分显著的弧焊电源。

3）具有良好的动特性和焊接工艺性能。由于采用电子控制电路，而易于获得各种焊接工艺所需的外特性，并具有良好的动特性。

国产晶闸管逆变弧焊整流器型号及技术数据列于附录C。

3. 焊条电弧焊电源的选用

在选用焊条电弧焊电源时应考虑以下因素：

（1）根据焊件材质、焊条类型、焊接结构选择弧焊电源的类型。例如使用酸性焊条焊接低碳钢时应优先考虑选用弧焊变压器。当使用碱性焊条焊接高压容器、高压管道等重要钢结构，或合金钢、有色金属、铸铁时，则必须选用直流电源。

在弧焊电源数量有限，而焊接材料的类型又较多的场合，可选用通用性较强的交、直流两用电源。

（2）根据焊件所用材料、板厚范围、结构形式等因素确定所需弧焊电源的容量，然后参照弧焊电源技术数据，选用相应的电源型号。

弧焊电源铭牌上所给出的额定电流系指在额定负载持续率下允许使用的最大电流。在其他负载持续率下允许使用的电流 I 可按下式计算：

$$I = I_e \sqrt{\frac{FS_e}{FS}}$$

式中　I_e——弧焊电源额定电流，A；

　　　FS_e——弧焊电源的额定负载持续率，%；

　　　FS——弧焊电源的负载持续率。

$$FS = \frac{负载持续时间}{规定的工作周期} \times 100\%$$

焊条弧焊电源的工作周期规定为 5min ，FS_e一般为 60%。

（3）要考虑价格、效率、电网容量、操作维修费用以及占地面积等。

三、焊条电弧焊机常见故障产生的原因及排除

1. 交流弧焊机常见故障及排除方法（表 4-24）

表 4-24　交流弧焊机常见故障及排除方法

故障现象	产 生 的 原 因	排 除 方 法
焊机过热冒烟，甚至烧坏	1. 焊机过载 2. 电源电压过高或一次绕组线路接错 3. 焊机绕组短路	1. 按规定的负载持续率下的焊接电流值使用。 2. 更正一次绕组接法 3. 切断电源，检查绝缘，找出短路部分关修复
导线连接处过热	1. 接线处电阻过大 2. 接线螺母松动	1. 清理接线部位 2. 旋紧螺母
焊机振动及响声不正常	1. 动铁心制动螺钉松动或弹簧过松或动铁心与静铁心的间隙过大 2. 传动动铁心或动线圈的机构有故障 3. 线组短路	调整间隙，旋紧制动螺钉，调整弹簧 1. 检修传动机构如手柄、螺杆、点轮和电动机等 2. 更换绝缘，重绕线圈
焊接电流不稳定和不能调节	1. 动铁心在焊接时位置不稳定 2. 传动动铁心或动线圈的机构有故障 3. 重绕电抗器线圈后，匝数不足，电流不能调得较小	1. 固定动铁心或调节手柄 2. 检修传动机构 3. 适当增加电抗器匝数

故障现象	产 生 的 原 因	排 除 方 法
焊接电流过大或过小	1. 电抗绕组短路 2. 焊接电缆线太长，压降过大 3. 焊接电缆线绕成盘形，电感增大 4. 焊接回路接触不良 5. 铁心绝缘破坏，涡流增大	1. 切断电源，检查并修复电抗绕组 2. 减小电缆线的长度或加大其截面积 3. 将盘形电缆放开 4. 使接头处接触良好 5. 检查磁路绝缘状况，排除故障
焊机外壳带电	1. 一次绕组和二次绕组碰壳 2. 电源线或焊接电缆碰壳 3. 外壳没接地	1. 检查并排除绕线碰壳处 2. 检查并排除电源线或电缆线的碰壳处 3. 外壳接地
焊机不起弧	1. 电源无电压或电源电压过低 2. 焊机接线有错误 3. 焊机绕组有短路或断路 4. 电源线或焊接电缆线截面太小	1. 检查开关和熔断器的接通情况或调整电源电压 2. 检查一次和二次的接线是否正确 3. 检查绕组情况 4. 选用足够截面的电缆线
焊机铁心过热	1. 电源电压超过额定值 2. 铁心硅钢片短路 3. 铁心夹紧螺杆及夹件的绝缘损坏 4. 重绕一次线圈后，线圈匝数不足	1. 检查电源电压值并与焊机铭牌规定值相对照 2. 清洗硅钢片，并重刷绝缘漆 3. 更换绝缘材料 4. 检查线圈匝数，并验算各项电气技术数据
焊丝经常烧断	1. 电源线有短路或接地 2. 一次或二次绕组短路	1. 检查电源线的情况 2. 检查绕组情况，更换绝缘，重绕线圈
调节手炳不能摇动，或动铁心动线圈不能移动	1. 调节机构上油垢太多或已锈住 2. 移动路线上有障碍 3. 调节机构已磨损	1. 清洗或除锈 2. 清除障碍物 3. 检修或更换磨损的零件
焊机绕组绝缘太低	1. 线圈受潮 2. 线圈长期过热，绝缘老化	1. 在 100~110℃ 的烘干炉中烘干 2. 更换绝缘，重绕线圈
电流忽大忽小	1. 焊接回路连接处接触不良 2. 可动铁心随焊机振动而移动	1. 检查焊接回路接触处，使之接触良好 2. 加固可动铁心，使之不易发生移动

2. 弧焊整流器常见故障及排除方法 (表 4-25)

表 4-25　弧焊整流器常见故障及排除方法

故障现象	产 生 的 原 因	排 除 方 法
空载电压过低	1. 网路电压过低 2. 变压器一次绕组匝间短路 3. 开关接触不良 4. 饱和电抗器线圈匝间短路 5. 整流元件击穿	1. 调整电源电压至额定值 2. 消除短路 3. 使开关接触良好 4. 检修饱和电抗器 5. 更换整流元件
焊接电流调节失灵	1. 控制绕组匝间短路 2. 焊接电流控制器接触不良 3. 控制整流回路整流元件被击穿	1. 消除短路 2. 使接触良好 3. 更换元件
焊接电流不稳定	1. 主回路交流接触器抖动 2. 风压开关抖动 3. 控制绕组接触不良 4. 稳压器补偿线圈匝数不合适	1. 消除抖动 2. 消除抖动 3. 消除控制绕组接触不良 4. 调整补偿线圈匝数

故障现象	产 生 的 原 因	排 除 方 法
风扇电机不转	1. 熔断器烧断 2. 电动机引线或绕组断线 3. 开关接触不良	1. 更换熔断器 2. 接线或修理电动机 3. 检修开关使接触良好
工作中焊接电压突然降低	1. 主回路部分或全部短路 2. 整流元件被击穿 3. 控制回路断路或电位器未整定好 4. 三相熔断器断了一相	1. 修复线路 2. 检查保护电路，更换元件 3. 检修调整控制回路 4. 更换熔断器
焊机外壳带电	1. 电源线误碰外壳 2. 变压器、电抗器，风扇及控制电路元件等碰机壳 3. 未安地线或接触不良	1. 检查并消除碰机壳现象 2. 消除碰壳处 3. 接好地线
电表指示失灵	1. 电表或相应接线短路或断线 2. 主回路故障 3. 饱和电抗器和支流绕组断线	1. 修电表或消除短路 2. 排除主回路故障 3. 排除故障

第五节　埋弧焊

一、埋弧焊原理及应用

1. 埋弧焊工作原理

埋弧焊是以电弧为热源的机械焊接方法。埋弧焊实施过程如图 4-81 所示，它由 4 个部分组成：①焊接电源接在导电嘴和工件之间用来产生电弧；②焊丝由焊丝盘经送丝机构和导电嘴送入焊接区；③颗粒状焊剂由焊剂漏斗经软管均匀地堆敷到焊缝接口区；④焊丝及送丝机构、焊剂漏斗和焊接控制盘等通常装在一台小车上，以实现焊接电弧的移动。

埋弧焊焊缝形成过程如图 4-82 所示。埋弧焊时，连续送进的焊丝在一层可熔化的颗粒状焊剂覆盖下引燃电弧。当电弧热使焊丝、母材和焊剂熔化以致部分蒸发后，在电弧区便由金属和焊剂蒸气构成一个空腔，电弧就在这个空腔内稳定燃烧。空腔底部是熔化的焊丝和母材形成的金属熔池，顶部则是熔融焊剂形成的熔渣。电弧附近的熔池在电弧力的作用下处于高速紊流状态，气泡快速溢出熔池表面，熔池金属受熔渣和焊剂蒸气的保护不与空气接触。随着电弧向前移动，电弧力将液态金属推向后方并逐渐冷却凝固成焊缝，熔渣则凝固成渣壳覆盖在焊缝表面。焊接时焊丝连续不断地送进，其端部在电弧热作用下不断的熔化，焊丝送进

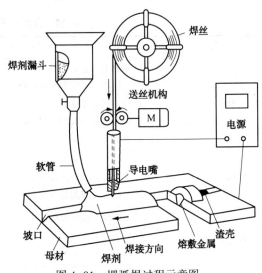

图 4-81　埋弧焊过程示意图

稳定进行。依据应用场合和要求不同，焊丝有单丝、双丝和多丝，有的应用中还以药芯焊丝替代裸焊丝，或用钢带代替焊丝。

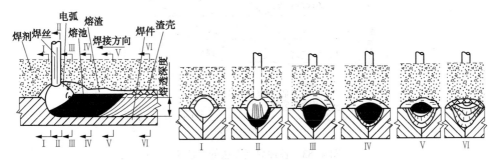

图4-82 埋弧焊电弧和焊缝的形成

埋弧焊有自动埋弧焊和手工埋弧焊两种方法，前者焊丝的送进和电弧的移动均由专用焊接小车完成，后者焊丝的送进由机械完成，而电弧的移动则由手持焊枪移动完成。但不管那种方式，焊接时都要求满足焊剂和熔池金属在凝固前必须保持在原位置，有许多固定和定位装置可以保证这一要求。

埋弧焊焊剂的作用与焊条药皮相似，埋弧焊过程中，熔化焊剂产生的渣和气，有效地保护了电弧熔池，同时还可起到脱氧和掺合金的作用，与焊丝配合保证焊缝金属的化学成分和力学性能，防止焊缝中产生裂纹和气孔等缺陷，焊后未熔化的焊剂另行清理回收。

2. 埋弧焊的特点

（1）埋弧焊的主要优点

1）生产效率高　埋弧焊所用的焊接电流大，相应电流密度也大，见表4-26。加上焊剂和熔渣的保护，电弧的熔透能力和焊丝的熔敷速度都大大提高，如图4-83所示。以板厚8~10mm的钢板对接为例，单丝埋弧焊焊接速度可达30~50m/h，若采用双丝焊和多丝焊，速度还可提高1倍以上，而焊条电弧焊接速度则不超过6~8m/h。同时由于埋弧焊不开口一次熔深可达20mm。

表4-26　焊条电弧焊与埋弧焊的焊接电流、电流密度比较

焊条（焊丝）直径/mm	焊条电弧焊		埋弧焊	
	焊接电流/A	电流密度/（A·mm²）	焊接电流/A	电流密度/（A·mm²）
2	50~60	16~25	200~400	63~125
3	80~130	11~18	350~600	50~85
4	125~200	10~16	500~800	40~63
5	190~250	10~18	700~1000	30~50

2）焊接质量好　因为熔渣保护，熔化金属不与空气接触，焊缝金属中含氮量降低，而且熔池金属凝固较慢，液体金属和熔化焊剂间的冶金反应充分，减少了焊缝产生气孔、裂纹的可能性。焊接工艺参数通过自动调节保持稳定，焊工操作技术要求不高，焊缝成形好，成分稳定，力学性能好，焊缝质量高。

3）劳动条件好　埋弧焊弧光不外露，没有弧光辐射，机械化的方法减轻了手工操作强度，这些都是埋弧焊独特的优点。

（2）埋弧焊的主要缺点

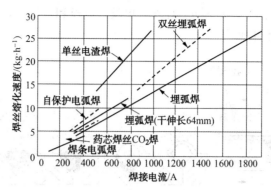

图 4-83　各种焊接方法的熔敷速度

1）埋弧焊采用颗粒状焊剂进行保护，一般只适用于平焊的角焊位置的焊接，其他位置的焊接，则需采用特殊装置来保证焊剂对焊缝区的覆盖和防止熔池金属的漏淌。

2）焊接时不能直接观察电弧与坡口的相对位置，需要采用焊缝自动跟踪装置来保证焊炬对准不焊偏。

3）埋弧焊使用电流较大，电弧的电场强度较高，电流小于 100A 时，电弧稳定性较差，因此不适宜薄件。

3．埋弧焊的应用

埋弧焊是焊接生产中应用最广泛的工艺方法之一。由于焊接熔深大、生产效率高、机械化程度高，因而特别适用于中厚板长焊缝的焊接。在造船、锅炉与压力容器、化工、桥梁、起重机械、工程机械、冶金机械以及海洋结构、核电设备等制造中都是主要的焊接生产手段。

随着焊接冶金技术和焊接材料生产的发展，埋弧焊所能焊接的材料已从碳素结构钢发展到低合金结构钢、不锈钢、耐热钢以及一些有色金属材料，如镍合金、铜合金的焊接等。此外，埋弧焊还可以用于不锈耐蚀、硬质耐磨金属的堆焊。

二、埋弧焊用焊接材料

1．埋弧焊的冶金特点

埋弧焊的冶金过程是指液态熔渣与液态金属以及电弧气氛之间的相互作用，其中主要包括氧化、还原反应、脱硫、脱磷反应以及去气等过程。埋弧焊的冶金过程具有不列特点：

（1）焊剂层的物理隔热作用　埋弧焊接时，电弧在一层较厚的的焊剂层下燃烧，部分焊剂在电弧作用下立即熔化，形成液态熔渣，包围了整个焊接区域和液态熔池，隔绝了周围的空气，产生了良好的保护作用，焊缝金属的 ω_N 仅为 0.002%，（用优质药皮焊条焊接的焊缝金属 ω_N 为 0.02%～0.03%），故埋弧焊焊缝具有较高的致密性和纯度。

（2）冶金反应较完全　埋弧焊接时，由于焊接熔池和凝固的焊缝金属被较厚的熔渣层覆盖，焊接区的冷却速度较慢，熔池液态金属与熔渣的反应时间较长，故冶金的反应较充分，去气较完全，熔渣也易于从液态金属中浮出。

（3）焊缝金属的合金成分易于控制　埋弧焊接过程可以通过焊剂或焊丝对焊缝金属渗合金，焊低碳钢时，可利用焊剂中的 SiO_2 和 MnO 的还原反应，对焊缝金属进行渗硅和渗锰以保证焊缝金属应有的合金成分和力学性能。焊接合金钢时，通常利用相应的合金焊丝来保证焊缝金属的合金成分。

（4）焊缝金属纯度较高　埋弧焊过程中，高温熔渣具有较强的脱硫，脱磷作用，焊缝金属中的硫、磷含量可控制在很低的范围内。同时，熔渣具有去气作用而大大降低了焊缝金属中氢和氧的含量。

2. 埋弧焊时的主要冶金反应

埋弧焊接时的冶金反应主要有：硅锰还原反应，脱硫、脱磷、碳的氧化反应和去气反应。

（1）硅、锰还原反应

硅和锰是低碳钢焊缝金属中的主要合金元素，锰可提高焊缝的抗热裂性和力学强度，改善常温和低温韧性；硅使焊缝金属镇静，加快熔池金属的脱氧过程，保证焊缝的致密性。低碳钢埋弧焊用焊剂通常含有较高的氧化锰 $[MnO]$ 和氧化硅 (SiO_2) ，焊缝金属的渗硅和渗锰主要通过 MnO 和 SiO_2 的还原反应实现，即：

$$2[Fe]+(SiO_2) \Longleftrightarrow 2(FeO)+[Si]$$
$$[Fe]+(MnO) \Longleftrightarrow (FeO)+[Mn]$$

上列 Si 、 Mn 还原反应在熔滴过渡过程中最为强烈，其次是焊丝端部和熔池的前部。这三个区域的温度都很高，有利于反应向右进行。在温度较低的熔池后部， Si 、 Mn 还原反应可能向左进行，即熔池金属中的 Si 和 Mn 与 FeO 反应使熔池脱氧而形成 SiO_2 和 MnO 进入熔渣，但左向反应因温度较低，反应较缓慢，因此， Si 和 Mn 还原反应的最终结果使焊缝金属渗硅和渗锰。

从焊剂中向焊缝金属过渡硅、锰的数量取决于下列四点：

1）焊剂成分的影响　Si 和 Mn 过渡量与焊剂中 SiO_2 和 MnO 含量成正比。焊剂中 w_{SiO_2} 大于 40%，向焊缝金属过渡的硅量可达 0.1% 以上。焊剂中 w_{MnO} 的含量大于 25%， Mn 的过渡量明显增加，而 w_{MnO} 含量超过 35%，渗锰量不再按比例增大。此外， Mn 的过渡还与焊剂中的 SiO_2 含量有关， w_{SiO_2} 含量大于 40% 的焊剂，锰的过渡量明显减少。

2）焊丝和母材金属中 Si 和 Mn 原始含量的影响　熔池金属中 Si 和 Mn 原始含量越低，则 Si 和 Mn 的过渡越大，反之则减少。另外，金属中的 Si 和 Mn 与熔渣中的 MnO 和 SiO_2 存在下列反应：

$$(SiO_2)+2[Mn] \Longleftrightarrow 2(MnO)+[Si]$$

故熔池金属中， Mn 的原始含量高，可使 Si 的过渡量增加， Si 的原始含量高，则可使 Mn 的过渡量增加。

3）焊剂碱度的影响　Mn 的过渡量随焊剂碱度的提高而增加，因为碱度增加，意味着强碱性氧化 CaO 和 MgO 增加，这样可替换出一部分 MnO 参加还原反应。同时， CaO 和 MgO 含量增加使自由的 SiO_2 含量减少，结果使 Si 的过渡量降低。

4）焊接参数的影响　焊接参数对 Si 、 Mn 合金元素的过渡有一定的影响。采用小电流焊接时，焊丝熔化后呈大熔滴过渡，熔滴形成的时间较长， Si 和 Mn 的过渡量增加多。而采用大电流焊接时，焊丝熔化加快，并以细熔滴过渡，熔滴形成时间缩短， Si 和 Mn 的过渡量相应减少。电弧电压提高时，焊剂熔化量增加，焊剂与金属熔化量之比加大，从而使 Si 和 Mn 的过渡量增加。

（2）碳的烧损

焊缝金属中的碳来自焊丝和母材，焊剂中碳的含量很少。焊丝中的碳，当熔滴过渡时发生剧烈的氧化：

$$C+O \Longrightarrow CO$$

熔池金属中的碳氧化程度要低得多。

焊丝中碳的原始含量增加，则烧损量增加。碳氧化过程中，对熔池金属产生搅拌作用，加快熔池中气体的逸出，有利于遏制焊缝中氢气孔的形成。焊缝金属的合金含量对碳的氧化有一定的影响。硅含量的提高能抑制碳的氧化；而锰含量的增加，对碳的氧化无明显的影响。

（3）去氢反应

埋弧焊时，焊缝中的气孔主要是氢气孔，为去除焊缝中的氢，应将氢结合成不溶于熔池金属的化合物而排出熔池，采用高硅高锰焊剂埋弧焊时，可通过下列反应把氢结合成稳定而不溶于熔池的化合物。

1）HF 的形成

$$2CaF_2+3SiO_2 \Longrightarrow 2CaSiO_3+SiF_4$$

SiF_4 在电弧高温作用分解为：

$$SiF_4 \Longrightarrow SiF+3F$$

CaF_2 在高温下也发生分解：

$$CaF_2 \Longrightarrow CaF+F$$

F 是活泼元素，它将优先与氢结合成不溶于熔池金属的 HF 而排入大气中，防止了氢气孔的形成。

2）OH^- 的形成

在电弧高温作用下，OH 可通过下列反应形成。

$$MnO+H \Longrightarrow Mn+OH^-$$
$$SiO_2+H \longrightarrow SiO+OH^-$$
$$CO_2+H \longrightarrow CO+OH^-$$
$$MgO+H \longrightarrow Mg+OH^-$$

OH 不溶于熔池金属而防止了氢气孔的形成。

（4）硫是促使焊缝产生热裂纹的主要原因之一，通常要求焊缝金属的 w_s 低于 0.025%，因为硫是一种偏析倾向较大的元素，故微量的硫也会产生有害的影响。

埋弧焊时，降低焊缝金属的硫含量可以通过提高焊剂中 MnO 的含量或焊丝中的锰含量来实现。硫的危害主要是它与 Fe 结合成低熔点共晶体，当焊缝金属从熔化状态凝固时，低熔共晶体液膜偏聚于晶界而导致红脆性或裂纹。硫化铁 FeS 可通过下列反应被 Mn 置换，而形成熔点较高的 MnS，并大部分从金属熔池中上浮到熔渣中。

$$FeS+Mn \longrightarrow Fe+MnS$$

焊剂中的 CaO 亦能通过下列反应将 FeS 中的 S 结合成硫化钙而达到脱硫的目的。

$$FeS+CaO \longrightarrow FeO+CaS$$

3. 焊丝

埋弧焊使用的焊丝有实心焊丝和药芯焊丝两类，生产中普遍使用的是实心焊丝，药芯焊丝只在某些特殊场合应用。焊丝品种随所焊金属的不同而不同。目前已有碳素结构钢、低合金钢、高碳钢、特殊合金钢、不锈钢、镍基合金钢焊丝，以及堆焊用的特殊合金焊丝。

焊丝化学成分及见型号（牌号）编制在第三篇中详细介绍。

表 4-27 为国产钢焊丝标准直径及允许偏差。焊丝直径的选择依用途而定，手工埋弧焊

用焊丝较细，一般为 $\phi 1.6 \sim 2.4 mm$。自动埋弧焊时一般使用 $\phi 3 \sim 6 mm$ 的焊丝。各种直径的普通钢焊丝埋弧焊时，使用电流范围如表 4-28 所示。一定直径的焊丝，使用的电流有一定范围，使用电流越大，熔敷率越高。而同一电流使用较小直径的焊丝，可获得加大焊缝熔深、减小熔宽的效果，当工件装配不良时，宜选用较粗的焊丝。焊丝表面应当干净光滑，除不锈钢、有色金属焊丝外，各种低碳钢和低合金钢焊丝表面最好镀铜，镀铜层可起防锈作用，又可改善焊丝与导电嘴的接触状况。但抗腐蚀和核反应堆材料焊接用的焊丝是不允许镀铜的。

表 4-27　钢焊丝直径及其允许偏差　　　　　　　　　　　mm

焊丝直径		0.4　0.6　0.8	1.0　1.2　1.6 2.0　2.5　3.0	3.2　4.0 5.0　6.0	6.5　7.0 8.0　9.0
允许 偏差	普通精度	-0.07	-0.12	-0.16	-0.20
	较高精度	-0.04	-0.06	-0.08	-0.10

表 4-28　各种直径普通钢焊丝埋弧焊使用的电流范围

焊丝直径/mm	1.6	2.0	2.5	3.0	4.0	5.0	6.0
电流范围/A	115~500	125~600	150~700	200~1000	340~1100	400~1300	600~1600

为了使焊接过程稳定进行并减少焊接辅助时间，焊丝通常用盘丝机整齐的盘绕在焊丝盘上，按照国家标准（GB 1300—1977）规定，每盘焊丝应由一根焊丝绕成，焊丝的内径和重量如表 4-29 所示。

表 4-29　钢焊丝的焊丝盘内径和重量

焊丝直径/mm	焊丝盘内径/mm	每盘重量/kg 不小于		
		碳素结构钢	合金结构钢	不锈钢
1.6~2.0	250	15.0	10.0	6.0
2.5~3.5	350	30.0	12.0	8.0
4.0~6.0	500	40.0	15.0	10.0
6.5~9.0	500	40.0	20.0	12.0

4. 焊剂

埋弧焊焊剂在焊接过程中起隔离空气、保护焊缝金属不受空气侵害和参与熔池金属冶金反应的作用。

（1）焊剂的分类　埋弧焊焊剂除按用途分为钢用焊剂和有色金属用焊剂外，通常按制造方法、化学成分、化学性质、颗粒结构等分类，如下页分类图所示。

（2）焊剂的型号和牌号的编制方法

在第三篇焊接材料一章中详细介绍。

（3）焊剂质量要求

1）焊剂应具有良好的冶金性能　在焊接时配合适当的焊丝及合理的焊接工艺，焊缝金属应能得到适宜的化学成分及良好的力学性能，以及较强的抗气孔、抗裂纹的能力。

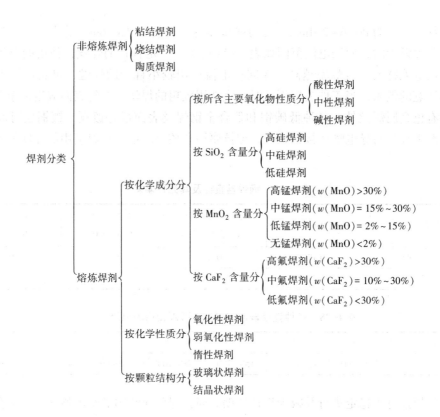

焊剂分类
- 非熔炼焊剂
  - 粘结焊剂
  - 烧结焊剂
  - 陶质焊剂
- 熔炼焊剂
  - 按化学成分分
    - 按所含主要氧化物性质分
      - 酸性焊剂
      - 中性焊剂
      - 碱性焊剂
    - 按 SiO_2 含量分
      - 高硅焊剂
      - 中硅焊剂
      - 低硅焊剂
    - 按 MnO_2 含量分
      - 高锰焊剂（$w(MnO) > 30\%$）
      - 中锰焊剂（$w(MnO) = 15\% \sim 30\%$）
      - 低锰焊剂（$w(MnO) = 2\% \sim 15\%$）
      - 无锰焊剂（$w(MnO) < 2\%$）
    - 按 CaF_2 含量分
      - 高氟焊剂（$w(CaF_2) > 30\%$）
      - 中氟焊剂（$w(CaF_2) = 10\% \sim 30\%$）
      - 低氟焊剂（$w(CaF_2) < 30\%$）
  - 按化学性质分
    - 氧化性焊剂
    - 弱氧化性焊剂
    - 惰性焊剂
  - 按颗粒结构分
    - 玻璃状焊剂
    - 结晶状焊剂

2）焊剂应具有良好的工艺性能　焊接过程中电弧燃烧稳定，熔渣具有适宜的熔点、粘度和表面张力。焊缝表面成形良好、脱渣容易、以及产生的有毒气体少。

3）焊剂颗粒度应符合要求　普通焊剂的颗粒度为 0.450~2.50mm。0.450 以下的细粒不得大于 5%。2.50 以上的粗粒不得大于 2%。细颗粒度的焊剂，粗度为 0.28~1.425mm。0.280mm 以下的细粒不得大于 5%。1.425mm 以上的粗粒不得大于 2%。

4）焊剂 $w(H_2O) \leqslant 0.10\%$。

5）焊剂中机械夹杂物的含量不得大于 0.30%（质量分数）。

6）焊剂的 $w(S) \leqslant 0.06\%$；$w(P) \leqslant 0.08\%$。

熔炼焊剂与烧结焊剂比较，如表 4-30 所示。

表 4-30　熔炼焊剂与烧结焊剂比较

比较项目		熔炼焊剂	烧结焊剂
焊接工艺性能	高速焊接性能	焊道均匀，不易产生气孔和夹渣	焊道无光泽，易产生气孔，夹渣
	大电流焊接性能	焊道凹凸显著，易粘渣	焊道均匀，易脱渣
	吸潮性能	比较小，可不必再烘干	比较大，必须再烘干
	抗锈性能	比较敏感	不敏感
焊缝性能	韧性	受焊丝成分和焊剂碱度影响大	比较容易得到较好的韧性
	成分波动	焊丝参数变化时，成分波动小，均匀	成分波动大，不容易均匀
	多层焊性能	焊缝金属的成分变动小	焊缝金属成分波动比较大
	合金剂的添加	几乎不可能	容易

（4）各类型焊剂的主要用途　各种类型焊剂的主要用途介绍如下：

1）高硅型熔炼焊剂　根据含 MnO 量的不同，高硅焊剂又可分为：高锰高硅焊剂、中锰高硅焊剂、低锰高硅焊剂和无锰高硅焊剂等 4 种。由于 $w(SiO_2)>30\%$，可通过焊剂向焊缝中过渡硅，其中含 MnO 高的焊剂有向焊缝金属过渡锰的作用。当焊剂中的 SiO_2 和 MnO 含量加大时，硅、锰的过渡量增加。硅的过渡与焊丝的含硅量有关。当焊剂中 $w(MnO)<10\%$ $w(SiO_2)$ 为 42%～48%时，锰会烧损；当 $w(MnO)$ 从 10%增加到 25%～35%时，锰的过渡量显著增大；但当 $w(MnO)>25\%～30\%$后，再增加 MnO 对锰的过渡影响不大。锰的过渡量不但与焊剂中 SiO_2 含量有关，而且与焊丝的含锰量也有很大关系。焊丝含锰量越低，通过焊剂过渡锰的效果越好。因此，要根据高硅焊剂含 MnO 量的多少来选择不同含锰量的焊丝。

2）中硅型熔炼焊剂　由于这类焊剂含酸性氧化物 SiO_2 数量较低，而碱性氧化物 CaO 或 MgO 数量较多，故碱度较高。大多数中硅焊剂属弱氧化性焊剂，焊缝金属含氧量较低，因而韧性较高。这类焊剂配合适当焊丝焊接合金结构钢。为了减少焊缝金属的含氢量，以提高焊缝金属的抗冷裂的能力，可在这类焊剂中加入一定数量的 FeO。这样的焊剂成为中硅氧化性焊剂，是焊接高强钢的一种新型焊剂。

3）低硅型熔炼焊剂　这种焊剂由 CaO、Al_2O_3、MgO、CaF_2 等组成。这种焊剂对焊缝金属基本上没有氧化作用。配合相应焊丝可焊接高合金钢，如不锈钢、热强钢等。

4）氟碱型烧结焊剂　这是一种碱性焊剂，可交、直流两用。直流焊时焊丝接正极，最大焊接电流可达 1200A，所焊焊缝金属具有较高的低温冲击韧性。配合适当焊丝，可焊接多种低合金结构钢，用于重要的焊接产品，如锅炉压力容器、管道等。可用于多丝埋弧焊，特别适用于大直径容器的双面单焊道。

5）硅钙型烧结焊剂　这是一种中性焊剂，可交、直流两用。直流焊时焊丝接正极，最大焊接电流可达 1200A。配合适当焊丝，可焊接普通结构钢、锅炉用钢、管线用钢等。可用于多丝高速焊，特别适于双面单道焊，也可焊接小直径管线。

6）硅锰型烧结焊剂　这种焊剂是酸性焊剂，可交、直流两用。直流焊时焊丝接正极，配合适当焊丝，可焊接低碳钢及某些低合金钢。可用于机车车辆、矿山机械等金属结构的焊接。

7）铝钛型烧结焊剂　这是和种酸性焊剂，可交、直流两用。直流焊时焊丝接正极，最大焊接电流可达 1200A。焊剂具有较强的抗气孔能力，对少量的铁锈膜及高温氧化膜不敏感。配合适当焊丝可焊接低碳钢及某些低合金结构钢，如锅炉、船舶、压力容器等。可用于多丝高速焊，特别适于双面单道焊。

三、埋弧焊机

1. 埋弧焊机的结构和分类

（1）埋弧焊机的结构

埋弧焊机是由机械、电源和控制系统三个主要部分组成。

1）机械结构　即通称的焊接小车部分，它是由送丝机头、行走小车、机头调节机构、导电嘴以及焊丝盘、焊剂漏斗等部件组成，通常装有操作控制盘。

2）电源　埋弧焊机的电源分为交流和直流两种类型，应根据所焊产品的材质及焊剂类型进行选用。一般碳素结构钢和低合金结构钢，选配 HJ430 或 HJ431 与焊丝 H08A 或 H08MnA 时均优先考虑采用交流电源。若用低锰、低硅焊剂，为保证埋弧焊过程电弧的稳定性，必须选用直流电源。采用直流电源时，其输出端一般为反接，以获得较大的熔深。

埋弧焊电源外特性应为下降型的，空载电压一般为 70~80V。电源的额定电流一般为 500A、1000A、和 1500A。常用的埋弧焊交流电源有 BX2-500 型和 BX2-1000 型；直流电源为 ZXG-1000R 型、ZDG-1000R 型和 ZDG-1500 型。小电流埋弧焊时，其交直流电源也可利用 AXl-500 等焊条电弧焊电源，但应注意所用的电流上限不应超过按 100%负载持续率折算的数值，即 387A。

3）控制系统　包括电源外特性控制、送丝和小车拖动控制及程序自动控制。一般埋弧焊机，为了便于操作，把主要操作按钮装在操作控制盘上，因此使用量时必须按照制造厂商提供的外部接线安装图把控制系统连接好。

（2）埋弧焊机分类

1）按送丝方式分　主要分为等速送丝式埋弧焊机和电弧电压调节式埋弧焊机两类。前者适用于细焊丝或高电流密度的情况，后者适用于粗焊丝或低电流密度的情况。

2）按用途分　埋弧焊机可分为通用焊机，即广泛用于各种结构的对接、角接、环缝和纵缝等焊接的焊机；专用焊机，即专为焊接某些特定的结构或焊缝，例如埋弧角焊机、T 形梁焊机，埋弧堆焊机、窄间隙埋弧焊机及埋弧横焊机等。

3）按行走机构形式分　分为小车式、门架式、悬臂式。通用埋弧焊机大都采用小车式。门架式适用于某些大型结构的平板对接、角接焊缝。悬臂式适用于大型工字梁、化工容器、锅炉气包等圆筒、球形结构的纵、环缝焊接。

4）按焊丝数量分　分为单丝、双丝和多丝焊机。目前生产中应用的大都是单丝式的。使用双丝或多丝焊机是进一步提高埋弧焊的生产率和焊缝质量的有效途径。焊丝截面一般为圆形，但还有采用矩形(带状电极)的埋弧焊机。称为带极埋弧焊机。

国产埋弧焊机的主要技术数据如表 4-31 所示。

表 4-31　国产埋弧焊机主要技术数据

技术规格＼型号	NZA-1000	MZ-1000	MZ$_1$-1000	MZ$_2$-1500	MZ$_3$-1500	MZ$_6$-2×500	MU-2×300	MU$_1$-1000
送丝形式	弧压自动调节	弧压自动调节	等速送丝	等速送丝	等速送丝	等速送丝	等速送丝	弧压自动调节
焊机结构特点	埋弧、明弧两用焊车	焊车	焊车	悬挂式自动机头	电磁爬行小车	焊车	堆焊专用焊机	堆焊专用焊机
焊接电流/A	200~1200	400~1200	200~1000	400~1500	180~600	200~600	160~300	400~1000
焊丝直径/mm	3~5	3~6	1.6~5	3~6	1.6~2	1.6~2	1.6~2	焊带宽30~80，焊带厚0.5~1
送丝速度/(m/h)	30~360(弧压反馈控制)	30~120(弧压35V)	52~403	28.5~225	108~420	150~600	96~324	15~60
焊接速度/(m/h)	2.1~78	15~70	16~126	13.5~112	10~65	8~60	19.5~35	7.5~35
焊接电流种类	直流	直流或交流	直流或交流	直流或交流	直流或交流	交流	直流	直流

技术规格 \ 型号	NZA-1000	MZ-1000	MZ$_1$-1000	MZ$_2$-1500	MZ$_3$-1500	MZ$_6$-2×500	MU-2×300	MU$_1$-1000
送丝速度调整方法	用电位器无级调速(用改变晶闸管导通角来改变直流电动机转速)	用电位器自动调整直流电动机转速	调换齿轮	调换齿轮	用自耦变压器无级调整直流电动机转速	用自耦变压器无级调整直流电动机转速	调换齿轮	用电位器自动调整直流电动机转速

2. 焊接过程中电弧的自动调节

（1）自动调节的必要性

为了获得良好的焊接接头，则要求焊接过程能稳定进行，即要求焊丝熔化、熔滴过渡、母材熔化和冷却结晶过程都是稳定的，因此，首先必须依据焊件的实际情况（材质、板厚、接头形式及焊接位置等）和所选用的焊接材料（焊丝直径等）正确选择焊接工艺参数，特别是决定焊缝输入能量的三个主要参数，即 I、U、v。使选定的工艺参数在实际焊接过程中保持不变，是保证焊缝成形和内部质量的一个关键问题。因此，埋弧焊机除了通过机械和电气的装置完成自动连续送丝和电弧自动沿焊件接缝移动之外，还必须具有自动调节系统。这一系统保证选定的焊接工艺参数受到外界干扰发生变化时，能自动调节，使之迅速恢复到所选定的参数上来。

焊接过程中电弧的稳定状态，即电弧过程的两个最主要能量参数 I 和 U 的稳定值。是由电源的外特性的电弧的静特性曲线的交点决定的（图 4-84 中的 O 点）。因此，凡是可引起电源外特性和电弧静特性曲线位置发生变化的一切外界因素，都会对焊接工艺参数造成干扰，破坏它的稳定性。

在电弧焊过程中，外界因素对电源外特性和电弧静特性曲线位置干扰的原因，从焊接生产实践情况分析，主要可归纳成如下几个方面。

1）外界对电弧静特性的干扰　电弧静特性的变化将使电弧的稳定工作点沿电源外特性发生波动，由 O 点移到 O_1 点。电弧静特性是由弧长、弧柱气体成分和电极条件等因素决定的，因此这方面的外界干扰主要是：①焊枪相对于焊缝表面的距离的波动，这是由于焊件装配时的定位及装配质量不高局部产生错边，或者坡口加工不均匀，或环焊缝焊接时筒体的椭圆度偏差等因素使焊缝表面高度波动，造成焊枪相对于焊缝表面距离产生波动，也可能是焊接小车行走轨道表面不平等因素而引起的，这些因素都会引起电弧静特性发生变化。②送丝速度发生不正常的变动，例如焊丝盘绕时形成的折弯和扭曲都会造成送丝阻力的突变或送丝电动机转速波动。③由于焊剂、保护气体、母材和电极材料成分不均匀，或有污染物等，均会引起弧柱气体成分和有效电离电压以及弧柱的电场强度产生波动，而导致电弧静特性发生变化。

2）外界对电源外特性的干扰　电源外特性发生变化将使电弧的稳定工作点沿电弧静特

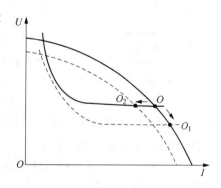

图 4-84　电弧静态工作点的波动

性曲线发生移动。这主要是由于弧焊电源供电网路中的负载突变，使得网路电压波动引起焊接电源特性发生变化，例如其他电焊机等大容量用电设备突然起动或切断都会造成网压突变。此外，弧焊电源内部元器件，例如电阻元件阻值由于温升发生的变化也会造成电源外特性的波动。

实践证明，上述各种干扰中，弧长的干扰对焊接过程稳定性的影响最为严重。因为在一般焊接电弧中，弧长的数值仅为几到十几毫米，弧柱电场强度依电极材料和保护条件不同一般为 $10 \sim 40 V/cm$。只要弧长有 $1 \sim 2mm$ 的变化，就可能导致焊接工艺参数发生较大波动，其结果将对焊缝成形质量产生影响。因为埋弧焊一般均采用大功率焊接，当电弧长度发生变化时，焊接电流变化很大，使焊接线能量改变。并且弧长和焊接电流的波动，会引起焊件上加热斑点的能量密度也发生变化，例如弧长增大，焊接电流就减小，焊件上的加热斑点扩大，使能量密度减小，反之，弧长减小，焊接电流就增大，使焊件上加热斑点的能量密度提高。在碳素结构钢的埋弧焊生产中，要求焊接电流和电弧电压的波动分别不超过 $\pm 25 \sim 50A$ 和 $\pm 2V$，否则就难以保证焊缝成形和内部质量。而弧长发生 $1 \sim 2mm$ 数量级的波动是经常发生的。因此，为了避免焊接过程中因弧长波动而明显地影响焊接工艺参数，因此要求在弧长变化时能及时给予调整，使弧长尽快地自动恢复到原来的长度，以保持焊接工艺参数稳定，从而保证焊缝成形均匀稳定。

（2）自动调节系统的基本组成及调节方法

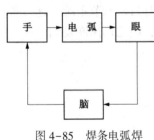

图 4-85　焊条电弧焊中人工调节系统

为了确定埋弧焊弧长的自动调节机构，首先分析焊条电弧焊的操作过程。焊条电弧焊，焊工必须用眼睛观测电弧，当弧长变化时，随即调整焊条送进量，以保持理想的电弧长度和熔池状态，这是一种人工调节作用（图 4-85）。它是依靠焊工的肉眼和其他感观对电弧和熔池的观测，通过大脑的分析比较，判断弧长和熔池状态是否合适，然后支配手臂调整运条动作来完成的。离开这种人工调节作用，焊条电弧焊和质量就无法保证，而以机械方式送进焊丝和移动电弧的自动电弧焊，必须以相应的自动调节作用来取代上述人工调节作用，因此埋弧焊机自调节系统就必须有与眼-脑-手相对应的三个基本机构，即：

1）测量机构　又称检测环节或传感器，其作用如同人的眼睛一样，能在整个焊接过程中连续检测调节对象（弧长）的某一物理量，必要时还要把它转换为便于进行比较的物理量，这一检测量通常称为被调量（或被控量）。

2）比较环节　比较环节能起到人脑的作用，它将测量环节测量出的被调量，通过与给定值进行比较后输出偏差讯号。在人工调节系统中给定值是储存在焊工大脑中，在自动调节系统中，给定值须由操作者从外部预先给定。为此，比较环节都有加入给定值的电器元件。

3）执行机构　根据比较环节输出的偏差信号数值，改变调整对象的某个输入条件，完成调整动作。这个调整动作量又称为操作量（或控制量）。

此外，为了提高自动调节系统工作的灵敏度，在测量 、比较、执行机构中经常包含有放大器。通常把调节对象发外的，为了自动调节目的而加入的测量、给定、比较、放大和执行等环节总称为自动调节器。

另外一种弧长控制方法，是利用焊丝熔化速度与焊接电流和弧长之间的内在联系构成补偿弧长干扰的自调节作用而实现的。

综上所述，通常的埋弧焊机本质上都是焊丝与工件间相对位置的自动调节器，即弧长自动调节器。

目前埋弧焊机按电弧调节方法可分为电弧自身调节和电弧电压反馈自动调节两类，根据这两种不同的调节原理，设计制造了等速送丝式焊机和变速送丝式焊机，以下分别介绍这两类焊机的自动调节工作原理，应指出是这些原理对熔化极气体保护电弧焊即熔化极氩弧焊、CO_2 焊等均是适用的。

3. 等速送丝式埋弧焊机

等速送丝式埋弧焊机是利用等速送丝调节系统自身调节作用，在焊接过程中使变动的弧长很快恢复正常，达到控制弧长的目的，以保持焊接过程的稳定。电弧的自身调节作用是指在焊接过程中，焊丝等速送进，利用焊接电源固有的电特性来调节焊丝的熔化速度，以控制电弧长度保持不变，从而达到焊接过程的稳定，下面主要讲述等速送丝式埋弧焊机在焊接过程中的工作特性及其合理的应用条件。

（1）电弧自身调节系统的静特性

从第二章得知，焊接电流和电弧电压的变化都影响焊丝熔化速度。埋弧焊过程中焊丝的熔化速度 v_m（cm/s）与焊接电流和电弧电压的关系可用数学公式表示为：

$$v_m = k_i I - k_u U \qquad (4-1)$$

式中 k_i——熔化速度随焊接电流而变化的系数，即变化 1A 电流引起的 v_m 变化值（cm/s·A），其值取决于焊丝的电阻率、直径、伸出长度以及电流数值；

k_u——熔化速度随电压而变化的系数，即变化 1V 电压所引起的 v_m 变化值（cm/s·A），其值取决于弧柱的电场强度和弧长的数值。

如果焊接工艺参数稳定，焊丝的熔化速度是不变的，则电弧长度亦是稳定的。当焊丝以恒定送丝速度 v_f 送进时，则弧长稳定时必有

$$v_f = v_m \qquad (4-2)$$

式（4-2）是任何熔化极电弧系统的稳定条件方程。把式（4-1）代入式（4-2）整理可得：

$$I = \frac{v_f}{k_i} + \frac{k_u}{k_i} U \qquad (4-3)$$

式（4-3）表示在给定的送丝速度条件下，弧长稳定时电流和电压之间的关系，称之为电弧自身调节系统静特性。它是等送丝电弧的稳定条件，又称为等熔化曲线方程。根据此方程或由实验方法测定并建立的曲线，称为电弧自身调节系统静特性曲线。

实验测定方法：在给定的保护条件、焊丝直径、伸出长度情况下，选定一送丝速度和几种不同的电源外特性曲结线位置进行焊接，测出每一次稳定焊接时的焊接电流和电弧电压值，然后在 U-I 直角坐标系中作出一条等熔化特性曲线，即为电弧自身调节系统静特性曲线如图 4-86 所示。

1）该曲线的物理意义是：

a. 电弧自身调节静特性曲线是在一定工艺条件下和送丝速度下，焊接过程的稳定工作曲线，曲线上每一点都是能保证电弧稳定燃烧的工作点。

b. 在曲线的每一点对应的 I 和 U 条件下，焊丝的熔化速度都等于给定的送丝速度，即 $v_m = v_f$，所以该曲线是焊丝的等熔化曲线。而电弧不在该曲线上燃烧时，$v_m \neq v_f$，焊接过程不

稳定。

c. 曲线上每点对应的 I、U 值应同时满足电源外特性曲线给定的关系。因此电弧的稳定工作点是电弧自身调节系统静特性曲线、电源外特性曲线及电弧静特性曲线三者的交点。它反映了维持电弧稳定燃烧所要求的送丝速度、焊接电流、电弧电压与弧长相匹配的数值。

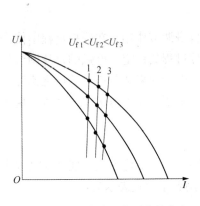 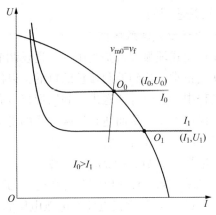

图 4-86　电弧自身调节系统的静态　　　　图 4-87　弧长波动时电弧
　　　　工作点和静特性曲线　　　　　　　　　自身调节系统的调节

2）由图 4-86 曲线可以看出：

a. 在埋弧焊（系长弧）条件下，电弧自身调节系统静特性曲线几乎垂直于水平坐标轴（I 轴）。这说明此时 k_u 的数值很小，电弧长度对熔化速度的影响可以略去不计，因此系统静特性可以写成：

$$I = \frac{v_f}{k_i} \qquad\qquad (4-4)$$

b. 每一条曲线均是在特定的焊接条件和送丝速度下得到的。若焊接条件或送丝速度改变时，则曲线的位置将相应地产生如下变化：

（a）其他条件不变，当送丝速度改变时，则电弧自身调节系统静特性曲线向左或向右平行移动。这表明随着送丝速度的改变（增大或减小），会引起焊接电流自动相应改变，以保持 $v_m = v_f$ 的关系。当 v_f 增大，则曲线向右移焊接电流增大；反之，当 v_f 减小，则曲线向左移，焊接电流减小。因此在采用等速送丝式焊机时，可以通过调节送丝速度来调节焊接电流的大小。

（b）其他条件不变，当焊丝的伸出长度增加（或减小）时，则 k_i 增加（或减小），电弧自身调节系统静特性曲线向左（或右）移动也十分显著。

电弧自身调节系统的上述特性决定了等速送丝式埋弧焊的一系列工艺特点。

（2）调节过程和调节原理

在等速送丝埋弧焊过程中，系统稳定工作时，电弧的稳定工作点 O_0。在此点 $v_m = v_f$，焊接过程稳定（图 4-87）。

当弧长受外界干扰突然缩短时，电弧工作点将暂时从 O_0 点移到 O_1 点。在 O_0 点焊丝的熔化速度为

$$v_{m0} = k_i I_0 - k_u U_0$$

而移到 O_1 点时焊丝熔化速度为

$$v_{m1} = k_i I_1 - k_u U_1$$

由于

$$I_1 > I_0; \quad U_1 < U_0$$

所以

$$v_{m1} > v_{m0} = v_f$$

v_f 为一定值，于是弧长将因熔化速度的增加而增大，促使工作点恢复到 O_0，弧长亦自动恢复到原来的长度而稳定。反之，当弧长增大时，系统亦将使工作点和弧长恢复到原定值。这就是等速送丝式埋弧焊机的调节过程和调节原理。

从以上分析可知，电弧的这种调节作用，并不是靠外界施加的任何强迫作用，而完全是由于弧长变化引起了焊接工艺参数（主要是焊接电流）的变化，从而导致焊丝的熔化速度变化来进行调节的。等速送丝埋弧焊机的这种调节作用就称之为电弧的自身调节作用。

（3）调节精度和灵敏度

1）调节精度 由图4-87可见，弧长的波动如碰到定位焊点时，经过电弧自身调节作用后，电弧和稳定工作点最后回到 O_0 点，使其焊接工艺参数恢复到原稳定值，因而对这种波动，电弧自身调节作用的结果不会产生静态误差（指系统受干扰后回到新的稳定工作状态后，被调量稳定值与原始稳定值的差额。静态误差越小，精度越高）或误差很小。

但若弧长的变化是由于焊枪高度的变化而引起的，则情况不同，这时，弧长的调节过程是在焊丝伸出长度发生变化的情况下实现的。例如焊丝伸出长度变长，则电弧自身调节系统静特性曲线由5变到4，如图4-88所示。调节过程结束后的工作点，将由焊丝伸出长度变化后的电弧自身调节系统静特性曲线4和电源外特性曲线2或3的交点 a 或 b 决定。调节过程完成以后系统将带有静态误差。误差大小除了与焊丝伸出长度变化量、直径和电阻率有关外，还与电源外特性曲线形状有关。当电弧静特性为平的时候，陡降特性电源将比缓降特性电源引起较大的电弧电压静态误差。因此，为了减少电弧电压及弧长的静态误差，采用缓降外特性电源比较合理。但在各种情况下，电流的静态误差都是相差不大的。

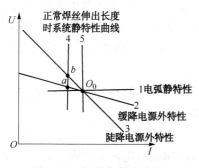

图4-88 焊枪高度波动时，电弧自身调节系统的静态误差

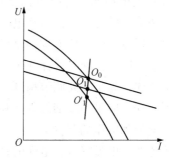

图4-89 网路电压波动时电弧自身调节系统的静态误差

在此顺便说明，对于熔化极气体保护焊，电弧静特性曲线为上升时，平特性电源将比下降特性电源引起的电弧电压静态误差小。

当网路电压波动时，如图4-89所示，对于缓降特性电源将使等速送丝电弧焊的工作点从 O_0 移到 O_1。此时，系统将产生明显的电弧电压静态误差，不难看出，在网路电压波动值相同情况下，具有缓降外特性曲线的电源所引起的电弧电压静态误差较小，而陡降的电源则较大(因 $O'_1 O_0 > O_1 O_0$)。

2)调节灵敏度 在焊接过程中弧长的波动，通过电弧的自身调节作用可以使弧长恢复，以保持焊接工艺参数的稳定，但是这一恢复过程往往需要经历一段时间，恢复的快慢可用恢复速度来表示。恢复速度的大小，即代表电弧自身调节作用的灵敏度。如果这个调节过程速度很慢，恢复所需要的时间很长，电弧自身调节作用的灵敏度低。则焊接工艺参数的变化对焊缝成形会造成影响。为了避免弧长波动对焊缝质量的不利影响，希望其恢复速度快，恢复时间短，即电弧自身调节作用的灵敏度高，这样焊接过程的稳定性才能得到保证。

显然，电弧自身调节作用的灵敏度将取决于弧长波动时引起的焊丝熔化速度变化量的大小。这个变化量越大，弧长恢复得就越快，调节的时间越短，电弧自身调节作用灵敏度就越高。反之，调节作用的灵敏度就低。调节恢复速度可用焊丝熔化速度的变化量来表示，由式(5-1)可知：

$$\Delta v_{\mathrm{m}} = \begin{cases} k_i \Delta I - k_u \Delta U (\text{短弧焊}) \\ k_i \Delta I (\text{长弧焊}) \end{cases} \quad (4-5)$$

由此可见电弧自身调节作用的灵敏度将取决于：

a. 焊丝直径和电流密度 当采用细焊丝或电流密度足够大时，由于 k_i 很大，使 Δv_{m} 增大，弧长恢复速度快，电弧自身调节的灵敏度就高。因此对于一定直径的焊丝，若电流足够大时，就会有足够的调节灵敏度。在一定的工艺条件下，细丝的电流密度大，而粗丝的电流密度较低，所以对于粗丝，虽有一定的电弧自身调节作用，但调节灵敏度不如细丝的高。因此等速送丝电弧焊适合于采用较细的焊丝和较大的电流密度。

b. 电源外特性 如图4-90所示，当电弧的静特性曲线形状为平段时，缓降外特性时，缓降外特性电源与陡降外特性的电源相比，在弧长发生同样波动时，前者可获得较大的 ΔI，即 $\Delta I_2 > \Delta I_1$，使 $\Delta v_{\mathrm{m2}} > \Delta v_{\mathrm{m1}}$，电弧的自身调节作用比较灵敏。因此一般等速送丝式埋弧焊机均采用缓降外特性电源。而细丝熔化极气体保护焊的电弧特性为上升阶段。一般采用平特性电源，可以获得较大的 ΔI 和电弧自身调节灵敏度。

c. 弧柱的电场强度 电场强度越大。弧长变化时引起电弧电压和电流的变化量越大，电弧自身调节灵敏度越高，但是电场强度大，意味着电弧的稳定性低，应该采用空载电压较高的电源，埋弧焊的弧柱电场强度较大(30~38V/cm)，采用缓降外特性电源可以保证足够的自身调节灵敏度，同时也保证了引弧和稳弧的空载电压要求。

综上所述，为了提高调节精度，减小静态误差，提高电弧的自身调节作用灵敏度，等速送丝式埋弧焊，应采用较细的焊丝和缓降外特性电源。

(4)电流和电压的调整

在等速送丝电弧焊时，电弧的自身调节系统静特性曲线与电流坐标轴近似乎于垂直，而电源采用缓降的外特性。焊接电弧的稳定工作点是由以上两条曲线的交点所确定的。焊接时，要调整和建立合适的焊接工艺参数，即焊接电流的电弧电压。等速送丝式埋弧焊机焊接电流的调整是通过改变送丝速度来实现的；而电弧电压的调整则是通过改变电源外特性曲线的位置实现的(图4-91)。电流的调整范围取决于送丝速度的调整范围；而电弧电压的调整范围则由电源外特性曲线的调整范围来确定。

在实际焊接应用中，若把图4-91中在 A 点工作的电弧调整为 B 点，应同时提高送丝速度和调节电源外特性曲线的位置，要二者配合调整才能获得要求的电弧工作点。

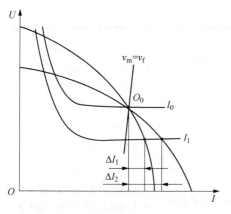

图 4-90　电源外特性形状对电弧
自峰调节灵敏度的影响

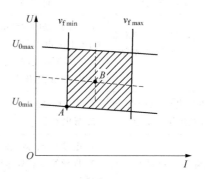

图 4-91　等速送丝式埋弧焊机的电弧
电压和电流的调整流方法

4. 埋弧焊机常见的故障及排除方法(见表 4-32)

表 4-32　埋弧自动焊机常见故障及排除方法

故 障 特 征	可 能 产 生 的 原 因	排 除 方 法
当按下焊丝"向下""向上"按时,焊丝动作不对或不动作	1. 线路中有故障(如辅助变压器、整流器损坏,按钮接触不良) 2. 感应电动机方向接反 3. 电机或电动机电刷接触不好	1. 检查上述部件并修复 2. 改换三相感应电动机的输入接线
接下"起动"按钮,线路正常工作,但引不起弧	1. 焊接电源未接通 2. 电源接触器不良 3. 焊丝与焊件接触不良 4. 焊接回路无电压	1. 接通焊接电源 2. 检查修复接触器 3. 清理焊丝焊件的接触点
"起动"后,焊丝一直向上反抽	电弧反馈的 46 号线未接或断开(MZ-1000型)	将 46 号线接好
线路正常,焊接规范正确,而焊丝给送不均匀、电弧不稳	1. 焊丝给送压紧滚轮太松或已磨损 2. 焊丝被卡住 3. 焊丝给送机构有故障 4. 网路电压波动太大	1. 调整或调换焊丝给送滚轮 2. 清理焊丝 3. 检查焊丝给送机构 4. 焊机可使用专用线路
焊接过程中焊剂停止输送或输送量很小	1. 焊剂已用完 2. 焊剂斗阀门处被渣壳或杂物堵塞	1. 添加焊剂 2. 清理并疏通焊剂斗
焊接过程中一切正常,而焊车突然停止行走	1. 焊车离合器已脱开 2. 焊车轮被电缆等物阻挡	1. 关紧离合器 2. 排除车轮的阻挡物
接下"起动"按钮后,断电器作用,接触器不能正常作用	1. 中间断电器失常 2. 接触器线圈有问题 3. 接触器磁铁接触面生锈或污垢太多	1. 检修中间继电器 2. 检修接触器
焊丝没有与焊件接触,焊接回路有电	焊车与焊件之间绝缘破坏	1. 检查焊车车轮绝缘情况 2. 检查焊车下面是否有金属与焊件短路
焊接过程中,机头或导电嘴的位置不时改变	焊车有关部件有游隙	检查消除游隙或更换磨损零件

故 障 特 征	可能产生的原因	排 除 方 法
焊机"起动"后,焊丝末端周期地与焊件"粘住"或常常断弧	1. "粘住"是因为电弧电压太低,焊接电流太小或网路电压太低 2. 常常断弧是因为电弧电压太高,焊接电流太大或网络电压太高	1. 增加电弧电压或焊接电流 2. 减小电弧电压或焊接电流 3. 改善网路负荷状态
焊丝在导电嘴中摆动,导电嘴以下的焊丝不时变红	1. 导电嘴磨损 2. 导电不良	更换新导电嘴
导电嘴末端随焊丝一起熔化	1. 电弧太长,焊丝伸出太短 2. 焊丝给送和焊车皆已停止,电弧仍在燃烧 3. 焊接电流太大	1. 增加焊丝给送速度和焊丝伸出长度 2. 检查焊丝和焊车停止的原因 3. 减小焊接电流
焊接电路接通时,电弧未引燃而焊丝粘结在焊件上	焊丝与焊件之间接触太紧	使焊丝与焊件轻微接触
焊接停止后,焊丝与焊件粘住	1. "停止"按钮按下速度太快 2. 不经"停止1"而直接按下"停止2"	1. 慢慢按下"停止"按钮 2. 先按"停止1"待电弧自然熄灭后,再按"停止2"

四、埋弧焊工艺

1. 焊接工艺参数

影响埋弧焊焊缝形状和性能的焊接工艺参数有焊接电流、电弧电压、焊接速度和焊丝直径等。

(1) 焊接电流 当其他条件不变时,增加时,增加焊接电流对焊缝熔深的影响(如图4-92所示),无论是Y形坡口还是I形坡口,正常焊接条件下,熔深与焊接电流变化成正比,即电流增加,熔深增加。焊接电流对焊缝断面形状的影响,如图4-93所示。电流小,熔深浅,余高和宽度不足;电流过大,熔深大,余高过大,易产生高温裂纹。

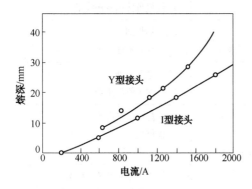

图4-92 焊接电流与熔深的关系(ϕ4.8mm)

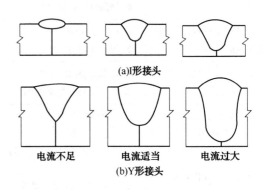

图4-93 焊接电流对焊缝断面形状的影响

(2) 电弧电压 电弧电压和电弧长度成正比,在相同的电弧电压和焊接电流时,如果选用的焊剂不同,电弧空间电场强度不同,则电弧长度不同。如果其他条件不变,改变电弧电压对焊缝形状的影响如图 4-94 所示。电弧电压低，熔深大，焊缝宽度窄，易产生热裂纹；电弧电压高时，焊缝宽度增加，余高不够。埋弧焊时，电弧电压是依据焊接电流整的，即一定焊接电流要保持一定的弧长才可能保证焊接电弧的稳定燃烧，所以电弧电压的变化范围是有限的。

（3）焊接速度　焊接速度对熔深和熔宽都有影响，通常焊接速度小，焊接熔池大，焊缝熔深和熔宽均较大，随着焊接速度增加焊缝熔深和熔宽都将减小，即熔深和熔宽与焊接速度成反比，如图 4-95 所示。焊接速度对焊缝断面形状的影响，如图 4-96 所示。焊接速度过小，熔化金属量多，焊缝成形差；焊接速度圈较大时，熔化金属量不足，容易产生咬边。实际焊接时，为了提高生产率，在增加焊接速度的同时必须加大电弧功率，才能保证焊缝质量。

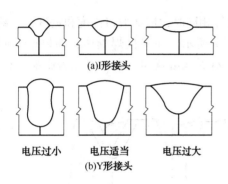

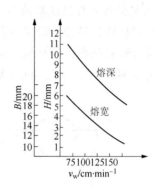

图 4-94　电弧电压对焊缝断面形状的影响　　　　图 4-95　焊接速度对焊缝成形的影响

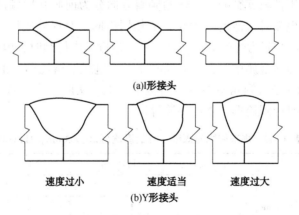

图 4-96　焊接速度对焊缝断面形状的影响

（4）焊丝直径　焊接电流、电弧电压、焊接速度一定时，焊丝直径不同，焊缝形状会发生变化。表 4-33 显示了电流密度对焊缝形状尺寸的影响。从表中可见，其他条件不变，熔深与焊丝直径成反比关系，但这种关系随电流密度增加而减弱，这是由于随着电流密度的增加，熔池熔化金属量不断增加，熔融金属后排困难，熔深增加较慢，并随着熔化金属量的增加，余高增加焊缝成形变差，所以埋弧焊时增加焊接电流的同时要增加电弧电压，以保证焊缝成形质量。

表 4-33　电流密度对焊缝形状尺寸的影响
（$U_a = 30 \sim 32V$，$v_w = 33cm/min$）

项　　目	焊接电流/A							
	700~750			1000~1100			1300~1400	
焊丝直径/mm	6	5	4	6	5	4	6	5
平均电流密度/(A·mm^{-2})	26	36	58	38	52	84	48	68
熔深 H/mm	7.0	8.5	11.5	10.5	12.0	16.5	17.5	19.0
熔宽 B/mm	22	21	19	26	24	22	27	24
形状系数 B/H	3.1	2.5	1.7	2.5	2.0	1.3	1.5	1.3

2. 工艺条件对焊缝成形的影响

（1）对接坡口形状、间隙的影响　在其他条件相同时，增加坡口深度和宽度，焊缝熔深增加，熔宽略有减小，余高显著减小，如图 4-97 所示，在对接焊缝中，如果改变间隙大小，也可以调整焊缝形状，同时板厚及散热条件对焊缝熔宽和余高也有显著影响，如表 4-34 所示。

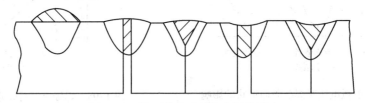

图 4-97　坡口形状对焊缝成形的影响

（2）焊丝倾角和工件斜度影响　焊丝的倾斜方向分为前倾和后倾两种，见图 4-98。倾斜方向和大小不同，电弧对熔池的吹力和热的作用不同，对焊缝成形的影响也不同。图 4-98a 为焊丝前倾，图 4-98b 为焊丝后倾。焊丝在一定倾角内后倾时，电弧力后排熔池金属的作用减弱，熔池底部液体金属增厚，故熔深减小。而电弧对熔池前方的母材预热作用加强，故熔宽增大。图 4-98c 是后倾角对熔深、熔宽的影响。实际工作中焊丝前倾某些特殊情况下使用，例如焊接小直径圆筒形工件的环缝等。

表 4-34　焊缝间隙对焊缝尺寸的影响（焊丝 $\phi 5mm$，HJ330）

板厚/mm	工艺参数			熔深/mm			熔宽/mm			余高/mm			熔合比/%		
	电流/A	电弧电压/V	焊接速度/(cm/min)	间隙/mm											
				0	2	4	0	2	4	0	2	4	0	2	4
12	700~750	32~34	50	7.5	8.0	7.5	20	21	20	2.5	2.0	1.0	74	64	57
			134	5.6	6.0	5.5	10	11	10	2.0	—	—	71	61	46
20	800~850	36~38	20	10.0	9.5	10.0	27	27	27	3.0	2.0	2.5	60	57	52
			33.4	11.0	11.5	11.0	23	22	22	3.5	2.5	1.5	63	58	49
			134	6.5	7.0	7.0	11	11	10	2.5	—	—	72	61	45
30	900~1000	40~42	20	10.5	11.0	10.5	34	33	35	3.5	3.0	2.5	61	59	55
			33.4	12.0	12.0	11.0	30	29	30	3.0	2.0	1.5	67	63	99
			134	7.5	7.5	7.5	12	12	12	1.5	—	—	72	72	60

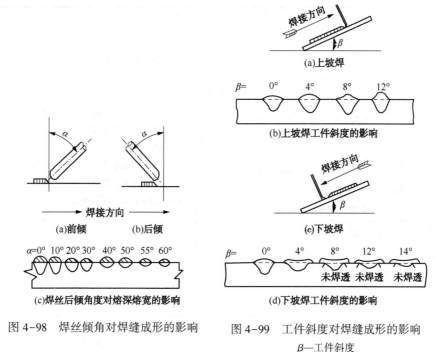

图 4-98　焊丝倾角对焊缝成形的影响　　　图 4-99　工件斜度对焊缝成形的影响

β—工件斜度

　　工件倾斜焊接时有上坡焊和下坡焊两种情况，它们对焊缝成形的影响明显不同，见图4-99。上坡焊时(图4-99(a)、(b))，若斜度β角>6°～12°，则焊缝余高过大，两侧出现咬边，成形明显恶化。实际工件中应避免采用上坡焊。下坡焊的效果与上坡焊相反，见图4-99(c)、(d)。

　　(3) 焊剂堆高的影响　埋弧焊焊剂堆高一般在25～40mm，应保证在丝极周围埋住电弧。当使用粘结焊剂或烧结焊剂时，由于密度小，焊剂堆高比熔炼焊剂高出20%～50%。焊剂堆高越大，焊缝余高越大，熔深越浅。

五、埋弧焊主要缺陷及防止措施

　　埋弧焊时可能产生的缺陷主要由焊接工艺参数及坡口形式不当造成(见表4-35)。

表 4-35　埋弧焊缺陷产生的主要原因及防止措施

缺陷		产 生 原 因	防 止 措 施
焊缝金属内部	裂纹	(1) 焊丝和焊剂匹配不当(母材中含碳量高时，熔敷金属中的 Mn 减少) (2) 熔池金属急剧冷却，热影响区硬化 (3) 多层焊的第一层裂纹由于焊道无法抗拒收缩应力而造成 (4) 沸腾钢产生硫带裂纹(热裂纹) (5) 不正确焊接施工，接头拘束大 (6) 焊道形状不当，焊道高度比焊道宽度大(梨形焊道的收缩产生的裂纹) (7) 冷却方法不当	(1) 焊丝和焊剂正确匹配，母材含碳量高时要预热 (2) 焊接电流增加减少焊接速度，母材预热 (3) 第一层焊道的数目要多 (4) 用 G50×Us-43 组合 (5) 注意施工顺序和方法 (6) 焊道宽度和深度几乎相当，降低焊接电流，提高电压 (7) 进行后热

	缺陷	产 生 原 因	防 止 措 施
焊缝金属内部	气孔（在熔池内部的气孔）	（1）接头表面有污物 （2）焊剂的吸潮 （3）不干净焊剂（刷子毛的混入）	（1）接头的研磨、切削、火焰烤、清扫 （2）150~300℃ 1h 烘干 （3）收集焊剂时用钢丝刷
	夹渣	（1）下坡焊时，焊剂流入 （2）多层焊时，在靠近坡口侧面添加焊丝 （3）引弧时产生夹渣（附加引弧板时容易产生夹渣） （4）电流过小，对于多层堆焊，渣没有完全除去 （5）焊丝直径和焊剂选则不当	（1）在焊接相反方向，母材水平放置 （2）坡口侧面和焊丝之间距离，至少要保证大于焊丝直径 （3）引弧板厚度及坡口形状，要与母材保持一样 （4）提高电流，保证焊渣充分熔化 （5）提高电流、焊接速度
	未熔透（熔化不良）	（1）电流过小（过大） （2）电压过大（过小） （3）焊接速度过大（过小） （4）坡口面高度不当 （5）焊丝直径和焊剂选择不当	（1）焊接条件（电流、电压、焊接速度）选适当 （2）选定合适坡口高度 （3）选定合适焊丝直径和焊剂的种类
焊缝金属表面	咬边	（1）焊接速度太快 （2）衬垫不合适 （3）电流、电压不合适 （4）电极位置不当（平角焊场合）	（1）减小焊接速度 （2）使衬垫和母材贴紧 （3）调整电流、电压为适当值 （4）调整电极位置
	焊瘤	（1）电流过大 （2）焊接速度过慢 （3）电压太低	（1）降低电流 （2）加快焊接速度 （3）提高电压
	余高过大	（1）电流过大 （2）电压过低 （3）焊接速度太慢 （4）采用衬垫时，所留间隙不足 （5）被焊物件没有放置水平位置	（1）降低电流 （2）提高电压 （3）提高焊接速度 （4）加大间隙 （5）被焊物件置于水平位置
	余高过小	（1）电流过小 （2）电压过高 （3）焊接速度过快 （4）被焊物件未置于水平位置	（1）提高焊接电流 （2）降低电压 （3）降低焊接速度 （4）把被焊物件置于水平位置
	余高过窄	（1）焊剂的散布宽度过窄 （2）电压过低 （3）焊接速度过快	（1）焊剂散布宽度加大 （2）提高电压 （3）降低焊接速度
	焊道表面不光滑	（1）焊剂的散布高度过大 （2）焊剂粒度选择不当	（1）调整散布高度 （2）选择适当电流
	表面压痕	（1）在坡口面有锈、油、水垢等 （2）焊剂吸潮 （3）焊剂散布高度过大	（1）清理坡口面 （2）150~300℃，烘干 1h （3）调整焊剂堆敷高度
	人字形压痕	（1）坡口面有锈、油、水垢等 （2）焊剂的吸潮（烧结型）	（1）清理坡口面 （2）150~300℃，烘干 1h

六、高效率埋弧焊

1. 多丝埋弧焊

（1）多丝埋弧焊的特点

多丝埋弧焊是同时使用 2 根或 2 根以上焊丝完成一条焊缝的焊接方法，是一种既能保证合理的焊缝成形和良好的焊接质量，又可以提高焊接速度的高效焊接方法之一。主要用于造船、管道、压力容器、H 型钢梁等结构的生产中。焊丝可采用细焊丝也可用粗丝，因此既可焊接薄板，例如液化石油气贮罐薄壁（壁厚为 3mm）容器，又可焊接厚大工件，还可实现单面焊双面成形。

多丝埋弧焊焊丝的排列和与电源的连接通常采用以下三种形式（图 4-100）：①各焊丝沿接缝前后排列的纵列式，各丝分别使用独立电源，各自独立形成电弧进行焊接。纵列式多丝埋弧焊的焊缝熔深大，而熔宽较窄；各个电弧都可独立地调节工艺参数，而且可以使用不同电流种类和极性（图 4-100（a））。②横列双丝串联式，即各焊丝分别接于同一焊接电源两极，横跨接缝两侧，利用焊丝间的间接电弧进行焊接，母材熔化量小，使得焊缝熔合比小（图 4-100（b））。③横列双丝并联式（图 4-100（c）），即焊丝并联于同一电源，横跨接缝两侧并列前进，使得焊缝的熔宽大。由于横列双丝串联和并联式的焊丝都是合用一个电源，虽然设备简单，但每一个电弧功率很难单独调节。

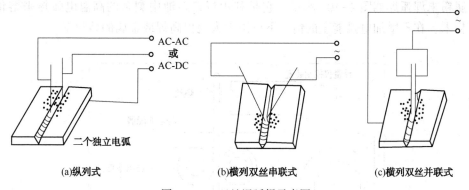

(a)纵列式　　　　　　(b)横列双丝串联式　　　　　　(c)横列双丝并联式

图 4-100　双丝埋弧焊示意图

目前国外已在一些厚板焊接结构生产中，应用多达 3~6 台送丝电机，可以同时进行 3~10 根焊丝埋弧焊，国内主要应用双丝及三丝埋弧焊。多丝埋弧焊还可以与其他方法联合，添加金属粉末的多丝埋弧焊在接缝背面装卡衬垫实现多丝埋弧焊单面焊双面成形，更加发挥出多丝埋弧焊的优势。

（2）多丝埋弧焊工艺

现以纵列双丝埋弧焊为例（图 4-101），焊接时两弧之间的距离为 50~80mm，分别具有各自的熔化空间，后续电弧不是作用在基本金属上，而是作用在前导电弧已熔化后又凝固的焊道上，为此后续电弧必须冲开已被前导电弧熔化而尚未凝固的熔渣层。采用分列电弧是提高焊接速度及熔深能力的有效方法。前导电弧一般采用直流（也可交流）以保证熔深，后续电弧通常采用交流，调节熔宽使

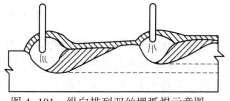

图 4-101　纵向排列双丝埋弧焊示意图

焊缝具有适当的成形系数，所以前丝的焊接电流大，后丝电流小一些，而电弧电压恰好相反。虽然焊缝的熔深大，但是焊接速度可以显著提高，焊缝不易产生热裂纹。焊接工艺参数如表4-36所示。

表4-36 纵列双丝埋弧焊焊接工艺参数

板厚/ mm	焊缝装配间隙/ mm	焊道	焊丝/mm		电流/A	电压/V	焊速/ (mm/min)	备注
34	3~5	正	L	5	1400	34	650	母材 KDK，焊丝 H08A HJ431 焊丝间距 50mm
			T	5	800	46	650	
	3~5	反	L	5	1400	34	650	
			T	5	800	46	650	
40	3~5	正	L	5	1400~1500	34~36	675	母材 EH26 焊丝 H08Mn，HJ350 焊丝间距 52mm
			T	5	900	46~48	675	
	3~5	反	L	5	1500	34~36	650	
			T	5	900	46~48	650	

注：L—前丝；T—后丝。

2. 金属粉末埋弧焊

（1）特点

金属粉末埋弧焊如图4-102所示，它是利用焊接熔池中剩余的高温电弧热来熔化添加的金属粉末，在不增加电弧能量的情况下可以大大地提高焊缝金属的熔敷率。

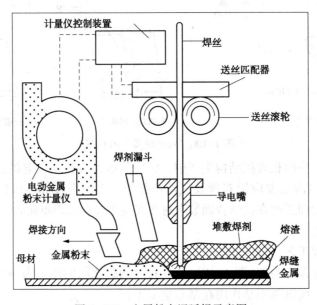

图4-102 金属粉末埋弧焊示意图

金属粉末埋弧焊与普通埋弧焊相比具有以下特点：

1）焊缝金属熔敷率高 表4-37列出了在相同的焊接工艺参数条件下金属粉末埋弧焊和普通埋弧焊的焊缝金属熔敷率。由表4-37可见，金属粉末埋弧焊是一种高熔敷率的焊接方法。

表 4-37　金属粉末埋弧焊与普通埋弧焊的熔敷率

焊丝直径(ϕ4mm)	金属粉末添加量/(kg/h)	熔敷率/(kg/h)
单丝	—	7
单丝+金属粉末	5	12
双丝	—	14
双丝+金属粉末	7.5	21.5

2）焊缝金属的韧性好　在采用金属粉末埋弧焊焊接厚大工件时，之所以能得到高韧性的焊缝金属，一方面由于添加的金属粉末是利用熔池中剩余的电弧热来熔化的，减少了母材的过热；更重要的是，在保持焊丝与焊剂系统氧化还原反应平衡的同时，能够精确地控制金属粉末中的合金成分，使之均匀的熔化，尽量降低残留氧的含量。为此，金属粉末的粒度应较细，具有很小的表面和较大的密度，从而使焊缝金属中由于金属粉末引起的含氧量减至最少，可得到高韧性的焊缝金属。

3）工件变形小　由于作用于焊缝的线能量小，所以焊接接头的应力小，工件变形小。

4）过程可靠、成本低　在焊接过程中，电弧正常燃烧时，因某种原因金属粉末送进发生中断，由于金属粉末和焊丝的化学成分基本相同，不会造成焊接接头的报废。使用的金属粉末尽管比焊丝价格贵，但减少焊剂的消耗，从而降低了生产成本。

金属粉末埋弧焊适用于中等强度、低合金结构钢及重要产品的结构钢。它不仅可焊接屈服点为 350MPa 的钢，而且已生产出适用于高强钢的金属粉末，提高了高强钢的焊接性。目前已成功地焊接了厚度为 12~55mm 以上要求高韧性的对接焊缝及筒形结构的纵、环缝，在石油化工容器及海洋化工结构制造中得到广泛的应用。该方法也已广泛用于大面积耐磨合金覆层板的堆焊。

（2）金属粉末的添加方法

1）向前送给法　添加的金属粉末依据焊丝送给率，经过准确地计算，通过送粉漏斗加在焊剂前 30mm 处，然后在熔化的焊剂层下的熔池中熔化，如图 4-103 所示。用于此方法的金属粉末成分为 C+Mn1.7%。目前已应用在厚度 30mm 以上的长对接焊缝和环缝的焊接。

2）焊接送给法　添加的金属粉末经过准确计算，由漏斗进入分配器，将一定量的金属粉末通过焊剂堆敷层之上焊丝导电嘴侧的两个辅助管道向下送，金属粉末由电磁吸引作用吸向焊丝，随着焊丝的送进穿过焊剂进入焊接熔池。焊丝的伸出长度可达 50mm。此方法不仅适用于厚大工件的焊接，也适用于小直径的环缝、T 形接头的角焊缝以及较薄工件的焊接。适于此方法的金属粉末成分为 C+Mn+Ni+Mo 系合金。

（3）工程应用

$1 \times 10^5 m^3$ 油罐的直径为 80m，油罐的底板由 12mm×2980mm×14780mm 的碳素结构钢钢板拼焊而成。首先采用焊条电弧焊封底，然后进行金属粉末埋弧焊，金属粉末添加量为熔敷金属量的 35%，其成分与所用焊丝成分相同，粉末颗粒尺寸 ϕ1.0×1.0mm。焊接坡口形式及焊接顺序如图 4-103 所示，所焊焊缝总长度 2178.4m。由于此方法母材吸收的热量少，所以工件变小，相同的焊接工艺参数，相同的拘束条件下，所产生的纵向和角变形分别只有普通埋弧焊的 50% 和 35%。对于 4700m² 的罐底技术条件，要求焊后平面度偏差不大于 60mm。而焊后用水准仪检测，结果平面的不平度最大为 24mm，并经磁粉探伤焊缝合格率为 99.5%。其焊接效率与手弧焊相比提高了 4.2 倍。工艺参数如表 4-38 所示。

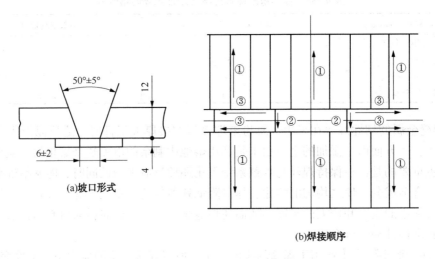

(a)坡口形式

(b)焊接顺序

图4-103　坡口形式及焊接顺序

表4-38　金属粉末埋弧焊工艺参数

电流/A	电压/V	焊接速度/(cm/min)	线能量/(kJ/cm)
650~750	38~40	25~50	30~60

3. 带极埋弧堆焊

带极埋弧堆焊是用长方形断面的带状电极进行堆焊的一种方法，如图4-104所示。在堆焊过程中，电弧热分布在整个电极宽度上，带极熔化以熔滴形式过渡到熔池，堆敷金属冷凝后形成堆焊焊道，堆焊层要求熔深小，即熔敷率高，稀释率低。

堆焊主要用于修复机械设备工件表面的磨损部分和金属表面的残缺部分以恢复原来的设计尺寸，也可以用作对某些特殊用途的零件表面进行耐磨合金或耐腐蚀合金的堆焊。目的是改善使用性能，提高使用寿命，例如原子能设备、压力容器和化工设备内表面都有抗腐蚀的要求，因此常常在其表面进行奥氏体不锈钢堆焊，以防止氢浸蚀和腐蚀。

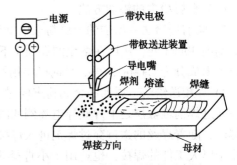

图4-104　带极埋弧堆焊示意图

（1）带极埋弧堆焊工艺参数的选择

带极堆焊一般采用直流反接，因直流反接可防止夹渣及咬边等缺陷，焊接电流由带极的宽度来决定，如果焊接电流过大则熔深增加，反之则发生未熔合等缺陷。焊接速度随堆焊层厚度而变化，堆焊厚度大，会在重叠部位产生未熔合，厚度小则会产生咬边，每一层堆焊层可控制在3~5.5mm范围内，一般为3.5~4.5mm最适宜。焊接时宜采用微上坡焊，但工件倾角不能太大，否则造成堆焊凸起，在边缘易产生咬边。表4-39为不锈钢带极堆焊工艺参数。

表 4-39　不锈钢带极埋弧焊焊接工艺参数

带极尺寸/mm	焊接电流/A	电弧电压/V	焊接速度/(cm/min)	焊道重叠量/mm	带极伸出长度/mm
0.4×25	350~450				
0.4×37.5	550~650	24~28	15~23	5~10	35~45
0.4×50	750~850				
0.4×75	1200~1300				

（2）应用实例

采用带极埋弧堆焊焊接核电站反应堆压力容器筒体（φ5600mm）及封头，筒体与封头材料含碳量为 0.18%，带极用 H00Cr21Ni10 不锈钢，含 C≤0.02%，带极尺寸为 0.4mm×75mm，采用直流电源。焊接电流为 1250A、电压 28V、焊接速度 18~20cm/min，电极伸出长度为 40mm，采用粘结焊剂，堆焊层厚度为 5~5.5mm。堆焊焊缝的熔深在 0.4~0.6mm 之内，母材稀释率为 0.1~0.12，堆焊焊缝含碳量 0.04%，铁素体含量 5%~15%。焊前预热 150℃并保温，焊后进行消除应力处理。堆焊层的成分和性能完全符合要求，成功的关键是：①必须严格控制母材的稀释率；②必须采用含有合金成分的粘结焊剂。

4. 窄间隙埋弧焊

窄间隙埋弧焊从 1980 年代开始崛起，很快应用于金属结构的焊接，并取得了引人注目的成效，已成功应用于核反应堆压力容器、化学及石油工业、大型管道、桥梁、水轮机、压力容器及锅炉工业，可焊厚度达 700mm。它具有如下特点：

（1）高效率　由于坡口窄，熔化焊丝少，大大节约焊接材料和电能的消耗，熔敷金属节省量与普通埋弧焊相比可达 60%，焊接生产率高。

（2）优质　焊缝金属的化学成分及金相组织均匀性好，焊接接头的力学性能好。窄间隙埋弧焊母材熔化相当少，焊缝金属很少受母材的影响，因而在相同的焊丝成分下与普通埋弧焊相比，焊缝具有较好的力学性能。

（3）变形小、抗裂性强　由于降低了焊接线能量和金属熔敷量，母材的热输入量小，使得母材的热影响区相当窄，因而焊接应力及变形小，提高了焊接接头的抗裂性，焊后工件不用进行消除应力处理和组织细化热处理。

（4）设备自动控制技术高　采用了传感器及微电子技术进行自动控制，焊接过程操作简单，从坡口的底部一直焊接到顶部全部自动进行，无需操作者作任何调节。焊接过程即使中途停顿，在停顿处重新起弧焊接对接头质量也无影响。

此外，为了脱渣方便，配有专用焊剂。

第六节　钨极气体保护焊

气体保护焊是利用外加气体作为保护介质的一种电弧焊方法，其优点是电弧和熔池可见性好，操作方便；没有熔渣或很少熔渣，勿需焊后清渣，适应于各种位置的焊接。但在室外作业时需采取专门的防风措施。

根据保护气体的活性程度，气体保护焊可以分为惰性气体保护焊和活性气体保护焊。钨极氩气保护是典型的惰性气体保护焊，它是在氩气（Ar）的保护下，利用钨电极与工件间产生的电弧熔化母材和填充焊丝（如果使用填充焊丝）的一种焊接方法，通常我们一般用英文简称 TIG(Tungsten Inert Gas Welding)焊表示。

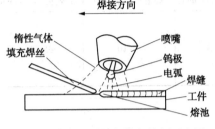

图 4-105 钨极惰性气体保护焊示意图

一、钨极氩弧焊原理、分类及特点

1. 原理

钨极氩弧焊是用钨棒作为电极加上氩气进行保护的焊接方法，其方法构成如图 4-105 所示。焊接时氩气从焊枪的喷嘴中连续喷出，在电弧周围形成气体保护层隔绝空气，以防止其对钨极、熔池及邻近热影响区的有害影响，从而获得优质的焊缝，焊接过程根据工件的具体要求可以加或不加填充焊丝。

2. 分类

这种焊接方法根据不同的分类方式大致有如下几种：

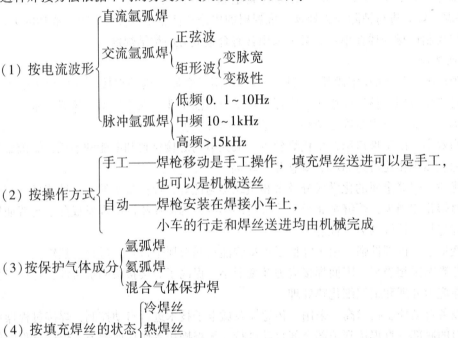

上述几种钨极氩弧焊方法中手工操作应用最为广泛。

3. 特点

这种焊接方法由于电弧是在氩气中进行燃烧，因此具有如下优缺点：

（1）氩气具有极好的保护作用，能有效地隔绝周围空气；它本身不与金属起化学反应，也不溶于金属，使得焊接过程中熔池的冶金反应简单易控制，因此为获得高质量的焊缝提供良好条件。

（2）钨极电弧非常稳定，即使在很小的电流情况下（<10A）仍可稳定燃烧，特别适合于薄板材料焊接。

（3）热源和填充焊丝可分别控制，因而热输入容易调整，所以这种焊接方法可进行全位置焊接，也是实现单面焊双面成形的理想方法。

（4）由于填充焊丝不通过电流，故不会产生飞溅，焊缝成形美观。

（5）交流氩弧在焊接过程中能够自动清除工件表面的氧化膜作用，因此，可成功的焊接一些化学活泼性强的有色金属，如铝、镁及其合金。

（6）钨极承载电流能力较差，过大的电流会引起钨极的熔化和蒸发，其微粒有可能进入熔池而引起夹钨。因此，熔敷速度小、熔深浅、生产率低。

（7）采用的氩气较贵，熔敷率低，且氩弧焊机又复杂，和其他焊接方法（如焊条电弧焊、埋弧焊、CO_2 气体保护焊）比较，生产成本较高。

（8）氩弧受周围气流影响较大，不适宜室外工作。

综上所述，钨极氩弧焊可用于几乎所有金属和合金的焊接，但由于其成本较高，通常多用于焊接铝、镁、钛、铜等有色金属以及不锈钢、耐热钢等。对于低熔点和易蒸发的金属（如铅、锡、锌），焊接较困难。

钨极氩弧焊所焊接的板厚度范围，从生产率考虑以 3mm 以下为宜。对于某些厚壁重要构件（如压力容器及管道），在底层熔透焊道焊接、全位置焊接和窄间隙焊接时，为了保证底层焊接质量，往往采用氩弧焊打底。

4. 氩弧焊电流种类及极性选择

不同的金属材料，在进行钨极氩弧焊时要求不同的电流种类及极性。铝、镁及其合金一般选用交流，而其他金属焊接均采用直流正接。

（1）直流钨极氩弧焊　直流钨极氩弧焊时采用直流电流没有极性变化，因此电弧燃烧非常稳定。然而它有正、负极性之分。工件接电源正极，钨极接电源负极称为正接法，反之，则称为反接法。

1）直流正接法　这种焊接工艺工件与电源的正极相连，钨极与电源的负极相连，电弧燃烧时，弧柱中的电子流从钨极跑向工件，正离子流跑向钨极。由于此时钨极为阴极，具有很强的热电子发射能力，大量高能量的电子流从阴极表面发射出来，跑向弧柱，在发射电子流的同时，这些具有高能量的电子要从阴极带走一部分能量，即阴极以气化潜热形式失掉一部分能量，功率数值为 $I \times U_w$，其中 I 为发射出来的电子流，U_w 为电极材料的逸出电压。这些能量的损失将造成阴极表面的冷却，此时钨极烧损极少。同时由于阴极斑点集中，电弧比较稳定。工件受到质量很小的电子流撞击，故不能除去金属表面的氧化膜。除铝、镁合金外，其他金属表面不存在高熔点的氧化膜问题，故一般金属焊接均应采用此种方法。

采用直流正接有如下优点：

a. 工件为阳极，接受电子轰击放出的全部动能和逸出功，电弧比较集中，阳极加热面积较小，因此获得窄而深的焊缝。

b. 钨极的热电子发射能力强，所以正接时电弧非常稳定。

c. 钨极发射电子的同时，具有很强的的冷却作用，所以钨极不易过热，采用正接法钨极允许通过的电流要比反接时大很多。

2）直流反接法　反接时工件与电源的负极相连，钨极接到电源的正极。此时弧柱内的电子流跑向钨极而离子流跑向工件，当离子流撞向工件时，工件表面的氧化膜会自动破碎被清除，即出现所谓的阴极清理作用。而钨极受到电子流的撞击，把电子流所携带的能量以凝固热形式吸收进来，使得钨极具有很高的温度而过热，导致熔化所以反接时钨极允许承受焊接电流很小。焊接的工件材料如钢、铝铜等一般都属冷阴极材料，其电子发射主要为场致发射，场致发射时对阴极材料没有冷却作用，所以工件所处的温度较高，但由于氧化膜存在，阴极斑点在氧化膜上来回游动，电弧不集中，加热区域大，因此电弧不稳，且熔深浅而宽，此法生产率低，电弧稳定性不好，一般不推荐使用。

（2）交流钨极氩弧焊　交流电流的极性是在周期性的变换，相当于在每个周期里半波为直流正接，半波为直流反接。正接的半波期间钨极可以发射足够的电子而又不致于过热，有利于电弧的稳定，反接的半波期间工件表面生成的氧化膜很容易被清理掉而获得表面光亮美观、成形良好的焊缝。这样，同时兼顾了阴极清理作用和钨极烧损少、电弧稳定性良好的效果，对于活泼性强的铝、镁、铝青铜等金属及其合金一般都选用交流氩弧焊。

上述几种氩弧焊的特点如表4-40所示。

表4-40　各种电流钨极惰性气体保护焊的特点

电流种类	直流		交流	
	正接	反接	正弦波	矩形波
示意图				
电流波形				
两极热量比例（近似）	工件70% 钨极30%	工件30% 钨极70%	工件50% 钨极50%	通过占空比可调
熔深特点	深、窄	浅、宽	中等	较深
钨极许用电流	最大 例如3.2mm，400A	小 例如6.4mm，120A	较大 例如3.2mm，225A	大 例如3.2mm，325A
阴极清理作用	无	有	有（工件为负 的半周时）	有
电弧稳定性	很稳	不稳	很不稳	稳
直流分量	无	无	有	无
适用材料	氩弧焊：除铝、镁合金、铝青铜外其余金属 氦弧焊；几乎所有金属	一般不采用	铝、镁合金、铝青铜等	铝、镁合金、铝青铜

交流氩弧焊较直流氩弧焊复杂，主要表现在以下几个方面：

1）阴极清理作用　当工件为负极时，表面生成的氧化膜逸出功小，易发射电子，所以阴极斑点总是优先在氧化膜处形成。工件为冷阴极材料时，阴极区有很高的电压降，因此阴极斑点能量密度相当高，远远高于阳极。正离子在阴极电场作用下高速撞击氧化膜，使得氧化膜破碎、分解而被清理掉，接着阴极斑点又在邻近氧化膜上发射电子，继而又被清理，阴极斑点始终在金属表面的氧化膜上游动，被清理的氧化膜面积也不断地扩大，直到在氩气所能保护的范围内，清理作用的强弱与阴极区的能量密度和正离子质量有关，能量密度越高，离子质量越大清理效果越好。正接时，工件转为阳极，不存在清除氧化膜的功能。

2) 直流分量　交流钨极氩弧焊时电压和电流的波形如图 4-106 所示。正半波时，钨极为负极，因具熔点和沸点高，且导热差，直径小，则钨极具有很高温度使得热电子发射容易，所以电弧电压低，焊接电流大，导电时间长；负半波时，工件为负极，其熔点和沸点低，且尺寸大，散热快，电子发射困难，所以电弧电压高焊接电流小，导电时间短，由于正负半波电流不对称，在交流焊接回路中存在一个由工件流向钨极的直流分量，这种现象称为电弧的"整流作用"。电极和工件的熔点、沸点、导热性相差越大(如钨和铝、镁)，上述不对称情况就越严重，直流分量就越大。

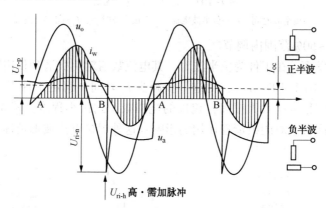

图 4-106　交流钨极氩弧焊的电压、电流波形及直流分量

u_o—电源电压；u_a—电弧电压；i_w—焊接电流；I_{oc}—直流分量；

U_{r-p}—正半波重新引弧电压；U_{ri-n}—负半波重新引弧电压

直流分量的存在削弱了阴极清理作用，使焊接过程困难，另外，直流分量磁通使得焊接变压器铁芯饱和而发热，降低功率输出甚至烧毁变压器。为此要降低或消除直流分量，可在焊接回路中串接无极性的电容器组，容量按 $300 \sim 400 \mu F/A$ 计量。

3) 引弧和稳定性能差　由于交流氩弧焊的电压和电流随时间其幅值和极性在不断地变化每秒有 100 次过零，因此电弧的能量也是不断地在变化，电弧空间温度随之而改变。电流过零时，电弧熄灭，下半周必须重新引燃，重新引燃所需的电压值与电弧空间气体残余电离度、电极发射电子能力及反向电源电压上升速度有关，因此焊接参数、电弧空间气体介质、电极材料、电源的动态特性等对交流氩弧的引弧和稳弧性能有着很大影响。为了改善其引弧和稳弧性，必须要采取相应的措施。

(3) 交流矩形波氩弧焊　这是一种新型的交流氩弧焊，它能很好地改善交流电弧的稳定性，又能合理地分配钨极和工件之间的热量，在满足阴极清理的条件下，最大限度地减少钨极烧损和大的熔透深度，这种焊接方法包括两种电流波形，如图 4-107 所示。通过试验发现占空比 β 对于铝材的焊接有着重要影响。β 可用下式表示：

$$\beta = \frac{t_n}{t_n + t_p} \times 100\%$$

式中　t_n——负半波时间；

t_p——正半波时间。

当 β 增大时，阴极清理作用加强，但母材得到的热量减少，熔深浅而宽，钨极烧损加大；反之，β 减小时，阴极清理作用稍稍减弱尚能满足要求，熔深增加，且钨极烧损大为下

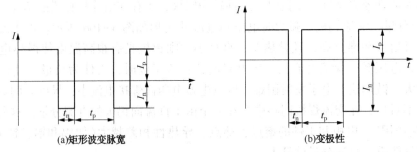

(a)矩形波变脉宽   (b)变极性

图 4-107 交流矩形波氩弧焊

t_n—负半波时间；I_n—负半波电流；t_p—正半波时间；I_p—正半波电流

降。一般可在 10%~50% 范围内调节。

最近通过实验发现，在工件为负半波时，其电流数值对阴极清理作用影响更大。如果增大 t_n 半波的电流值(图 4-107(b))，可进一步减少 t_n 时间，满足工件表面去除氧化膜的要求，而使交流氩弧的稳定性大大提高，钨极的烧损减小到最小程度。图 4-108 显示了 t_n 期间其电流大小和时间长短对阴极清理作用的影响。这种焊接电流波形被称为变极性交流矩形波氩弧焊。

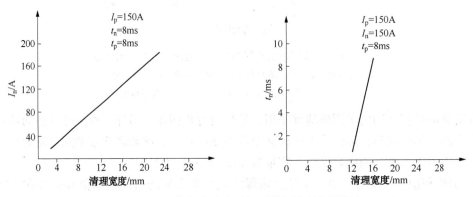

图 4-108 t_n 期间电流和时间对阴极清理作用影响

矩形波交流氩弧焊的优点是：

1）由于矩形波过零后电流增长快，再引燃容易，和一般正弦波相比，大大提高了稳弧性能。

2）可根据焊接条件选择最小而必要的 β 使其既能满足清理氧化膜的需要，又能获得最大的熔深和最小的钨极损耗。

（4）脉冲氩弧焊 脉冲氩弧焊是采用可控的脉冲电流来加热工件。当每一次脉冲电流通过时，工件被加热熔化形成一个点状熔池，基值电流通过时使熔池冷凝结晶，同时维持电弧燃烧，见图 4-109。因此焊接过程是一个断续的加热过程，焊缝是由一个一个点状熔池叠加而成。电弧是脉动的，有明亮和暗淡的闪烁现象，由于采用了脉冲电流，故可以减少焊接电流平均值(交流是有效值)，降低焊件的热输入。通过脉冲电流、脉冲时间和基值电流、基值时间的调节能够方便地调整热输入量大小。

实践证明，脉冲电流频率超过 5kHz 后，电弧具有强烈的电磁收缩效果，使得高频电弧的挺度大为增加，即使在小电流情况下，电弧亦有很强的稳定性和指向性，因此对薄板焊接非常有效；电弧压力随着焊接电流频率的增高而增大，如图 4-110 所示。所以高频电弧具

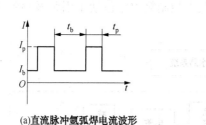 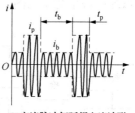

(a)直流脉冲氩弧焊电流波形　　　　(b)交流脉冲氩弧焊电流波形

图 4-109　钨极脉冲氩弧焊电流波形和焊缝

I_p—直流脉冲电流；i_p—交流脉冲电流幅值；I_b—直流基值电流；

t_p—脉冲电流持续时间；t_b—基值电流持续时间

有很强的穿透力，增加焊缝熔深；高频电弧的振荡作用有利于晶粒细化、消除气孔，得到优良的焊缝接头。

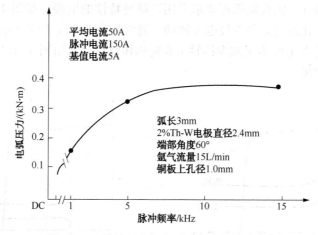

图 4-110　脉冲频率与电弧压力之间关系曲线

交流脉冲氩弧焊可以得到稳定的交流氩弧，同时通过调节正负半波的占空比既满足去除氧化膜，又能得到大的熔深，钨棒烧损又最少。综合上述分析可知，脉冲氩弧焊具有以下几个特点：

1）焊接过程是脉冲式加热，熔池金属高温停留时间短，金属冷凝快，可减少热敏感材料产生裂纹的倾向性；

2）焊件热输入少，电弧能量集中且挺度高，有利于薄板、超薄板焊接；接头热影响区和变形小，可以焊接 0.1mm 厚度不锈钢薄片；

3）可以精确地控制热输入和熔池尺寸，得到均匀的熔深，适合于单面焊双面成型和全位置管道焊接；

4）高频电弧振荡作用有利于获得细晶粒的金相组织，消除气孔，提高接头的力学性能；

5）高频电弧挺度大、指向性强，适合高速焊，焊接速度最高可达到 3m/min，大大提高生产率。

二、氩弧焊设备

钨极氩弧焊设备通常由焊接电源、引弧及稳弧装置、焊枪、供气系统、水冷系统和焊接程序控制装置等部分组成，对于自动氩弧焊还应包括焊接小车行走机构及送丝装置。图 4-

111 是手工钨极氩弧焊设备系统示意图，其中控制箱内已包括了引弧及稳弧装置、焊接程序控制装置等。

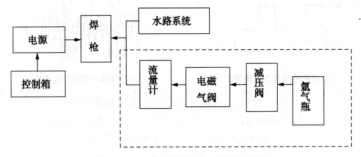

图 4-111　氩弧焊设备系统示意图

1. 焊接电源

（1）电源的外特性　钨极氩弧焊要求采用陡降外特性的电源，如图 4-112（a）所示，以减少或排除因弧长变化而引起的焊接电流波动，通常外特性曲线工作部分斜率最大，为 7V/100A，越大越好。有些电源为了减少接触引弧时钨棒烧损，采用图 4-112（b）所示电源外特性，取得了良好的效果。

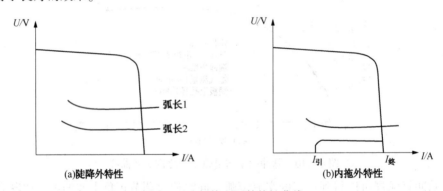

图 4-112　焊接电源外特性曲线

（2）电源种类　作为钨极氩弧焊的电源有直流电源、交流电源、交直流电源及脉冲电源，这些电源从结构与要求上和一般焊条电弧焊并无多大差别，原则上可以通用，只是外特性要求更陡些。

目前使用最为广泛的是晶闸管式弧焊电源，而各种逆变电源具有优良的性能指标及节能效果，今后将会成为主导产品。

2. 引弧及稳弧装置

（1）引弧方法

1）短路引弧　依靠钨极和引弧板或者工件之间接触引弧。其缺点是引弧时钨极损耗较大，端部形状容易被破坏应尽量少用。

2）高频引弧　利用高频振荡器产生的高频高压击穿钨极与工件之间间隙（3mm 左右）而引燃电弧。

3）高压脉冲引弧　在钨极与工件之间加一高压脉冲，使两极气体介质电离而引弧（脉冲幅值≥800V）。

4）高频叠加辅助直流电源引弧　交流氩弧焊时，在电源两端并联一个辅助的直流电源，如图 4-113 所示。提供一个正接的恒定电流（约 5A）帮助引弧。

（2）稳弧方法　交流氩弧的稳定性很差，在正接性转换成反接性瞬间必须采取稳弧措施。

1）高频稳弧　同样采取高频高压稳弧，可以在稳弧时适当降低高频的强度。

2）高压脉冲稳弧　在电流过零瞬间加上一个高压脉冲。

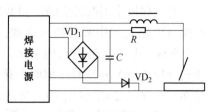

图 4-113　高频叠加辅助直流电源引弧

3）交流矩形波稳弧　利用交流矩形波在过零瞬间有极高的电流变化率，帮助电弧在极性转换时很快地反向引燃。

（3）高频振荡器原理及其连接方法

高频荡器的电气原理及其与焊接回路的连接方法如图 4-141 所示。当高频振荡器的输入端接通电源后，交流电源经高压变压器 T_1 升压，并对电容器 C 充电，因而放电器 D 端电压逐渐升高，最后被击穿，从而一方面使 T_1 的二次回路短路而中止对 C 的充电，另一方面使已充电的电容 C 与电感 L_1 组成振荡回路，所产生频率为 $f=\dfrac{1}{2\pi\sqrt{L_1C}}$。振荡是衰减的每次仅能维持 2~6ms。电源为正弦波时，每半周振荡一次，波形如图 4-115 所示。

高频振荡器与焊接回路有并联（图 4-114（a））及串联（图 4-114（b））两种连接方式。并联时需在焊接回路中串联电感 L，并以电容 C_2 旁路，防止高频窜到电源而损坏绝缘，这种连接方式因 L、C_2 对高频有分流作用，引弧效果差。采用串联方式，没有分流回路，引弧可靠，且大大减小了高频对电源的影响，目前大多采用串联式。

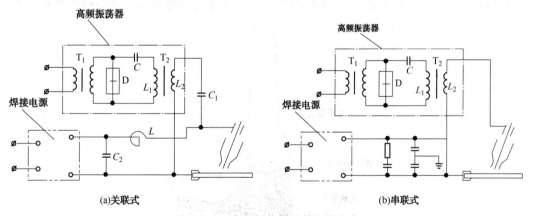

(a)关联式　　　　　　　　(b)串联式

图 4-114　高频振荡器及其连接方式

D—放电器；T_1—高压高漏抗变压器；T_2—高频变压器

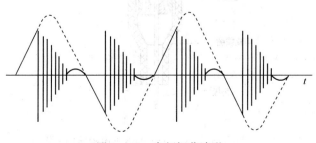

图 4-115　高频振荡波形

有些焊机采用改进后的高频器，一般高频振荡器是把工频电压转换成高频脉冲，改进后的振荡电路是把中频转换成高频，其电路如4-116所示。电源接通后对电容 C_1 充电，充电电压达到稳压管 VDs 的稳压值时击穿，晶闸管 VD1 导通，这种电容 C_1 和 T_1 的一次线圈之间产生振荡，电容 C_1 反向充电后由二极管 VD_2 形成通路，在此路中频率可达到 6kHz 左右，然后再由变压器 T_1 转换到高频振荡输入到焊接回路。这种电路的优点是体积小、成本低。

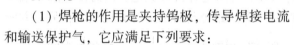

图 4-116　改进后的高频振荡器

（4）高压脉冲引弧及稳弧装置(略)

3. 焊枪

（1）焊枪的作用是夹持钨极，传导焊接电流和输送保护气，它应满足下列要求：

1）保护气流具有良好的流动状态和一定的挺度，以获得可靠的保护。

2）有良好的导电性能。

3）充分的冷却，以保证持久工作。

4）喷嘴与钨极间绝缘良好。以免喷嘴和焊件接触时产生短路、打弧。

5）重量轻，结构紧凑，可达性好；装拆维修方便。

（2）焊枪分气冷和水冷式两种，前者用于小电流(≤100A)焊接，表 4-41 列出了典型的手工钨极氩弧焊焊枪的技术数据。图 4-117 为一种水冷式焊枪结构，其中喷嘴的形状对气

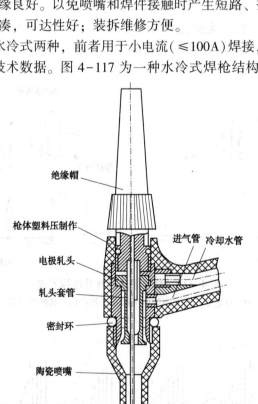

图 4-117　PQ1—150 水冷式焊枪结构

流的保护性能影响大。为了使出口处获得较厚的层流层，以取得良好保护效果，采取以下措施：

1）喷嘴上部有较大的空间做为缓冲室，以降低气流的初速。

2）喷嘴下部为断面不变的圆柱形通道。通道越长，近壁层流层越厚，保护效果越佳；通道直径越大，保护范围越宽通常圆柱通道内径 D_N、长度 l_0 和钨极直径 d_w 之间的关系大致为（单位 mm）

$$D_N = (2.5 \sim 3.5)d_w$$

$$l_0 = (1.4 \sim 1.6)D_N + (7 \sim 9)$$

3）有时在气流通道中加设多层铜丝或多孔隔板（称气筛或气体透镜），以限制气体横向运动，有利于形成层流。喷嘴的材料有陶瓷、纯铜和石英三种。高温陶瓷喷嘴既绝缘又耐热，应用广泛，但通常焊接电流不能超过 350A。纯铜喷嘴使用电流可达 500A，需要绝缘套将喷嘴和导电部分隔离。石英喷嘴较贵，但焊接时可见度好。

表 4-41　常见手工钨极氩弧焊焊枪的技术数据

型号	冷却方式	出气角度	额定焊接电流/A	适用钨极尺寸/mm		开关型式	重量/kg
				长度	直径		
PQl-150	循环水冷却	65°	150	110	ϕ1.6、2、3	推键	0.13
PQl-350		75°	350	150	ϕ3、4、5	推键	0.3
PQl-500		75°	500	180	ϕ4、5、6	推键	0.45
QS-0/150		0°（笔式）	150	90	ϕ1.6、2、2.5	按钮	0.14
QS-65/700		65°	200	90	ϕ1.6、2、2.5	按钮	0.11
QS-85/250		85°（近直角）	250	160	ϕ2、3、4	船形开关	0.26
QS-65/300		65°	300	160	ϕ3、4、5	按钮	0.26
QS-75/400		75°	400	150	ϕ3、4、5	推键	0.40
QQ-0/10	气冷却（自冷）	0°（笔式）	10	100	ϕ1.6、1.0	微动开关	0.08
QQ-65/75		65°	75	40	ϕ1.6、1.0	微动开关	0.09
QQ-0~90/75		0°~90°（可变角）	75	70	ϕ1.2、1.6、2	按钮	0.15
QQ-85/100		85°（近直角）	100	160	ϕ1.6、2	船形开关	0.2
QQ-0~90/150		0°~90°	150	70	ϕ1.6、2、3	按钮	0.2
QQ-85/150-1		85°	150	110	ϕ1.6、2、3	按钮	0.15
QQ-85/150		85°	150	110	ϕ1.6、2、3	按钮	0.2
QQ-85/200		85°（近直角）	200	150	ϕ1.6、2、3	船形开关	0.26

当前生产中使用的喷嘴形式有三种，喷嘴截面为收敛形、等截面形和扩散形，如图 4-118 所示。其中等截面喷嘴喷出的气流有效保护区域最大，应用最广泛，收敛形喷嘴电弧可见度较好，又便于操作，应用也很普遍，扩散形通常用于熔化极气体保护焊。表 4-42 列出了喷嘴孔径与钨极尺寸之间的相应关系。

表 4-42 喷嘴孔径与钨极尺寸之间的相应关系

喷嘴孔径/mm	钨极直径/mm
6.4	0.5
8	1.0
9.5	1.6 或 2.4
11.1	3.2

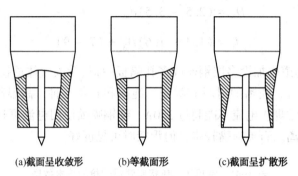

(a)截面呈收敛形 (b)等截面形 (c)截面呈扩散形

图 4-118　常见的喷嘴形式

4. 供气系统和水冷系统

（1）供气系统　由高压气瓶、减压阀、浮子流量计和电磁气阀组成，如图 4-119 所示。

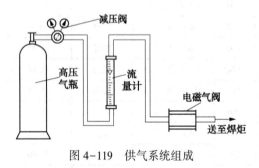

图 4-119　供气系统组成

氩气瓶规定外表涂成蓝灰色。减压阀将高压气瓶中的气体压力降至焊接所要求的压力，流量计用来调节和测量气体的流量，目前国内常用的是浮子式流量计和指针式流量计两种形式，电磁阀以电信号控制气流的通断，有时将流量计和减压阀做成一体，成为组合式。流量计的刻度出厂时按空气标定，用于氩气（或氦气）时需按下式进行修正：

$$Q_2 = Q_1 \sqrt{\frac{(\gamma_f - \gamma_2)\gamma_1}{(\gamma_f - \gamma_1)\gamma_2}}$$

式中　Q_2——氩气（或氦气）实际流量，L/min；

　　　Q_1——用空气标定的刻度值，L/min；

　　　γ_f——浮子材料的密度，g/cm³；

　　　γ_2——氩气（或氦气）密度，g/cm³；

　　　γ_1——原标定的空气密度，g/cm³。

（2）水冷系统　许用电流大于 100A 的焊枪一般为水冷式，用水冷却焊枪和钨极。对于手工水冷式焊枪，通常将焊接电缆装入通水软管中做成水冷电缆，这样可大大提高电流密度，减轻电缆重量，使焊枪更轻便。有时水路中还接入水压开关，保证冷却水接通并有一定压力后才能启动焊机。必要时可采用水泵，将水箱内水循环使用。

5. 焊接程序控制装置

焊接程序控制装置应满足如下要求；

（1）焊接提前 1.5~4s 输送保护气，以驱赶管内及焊接区域空气；

（2）焊接延迟 5~15s 停气，以保护尚未冷却的钨极和熔池；

（3）自动接通和切断引弧和稳弧电路；

（4）控制电源的通断；

（5）焊接结束前电流自动衰减，以消除火口和防止弧抗开裂，对于环缝焊接及热裂纹敏感材料，尤其重要。

图 4-120 为钨极氩弧焊工作程序示意图。

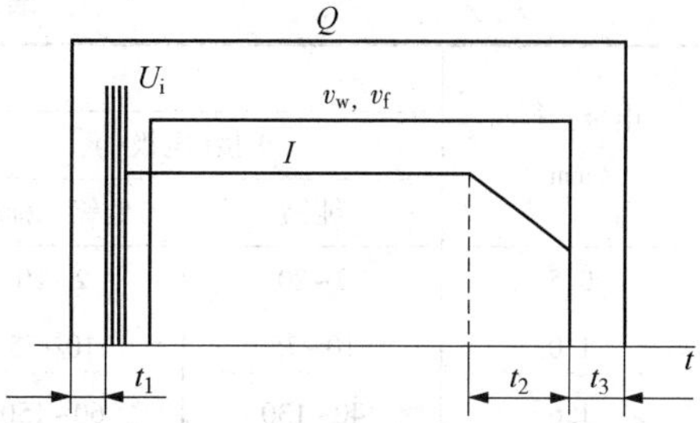

图 4-120　钨极氩弧焊工作程序示意图

U_i—高频或引弧脉冲电压；I—焊接电流；

v_w—焊接速度；v_f—送丝速度；

Q—保护气体流量；t_1—提前送气时间；

t_2—电流衰减时间；t_3—延迟断气时间

三、钨电极和保护气体

1. 钨极

钨极作为氩弧焊的电极，对它的基本要求是：发射电子能力要强；耐高温而不易熔化烧损；有较大的许用电流。钨具有高的熔点（3410℃）和沸点（5900℃）、强度大（可达 850~1100MPa）、热导率小和高温挥发性小等特点，因此适合作为不熔化电极。目前，国内所用的钨极有纯钨、钍钨和铈钨三种，其牌号、化学成分和特点如表 4-43 所示；三种钨极的性能比较见表 4-44，不同直径钨极的许用电流范围如表 4-45 所示。有些国家还采用锆钨、镧钨、钇钨作为电极使用，进一步提高钨极的性能，表 4-46 列出部分钨棒的国外规格标准。

表 4-43　钨极氩弧焊常用电极的化学成分

电极牌号	化学成分(质量分数)/%						
	W	ThO_2	CeO	SiO_2	$Fe_2O_3+Al_2O_3$	Mo	CaO
W_1	>99.92	—	—	0.03	0.03	0.01	0.01
W_2	>99.85	—	—	总含量不大于 0.15%			
WTh-10	余量	1.0~1.49	—	0.06	0.02	0.01	0.01
WTh-15	余量	1.5~2.0	—	0.06	0.02	0.01	0.01
WCe-20	余量	—	2.0	0.06	0.02	0.01	0.01

表 4-44　钨极性能比较

名称	空载电压	电子逸出功	小电流下断弧间隙	弧压	许用电流	放射性剂量	化学稳定性	大电流时烧损	寿命	价格
纯钨	高	高	短	较高	小	无	好	大	短	低
钍钨	较低	较低	较长	较低	较大	小	好	较小	较长	较高
铈钨	低	低	长	低	大	无	较好	小	长	较高

表 4-45　钨极许用电流

电极直径/ mm	直流/A				交流/ A	
	正接(电极-)		反接(电极+)			
	纯钨	钍钨、铈钨	纯钨	钍钨、铈钨	钍钨	钍钨、铈钨
0.5	2~20	2~20	—	—	2~15	2~15
1.0	10~75	10~75	—	—	15~55	15~70
1.6	40~130	60~150	10~20	10~20	45~90	60~125
2.0	75~180	100~200	15~25	15~25	65~125	85~160
2.5	130~230	160~250	17~30	17~30	80~140	120~210
3.2	160~310	225~330	20~35	20~35	150~190	150~250
4.0	275~450	350~480	35~50	35~50	180~260	240~350
5.0	400~625	500~675	50~70	50~70	240~350	330~460
6.3	550~675	650~950	65~100	65~100	300~450	430~575
8.0	—	—	—	—	—	650~830

表 4-46　钨电极的国际规格(ISO)

牌　号	化学成分(质量分数)/%			标准颜色
	氧化物	杂质	W	
Wp	—	—	≤0.20	99.8	绿色
WT4	ThO_2	0.35~0.55	<0.20	余量	蓝色
WT10	ThO_2	0.85~1.20	<0.20	余量	黄色
WT20	ThO_2	1.70~2.20	<0.20	余量	红色
WT30	ThO_2	2.80~3.20	<0.20	余量	紫色
WT40	ThO_2	3.80~4.20	<0.20	余量	橙色
WZ3	ZrO_2	0.15~0.50	<0.20	余量	棕色
WZ8	ZrO_2	0.70~0.90	<0.20	余量	白色
WL10	LaO_2	0.90~1.20	<0.20	余量	黑色
WC20	CeO_2	1.80~2.20	<0.20	余量	灰色

2. 保护气体

焊接时，保护气体不仅仅是焊接区域的保护介质，也是产生电弧的气体介质。因此保护气的特性(物理特性、化学特性等)不仅影响保护效果也影响到电弧的引燃、焊接过程的稳定以及焊缝的成形与质量。

用于 TIG 焊的保护气体大致有三种。使用最广泛的是氩气。因此，通常我们习惯把 TIG 焊简称氩弧焊。其次是氦(He)气，由于氦气比较稀缺，提炼困难，价格昂贵，国内用得极少。最后一种是混合气体，由两种不同成分的气体按一定的配比混合后使用。

(1)氩气是惰性气体，几乎不与任何金属产生化学反应，也不溶于金属中。氩气的性能见表 4-47。其密度比空气大，而比热容和热导率比空气小。这些特性使氩气具有良好的保护作用，并且具有好的稳弧特性。

表 4-47　某些气体性能参数

气体	分子量(或相对原子质量)	密度(273K, 0.1MPa)/ (kg·m⁻³)	电离电位/ V	比热容(273K 时)/ (J/g·K)	热导率(273K 时)/ [W·(m·K)]⁻¹	5000K 时离解程度
Ar	39.944	1.782	15.7	0.523	0.0158	不离解
He	4.003	0.178	24.5	5.230	0.1390	不离解
H2	2.016	0.089	13.5	14.232	0.1976	0.96
N2	28.016	1.250	14.5	1.038	0.0243	0.038
空气	29	1.293	—	1.005	0.0238	—

不同金属焊接时对氩气纯度要求见表4-48。

表 4-48　各种金属对氩气纯度要求[5]

焊接材料	厚度/mm	焊接方法	氩气纯度(体积分数)/%	电流种类
钛及其合金	0.5 以上	钨极手工及自动	99.99	直流正接
镁及其合金	0.5~2.0	钨极手工及自动	99.9	交流
铝及其合金	0.5~2.0	钨极手工及自动	99.9	交流
铜及其合金	0.5~3.0	钨极手工及自动	99.8	直流正接或交流
不锈钢、耐热钢	0.1 以上	钨极手工及自动	99.7	直流正接或交流
低碳钢、低合金钢	0.1 以上	钨极手工及自动	99.7	直流正接或交流

(2) 氦气也是惰性气体，从表4-47可知，氦气的电离电位很高，故焊接时引弧较困难。氦气和氩气相比较，由于其电离电位高，热导率大，在相同的焊接电流和电弧长度下，氦弧的电弧电压比氩弧高(即电弧的电场强度高)，使电弧有较大的功率。氦气的冷却效果好，使得电弧能量密度大，弧柱细而集中，焊缝有较大的熔透率。

氦气的原子质量轻、密度小，要有效地保护焊接区域，其流量要比氩气大得多。由于价格昂贵，只在某些特殊场合下应用，如核反应堆的冷却棒、大厚度的铝合金等。

钨极氦弧焊一般用直流正接。即使对于铝镁及其合金的焊接也不采用交流电源。原因是电弧不稳定，阴极清理作用也不明显。由于氦弧发热量大且集中，电弧穿透力强，在电弧很短时，正接也有一定的去除氧化膜效果。直流正接氦弧焊焊接铝合金，单道焊接厚度可达12mm，正反双面焊可达20mm。与交流氩弧焊相比，熔深大、焊道窄、变形小、软化区小、金属不易过烧。对于热处理强化铝合金(如锻铝LD10)，其接头的常温及低温力学性能均优于交流氩弧焊。

(3) 混合气体　在单一气体的基础上加入一定比例的某些气体可以改变电弧形态、提高电弧能量、改善焊缝成形及力学性能、提高焊接生产率。目前用得较多的混合气体有以下几种配比：

1) 氩—氦混合气体　它的特点是电弧燃烧稳定，阴极清理作用好，具有高的电弧温度，工件热输入大，熔透深，焊接速度几乎为氩弧焊的两倍。一般混合体积比例是氦75%~80%加氩25%~20%(体积分数)。

2) 氩-氢混合气体　氩气中添加氢气也可提高电弧电压，从而提高电弧热功率，增加熔透，并有防止咬边，抑止CO气孔的作用。氩-氢混合气体中氢是还原性气体，该气体只限于焊接不锈钢、镍基合金和镍-铜合金。常用的比例是 $Ar+H_2$ 5%~15%(体积分数)，用它焊接厚度为1.6mm以下的不锈钢对接接头，焊接速度比纯氩快50%。含 H_2 量过大易出现氢气孔,焊后焊缝表面很光亮。

四、焊接工艺

1. 接头及坡口形式

钨极氩弧焊的接头形式有对接、搭接、角接、T 形接和端接五种基本类形,如下图所示。端接接头仅在薄板焊接时采用。

坡口的形状和尺寸取决于工件的材料、厚度和工作要求。表 4-49 表示铝及铝合金焊接的接头和坡口形式。

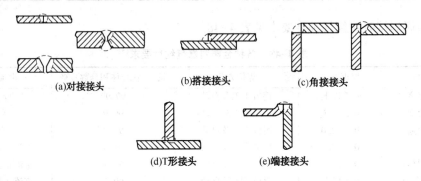

(a)对接接头   (b)搭接接头   (c)角接接头

(d)T形接头   (e)端接接头

表 4-49 　(铝及铝合金)不同板厚的接头和坡口形式

接头坡口形式		示　图	板厚 δ/mm	间隙 b/mm	钝边 p/mm	坡口角度 $\alpha/(°)$
对接接头	卷边		≤2	<0.5	<2	—
	I 形坡口		1~5	0.552	—	—
对接接头	V 形坡口		3~5	1.5~2.5	1.5~2	60°~70°
			5~12	2~3	2~3	60°~70°
	X 形坡口		>10	1.5~3	2~4	60°~70°
搭接接头			<1.5	0~0.5	$L \geq 2\delta$	—
			1.5~3	0.5~1	$L \geq 2\delta$	—

接头坡口形式		示　图	板厚 δ/mm	间隙 b/mm	钝边 p/mm	坡口角度 α/(°)
角接接头	I形坡口		<12	<1	—	—
	V形坡口		3~5	0.8~1.5	1~1.5	50°~60°
			>5	1~2	1~2	50°~60°
T形接头	I形坡口		3~5	<1	—	—
			6~10	<1.5	—	—
	K形坡口		10~16	<1.5	1~2	60°

2. 工件和填充焊丝的焊前清理

氩弧焊时，对材料的表面质量要求很高，焊前必须经过严格清理，清除填充焊丝及工件坡口和坡口两侧表面至少20mm范围内的油污、水分、灰尘、氧化膜等。否则在焊接过程中将影响电弧稳定性，恶化焊缝成形，并可能导致气孔、夹杂、未熔合等缺陷。常用清理方法如下：

（1）去除油污、灰尘　可以用有机溶剂（汽油、丙酮、三氯乙烯、四氯化碳等）擦洗，也可配制专用化学溶液清洗。表4-50为用于铝及铝合金去油污的溶液配方及清洗工艺。

表4-50　铝及铝合金去油污的溶液及工艺

去　油　污			冲洗时间/min	
溶液成分/(g/L)	溶液温度/℃	去油时间/min	热水(50~60℃)	流动冷水
工业磷酸三钠　40~50	60~70	5~8	2	2
碳酸钠　　　　40~50				
水玻璃　　　　20~50				
水　　　　　　其余				

（2）除氧化膜

1）机械清理　此法只适用于工件。对于焊丝不适用。通常是用不锈钢丝或铜丝轮（刷），将坡口及其两侧氧化膜清除。对于不锈钢及其他钢材也可用砂布打磨。铝及铝合金材质较软，用刮刀清理也较有效。但机械清理效率低，去除氧化膜不彻底，一般只用于尺寸大生产周期长或化学清洗后又局部沾污的工件。

2) 化学清理　依靠化学反应的方法去除焊丝或工件表面的氧化膜，清洗溶液和方法因材料而异，表4-51表示铝及铝合金的清理方法。

表4-51　铝及铝合金化学清理方法

| 材　料 | 碱　洗 | | | 冲洗 | 中 和 光 化 | | | 冲洗 | 干燥 |
	溶液	温度/℃	时间/min		溶液	温度/℃	时间/min		
纯铝	NaOH 6%~10%	40~50	≤20	清水	HNO₂30%	室温	1~3	清水	风干或低温干燥
铝镁、铝锰合金	同上	同上	≤7	同上	HNO₂30%	同上	1~3	同上	

注：① 清理后至焊接前的储存时间一般不得超过24h。
② 表中溶液的百分数皆指质量分数。

3. 工艺参数的选择

钨极氩弧焊工艺参数主要有焊接电流种类及极性、焊接电流、钨极直径及端部形状、保护气体流量等，对于自动钨极氩弧焊还包括焊接速度和送丝速度。

脉冲钨极氩弧焊主要参数有 I_p、t_p、I_b、t_b、f_a 脉幅比 $R_A = \dfrac{I_p}{p_b}$ 脉冲电流占空比 $R_W = \dfrac{t_p}{t_p + t_b}$

（1）钨极氩弧焊工艺参数

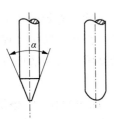

(a)直流正接　(b)交流

图4-121　钨极端部的形状

1) 焊接电流种类及大小　一般根据工件材料选择电流种类(参见表6-1)，焊接电流大小是决定焊缝熔深的最主要参数，它主要根据工件材料、厚度、接头形式、焊接位置，有时还考虑焊工技术水平(钨极氩弧时)等因素选择。

2) 钨极直径及端部形状　钨极直径根据焊接电流大小、电流种类选择(参阅表4-52)。

钨极端部形状是一个重要工艺参数。根据所用焊接电流种类，选用不同的端部形状，如图4-121所示。尖端角度 α 的大小会影响钨极的许用电流、引弧及稳弧性能。表4-52列出了钨极不同尖端尺寸推荐的电流范围。小电流焊接时，选用小直径钨极和小的锥角，可使电弧容易引燃和稳定；在大电流焊接时，增大锥角可避免尖端过热熔化，减少损耗，并防止电弧往上扩展而影响阴极斑点的稳定性。

表4-52　钨极尖端形状和电流范围(直流正接)

| 钨极直径/mm | 尖端直径/mm | 尖端角度/(°) | 电流/A | |
			恒定电流	脉冲电流
1.0	0.125	12	2~15	2~25
1.0	0.25	20	5~30	5~60
1.6	0.5	25	8~50	8~100
1.6	0.8	30	10~70	10~140
2.4	0.8	35	12~90	12~180

钨极直径/	尖端直径/	尖端角度/	电流/A	
mm	mm	(°)	恒定电流	脉冲电流
2.4	1.1	45	15~150	15~250
3.2	1.1	60	20~200	20~300
3.2	1.5	90	25~250	25~350

钨极尖端角度对焊缝熔深和熔宽也有一定影响。减小锥角，焊缝熔深减小，熔宽增大，反之则熔深增大，熔宽减小。

3）气体流量和喷嘴直径 在一定条件下，气体流量和喷嘴直径有一个最佳范围，此时，气体保护效果最佳，有效保护区最大。如气体流量过低，气流挺度差，排除周围空气的能力弱，保护效果不佳；流量太大，容易变成紊流，使空气卷入，也会降低保护效果。同样，在流量一定时，喷嘴直径过小，保护范围小，且因气流速度过高而形成紊流；喷嘴过大，不仅妨碍焊工观察，而且气流流速过低，挺度小，保护效果也不好。所以，气体流量和喷嘴直径要有一定配合。一般手工氩弧焊喷嘴孔径和保护气流量的选用见表4-53。

表4-53　喷嘴孔径与保护气流量选用范围

焊接电流/	直流正接性		交　　流	
A	喷嘴直径/mm	流量/(L·min⁻¹)	喷嘴直径/mm	流量/(L·min⁻¹)
10~100	4~9.5	4~5	8~9.5	6~8
101~150	4~9.5	4~7	9.5~11	7~10
151~200	6~13	6~8	11~13	7~10
201~300	8~13	8~9	13~16	8~15
301~500	13~16	9~12	16~19	8~15

4）焊接速度 焊接速度的选择主要根据工件厚度决定并和焊接电流、预热温度等配合以保证获得所需的熔深和熔宽。在高速自动焊时，还要考虑焊接速度对气体、保护效果的影响，如图4-122所示。焊接速度过大，保护气流严重偏后，可能使钨极端部、弧柱、熔池暴露在空气中。因此必须采用相应措施如加大保护气体流量或将焊炬前倾一定角度，以保持良好的保护作用。

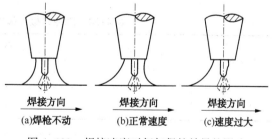

图4-122　焊接速度对氩气保护效果的影响

5）喷嘴与工件的距离 距离越大，气体保护效果越差，但距离太近会影响焊工视线，且容易使钨极与熔池接触而短路，产生夹钨，一般喷嘴端部与工件的距离在8~14mm之间。

（2）脉冲氩弧焊参数 参数选择原则及步骤如下：

1）对于一定板厚，有一个合适的通电量$(I_p t_p)$，而最佳的I_p值取决于材料的种类，与工件厚度无关。所以一般步骤应是先根据材料种类选择I_p，然后以板厚决定t_p。不同材料及板厚的I_p、t_p值可参考图4-123如铜（青铜）的最佳I_p为400A，钢类为150A。当焊接薄板时，I_p值应选得稍低于图示的数值，同时适当延长t_p；焊接厚板时，I_p稍高于图示数值，并适当缩短t_p。

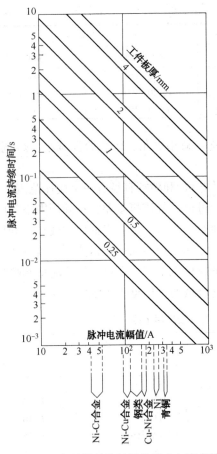

图 4-123 各种材料及板厚的脉冲电流参数

2）I_b 一般为 I_p 的 10%～20%，t_b 为 t_p 的 1～3 倍。I_b 与 t_p 的相互匹配应保证电弧不灭及熔池在 t_b 期间得以凝固。

3）R_A、R_W 值较大时，脉冲特点较显著，有利于克服热裂纹，但过大会增加咬边倾向。焊接过程中通过调节 R_A、R_W 和焊接速度，在一定程度上可控制熔透率，避免产生热裂纹和咬边。

4）焊接速度和脉冲频率要相互匹配，以满足焊点间距的要求。它们之间的关系如下：

$$l_W = v_W/2.16f$$

式中　l_W——焊点间距，mm；

　　　v_W——焊接速度，cm/min；

　　　f——脉冲频率，Hz。

为了获得连续致密的焊缝，要求焊点之间应有一定的相互重叠量（即 l_W 不能过大）。常用频率可参照表 4-54，一般低于 10Hz。

（3）焊接条件例　表 4-55～表 4-57 分别列出了不锈钢、钛合金和铝合金薄板钨极脉冲氩弧焊的焊接条件例。

表 4-54　脉冲钨极氩弧焊常用脉冲频率范围

焊接方法	手工钨极氩弧焊	下列焊接速度/(cm/min)的自动脉冲钨极氩弧焊			
		20	28	37	38
频率 f/Hz	1～2	≥3	≥4	≥5	≥6

表 4-55　不锈钢脉冲钨极氩弧焊焊接条件例（直流正接）

板厚/mm	电流/A		持续时间/s		脉冲频率/Hz	弧长/mm	焊接速度/(cm/min)
	脉冲	基值	脉冲	基值			
0.3	20～22	5～8	0.06～0.08	0.06	8	0.6～0.8	50～60
0.5	55～60	10	0.08	0.06	7	0.8～1.0	55～60
0.8	85	10	0.12	0.08	5	0.8～1.0	80～100

表 4-56　钛及钛合金的钨极脉冲自动氩弧焊焊接条件例(直流正接)

板厚/ mm	钨极直径/ mm	电流/A		持续时间/s		电弧 电压/ V	弧长/ mm	焊速/ (cm/min)	氩气流量/ (L/min)
		脉冲	基值	脉冲电流时	基值电流时				
0.8	2	55~80	4~5	0.1~0.2	0.2~0.3	10~11	1.2	30~42	6~8
1.0	2	66~100	4~5	0.14~0.22	0.2~0.34	10~11	1.2	30~42	6~8
1.5	3	120~170	4~6	0.16~0.24	0.2~0.36	11~12	1.2	27~40	8~10
2.0	3	160~210	6~8	0.16~0.24	0.2~0.36	11~12	1.2~1.5	23~37	10~12

表 4-57　5A03、5A06 铝合金钨极脉冲氩弧焊焊接条件例(交流)

材料	板厚/ mm	焊丝直径/ mm	电流/A		脉宽比/ %	频率/ Hz	电弧电压/ V	气体流量/ (L/min)
			脉冲	基值				
5A03	2.5	2.5	95	50	33	2	15	5
5A03	1.5	2.5	80	45	33	1.7	14	5
5A06	2.0	2	83	44	33	2.5	10	5

五、钨极氩弧焊的特种类型及应用

1. 热丝钨极氩弧焊

1) 工作原理　热丝钨极氩弧焊原理如图 4-124 所示。填充焊丝在进入熔池之前约 10cm 处开始,由加热电源通过导电块对其通电,依靠电阻热将焊丝加热至预定温度,与钨极成 40°~60°角,从电弧后面送入熔池,这样熔敷速度可比通常所用的冷丝提高 2 倍。热丝和冷丝熔敷速度的比较如图 4-125 所示。

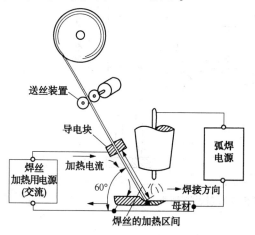

图 4-124　热丝钨极氩弧示意图

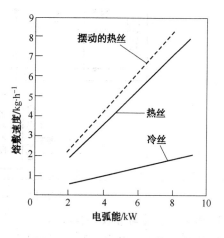

图 4-125　钢钨板氩弧焊时冷丝和
热丝可允许的熔敷速度

　　热丝钨极氩弧焊时,由于流过焊丝的电流所产生磁场的影响,电弧产生磁偏吹而沿焊缝作纵向偏摆。为此,用交流电源加热填充焊丝,以减少磁偏吹。在这种情况下,当加热电流不超过焊接电流的 60%时,电弧摆动的幅度被限制在 30°左右。为了使焊丝加热电流不超过焊接电流的 60%,通常焊丝最大直径限为 1.2mm。如焊丝过粗,由于电阻小,需增加加热电流，这对防止磁偏吹是不利的。

热丝焊接已成功用于碳钢、低合金钢、不锈钢、镍和钛等。对于铝和铜，由于电阻率小，要求很大的加热电流，从而造成过大的电弧磁偏吹和熔化不均匀，所以不推荐热丝焊接。

2）热丝氩弧焊机　焊机由以下几部分组成：直流氩弧焊电源，预热焊丝的附加电源通常用交流居多，送进焊丝的送丝机构以及控制、协调这三部分之间的控制电路。

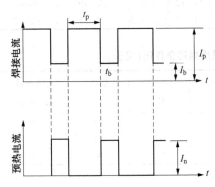

图 4-126　热丝 TIG 脉冲氩弧焊电流波形

为了获得稳定的焊接过程，主电源还可采用低频脉冲电源。在基值电流期间，填充焊丝通入预热电流，脉冲电流期间焊丝熔化，见图 4-126。这种方法可以减少磁偏吹。脉冲电流频率可以提高到 100Hz 左右。一种更为理想的方法是用一台焊接电源来替代焊接电源和附加预热电源。采用一台高速切换的开关电源，以很高的开关频率来熔化和预热焊丝，获得二者统一。

2. 双电极脉冲氩弧焊

双电极脉冲氩弧焊是一种高效的焊接方法，但是直流钨极氩弧焊多电极焊接时，由于相近的电极通同方向的电流，电极间电弧相互作用出现磁偏吹，影响焊接过程。为此采用二个电弧交替供电，如图 4-127 所示。由于两个电极电流互相错开，减少了磁偏吹，因此可以选择较大的焊接电流，提高焊接速度。

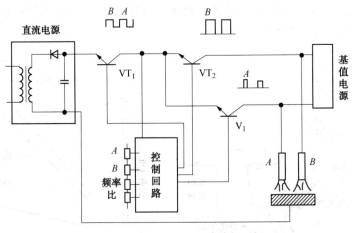

图 4-127　双电极 TIG 脉冲氩弧焊

3. 固定管、管与管板焊接技术

在锅炉、化工、电力、原子能等工业部门的管线及换热器生产和安装中，经常要遇到管道及管-管板的焊接问题。在这个领域内广泛采用钨极氩弧焊。

（1）管道焊接　在工业管道制造和安装过程中，许多情况下管道是固定不动的，此时，要求焊枪围绕工件作 360° 的空间旋转。所以，完成一条焊缝的过程实际上是全位置焊接，每种位置需要不同的规范参数相匹配，为了保证焊缝获得均匀的熔透和熔宽，要求参数稳定而精确。同时要求机头的转速稳定而可靠，并与规范参数相适应。厚板大直径管道焊接时，机头还需进行不同形式和不同频率的摆动。钨极氩弧焊或者脉冲钨极氩弧焊由于其过程电弧非常稳定，无飞溅，输入的热输入调节方便，易得到单面焊双面成型的焊缝，所以是管道焊接的理想方法。

1）坡口形式　根据管子壁厚和生产条件，可以采用多种坡口形式。以不锈钢管对接为例，焊接坡口形式如表 4-58 所示。为了保证一定余高，焊前将管端适当扩口或者添加填充焊丝，也可以用钨极氩弧焊打底后再用焊条电弧焊盖面。

表 4-58　不锈钢管子对接焊坡口形式

坡口形式	焊接方法	坡口尺寸/mm				坡口图
		δ	b	α	p	
I 形	加填充丝钨极氩弧焊	≤1.5	≤0.1	—	—	
扩口形	无填充丝钨极氩弧焊	≤2	≤0.1	60±10°	—	
V 形	钨极氩弧焊或钨极氩弧焊封底加焊条电弧焊	2~10	C≤0.1	80°	0.1~1.0	
	衬熔化垫圈钨极氩弧焊	≥2	<0.2	50°	0.1~1.0	
U 形	钨极氩弧焊或钨极氩弧焊封底加焊条电弧焊	12	≤0.1	15°	0.1~1.0	
		20	≤0.1	13°	0.1~1.0	

2）焊接工艺　表 4-59 和表 4-60 分别列出了各种材料管子全位置钨极氩弧焊和钨极脉冲氩弧焊的焊接条件。表 4-59 所列的管内通以 1~3L/min 的氩气，有利于不锈钢焊缝的反面保护和反面成形。

表 4-59　1Cr18Ni9Ti 不锈钢管子对接全位置自动钨极氩弧焊焊接条件例（直流正接）

管子尺寸/mm	坡口形式	层数	钨极直径/mm	填充丝直径/mm	焊接电流/A	电弧电压/V	焊接速度/（周/s）	送丝速度/（cm/min）	氩气流量/（L/min）	
									喷嘴	管内
φ18×1.25	管子	1	φ2	—	60~62	9~10	12.5~13.5	—	8~10	1~3
φ32×1.5	扩口	1	φ2	—	54~59	8~9	18.5~22.0		10~13	1~3

管子尺寸/ mm	坡口 形式	层数	钨极直 径/mm	填充丝 直径/mm	焊接电 流/A	电弧电 压/V	焊接速度/ (周/s)	送丝速度/ (cm/min)	氩气流量/ (L/min)	
									喷嘴	管内
$\phi32\times3$	V 形	1	$\phi2\sim3$		110~120	10~12	24~28	—	8~10	4~6
		2~3	$\phi2\sim3$	0.8	110~120	12~14	24~28	76~80	8~10	4~6

表 4-60　各种材料管子对接全位置自动钨极脉冲氩弧焊焊接条件例(直流正接)

材料	管子尺寸/ mm	电流/A		持续时间/s		弧长/mm	焊接速度/ (cm/min)	氩气流量/ (L/min)
		脉冲	基值	脉冲电流时	基值电流时			
Q235A	$\phi25\times2$	80~70	20~25	0.5	0.5	1~1.2	15~17	8~10
1Cr18Ni9	$\phi30\times2.7$	120~100	25~30	0.4	0.5	1.2~1.5	8~10	8~10
Q235A	$\phi32\times3$	140~120	25~30	0.7	0.8	1.2~1.5	8~10	8~10
12Cr1MoV	$\phi42\times3.5$	170~130	35~40	1.0	1.0	2	8~10	10~15
12Cr1MoV	$\phi42\times5$	190~140	40~45	1.2	1.2	2~2.5	6~7	10~15

在一个接头的焊接过程中,焊接电流大小和机头运动速度应相互配合,在电弧引燃后焊接电流逐渐上升至工作值,将工件预热并形成熔池,待底层完全熔透后,机头才开始转动。电弧熄灭前,焊接电流逐渐衰减,机头运动逐渐加快,以保证环缝首尾平滑地搭接。理想的焊接程序如图 4-128 所示。按不同的位置分区改变电流或焊接速度的程序控制,可以获得更高的焊接质量,目前也已得到了应用,并有专用的焊机。

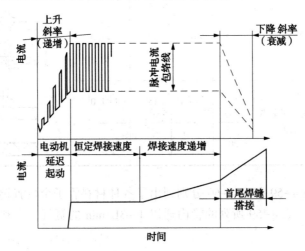

图 4-128　管道自动钨极氩弧焊全位置焊接的电流和焊接速度程序

(2) 管与管板焊接

1) 连接方式　管与管板之间的连接,有胀接、胀接加焊接、焊接等类型。就焊接而言,又可分为端面焊接和内孔焊接两种方式:

a. 端面焊接(图 4-129(a)) 它具有焊接方便,外观检查和修补容易等优点。其缺点是管子和管板之间存在缝隙,虽然通常都同时采用胀管工艺,这种缝隙也难以完全消除,在使用过程中,介质和污垢积存在缝隙中,容易产生腐蚀。

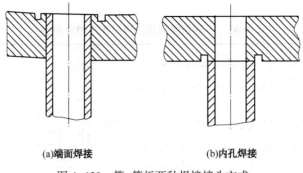

(a)端面焊接　　　　　　(b)内孔焊接

图 4-129　管-管板两种焊接接头方式

b. 内孔焊接(图 4-129(b))这是为改进上述端面焊接的缺点而采取的较先进的工艺方法，它是一个全焊透的接头，没有缝隙，没有应力集中点，抗应力腐蚀和抗疲劳强度高，缺点是对管板加工，装配以及焊接设备与技术要求较高。返修困难，成本较高。图 4-130 为一管板内孔焊枪及施焊情况。目前国内外均可对 $\phi10mm$ 以上的内孔径的管-管板进行内孔焊。

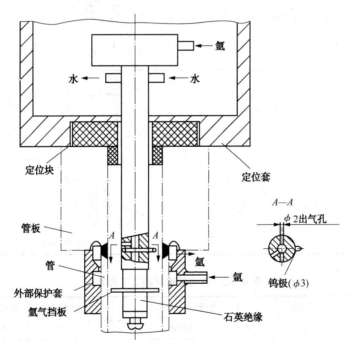

图 4-130　管-管板内孔焊接(管子为 $\phi25×2$)

目前，大多数还是采用端面焊接。内孔焊接仅在一些高温高压，强腐蚀性介质及核反应堆等特殊工作条件的热交换器中应用。

2）端面焊接工艺

a. 接头形式　表 4-61 表示不锈钢管与管板端面焊接常用的接头形式。其中管板开槽的形式可改善管板和管子由于厚度相差悬殊造成的导热不均匀的不利条件，减小焊接冷却的拉应力，避免微裂纹，且焊缝成型美观，缺点是增加了加工量。它是应用较为广泛的一种形式。

b. 焊接工艺参数　表 4-62 列出了采用普通恒流钨极氩弧焊和钨极脉冲氩弧焊时的焊接

工艺参数，可供参考。

表 4-61　不锈钢管与管板焊接接头形式举例

形 式	坡 口 尺 寸/mm					焊前	焊后
	D	δ	H	h	k		
管子伸出管板	≥6	1~2	≥0.8δ	—	—		
管子伸出管板后形成角接	≥19	≥1.5	—	—	$K_1 \approx \delta$ $K_2 \approx \delta+2$		
管板开槽形成端接	≥8	1~2.5	≥0.8δ	≥1.5δ	—	$R = \dfrac{1}{3}$, $B = 1.25\delta$, $\delta_1 = \delta \leqslant 2mm$	
管板倒圆弧	≥16	2.0~2.5	—	2	≥1.5		
管板倒角、管子低于管板	≥32	2.5~4	—	$\delta+0.5$	—	$h_1 = \sigma$, $\alpha = 35° \sim 45°$	

表 4-62　管与管板焊接工艺参数

焊接方法	管子尺寸/ mm	钨极直径/ mm	焊接电流/A		频率/Hz	脉宽比率/ %	焊接速度/ (m/h)	氩气流量/ (L/min)
			基本	脉冲				
恒流钨极氩弧焊	$\phi13\times1.25$	2	65	—	—	—	11	7
	$\phi18\times1.25$	2	90	—	—	—	11	7
脉冲钨极氩弧焊	$\phi13\times1.25$	2	8	70~80	3~4	50	15~22	8~10
	$\phi25\times2$	2	25	100~130	3~4	50~75	17~18	8~10

注：① 材料为 1Cr18Ni9Ti 不锈钢。

② 端部焊接、管板开槽。

（3）焊接设备　焊管机通常由三部分组成：机头、控制电路及焊接电源。焊接电源可采用一般的氩弧焊电源，产品要求高时选择响应速度快的晶体管电源或逆变式焊接电源。

管子全位置焊接根据管子直径、壁厚往往需要分段进行程序控制，按照不同的位置划分焊接电流和焊接速度，因此控制电路要实现机头行走、转动、送丝速度调节，机头摆动频率及停留时间改变，保护气体的输送，焊接电流和弧长的控制及各区间的时间设定及焊缝的对中等，其中控制参数多而且要求精度高，目前趋向计算机进行编程控制居多。所有参数通过键盘进行调节和编程，系统有外接打印机，随时记录焊接参数，计算机屏幕可以图像显示各种参数的实时变化，并可随时调阅原设定参数。

焊接机头包括有固定的焊枪、输送氩气的导管、送丝机构、旋转电动机、传动齿轮、导电环及连接电缆。

机头有如下几种结构形式。

1) 卡钳式 一般适合于小直径管子焊接。根据管子直径可以更换不同尺寸的机头。

2) 小车式 整个机头做成小车形式，它在工件上有两种固定形式。一种是小车上装有磁性轮，由它将车体吸附在管壁上，通过传动机构环绕管道行走。另一种是磁性软轨式。磁性软轨由 130mm×1.5mm×2000mm 的 65Mn 钢带和磁钢组成。在钢带上均匀地冲出许多斜孔，该钢带即为蜗轮。小车的行走通过蜗轮—蜗杆机构行走。

3) 卡环式 这种机头形式适合于特大直径管子焊接。

4) 机头摆动 机头摆动要求有不同类型的摆动轨迹，摆动频率、还要有一定的停留点和停留时间。摆动机构可以采用机械或电气两种。

4. 特种钨极氩弧焊机技术数据

(1) 管-管板专用脉冲钨极氩弧焊机技术数据(表 4-63)。

表 4-63 管-管板专用脉冲钨极氩弧焊焊机技术数据

型　　号		WZM-250	WZM4-200
电网电压/V		380	380
空载电压/V		73	80
电流调节范围	基值/A	8~250	20~200
	脉冲/A	8~250	20~200
脉冲频率/Hz		0.5~5	0.5~3
焊接速度/(r/min)		0.7~2	—
钨极直径		2~2.5	2、2.5
用　　途		不锈钢管板焊接的专用设备	用于碳钢、各种合金钢、不锈钢管、管板焊接
备　　注		—	微机控制不填丝自熔管板全位置焊机

(2) 全位置管子对接焊专用钨极氩弧焊机技术数据见表 4-64。

表 4-64 全位置管子对接专用直流钨极氩弧焊焊机技术数据

类　　别		钨极氩弧焊管机		钨极脉冲氩弧焊管机		
型　　号		WZ4-120	NZA7-200	NZM-250-1	WZM-400-B	MPG
电网电压/V		380	380	380	380	—
空载电压/V		—	—	90	—	—
电流调节范围	基值/A	5~120	20~200	≤20	40~400	30~90
	脉冲/A			≤300	40~400	70~200

类　别		钨极氩弧焊管机		钨极脉冲氩弧焊管机		
脉冲频率/Hz		—	—	0.4~5	0.5、1、2、3、4	
钨极直径/mm		1~2	1、2、3	—		
焊丝直径/mm		—	0.8、1、1.2	0.8	1.0、1.2	
机头回转速度/(r/min)		1~10	—	0.25~2		0.6~1.2
焊接管子规格	直径/mm	8~70	50~219	32~80	38~76	22、42
	壁厚/mm	—	—	1~5	6~12	≤4、≤5
负载持续率/%		60	60	60	60	
用　途		不锈钢、合金钢、碳钢管子对接	专用于上述规格的不锈钢管焊接	与上述规格的不锈钢、合金钢、碳钢管道焊接	大型电站锅炉制造业及石油、化工、核电设备的管道焊接	专用于火力发电厂锅炉安装中密排的碳钢、合金钢及不锈钢管焊接
备　注			配备大、中、小三种型号机	配用ZXM-250-1型脉冲焊接整流器	热丝TIG焊机机头为全电控摆动器、摆动频率边缘停留时间可以预置，热丝电流为30~150A、PC机程序控制	自编型号

第七节　熔化极氩弧焊

熔化极氩弧焊是使用熔化电极的氩气保护电弧焊，简称 MIG 焊。本章将着重介绍 MIG 焊的特点和应用、工艺理论和实践、保护气体的选择以及设备问题，对熔化极脉冲氩弧焊和窄间隙熔化极氩弧焊的应用也作一定的介绍。

一、熔化极氩弧焊概述

1. 熔化极氩弧焊的特点

熔化极氩弧焊的焊接原理如图 4-131 所示。熔化极氩弧焊焊接时，焊丝本身既是电极起导电、燃弧的作用，又连续熔化起填充焊缝的作用。因为以氩气作为保护气体，因此它不但具有氩弧的特性，还具有以下特点。

（1）生产效率高

熔化极氩弧焊与钨极氩弧焊相比，它以焊丝代替非熔化的钨极，所以能够承受较大的焊接电流，电流密度大大提高。例如，直径 1.6mm 的钨极，在直流正极性下最大许用电流为 150A，若在交流下则还要低，而同样直径(1.6mm)的焊丝，焊接电流常达 350A，比前者大许多，因此，电弧功率大、能量集中，熔透能力强，大大提高了焊接生产效率。

（2）熔滴过渡形式便于控制

熔化极氩弧焊可实现不同的熔滴过渡形式，如短路过渡、射流过渡、亚射流过渡和可控脉冲射流过渡等，所以可焊接的工件厚度范围较宽，能实现各种空间位置或全位置焊接。

（3）飞溅少

在射流过渡时几乎无飞溅，即使在短路过渡时，与 CO_2 相比飞溅也很少。由于在氩气中电弧的电场强度比在 CO_2 气体中的低，所以氩弧的阳极斑点容易扩展，并笼罩着熔滴的较大面积，使熔滴受力均匀。短路过渡时熔滴与熔池接触后，在熔滴与熔池间形成小桥，电磁力和表面张力都促使熔化金属过渡到熔池中，有利于熔滴的短路过渡。所以熔化极氩弧焊短路过渡焊接时，短路时间短，并且过渡比较规律，短路峰值电流比较小，因而飞溅比 CO_2 焊的少。

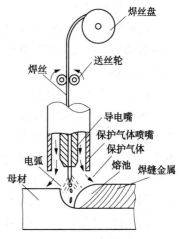

图 4-131　熔化极氩弧焊示意图

2. 熔化极氩弧焊的应用

熔化极氩弧焊应用初期主要用来焊接铝、镁及其合金，其后由于富氩混合气体的广泛应用，熔化极氩弧焊的应用范围不断扩大，几乎可以焊接所有的金属，如铝、镁、铜和镍及它们的合金，不锈钢、碳钢、低合金结构钢等材料，尤其是焊接铝、镁及其合金时，采用直流反极性有良好的阴极清理作用，提高了焊接接头的质量。

熔化极氩弧焊使用的焊丝，根据其直径的不同，有细丝和粗丝之分。一般认为，焊丝直径小于 1.6mm，属细丝焊；大于 1.6mm，属粗丝焊，粗丝的直径可达 6mm。焊丝直径不同，则电弧形态和使用电流范围也不同，近年来，粗丝大电流熔化极氩弧焊得到迅速发展，通常使用直径为 3.2mm 以上的粗丝和 500A 以上的大电流，也是一种可实现厚板焊接的高效焊接法。

熔化极氩弧焊广泛应用于石油化工、电力建设、起重设备、航空、原子能、造船、冶金、轻工等工业领域。

二、熔化极氩弧焊工艺

熔化极氩焊的主要工艺参数有：焊接电流、电弧电压、焊接速度和氩气流量等。它们决定着电弧形态、熔滴过渡形式以及焊缝成形，因此选择合适的工艺参数是制定焊接工艺的重要组成部分。

由于熔化极氩弧焊主要用于铝及铝合金、不锈钢和高合金钢等金属材料焊接，因此本节将通过这些金属材料的焊接来介绍熔化极氩弧焊工艺。

1. 铝的熔化极氩弧焊

（1）工件与焊丝的清理

铝及铝合金由于它们的化学性能十分活泼，在其表面上生成极薄而致密的氧化膜。焊接时，铝表面的氧化膜不仅容易引起未熔合，而且由于它含有水分，使得焊缝中生成气孔的倾向增加。尽管熔化极氩弧焊采用直流反接时有阴极清理作用，但其效果是有限的，所以必须从根本上对焊丝和工件表面进行清理，去除其表面的氧化膜。常采用机械的或化学的方法进行清除。机械法可用刮刀、锉刀或细钢丝刷等工具加工，也可进行喷砂处理；化学法是在 5%~8% 的氢氧化钠溶液（50~60℃）中浸泡（纯铝 20min，铝镁合金 5~10min）后用冷水冲洗，然后在约 30% 的硝酸水溶液中浸泡约 1min，以便与碱中和，再用 50~60℃ 的热水冲洗，最后进行干燥处理或风干。化学处理后的工件表面仍有极薄的氧化膜，依靠阴极清理作用就可以完全去除。因此希望在化学清洗后的 2~3h 内进行焊接，最多不要超过 24h。否则会由于长时放置，将再次生成较厚的氧化膜，焊前仍须清理。

（2）保护气体

保护气体　MIG 焊焊接铝或铝合金时，保护气体大都采用纯氩。焊接纯铝时，为了提高电弧的稳定性和降低气孔倾向，也可采用 $Ar+O_2 0.5\%$ 的混合气体。焊接厚大工件时，可采用 $Ar+He$ 混合气体，并且随着工件厚度的增加而增加氦气的比例。

（3）工艺参数的选择

熔化极氩弧焊焊接铝或铝合金时，根据工件厚度和接头形式的不同，可以采用射流过渡、亚射流过渡等。虽然熔化极氩弧焊也可实现短路过渡，但由于短路过渡时，必须保持短电弧、低弧压，但这样电弧功率降低，造成母材熔化不足，焊缝润湿性差，所以会产生不连续的焊道。此外，铝的导热性好，熔点低，电子热发射能力低，因而，短路后电弧再引燃困难。因此生产上一般不用短路过渡形式焊接薄铝板。

1）射流过渡时，工艺参数的选择

a. 焊接电流　要实现稳定的射流过渡，焊接电流应大于射流过渡的临界电流。临界电流的大小与焊丝成分及直径有关，常用的铝焊丝直径为 $\phi1.6mm$ 和 $\phi2.4mm$。对于 $\phi1.6mm$、$\phi2.4mm$ 的铝镁合金焊丝，其射流过渡的临界电流相应为 170A 和 220A 以上。而相同直径的纯铝焊丝的临界电流与铝镁合金焊丝相比，一般要低 30A 左右。

b. 电弧电压　电弧电压应选择得稍低些。实践表明，电弧长度增加，焊缝起皱及形成黑粉的倾向也增加。电弧长度增大不仅对焊缝成形不利，而且气孔数量也随电弧电压的增高而增多。

铝及铝合金对接接头熔化极氩弧焊射流过渡时的焊接工艺参数范围，如图 4-132 所示。其典型的焊接工艺参数如表 4-65 所示。从图 4-132 可见，立焊、横焊和仰焊时的焊接电流

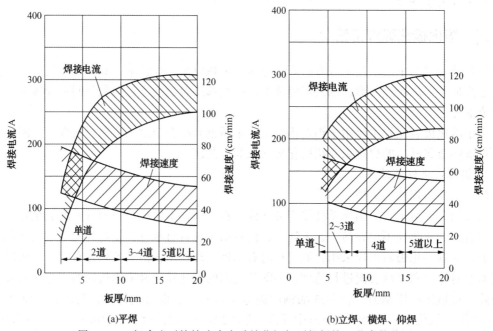

(a)平焊　　　　　　　　(b)立焊、横焊、仰焊

图 4-132　铝合金对接接头半自动熔化极氩弧焊焊接工艺参数范围

和焊接速度均略低于平焊。

射流过渡焊接时的焊接设备，一般采用直流平特性电源与等速送丝相配合，利用电源的电弧自身调节作用来保持焊接过程的稳定。

2）亚射流过渡时，工艺参数的选择 采用亚射流过渡焊接铝及其合金时，电弧电压应选择得偏低些。典型的亚射流过渡表现出以下的特点：

a. 电弧形态与熔滴过渡 当可见弧长很短（约小于8mm），电弧在焊丝端头向四周扩展呈碟状，如图4-133所示，这时焊丝端头完全在电弧覆盖之下，熔滴过渡在电弧内进行，电弧十分稳定。焊丝端头的熔滴尺寸略大于焊丝直径，并伴随着熔滴的过渡发出轻微的"啪啪"声。

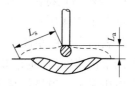

图4-133 熔化极氩弧焊
亚射流过渡时的电弧
和焊丝端头形态
L_a—可见弧长；L_s—实际弧长

表4-65 铝合金射流过渡时典型的平焊工艺参数

板厚/mm	坡口形式及尺寸	焊道层数	焊丝直径/mm	焊接电流/A	电弧电压/V	焊接速度/(cm/min)	氩气流量/(L/min)	备 注
4	$c=0\sim2$	1	1.6	170~210	22~24	55~75	16~20	背面加垫板
		2	1.6	160~190	22~25	60~90	16~20	清根后封底焊
6	$c=0\sim2$	1	1.6	200~250	24~27	40~55	20~24	背面加垫板
		2	1.6	170~190	23~26	60~70	20~24	背面加垫板
8	$c=0\sim2$, $\alpha=60°$	2	1.6	240~290	25~28	45~60	20~24	背面加垫板
		2	1.6	250~290	24~27	45~55	20~24	清根后封底焊
10	$c=0\sim2$, $\alpha=60°$	3	1.6	240~260	25~28	40~60	20~24	清根后封底焊
		2	1.6 或 2.4	290~330	25~29	45~65	24~30	清根后封底焊
12	$c=1\sim3$, $\alpha_1=60°\sim90°$, $\alpha_2=60°\sim90°$	4	1.6	230~260	25~28	35~60	20~24	清根后封底焊
		2	2.4	320~350	26~30	35~45	20~24	清根后封底焊
16	$c=1\sim3$, $\alpha_1=90°$, $\alpha_2=90°$	4	2.4	310~350	26~30	30~40	24~30	清根后封底焊

b. 焊丝熔化特性　在等速送丝条件下，当采用直流负极性焊铝时，铝焊丝的熔化特性曲线如图 4-134 所示。每一根曲线代表一个送丝速度，特性曲线右侧的数字表示焊丝端头与工件表面之间的距离，即电弧的可见长度。如图 4-134 可见，在弧长处于射流过渡区时，焊丝的熔化速度(稳定过渡状态下，焊丝的熔化速度与送丝速度相等)只与电流有关，而与电弧电压无关。当弧长减小进入亚射流过渡区时，特性曲线向左弯曲，焊丝熔化速度不但受电流的影响，更主要的是受电弧电压即弧长的影响。在亚射流过渡区，焊丝的熔化系数随着弧长的增大而减小，反之亦然。而且这种变化状态在大电流时更加明显。弧长若进一步减小(约 2mm 以下)特性曲线又向右弯，焊丝端头与熔池频繁短路，进入到短路过渡区。在亚射流过渡区，焊丝熔化系数随弧长变化而变化这一特性，说明亚射流过渡区电弧具有较强的自调节作用。

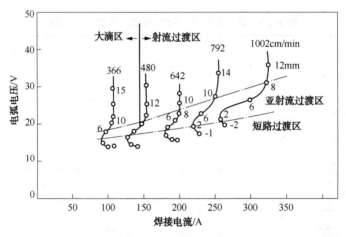

图 4-134　焊丝熔化特性及熔滴过渡与焊接工艺参数的关系
(铝焊丝 ϕ1.6mm，氩气，直流负极性)

c. 母材的熔化和焊缝成形　亚射流过渡时，电弧和焊丝端头明显地潜入到熔池下凹处，而且电弧向熔池的四周扩展呈碟状，使电弧均匀地向熔池输入更多的能量，所以焊缝截面呈"碗形"，熔深也较大。特别是采用恒流电源时，焊缝的熔深十分稳定。即使电弧电压改变时，熔深和焊缝形状几乎保持不变，这对获得尺寸和形状均匀一致的焊缝是十分重要的。焊缝的熔深与电弧电压的关系，如图 4-135 所示。由图还可看到射流过渡区及短路过渡区的焊缝熔深都比亚射流过渡区的浅。

熔化极氩弧焊采用亚射流过渡形式焊接铝时，常用 ϕ1.6mm 铝焊丝，其焊接工艺参数的选取如图 4-136 所示。

3) 粗丝大电流时，工艺参数的选择　在焊接铝合金厚大工件时，为了提高生产率而采用大电流，但当电流达到 300～400A 以上时，将引起电弧和熔池不稳，产生"起皱"现象。其原因是在焊接时，焊丝端头及电弧潜入到熔池内，由于氩弧的阴极清理作用，熔池表面已无氧化物，则阴极斑点将寻找氧化膜而往往出现在熔池的外缘，熔池和电弧都很稳定，如图 4-137 所示。但是当电流更大而超过某一数值时，在某些因素(如气体保护不良)的影响下，阴极斑点可以会游动到熔池内，强大的等离子流力以及斑点压力直接作用在熔池底部，熔池中的液态金属便会从熔池底部被猛裂地排向熔池后方，由于剧烈的扰动，破坏了气体保护作用，被排出的液态金属与周围空气接触而产生严重的氧化和氮化，同时工艺参数发生大的波动，电弧失稳，也使空气大量卷入，引起熔池内的液态金属氧化，氧化物与金属混合一起，造成焊缝金属熔合不良和表面粗糙，成形极不规则，使焊缝表面被一层黑色粉末所覆盖，此即为焊缝的起皱现象。产生起皱现象时的电流为起皱临界电流。随着焊丝直径的增加，起皱临界电流也提高，对于 $\phi 3.2 \sim 5.6mm$ 的焊丝，起皱临界电流达 $500 \sim 1000A$，可以焊接更厚的铝合金焊件。

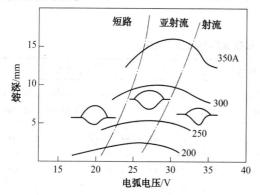

图 4-135　焊缝熔深与电弧电压的关系

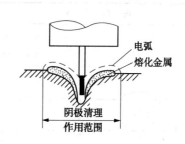

图 4-136　大电流熔化极氩弧焊的电弧形态

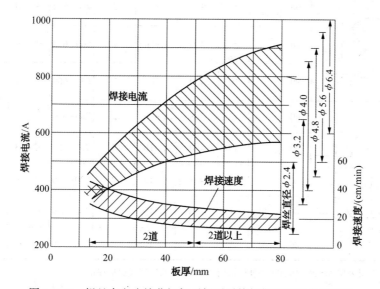

图 4-137　粗丝大电流熔化极氩弧焊平对接焊焊接工艺参数范围

防止产生起皱现象的措施有：

a. 提高焊接区的保护效果，如增大喷嘴孔径和气体流量；减小喷嘴端部至工件表面的距离使喷嘴前倾 $10° \sim 20°$，以及采用双层气流保护等。

b. 正确选择焊接工艺参数，如采用粗丝降低电流密度、减小焊接速度和缩短可见弧长。

c. 尽量减小焊接过程中电流的变化，电流超过 500A 时，宜采用恒流外特性电源。

d. 根据工件厚度选择合适的保护气体，厚度小于 50mm 时使用纯氩，而厚度大于 50mm 时，采用 Ar+He 混合气体。

e. 电流比较大时，可采用双层喷嘴保护，并在后面再装上附加喷嘴，保护熔池后面的焊道。

f. 焊前严格清理工件和焊丝。

粗丝大电流熔化极氩弧焊焊接大厚度铝合金时，常使用的焊接电流范围为 400~1000A，以射流过渡形式进行焊接。因此，具有熔深大、缺陷少、变形小、生产率高等优点。在粗丝大电流熔化极氩弧焊时，由于熔池尺寸大，为加强对熔池的保护，确保焊接质量，通常采用双层保护焊枪，外层喷嘴送氩气，内层喷嘴送 Ar+He 混合气体，既扩大了保护区域又改善了熔深形状。粗丝大电流熔化极氩弧焊的焊接工艺参数范围如图 4-66 所示。典型的焊接工艺参数如表 4-66 所示。

表 4-66　粗丝大电流熔化极氩弧焊焊接工艺参数

板厚/mm	坡口形状			焊接材料		层数	焊接规范			
	α/(°)	a/mm	H/mm	焊接直径/mm	气体		电流/A	电压/V	速度/(cm/min)	气体流量/(L/min)
15	—	—	—	2.4	Ar	2	400~430	28~29	40	80
20	—	—	—	3.2	Ar	2	400~460	29~30	40	80
25	—	—	—	3.2	Ar	2	500~555	29~30	30	100
25	90		5	3.2	Ar	2	480~530	29~30	30	100
25	90		5	4.0	Ar+He	2	560~610	35~36	30	100
38	90		10	4.0	Ar	2	630~660	30~31	25	100
45	60		13	4.8	Ar+He	2	780~800	37~38	25	150
50①	90		15	4.0	Ar+He	2	700~730	32~33	15	150
60①	60		19	4.8	Ar+He	2	820~850	38~40	20	180
50①	60	30	9	4.8	Ar+He	2	760~780	37~38	20	150
75①	80	40	12	5.6	Ar+He	2	940~960	41~42	18	180

① 保护气体：内层采用 Ar50%+He50%，外层采用 Ar100%，双层气流保护焊枪。

2. 不锈钢的熔化极氩弧焊

（1）保护气体　熔化极氩弧焊焊接不锈钢时，保护气体一般不用纯氩。因为采用纯氩作为保护气体焊接不锈钢时由于产生阴极斑点漂移现象而使电弧不稳定，焊缝成形不好。故常采用 Ar+$O_2$1%~5% 或 Ar+$CO_2$5%~10% 弱氧化性的混合气体保护。若含氧较多，将在焊道表面产生硬的氧化膜，使焊缝表面失去金属光泽，呈现灰色或黑色，是多层焊时产生未焊透的原因。因此在多层焊时，希望用砂轮打磨掉每一层的氧化膜。混合气体中含有 CO_2 能使不锈钢焊缝增碳，所以对抗腐蚀要求较高时，不能使用含 CO_2 的混合气体。

（2）工艺参数的选择

1）短路过渡焊接时工艺参数的选择　采用短路过渡形式焊接不锈钢时，主要用于 3mm 以下的薄板一般用细丝和小电流焊接。例如焊丝直径为 0.8mm，焊接电流为 85~90A，电弧电压 15V。焊丝直径为 1.2mm 则取 150~200A、15~18V。对于中厚板，也可用短路过渡形式进行封底焊，并采用铜垫板或气体垫，以便焊缝得到良好的根部成形。

2）射流过渡焊接时，工艺参数的选择　板厚 3mm 以上的不锈钢宜采用射流过度进行焊接。只有当焊接电流大于临界电流才能实现稳定的射流过渡。焊丝直径不同则临界电流值不同，对于 $\phi 0.8mm$、$\phi 1.2mm$、$\phi 1.6mm$ 不锈钢焊丝，临界电流分别为 120A、180A 和 220A。射流过渡时

保护气体中含氧量应少些，常用 $Ar+O_2$ 1%~2% 混合气体。

保护气体的流量依电流不同而不同，短路过渡时选用 12L/min 以上，射流过渡时应选用 18L/min 以上。表 4-67 为射流过渡的典型焊接工艺参数。

表 4-67　不锈钢熔化极氩弧焊射流过渡焊接工艺参数

坡口形状		板厚/mm	使用的坡口形状	层数	焊丝直径/mm	焊接条件			备注
						电流/A	电压/V	速度/(cm/mim)	
A	0~2	3	B	1	1.2	220~250	33~25	40~60	垫板
		4	B	1	1.2	220~250	33~25	30~50	垫板
B	0~2	6	A	2	1.2	230~280	23~26	30~60	清根
					1.6	250~300	25~28	30~60	
			B	2	1.2	230~280	23~26	30~60	垫板
					1.6	250~300	25~28	30~60	
C	60°~90° 0~2 0~2		C	2	1.2	230~280	23~26	30~60	清根
					1.6	250~300	25~28	30~60	
D	60°~90° 0~2 0~2		D	2	1.2	230~280	23~26	30~60	垫板
					1.6	250~300	25~28	30~60	
		12	C	4	1.6	280~330	27~30	25~55	清根
E	60°~90° 3~5		D	4	1.6	280~330	27~30	25~55	垫板
F	60°~90° 0~1		E	4	1.6	280~330	27~30	25~55	垫板
			F	4	1.6	280~330	27~30	25~55	清根
G	60°~90° 1	6	G	2	1.2	1层 180~200	16~18	30~50	单面打底焊
						2层 250~280	24~26	30~50	

3）粗丝大电流熔化极氩弧焊工艺参数的选择　粗丝大电流熔化极氩弧焊已成功地用于不锈钢焊接。

由于采用大电流焊接，热输入量较大，焊缝中不产生气孔等缺陷。典型焊接工艺参数如表 4-68 所示，表中的工艺参数适用于焊接带有铜垫板的单面焊。

表 4-68　不锈钢大电流熔化极氩弧焊焊接工艺参数

板厚/ mm	焊丝直径/ mm	保护气体	焊接电流/ A	焊接电压/ V	焊接速度/ （cm/min）
10	2.4		510	28	39
16	3.2	Ar+O₂2%	670	29	30
19	3.2		700	29	30

注：母材 18-8，I 型坡口对接，焊丝 H0Cr20Ni10，带槽铜垫板。

3. 低碳钢和低合金结构钢的熔化极氩弧焊

低碳钢和低合结构钢采用 Ar+CO_2 混合气体配以硅锰焊丝如 H08Mn2SiA 进行焊接，已得到日益广泛地应用。

（1）短路过渡焊接时，工艺参数的选择

以短路过渡进行焊接薄板及全位置焊接时一般采用细焊丝、低电压和小电流，使用的保护气体主要是 Ar50%+$CO_2$50% 混合气体。与 CO_2 短路过渡焊相比，其突出的特点是电弧稳定，飞溅小，焊缝成形好。其焊接工艺参数如表 4-69 所示。

表 4-69　低碳钢、低合金结构钢熔化极氩弧焊短路过渡焊接时的工艺参数

板厚/ mm	焊丝直径/ mm	间隙 b/ mm	焊丝伸出长度 L/ mm	焊接电流/ A	焊接电压/ V	焊接速度/ （cm/min）
0.4	0.4	0	5~8	20	15	40
0.6	0.4~0.6	0	5~8	25	15	30
0.8	0.6~0.8	0	5~8	30~40	15	40~45
1.2	0.8~0.9	0	6~10	60~70	15~16	30~50
1.6	0.8~0.9	0	6~10	100~110	16~17	40~60
3.2	0.8~1.2	1.0~1.5	10~12	120~140	16~17	25~30
4	1.0~1.2	1.0~1.2	10~12	150~160	17~18	20~30

（2）射流过渡焊接时，工艺参数的选择

以射流过渡形式进行焊接低碳钢、低合金结构钢时，通常采用的保护气体为 Ar+CO_2 15%~20% 混合气体。因为采用 Ar+$O_2$2% 混合气体焊接时，焊缝的蘑菇状熔深特征较强，这是不利的。而采用 Ar+$CO_2$20% 混合气体时，由于电弧形态发生变化，锥形的电弧形态减弱，所以焊缝成形良好，焊缝表面光洁平整，熔深为均匀的圆弧状。焊接时使用的电流一定要大于临界电流，在采用 Ar+CO_2 混合气体时，射流过渡的电流范围如表 4-70 所示。

表 4-70　射流过渡的电流范围（保护气体：Ar+$CO_2$20%~25%）

焊接直径/mm	0.8	1.2	1.6	2.0
焊接电流/A	120~280	380~440	440~500	520~600

（3）粗丝大电流熔化极混合气体保护焊时，工艺参数的选择

粗丝大电流熔化极混合气体保护焊焊接低碳钢、低合金钢是一种高效率的焊接方法。焊丝直径为4.0mm以上，常采用$Ar+CO_2$混合气体为保护气体，能够得到良好的焊缝成形。与CO_2相比，焊接飞溅少，焊缝成形美观。与焊条电弧焊及埋弧焊相比，不需要清渣，适于焊接厚大工件。

生产实践证明，在$Ar+CO_2$混合气体中，CO_2占3%~10%时，为蘑菇状焊缝，这种焊缝易产生气孔缺陷。当CO_2超过30%时不能产生射流，反而会产生大量飞溅，并且焊缝成形不良；而当CO_2气体混合比例为10%~15%时焊缝的韧性最好。所以粗丝大电流熔化极混合气体保护焊焊接低碳钢、低合金钢时宜采用$Ar+CO_2$10%~25%混合气体。

图4-138表示采用粗焊丝大电流进行射流过渡熔化极混合气体保护焊时，电弧电压和电流的合适范围。从图4-138可见，直径为$\phi4.0$mm的低碳钢焊丝，在$Ar+CO_2$15%混合气体中，射流过渡时临界电流值较高，因而，临界电流的大小取决于CO_2在混合气体中所占比例。另外，在一定的电流下，当电弧电压改变时，则熔滴过渡及电弧形式也发生变化。如果电流大于临界电流，且具有足够高的电弧电压时，则可见弧长大，呈明弧射流过渡；当电弧电压降低至某一值时，焊丝端头潜入溶池，呈现潜弧射流过渡；若电弧电压较低，熔滴将产生瞬时短路；而电弧电压过低，则产生短路过渡。

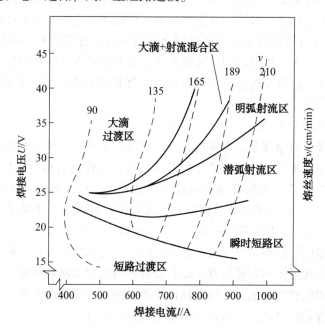

图4-138 低碳钢粗丝大电流熔化极混合气体保护焊电弧电压与电流的匹配范围
（保护气体$Ar+CO_2$15%，焊丝直径4.0mm）

在进行粗丝大电流熔化极混合气体保护焊时，应采用变速送丝式焊机，配以陡降外特性电源或恒流电源。在焊接过程中利用电弧电压自动调节作用，保持焊接过程的稳定性。为了提高焊接效率和焊接质量也可采用双丝焊接，可以根据需要通过改变双丝的工艺参数来调节线能量大小，并能改善热影响区的状态和性能。双丝大电流熔化极富氩混合气体保护焊焊接工艺参数如表4-71所示。

表 4-71　双丝大电流熔化极混合气体保护焊单面焊焊接工艺参数

板厚/ mm	层数	焊丝位置	焊接电流/ A	焊接电压/ V	焊接速度/ (cm/min)
12	1	前　导	825	29	45
		后　部	680	30	
19	1	前　导	830	29	30
		后　部	700	30	
25	1	前　导	840	33	30
	2	前　导	840	32	30
		后　部	840	29	

注：焊丝间距 350mm；焊丝角度前倾 10°；保护气体 Ar+CO$_2$ 10%，ϕ4.0mm 低碳钢焊丝；低碳钢母材；V 形坡口，坡口角度 45°。

三、熔化极脉冲氩弧焊

熔化极脉冲氩弧焊是使用熔化电极，利用基值电流保持主电弧的电离通道，并周期性地加一同极性高峰值脉冲电流产生脉冲电弧，以熔化金属并控制熔滴过渡的氩弧焊。这种方法是利用周期性变化的电流进行焊接，其主要目的是控制焊丝熔化及熔滴过渡，并控制对母材的热输入。因而从 1970 年代以来该方法得到迅速的发展，特别是对一些过去被认为难焊的热敏感性高的材料，难于施焊的空间位置的焊接，如全位置焊、窄间隙焊以及要求单面焊双面成形的管件、薄件等，熔化极脉冲氩弧焊显示出优良的特性，是一种高效、优质、经济、节能、先进的焊接方法。

1. 原理及熔滴过渡的特点

熔化极脉冲氩弧焊的原理是，焊接电流以一定的频率变化，来控制焊丝的熔化及熔滴过渡，可在平均电流较小条件下，实现稳定的射流过渡；可控制对母材的热输入及焊缝成形，以满足高质量焊接的要求。它的典型电流波形及熔滴过渡形式如图 4-139 所示。图 4-139（a）为正弦波电流波形，以及采用正弦波脉冲电流焊接铝材时在一个脉冲周期不同时间内电弧形态和熔滴过渡特征示意图；图 4-139（b）为矩形波脉冲电流波形，以及钢焊丝在一个周期的不同时间内，电弧形态和熔滴过渡特征示意图。无论采用什么样的脉冲电流波形，为了在小的平均电流下实现可控的射流过渡，熔化极脉冲氩弧焊的脉冲峰值电流 I_p 一定要大于在此条件下射流过渡的临界电流值 I_c。根据脉冲氩弧焊的脉冲峰值电流大小和脉冲持续时间长短，熔滴可以在脉冲期间过渡，也可以在基值电流期间过渡。

由上一节可知，对于普通熔化极氩弧焊，当气体介质、焊丝成分、焊丝直径以及焊丝伸出长度等条件一定时，产生射流过渡的临界电流值 I_c 是一个固定的数值。而熔化极脉冲氩弧焊，脉冲临界电流值即使在上述因素一定时，它也不是一个固定的数值。脉冲临界电流的大小除了受上述一些因素影响之外还要受到脉冲电流波形和脉冲电流频率的影响。用不同脉冲电流频率和不同脉冲峰值电流，可以实现一个脉冲过渡一滴或多滴，或多个脉冲过渡一滴。一个脉冲过渡一滴的焊接过程稳定，是较理想的脉冲射流过渡形式，但其焊接工艺参数区间较窄。在此区间，如果脉冲电流持续时间很短，要实现一个脉冲过渡一滴则必须用较高的脉冲临界电流；脉冲电流持续时间长时，可以用较低的脉冲临界电流。

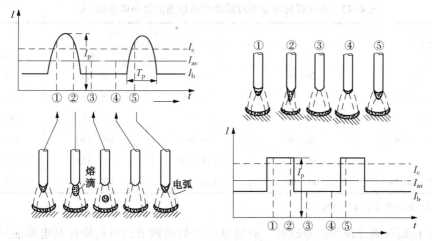

(a)正弦波脉冲电流下的电弧形态及熔滴过渡(铝焊丝)　(b)矩形波脉冲电流下的电弧形态及熔滴过渡(钢焊丝)

图 4-139　熔化极脉冲电流波形及熔滴过渡示意图

I_p—峰值电流；I_c—射流过渡临界电流；I_{av}—平均电流；I_b—基值电流

2. 冶金及工艺特点

由于熔化极脉冲氩弧焊工艺参数较多，其峰值电流及熔滴过渡是间歇而又可控的，因而为调整电弧能量及控制其能量分布提供了便利条件，从而在冶金和工艺上具有以下特点。

（1）冶金特点

熔化极脉冲氩弧焊在脉冲电流作用期间，电弧产热多，电弧力大，形成一定尺寸的熔池。在脉冲电流停歇期间，基值电流虽然使电弧仍继续维持燃烧，但作用于母材的热量少。因此，熔池冷却速度比连续电流快，这有利于细化晶粒和缩短熔池液体金属存在的时间，也缩短了高温脆性温度区间停留的时间，并减少熔池金属的污染。由于脉冲焊能够严格控制线能量，所以能较精确地控制熔池形状和熔合比，对控制焊缝成形系数有利。而且由于电流的脉动引起熔滴过渡的可控性和电弧力的脉动，有利于加快熔池冶金反应及气体的逸出。由于具有以上冶金特点，所以采用熔化极脉冲氩弧焊焊接，可提高焊缝的抗裂性、抗气孔性，使焊缝致密性增加，并能提高焊接接头的强度、韧性等力学性能。故熔化极脉冲氩弧焊可以焊接一些高强度及热敏感性较高的材料。

（2）工艺特点

1）具有较宽的电流调节范围　普通的射流过渡和短路过渡焊接，因受自身的熔滴过渡形式的限制，它们能采用的焊接电流变化范围较窄。但是熔化极脉冲氩弧焊，由于脉冲电流幅值随着脉冲电流持续时间的不同而变化，因而同一直径焊丝，获得脉冲射流过渡的电流能在高至几百安，低至几十安的范围内调节。因此，熔化极脉冲氩弧焊的工作电流范围是一个相当宽的电流区域，既能焊接薄板，又能焊接厚板，与钨极氩弧焊相比，它的生产效率高。

尤其有意义的是可以用较粗的焊丝焊接薄板，这给工艺上带来了很大方便，在焊接铝及其合金时显得尤为重要。因为采用较粗焊丝(例如 φ1.6mm)具有较好的送丝性能，用一般的推丝送丝机构即可稳定送丝，而且较粗焊丝对中性好。采用较粗焊丝不仅能降低焊丝成本，并且能减小比表面积，大大减少由焊丝带入熔池的污物和氧化膜，从而使产生气孔的倾向减小，有利于获得高质量的焊缝。表 4-72 为熔化极脉冲氩弧焊焊接不同金属材料时产生脉冲射流过渡的最小平均电流值。

表 4-72　熔化极脉冲氩弧焊脉冲射流过渡的最小电流值(A)

焊丝材料	焊 丝 直 径/mm			
	1.2	1.6	2.0	2.5
铝	20~25	25~30	40~50	60~70
铝镁合金(LF6)	25~30	30~40	50~55	75~80
铜	40~50	50~70	75~85	90~100
不锈钢(1Cr18Ni9Ti)	60~70	80~90	100~110	100~130
钛	80~90	100~110	115~125	130~145
低合金钢(08Mn2Si)	90~100	110~120	120~135	145~160

注：表中电流数值为总电流平均值。

2) 便于控制熔滴过渡及焊缝成形　通过脉冲参数的调节，可精确控制电弧能量及熔滴过渡，从而对熔池体积和形状进行较精确的控制，有利于焊接薄板及全位置焊接。由于熔化极脉冲氩弧焊能够在较小的平均电流下获得可控的脉冲射流过渡，并且对熔池金属的加热是间歇性的，所以熔池体积小，熔池金属在任何位置均不致因重力而流淌。而且在脉冲峰值电流作用下，熔滴过渡轴向性比较好，在任何空间位置焊接都能使金属熔滴沿着电弧轴线向熔池过渡，焊缝成形好，飞溅损失少，因而进行薄板焊接和全位置焊接时，在控制焊缝成形方面熔化极脉冲氩弧焊要比普通熔化极氩弧焊有利。

3) 可有效地控制输入热量，改善接头性能　在焊接高强钢以及某些铝合金时，由于这些材料热敏感性较大，因而对焊接线能量控制较严。若用普通焊接方法，只能采用小规范，其结果是熔深较小，在厚板多层焊时容易产生熔合不良等缺陷。而采用熔化极脉冲氩弧焊，既可使母材得到较大的熔深，又可控制总的平均焊接电流在较低的水平。焊缝金属和热影响区金属过热都比较小，从而使焊接接头具有良好的韧性，减少了产生裂纹的倾向。

3. 工艺参数的选择

熔化极脉冲氩弧焊的工艺参数有：脉冲电流 I_p、基值电流 I_b、脉冲时间 t_p、基值时间 t_b、脉冲周期 T、脉冲频率 $f = \dfrac{1}{T}$ 脉宽比 K_m 等。正确选择和组合这些工艺参数是获得优质焊接接头的关键。只有善于调整脉冲工艺参数，才能充分发挥这种焊接方法的特点，以获得良好的焊接效果。以下介绍几个主要脉冲工艺参数的选择。

(1) 脉冲电流 I_p

脉冲电流又称为脉冲电流幅值或脉冲峰值电流。它是决定脉冲能量的一个重要参数。为了使熔滴呈射流过渡，I_p 必须大于临界脉冲电流。但临界脉冲电流值不是固定的，它随着脉冲持续时间 t_p 及基值电流 I_b 的增加而降低；反之，随着这两个参数的减小而增大。必须指出，临界脉冲电流一般大于普通熔化极氩弧焊射流过渡临界电流。

脉冲电流影响着焊缝的熔深，在其他参数不变的情况下，熔深随着脉冲电流的增大而增大。由此可根据熔深的需要来确定脉冲电流的大小。

(2) 基值电流 I_b

基值电流的作用是在脉冲电弧停歇期间，维持焊丝与焊接熔池之间的导电状态，以保证脉冲电弧复燃稳定；同时起到预热焊丝端头和母材的作用，并使焊丝端头有一定的熔化量，为脉冲电弧期间熔滴过渡作准备。在其他参数不变的情况下，改变基值电流可以调节总的平均焊接电流和对母材的输入热量。

基值电流不宜取过大，否则不能充分发挥脉冲焊接的特点，甚至在脉冲停歇期间也产生熔滴过渡，致使熔滴过渡失去可控性。一般选用基值电流都较小，以保持电弧稳定为下限。

（3）脉冲频率 f_m

脉冲频率的大小主要依据实现可控脉冲射流过渡的要求，并与脉冲电流配合来确定。要实现可控脉冲射流过渡，并且希望一个脉冲过渡一个熔滴，焊接过程无飞溅，电弧十分稳定。此时若脉冲电流 I_p 较大，则只要较短的脉冲电流持续时间就能实现一个脉冲过渡一个熔滴，因而选定的脉冲电流越大，相应允许的脉冲频率也可提高。为了保证焊缝成形，脉冲电流不能选得过高，因此脉冲频率也不能太高。但脉冲频率也不宜过低，因为在等速送丝情况下，频率过低，在基值电流期间电流小，焊丝熔化少，会使焊丝与工件产生固态接触短路，使得焊接过程不稳，还有可能产生焊缝两侧熔化不良缺陷。

脉冲频率的大小不仅影响熔滴过渡，同时对电弧形态及对母材也有着很大影响。例如图 4-140 所示，在采用 $\phi1.2mm$ 的 H08Mn2Si 焊丝，$Ar+O_2 2\%$ 为保护气体，当其他工艺参数不变时，随着脉冲频率的变化，电弧形态也发生变化。当脉冲频率 $f_m > 43Hz$ 电弧形态由圆锥状变成了束状，频率再提高，束状电弧受到压缩，电弧加热区域变小，这对使电弧热更加集中是有利的。熔化极脉冲氩弧焊的脉冲频率一般要大于 30Hz，但不超过 120Hz。最常用的脉冲频率范围为 30~100Hz。

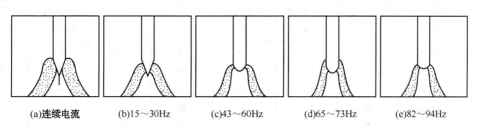

图 4-140　熔化极脉冲氩弧焊脉冲电流频率与电弧形态的关系

（4）脉宽比 K_m

脉宽比（$K_m = t_p / t_b$）也是控制熔滴过渡及调整脉冲能量输入的一个重要参数，其他参数不变，若脉冲持续时间增大，则脉宽比增加，在此情况下如果要维持总的平均电流不变，则使脉冲电流峰值下降；反之，若脉宽比减小，会使脉冲电流峰值增加。因为熔化极脉冲氩弧焊，采用等速送丝，送丝速度决定了平均电流大小，如果只改变脉宽比，不改变送丝速度，实质上只是改变了脉冲电流峰值或脉冲持续时间，并未改变总的平均电流。如果脉宽比过大，脉冲电流峰值可能降到射流过渡临界电流值之下，则不能实现可控的射流过渡。此时必须增加送丝速度，从而增大平均电流和脉冲峰值电流，使其在较大的平均电流条件下实现可控的射流过渡，这样脉冲焊也就失去了在低平均电流实现可控射流过渡的特点。脉宽比过大或过小都不好，一般选在 25%~50% 之间。在进行全位置焊、薄板焊接及焊接要求较高的高强钢时，要求选用较小的平均电流来实现可控射流过渡，所以脉宽比可小一些，一般选取 30%~40%。

4. 熔化极脉冲氩弧焊的应用

熔化极脉冲氩弧焊的主要应用范围为：薄板(1~4mm)的焊接及全位置焊；中、较厚板的立焊及仰焊；单面焊双面成形的对接焊缝；要求100%熔透的封底焊缝；厚板的窄间隙焊；对热敏感性较强的材料的焊接等。其应用情况分述如下：

(1) 薄板焊接

用普通熔化极氩弧焊射流过渡焊接厚度小于4.5mm的铝板及厚度小于2mm的钢板是很困难的。但采用熔化极脉冲氩弧焊可以焊接更薄的工件，能成功地焊接厚度为1.6mm的铝板和1mm的钢板。

熔化极脉冲氩弧焊可以将同一直径焊丝的平均焊接电流的使用范围扩大。其电流下限比普通熔化极氩弧焊的临界电流小1/3。所以熔化极脉冲氩弧焊在较小的平均电流时仍能稳定工作，有利于焊接薄板。尤其是在焊接铝及其合金时，用粗丝小电流焊接薄板，更显示出其独特的优点。

(2) 全位置焊接

普通熔化极氩弧焊要保持射流过渡必须用较大的电流，而大的焊接电流易使熔池液态金属下淌，熔池难以保持，所以难于进行全位置焊接。而用CO_2气体保护焊短路过渡焊，焊缝根部不易熔透，并且有飞溅，而熔化极脉冲氩弧焊可以满意地进行全位置焊接。表4-73和表4-74分别列出了不同空间位置铝合金和不锈钢的熔化极脉冲氩弧焊合适的焊接工艺参数。

表4-73　铝合金熔化极脉冲氩弧焊焊接工艺参数

母材材质	板厚/mm	焊接位置	焊丝直径/mm	总平均电流/A	脉冲平均电流/A	电压/V	焊接速度/(cm/min)	Ar气流量/(L/min)
L₄	1.6	平	1.2	70	30	21	65	20
	1.6	横	1.2	70	30	21	65	20
	1.6	立	1.2	70	30	20	70	20
	1.6	仰	1.2	70	30	20	65	20
	3.0	平	1.6	120	50	21	60	20
	3.0	横	1.6	120	50	21	60	20
	3.0	立	1.6	120	50	21	60	20
	3.0	仰	1.6	120	50	21	70	20
LF₂	1.6	平	1.6	70	40	19	65	20
	1.6	横	1.6	70	40	19	65	20
	1.6	立	1.6	70	40	18	70	20
	1.6	仰	1.6	70	40	18	65	20
	3.0	平	1.6	120	60	20	60	20
	3.0	横	1.6	120	60	20	60	20
	3.0	立	1.6	120	60	19	60	20
	3.0	仰	1.6	120	60	19	70	20
	6.0	平	1.6	190	60	24	50	25
	6.0	立	1.6	190	60	24	50	25
	12.0	平	1.6	280	60	28	40	25
	12.0	立	1.6	280	60	24	30	25

表 4-74 不锈钢熔化极脉冲氩弧焊焊接工艺参数

板厚/mm	位置	焊丝直径/mm	坡口形式	总电流/A	脉冲平均电流/A	电弧电压/V	焊速/(cm/min)	Ar+O₂1%流量/(L/min)
1.6	平	1.2	I形坡口	120	65	22	60	20
	横	1.2	I形坡口	120	65	22	60	20
	立	0.8	90°V形坡口	80	30	20	60	20
	仰	1.2	I形坡口	120	65	22	70	20
3.0	平	1.6	I形坡口	200	70	25	60	20
	横	1.2	I形坡口	200	70	24	60	20
	立	1.2	90°V形坡口	120	50	21	60	20
	仰	1.6	I形坡口	200	70	24	65	20
6.0	平	1.6	60°V形坡口	200	70	24	36	20
	横	1.6		200	70	23	45	20
	立	1.2		180	70	23	60	20
	仰	1.2		180	70	23	60	20

熔化极脉冲氩弧焊全位置焊已成功地用于电站锅炉主蒸气管道的现场安装焊接。管径为 $\phi750mm$，壁厚为 30~35mm，材料为 12Cr1MoV 采用 $\phi1.0mm$ 的 H08Mn2SiMoV 焊丝，Ar+O₂ 1%为保护气体，接头的坡口形式如图 4-141 所示，采用的焊接工艺参数如表 4-75 所示。

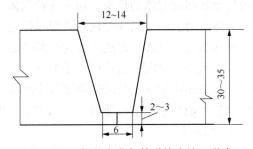

图 4-141 锅炉主蒸气管道接头坡口形式

表 4-75 锅炉主蒸气管道熔化极脉冲氩弧焊焊接工艺参数

f/Hz	I_p/A	I_b/A	K_m/%	焊接速度/(m/h)
50~70	270~300	60~80	40	4.5~6

如果用焊条电弧焊进行焊接，要进行 150~200℃ 的预热，焊后还要进行热处理。而采用熔化极脉冲氩弧焊工艺，通过有效地控制对母材的输入热量可以焊前不预热，焊后不必进行热处理，接头性能完全符合要求，取得满意的结果。

（3）高强度及热敏感性材料的焊接

熔化极脉冲氩弧焊能实现可控射流过渡，可以控制焊接线能量的大小及焊缝形成，使焊缝的热影响区小，焊接接头的综合力学性能好，容易得到无缺陷的高质量焊缝。此焊接方法已广泛用于高强钢、高合金钢、铝、镁及其合金等金属的焊接。例如用熔化极脉冲氩弧焊焊接高强铝合金 LY11，板厚为 50mm，纯氩保护，得到了满意的结果，所采用焊接工艺参数如表 4-76 所示。

表 4-76　熔化极脉冲氩弧焊焊接铝合金(LY11R，50mm)的多层焊焊接工艺参数

基值电流 I_b/ A	总平均电流/ A	电弧电压/ V	焊接速度/ (m/h)	脉冲频率/ Hz	脉冲宽度比/ %	氩气流量/ (L/min)	焊道 层次
260	400	27	15	60	45	50	正面 1
220	400	27	14	60	45	50	正面 2
210	400	29	10	120	45	50	正面 2
200	380	25	12.5	60	50	50	反面 1
200	380	26	14	60	50	50	反面 2
200	380	25	10	60	50	50	反面 3
200	380	29	10	120	55	50	反面 4

四、窄间隙熔化极氩弧焊

窄间隙熔化极氩弧焊是焊接厚板的一种高效率焊接方法。这种焊接方法从 60 年代初开展试验研究，70 年代末已逐渐在工业中得到应用。

窄间隙熔化极氩弧焊采用的坡口形式主要是 I 形，为了防止焊接变形也可采用具有 0.5°~1.5°小角度的 I 形。在管接头焊接时也可以采用不对称的双 U 形。接头间隙窄而深，其宽度一般为 6~15mm。

与普通熔化极氩弧焊相比，在窄间隙焊接中可能遇到的问题是，在向窄而深的坡口内送进焊丝时可能产生焊丝与坡口壁短路而起弧的现象；输入保护气体时还可能带进了空气；为了使填充金属与坡口侧壁充分地熔合，因而向间隙内送进焊丝使之处于正确的位置，并进行有效地观察和控制以及可靠地输送保护气体，便成为实现窄间隙熔化极氩弧焊的关键。根据送进焊丝方式或按照热输入量的大小，窄间隙熔化极氩弧焊分为以下两种类型：一种是导电嘴在坡口内，送进小直径焊丝，采用小能量参数的低热输入窄间隙熔化极氩弧焊；另一种是导电嘴在坡口外，采用粗丝及较大能量参数的高热输入窄间隙熔化极氩弧焊。

1. 低热输入窄间隙熔化极氩弧焊

（1）送丝方法

采用特殊的导电嘴插入间隙内，小直径焊丝通过导电嘴送至焊接区形成熔敷金属，焊丝直径一般为 0.8~1.6mm。坡口间隙与被焊金属厚度无关，一般为 6~9.5mm，在此坡口间隙内电弧稳定性好，熔敷金属量少，焊接质量好，可进行全位置焊接，且具有最佳经济效果。但由于是低热输入焊接，熔池小，可能导致侧壁熔合不良，为解决此问题采用以下技术：

1）采用双丝或三丝串列式焊接，焊丝间距为 50~300mm，两根细丝端部分别对着坡口的两个侧壁送进。而三丝焊时，除两根细丝对着坡口的两个侧壁外，第三根焊丝处于两个焊丝的中间，不仅侧壁能熔合好，而且提高了焊缝金属熔敷效率。

2）采用电弧摆动技术　电弧摆动既有助于改善熔深形状，也可改善坡口侧壁的熔合。具有代表性的摆动方式为：导电嘴在坡口内作横向直线摆动或导电嘴端部弯曲 15°在坡口内左右扭转来实现电弧的摆动。再就是焊丝呈波浪形送进，焊丝在进入导电嘴前，被预弯成波浪形，送出导电嘴后仍保持原形状，导电嘴不动，通过波浪焊丝熔化使电弧从坡口一侧摆向另一侧。第四种摆动方式为绞合焊丝法，绞合焊丝是由两根焊丝扭曲绞合在一起，焊丝熔化时，绞合焊丝的扭曲造成电弧连续的来回转动，在不使用特殊摆动机构的情况下，坡口侧壁可得到充分的熔合。

（2）保护气体的输送

输送保护气体的方式，一种是将气体喷嘴装在导电嘴的两侧插入到坡口间隙中，但是这样的输气方式在窄而深的坡口内会造成很强的空气吸入。另一种是普遍采用的双层气体保护法，内层喷嘴向焊接区输送保护气体，外喷嘴向坡口间隙内输送一定量的保护气体。并利用气流的压力使熔池形成凹形，可防止未熔合及咬边等缺陷的产生。

2. 高热输入窄间隙熔化极氩弧焊

高热输入窄间熔化极氩弧焊是采用大直径（2.5~4.8mm，通常用3mm）的焊丝，坡口间隙较宽（一般为10~15mm，常取12.5mm），采用较大的电流进行焊接的一种方法。

（1）送丝和输送保护气体方法

由于采用粗丝，焊丝的刚性大，焊丝经校直后直接伸入坡口间隙中，导电嘴和保护气体喷嘴处于坡口的外部，如图4-142所示。因而使输送保护气体方法变得简单，导电嘴与坡口侧壁之间不会产生短路，焊丝和侧壁间的短路也很少发生。焊丝伸出长度较长，比坡口深度要大一些，例如板厚为152mm时，焊丝伸出长度为162.5mm，板厚为76mm时，伸出长度为89mm。采用单道焊，一层一层往上焊，直至焊满整个间隙。当坡口深度大于90mm时，每焊完一层，焊丝伸出长度要

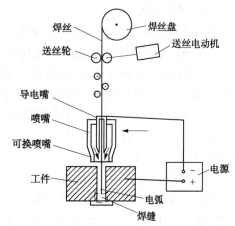

图4-142　高热输入窄间隙熔化极氩弧焊示意图

缩短一些；在填充到坡口深度为90mm时，维持焊丝伸出长度不再改变，此后导电嘴随焊道的增高及时向上提升，而保护气体喷嘴始终保持在坡口的上部。为了防止由于焊丝摆动而造成电弧不稳，常采用由耐热钢制造并带有绝缘支撑的焊丝导向杆，使焊丝准确导向。由于间隙宽度大，允许焊丝相对坡口中心偏差小于1.5mm。

（2）极性

在高热输入窄间隙焊接时，为了防止焊缝中产生裂纹，可以采用直流正极性焊接。生产实践证明，在窄间隙这一特定条件下，采用直流正极性焊接时，电弧燃烧稳定，焊接出的焊道浅而宽，每层焊道的成形系数大，产生结晶裂纹的倾向比负极性小得多。此外，正极性时焊丝熔化速度快，生产率也比负极性时高。

这种窄间隙焊接方法热输入量高，熔池的体积大，不能进行全位置焊，只能用于平焊。在理论上该方法可焊的厚度无限制，但至今只焊到152mm，比低热输入窄间隙焊焊接厚度小。

低热输入或高热输入窄间隙熔化极氩弧焊均可采用脉冲电流进行焊接，使焊缝形状得到改善，对于高热输入窄间隙熔化极氩弧焊采用脉冲电流焊接，即使在负极性下，也可得到无裂纹的优质焊缝。

3. 焊接工艺参数的选择

窄间隙熔化极氩弧焊与其他焊接方法相比，对焊接工艺参数的变化十分敏感，因此，在窄间隙熔化极氩弧焊焊接时，必须正确选取焊接工艺参数，以保证获得高质量的焊缝。

（1）电弧电压

在窄间隙焊中电弧电压是一个重要参数，它对坡口两侧壁的熔化深度起着重要作用。提高电弧电压，即弧长增大，不仅电弧热功率增大，而且电弧的加热范围加大，使坡口两侧壁

熔化深度变大。但电压过大，坡口侧壁将产生咬边，甚至造成夹渣等缺陷，若电弧电压过低，则坡口侧壁的加热作用减弱，焊道凸起。采用射流过渡焊接时，电弧最稳定，而在此过渡形式下，一般弧长较长电压较高。如果弧长过长，电弧将在坡口侧壁上产生回烧现象，造成导电嘴损坏，使焊接过程不能正常运行。为了避免发生回烧现象，曾在低电压下进行短路过渡焊接试验，则侧壁熔合不良，并且飞溅大，飞溅金属粘附在坡口两侧壁和导电嘴上，也会坡坏焊接过程的稳定性。因此，若采用脉冲电流进行焊接，不仅易实现射流过渡，而且在低电压下电弧也很稳定，并使飞溅大大减少。

（2）焊接电流

焊接电流决定着金属熔敷率、电弧的稳定性和焊道形状。

低热输入窄间隙焊接是从焊接接头的金相组织、力学性能和焊接变形等方面考虑，采用小电流进行焊接。若电流过大，则熔池深而窄，侧壁熔化深度浅，焊缝成形系数变小，将会增加焊缝中心的热裂敏感性。为获得良好的焊缝成形和适宜的焊缝成形系数，需对应于焊接速度来调整焊接电流。一般低热输入窄间隙焊接的成形系数以 1.2 ~ 1.6 为宜。而高热输入窄间隙焊一般采用大电流焊接，所选取的焊接电流应使获得的焊缝成形系数为 2.5 为宜。

（3）焊接速度

确定焊接速度时，必须考虑热输入量及熔化金属的流动性等。利用提高焊接速度来降低热输入是常采用而又容易实现的方法。但焊接速度过大，会使侧壁熔化深度减小而导致熔合不良。若焊接速度过小，则熔池存在时间长，液态金属的流动性增大，一旦熔融金属流入电弧下方，则会造成熔深减小，焊道层间熔合不良，应尽量避免这种现象的产生。

（4）保护气体

保护气体对于窄间隙熔化极氩弧焊是极其重要的，一般根据电弧的稳定性、焊道形状及接头性能来选择。

在窄间隙焊中希望得到凹形焊道，当采用氩为保护气体在直流负极性下焊接，焊道形状呈蘑菇状，对多层焊是不适宜的，而且易产生气孔，所以用纯氩为保护气体是不适宜的。在氩中加入一定的 CO_2，可显著改善上述的缺点，因此，$Ar+CO_2$ 作为窄间隙熔化极氩弧焊的保护气体，用于各种钢的焊接。最常用的混合气体比率是 $Ar+CO_2 20\% ~ 25\%$。

综上所述，焊接工艺参数应根据母材的性能、焊接位置、容许的热输入量、焊缝性能、变形及其他条件来选择。典型的焊接工艺参数见表 4-77 所示。

表 4-77　窄间隙熔化极氩弧焊的典型焊接工艺参数

焊接技术	焊接位置	间隙/mm	电源极性	电流/A	电压/V	线能量/(kJ/mm)	焊接速度/(m/h)	保护气体
低热输入	横焊	9.5	直流反接	260 ~ 270	25 ~ 26	0.4 ~ 0.5	60	
低热输入	横焊	10 ~ 12	直流反接（脉冲频率）120Hz	220 ~ 240	24 ~ 28	1.1 ~ 1.2	18 ~ 21	
低热输入	平焊	9.5	直流反接（120Hz）	280 ~ 300	29	2.0 ~ 2.1	13 ~ 15	$Ar+CO_2$
高热输入	平焊	12.5	直流正接	450	32 ~ 37.5	2.2 ~ 2.5	22	
高热输入	平焊	12 ~ 14	直流正接	450 ~ 550	38 ~ 42	2.3 ~ 2.6	27 ~ 31	

4. 应用及特点

（1）应用

窄间隙熔化极氩弧焊已在压力容器、锅炉、高压及大直径管道、原子能及发电设备、化工设备如转化器、热交换器等、建筑、桥梁等制造中得到应用。它适用于焊接各种材料，特别是热敏感性较高的材料。例如高强度低合金结构钢、合金钢、不锈钢、耐热钢以及碳钢、铝、钛等金属。采用单面焊可焊接板厚为46~305mm，采用双面焊最大厚度可达560mm，从经济上考虑，窄间隙熔化极氩弧焊最适用的板厚下限为20~50mm，根据采用低热输入或高热输入窄隙焊，焊缝位置及操作经验不同而不同。它不仅在工厂内而且在现场安装时也可使用。

（2）工艺特点

窄间隙焊与普通熔化极氩弧焊相比具有以下优点：

1）生产率高　因在窄间隙焊时，坡口形状简单而且断面面积小，因而减小了坡口加工，减少了总的熔敷金属量，提高了焊接生产率。并且降低了材料和电能的消耗，大大降低了焊接成本。例如焊接直径为610mm、壁厚20mm的管接头只需7min；采用外径660mm、内径230mm、长350mm的筒体，拼焊成总重为700kg的大型柴油机轴时，间隙为9mm，坡口深为215mm，焊接72层，总共用2h20min。

2）焊接质量好　由于热输入低，在深窄坡口内进行多层焊，后一焊道对前一焊道有回火作用，因而热影响区极小，焊缝组织细密均匀，焊接接头的力学性能，特别是韧性及疲劳强度得到改善。对某些材料的焊缝不需焊后热处理，这对焊接低合金结构钢有重要的意义。

3）降低残余应力　由于窄间隙焊熔融金属的容积小，产生的应力幅度和应力值都减小因而减小了残余应力和工件的变形。

4）可实现全位置焊接　因为低热输入窄间隙熔化极氩弧焊，采用细丝、小工艺参数，焊接线能量小，有利于熔池液态金属的凝固和保持，可进行全位置焊接。

但这种方法也存在着以下一些问题。

a. 窄间隙熔化极氩弧焊设备复杂，包括气体及焊丝输送系统、电弧监控及跟踪系统以及焊接工艺参数自动调整系统等，其功能上要满足要求，并能长时间运行稳定可靠。但目前仍缺乏100%的稳定性，而且价格较昂贵。

b. 这种方法对电弧的变化敏感，极大影响焊接质量。若焊接工艺参数选择不当，除裂纹外也会产生熔合不良，夹渣、气孔等缺陷。

总之，窄间隙熔化极氩弧焊虽然是一种高效、低耗、优质的焊接方法，但要获得成功也并非是易事，目前仍未普遍应用。

五、混合气体的应用

熔化极氩弧焊应用初期，采用纯氩作为保护气体，主要用于铝、镁及其合金的焊接。但是随着熔化极氩弧焊应用范围的扩大，仅仅使用纯氩保护常常不能得到满意的结果。例如，采用纯氩作为保护气体焊接低碳钢、低合金结构钢以及不锈钢时，会出现电弧不稳和熔滴过渡不良等现象，使焊接过程很难正常进行。即使在焊接铝及铝合金时，氩气中的水分对焊缝中产生气孔的敏感性也有着很大的影响。因此，通过研究发现，在氩气中加入一定比例的其他某种气体，可得到稳定电弧，提高熔滴过渡的稳定性，减少飞溅，改善焊缝成形，增大电弧的热功率以及控制焊缝冶金质量等优点。因而在熔化极氩弧焊焊接时，保护气体的选择是一个重要问题，尤其是近十几年来，以混合气体作为保护气体得到十分广泛地应用。现就在焊接生产中一些应用较为典型的混合气体分述如下：

1. Ar+He

在 Ar 中以一定的配比加入氦气后，即可实现稳定的轴间射流过渡，又提高电弧温度，使工件熔透深度增加，飞溅极小，焊缝成形得到改善。

焊接大厚度铝及其合金时，采用 Ar+He 混合气体，可增加焊接的熔深，并能消除用纯氩作为保护气体形成的蘑菇状焊缝，使焊缝形状得到改善，因此，可以减少气孔等缺陷，并可提高生产率。氦气的加入量依据工件的厚度确定，工件厚度越大加入的氦气应当越多。工件厚度为 10~20mm 时，可加入 He50%，厚度为 20mm 以上时，则加入 He75%~90%。

焊接铜及铜合金时，由于其热导率非常高，为降低焊前的预热温度，改善焊缝金属的润湿性，提高焊接质量，采用 Ar+He 混合气体是相当有效的，而且当氦含量增加到 75%左右时，可实现无预热焊接。因此氦的加入量一般为 50%~70%。

焊接钛、锆、镍基合金等金属时，采用 Ar+He 混合气体，也可实现改善焊缝熔深及焊缝金属的润湿性的目的。焊接钛、锆等材料时，氦的加入量为 25%，而焊接镍基合金时，加入的 He 约为 15%~20%。

2. Ar+N_2

这种混合气体主要用于焊接具有高热导率的铜及铜合金。氮气对铜是一种惰性气体，有良好的保护作用，而且氮气是双原子气体，其导热性比氩气高，弧柱的电场强度亦较高，因而氩气中加入氮气会增大电弧的热功率，电弧的温度比纯氩保护时高。同时弧柱中形成的氮离子或氮原子接触到较冷的母材表面时，会复合并放出热量，使焊缝熔深增大。所以采用 Ar+N_2 混合气体焊接铜及其合金时，往往可降低焊前的预热温度。在 Ar+N_2 混合气体中，N_2 的加入量通常为 20%左右，这种混合气体与 Ar+He 相比，气源方便、价格便宜，其缺点是氮气加入到氩中，会导致射流过渡的临界电流值增大，熔滴变粗，过渡特性变坏，有飞溅产生，还伴有一定的烟尘，焊缝表面较粗糙，外观不如采用 Ar+He 混合气体时漂亮。

当采用 Ar+$N_2$1%~4%混合气体焊接奥氏体不锈钢时，对提高电弧的刚直性及改善焊缝成形有一定的效果。

3. Ar+O_2

用纯氩焊接不锈钢、低碳钢及低合金结构钢时，却往往不能得到满意的效果，其主要问题是：

（1）液态金属的粘度及表面张力较大，熔滴过渡过程不够稳定。

（2）阴极斑点不稳定，往往出现所谓的"阴极漂移"现象，即阴极斑点在工件表面漂移不定，导致电弧稳定性较差，焊缝成形不规则，易产生咬边、未熔合等缺陷，同时气体保护作用受到干扰，可能卷入空气而产生气孔。

实践表明，向氩气中加入 1%~5%的氧气，上述两种情况即可得到明显的改善，既能降低液态金属的表面张力、细化熔滴、改善过渡状态、降低临界电流值、实现稳定的射流过渡，又能消除阴极飘移现象，使电弧稳定。其原因是熔化极氩弧焊需采用直流反极性，工件为阴极，而不锈钢、碳钢及低合金钢工件表面的氧化物分布不均匀，而且在纯氩保护下，工件表面几乎不产生氧化物。金属氧化物的电子逸出功低，电弧的阴极斑点总是在有氧化物的地方生成。但由于氩弧在直流反极性下具有阴极破碎作用，阴极斑点处的氧化物很快被破碎清除，于是阴极斑点又向其他有氧化物的地方转移，在氧化物分布不均匀的情况下，这种不停地破碎和转移便形成阴极飘移现象。当氩气中加入少量的氧，熔池表面便会形成均匀分布的氧化物，容易形成阴极斑点，使得熔池表面上的阴极破碎作用和氧化过程同时进行，则电弧的阴极斑点被稳定和控制，阴极斑点飘移现象消失。

用 $Ar+O_2$ 混合气体焊接的不锈钢焊缝，经抗腐蚀试验证明，若在氩气中加入微量的氧气，对接头的抗腐蚀性能无显著影响；而当含氧量超过 2% 时，则焊缝表面氧化严重，接头质量下降。

另外，在纯氩中加入少量的氧化性气体，对于防止或消除焊缝中的氢气孔是有好处的。例如焊接铝合金时，采用 $Ar+O_2 1\%$ 混合气体对于消除焊缝中的氢气孔产生明显的效果，氧能与氢结合生成不溶于液态金属的 OH，起到脱氢作用，减少了焊缝金属中的含氢量增强了焊缝金属抗气孔、裂纹的性能。对于黑色金属的焊接，也有与此类似的作用。

4. $Ar+CO_2$

$Ar+CO_2$ 混合气体广泛用于焊接碳钢和低合金结构钢。$Ar+CO_2$ 混合气体同 $Ar+O_2$ 类似，也具有氧化性，可稳定与控制阴极斑点的位置，改善焊缝熔深及其成形。

混合气体中的 CO_2 对电弧有一定的冷却作用，可提高弧柱的电场强度，同时电弧收缩使弧根不易向上扩展。因而，随着 CO_2 气体在混合气体中比例的增加，电弧收缩加剧，射流过渡的临界电流增大，当混合气体中 CO_2 含量超过 30% 时，焊接过程近似于纯 CO_2 气体保护焊，很难实现射流过渡。为实现射流过渡，氩中加入 CO_2 的比例以 5%~30% 为宜，在此混合比例下，也可实现脉冲射流过渡以及进行短路过渡。当 CO_2 混合比例大于 30%，常用于钢材的短路过渡焊接，以获得较大的熔深和较小的飞溅。例如用纯 CO_2 焊接碳钢，飞溅率可达 10% 以上，而 $Ar+CO_2$ 混合气体的焊接，飞溅率一般在 2% 左右。

另外，还可以用 $Ar+CO_2$ 混合气体焊接不锈钢，但 CO_2 的加入比例不能超过 5%。其原因是当电弧空间存在有 CO_2 气体时，在电弧高温下 CO_2 分解为 CO 和 O，生成的 CO 是碳化剂，使焊缝增碳，破坏焊接接头的抗晶间腐蚀能力。因此不宜用含有 CO_2 的混合气体来焊接要求抗腐蚀性较高的不锈钢工件。

5. $Ar+CO_2+O_2$

试验证明，$Ar 80\%+CO_2 15\%+O_2 5\%$ 混合气体对于焊接低碳钢、低合金结构钢是最适宜的。无论焊缝成形，接头质量以及金属熔滴过渡和电弧稳定性方面都可获得满意的结果，较之用其他混合气体获得的焊缝都要理想。在我国采用 $Ar+CO_2$ 和 $Ar+O_2$ 混合气体较多，而 $Ar+CO_2+O_2$ 混合气体却很少采用。

表 4-78、表 4-79 分别列出了熔化极气体保护焊喷射过渡和短路过渡的保护气体。

表 4-78　GMAW 喷射过渡保护气体

被焊材料	保护气体 （体积分数）	工件板厚/ mm	特　点
铝及铝合金	100%Ar	0~25	较好的熔滴过度；电弧稳定；极小的飞溅
	35%Ar+65%He	25~76	热输入比纯氩大；改善 Al-Mg 合金的熔化特性，减少气孔
	25%Ar+75%He	76	热输入高；增加熔深、减少气孔、适于焊接厚铝板
镁	100%Ar	—	良好的清理作用

被焊材料	保护气体 （体积分数）	工件板厚/ mm	特　点
钛	100%Ar	—	良好的电弧稳定性；焊缝污染小；在焊缝区域的背面要求惰性气体保护以防空气污染
铜及铜合金	100%Ar	≤3.2	能产生稳定的射流过渡；良好的润湿性
	Ar+（50~70）%He	—	热输入量比纯氩大；可以减少预热温度
镍及镍合金	100%Ar	≤3.2	能产生稳定的射流过渡、脉冲射滴过渡、短路过渡
	Ar+（15~20）%He	—	热输入高于纯氩
不锈钢	99%Ar+1%O_2	—	改善电弧稳定性用于射流过渡及脉冲射滴过渡；能够较好的控制熔池，焊道形状良好，在焊较厚的材料时产生咬边较小
	98%Ar+2%O_2	—	较好的电弧稳定性，可用于射流过渡及脉冲射滴过渡；焊道形状良好；焊接较薄件比1%O_2混合气体有更高的速度
低合金 高强度钢	98%Ar+2%O_2	—	最小的咬边和良好的韧性可用射流过渡和脉冲射滴过渡
低碳钢	Ar+（3~5）%O_2	—	改善电弧稳定性，可用于射流过渡及脉冲射滴过渡，能够较好的控制熔池，焊道形状良好，最小的咬边，允许比纯氩的焊接速度更高
	Ar+（10~20）%O_2	—	电弧稳定，可用于射流过渡及脉冲射滴过渡，焊道成形良好，可高速焊接，飞溅较小
	80%Ar+15%CO_2+ 5%O_2	—	电弧稳定，可用于射流过渡及脉冲射滴过渡，焊道成形良好，熔深较大
	65%Ar+26.5%He+ 5%CO_2+0.5%O_2	—	电弧稳定，尤其在大电流时可得到稳定的喷射过渡，能实现大电流下的高熔敷率。φ1.2焊丝的最高送丝速度可达50m/min。焊缝的冲击韧度好

表 4-79　GMAW 短路过渡保护气体

被焊材料	保护气体 （体积分数）	工件板厚/ mm	优　点
低碳钢	Ar+25%O_2	>3.2	无烧穿的高速焊；最小的烟尘和飞溅。提高冲击韧度，焊缝成形美观
	Ar+25%CO_2	>3.2	飞溅很小，清理焊缝区，在立焊和仰焊时易控制熔池
	Ar+20%CO_2	—	与纯CO_2相比飞溅小，焊缝成形美观，冲击韧度好，但熔深浅
	CO_2	—	飞溅大、烟尘大。冲击韧度最低，但价格最便宜，能满足力学性能要求
	80%CO_2+20%O_2	—	与纯CO_2类似，但氧化性更强，电弧热量更高，可以提高焊接速度和熔深

被焊材料	保护气体 （体积分数）	工件板厚/ mm	优　　点
低合金钢	Ar+25%CO₂	—	较好的冲击韧度，良好的电弧稳定性，润湿性和焊道形状，较小的飞溅
	He+(25~35)% Ar+4.5%CO₂		氧化性弱，冲击韧度好，良好的电弧稳定性、润湿性和焊道形状，较小的飞溅
不锈钢	Ar+5%CO₂+2%O₂	—	电弧稳定，飞溅小，焊道形状良好
	He+7.5%Ar+2.5%CO₂		对抗腐蚀性无影响，热影响区小，不咬边，烟尘小
铝、铜、镁、镍和其他合金	Ar 或 Ar+He	>3.2	氩适合于薄金属，氩—氦为基本气体

六、熔化极氩弧焊设备

熔化极氩弧焊分为自动和半自动焊两种。半自动熔化极氩弧焊设备的组成如图 4-143 所示，由以下四部分组成：焊接电源、送丝机构及焊枪、控制系统和供气系统。而自动熔化极氩弧焊设备除具有以上四部分外，还包括小车行走机构。本节按照图 4-143 所示的各组成部分，重点分析其结构特点和工作原理。

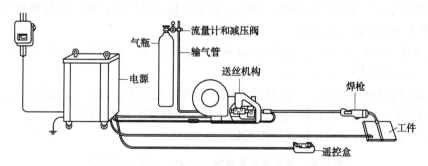

图 4-143　半自动熔化极气体保护焊装置示意图

1. 熔化极氩弧焊电源

熔化极氩弧焊一般使用直流电源。其电源外特性应满足电源—电弧系统的稳定条件，保证电弧在焊接过程中稳定燃烧，并当弧长变化时能自动恢复到稳定燃烧点，如果焊丝伸出长度变化时，产生的静态误差应小，而且焊接工艺参数调节比较方便。因而对于粗丝熔化极氩弧焊一般采用电弧电压自动调节式焊机配用陡降外特性电源，细丝熔化极氩弧焊采用等速送丝焊机则配用平或缓降外特性电源，因为细丝熔化极氩弧焊电弧的静特性是上升的，所以平和下降外特性电源都可以满足以上的要求。对铝及其合金熔化极氩弧焊采用亚射流过渡时，则采用等速送丝系统配备下降特性的直流电源，即恒流源。

常用作自动、半自动熔化极氩弧焊机的电源有以下 3 种类型：

（1）整流式电源

包括变压器抽头式、饱合电抗器式和晶闸管式等。其优点是：易获得平硬的外特性、磁惯性小、动特性好、耗电量小、效率高及噪音小等，很适于气体保护焊。其中，晶闸管式整流电源是利用晶闸管可控整流的特点来获得焊机所需要的外特性，焊机的外特性和动特性容易控制。这类焊机由变压器、晶闸管整流电路、脉冲触发电路、控制电路及输出电抗器等部分组成。

（2）晶体管式电源

它比其他电源具有良好的响应性能，提高输出电流或电压的稳定性，其特点：

1）晶体管有着反应速度快的动态特性，便于获得高频。由于频率高，使电弧挺度大，热量高度集中，热影响区很窄，对控制焊接质量及结构精度有利。

2）晶体管的可控性能好，所以可输出各种不同形状的电流波形，如矩形波、三角形波、正弦波或梯形波等，同时各种波形的幅值和脉宽比都能分别调节，实现 MIG 脉冲焊。

3）由于晶体管控制灵敏，可以精确控制和调节输出电流和电压数值，其输出电流的级差可以达到 1A，输出电压可达到零点几伏。

4）便于获得任意斜率的电源外特性。

5）具有良好的反馈性能，输出稳定，几乎不受电源电压波动影响。

6）便于实现焊接过程的程序控制，从而可大大提高焊接过程的自动化程度。

（3）逆变式电源

它是一种高效、节能、小巧的新型焊接电源。它是将单相或三相 50Hz 的交流网路电压先经输入整流器整流和滤波，再通过大功率开关电子元件的交替开关作用，变成几百赫兹到几十千赫兹的中频电压，后经中频变压器降至适合于焊接的几十伏电压，再用输出整流器整流并经电抗器滤波，则将中频交流变为直流输出。因而具有以下的优点：

1）高效节能，效率可达到 80% 至 90%，功率因数可提高到 0.99，空载损耗极小，是一种节能效果十分显著的焊接电源。

2）重量轻、体积小，它的主变压器的重量、整机的重量和体积分别仅为普通焊机的几十分之一、1/5 至 1/10 和 1/3 左右。

3）它采用电子控制电路，可以根据不同的焊接工艺要求，设计出合适的外特性，并具有良好的动特性。可进行各种位置的焊接，具有优良的焊接工艺性能。

常见的自动、半自动熔化极氩弧焊机如表 4-80 所示。

表 4-80　部分常见的自动、半自动熔化极氩弧焊机

焊机型号	NBA-180	NBA1-500	NBA5-500	NZA-1000	NBA2-200	NZA20-200	NZA11-200
电源电压/V		380	380	380	380	380	380
频率/Hz		50	50	50	50	50	
空载电压/V		65	65				75
工作电压/V		20~40	20~40	25~45			
电流调节范围/A	<200	60~500	60~500				
额定焊接电流/A		500	500	1000	平均脉冲电流 200		维弧电流 100 脉冲电流 200
焊丝直径/mm	0.8~1.2	2~3	1.5~2.5	3~6	1.0~2.0	1.0~2.5	1~2
送丝速度/(m/min)	5~12	1~14	2~10	0.5~6	1~14	1~14	0.25~14.5
焊接速度/(m/min)				0.035~1.3		0.1~1	
输入容量/(kVA)		34		79	15	15	15

焊机型号	NBA-180	NBA1-500	NBA5-500	NZA-1000	NBA2-200	NZA20-200	NZA11-200
负载持续率/%		60	60	80			
焊接电源与型号	配用平特性电源	ZPG2-500	ZPG2-500	硅整流	ZPG3-200 脉冲焊电源		脉冲电源
焊机运行特点	拉丝半自动	推丝半自动	推拉式半自动	自 动	半自动脉冲焊	自动脉冲焊	自 动

2. 程序自动控制

图 4-144 为半自动熔化极氩弧焊合理的动作程序示意图。图中表明了 MIG 焊焊接过程中的程控要求和各种动作的相互关系。

起焊时，按起动开关的同时，接通氩气，延时一定时间后接通电源并开始送丝，焊丝与工件接触短路起弧，便以选定的焊接电流和电弧电压进行焊接。若为自动焊时，在起弧后焊接小车开始行走。

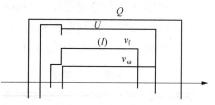

图 4-144　半自动 MIG 焊合理动作程序
Q—保护气流；U—电弧电压；I—焊接电流；
v_f—送丝速度；v_ω—小车行走速度即焊接速度

停止焊接时，送丝速度减慢，焊接电流开始衰减（若自动焊时，焊接小车停止行走），延时后，先停止送丝，经少许时间后切断电源，目的是保证收弧时弧坑的质量，并防止焊丝粘在工件上，最后停止供气。全部焊接过程结束。

半自动或自动熔化极氩弧焊的控制系统，均应保证上述动作顺序，并应使各个延时动作能单独均匀调节。

3. 送丝系统

半自动熔化极氩弧焊是应用十分广泛的焊接方法，而送丝系统的技术水平是半自动焊应用和发展中非常关键的问题。

（1）送丝方式

有 3 种基本方式，如图 4-145 所示。

1）推丝式　是应用最广的一种送丝方式，如图 4-145（a）。其特点是焊枪结构简单，操作与维修方便。但焊丝进入熔枪前要经过一段较长的送丝软管，阻力较大。而且随软管长度加长，送丝稳定性也将变坏。故一般软管长度在 2~5m 左右。

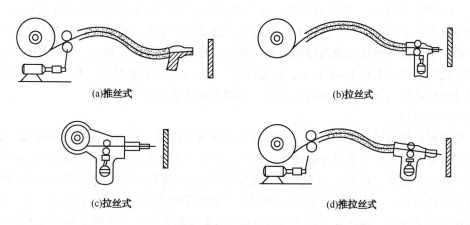

(a)推丝式　　(b)拉丝式

(c)拉丝式　　(d)推拉丝式

图 4-145　送丝方式

2）拉丝式 它又分为两种：一种是把焊丝盘与焊枪分开，用送丝软管联系起来，如图4-145（b）所示；另一种是焊丝盘直接装在焊枪上如图4-145（c）所示，这将增加送丝稳定性，但焊枪重量要增加。总之，这种送丝方式对细丝可实现均匀送进。在细焊丝（焊丝直径<0.8mm）的焊接中得到应用。

3）推拉丝式 此方式把上述两种方式结合起来，送丝软管可加长15m左右。扩大了半自动焊的操作范围，如图4-145（d）所示。

（2）影响送丝稳定性的因素

焊丝输送是否稳定可靠，对焊接质量和生产效率有直接影响。而送丝稳定性一方面与送丝电动机的特性及控制电路精度有关，另一方面则与送丝过程中的阻力有关。而主要是送丝软管中的阻力及导电嘴中的阻力。

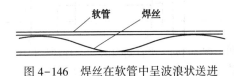

图4-146 焊丝在软管中呈波浪状送进

1）送丝软管中的阻力 此阻力与以下因素有关：首先是焊丝直径与软管内径要适当配合。若软管内径过小，焊丝与软管内壁间的接触面积大，送丝阻力必然增大，软管内径过大，则会使焊丝在软管内呈波浪状态，如图4-146所示。尤其是推丝式送丝时，使得送丝阻力增大，表4-81为不同焊丝直径相对应的合适的软管内径尺寸。

表4-81 不同直径焊丝的软管内径

焊丝直径/mm	软管内径/mm
0.8~1.0	1.5
1.0~1.4	2.5
1.4~2.0	3.2
2.0~3.5	4.7

软管材料不同，摩擦系统数也不同，摩擦系数越小越好。常用的送丝软管为弹簧钢丝绕制的和聚四氟乙烯、尼龙等制成的。聚四氟乙烯软管适合于铝及铝合金等较软的焊丝。软管应尽可能平直，并具有一定的刚度，使之在操作中不产生局部弯曲，但又需要一定的挠性，在焊接中焊枪操作自如。总之送丝软管的性能与质量，直接影响着焊接过程的稳定性，也反映出自动、半自动焊机的工艺水平。

2）导电嘴中的阻力 导电嘴既要保证导电可靠，又要尽可能减少焊丝在导电嘴中的阻力，因此应有合适的孔径与长度。其孔径过小，送丝阻力增大；孔径过大，焊丝导向及导电变差，甚至引起焊丝和导电嘴内壁间起弧与粘连，使送丝不稳定。因此，对于钢焊丝，导电嘴孔径应比焊丝直径大0.1~0.4mm，长度约20~30mm。对于铝焊丝，要适当增大孔径（比钢焊丝导电嘴孔径大0.3~0.4mm）及长度，以减少阻力和保证导电可靠。

（3）送丝机构

一般送丝机构由送丝电动机、减速装置和送丝滚轮组成。焊丝由送丝滚轮驱动，将焊丝均匀稳定地通过送丝软管及焊枪而送至电弧区。由于送丝滚轮结构和驱动焊丝的方式不同，则送丝机构有平面式，行星式及双曲面滚轮行星式等不同的类型。平面式送丝机构结构简单，使用维修方便，一直被广泛使用，所以重点介绍平面式送丝机构。其送丝滚轮与焊丝输送方向在同一平面上，如图4-147所示。自焊丝盘出来的焊丝，经矫直轮矫直后进入两只送丝轮之间。上下滚轮旋转，依靠滚轮与焊丝间的摩擦力驱动焊丝沿切线方向运动。

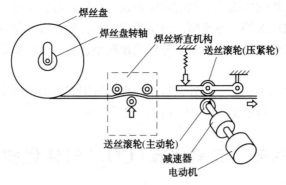

图 4-147　平面式送丝机构示意图

滚轮的传动形式有单主动轮传动和双主动轮传动。滚轮结构如图 4-148 所示，根据焊丝直径和性质(钢质、铝质或药芯焊丝)，送丝滚轮可进行不同的组合。其中 V 形槽及 U 形槽滚轮由于和焊丝的接触面大，压力较均匀，焊丝不易压扁，并保持送丝方向性，应用较普遍。送丝机构工作前要仔细调节压紧轮的压力，若压紧力过小，滚轮与焊丝间的摩擦力小，如果送丝阻力稍有增大，则会造成打滑，致使送丝不均匀。压紧力过大时，又会在焊丝表面产生很深压痕或使焊丝变形，使送丝阻力增大，甚至造成导电嘴内壁的磨损。

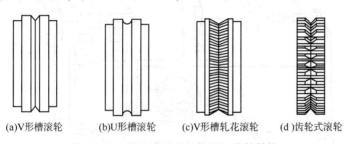

(a)V形槽滚轮　　　(b)U形槽滚轮　　　(c)V形槽轧花滚轮　　　(d) 齿轮式滚轮

图 4-148　平面式送丝机构送丝滚轮结构

4. 焊枪

对焊枪的要求是重量轻，便于装拆检修，便于各种位置的施焊，导丝均匀，保护效果良好等。施焊时焊枪主要作用是导电、导丝、导气。焊枪三部分的结构形状、尺寸大小、所选材料等直接影响着焊接质量的优劣。对这三部分的要求是：

(1) 导电部分

这部分主要由导电杆和导电嘴组成。除了要求与电缆接触良好，避免发热而直接影响导电性能外，导电杆要求采用导电性好的材料，并有一定导电截面，保证电流的导通。对导电嘴则要求导电性良好、耐磨性好及熔点高的材料，故一般选用铬锆铜或紫铜。并且对导电嘴的孔径有严格的要求，导电嘴孔径 D 与焊丝直径 d 的关系为：当 $d \leqslant 1.6$mm 时，$D = d + (0.1 \sim 0.3)$；当 $d = 2 \sim 3$mm 时，$D = d + (0.4 \sim 0.6)$。这样，既保证送丝阻力不大，又能使焊丝在导电嘴内接触良好，使焊接过程稳定，导电嘴的长度，一般在 25mm 左右为宜。

(2) 导气部分

这部分的结构形式和尺寸主要影响保护效果，故对焊接质量也有直接的影响。一般当保护气体引入后，先要经过一个较大的气室使气流缓冲后能均匀分布。再经过气筛，进一步使紊乱气流平行地流出喷嘴。喷嘴是导气部分的关键，它必须形状合理，便于形成层流，并能保持气流有一定的挺度而增加保护效果。其形状为圆柱形，也有圆锥形。喷嘴直径也要选择适当。由于熔化极氩弧焊的电弧功率和熔池体积较大，所以焊枪喷嘴直径较大，为增加保护效果，有时需要采用双层保护气体喷嘴。内层受阻力小，流速大，保证电弧扰动最强裂的中心区具有较大的气流挺度，使电弧稳定。外层流速较小，能扩大保护范围和减小氩气消耗。

（3）导丝部分

要求送丝摩擦阻力越小越好。此外，根据施焊时所用焊接电流大小，焊枪的冷却方式有气冷式和水冷式两种。一般电流大于250A时，均采用水冷。

第八节　二氧化碳(CO_2)气体保护焊

二氧化碳气体保护焊是利用 CO_2 气体进行保护的电弧焊，简称 CO_2 焊。在焊接黑色金属时，由于它不需要特殊的焊药、焊剂，而是使用廉价的 CO_2 气体，配合某种低合金钢焊丝进行焊接，从而得到合乎质量要求的焊缝，所以自1950年代起，在工业上应用发展十分迅速。迄今，CO_2 焊是一种非常重要的焊接方法，其焊接状况如图4-149所示。

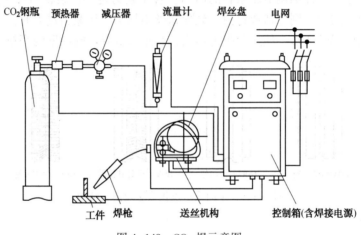

图4-149　CO_2 焊示意图

一、CO_2 焊的特点、应用及分类

1. 特点

（1）优点

1）焊接生产率高　CO_2 焊时焊丝的电流密度大，熔化速度快，熔敷系数达到 $15\sim26g/(A\cdot h)$，其生产率比普通的手弧焊高 $2\sim4$ 倍。

2）焊接成本低　CO_2 气体来源广，价格低廉。通常 CO_2 焊的成本只有埋弧焊或手弧焊的 $40\%\sim50\%$。

3）焊接变形小　CO_2 气体在电弧焊时有强烈的冷却作用，工件输入的线能量小，热影响区窄，焊接变形小，这对于薄板构件的焊接生产十分有利。

4）焊缝含氢量低　其原因是保护气氛在高温时与氢有很强的亲和能力。

5）抗锈能力较强　因为焊接过程有强烈的冶金反应，所以不易产生气孔等焊接缺陷。

6）适用范围广　可以实现全位置焊接，并且对于薄板、中厚板甚至厚板都能焊接。

7）易于自动化　由于明弧、焊后不需清渣及可实现全位置焊等原因，便于监视与控制，有利于实现焊接过程的机械化和自动化，因此是目前机器人电弧焊中主要采用的焊接方法。

8）高效节能　各类电焊机的耗电参数如表 4-82 所示。可以看出 CO_2 焊机的功率因数（$\cos\phi$）及效率（η）都比较高。功率因数与效率的乘积称为节能因子。例如我国统一设计的 NBC 型 CO_2 焊机，当焊接电流为 160A 时，$\cos\phi$ 为 0.86，η 为 85%，节能因子（$\eta\cdot\cos\phi$）为 0.731，而相应的交流弧焊机或硅整流弧焊机的节能因子仅为 0.352 及 0.379。所以 CO_2 焊的节能效果十分显著。

表 4-82　各类电焊机耗电参数

电流等级	160A				250A				400A			
电焊机种类	CO_2 焊机 NBC	交流焊机 BX3	硅焊机 ZXG1	直流发电机 AX7	CO_2 焊机 NBC	交流焊机 BX3	硅焊机 ZXG1	直流发电机 AX7	CO_2 焊机 NBC	交流焊机 BX3	硅焊机 ZXG1	直流发电机 AX7
相数	3	1	3	3	3	1	3	3	3	1	3	3
空载电压/V	18~25	70~78	71.5	60~90	19~36	70~78	71.5	60~90	21~49	70~78	71.5	60~90
功率因数（$\cos\phi$）	0.86	0.44	0.69	0.88	0.86	0.48	0.64	0.88	0.91	0.56	0.68	0.90
效率 η/%	85	80	55	46.5	85	85	60	50.5	79	87.5	76.5	53
节能因子（$\eta\cdot\cos\phi$）	0.731	0.352	0.379	0.409	0.731	0.408	0.384	0.444	0.719	0.49	0.52	0.477
额定输入电流/A	7.3	31	16.8	12.2	13.8	48.5	26.3	20.8	28.7	78	42	40

（2）缺点

1）飞溅率较大　飞溅率为飞溅损失的金属重量与熔化的焊丝金属质量的百分比。通常 CO_2 焊的飞溅率为 10% 左右。在粗焊丝的情况下更为严重，甚至达 30%~40%。目前最佳的控制在细焊丝时，可使飞溅率减小到 2%~4%。

2）焊机较复杂　CO_2 焊机比手弧焊机复杂，价格较高，设备维修的技术要求也较高。

3）可焊材料种类较窄　目前，CO_2 焊主要用于焊接低碳钢及低合金钢等黑色金属。对于不锈钢等高合金钢，由于焊缝金属有增碳现象，影响其使用性能，所以只能用于对焊缝性能要求不高的情况。不能焊接有色金属。

4）抗风能力较差　实际生产的经验证明不宜在野外作敞开式场合的焊接施工。和手弧焊相比，这是 CO_2 焊的不足之处。

2. 应用

由于 CO_2 焊具有上述一系列的优点，因此在许多工业部门中获得了日益广泛的应用。已成功地应用于汽车、船舶、建筑金属结构、石油机械、农业机械、矿山机械、通用机械及压力容器等制造部门，并将继续扩大其应用范围。CO_2 焊用于低碳钢及低合金结构钢等黑色金属的焊接时，单道焊可以焊接大于 1mm 的薄板结构，多道焊适宜于焊接厚板结构。此外，CO_2 焊还可用于耐磨零件的堆焊、铸钢件的补焊以及电铆焊等方面。

3. 分类

CO_2 焊根据应用的特征，通常有如下的分类：

（1）按使用的焊丝直径分类

1）细丝 CO_2 焊　是当前在工业中应用较多的 CO_2 焊方式。使用的焊丝直径小于或等于 1.6mm，采用等速送丝，配合选用平特性的焊接电源。此时熔滴为短路过渡形式。主要焊接薄板结构件，并可实现全位置焊接。

2）粗丝 CO_2 焊　使用的焊丝直径大于 1.6mm，最粗达 5mm。通常采用弧压自动调节的送丝式焊机，配合选用下降特性的焊接电源。熔滴多为滴状过渡的形式。适宜于焊接较厚的工件。

（2）按操作的方式分类

1）半自动 CO_2 焊　焊接过程自动送丝、送气，但焊炬的运动依靠手工操作来完成。灵活性大，适宜于焊接不规则的或较短的焊缝。

2）自动 CO_2 焊　全部的焊接操作由 CO_2 焊接设备完成。适宜于焊接较长的直线或规则的曲线焊缝。

3）机器人 CO_2 焊　机器人通过示教编程，能够适应各种复杂的焊缝焊接。由于机器人的空间重复轨迹精度很高，所以不但可以保证焊缝位置的准确性，还可以实现最佳的焊枪姿态控制。能以最理想的焊枪空间位置和角度来进行 CO_2 焊。并能彻底改善 CO_2 焊的劳动条件。

（3）按使用的气体分类

1）纯 CO_2 焊　焊接的成本低，是最通常的 CO_2 焊方法。

2）混合气体焊　常有两种应用情况：

a. CO_2+Ar　加 Ar 之后电弧燃烧稳定，飞溅少，焊缝成形也有所改善。

b. CO_2+O_2　在 CO_2 气体中加入一定数量 O_2 气后，使焊丝熔化率进一步提高，熔池温度和熔深也相应增加，因而 CO_2+O_2 混合气体保护焊是一种高效率的焊接方法。

（4）按所用的焊丝类型分类

1）实心焊丝 CO_2 焊　通常的 CO_2 焊都用实心焊丝，焊丝的制造、保存和使用都比较简单。但实心焊丝 CO_2 焊存在飞溅问题，焊缝成形也难以进一步改善。

2）药芯焊丝 CO_2 焊　药芯焊丝 CO_2 采取气-渣联合保护的方法，克服了实习焊丝 CO_2 焊的一些缺点。焊缝成形美观，飞溅少，并且抗气孔的能力也较强，但焊接成本较高。

此外，还有涂药焊丝 CO_2 焊、磁性焊剂 CO_2 焊等，但由于焊接材料的制造与使用都比较复杂，所以应用并不广泛。

二、CO_2 焊的冶金特点

1. 元素的氧化

（1）元素的氧化反应

CO_2 气体在常温下是相当稳定的气体，几乎无氧化性。但在电弧高温的作用下，会分解成 CO、O_2、O 及 C 等物质，所以具有很强的氧化性。其中 O 是最活泼的，与 Fe、Si、Mn、C 发生反应。

除此之外，在电弧高温下 CO_2 本身就具有氧化性，它会在一定程度上直接与金属等元素起反应。

上述氧化反应既发生在熔滴过渡中，也发生在焊接熔池中，当然熔滴在弧柱中的反应最为强烈。熔滴到达熔池的继续反应就要看各元素在熔池中的浓度及它们对氧的亲和力，熔池中 Fe 的浓度最大，反应量也大，但 Si、Mn 及 C 的浓度虽然较低，然而它们与氧的亲和力比 Fe 大，所以反应也很强烈。

（2）氧化反应的产物

1）SiO₂ 及 MnO 它们会结合成硅酸盐。其密度比 Fe 小得多，很容易浮出熔池形成熔渣。熔渣的凝聚温度比金属的凝固点低得多，焊缝金属先凝固，熔渣会流向焊缝表面波纹凹陷的地方，最后形成一层不均匀的渣壳覆盖在焊缝表面上。CO_2 焊的熔渣数量不大，通常并不需要作清渣处理。但这层不均匀的渣壳，在多层焊时会增加焊缝金属中局部杂质的含量。

按照冶金物理的过渡系数理论，相应于浮出熔池的熔渣，总有一定数量的 SiO₂ 及 MnO 等存在于焊缝金属中。由于 CO_2 对电弧具有较强的冷却作用，因此 CO_2 焊接时熔池的冷却结晶速度快。SiO₂ 及 MnO 等就以相当弥散的形式存在于焊缝金属中，对一般的低碳钢或低合金结构钢的焊缝金属的力学性能影响不大。但对低温钢或超高强钢就会有影响，将明显的影响低温塑性的临界温度，也会影响超高强钢的塑性和冲击韧度。

2）CO 反应生成的 CO 气体有两种情况：其一在高温时，体积急剧膨胀的 CO 气体在逸出液态金属过程中，往往会引起熔滴或熔池的爆破，发生金属的溅损与飞溅。其二在低温时，由于液态金属呈现较大的动力粘度和较强的表面张力，产生的 CO 将无法逸出，而最终在焊缝中形成气孔。

3）FeO 反应生成的 FeO 还能与 C 元素起反应，产生 CO 气体，反应式为：

$$FeO + C \Longleftrightarrow Fe + CO \tag{8-8}$$

如果 FeO 及 C 的数量较多，这一反应就可能延续至低温阶段，产生的 CO 就会逸不出熔池，引起气孔。

合金元素烧损、气孔及飞溅是 CO_2 焊中三个主要的问题。它们都是与 CO_2 电弧的氧化性有关的，因此必须在冶金上采取脱氧措施予以解决。

2. 脱氧措施

（1）必要性

反应生成物（SiO₂、MnO、CO、FeO 等）中，SiO₂ 和 MnO 成为熔渣浮于熔池表面，结果使焊缝中的 Si、Mn 含量减少。CO 气体的反应量，如果受到限制，则不会发生强烈的气体爆破与飞溅，也不会引起气孔。问题的关键在于 FeO，它溶入液态金属，并进一步和熔滴及熔池中的元素发生反应使其氧化。所以在 CO_2 焊过程中，FeO 的产生是引起气孔、飞溅的重要因素。此外，FeO 残留在焊缝金属中也将降低焊缝的力学性能。因此，必需使 FeO 脱氧，并在脱氧的同时对合金元素给予补充，则气孔及合金元素的烧损问题就能得到完满解决，并且也有助于减少飞溅。

（2）对脱氧剂的要求

与氧的亲和力比 Fe 大的合金元素，能够使 FeO 中的 Fe 还原，可以作为脱氧剂。在 CO_2 焊时，对脱氧剂还有下列要求：

1）脱氧能力强 该脱氧剂对 FeO 的脱氧能力要优于 C 的脱氧能力，这样才能抑制 FeO 与 C 的有害反应。

2）起合金化作用 脱氧剂在完成脱氧任务之余，所剩的量便作为合金元素留在焊缝中，起到改善焊缝力学性能的作用。

3）脱氧生成物有特殊性质

a. 不产生气体 为了消除产生气孔的因素，避免由于气体逸出液态金属时可能发生的金属飞溅，必须要求脱氧过程不产生气体。

b. 不溶于液态金属 这是脱氧产物脱离熔池形成熔渣的必要条件。

c. 密度小 脱氧的生成物相对于液态金属的密度越小越有利于浮出熔池，这样焊缝中残留的夹杂物也越少。

d. 凝固温度低 脱氧的生成物，其凝固温度必须低于液态金属的凝固点。否则将妨碍焊缝金属的结晶与成形，并引起焊接缺陷。

（3）脱氧措施的实施

1）"Si-Mn"联合脱氧 CO_2 焊是通过焊丝中加入脱氧剂来实现脱氧的。最常用的脱氧剂是 Si 与 Mn。Si 与 Mn 对熔池中的 FeO 起还原作用，反应如下：

$$2FeO+Si \Longrightarrow 2Fe+SiO_2$$

$$FeO+Mn \Longrightarrow Fe+MnO$$

生成的 SiO_2 和 MnO 结合在一起成为复合的硅酸盐（$MnO \cdot SiO_2$），它不溶于液体金属，密度小（$3.6g/cm^3$）、凝固温度低（1270℃），很容易浮出熔池表面，在焊缝金属凝固后形成一层很薄的渣壳。所以这种脱氧常称为"Si-Mn"联合脱氧。在完成脱氧任务后，剩余部分的 Si、Mn 留在焊缝中，起焊缝金属合金化的作用。

为了有效地完成"Si-Mn"联合脱氧，在焊丝中 Si 和 Mn 的含量必须适当。因为无论是 Si 还是 Mn，单独作用进行脱氧，其脱氧产物均不能满足上述对脱氧剂的要求。譬如单独用 Si，生成的 SiO_2 凝固温度太高，达 1710℃；再如单独用 Mn，生成的 MnO 密度较大，达 $5.11g/cm^3$，都不易从熔池中浮出，都会造成小颗粒的焊缝金属夹杂物，降低焊缝金属的性能。

2）脱氧元素的过渡系数

焊丝中的脱氧元素不是全部都能过渡到熔池中发挥脱氧和合金化作用的。实际上 CO_2 焊接过程中脱氧元素的过渡系数并不高。过渡系数 η 为：

$$\eta = \frac{熔敷金属中该元素的含量}{焊丝金属中该元素的含量} \times 100\%$$

在短路过渡的 CO_2 焊接过程中，某些合金元素的过渡系数如表 4-83 所示。

表4-83 CO_2 焊短路过渡时合金元素的过渡系数

合金元素	Si	Mn	Ti	Al	Cr	Mo	Zr
过渡系数/%	50~70	60~75	40	30~40	90~95	95~100	30~40

从表 8-2 可见 Si、Mn 的过渡系数约 50%~60%，而 Al、Ti 的过渡系数更低。CO_2 焊采取 Si、Mn 脱氧措施时，其过渡系数这一指标是不可忽视的。

3. 气孔问题及对策

现代的 CO_2 气体保护焊由于采取了上述冶金措施，是具有很强的抗气孔能力的。对工件上铁锈和水分也没有其他电弧焊方法那么敏感。所以通常都能获得致密的焊缝。但是如果焊接材料或焊接工艺处理不当，也可能出现下列气孔：

（1）CO 气孔

焊丝中脱氧剂不足，并且含 C 量过多，在 CO_2 焊接过程中就会有较多的 FeO 与 C 起反应，生成的 CO 未能逸出熔池，就造成 CO 气孔。这类气孔通常出现在焊缝的根部或近表面的部位，且多呈针尖状。

要避免 CO 气孔，必须选用含脱氧剂充分的焊丝。如果母材的含 C 量较高，则在工艺上应选用较大线能量的焊接参数，增加熔池停留的时间，以利于 CO 气体的逸出。

（2）N_2 气孔

在电弧高温下，熔池金属对 N_2 有很大的溶解度。但当熔池温度下降时，N_2 在液态金属中的熔解度便迅速减小，就会析出大量 N_2，若未能逸出熔池，便生成 N_2 气孔。因此，如果使用的 CO_2 保护气体纯度不合要求，或气体的流量不合适，或者野外焊接施工无防风措施，则在 CO_2 焊的电弧气氛中存在氮气，就会有产生 N_2 气孔的可能。N_2 气孔常出现在焊缝近表面的部位，呈蜂窝状分布，严重时还会以小气孔的形式广泛分布在焊缝金属之中。这种小气孔往往在金相检验中被发现，或者在水压试验时被扩大成渗透性缺陷而表露出来。

要避免氮气孔，必须改善保护气。要选用纯度合格的 CO_2 气体，焊接时采用适当的气体流量参数；要检验从气瓶至焊炬的气路是否有漏气或阻塞；要增加室外焊接的防风措施。此外，在野外施工中最好选用含有固氮元素（如 Ti、Al）的焊丝。

（3）H_2 气孔

在 CO_2 焊时，氢的来源是工件及焊丝表面的油污及铁锈中的水分，以及 CO_2 气体中所含的水分。油污为碳氢化合物，铁锈是含结晶水的氧化铁，还有 CO_2 气体中含的水分，它们在电弧的高温下都能分解出 H_2 气。氢气在电弧中还会被进一步电离，然后以离子形态很容易溶入熔池。熔池结晶时，由于氢的溶解度陡然下降，析出的氢如不能排出熔池，则在焊缝金属中形成气。H_2 气孔通常是圆球的，呈有光亮的内表面。

要避免 H_2 气孔，就要杜绝氢的来源。应去除工件及焊丝上的铁锈、油污及其他杂质，更重要的要注意 CO_2 气体中的含水量。因为 CO_2 气体中的水分常常是引起氢气气孔的主要原因。

三、CO_2 气体及焊丝

1. CO_2 气体

（1）CO_2 气体的性质

CO_2 气体是一种无色、无味的气态物质。常温下密度为 $1.98kg/m^3$，约为空气的 1.5 倍。在常温时很稳定，但在高温时发生分解，至 5000K 时几乎能全部分解。已对 CO_2 电弧的谱线进行了测定，结果如表 4-84 所示。发现 CO_2 弧柱区的谱线主要由六种物质所决定，即 CO、CO_2、O_2、O_1、C_1 及 C 等物质。其中 O_1、O_2 非常活泼，因此 CO_2 的电弧气氛具有很高的氧化性。

表 4-84　CO_2 电弧弧柱区的物质与谱线

物　质	光谱线的波长/nm							
CO	283.3	312.5	324.5	330.5	365.1	451.0		
CO_2	338.2	358.6	359.0	368.7	387.2	389.0	405.8	419.6
O_2	436.8	595.8	604.6					
O_1	249.3	249.7	262.0	615.5	615.6	615.8		
C_1	240.7	244.1	2766.1					
C	247.8	426.7						

在物理学上，CO_2 有三种形态：固态、液态和气态。其转变的方式比较特殊，气态的 CO 只有受到压缩才能变成液态。常压冷却时，CO_2 气体将直接变成固态的干冰。固态的干冰在温度升高时也只能直接变成气态，而不经过液态的转变。但是，CO_2 焊不能使用由于冰升华而产生的 CO_2 气体，原因是空气中的水分会冷凝在干冰的表面上，增加产生的 CO_2 气

体的含水量。因此，用于 CO_2 焊的是由瓶装液态 CO_2 所产生的 CO_2 气体。

CO_2 钢瓶外表涂灰色油漆。常用 40L 的标准的钢瓶，可灌入 25kg 的液态 CO_2。约占钢瓶容积的 80%，由于 CO_2 从液态变成气态的沸点很低（为-78℃），故在常温下钢瓶中的液态 CO_2 就有部分气化成气体，所以接在钢瓶出口阀门上的压力表所批示的压力值，就是这部分气体的饱和蒸气压。此压力的数值只与它的温度有关，而与钢瓶内液态 CO_2 的数量无关。要估计钢瓶内 CO_2 气体的贮量，一般只能采用称钢瓶重量的方法。

（2）CO_2 气体纯度对焊缝质量的影响

CO_2 焊通常使用工业纯 CO_2。其纯度标准为：CO_2>99.5%、O_2<0.1%、H_2O<0.05%~0.1%。在焊接高强钢时，如果要求的焊缝金属有很高的塑性和冲击韧度，就必须使用更纯的 CO_2 气体。

据有关资料介绍，同样大于 99.5% 纯度的 CO_2 气体，用含水量<0.005% 和含水量达 0.05% 的两种 CO_2 气体进行焊接试验，前者的焊缝塑性高于后者。同时随着 CO_2 气体中水分的增加，焊缝中的含氢量也增加。所以美国、日本等国对于焊接用 CO_2 气体纯度提出了更高的标准，要求 CO_2 的纯度>99.8%，而 CO_2 中的水分含量应低于 0.0065%（重量百分率）。

（3）焊接现场提高 CO_2 纯度的措施

1）倒置排水　液态的 CO_2 可溶解占重量约 0.05% 的水分，另外还有一部分自由态的水分沉积于钢瓶的底部。焊接使用前首先应去掉自由态水分。可将 CO_2 钢瓶倒立静置 4h，然后打开阀门放水 2~3 次，每次放水间隔 1h，待无水放出时，则可把钢瓶恢复放正。

2）预排气　使用前先放气 2~3min，放掉一些气瓶上部的气体，因这部分气体通常含有较多的空气和水分，同时带走瓶阀中的空气。

3）使用过滤式干燥器　可在焊接供气的气路中串接干燥器。设置在减压器前的称高压干燥器；设置在减压器至焊枪之间的称低压干燥器。干燥器内通常装有脱水硅胶或脱水硫酸铜，经过一段时间的使用后，吸附了大量的水分，就需要拆开，倒出来经过加热烘干后再重新使用。硅胶和脱水硫酸铜在吸水前后的颜色是不同的，可以根据颜色判断是否需要烘干处理，其颜色变化的情况及烘干温度的要求，如表 4-85 所示。

表 4-85　硅胶和脱水硫酸铜在吸水前后的颜色以及烘干温度

干燥剂	吸水前颜色	吸水后颜色	烘干温度/℃
硅胶	粉红色	淡青色	150~200
脱水硫酸铜	灰白色	天蓝色	300

随着 CO_2 焊接方法的推广应用，我国也需生产供应焊接专用的 CO_2 气体，并且制订出用于气体保护电弧焊的 CO_2 气体标准。故上述焊接现场的 CO_2 提纯措施仅适用于当前的供气状态。

2. 焊丝

用于低碳钢和低合金钢 CO_2 气体保护焊的钢焊丝，我国已有国家标准（GB 8110—1995）。在标准中对于我国目前应用最广泛的 H08Mn2Si 类型的焊丝，在技术要求、试验方法及检验规则等方面，作了详细的规定。对于其他钢种使用的特殊成分的焊丝，国标中虽无规定，但也有了参照的依据。下面以国标为基础，对 CO_2 焊的焊丝作一介绍：

（1）对焊丝的要求

1) 化学成分

a. 脱氧剂(合金元素)　焊丝必须含有一定数量的脱氧剂，以防止产生气孔，减少焊缝金属中的含氧量并提高焊缝金属的力学性能。对于低碳钢和低合金钢 CO_2 焊的焊丝，主要的脱氧剂是 Mn、Si。其成分含量范围 Mn 为 $1\% \sim 2.5\%$、Si 为 $0.5\% \sim 1\%$，Mn、Si 比约为 $1.2 \sim 2.5$，以期发挥"Si-Mn"联合脱氧的有利作用。

b. C、S、P　焊丝的含碳量要低，要求 $C \leqslant 0.11\%$，这对于避免气孔及减少飞溅是很重要的。对于一般焊丝要求硫及磷含量均为 $\leqslant 0.04\%$；对于高性能的优质 CO_2 焊丝，则要求硫及磷含量均 $\leqslant 0.03\%$。

c. 镀铜　焊丝镀铜的目的是为防锈及提高表面导电性。但镀铜焊丝的含铜量不能太大，否则会形成低熔共晶体，影响焊缝金属的抗裂能力。要求镀铜焊丝的含铜量不大于 0.5%。

d. 固氮元素　在某些情况下，当要求焊缝金属具有更高的抗气孔能力时，可在焊丝中增加固氮元素。常用的固氮元素是 Ti、Al 等。它们的成分含量，分别可选用在 $0.2\% \sim 0.7\%$ 范围内，过分的含量会影响焊缝金属的塑性及冲击韧度。

2) 加工制造　除了焊丝的化学成分对 CO_2 焊接质量有影响外，焊丝的加工制造情况对 CO_2 焊接工艺也有影响。所以对焊丝的加工制造也应提出要求。

a. 尺寸偏差　CO_2 焊线的供应状态应为冷拔状态，拔丝的圆度误差要求不超过直径允许偏差的 75%。焊丝的直径及允许偏差则应符合表 4-86 的规定。

表 4-86　焊丝直径与允许偏差(GB 8110—1995)

焊丝直径/mm	允许偏差/mm
0.5　0.6	+0.01 −0.03
0.8、1.0、1.2、1.4、1.6、2.0、2.5	+0.01 −0.04
3.0、3.2	+0.01 −0.07

b. 焊丝刚度　焊丝的冷拔加工过程会增加焊丝的硬度及弹性。这种硬化对于 CO_2 焊接所用的焊丝是很必要的。但硬化形成的焊丝刚度必须适当，否则硬化过分或不足都将影响送丝过程的稳定性。为此，国标中特别规定了焊丝松驰和翘距的检查项目，来检验焊丝的刚度。按规定将直焊丝以焊丝盘(卷)的直径，绕成至少成为一圈半的圆圈，然后不受约束地放在水平面上，它所形成的圆圈的松驰直径和翘距应符合表 4-87 的规定。

表 4-87　焊丝松驰直径和翘距检查的规定(GB 8110—1995)

焊丝直径/mm	焊丝盘(卷)直径/mm	焊丝的松驰直径/mm	焊丝的翘距/mm
0.5~3.2	100	≥100	$\leqslant \dfrac{松驰直径}{5}$
	200	≥250	$\leqslant \dfrac{松驰直径}{10}$
	300	≥350	
	>350	≥400	

c. 表面质量　焊丝表面的镀铜层对表面质量关系很大。按 GB 8110—1995 的规定可用缠绕法对镀铜层的附着力进行检查。方法是把 $\phi 0.5 \sim 1.6\text{mm}$ 的焊丝，紧密缠绕在相应的

$\phi 4 \sim 8mm$ 的金属圆棍上，用 50 倍放大镜目测检查，以不出现镀铜层起鳞与剥离现象为合格。此外，焊丝表面应光洁平整，不允许有锈蚀及油污。

d. 盘卷状态 焊丝盘卷内的焊丝应由一根焊丝组成，内无断头，且无紊乱、弯折和波浪形。盘卷的焊丝应处于精绕密排状态。

（2）焊丝型号及化学成分

见《金属材料的焊接》一书中第二章内容。

四、CO_2 气体保护焊工艺

1. 接头形式及坡口

细焊丝短路过渡的 CO_2 气体保护焊主要焊接薄板或中厚板。它适用于 I 形坡口的对接接头，也适用于各种角焊缝、搭接焊缝。

粗焊丝滴状过渡的 CO_2 气体保护焊主要焊接中厚板及厚板。适用于多种接头形式。推荐的坡口形状如表 4-88 所示。焊接坡口不仅是为了熔透，而且要考虑到焊缝成形的形状及熔合比。因此尽管 CO_2 焊大电流下有较大的熔透能力，但对于中厚板或厚板的焊接，还是要开坡口，以改善焊缝形状，避免出现裂纹等焊接缺陷。

表 4-88 推荐坡口形状（GB 985—88）

符号	坡口形式	板厚 δ/mm	有无垫板	坡口角度 $\alpha/(°)$ $\beta/(°)$	根部间隙 b/mm	钝边高度 p/mm
ǁ ⊔		$1 \sim 6$	无	—	$0 \sim 1.5$	—
		$2 \sim 4$	有	—	$0 \sim 3.5$	—
k		$6 \sim 30$	无	$35 \sim 50$	$0 \sim 4$	$0 \sim 3$
		$6 \sim 26$	有	$35 \sim 50$	$2 \sim 5$	$0 \sim 3$
Y		$12 \sim 30$	无	$40 \sim 60$	$0 \sim 3$	$1 \sim 4$
		$6 \sim 26$	有	$45 \sim 55$	$3 \sim 6$	$0 \sim 2$
X		>10	无	$35 \sim 50$	$0 \sim 3$	$0 \sim 3$
V		$12 \sim 60$	无	$40 \sim 60$	$0 \sim 3$	$1 \sim 3$

2. 焊前准备

（1）焊丝与送丝系统的检查

CO_2 焊所用的焊丝牌号，应符合焊接产品的技术要求。在工艺上应根据工件的具体情况选用合适直径的焊丝。送丝的稳定性对 CO_2 焊的质量关系很大。应对送丝系统的各部分进行检查和调整；送丝机的对滚送丝轮及校直轮都应处于良好的状态；送丝软管应畅通无阻；焊枪中磨损的导电嘴应该及时得到更换。

（2）工件的清理

应将工件上焊缝周围 10~20mm 范围内的油污、铁锈、油漆及塑料涂层等异物清理干净。常用砂轮、钢丝刷等机械的方法进行清理，也可用气体火焰烧烤的方法清除油污、油漆及塑料涂层等。清理后的工件应及时施焊。

（3）定位焊

定位焊的目的是固定组装工件的几何尺寸，防止由焊接引起的变形。由于定位焊的焊缝比较短，往往因预气、延气时间不足保护不完善，所以容易形成气孔等缺陷，常常是随后的正式焊缝中产生气孔的主要原因。应该对定位焊的焊接质量给予足够的重视。用焊条电弧焊进行定位焊时，必须将定位焊上的焊渣清理干净。

薄板情况下定位焊长度一般为 3~15mm，间距为 100~200mm。厚板的定位焊长度较大，约 15~40mm，间距约 150~300mm。

3. 熔滴过渡形式及工艺参数的选择

通常细焊丝 CO_2 焊采用短路过渡形式，粗焊丝采用滴状过渡形式。由于熔滴过渡形式不同，所用工艺参数有较大的差别。

各种焊丝直径适宜的焊接参数及相应的焊件厚度如图 4-150 所示。焊丝直径的选择和焊接电流及电弧电压有着相应的关系，焊丝直径越粗则选用的焊接电流越大，电弧电压也越高。反之亦然。

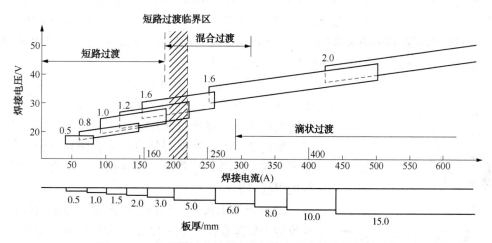

图 4-150　各种焊丝直径适宜的焊接参数及相应的焊件厚度

（1）短路过渡焊接

1）特点　短路过渡的焊接特点是采用细焊丝、低电压和小电流。从图 8-2 中可见主要适用于薄板的焊接。此外，短路过渡焊时，电弧处于不断的起弧、燃弧、熄弧的循环之中，焊接熔池同时也处于不断的熔化、扩展、凝固的交替循环中，因此熔池不易流淌，可实现全位置焊接。焊接薄板时，生产率高、变形小。由于使用平特性的焊接电源，细丝焊时焊丝的自身调节作用非常强烈，有利于起弧及电弧的重复燃烧，因此焊接操作容易掌握，对焊工技术水平要求不高。因而短路过渡的 CO_2 易于在生产中得到推广应用。

2) 工艺参数选择　主要的工艺参数有：电弧电压、焊接电流、短路频率、焊接速度、气体流量、焊丝伸出长度及电感值等。

a. 电弧电压及焊接电流　短路过渡的电弧电压一般在 17～25V 之间，因为短路过渡只有在较低的弧长情况下才能实现，所以电弧电压是一个非常关键的焊接参数，如果电弧电压选得过高(如大于29V)，则无论其他参数如何选择，都不能得到稳定的短路过渡过程。

电弧电压的选择与焊丝直径及焊接电流有关，它们之间存在着协调匹配的关系。不同直径焊丝相应选用的焊接电流、电弧电压的数值范围，如表 4-89 所示。

表 4-89　不同直径焊丝选用的电弧电压及焊接电流

焊丝直径/mm	电弧电压/V	焊接电流/A
0.5	17～19	30～70
0.8	18～21	50～100
1.0	18～22	70～120
1.2	19～23	90～200
1.6	22～26	140～300

对应于每一种直径的焊丝，都相应有一较佳的昵反电压及焊接电流范围，此时短路频率高，焊接过程稳定。电弧电压及焊接电流若过小，则电弧引燃困难。反之，电弧电压及焊接电流若过大，则熔滴短路过渡转变成大颗粒的长弧过渡，飞溅增大，过程不稳定。只有电弧电压与焊接电流匹配得较合适时，才能获得稳定的短路过渡过程。特别是电弧电压的数值要求比较精确地进行调整，调整精度最好能达到±0.2V。

调整电弧电压，实现上是调节焊接电源的外特性曲线；调整焊接电流，实际上是调节送丝速度。在一定电弧电压下，送丝速度对短路频率有直接的影响。例如 φ0.8mm 的焊丝，测得的送丝速度和短路频率的关系如图 4-151 所示。送丝速度在 160m/h(图 8-3 的 B 点)时短路频率最高，焊接过程最稳定，飞溅少、焊缝成形好。

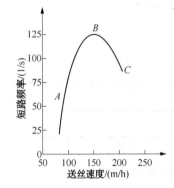

图 4-151　送丝速度对短路频率的影响(焊丝直径 0.8mm)

b. 焊接速度　焊接速度对焊缝成形、接头的力学性能及气孔等缺陷的产生都有影响。随着焊接速度增大，焊缝宽度减小。焊速过快还会引起焊缝两侧的咬肉。焊接速度过低，不但影响焊接生产率，同样也会恶化焊缝成形。在半自动 CO_2 焊时，焊速由焊工掌握，以获得良好的焊缝成形。

c. 焊丝伸出长度　根据生产经验，合适的焊丝伸出长度应为焊丝直径的 10～12 倍。实际使用的焊丝伸出长度值为 10～20mm。焊丝直径细取低值，焊丝直径粗取高值。伸出过长会增大飞溅，成形变差；伸出过短会降低导电嘴使用期，且易堵塞喷嘴。

d. 气体流量　不同的焊枪适用于不同直径的焊丝，相应使用不同范围的气体流量。对于小电流焊枪，气体流量为 5～15L/min，对于中电流焊枪（120~200A）气体流量为15~25L/min。室外作业，要加大气体流量。

e. 电源极性　CO_2焊一般都采用直流负极性。因为负极性时电弧稳定，飞溅小，焊缝成形好，并且负极性时熔深大，生产率高。此外负极性也有利于减少焊缝金属的含氢量。

只有在CO_2堆焊或铸件补焊时采用正极性。此时熔深浅，焊线的熔化系数大，约为负极性的1.6倍。

短路过渡CO_2半自动焊的典型焊接工艺参数如表4-90所示。

表4-90　半自动CO_2焊的焊接工艺参数

板厚/ mm	坡口形式	焊丝直径/ mm	间隙/ mm	焊接电流/ A	电弧电压/ V	送丝速度/ （m/h）	气体流量/ （L/min）
1~2	I形	0.8~1.0	0	6~120	18~20	200~250	15
2~4	I形	1.0~1.2	0~0.5	120~220	19~22	150~220	15~20
4~6	I形	1.2	0.5~1	200~250	20~24	200~250	15~20

（2）滴状过渡焊接

1）特点　滴状过渡CO_2焊的特点是电弧电压比较高，焊接电流比较大。此时电弧是持续的，不发生短路熄弧的现象。焊丝的熔化金属以滴状形状进行过渡，所以电弧穿透力强，母材熔深大。适合于进行中等厚度及大厚度工件的焊接。

2）工艺参数选择

a. 电弧电压与焊接电流　为了实现滴状过渡，电弧电压必须选取34~45V范围内。焊接电流则根据焊丝直径来选择。对应于不同的焊丝直径，实现滴状过渡的焊接电流下限是不同的。表4-91列出了几种常用焊丝直径的电流下限值。这里也存在着焊接电流与电弧电压的匹配关系，在一定焊丝直径下，选用较大的焊接电流，就要匹配较高的电弧电压。因为随着焊接电流增大，电弧对熔池金属的冲刷作用增加，势必恶化焊缝的成形。具有相应地提高电弧电压，才能减弱这种冲刷作用。

表4-91　滴状过渡的电流下限及电压范围

焊丝直径/mm	电流下限/A	电弧电压/V
1.2	300	
1.6	400	
2.0	500	34~45
3.0	600	
4.0	750	

b. 焊接速度　滴状过渡CO_2焊的焊接速度较高。与同样直径焊丝的埋弧焊相比，焊接速度高0.5~1倍。常用的焊速为40~60m/h。

c. 保护气流量　应选用较大的气体流量来保证焊接区的保护效果。保护气流量通常比短路过渡的CO_2焊提高1~2倍。常用的气流量范围为25~50L/min。

在短路过渡和滴状过渡的CO_2焊中间，还有一种介于两者之间的过渡形式的CO_2焊。有时被称为"混合过渡CO_2焊"或"半短路过渡CO_2焊"。通常以短路过渡为主伴有部分的滴状过渡，电弧和电压的数值比短路过渡大，比滴状过渡小。这种过渡形式的CO_2焊，在短路过渡的基础上，焊接生产率及焊接熔透能力都有所提高，但由于熔滴过渡频率低，熔滴尺寸较大，因此飞溅较严重。

4. 减少金属飞溅的措施

金属飞溅是 CO_2 气体保护焊较大的缺点。经焊接工作者多年的努力，解决飞溅的问题已取得很大进展。在工艺上，为了减少飞溅通常有如下的措施：

（1）正确选择工艺参数

1）焊接电流与电弧电压　CO_2 焊对于不同直径的焊丝，其飞溅率和焊接电流之间存在着如图 4-152 所示的关系。在选择焊接电流时应尽可能避开飞溅率高的混合过渡区。电弧电压则应与焊接电流匹配。

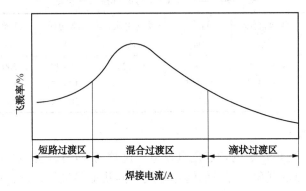

图 4-152　CO_2 电弧焊飞溅损失与电流的关系

2）焊丝伸出长度　一般焊丝伸出长度越长，飞溅率越高。例如直径 1.2mm 焊丝，焊丝伸出长度从 20mm 增至 30mm，飞溅率约增加 5%。所以焊丝伸出长度不能太长。但伸出长度也不宜太短，否则会影响焊接过程的稳定性，喷嘴容易发生堵塞。

3）焊枪角度　焊枪的倾角决定了电弧力的方向，所以焊枪前倾和后倾，对飞溅率及焊缝的成形都有影响。一般左焊法时，焊枪后倾 10°~20°，电弧的作用力倾向将熔化金属推向前方，飞溅率较大；右焊法时，一般焊枪前倾 10°~20°，飞溅率较小。焊枪倾角在左焊法和右焊法时对飞溅及成形的影响，如图 4-153 所示。

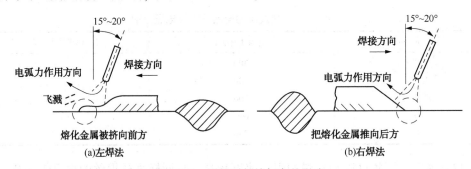

图 4-153　平焊时焊枪倾角的影响

（2）在 CO_2 中加入 Ar

无论是短路过渡还是滴状过渡，在 CO_2 中加入 Ar 气，都能明显地使过渡的熔滴尺寸变细，从而改善熔滴过渡的特性，减少飞溅。特别是对于滴状过渡，加 Ar 后对于大颗粒的飞溅有显著的改善效果。

（3）短路过渡时限制金属液桥爆断能量

短路过渡 CO_2 焊接时，金属液桥的爆断是产生飞溅的重要因素，而金属液桥的爆断是一个随机的现象，它可能在不同的能量情况下发生。如果处于高能状态爆断，就存在较大飞溅的可能性。当短路电流的增长速度过快时，金属液桥未及爆断处于高能状态的概率便增加。当然，当短路电流的增长速率过低时，液桥温度下降，必须累积较大的能量才能使液桥爆断，也会造成较大的飞溅。但对于平特性的电源的 CO_2 焊机，通常主要存在的问题是前者。此时随着电流的急剧增大，短路液桥周围的电磁力陡增，致使液桥爆断过大而发生飞溅。因此必须设法使短路液桥的金属过渡趋于平弧。目前具体的方法有如下几种：

1）焊接回路串接附加电感　电感越大，短路电流增长速度越小，反之亦然。焊丝直径不同，附加相同的电感值时，其电流增长速度不同。焊丝直径粗，则增长速度大；焊丝直径细，则增长速度小。短路电流增长速度应与焊丝的最佳短路频率相适应，细焊丝熔化快，熔滴过渡的周期短，因此需要较大的电流增长速度，应串接的附加电感值较小。粗焊丝熔化慢，熔滴过渡的周期长，则要求较小的电流增长速度，应串接较大的附加电感。通常，焊接回路内的电感值在 0~0.2mH 范围内变化时，对短路电流上升速度的影响最明显。因此适当的调整附加电感值，可以有效地减少金属飞溅。这种方法的优点是简单，效果明显。缺点是控制不够精确，适量调整不易。因而只能在一定程序上减少飞溅。

2）电流切换法　在液桥缩颈达到临界尺寸之前，短路电流有较大的自然增长，产生足够的电磁收缩力，从而通过液桥把大量的熔化金属挤到熔池中去。然而，一旦缩颈尺寸达到临界值，便立即减小电流(也即进行电流切换)。这样液桥缩颈便处于小的电磁收缩力的作用之下，缓慢断开，就消除了液桥爆断产生飞溅的因素，飞溅率可降低至 2%~3%。

电流切换的技术关键在于适时地检测液桥的状态。实际上是检测液桥的电压降。用微机的 A/D 板快速取样(每秒可达上千次)，然后与设定的反映液桥临界尺寸的电压信号 U 作比较。当检测电压等于 U 时，即发出电流切换的(中断)指令。微机控制的电焊机系统(如场效应管的晶体管焊接电源)就能在极短的时间内(约 10~15μs，迅速地切换电流，由高值降到低值，达到控制液桥的目的。

3）电流波形控制法　通过电流的波形控制，使金属液桥在较低的电流时断开，而液桥断开后，立即施加电流脉冲，增加电弧热能，使熔化金属的温度提高。而在将临短路时，再由高值电流改变成低值电流，短路时的电流值较低，但处于高温状态的熔滴形成的短路液桥温度较高，很容易发生流动，再施加很少的能量就能实现金属的过渡与爆断。从而限制了金属液桥爆断的能量，因此能够降低金属飞溅，现在已有许多电流波形控制的方案，其典型的电流波形控制图如图 4-154 所示，电流波形控制法的缺点是设备复杂。

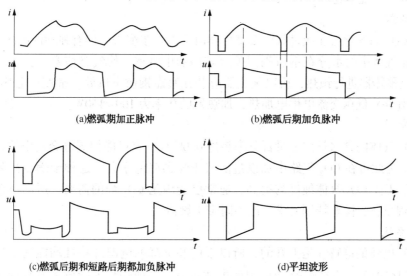

(a)燃弧期加正脉冲　　　　　　(b)燃弧后期加负脉冲

(c)燃弧后期和短路后期都加负脉冲　　　　(d)平坦波形

图 4-154　典型的电流波形控制

(4)采用低飞溅率焊丝

1）超低碳焊丝　在短路过渡或滴状过渡的 CO_2 焊中。采用超低碳的合金钢焊丝，能够减少由 CO 气体引起的飞溅。

2）药芯焊丝　由于熔滴及熔池表面有熔渣覆盖，并且药芯成分中有稳弧剂，因此电弧稳定，飞溅少。通常药芯焊丝 CO_2 焊的飞溅率约为实心焊丝的 1/3。

3）活化处理焊丝　在焊丝的表面涂有极薄的活化涂料，如 CS_2CO_3 与 K_2CO_3 的混合物。这种稀土金属或碱土金属的化合物能提高焊丝金属发射电子的能力，从而改善 CO_2 电弧的特性，使飞溅大大减少。但由于这种焊丝贮存、使用比较困难，所以应用还不广泛。

五、CO_2 气体保护焊设备

1. 供气系统

供气系统通常由钢瓶、预热器、减压器、流量计、输气管路及电磁气阀等器件组成。现就对一些主要器件作一简述。

（1）CO_2 钢瓶

CO_2 焊通常由 CO_2 钢瓶供气。钢瓶漆成灰色并用黄字写上 CO_2 标志。容量为 40L 的标准钢瓶，可以灌入 25kg 的液态 CO_2，此时为"满瓶"状态。实际液态 CO_2 沉在钢瓶中约占钢瓶容积的 80%，其余 20% 左右的上部空间充斥着气化的 CO_2。所以 CO_2 钢瓶必须竖立使用。钢瓶口装上压力表后，所指示的压力值，就是指这部分气体的饱和压力。此压力的大小与钢瓶的温度有关而与液态的 CO_2 数量基本无关。温度升高、饱和气压增高；温度降低，饱和气压亦降低。在温度为 0~20℃ 时，为 4~6MPa，当环境温度升至 40℃，瓶内压力为 10MPa 左右。标准钢瓶的安全使用压力为 16MPa，为安全起见，通常规定 CO_2 钢瓶使用环境的温度不应超过 40℃。当钢瓶内的液态 CO_2 耗尽时，压力表就不再指示为 CO_2 气体的饱和压力，压力表上的指示值就会随着瓶内 CO_2 气体的减少而迅速下降。由于钢瓶底部常残留有水份、机油等杂质，因此遇到压力下降时就应更换使用新瓶。容量为 40L 的标准钢瓶，整瓶灌有 25kg 液态 CO_2，气化后总共可以产生 15000L 的 CO_2 气体。按常用的焊接参数，保护气体流量以 20L/min 计，能够连续使用 12h。

（2）预热器

钢瓶内 CO_2 的气化后在通过阀门及减压器时会进一步膨胀，伴有强烈的制冷效应。

为了防止气体中的水分在钢瓶阀门处及减压器中结冰，使气路堵塞，在减压之前要将 CO_2 气体通过预热器进行预热，所以预热器应装在紧靠钢瓶出口处。常使用电热式预热器，为了安全采用 36V 低压交流电供电加热，加热器的功率为 100~150W。

（3）干燥器

如果 CO_2 气体的含水量按重量百分率超过 0.005%，就可能使焊缝金属中的含氢量增加并出现气孔。为此可在 CO_2 气路中加设过滤式干燥器降低水分。这种干燥器在第三节中已有介绍。鉴于工业 CO_2 气体纯度的提高，通常已能满足 CO_2 焊的需要。所以现在国内外商品化的 CO_2 焊设备，除非特别要求，已不附带干燥器。

2. 电源系统

由于 CO_2 电弧的静特性是上升的，所以平的和下降的电源外特性均能满足电弧稳定燃烧的要求。但根据不同直径焊丝 CO_2 焊的工艺特点，一般细焊丝适宜于平特性电源，而粗焊丝则适宜于下降特性的电源。

（1）平特性电源

细焊丝 CO_2 焊送丝速度高，宜采用等速送丝方式，配合的电源要求具有平缓的外特性。其外特性的缓降度对于细焊丝短路过渡焊接，不应超过 4V/100A。此时在焊接工艺上有如下优点：

1）可获得稳定的短路过渡　这对于细焊丝短路过渡的 CO_2 焊接工艺是十分重要的。实际上短路过渡过程，电弧始终处于变化的状态，使用平缓的外特性，短路时可提供相当大的短路电流，在短路液桥周围产生的电磁收缩力，能够促使短路熔滴迅速过渡，从而结束短路恢复电弧燃烧，实现稳定的短路过渡过程。

2）良好的引弧性　在引弧或发生粘丝时，平特性电源能够提供足够大的短路电流，熔化接触处的金属，继而爆断，产生电弧。

3）可避免焊丝返烧　因为焊接结束，停止送丝时电弧拉长，电压上升。平缓外特性的电源就会使电流大幅度下降，于是焊丝的熔化速度降低，未及烧至导电嘴，电弧就因电流过低而熄灭。

4）焊接参数调节方便　平缓外特性的电源，电弧电压可通过改变电源外特性曲线的高低位置来调节；而焊接电源则可通过改变送丝速度来调节。两者的调节可单独进行，也可联合进行。

（2）下降特性电源

粗丝 CO_2 焊的熔滴过渡一般为滴状过渡过程。宜采用下降的外特性电源配合变速送丝的方式（也称弧压反馈控制的方式）。此时 CO_2 焊接参数的调节，往往因为电源外特性的陡度不同，丝速度），电流又有变化，所以要反复调节最后达到要求的焊接参数。

（3）电源动特性

电源动特性是衡量焊接电源在电弧负载发生变化时，供电参数（电压及电流）的动态响应品质。

粗焊丝滴状过渡时，焊接电流的变化和波动比较小，所以对焊接电源的动特性要求不高。但是对于细焊丝短路过渡，则焊接电流不断地发生较大的变化，因此对电源的动特性有较高的要求。在发生短路时，应以适当的电流增长率产生必要的短路电流，迫使熔化金属过渡到熔池中去；在发生开路时，电压能迅速提高，使电弧重复引燃。例如对于动特性较好的晶闸管平特性电源，起弧电压达稳定值的时间只有 0.01s，约为饱和电抗器平特性电源的 1/6，因此短路过渡的电弧更为稳定。

通常对动特性的要求具体指三个方面：①适当的短路电流增长速度（$\frac{di}{dt}$）；②短路时出现的峰值电流值（I_{max}）；③电弧电压恢复速度（$\frac{du}{dt}$）。对这三个方面，不同的焊丝，不同的焊接参数，有不同的要求。因此要求电源设备能兼顾这三方面的适应能力。

3. CO_2 焊机

CO_2 焊机有半自动焊机和自动焊机两大类。半自动 CO_2 焊机由弧焊电源、控制系统、CO_2 气路系统、送丝机构及焊枪等部分组成，若采用粗丝大电流时还应有水冷系统。自动 CO_2 焊机除此之外，尚需增加焊枪或工件运动等机构。自动 CO_2 焊机及附属设备的实例 如图 4-155 所示，其控制装置应能实现如下焊接程序控制：

$$\underset{\text{送丝、引弧}}{\text{起动提前送气（1～2s）}\xrightarrow{\text{接通焊接电源}}} \text{行走机构运转（开始焊接）} \to \text{结束}$$

$$\underset{\text{焊接电流衰减}}{\text{行走机构停止运转}} \to \text{停止送丝} \to \text{切断电源} \to \text{滞后停气(2～3s)}$$

关于 CO_2 焊机结构、工作原理及其操作，将结合实物进行现场讲解，这里不再讨论。

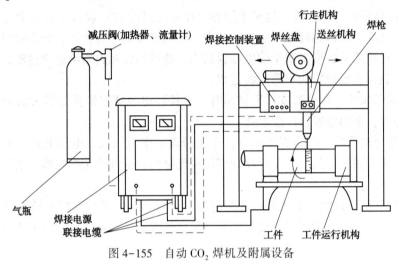

图 4-155　自动 CO_2 焊机及附属设备

第九节　药芯焊丝电弧焊

一、概述

药芯焊丝是继焊条、实芯焊丝之后广泛应用的又一类焊接材料，它是由金属外皮和芯部药粉两部分构成的。使用药芯焊丝作为填充金属的各种电弧焊方法统称为药芯焊丝电弧焊。

药芯焊丝最早出现在20世纪20年代的美国和德国。但真正大量应用于工业生产是在50年代，特别是60、70年代以后，随着细直径(2.0mm以下)全位置药芯焊丝的出现，药芯焊丝进入高速发展阶段。近几年发达国家药芯焊丝的用量约占焊接材料总量的20%～30%，且仍处在稳步上升阶段。焊条、实芯焊丝、药芯焊丝3大类焊接材料中，焊条年消耗量呈逐年下降趋势，实芯焊丝年消耗量进入平稳发展阶段，而药芯焊丝无论是在品种、规格还是在用量等各方面仍具有很大的发展空间。

我国在60年代开始有关药芯焊丝的相关技术以及制造设备的研究。80年代初，国内一些重大工程项目开始大量使用药芯焊丝(几乎全部为国外产品)，对药芯焊丝的推广使用起到了推动作用。80年代中期，我国开始引进药芯焊丝生产线以及产品配方，90年代初期，国产药芯焊丝生产线也具备了批量生产的能力。近年来，国内药芯焊丝年消耗量接近万吨，占焊接材料总量的1%左右，但国产药芯焊丝年产量仅2000t左右，不足焊材总产量的0.3%。国产药芯焊丝无论是在品种还是产量都不能满足国内目前市场的需求。然而从近几年国产药芯焊丝发展趋势可以看出，国产药芯焊丝及其相关技术已经成熟，今后几年我国的药芯焊丝技术及应用也将进入高速发展阶段。

总之，药芯焊丝以其明显的技术和经济方面的优势将逐步成为焊接材料的主导产品，是

21 世纪最具发展前景的高技术焊接材料。

药芯焊丝的分类与特点见第七章第二节。

二、焊接设备

药芯焊丝是一类新型的焊接材料，适用于多种焊接方法。大多数使用实芯焊丝的焊接设备也可以使用药芯焊丝。一些标有实芯、药芯焊丝两用的焊机，只是在使用实芯焊丝焊机的基础上添加了某些功能，以便更有效地发挥药芯焊丝的优势，这些功能并不是使用药芯焊丝的必要条件。也就是说，使用实芯焊丝的焊接设备完全可以使用药芯焊丝

1. 实芯、药芯焊丝两用的焊机，是在使用实芯焊丝焊机的基础上添加了下面所列功能中的一种或多种。

（1）极性转换　直流正接/直流反接转换装置。

（2）电源外特性微调　在平特性的基础上，微调外特性。调节范围在微翘和缓降之间，如图 4-156 所示。

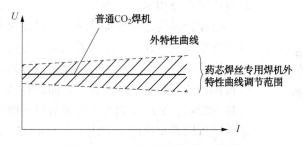

图 4-156　电源外特性调节示意图

（3）电弧挺度调节　通过调节电弧挺度，可实现对熔滴过渡形态的调节，以减少飞溅；并可改善全位置焊接性能。

埋弧焊、钨极氩弧焊机不用添加上述功能就可以使用药芯焊丝。

CO_2 焊机在增加了极性转换装置后可以使用自保护药芯焊丝（多数产品须用直流正接）。增加了电源外特性微调和电弧挺度调节功能的 CO_2 焊机，不仅可以使用 CO_2 气体保护药芯焊丝，也可以使用其他气体保护用药芯焊丝，并且能够更好地发挥药芯焊丝的优点。

2. 送丝机

实芯焊丝送丝机可以正常使用加粉系数较小的药芯焊丝，如用量较大的低碳钢 CO_2 气体保护用药芯焊丝。但要正常使用加粉系数较大的药芯焊丝则最好选用药芯焊丝专用送丝机，如图 4-157 所示。药芯焊丝专用送线机与一般实芯焊丝送丝机的差别如下：

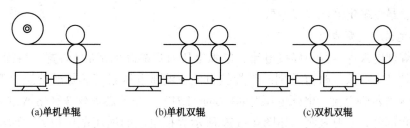

(a)单机单辊　　　(b)单机双辊　　　(c)双机双辊

图 4-157　送丝机结构示意图

（1）两对主动轮送丝　一般实芯焊丝送丝机采用电动机启动一只主动轮送丝。药芯焊

专用送丝机则采用单电动机两对主动轮送丝或双电动机两对主动轮送丝。这样在送丝推力不变的情况下，可以减小施加在药芯焊丝上的正压力，以减少药芯焊丝截面形状的变化，提高送丝的稳定性。

（2）上下轮均开V形槽 一般实芯焊丝送丝机的上送线轮为普通轴承，不开槽。而药芯焊丝专用送丝机的送丝轮上下轮均开V形槽，变三点受力为四点对称受力，以减少焊丝截面变形。

（3）槽内压花 药芯焊丝专用送丝机焊丝直径在1.6mm（或1.4mm）以上的送丝轮，V形槽内采用压花处理。处理后的送丝轮，通过提高送丝轮的磨擦系数以提高送丝推力。不仅提高了送丝的稳定性，同时也改善了药芯焊丝通过导电嘴时的导电性能。

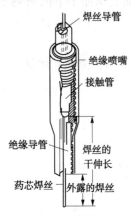

图4-158 自保护药芯焊丝
专用焊枪结构示意图

药芯焊丝专用送丝机通过上述处理措施，提高了送丝的稳定性，特别是在大电流高速焊接时，效果更加明显。

3. 焊枪

埋弧焊、钨极氩弧焊、CO_2气体保护焊等方法的焊枪与实芯焊丝的焊枪相同。

自保护焊药芯焊丝焊接时，可以使用专用焊枪或CO_2气体保护焊枪。两者在结构上的差别为：专用焊枪是在CO_2气体保护焊枪基础上去掉气罩，并在导电嘴外侧加绝缘护套以满足某些自保护药芯焊丝在伸出长度方面的特殊要求，同时可以减少飞溅的影响；某些专用焊枪附加有负压吸尘装置，使自保护药芯焊丝可以在室内施工中使用。图4-158为自保护药芯焊丝专用焊枪结构示意图。

4. 其他

其他设备与实芯焊丝所用设备相同。

三、焊接工艺参数

熔化极药芯焊丝电弧焊的焊接工艺参数主要包括：焊接电流、电弧电压、焊接速度、焊丝伸出长度以及气体保护焊时的保护气流量等。焊接工艺参数对焊接过程的影响及其变化规律或趋势，对药芯焊丝和实芯焊丝基本相同。但由于药芯焊丝填充药粉在焊接过程中的造气、造渣等一系列冶金作用，其影响程度不仅使药芯焊丝与实芯焊丝有差别，而且同一类别不同生产厂家生产的药芯焊丝其影响程度也略有差别。因此最佳焊接工艺参数的选择是有前提条件的，即确定的生产厂家、针对具体的药芯焊丝产品、施焊时的实际工况条件，通过工艺评定试验，最终确定最佳焊接参数。

1. 焊接电流、电弧电压

在药芯焊丝电弧焊过程中焊接电流、电弧电压对焊缝几何形状（熔宽、熔深）的影响规律同实芯焊丝基本一致。略有差别的是焊接电流、电弧电压对药芯焊丝熔滴过渡形态的影响。如图9-8所示焊电流、电弧电压对ϕ1.6mm E71T-1型药芯焊丝3种熔滴过渡形态的关系，图中阴影部分为喷射过渡。如图4-159所示焊接电流的适用范围很大，而电弧电压的可变范围则较小，且随着电流的增加，电弧电压应适当增加，大电流焊接时，电弧电压应足够高。这一规律对选择焊接工艺参数有着重要的指导意义。表4-92为不同直径药芯焊丝稳定焊接时焊接电流、电弧电压常用范围。表 4-93 为中厚板在不同位置焊接时的焊接电流、电弧电压常用范围。应注意自保护药芯焊丝因各品种之间芯部组成物差异较大，稳定焊接时的焊接工艺参数也有较大的差异，特别是电弧电压。如某种以多种氟化物组成的自保护药芯焊丝，其稳定焊接时，电弧电压的使用范围在 13~18V，这在使用其他焊丝时，几乎无法实现正常的焊接过程。因此，厂家提供的产品使用说明书是正确选择焊接电流、电弧电压的重要依据之一。

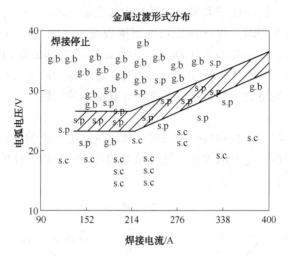

图 4-159　焊接电流、电弧电压对熔滴过渡形态的影响示意图
s.p—喷射过渡；g.b—滴状过渡；s.c—短路过渡

表 4-92　不同直径药芯焊丝常用焊接电流、电弧电压常用范围

CO_2 气体保护药芯焊丝			
焊丝直径/mm	1.2	1.4	1.6
电流/A	110~350	130~400	150~450
电弧电压/V	18~32	20~34	22~38
自保护药芯焊丝			
焊丝直径/mm	1.6	2.0	2.4
电流/A	150~250	180~350	200~400
电弧电压/V	20~25	22~28	22~32

表 4-93　药芯焊丝在各种位置焊接中厚板时的焊接电流、电弧电压常用范围

焊接位置	ϕ1.2 CO_2 气体保护药芯焊丝		ϕ2.0 自保护药芯焊丝	
	电流/A	电弧电压/V	电流/A	电弧电压/V
平焊	160~350	22~32	180~350	22~28
横焊	180~260	22~30	180~250	22~25
向上立焊	160~240	22~30	180~220	22~25
向下立焊	240~260	25~30	220~260	24~28
仰焊	160~200	22~25	180~220	22~25

2. 焊丝伸出长度

气保护药芯焊丝电弧焊时，焊丝伸出长度一般为 15~25mm，焊接电流较小时，焊丝伸出长度小，电流增加时，焊丝伸出长度适当增加。以 $\phi1.6mmCO_2$ 气保护药芯焊丝为例，如电流为 250A 以下时焊丝伸出长度为 15~20mm，250A 以上时，为 20~25mm 为宜。改变焊丝伸出长度，会对焊接工艺性能产生影响。当焊丝伸出长度过大时，熔深变浅，同时由于气体保护效果下降，易产生气孔；当焊丝伸出长度过小时，长时间焊接后，飞溅物易于粘接在喷嘴上，扰乱保护气流，影响保护效果，也是产生气孔的原因之一。

自保护药芯焊丝电弧焊时，焊丝伸出长度范围较宽，一般为 15~70mm。直径在 $\phi3mm$ 以上的粗丝，焊丝伸出长度甚至接近 100mm。为保证焊丝端部更好的指向熔池，焊枪导电嘴前端常加有绝缘护套。焊丝伸出长度选择不当时，除了易于产生气孔外，对自保护药芯焊丝的焊缝金属的力学性能也会产生影响，特别是焊缝金属的韧性。

3. 保护气体流量

选择气体保护药芯焊丝进行焊接时，保护气体流量也是重要的焊接工艺参数之一。保护气体流量的选择可根据焊接电流的大小、气体喷嘴的直径和保护气体的种类等因素确定，图 4-160 所示为三者的关系。

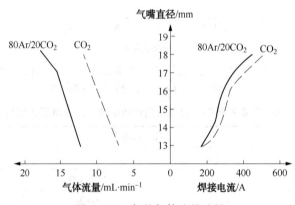

图 4-160　保护气体流量选择

4. 焊接速度

当焊接电流、电弧电压确定后，焊接速度不仅对焊缝几何形状产生影响，而且对焊接质量也有影响。药芯焊丝的半自动焊接时，焊接速度通常在 30~50cm/min 范围内。焊接速度过快易导致熔渣覆盖不均匀，焊缝成形变坏，在有漆层或有污染表面的钢板上焊接时，焊接速度过快易产生气孔。焊接速度过小，熔融金属容易先行，导致熔合不良等缺陷的产生。药芯焊丝的全自动焊接时，焊接速度可达 1m/min 以上。

四、焊接工艺

制定合理的焊接工艺应综合考虑焊件的结构特征、接头设计、母材及焊材的各种性能、焊接设备及施工条件等多种因素。本小节仅对使用药芯焊丝的焊接工艺特点作简单介绍。

1. 接头准备

对于搭接接头、T 形接头、角接接头，使用药芯焊丝采用角焊缝可以较容易地实现上述 3 种接头的全位置焊接。因药芯焊丝的穿透能力(熔深)较焊条、实芯焊丝大，可以选择较小的焊脚尺寸，以减少焊材用量和焊接时间，提高效率。

使用药芯焊丝时，对接接头的准备有较高的要求。气割和等离子切割后的结瘤必须彻底清除。坡口角度可以选择比焊条、实芯焊丝小 $10°\sim20°$（见图4-161）。坡口、钝边加工精度要求较高，药芯焊丝气体保护焊焊接坡口实例（见表4-94）。

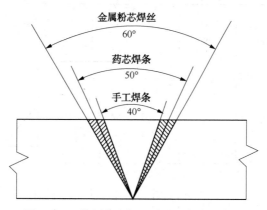

图 4-161　使用药芯焊丝时坡口角度示意图

2. 接头的施焊

表4-95、表4-96、表4-97 分别为角焊缝、无衬垫、有衬垫对接焊缝的各种位置焊接。

表 4-94　药芯焊丝气体保护焊接坡口形状、尺寸

坡口形状	板厚/mm	焊接位置	有无衬垫	坡口角度	间隙 G/mm	钝边 R/mm
	1.2~4.5	平焊	无	—	0~2	—
	≤9	平焊	有	—	0~3	—
	≤12	平焊	有	—	0~2	—
		平焊	无	45°~60°	0~2	0~5
			有	25°~50°	4~7	0~3
	≤60	立焊	无	45°~60°	0~2	0~5
			有	35°~50°	0~2	0~5
		横焊	无	45°~50°	0~2	0~5
			有	30°~50°	4~7	0~3
	≤60	平焊	无	45°~60°	0~2	0~5
			有	35°~60°	0~6	0~3
	≤50	立焊	无	45°~60°	0~2	0~5
			有	35°~60°	3~7	0~2
		平焊	无	45°~60°	0~2	0~5
	≤100	立焊	无	45°~60°	0~2	0~5
		横焊	无	45°~60°	0~3	0~5
	≤100	平焊	无	45°~60°	0~2	0~5
		横焊	无	45°~60°	0~2	0~5

表 4-95　不同位置角焊缝的焊接

焊接位置	焊丝种类（直径）	焊接电流/A	电弧电压/A	5	6	7	8	9	10	11	12	13
横向		260	28	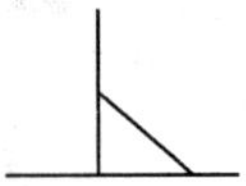						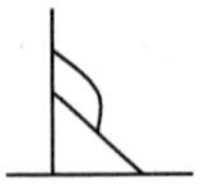		
立向上	全位置用药芯焊丝（1.2mm）	220	25	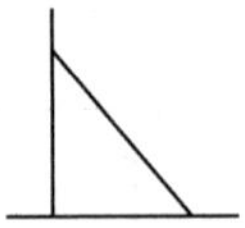								
立向下		270	29	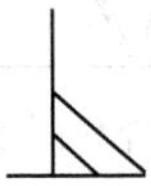				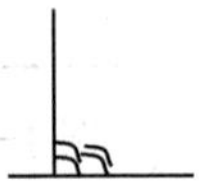		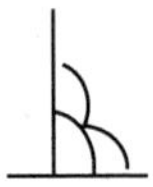		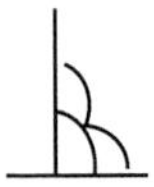
仰向		240	28	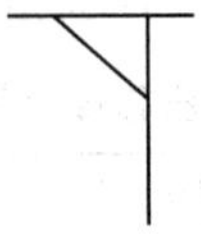								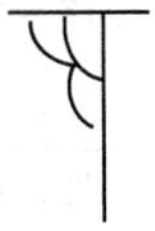

表 4-96　不同位置无衬垫对接焊缝的焊接

焊接位置	焊丝种类（直径）	坡口形状	焊层搭接法	道次	焊接电流/A	电弧电压/V
平焊		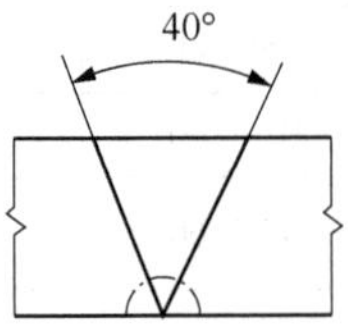	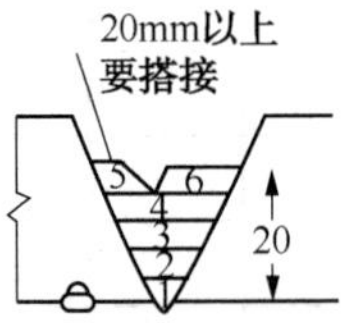 20mm以上要搭接	1~N	260~300	26~30
横焊	全位置用药芯焊丝（1.2mm）	40°	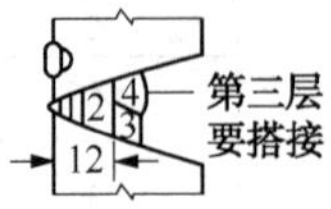 第三层要搭接	1~N	240~280	26~28
向上立焊			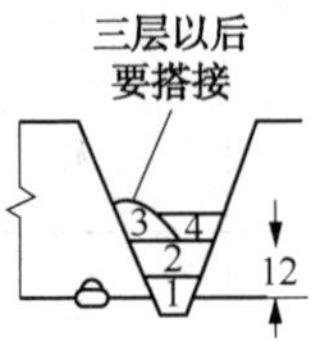 三层以后要搭接	1~N	260~280	26~28

表 4-97　不同位置加衬垫对接焊缝的焊接

焊接位置	焊丝种类（直径）	坡口形状	焊层搭接法	道次	焊接电流/A	电弧电压/V
平焊			焊接方向 前进法 不做直线摆动 10°	12～N	180～200 240～280	25～27 25～30
横焊	全位置用药芯焊丝（1.2mm）	40°	焊接方向 用前倾法 0°～5°	12～N	180～200 220～260	25～27 25～30
向上立焊			焊接方向 0°～3° 8字摆动	12～N	160～180 200～240	25～27 25～30

五、常见焊接质量问题

焊接质量受焊接材料、焊接工艺、设备以及管理等多种因素的影响。与焊接过程有关的某一环节的质量问题，都会影响产品的最终质量。本节仅就药芯焊丝使用过程中常见的质量问题作简单介绍，表4-98列出了药芯焊丝电弧焊常见的质量问题及防治措施。

表 4-98　药芯焊丝电弧焊常见的焊接质量问题及防治措施

类型	原因	措施
气孔	保护气流过小	1. 增加保护气流量 2. 清除保护气喷嘴内的飞溅物
	保护气流量过大	减少保护气流量
	焊接区风速过大	加强焊接工作区域的防风保护
	保护气的纯度低	1. 使用质量合格的保护气体 2. 检查气源、气路、供气设备工作是否正常
	接头区的油、锈、漆	加强消除焊缝及附近区域油、锈、漆及做好焊前准备工作
	焊丝表面的油、锈	1. 清除焊丝表面的润滑剂(用于焊丝生产) 2. 清除送丝轮表面的油污 3. 采取防护措施，防止其他设备的油污对焊丝的污染 4. 更换表面有锈斑的焊丝
	电弧电压过高	调整电弧电压
	焊丝伸出长度过大	减少伸出长度或调整焊接电流
	伸出长度过小(自保护)	增加伸出长度或调整焊接电流
	焊接速度过快	调整焊接速度
	焊丝质量不合格	更换焊丝

类型	原因	措施
未熔合、未焊透	操作不当	1. 焊丝对准焊缝底层或前道焊缝的焊趾 2. 调整焊枪角度 3. 调整焊枪摆动幅度
	焊接工艺参数不合适	1. 增加焊接电流 2. 减小焊接速度 3. 增加焊接速度(自保护焊丝) 4. 调整焊丝伸出长度 5. 更换细直径的焊丝
	坡口尺寸不当	1. 适量增大坡口间隙 2. 减小坡口钝边尺寸
裂纹	接头刚度过大	1. 采用调整焊接顺序等措施降低接头的拘束度 2. 预热 3. 锤击
	焊丝质量不合格	更换合格焊丝
	焊丝选用不当	选用高韧性药芯焊丝
送丝不畅	送丝推力不够	增加送丝轮压力
	焊丝变形	减小送丝轮压力
	导电嘴烧蚀	1. 减小电弧电压 2. 调整停弧控制参数 3. 更换过度磨损的导电嘴
	导丝管太脏	用压缩空气清除管内的粉灰

第十节　等离子弧焊接

等离子弧是一种特殊形式的电弧。它是借助于等离子弧焊枪的喷嘴等外部拘束条件使电弧受到压缩,弧柱横断面受到限制,使弧柱的温度、能量密度得到提高,气体介质的电离更加充分,等离子流速也显著增大。这种将阴极和阳极之间的自由电弧压缩成高温、高电离度及高能量密度的电弧就是等离子弧。利用等离子弧作为热源的焊接方法就是等离子弧焊接。

一、等离子弧的形成及特性

1. 弧的形成

在等离子弧焊接中,目前广泛采用的压缩电弧的方法如图 4-162 所示。从形式上看,它类似于钨极氩弧焊的焊枪,但其电极缩入到喷嘴内部。电弧在电级与工件之间产生,电弧通过水冷喷嘴的内腔及其狭小的孔道,而受到强烈的压缩,弧柱截面缩小,电流密度增加,能量密度提高,电弧温度急剧上升,电弧介质的电离度剧增,在弧柱中心部分接近完全电离,形成极明亮的细柱状的等离子弧。

这种高温、高电离度及高能量密度的等离子弧的获得,是以下三种压缩作用的结果。

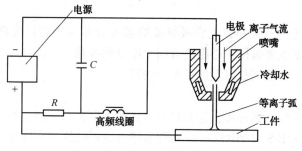

图 4-162　等离子弧形成原理图

（1）机械压缩效应

喷嘴孔径限制了弧柱截面积，使其不能自由扩大，即电弧受到压缩，这是一种机械压缩效应。

（2）热收缩效应

气体介质不断地以一定的速度和流量送给，以及喷嘴内水的冷却作用，使靠近喷嘴内壁的气体受到较强烈的冷却，弧柱周围的温度和电离度迅速下降，在弧柱周围靠近喷嘴孔内壁产生一层电离度接近于零的冷气膜，迫使电流集中到弧柱中心的高温、高电离度区域，从而使弧柱有效横截面进一步减小。这种作用通常称为电弧的热收缩效应。

（3）电磁压缩效应

电弧导电可看作是一束平行而同方向的电流线通过弧柱。根据电工学原理可知，当平行导线通过方向相同的电流时则产生相互间的电磁吸引力，这种现象称为电磁压缩效应。电流或电流密度越大，则这种电磁压缩效应也越强。等离子弧弧柱在受到机械压缩和热收缩作用的条件下，电流密度已明显增大，而电磁压缩效应的存在又使弧柱的电流密度和收缩效应进一步提高。

2. 弧的能源特性

等离子弧与普通的自由电弧相比具有以下的能源特性：

（1）温度高

图 4-163 是等离子弧与普通钨极氩弧的温度分布，其中右半部为等离子弧，左半部为相同电流和气体流量下的普通钨极氩弧的温度分布。由图 4-163 可以看到，普通钨极氩弧的最高温度为 10000~24000K，而等离子弧的温度可高达 24000~50000K。

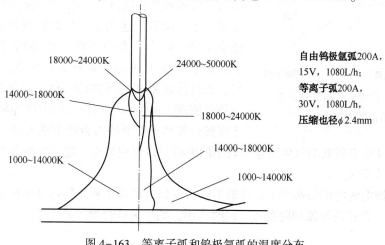

图 4-163　等离子弧和钨极氩弧的温度分布

（2）温度梯度小

由图 4-163 所示等离子弧和普通钨极氩弧的温度分布对比可以发现，等离子弧在整个弧柱中都有很高的温度在离弧柱中心距离方向上温度梯度较大，而在弧长方向上温度梯度较小，这正反映了等离子弧细而长以及能量集中的特点。

（3）能量密度大

等离子弧的形态近似于圆柱形，并且具有上述的温度分布特点，所以其能量密度大。等离子弧的能量密度可达 $10^5 \sim 10^6 \mathrm{W/cm}^2$，而普通钨极氩弧的能量密度小于 $10^4 \mathrm{W/cm}^2$。

等离子弧温度高、能量密度大的原因，是前面所述的三种压缩效应的结果。在这三个因素中，喷嘴孔道的机械拘束是前提条件，而热压缩则是最本质的原因。

由于等离子弧的以上特点，在焊接过程中，高速流动的弧柱等离子体通过接触传导和辐射带给焊件的热量明显增多，甚至可能成为主要的热量来源，即主要是利用弧柱等离子体热来加热金属，而使得阳极热降为次要地位。对于普通钨极氩弧，加热焊件的热量则主要来源于阳极（或阴极）区的产热，弧柱辐射和热传导仅起辅助作用。

（4）弧的挺直性好、扩散角小

等离子弧温度和能量密度的显著提高使等离子弧的稳定性和挺直度得以改善。图 4-164 为自由电弧和等离子弧挺直度的对比。自由电弧的扩散角约为 45°，等离子弧约为 5°。等离子弧沿弧长方向上截面变化很小，方向稳定，挺直度好。这是因为压缩后从喷嘴喷射出的等离子弧带电粒子的运动速度明显提高所致，最高可达 300m/s。并且由图 4-164 还可看到，自由电弧和等离子弧弧柱截面积沿轴线方向同样变化 20% 时，自由电弧的弧长变动为 0.12mm 而等离子弧可达 1.2mm。这表明由于等离子弧弧柱呈近似圆柱形，弧长变化对工件表面加热区的能量密度影响较小，母材的加热面积不会发生显著的变化，因而弧长变化的允许偏差不十分严格。而自由氩弧的形态呈圆锥形，在焊接过程中若弧长发生变化，会使母材的加热面积也随之发生较大的改变。

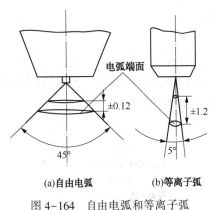

图 4-164 自由电弧和等离子弧
挺直度的对比

（5）等离子弧的刚性和柔性具有宽广的调节范围

具有高温、高能量密度、高冲击力和挺直度的等离子弧，通常称为刚性等离子弧。具有较小的能量密度和小的冲击力的等离子弧常称为柔性等离子弧。

等离子弧的刚性和柔性主要受电流、喷嘴孔径和形状、气体种类和流量等因素的影响。可根据不同的工艺要求，调节上述因素，从而得到具有不同温度、能量密度、冲击力和挺直度等性能的等离子弧。例如，对于等离子切割，应采用大电流，小的喷嘴孔径，大气体流量和高导热的气体，以得到具有高温、高能量密度、高冲击力和挺直的刚性等离子弧。而对于焊接，等离子弧的冲击力就不能太高，以免把熔化金属吹跑，这就要求较低的气体流量和较小的电流，以得到具有一定柔性的等离子弧。

3. 弧的基本形式

等离子弧按电源的接法和产生形式的不同，可分为转移型和非转移型两种基本形式，如图 4-165 所示。若这两种弧同时存在、同时作用，则称为联合型等离子弧。

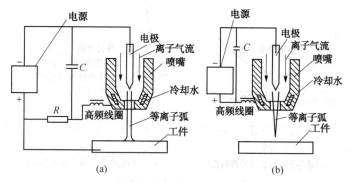

图 4-165 等离子弧的类型

（1）转移型等离子弧

等离子弧焊时，将电源的负极接电极，正极直接接工件，除此之外，电源的正极还经限流电阻和高频线圈接到喷嘴。焊接时，先在电极和喷嘴间激发形成小电流的引导电弧，然后将电弧转移至电极与工件之间直接燃烧，并随即切断喷嘴和电极间的电路。由于电极缩入喷嘴内，等离子弧难于直接形成，因而必须先引燃引导电弧，然后使电弧转移到工件，所以称为转移型弧，如图 4-165a 所示。

因转移型等离子弧的阳级斑点处于工件上，直接加热工件，使电弧热的有效利用率提高，同时转移型等离子弧具有很高的动能和冲击力。这种电弧适用于焊接、切割及粉末堆焊等。

（2）非转移型等离子弧

如图 4-165b 所示，电源接于钨极和喷嘴之间，工件不接入焊接回路，钨极为阴极，喷嘴为阳极，电弧产生在电极与喷嘴间并从喷嘴喷出，形成的等离子弧被称为非转移型等离子弧。也称为等离子焰。

因为非转移型弧对工件的加热是间接的，传到工件上的能量较少。这种非转移型等离子弧主要用于喷涂、薄板的焊接和许多非金属材料的切割与焊接。

（3）联合型等离子弧

转移型和非转移型弧同时存在的等离子弧，称为联合型等离子弧，如图 4-166 所示。这时需要用两个电源分别供电。在联合型等离子弧中，称非转移弧为维弧，而转移弧称为主弧。维弧在工作中起稳定电弧补充加热的作用。

此种形式的等离子弧常应用在微束等离子弧焊接和粉末堆焊中。例如在微束等离子弧焊接时，使用的焊接电流可小至 0.1A，正是因为采用了联合型弧，所以焊接过程很稳定。

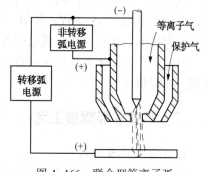

图 4-166 联合型等离子弧

4. 弧的静特性及对电源外特性的要求

（1）等离子弧的静特性

等离子弧的静特性呈 U 型，如图 4-167 所示，但它受到强烈压缩，因而具有以下特点：

1) 由于水冷喷嘴孔道的拘束作用使弧柱截面积受到限制，弧柱电场强度增大，电弧电压明显提高，U 型曲线的平特性段较自由电弧明显缩小。

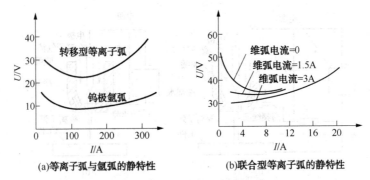

图 4-167　等离子弧的静特性

2）喷嘴的开头和孔道的尺寸对静特性有明显影响。喷嘴孔径越小，U 型曲线的平特性段就越小，上升特性段的余率增大，即弧柱的电场强度增大。

3）离子气种类和流量不同时，弧柱的电场强度将发生明显变化。因此等离子弧电源的空载电压按所用离子气种类而定。

4）联合型等离子弧由于非转移弧为转移弧提供了导电通路，所以其静特性下九特性段斜率明显减少，如图 4-167（b）所示，当非转移弧的电流 $I_2 \geqslant 1.5A$ 时，在焊接电流很小时已为平特性，因此小电流微束等离子弧采用联合型弧，以提高其稳定性。

（2）对电源外特性的要求

要求电源外特性与等离子弧的静特性配合，提供等离子弧稳定工作点和稳定的

工艺参数，保证电弧稳定燃烧，以及当弧长波动时尽量使工艺参数变化小，特别是使电流不发生突变，因此要求电源应具有陡或垂直下降特性。

目前广泛采用具有陡降外特性的直流电源作为等离子弧焊接和切割电源。在进行微束等离子弧焊接时，采用垂直下降外特性电源最为适宜。一般均采用直流正极性。为了焊接铝及铝合金等金属，则可采用方波交流电源。

等离子弧的电弧电压较高，为了使焊接和切割过程稳定和便于引弧，要求电源具有较高的空载电压，其数值按照离子气的种类不同而有所不同。用纯氩作为离子气的等离子弧焊接时，电源空载电压 65~80V；用氢、氩混合气时，空载电压需 110~120V。在小电流微束等离子弧焊接时，维弧电源空载电压为 100~150V，转移弧（主弧）电源空载电压为 80V 左右。

目前国产等离子弧焊机主要有：LH-300、LH-400、LH-500、LHZ-400 及 LH-30 微束等离子弧焊机等。

二、等离子弧焊接工艺

1. 工艺特点及应用

等离子弧焊接是 1960 年代迅速发展起来的一种重要的高能密度焊接方法。与钨极氩弧焊相比具有以下工艺特点：

（1）由于等离子弧的能量密度大，弧柱温度高，对工件加热集中，不仅熔透能力

和焊接速度显著提高，而且可利用小孔效应实现单面焊双面成形，使生产效率显著提高。

（2）焊缝深度比大，热影响区小，焊件变形较小，可以保证优良的焊接质量。

（3）焊接电流下限小到 0.1A 时，电弧仍然能稳定燃烧，并保持良好的挺度和方向性，

所以不仅能焊接中厚板，也适合于焊接超薄件。

（4）由于电弧呈圆柱形，对焊枪高度变化的敏感性明显降低，这对保证焊缝成形和熔透均匀性都十分有益。

采用等离子弧焊接方法可以焊接不锈钢、高强度合金钢、耐高温合金、钛及其合金、铝及其合金、铜及其合金以及低合金结构钢等。目前，等离子弧焊接已应用于化工、原子能、电子、精密仪器仪表、轻工、冶金、火箭、航空等工业和空间技术中。

2. 焊枪

焊枪是等离子弧焊时，用来产生等离子弧并用以进行焊接的装置。它的结构设计是否合理，对等离子弧的稳定性和焊接质量有着直接影响。

（1）对焊枪性能的基本要求

1）能固定喷嘴与钨棒的相对位置，并可进行轴向调节，对中性要好；

2）喷嘴与钨棒之间要绝缘，以便在钨极和喷嘴间产生诱导弧或非转移弧；

3）能对喷嘴和钨棒进行有效的冷却；

4）导入的离子气流和保护气流的分布和流动状态良好，喷出的保护气流具有良好的保护作用；

5）便于中工和装配，易于喷嘴的更换；

6）尽可能轻巧，使用时便于观察熔池和焊缝成形情况。

（2）焊枪的结构

等离子弧焊枪主要由上枪体，下枪体和喷嘴三部分组成。上枪体主要包括上枪体水套、钨极夹持机构、调节螺母绝缘罩及水电接头等，其作用是固定电极，并对其进行冷却、导电、调节内缩长度等。下枪体是由枪体水套、离子气及保护气气室、进气管及水、电接头等组成，其作用是固定喷嘴和保护罩，对下枪体及喷嘴进行冷却，输送离子气与保护气，以及使喷嘴导电等。上、下枪体之间要求绝缘可靠，气密性好，并有较高的同心度。

图4-168为两种实用焊枪的结构。其中图4-168（a）为电流容量300A，喷嘴采用直接水冷的大电流等离子弧焊枪。图4-168（b）是电流容量为16A，喷嘴采用间接水冷的微束等离子弧焊枪。冷却水从下枪体进，经上枪体出。上、下枪体之间由绝缘柱和绝缘套隔开，进出水口也是水冷电缆的接口。电极装在电极夹头中并通过螺母锁紧，电极夹头从上枪体插入，并由带绝缘套的压紧螺母锁紧。离子气和保护气分别输入下枪体。小容量焊枪的电极夹头中还有一压紧弹簧，按下电极夹头顶部可实现接触、短路、回抽引弧等程序。

（3）喷嘴

喷嘴是等离子弧焊枪的关键部件，它的结构形式和几何尺寸对保护等离子弧的压缩与稳定性有重要影响，直接关系到喷嘴使用寿命和焊缝成形质量。

图4-169为几种喷嘴的结构形式和几何参数。其主要参数有喷嘴孔径 d，孔道长度 l 与锥角 α 等。

1）喷嘴孔径 d　它决定等离子弧弧柱直径的大小，从而决定了等离子弧的能量密度。喷嘴孔径 d 的大小应根据使用电流和离子气流量来确定。当电流和离子气流量给定时，d 越大，则压缩作用越小，d 过大会失去压缩作用；d 过小，则会引起双弧，破坏等离子弧过程的稳定性，甚至烧坏喷嘴。因此，对于给定的 d，有一个合理的施用电流范围，如表4-99所示。

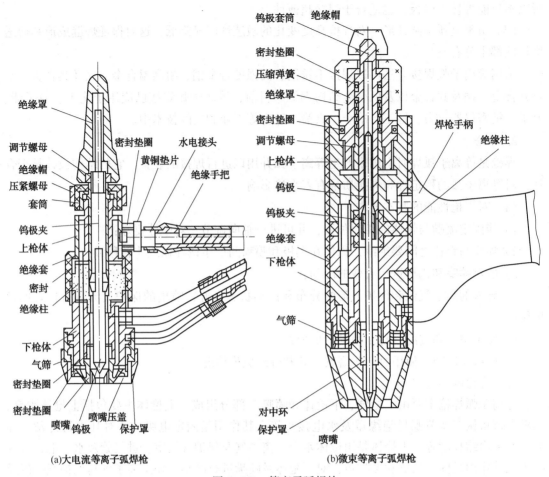

图 4-168　等离子弧焊枪

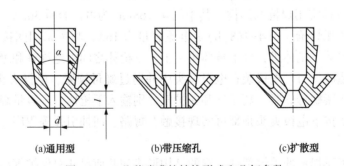

(a)通用型　　　　　(b)带压缩孔　　　　　(c)扩散型

图 4-169　几种喷嘴的结构形式和几何参数

表 4-99　喷嘴孔径与许用电流

喷嘴孔径 d/mm	0.6	0.8	1.2	1.4	2.0	2.5	2.8	3.0	3.5
许用电流/A	≤5	1~25	20~60	30~70	40~100	140	180	210	300

2) 喷嘴孔道长度 l 及孔道比　当 d 给定时，l 越长，则对电弧的压缩作用越强烈。但 l 太长也会造成电弧不稳，易产生双弧，使喷嘴烧坏。

因此 d 和 l 要有合理匹配，常以 l/d 表示喷嘴孔道貌岸然压缩特征，称为孔道比，如表 4-100 所示。

表 4-100　喷嘴的主要参数

喷嘴用途	孔径 d/mm	孔道比 l/d	锥角 α	备注
焊接	1.6~3.5	1.0~1.2	60°~90°	转移型弧
	0.6~1.2	2.0~6.0	25°~45°	转移型弧
堆焊	6~10	0.6~0.98	60°~75°	转移型弧
喷涂	4~8	5~6	30°~60°	非转移型弧

3) 锥角 α　又称压缩角，一般认为 α 角越小对等离子弧的压缩作用越强。但实际上对等离子弧的压缩影响不大，特别是当离子气流量较小，l/d 较小时，α 角在 30°~180° 均可用。但 α 角过小，则钨极直径和上下调节受到限制，同时还应考虑 α 角要与钨极端部形状相配合，以利于阴极斑点置于顶端而不上漂，因此一般选取 α 角为 60°~75°。

4) 喷嘴孔道形状　喷嘴压缩孔的基本结构形式(图 4-169)有单孔型和多孔型等，它们的孔道形状多为圆柱状，也可为截锥状。单孔型喷嘴(图 4-169(a))多用于中、小电流等离子弧焊。多孔型喷嘴一般在中心压缩孔道的两侧带有两个辅助小孔(图 4-169(b))，可从两侧进一步压缩等离子弧，使其截面成椭圆状，使热源有效功率密度提高，有利于进一步提高焊接速度和减小焊缝及热影响区宽度。同时，采用多孔型喷嘴可增大离子气流量，加强对钨极末端的冷却作用，所以在大电流等离子弧焊枪中，多采用这种形式的喷嘴。此外还有双锥度喷嘴，是扩散型喷嘴之一(图 4-169(c))，这种喷嘴虽然对等离子弧的压缩作用减弱，但能减少或避免产生双弧，有利于提高等离子弧的稳定性和喷嘴的使用寿命，可以采用更大的焊接电流进行焊接。

喷嘴结构如果不合理或冷却不足往往是造成喷嘴损坏的直接原因。因此除了保护喷嘴结构和尺寸设计合理外，喷嘴在使用中还应得到充分的冷却。喷嘴应采用导热性良好的紫铜制造，大功率喷嘴必须采用直接水冷，为提高冷却效果，喷嘴壁厚一般不宜大于 2~2.5mm。

(4) 电极

等离子弧焊接以氩气作为离子气，因此一般以铈钨作为电极材料，原先常用的钍钨极现已很少应用。其冷却方式有间接和直接水冷式两种。为了改善水冷状况以制约阴极斑点漂移，对于大电流等离子弧焊枪应尽可能采用镶嵌式水冷电极，如图 4-170 所示。

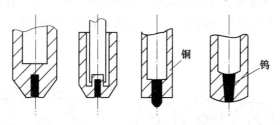

图 4-170　镶嵌式水冷电极

1) 电极直径及端部形状　电极直径大小与它所允许通过的最大工作电流有关，表 4-101 列出了等离子弧用钨极直径和电流范围。

常用的电极端部形状如图 4-171 所示。电极端部形状应易于引弧并能保持等离子弧的稳定性，同时应与喷嘴的锥角相适应，以免造成气流紊乱。电极端部一般磨成 30°~60° 的尖锥角。电流较小时，锥角可以小一些；电流大、电极直径大时，电极可磨成圆台形、圆台尖锥形、锥球形、球形等形状，以减慢烧损。

表 4-101　等离子弧钨极直径与电流范围

电极直径/mm	电流范围/A	电极直径/mm	电流范围/A
0.25	<15	2.4	150~250
0.50	5~20	3.2	250~400
1.0	15~80	4.0	400~500
1.6	70~150	5.0~9.0	540~1000

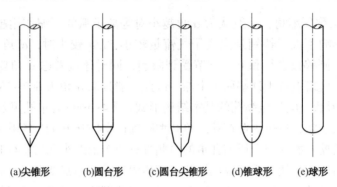

(a)尖锥形　(b)圆台形　(c)圆台尖锥形　(d)锥球形　(e)球形

图 4-171　钨极的端部形状

2）内缩量和同心度　电极内缩长度 l_g（图 4-172(a)）对等离子弧的压缩与稳定性有很大影响。l_g 增大时压缩程度提高，但 l_g 过大易产生双弧。在等离子弧焊接中一般取 $l_g = 1mm \pm 0.2mm$。

钨极与喷嘴的同心度，对电弧的稳定性及焊缝成形也有着重要的影响。同心度好，则等离子弧的稳定性就好，若同心度不好，钨极偏心会造成等离子弧偏斜，造成焊缝成形不良，并且易形成双弧。同心度可在焊前通过电级周围高频火花的分布情况来检测，如图 4-172(b)所示，焊接时一般要求高频火花在电极周围均匀分布 75%~80% 以上。

（5）送气方式

离子气送入焊枪气室的方式一般有两种：切向送气，如图 4-173(a)所示和径向送气，如图 4-173(b)所示。切向送气时，气体通过一个或多个切向孔道送入，使气流在气室做旋转运动，由于气流形成的旋涡中心为低压区，当流经喷嘴孔道时，有利于弧柱稳定在孔道中心。径向送气时，气流将沿弧柱轴向流动。研究结果表明，切向送气对等离子弧的压缩效果比径向送气好。

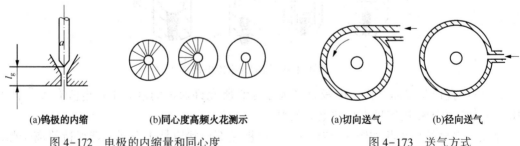

(a)钨极的内缩　(b)同心度高频火花测示　　(a)切向送气　(b)径向送气
图 4-172　电极的内缩量和同心度　　　　　图 4-173　送气方式

3. 焊接方法及工艺参数的选择

（1）小孔型等离子弧焊接

1）基本原理　利用等离子弧在适当的工艺参数下产生的小孔效应来实现等离子弧焊接

的方法，称为小孔型等离子弧焊。等离子弧焊时，由于弧柱温度与能量密度大，将工件完全熔透，并在等离子流力作用下在熔池前缘穿透整个工件厚度，形成一个小孔（图4-174（a）），熔化金属被排挤在小孔周围，并沿熔池壁向熔池后方流动，小孔随同等离子弧一起沿焊接方向向前移动，而形成均匀的焊缝。小孔型等离子弧焊是目前等离子弧焊接的主要方法。稳定的小孔焊接过程，是焊缝完全焊透的一种标志。焊接电流为100~300A的较大电流等离子弧焊大都采用这种方法。

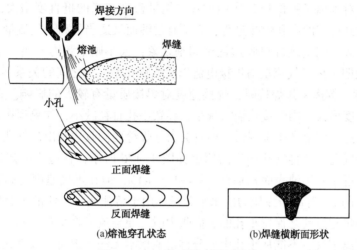

图4-174　小孔型等离子弧焊接

在小孔型等离子弧焊时，由于存在小孔而减少了电弧对熔池的压力，减少了焊缝下面的下凹和背面的焊漏。所以小孔型焊接不仅可使焊缝下面成形良好，而且在背面也形成一个均匀细窄的焊缝，其断面形状呈"酒杯状"，如图4-174（b）所示。因而，工件厚度在一定范围时可不开坡口，不留间隙，不加填充焊丝，可在背面不用衬垫的情况下实现单面焊双面一次成形。这种焊接方法也可用于多层焊时第一层焊道的焊接。

由于这种小孔效应只有在足够的能量密度条件下才能形成，所以小孔型等离子弧焊接只能在一定板厚范围内进行。小孔型等离子弧焊可焊接的板厚范围大体是：碳素结构钢4~7mm，低合金结构钢2~7mm，不锈钢3~10mm，钛合金2~12mm。

2）焊接工艺参数的选择

a. 焊接电流　焊接电流是决定等离子弧功率的主要参数，在其他条件给定的情况下，当焊接电流增大时，则等离子弧的热功率和电弧力增大，熔透能力增强。因此，焊接电流应根据焊件的材质和厚度首先确定。如果焊接电流太小，则形成的小孔直径过小，甚至不能形成小孔，因而无法实现小孔型焊接；如果焊接电流过大，则穿出的小孔直径也过大，熔化的金属也多，熔池金属将出现坠落或烧穿，便不能实现稳定的小孔型焊接。并且，电流太大时还容易产生双弧。因此，焊接电流应选择适当并通过工艺试验加以确定，例如，厚度6mm的不锈钢板，I形坡口无间隙对接，采用小孔型等离子弧焊接，当焊接速度确定为360mm/min时，合适的焊接电流范围约为210~230A。

b. 喷嘴孔径　一定孔径的喷嘴相应有一个允许使用的电流极限值（许用电流值，或称喷嘴临界电流值），如表4-100所示。因此，喷嘴孔径应根据已确定的焊接电流值加以选择，这实际上也包含了焊件材质和厚度等前提条件。

c. 离子气种类和流量　等离子弧焊接所用的离子气主要是氩气。但对于各种材料的焊接，若都采用单一的氩气并不一定都能得到最好的焊接效果。如焊接不锈钢时，在氩气中加入适量的氢气可提高电弧的热功率，在较小的电流下可使焊接速度加快，从而减少接头的过热。通常可采用 Ar+H$_2$ 5%~15%，氢气不宜过多，否则易生成氢气孔。焊接活泼性金属时则不可加入氢气，而采用另外的气体，如焊钛可采用 He50%~75%+Ar50%~25%。焊铜可采用 N$_2$ 100%或 He 100%。

离子气流量的选择主要根据已确定的焊接电流值，同时考虑喷嘴孔型等有关因素。离子气流量增加时，对等离子弧的压缩作用增强，能量密度和弧的挺直度增大，熔透能力也增大。因此，要得到稳定的小孔焊接过程，必须有足够而又适当的离子气流量。离子气流量不能太大或太小，太大则出现焊缝咬边甚至切割现象；太小则电弧力不足，不易产生小孔效应。图4-175表明了离子气流量与焊接电流以及喷嘴孔型三者之间的关系。

d. 焊接速度　等离子弧焊接时，焊接速度对焊接质量有较大的影响。在进行小孔焊接过程中，焊接速度增大，则焊接热输入减小，导致小孔直径减小，如果焊接速度过高则会导致小孔的消失，这不仅会产生未焊透，而且会引起焊缝两侧咬边和出现气孔，甚至会形成贯穿焊缝的长条形气孔。这种气孔产生的原因如图4-176所示，在适宜的焊接速度下，等离子弧柱的轴线接近于和熔池表面相垂直(图4-176(a))，但在焊接速度过高时等离子弧明显后拖(图4-176(b))，等离子弧压力的水平分量作用于熔池底部，使液体金属向后凹进。上部液体金属的重量超过使之保持小孔的表面张力时，便会流下将小孔堵塞，并把熔池底部的气体包围住，使离子气流不能从小孔中充分排走或根本无法排走而形成气孔，所以气孔内气体成分是离子气。小孔过程中断处以及起弧、熄弧处常见到这类气孔。若焊接速度太慢又会造成工件过热、熔池附落、正面咬边和下陷、反面突出太多而成形不良。

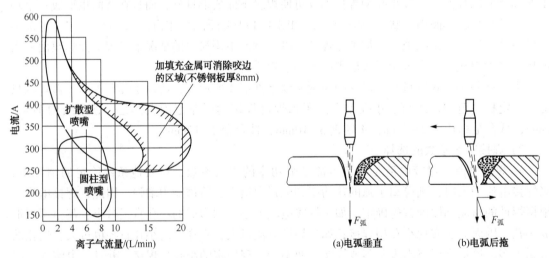

图4-175　电流喷嘴孔型离子气流量之间的匹配　　图4-176　小孔型等离子弧焊时熔池纵断面压力分布

焊接速度的选择主要根据焊接电流，同时考虑离子气流量的大小。图4-177是小孔型等离子弧焊接时，电流、焊速和离子气流量三者之间的匹配关系。可以看出：(a)在离子气流量一定时若提高焊接速度，则需增大焊接电流；(b)离子气流量的每一个值都有一个获得良好焊接结果(即平滑焊道)的参数匹配区，电流不家迁大或太小；(c)在焊接速度一定时，增加离子气流量，就必须相应地增大焊接电流；(d)在焊接电流一定时，增加离子气流量，就要相应地降低焊接速度。

e. 喷嘴至工件表面的距离　由于等离子弧呈圆柱形，弧长变化对工件上的加热面积影响较小，所以喷嘴至工件端面间距的变化限制不十分严格。但距离太大也会使电弧不稳定，降低电弧的穿透能力；过小则易造成喷嘴沾粘飞溅物。因此喷嘴至工件表面距离一般取 3～5mm。大电流焊接时，距离可稍大，小电流焊接时，应选择小一些。

f. 保护气及其流量　在等离子弧焊接中，保护气体通常和离子气相同。为了获得稳定的等离子弧和良好的保护效果，在离子气和保护气流量之间应有一个恰当的比例。如果保护气流量不足，则起不到保护作用；保护气流量太大会造成气流的紊乱，影响等离子弧的稳定性和保护效果。

g. 接头间隙　由于小孔型等离子弧焊具有单面焊双面成形的特点，要求对接接头无间隙，因而对装配间隙和错边等必须严格控制。但在生产应用中，要保证无间隙或非常小的间隙有时是有

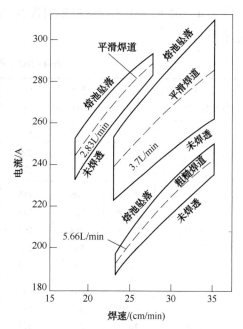

图 4-177　电流-焊速-离子气流量匹配
（不锈钢板厚 8mm）

困难的，而且在焊接过程中，焊接变形也会使间隙增大。为了保证焊接质量，可采用添加填充焊丝的方法进行焊接，这样可略为降低对接头间隙装配精度的要求。

h. 焊接电流和离子气流量的递增及衰减　采用小孔型等离子弧焊时，弧柱在熔池前缘始终穿透成一个小孔。若起焊时就采用正常的焊接电流和离子气流，则在形成小孔前，会将熔池金属搅乱和排出熔池，使起焊点产生气孔和焊缝不规则等缺陷。当焊接结束时，必须消除小孔填满弧坑，尤其是环缝焊接更加必要。因此，为了保证起焊点充分穿透和防止出现气孔，最好能采用焊接电流和离子气流量递增式起弧控制。为了保证收弧处或环缝搭接点的焊缝质量，也应采用焊接电流和离子气流量的衰减控制，其控制程序循环图如图 4-178 所示。在焊接直对接焊缝时，可通过接入引弧板和引出板来解决。

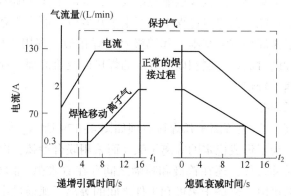

图 4-178　带有递增和衰减控制的等离子弧焊程序循环
t_1—递增时间（s）；t_2—衰减时间（s）

表4-102列出了不同材料采用带有二个辅助小孔的圆柱形喷嘴进行焊接的典型焊接工艺参数。

表4-102 等离子弧焊接工艺参数

焊件材料 \ 工艺参数	板厚/mm	焊速/(mm/min)	电流/A	电压/V	气体流量/(L/h) 种类	离子气	保护气	坡口形式	工艺特点
低碳钢	3.175	304	185	28	Ar	364	1680	I	小孔
低合金钢	4.168	254	200	29	Ar	336	1680	I	小孔
	6.35	354	275	33	Ar	420	1680	I	
不锈钢	2.46	608	115	30	$Ar+H_2 5\%$	168	980	I	小孔
	3.175	712	145	32	$Ar+H_2 5\%$	280	980	I	
	4.218	358	165	36	$Ar+H_2 5\%$	364	1260	I	
	6.35	354	240	38	$Ar+H_2 5\%$	504	1400	I	
	12.7	270	320	26	Ar			I	
钛合金	3.175	608	185	21	Ar	224	1680	I	小孔
	4.218	329	175	25	Ar	504	1680	I	
	10.0	254	225	38	He75%+Ar	896	1680	I	
	12.7	254	270	36	He50%+Ar	756	1680	I	
	14.2	178	250	39	He50%+Ar	840	1680	v	
铜	2.46	254	180	28	Ar	280	1680	I	小孔
	3.175	254	300	33	He	224	1680	I	
	6.35	508	670	46	He	140	1680	I	
黄铜	2.0	508	140	25	Ar	224	1680	I	小孔
	3.175	358	200	27	Ar	280	1680	I	
镍	3.175		200	30	$Ar+H_2 5\%$	280	1200	I	小孔
	6.35		250	30	$Ar+H_2 5\%$	280	1200	I	

（2）熔透型等离子弧焊接

这种焊接方法是在焊接过程中，只熔透焊件，但不产生小孔效应的等离子弧焊接方法。当等离子弧的离子气流量减小，则电弧压缩程度较弱，等离子弧从喷嘴喷出速度较小，所以等离子弧的穿透能力也较低，在焊接过程中不产生小孔效应，而主要靠熔池的热传导实现熔透。这种熔透型等离子弧焊接方法基本上和钨极氩弧焊相似。多用于板厚3mm以下结构的焊接、角焊缝或多层焊缝时的第二层和以后各层的焊接以及盖面焊。焊接时可添加或不加填充焊丝，优点是焊接速度较快。

（3）微束等离子弧焊接

1）基本原理与特点　微束等离子弧焊接原理如图4-179所示。微束等离子弧焊一般是在小电流下进行焊接，为了形成稳定的等离子弧，而采用联合型弧，即在焊接时，除了燃烧于钨极和工件之间的转移弧外，还在钨极和喷嘴之间存在着维弧（非转移弧），它们分别由转移弧电源和维弧电源供电。燃烧于钨极和工件之间的等离子弧通过小孔径的喷嘴，形成细长柱状的微束等离子弧来熔化进行焊接。

由于在焊接过程中一直存在维弧，即使焊接电流很小，甚至小至零点几安培，仍能维持等离子弧稳定地燃烧。维弧的引燃常采用高频引弧或接触引弧。

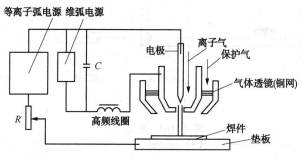

图4-179 微束等离子弧焊接原理图

微束等离子弧焊接常用的焊接电流范围为0.1~30A。由于微束等离子弧的静特性曲线在维弧电流≥2A时是平直的(图4-177(b)),它和电源外特性曲线有稳定燃烧的交点,因此在焊接电流小至0.1A的情况下,电弧仍能稳定地燃烧,并有良好的挺度,这是其他工艺方法所不能达到的。

微束等离子弧焊接具有以下特点:

a. 小电流时电弧仍能保持稳定。

b. 电弧呈细长的圆柱状,弧长的变化对工件加热状态的影响较小,因此它对喷嘴至工件间距离变化的敏感性较小,焊接质量稳定。这对薄板的焊接是十分重要的。

c. 焊件变形量和热影响区小于钨极氩弧焊。

d. 设备简单,焊枪小巧,易于操作和实现自动化。

2)焊接工艺 微束等离子弧焊接一般采用熔透型焊接方式,它主要用于薄件焊接,因而对工件的焊前清理和装配质量要求严格。

a. 工件的焊前清理 工件表面的焊前清理应给于特别的重视。焊前应去除工件表面的油污、氧化膜及其他杂质。工件越小、越薄,清理越要仔细。

b. 装配要求 焊接薄件或超薄件时,为保证焊接质量,应采用精密的装焊夹具来保证装配质量和防止焊接变形。

对于板厚小于0.8mm的对接接头,其装配要求如图4-180所示。当焊缝反面要求保护时,可在夹具的垫板槽中通入氩气。

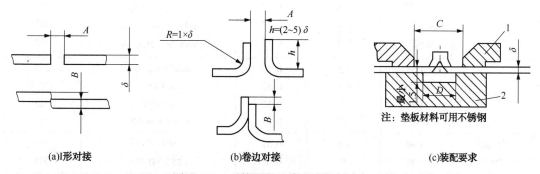

(a)I形对接　　　　　　　(b)卷边对接　　　　　　(c)装配要求

图4-180 对接及卷边接头的装配要求

1—压板;2—垫板(可用不锈钢)对于平头对接 $C=10\delta\sim20\delta$;对于卷边对接 $C=15\delta\sim30\delta$;$D=4\delta\sim16\delta$

c. 接头形式 微束等离子弧焊接的典型接头形式如图4-181所示。板厚小于0.3mm时,推荐卷边接头或端面接头,卷边尺寸如表4-103所示。板厚大于0.3~0.8mm时,可采用对接接头,也可采用卷边或端面接头。

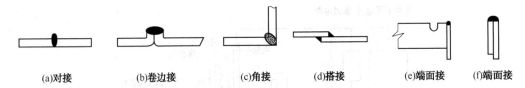

| (a)对接 | (b)卷边接 | (c)角接 | (d)搭接 | (e)端面接 | (f)端面接 |

图 4-181　典型接头形式

表 4-103　卷边尺寸

板厚 δ/mm	卷边高度 h/mm
0.05	0.25~0.05
0.15	0.5~0.07
0.3	0.8~1.0

d. 焊接工艺参数的选择　在微束等离子弧焊接中,选择焊接工艺参数时,要特别注意维弧电流的选定,为了保证微束等离子弧在很小电流下能稳定地燃烧,维弧电流应大于 2A,一般选择为 2~5A。几种金属材料微束等离子弧焊接时的焊接工艺参数如表 4-104 所示。

3) 微束等离子弧焊接的应用　采用微束等离子弧焊接方法已成功地焊接直径 0.01mm的细丝及 0.01~0.8mm 的薄板。它可以焊接不锈钢、因科镍、哈斯特洛依、可伐合金、铜、钛、钽、钼、钨等金属材料。在工业上已用于焊接薄钢带、薄壁管、薄壁容器、波纹管、热电偶丝、筛网、硅管、真空管器件、手术器械等,还可用于工件表面微小缺陷的修补。

表 4-104　微束等离子弧焊对接接头焊接工艺参数

材料	厚度/mm	电流/A	保护气体		焊接速度/（mm/min）
			流量/（m^3/h）	成分/%	
不锈钢	0.78	10	0.71	（mm/min）Ar100%	75
	0.75	10	0.43	Ar99.5%+$H_2$0.5%	125
	0.25	6	0.57	Ar99.5%+$H_2$0.5%	200
	0.25	5.6	0.57	Ar97%+$H_2$3%	375
	0.125	2	0.57	Ar99.5%+$H_2$0.5%	125
	0.125	1.6	0.57	Ar50%+He50%	325
	0.075[①]	1.6	0.57	Ar99.5%+$H_2$0.5%	150
	0.025[①]	0.3	0.57	Ar99.5%+$H_2$0.5%	125
钛	0.55	12	0.57	Ar25%+He75%	225
	0.375	5.8	0.57	Ar100%	137.5
	0.20	5	0.57	Ar100%	125
	0.075	3	0.57	Ar50%+He50%	150
因科镍 718	0.40	3.5	0.57	Ar99%+$H_2$1%	150
	0.30	6	0.57	Ar25%+He75%	375
哈斯特洛伊	0.50	10	0.57	Ar100%	250
	0.25	5.8	0.57		200
	0.125	4.8	0.57		250
铜	0.075[①]	10	0.57	Ar25%+He75%	150

① 弯边对接头:氩气流量为 0.017m^3/h,喷嘴直径为 0.75mm。

4. 双弧现象及防止措施

（1）双弧现象

在等离子弧焊接过程中，正常的转移型等子弧应稳定地燃烧在钨极和工件之间。但有时会由于某些原因，在正常的转移弧之外又形成一个燃烧于钨极-喷嘴-工件之间的串联电弧，称这种现象为双弧现象。如图 4-182 所示，从外部可观察到两个电弧同时存在。

（2）双弧现象的危害

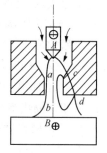

图 4-182　双弧现象

焊接过程中一旦产生双弧，可观察到电弧形态和工艺参数发生变化，带来以下一些危害。

1）由于出现双弧，使主弧电流减小，电弧电压降低，减弱了等离子弧的穿透能力，从而严重的影响焊缝成形。

2）破坏了等离子弧的稳定性，导致正常焊接过程的破坏。

3）由于喷嘴成为串联电弧的电极，并导通串联电弧的电流，引起喷嘴过热，易导致喷嘴烧毁，造成等离子弧焊接过程中断。

因此，双弧现象的危害是很大的，分析双弧形成的原因以及防止产生双弧是一个极其重要的问题。

（3）双弧的形成机理

关于双弧的形成机理有许多不同的假设，但认识比较一致的假设是所谓冷气膜位障理论，即等离子弧稳定燃烧时，在等离了弧弧柱和喷嘴孔壁之间存在着由离子气所形成的冷气和导电都具有较强的阻滞作用。因此冷气膜的存在一方面起着绝热作用，可防止喷嘴因过热而烧坏；另一方面，冷气膜的存在相当于弧柱和喷嘴孔壁之间有一绝缘套筒存在，它隔断了喷嘴与弧柱间的联系，从而冷气膜在弧柱和喷嘴之间建立起一个隔热绝缘的位障，使等离子弧稳定地燃烧在钨极和工件之间，不会产生双弧。若在某种因素的影响下，冷气膜位障被击穿，则隔热绝缘作用消失，就会产生双弧现象。根据电弧的最小电压原理可知，如果出现双弧现象，等离子弧导电通路 AB 之间的电压降必然大于串联电弧导电通路 Ac-cd-dB 之间的电压降（见图 4-182），双弧才能稳定存在。

（4）影响双弧形成的因素及防止措施

1）喷嘴结构及尺寸　喷嘴结构及尺寸对双弧形成有决定性作用。在其他工艺参数不变的情况下，喷嘴孔径 d 减小或增大孔道长度 l 时，会使冷气膜的厚度减薄，而平均温度升高，减小冷气膜的位障作用，使喷嘴产生双弧的临界电流降低，故容易产生双弧。同理，钨极的内缩量 l_g 增大时，也易产生双弧。

2）焊接电流　当喷嘴结构及尺寸确定时，如果焊接电流增大则一方面等离子弧弧柱的直径增大，使得弧柱和喷嘴孔壁之间的冷气膜减薄，容易被击穿；另一方面，等离子弧弧柱的扩展又受到喷嘴孔径的拘束，则弧柱电场强度增大，弧柱压降增加，从而会导致形成双弧。因此，对于给定的喷嘴，允许使用电流有一个极限的临界值，超过此临界值，则易形成双弧，把此临界值称为形成双弧的喷嘴临界电流。

3）离子气的成分和流量　离子气成分不同，则对弧柱的冷却作用不同，并且弧柱的电场强度也不同。如果离子气成分对弧柱有较强的冷却作用，则热缩效应增强、弧柱截面减小，使冷气膜厚度增加，隔热绝缘作用增强，便不易形成双弧。例如，采用 $Ar+H_2$ 混合气时，其中双原子气体 H_2 高温吸热分解，所以对弧柱冷却作用增强，虽然也使喷嘴孔道内弧柱压降增加，但因冷气膜厚度增加，隔热绝缘作用增强，则使引起双弧的临界电流提高。当离子气流量减小时，由于冷气膜厚度减小，容易形成双弧。

4）喷嘴冷却效果和表面沾粘物　喷嘴冷却不良，温度提高，或表面有氧化物沾污，或金属飞溅物沾粘形成凸起时，则使临界电流降低，也是导致产生双弧的原因。

5）同心度的影响　钨极和喷嘴不同心会造成冷气膜不均匀，使局部区域冷气膜厚度减小易被击穿，常常是导致双弧的主要诱因。

防止形成双弧的措施有：

a. 适当增大喷嘴孔径，减小孔道长度和内缩量，都会使喷嘴通道内部弧柱压降减小，以防止双弧的形成。喷嘴孔径的增大，使孔道内弧柱的电场强度减小，从而使喷嘴通道内部弧柱压降减少，同时使形成双弧的临界电流值提高，不易产生双弧。

b. 适当增加离子气流量，虽然也会使喷嘴通道内部弧柱压降增加，但因同时也使冷气膜厚度增加，隔热绝缘作用增强，因而双弧形成可能性反而减小。

c. 保证钨极和喷嘴的同心度，同心度越好，电弧越稳定。

d. 采用切向进气，使外围气体密度高于中心区域，既有利于提高中心区域电离度，又有利于降低外围区域温度，提高冷气膜厚度，使隔热绝缘作用增强，也有利于防止双弧的形成。采用陡降外特性电源可以获得比较大的等离子弧电流而不致产生双弧。

三、等离子弧切割

1. 工作原理与切割特点

等离子弧切割是利用等离子弧热能实现金属熔化的切割方法。根据切割气流的不同，分为氮等离子弧切割、空气等离子弧切割和氧等离子弧切割等。

切割用等离子弧温度一般在 $10000 \sim 14000$℃，远远超过所有金属以及非金属的熔点。因此能够切割绝大部分金属和非金属材料。这种方法诞生于 20 世纪 50 年代，最初用于切割氧乙炔焰无法切割的金属材料，如铝合金及不锈钢等。随着这种方法的发展，其应用范围已经扩大到碳钢和低合金钢。

（1）工作原理

等离子弧割枪的基本设计与等离子弧焊枪相似。用于焊接时，采用低速的离子气流熔化母材以形成焊接接头；用于切割时，采用高速的离子气流熔化母材并吹掉熔融金属而形成切口。切割用离子气焰流速度及强度取决于离子气种类、气体压力、电流、喷嘴孔道比及喷嘴至工件的距离等参数。等离子弧割枪基本结构及术语如图 4-183 所示。

等离子弧切割时采用正接极性电流，即电极接电源负极。切割金属时采用转移弧，引燃转移弧的方法与割枪有关。割枪分有维弧割枪及无维弧割枪两种，有维弧割枪的电路接线见图 4-184，无维弧割枪电路接线无电阻 R 支路，其余与有维弧割枪的电路接线相同。

图 4-185 中电阻 R 的作用是限制维弧电流，将维弧电流限制在能够顺利引燃转移弧的最低值。高频引弧器用来引燃维弧。引弧时，接触器触点闭合，高频引弧器产生高频高压引燃维弧。维弧燃后，当割枪接近工件时，从喷嘴喷出的高速等离子焰流接触到工件便形成电极至工件间的通路，使电弧转移至电极与工件之间，一旦建立起转移弧，维弧自动燃灭，接触器触点经一段时间延时后自动断开。

无维弧割枪引弧时，将喷嘴与工件接触，高频引弧器引燃电极与喷嘴之间的非转移弧。非转移弧引燃后，就迅速将割枪提起距工件 $3 \sim 5$mm，使喷嘴脱离导电通路，电弧便转移至电极与工件之间。自动割枪均需采用有维弧结构。60A 以下手工切割常采用无维弧结构割枪。60A 以上手工割枪常采用有维弧结构割枪。

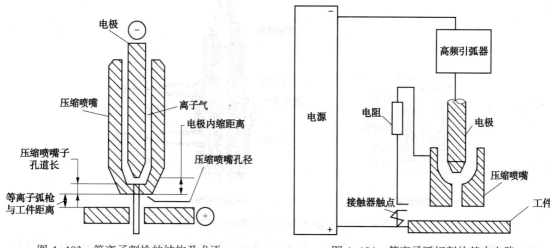

图 4-183　等离子割枪的结构及术语　　　　图 4-184　等离子弧切割的基本电路

除使用高频引弧器外，有的割枪上的电极是可移动的，此类割枪可以使用电极回抽法引弧。引弧时，将割枪上的电极与喷嘴短路后迅速分离，引燃电弧。

（2）切割特点　与机械切割相比，等离子弧切割具有切割厚度大，切割灵活，装夹工件简单及可以切割曲线等优点。与氧乙烯焰切割相比，等离子弧具有能量集中，切割变形小及起始切割时不用预热等优点。

等离子弧切割的缺点是：与机械切割相比，等离子弧切割公差大，切割过程中产生弧光辐射，烟尘及噪声等公害。与氧乙烯焰相比，等离子切割设备费贵；切割用电源空载电压高，不仅耗电量大而且在割枪绝缘不好的情况下，易对操作人员造成电击。

2. 切割方法

等离子弧切割方法除一般形式外，派生出的形式还有水再压缩等离子弧切割、空气等离子弧切割等。

（1）一般等离子弧切割　图 4-185（a）为一般的等离子弧切割的原理图，图 4-185（b）为典型等离子弧割枪结构。等离子弧切割可采用转移型电弧或非转移型电弧，非转移型电弧适宜于切割非金属材料。但由于工件不接电，电弧挺度差，故非转移型电弧切割金属材料的切割厚度小。因此，切割金属材料通常都采用转移型电弧。一般的等离子弧切割不用保护气，工作气体和切割气体从同一喷嘴内喷出，引弧时，喷出小气流离子气作为电离介质，切割时，则同时喷出大气流气体以排除熔化金属。

切割薄金属板材时，可采用微束等离子弧来获得更窄的割口。

（2）水再压缩等离子弧切割　水再压缩等离子弧切割时，由割枪喷出的除工作气体外，还伴随着高速流动的水束，共同迅速地将熔化金属排开。其切割原理及典型割枪如图 4-185 所示。喷出喷嘴的高速水流有二种进水型式。一种为高压水流径向进入喷嘴孔道后再从割枪喷出；另一种为轴向进入喷嘴外围后以环形水流从割枪喷出。这二种形式的原理分别如图 4-186（a）、图 4-186（b）所示。高压高速水流由一高压水源提供。高压高速水流在割枪中，一方面对喷嘴起冷却作用，一方面对电弧起再压缩作用。图 4-186（a）型式对电弧的再压缩作用较强烈。喷出的水束一部分被电弧蒸发，分解成氧与氢，它们与工作气体共同组成切割气体，使等离子弧具有更高的能量；另一部分未被电弧蒸发、分解，但对电弧有着强烈的冷

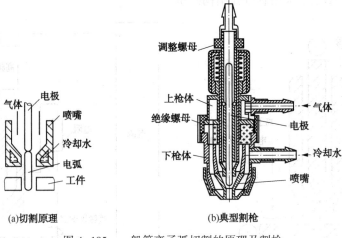

图 4-185 一般等离子弧切割的原理及割枪

(a)切割原理   (b)典型割枪

却作用，使等离子电弧的能量更为集中，因而可增加切割速度。喷出割枪的工作气体采用压缩空气时，为水再压缩空气等离子弧切割，它利用空气热焓值高的特点，可进一步提高切割速度。

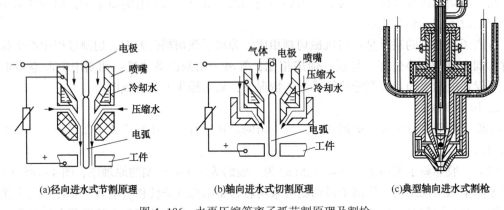

(a)径向进水式节割原理   (b)轴向进水式切割原理   (c)典型轴向进水式割枪

图 4-186   水再压缩等离子弧节割原理及割枪

水再压缩等离子弧切割的水喷溅严重，一般在水槽中进行，工件位于水面下 200mm 左右。切割时，利用水的特性，可以使切割噪声降低 15dB 左右，并能吸收切割过程中所形成的强烈弧光、金属粒子、灰尘、烟气、紫外线等，大大地改善了操作工的工作条件。水还能冷却工件，使割口平整和割后工件热变形减小，割口宽度也比等离子弧切割的割口窄。

水再压缩等离子弧切割时，由于水的充分冷却以及水中切割时水的静压力，降低了电弧的热能效率，要保持足够的切割效率，在切割电流一定条件下，其切割电压比一般等离子弧切割电压要高。此外，为消除水的不利因素，必须增加引弧功率、引弧高频强度和设计合适的割枪结构来保证可靠引弧和稳定切割电弧。

（3）空气等离子弧切割 空气等离子弧切割一般使用压缩空气作离子气，图 4-187 为空气等离子弧切割原理图及割枪结构。这种方法切割加热后分解和电离，生成的氧与切割金属产生化学放热反应，加快了切割速度。充分电离了的空气等离子体的热焓值高，因而电弧的能量大，切割速度快。当板材厚度为 12mm 时，空气等离子弧切割速度为氧乙炔焰切割速度的两倍，而切割厚度为9mm时，切割速度是氧乙炔焰切割速度的三倍。由于切割速度快，人工费用相对降低，加之压缩空气价廉易得，空气等离子弧在切割30mm以下板材时比氧乙炔焰更具有优势。除切割碳钢外，这种方法也可以切割铜，不锈钢、铝及其他材料。但是这种方法电极受到强烈的氧化腐蚀，所以一般采用纯锆或纯铪电极。即使采用锆、铪电极，它的工作寿命一般也只在5~10h以内。为了进一步提高切割碳钢时的速度和质量，可采用氧作离了气，但氧作离子气时电极烧损更严重。为降低电极烧损，也可采用复合式空气等离子弧切割，其切割原理如图4-187(b)所示。这种方法采用内外两层喷嘴，内层喷嘴通入常用的工作气体，外喷嘴内通入压缩空气。

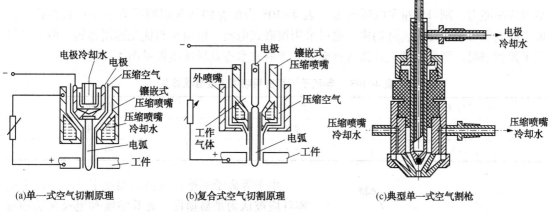

(a)单一式空气切割原理   (b)复合式空气切割原理   (c)典型单一式空气割枪

图4-187   空气等离子弧节割原理及割枪

3. 切割设备

等离子弧切割系统主要由供气装置、电源以及割枪几部分组成，水冷枪还需有冷却循环水装置。图4-188是空气等离子弧切割系统示意图。

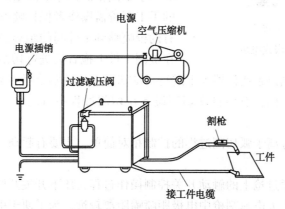

图4-188   空气等离子弧切割系统示意图

（1）供气设备   空气等离子弧切割的供气装置的主要设备是一台大于1.5kW的空气压缩机，切割时所需气体压力为0.3~0.6MPa。如选用其他气体，可采用瓶装气体经减压后供切割时使用。

（2）电源   等离子弧切割采用具有陡降或恒流外特性的直流电源。为获得满意的引弧及稳弧效果，电源空载电压一般为切割时电弧电压的两倍，常用切割电源空载电压为150~400V。

切割用电源有几种类型。最简单的电源是硅整流电源、整流器、前级的变压器是高漏抗式的，所以电源具有陡降外特性。这种电源的输出电流是不可调节的，但有的电流采用抽头式变压器，用切换开关调节二档或三档的输出电流。

目前连续可调节输出电流的常用电源有磁放大器式、晶闸管整流式以及逆变电源，这些电源可将输出电流调节至理想的电流值上。其中逆变电源具有高效、体积小及节能等优点，随着大功率半导体器件的商品化，逆变电源将是切割电源的发展方向。

（3）割枪 等离子弧切割用的割枪大体上与等离子弧焊枪相似，只是割枪的压缩喷嘴及电极不一定都采用水冷结构。割枪的具体形式取决于割枪的电流等级，一般60A以下割枪多采用风冷结构，即利用高压气流对喷嘴及枪体冷却及对等离子弧进行压缩。而60A以上割枪多采用水冷结构，割枪压缩喷嘴的结构尺寸对等离子弧的压缩及稳定有直接影响，并关系到切割能力、割口质量及喷嘴寿命。表4-105为推荐的切割用喷嘴的主要形状参数。割枪中的电极可采用纯钨、铈钨棒，也可采用镶嵌式电极。电极材料优先选用铈钨，但空气等离子弧切割时，则采用镶嵌式锆或铪电极，镶嵌式水冷及风冷电极见图4-189。

表 4-105　等离子弧切割用喷嘴主要形状参数

喷嘴孔径 d_n/mm	孔道比 l_0/d_n	压缩角 α
0.8~2.0	2.0~2.5	30°~45°
2.5~5.0	1.5~1.8	30°~45°

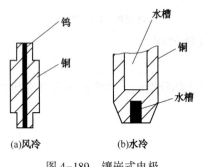

图 4-189　镶嵌式电极

由于等离子割枪在极高的温度下工作，枪上的零件应被认为是易损件。尤其喷嘴和电极在切割过程中易损坏，为保证切割质量必须定期进行更换。

等离子弧割枪按操作方式可分手工割枪及自动割枪。割枪喷嘴至工件间的距离对切割质量有影响。手工割枪的操作因割枪的样式而有所不同，有的手工割枪需操作者保持喷嘴至工件间的距离，而有的枪喷嘴到工件间的距离是固定的，操作者可以在被割工件上拖着枪进行切割。自动割枪可以安装在行走小车、数控切割设备或机器人上进行自动切割。自动割枪喷嘴至工件间的距离可以控制在所需的数值范围之内，有些自动切割设备在切割过程中可以自动将该距离调节至最佳数值。

（4）切割控制 等离子弧切割过程的控制相对简单，主要有起动、停止控制，联锁控制及切割轨迹控制。

大部分手工切割通过枪上的触动开关控制操作过程，压下开关开始切割，松开开关或抬起割枪停止切割。由于大电流割枪中电极距喷嘴距离较远，为了便于引弧，可以改变切割过程中的气流量，在引弧时使用小气流量，以防止电弧被吹灭，电弧引燃后再通入正常的气流量。

切割过程中的联锁控制是为了防止切割时气压不足或冷却水流量不足损坏割枪。一般使用气电转换开关作为监测气压的传感控制元件。当气压足够时气电转换开关才能转变开关状态允许电源输出电流，如在切割过程中气压不足则自动停止输出电流，中断切割。对于水冷割枪需要采用水流开关与控制电路形成联锁控制，在水流不足时禁止起动或在切割过程中自动停止切割。

运动轨迹可变的数控行走设备可用于等离子自动切割，设备依据预先编制好的程序行走直线或曲线，将板材切割成所需的形状。另外，切割机器人也已用在切割生产之中，使切割自动化程序进一步提高。

（5）环境控制

等离子弧切割过程中会产生噪音、烟尘、弧光及金属蒸气等公害，对环境造成严重的污染，在大电流切割或切割有色金属时情况尤为严重。现已有几种不同的设备和技术可用来降低这种污染程度，除前述和水再压缩等离子弧切割外，水面上切割及水面下切割也是抑制污染的有效方法。

进行水面上切割需有蓄水槽，蓄水槽中用来放置工件的工作台由多个排列有序的尖顶形钢构件组成，由这些尖顶形钢构件将被切工件支撑在水平面之上，割枪工作时，等离子弧周围被一层水帘笼罩。为了维持连续不断的水帘，需要一个循环泵将水从蓄水槽中抽出后再打入割枪，水从割枪喷出时便形成笼罩在等离子弧周围的水帘，这种水帘，极大地抑制了切割过程中产生的噪声、烟尘、弧光及金属蒸气等污染物对环境造成的危害。这种方法需水流量为 55~75L/min。

水面下切割是将工件置于水面下 75mm 左右。放置工件的工作台仍由前述的尖顶形钢构件组成。选用尖顶形钢构件的目的是使切割工作台具有足够的容纳切屑，渣的能力。

割枪下水时，先用一般稳定的压缩气流将割枪喷嘴端面周围的水排开，然后再燃弧切割。进行水面下切割时，要保持工件潜入水面下的深度，所以，应配制一套控制水位的系统，再增加一个水泵及蓄水箱，用注水、排水的方法维持水位。

一般手工切割或自动切割工作台附近要配备抽风系统，将废气抽出工作车间之外，但排出的废气仍然对环境造成污染，如造成的污染超过国家允许标准，则应增加烟尘过滤设备。

4. 切割工艺

（1）气体选择 等离子弧切割使用的离子气有 N、Ar、Ar-H₂、N₂-H₂、空气以及氧气等，离子气的种类决定切割时的弧压，弧压越高切割功率越大，切割速度及切割厚度都相应提高。但弧压越高，要求切割电源的空载电压也越高，否则难以引弧或电弧在切割过程中容易熄灭。表 4-106 为等离子弧切割时常用气体的选择。

表 4-106　等离子弧切割常用气体的选择

工件厚度/mm	气体种类(体积分数)	空载电压/V	切割电压/V
≤120	N_2	250~350	150~200
≤150	N_2+Ar （$N_2$60%~80%）	200~350	120~200
≤200	N_2+H_2 （$N_2$50%~80%）	300~500	180~300
≤200	Ar+H_2 （H_2 约为 35%）	250~500	150~300

N_2 是一种广泛采用的切割离子气，用 N_2 作离子气时，需要 165V 以上的空载电压。Ar 作离子气时，只需 75~80V 空载电压，但切割厚度仅在 30mm 以下，因不经济不常使用。H_2 作离子气需 350V 以上空载电压才能产生稳定的等离子弧。以上任意两种气体混合使用都比

单一的气体好，其中尤以 Ar-H$_2$ 及 N$_2$-H$_2$ 混合气切口质量最好，但由于 N$_2$ 价格低廉，生产中用得较多。压缩空气作离子气时热熔值高，弧压 100V 以上，电源电压 200V 以上，在切割 30mm 以下厚度的材料时，已有取代氧乙炔焰切割的趋势。

（2）切割工艺参数 切割工艺参数包括切割电流、切割电压、切割速度、气体流量以及喷嘴距工件高度。

1）切割电流 一般依据板厚及切割速度选择切割电流。提供切割设备的厂商都向用户说明某一电流等级的切割设备能够切割板材的最大厚度。但应注意，对于确定厚度的板材的切割电流越大，则切割速度越快。

2）切割电压 虽然可以通过提高电流增加切割厚度及切割速度，但单纯增加电流使弧柱变粗，切口加宽，所以切割大厚度工件时，提高切割电压更为有效。可以通过调整或改变切割气体成分提高切割电压，但切割电压超过电源空载电压 2/3 时容易熄弧，因此，选择的电源空载电压一般应是切割电压的两倍。

3）切割速度 在切割功率不变的前提下，提高切割速度使切口变窄，热影响区减小。因此在保证切透的前提下尽可能选择大的切割速度。

4）气体流量 气体流量要与喷嘴孔径相适应。气体流量大，利于压缩电弧，使等离子弧的能量更为集中，提高了工作电压，有利于提高切割速度和及时吹除熔化金属。但气体流量过大，从电弧中带走过多的热量，降低了切割能力，不利于电弧稳定。

5）喷嘴高度 喷嘴距工件高度一般为 6~8mm。空气等离子弧切割所需高度略小，正常切割时一般为 2~5mm。除正常切割外，空气等离子切割时还可以将喷嘴与工件接触，即喷嘴贴着工件表面滑动，这种切割方式称接触切割或称笔式切割，切割厚度约为正常切割时的一半。

6）常用金属的切割工艺参数 几乎所有的金属材料和非金属材料都可以进行等离子弧切割。不同切割方法的切割工艺参数见图 4-190 及表 4-107、表 4-108、表 4-109。

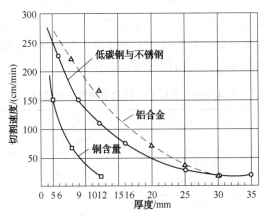

图 4-190 空气等离子弧切割厚度与切割速度的关系曲线

（切割条件：电流 70A；空气压力 0.4MPa；喷嘴高度 3mm）

5. 割口质量

割口质量主要以割口宽度、割口垂直度、割口表面粗糙度、割纹深度、割口底部焊瘤及割口热影响区硬度和宽度来评定。

良好割口的标准是，其宽度要窄，割口横断面呈矩形，割口表面光洁，无熔渣或挂渣，割口表面硬度应不防害割后的机加工。

上述割口质量评定因素都与切割工艺参数有关，假如采用的切割参数合适而割口质量不理想时，则要着重检查电极与喷嘴的同心度以及喷嘴结构是否合适。喷嘴的烧损会严重影响割口质量。

利用等离子弧切割开坡口时，要特别注意割口底部都不能残留熔渣，不然会增加焊接装配的困难。

表4-107　一般的等离子弧切割工艺参数参考值

材料	工件厚度/mm	喷嘴孔径φ/mm	空载电压/V	切割电压/V	切割电流/A	氮气流量/(L/min)	切割速度/(cm/min)
不锈钢	8	3	160	120	185	32~36	75~83
	20	3	160	120	220	35~38	53~67
	30	3	230	135	280	42	58~61
	45	3.5	240	145	340	45	34~42
铝及铝合金	12	2.8	215	125	250	73	130
	21	3.0	230	130	300	73	125~130
	34	3.2	240	140	350	73	58
	80	3.5	245	150	350	73	17
碳钢	50	7	252	110	300	17.5	17
	85	10	252	110	300	20.5	8

表4-108　水在压缩等离子弧切割工艺参数参考值

材料	工件厚度/mm	喷嘴孔径φ/mm	切割电压/V	切割电流/A	压缩水流量/(L/min)	氮气流量/(L/min)	切割速度/(cm/min)
低碳钢	3	3	145	260	2	52	500
	3	4	140	260	1.7	78	500
	6	3	160	300	2	52	380
	6	4	145	380	1.7	78	380
	12	4	155	400	1.7	78	250
	12	5	160	550	1.7	78	290
	51	5.5	190	700	2.2	123	60
不锈钢	3	4	140	300	1.7	78	500
	19	5	165	575	1.7	78	190
	51	5.5	190	700	2.2	123	60
铝	3	4	140	300	1.7	78	577
	25	5	165	500	1.7	78	203
	51	5.5	190	700	2	123	102

表4-109　空气等离子弧切割常用材料厚度参考值(mm)

电流/A	材料		
	不锈钢与低碳钢	铝及铝合金	黄铜
30	5	3	3
40	6	4	3
45	10	6	4
60	15	10	6
100	20	16	8

第五章 其他焊接方法简介

第一节 电 阻 焊

焊件组合后通过电极施加压力，利用电流通过接头的接触面及邻近区域产生的电阻热进行焊接的方法称为电阻焊。

电阻焊是一组焊接方法，这些方法利用热量和压力来连接结合面，热量来自焊接电流通过工件时产生的电阻热。

一般用于薄板的焊接，不需要填充材料或焊剂。

电阻焊方法主要有四种，即点焊、缝焊、凸焊、对焊。电阻焊示意图如图5-1所示。

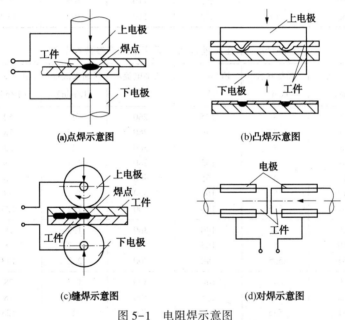

(a)点焊示意图　　　　　　　　　　(b)凸焊示意图

(c)缝焊示意图　　　　　　　　　　(d)对焊示意图

图 5-1　电阻焊示意图

一、点焊

点焊是将焊件装配成搭接接头，并压紧在两柱状电极之间，利用电阻热熔化母材金属，形成焊点的电阻焊方法。点焊主要用于薄板焊接。

点焊的工艺过程：

（1）预压，保证工件接触良好。

（2）通电，使焊接处形成熔核及塑性环。

（3）断电锻压，使熔核在压力继续作用下冷却结晶，形成组织致密、无缩孔、裂纹的焊点。

二、缝焊

缝焊的过程与点焊相似，只是以旋转的圆盘状滚轮电极代替柱状电极，将焊件装配成搭接或对接接头，并置于两滚轮电极之间，滚轮加压焊件并转动，连续或断续送电，形成一条连续焊缝的电阻焊方法。

缝焊主要用于焊接焊缝较为规则、要求密封的结构，板厚一般在 3mm 以下。

三、对焊

对焊是使焊件沿整个接触面焊合的电阻焊方法。

（1）电阻对焊（UW）

电阻对焊是将焊件装配成对接接头，使其端面紧密接触，利用电阻热加热至塑性状态，然后断电并迅速施加顶锻力完成焊接的方法。

电阻对焊主要用于截面简单、直径或边长小于 20mm 和强度要求不太高的焊件。

（2）闪光对焊（FW）

闪光对焊是将焊件装配成对接接头，接通电源，使其端面逐渐移近达到局部接触，利用电阻热加热这些接触点，在大电流作用下，产生闪光，使端面金属熔化，直至端部在一定深度范围内达到预定温度时，断电并迅速施加顶锻力完成焊接的方法。

闪光焊的接头质量比电阻焊好，焊缝力学性能与母材相当，而且焊前不需要清理接头的预焊表面。闪光对焊常用于重要焊件的焊接。可焊同种金属，也可焊异种金属；可焊 0.01mm 的金属丝，也可焊 20000mm 的金属棒和型材。

四、凸焊

凸焊是点焊的一种变型形式。在一个工件上有预制的凸点，凸焊时，一次可在接头处形成一个或多个熔核。

五、电阻焊特点

1. 优点

（1）熔核形成时，始终被塑性环包围，熔化金属与空气隔绝，冶金过程简单。

（2）加热时间短，热量集中，故热影响区小，变形与应力也小，通常在焊后不必安排校正和热处理工序。

（3）不需要焊丝、焊条等填充金属，以及氧、乙炔、氢等焊接材料，焊接成本低。

（4）操作简单，易于实现机械化和自动化，改善了劳动条件。

（5）生产率高，且无噪声及有害气体，在大批量生产中，可以和其他制造工序一起编到组装线上。但闪光对焊因有火花喷溅，需要隔离。

2. 缺点

（1）目前还缺乏可靠的无损检测方法，焊接质量只能靠工艺试样和工件的破坏性试验来检查，以及靠各种监控技术来保证。

（2）点、缝焊的搭接接头不仅增加了构件的重量，且因在两板焊接熔核周围形成夹角，致使接头的抗拉强度和疲劳强度均较低。

（3）设备功率大，机械化、自动化程度较高，使设备成本较高、维修较困难，并且常用的大功率单相交流焊机不利于电网的平衡运行。

六、电阻焊-应用现状

随着航空航天、电子、汽车、家用电器等工业的发展、电阻焊越加受到广泛的重视。同时，对电阻焊的质量也提出了更高的要求。可喜的是，我国微电子技术的发展和大功率可控硅、整流器的开发，给电阻焊技术的提高提供了条件。目前我国已生产了性能优良的次级整流焊机。由集成电路和微型计算机构成的控制箱已用于新焊机的配套和老焊机的改造。恒流、动态电阻，热膨胀等先进的闭环监控技术已开始在生产中推广应用。这一切都将有利于提高电阻焊质量，并扩大其应用领域。

第二节　电　渣　焊

电渣焊是利用电流通过熔渣时，产生的电阻热作为热源，熔化母材和填充金属来进行焊接的一种工艺方法。电渣焊一般在垂直立焊位置进行焊接。电渣焊开始时，先在焊丝和引弧板之间产生电弧，电弧产生的热能使周围的焊剂熔化，成液态熔渣。待液态熔渣在被焊工件与冷却滑块之间的空间内形成一定深度的熔池后，电弧熄灭，此时，由电弧焊过程转为电渣焊过程。由于液态熔渣具有一定的导电性，当焊接电流经过熔池传至工件时，产生大量电阻热，使熔池温度能够保持在 1700℃ 以上。

电渣焊不属于电弧焊，熔化焊丝和金属板边缘所需的热源是电流通过液体熔渣所产生的电阻热。采用水冷滑块强制成型。电渣焊示意图如图 5-2 所示。

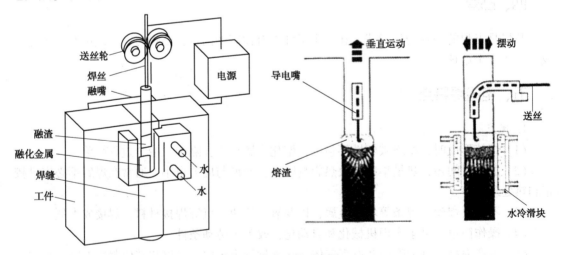

图 5-2　电渣焊示意图

和其他焊接方法相比，电渣焊有以下特点：

（1）大厚度工件可以一次焊成。厚度在 40mm 以上的工件，即使采用埋弧自动焊，也必须开坡进行多层焊接。使用电渣焊，由于渣池的加热范围比热量集中的电弧大得多，所以，很厚的工件（例如 200mm 厚钢板），也可以用电渣焊一次焊成。提高了生产效率。

（2）焊接材料消耗少。电渣焊时，大厚工件也无需开焊接坡口，只需预留 25～40mm 的间隙，节约了钢材和填充金属，焊剂的消耗也只有埋弧焊的1/15左右。所以，对于大厚工件的焊接来说，电渣焊生产效率最高，生产成本最低。

（3）焊缝质量比较好。电渣焊时，金属熔池上面覆盖着一定深度的渣池，既可以避免空气与金属熔池的接触，又使金属熔池冷却缓慢，液态金属停留时间长，有利于熔池中气体和杂质的排出，不易产生气孔、夹渣物等缺陷。

（4）用电渣焊一次焊成大厚度工件时，焊接速度相对比较慢，焊缝区在高温停留的时间较长，近焊缝区不易出现淬硬组织和冷裂纹，这对于焊接易淬火的钢种是比较有利的。但高温时间停留过长，使热影响区比其他焊接方法宽，晶粒粗大，易产生过热组织，因此，近焊缝区的机械性能有一定下降。所以，对于重要的构件，焊后必须进行900℃以上的正火热处理，以改善焊缝的性能。

第三节　电子束焊

通过带有高能量的电子束撞击要焊接的接头来实现焊接的方法。图5-3为电子束焊示意图。

电子束的能量密度比激光束大，焊缝深而窄。

电子束焊机由电子枪、高压电源、真空机组、真空焊接室、电气控制系统、工装夹具与工作台行走系统等部分组成。

电子束焊中的核心装置是电子枪，其作用是发射电子，并使其加速和聚焦。

电子束焊的分类方法很多。按被焊工件所处的环境的真空度可分为三种：高真空电子束焊，低真空电子束焊和非真空电子束焊。

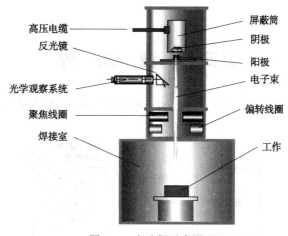

图5-3　电渣焊示意图

一、电子束焊接的特点

1. 优点

（1）焊接速度快，热影响区小，焊接变形小。

（2）电子束穿透能力强，焊缝深宽比大。熔-宽比大（大于10∶1），单道可焊102mm。

（3）真空电子束焊接不仅可以防止熔化金属受到氧、氮等有害气体的污染，而且有利于焊缝金属的除气和净化,因而特别适于活泼金属的焊接。

(4)电子束在真空中可以传到较远的位置上进行焊接,因而也可以焊接难以接近部位的接缝。

(5)通过控制电子束的偏移,可以实现复杂接缝的自动焊接。

(6)实现高速焊接。

(7)可以焊接异种金属和导热性高的材料。

2.缺点

(1)设备比较复杂,费用比较昂贵。

(2)焊前对接头加工、装配要求严格,以保证接头位置准确、间隙小而且均匀。

(3)焊件的尺寸和形状受到工作室的限制。

(4)电子束易受杂散电磁场的干扰,影响焊接质量。

(5)电子束焊接时,会产生X射线,需严加防护。

二、应用

随着电子束焊接工艺及设备的发展,特别是近10年来工业应用中对高精度、高质量连接技术需求的不断扩大,电子束焊接在航空、航天、核、能源工业、电子、兵器、汽车制造、纺织、机械等许多工业领域已经获得了广泛应用。

在能源工业中,各种压缩机转子、鼓筒轴、叶轮组件、仪表膜盒等;在核能工业中,反应堆壳体、送料控制系统部件、热交换器等;在飞机制造业中,发动机机座、转子部件、起落架等;在化工和金属结构制造业中,高压容器壳体等;在汽车制造业中,齿轮组合体、后桥、传动箱体等;在仪器制造业中,各种膜片、继电器外壳、异种金属的接头等都成功地应用了电子束焊。

第四节 激 光 焊

激光焊(见图5-4)是靠集中的、相干的、单色的光撞击焊缝接头产生的热量来实现焊接的方法。

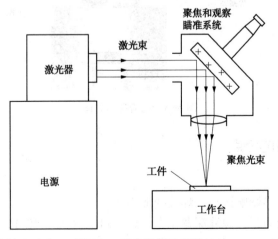

图 5-4 激光焊焊示意图

一、激光产生的原理

激光——"受激辐射放大"是通过强光照射激光发生介质，使介质内部原子的电子获得能量，受激而使电子运动轨道发生迁移，由低能态变为高能态。处于激发态的原子，受外界辐射感应，使处于激发态的原子跃迁到低能态，同时发出一束光；这束光在频率、相位、传播方向、偏振等方面和入射光完全一致，此时的光为受激辐射光。

为了得到高能量密度、高指向性的激光，必须要有封闭光线的谐振腔，使观光束在置于激光发生介质两侧的反射镜之间往复振荡，进而提高光强，同时提高光的方向性。

二、激光的主要特性

单色性——激光不是已许多不同的光混一合而成的，它是最纯的单色光(波长、频率)。

方向性——激光传播时基本不向外扩散。

相干性——激光的位相(波峰和波谷)很有规律，相干性好。

高输出功率——用透镜聚焦激光后，所得到的能量密度是太阳光的几百倍。

三、激光焊接原理

激光焊接是将高强度的激光束辐射至金属表面，通过激光与金属的相互作用，金属吸收激光转化为热能使金属熔化后冷却结晶形成焊接。激光焊接的机理有两种：

1. 热传导焊接

当激光照射在材料表面时，一部分激光被反射，另一部分被材料吸收，将光能转化为热能而加热熔化，材料表面层的热以热传导的方式继续向材料深处传递，最后将两焊件熔接在一起。

2. 激光深熔焊

当功率密度比较大的激光束照射到材料表面时，材料吸收光能转化为热能，材料被加热熔化至汽化，产生大量的金属蒸汽，在蒸汽退出表面时产生的反作用力下，使熔化的金属液体向四周排挤，形成凹坑，随着激光的继续照射，凹坑穿人更深，当激光停止照射后，凹坑周边的熔液回流，冷却凝固后将两焊件焊接在一起。

四、激光焊接优缺点

1. 优点

(1) 总热输入量低、工件变形小；

(2) 采用小孔焊接技术，熔宽比大；

(3) 单道焊可达 32mm；

(4) 激光束可聚焦很小的区域，可焊接薄、小和空间狭小的部件；

(5) 可焊接各种材料；

(6) 激光束可改变方向绕过工装和障碍物到达工件；

(7) 不受磁场影响；

(8) 不需要象电子束那样的真空。

2. 缺点

（1）接头必须精确地定位在激光束下；

（2）要求使用Ⅰ型坡口对接接头；

（3）工件必须用力夹紧；

（4）高反射性和高热传导性的材料，会影响焊接；

（5）快速冷却会产生裂纹、气孔等缺陷；

（6）设备昂贵。

第五节 摩 擦 焊

摩擦焊是在压力作用下，通过待焊界面的摩擦使界面及其附近温度升高，材料的变形抗力降低、塑性提高、界面的氧化膜破碎，伴随着材料产生塑性变形与流动，通过界面上的扩散及再结晶冶金反应而实现连接的固态焊接方法。

车削工件时切屑往往牢牢地粘在刀头上，轴与轴瓦之间润滑不良时也会产生局部焊合，摩擦焊就是从这些现象出发而发明的。利用工件端面相互摩擦产生的热量使之达到塑性状态，然后顶锻完成焊接的方法。

摩擦焊可分为连续驱动摩擦焊和惯性摩擦焊两种。（1）连续驱动摩擦焊：由电动机带动一个工件旋转，同时把另一工件压向旋转工件，使其接触面相互摩擦产生热量和一定塑性变形，然后停止旋转，同时施加顶锻压力完成焊接。焊接质量与转速、摩擦时间、摩擦压力、顶锻压力和工件顶锻变形量有关。（2）惯性摩擦焊：由电动机驱动飞轮达到要求的转速，然后把一个工件压向夹持在飞轮轴上的转动工件，工件间的摩擦阻力使飞轮减速，并将飞轮的动能转换成焊接所需的热能(图5-5)。焊接质量与飞轮惯性矩、转速和顶锻力有关。摩擦焊所用的摩擦焊机包括驱动系统(惯性摩擦焊机还包括飞轮)和加压装置。全自动焊机还有上、下料装置、去飞边装置和参数自动监控系统。摩擦焊适合于焊接杆件和管件，工艺简单、质量好，劳动条件好，生产率高，耗电量少，易于机械化和自动化。摩擦焊在工厂生产线上广泛用于发动机燃烧室、排气阀、轴、轴套、杆件、管子与法兰、石油钻杆和钻芯的连

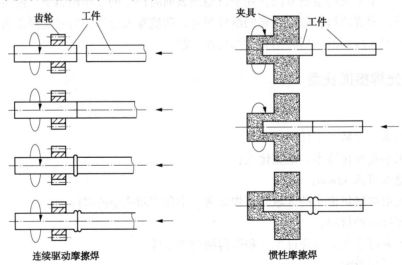

连续驱动摩擦焊　　　　　　　　　　惯性摩擦焊

图5-5　摩擦焊示意图

接和变截面杆件的连接。接头焊后不会产生金属间化合物。摩擦焊也常用于异种金属焊接，如铝与铜、钢、镍、镁合金；铜与钢、银等。摩擦焊在铝-铜导线过渡接头的焊接方面应用尤广。惯性摩擦焊也可焊接直径为100mm的棒材或截面积为60mm²的管件。

　　搅拌摩擦焊方法(见图5-6)与常规摩擦焊一样。搅拌摩擦焊也是利用摩擦热作为焊接热源。不同之处在于：搅拌摩擦焊焊接过程是由一个圆柱体形状的焊头(welding pin)伸入工件的接缝处，通过焊头的高速旋转，使其与焊接工件材料摩擦，从而使连接部位的材料温度升高软化、同时对材料进行搅拌摩擦来完成焊接的。在焊接过程中，工件要刚性固定在背垫上，焊头边高速旋转、边沿工件的接缝与工件相对移动。焊头的突出段伸进材料内部进行摩擦和搅拌，焊头的肩部与工件表面摩擦生热，并用于防止塑性状态材料的溢出，同时可以起到清除表面氧化膜的作用。

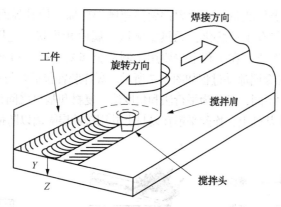

图5-6　搅拌摩擦焊示意图

　　在焊接过程中，焊头在旋转的同时伸入工件的接缝中，旋转焊头与工件之间的摩擦热，使焊头前面的材料发生强烈塑性变形，然后随着焊头的移动，高度塑性变形的材料流向焊头的背后，从而形成搅拌摩擦焊焊缝。搅拌摩擦焊对设备的要求并不高，最基本的要求是焊头的旋转运动和工件的相对运动，即使一台铣床也可简单地达到小型平板对接焊的要求。但焊接设备及夹具的刚性是极端重要的。焊头一般采用工具钢制成，焊头的长度一般比要求焊接的深度稍短应该指出，搅拌摩擦焊缝结束时在终端留下个匙孔。通常这个匙孔可以切除掉，也可以用其他焊接方法封焊住。

　　焊接过程中也不需要其他焊接消耗材料，如焊条、焊丝、焊剂及保护气体等。唯一消耗的是焊接搅拌头。通常在Al合金焊接时，一个工具钢搅拌头可焊到800m长的焊缝。

　　同时，由于搅拌摩擦焊接时的温度相对较低，因此焊接后结构的残余应力或变形也较熔化焊小得多。特别是Al合金薄板熔化焊接时，结构的平面外变形是非常明显的，无论是采用无变形焊接技术还是焊后冷、热校形技术，都是很麻烦的，而且增加了结构的制造成本。

　　目前搅拌摩擦焊主要是用在熔化温度较低的有色金属，如Al、Cu等合金。这和搅拌头的材料选择及搅拌头的工作寿命有关。当然，这也和有色金属熔化焊接相对困难有关，迫使人们在有色金属焊接时寻找非熔化的焊接方法。对于延性好、容易发生塑性变形的黑色材料，经辅助加热或利用其超塑性，也有可能实现搅拌摩擦焊，但这就要看熔化焊和搅拌摩擦焊哪个技术经济指标更合理来决定。

　　搅拌摩擦焊在有色金属的连接中已获得成功的应用，但由于焊接方法特点的限制，目前仅限于结构简单的构件，如平直的结构或圆筒形结构的焊接，而且在焊接过程中工件要有良好的支撑或村垫。原则上，搅拌摩擦焊可进行多种位置焊接，如平焊，立焊，仰焊和俯焊；可完成多种形式的焊接接头，如对接、角接和搭接接头，甚至厚度变化的结构和多层材料的连接，也可进行异种金属材料的焊接。

另外，搅拌摩擦焊作为一种固相焊接方法，焊接前及焊接过程中对环境的污染小。焊前工件无需严格的表面清理准备要求，焊接过程中的摩擦和搅拌可以去除焊件表面的氧化膜，焊接过程中也无烟尘和飞溅．同时噪声低。由于搅拌摩擦焊仅仅是靠焊头旋转并移动，逐步实现整条焊缝的焊接，所以比熔化焊甚至常规摩擦焊更节省能源。

第六节 爆 炸 焊

爆炸焊是利用炸药轰炸能量，驱动焊件做高速倾斜碰撞，使其界面实现冶金结合的特种焊接方法。界面没有或仅有少量熔化，无热影响区，属固相焊接。适用于广泛的材料组合，有良好的焊接性和力学性能。在工程上主要用于制造金属复合材料和异种金属的焊接。

爆炸焊的典型装置和金属流动过程如图5-7所示。爆炸装置包括炸药-金属系统和金属-金属系统。按初始安装方式的不同，可分为平行法和角度法。复材和基材之间设置间距，基材放置在质量很大的垫板或沙、土基础上，炸药平铺在复材上并用缓冲层隔离以防损伤复材表面。

图 5-7 爆炸焊示意图

炸药爆轰驱动复材作高速运动，并以适当的碰撞角和碰撞速度与基材发生倾斜碰撞，在界面产生金属射流，称之为再入射流。它有清除表面污染的"自清理"作用。在高压下纯净的金属表面产生剧烈的塑性流动，从而实现金属界面牢固的冶金结合。因此，形成再入射流是爆炸焊的主要机理。

爆炸焊分点焊、线焊和面焊。接头有板和板、管和管、管和管板等形式。所使用炸药的爆轰速度、用药量、被焊板的间隙和角度、缓衝材料的种类、厚度、被焊材料的声速、起爆位置等，均对焊接质量有重要影响。爆炸焊所需装置简单，操作方便．成本低廉，适用于野外作业。爆炸焊对工件表面清理要求不太严，而结合强度却比较高，适合于焊接异种金属，如铝、铜、钛、镍、钽、不锈钢与碳钢的焊接，铝与铜的焊接等。爆炸焊已广泛用于导电母线过渡接头、换热器管与管板的焊接和制造大面积复合板。

第七节 焊接机器人

一、焊接机器人的发展概论

焊接机器人(图5-8)是从事焊接(包括切割与喷涂)的工业机器人。根据国际标准化组织(ISO)工业机器人术语标准的定义，工业机器人是一种多用途的、可重复编程的自动控制操作机(Manipulator)，具有三个或更多可编程的轴，用于工业自动化领域。为了适应不同的用途，机器人最后一个轴的机械接口，通常是一个连接法兰，可接装不同工具或称末端执行器。焊接机器人就是在工业机器人的末轴法兰装接焊钳或焊(割)枪的，使之能进行焊接，切割或热喷涂。

图5-8 焊接机器人

近十多年来微电子学、计算机科学、通信技术和人工智能控制的迅猛发展，为先进制造技术水平的提高带来了前所未有的机遇。焊接机器人是机电一体化的高科技成果，它对制造技术水平的提高起到了推动作用。自1962年美国推出世界上第一台Unimate型和Versatra型工业机器人以来，1996年年底全世界已有大约68万台工业机器人投入生产应用，这其中大约有半数是焊接机器人。随着现代高技术产品的发展和对焊接产品质量、数量的需求 不断提高，以焊接机器人为核心的焊接自动化技术已有长足的发展。

焊接机器人是焊接自动化的革命性进步，它突破了焊接刚性自动化的传统方式，开拓了一种柔性自动化生产方式，并且实现了在一条焊接机器人生产线上同时自动生产若干种焊件。

从20世纪60年代诞生和发展到现在，焊接机器人可大致分为三代。第一代是指基于示教再现工作方式的焊接机器人，由于其具有操作简便、不需要环境模型、示教时可修正机械结构带来的误差等特点，在焊接生产中得到大量使用。第二代是指基于一定传感器信息的离线编程焊接机器人，得益于焊接传感器技术的不断改进，这类机器人现已进入应用研究的阶段。第三代是指装有多种传感器，接受作用指令后能根据环境自行编程的高度适应性智能焊接机器人，由于人工智能技术的发展相对滞后，这一代机器人正处于试验研究阶段。随着计算机控制技术的不断进步，使焊接机器人由单一的示教再现型向智能化的方向发展，成为科研人员追求的目标。

焊接机器人的主要优点有：稳定和提高焊接质量，保证其均匀性；提高劳动生产率；改造工人劳动条件；降低对工人操作技术的要求；缩短产品改型换代的准备周期，减少相应的设备投资；可实现小批量产品的焊接自动化；能在空间站建设、核能设备维修、深水焊接等极限条件下完成人工难以进行的焊接作业；为焊接柔性生产线提高技术基础。

目前，国内外已有大量的焊接机器人系统应用于各类自动化生产线上，据1996年年底的不完全统计，目前中国已有500台左右的焊接机器人分布于各大中城市的汽车、摩托车、工程机械等制造业，其中55%左右为弧焊机器人，45%左右为点焊机器人。这焊接机器人系统从整体上看基本都属于第一代的任务示教再现型，功能较为单一，工作前要求操作者通过示教盒控制机器人各关节的运动，采用逐点示教的方式来实现焊枪空间位姿的定位和记录。由于焊接路径和焊接参数是根据实际作业条件预先设定的，在焊接时缺少外部信息传感和实时调整控制的功能，这类焊接机器人对作业条件的稳定性要求严格，焊接时缺乏"柔性"，表现出不具备适应焊接对象和任务变化的能力；对复杂形状的焊接编程效率低，占用大量生产时间；不能对焊接动态过程实时检测控制，无法满足对复杂焊件的高质量和高精度焊件要求等明显缺点。

在实际焊接过程中，作业条件是经常变化的，如加工和装配上的误差会造成焊缝位置和尺寸的变化，焊接过程中工件受热及散热条件改变会造成焊道变形和熔透不均。为了克服机器人焊接过程中各种不确定因素对焊接质量的影响，提高机器人作业的智能化水平和工作的可靠性，要求焊接机器人的在线调整和焊缝质量的实时控制，为了达到上述目标，科研人员围绕机器人焊接智能化展开了广泛的研究工作。

二、焊接机器人的分类

焊接机器人是一个机电一体化的设备，可以按用途、结构、受控运动方式、驱动方法等观点对其进行分类。

1. 按用途分类

（1）弧焊机器人

弧焊机器人是包括各种电弧焊附属装置在内的柔性焊接系统，而不只是一台以规划的速度和姿态携带焊枪移动的单机，因而对其性能有着特殊的要求。在弧焊作业中，焊枪应跟踪工件的焊道运动，并不断填充金属形成焊缝。因此运动过程中速度的稳定性和轨迹精度是两项重要指标。一般情况下，焊接速度约取 $5 \sim 50 mm/s$，轨迹精度约为 $\pm 0.2 \sim 0.5 mm$，由于焊枪的姿态对焊缝质量也有一定影响，因此，希望在跟踪焊道的同时，焊枪姿态的可调范围尽量大。

（2）点焊机器人 汽车工业是点焊机器人系统一个典型的应用领域，在装配每台汽车车体时，大约 60% 的焊点是由机器人完成。最初，点焊机器人只用于增强焊作业（往已拼接好的工件上增加焊点），后来为了保证拼接精度，又让机器人完成定位焊接作业。

2. 按结构坐标系来分

（1）直角坐标型

这种形式的机器人优点是运动学模型简单，各轴线位移分辨率在操作容积内任一点上均为恒定，控制精度容易提高；缺点是机构庞大，工作空间小，操作灵活性较差。简易和专用焊接机器人常采用这种形式。

（2）圆柱坐标型 这类机器人在基座水平转台上装有立柱，水平臂可沿立柱作上下运动并可在水平方向伸缩。这种结构方案的优点是末端操作可获得较高速度，缺点是末端操作器外伸离开立柱轴心愈远，其线位移分辨精度愈低。

（3）球坐标型 与圆柱坐标结构相比较，这种结构形式更为灵活。但采用同一分辨率的码盘检测角位移时，伸缩关节的线位移分辨率恒定，但转动关节反映在末端操作器上的线位移分辨率则是个变量，增加了控制系统的复杂性。

（4）全关节型 全关节型机器人的结构类似人的腰部和手部，其位置和姿态全部由旋转运动实现，其优点是机构紧凑，灵活性好，占地面积小，工作空间大，可获得较高的末端操作器线速度；其缺点是运动学模型复杂，高精度控制难度大，空间线位移分辨率取决于机器人手臂的位姿。

3. 按受控运动方式来分

（1）点位控制（PTP）型 机器人受控运动方式为自一个定位目标移向另一个点位目标，只在目标点上完成操作。要求机器人在目标点上有足够的定位精度，相邻目标点间的运动方式之一是各关节驱动机以最快的速度趋近终点，各关节视其转角大小不同而到达终点有先有后；另一种运动方式是各关节同时趋近终点，由于各关节运动时间相同，所以，角位移大的运动速度较高。点位控制型机器人主要用于点焊作业。

(2) 连续轨迹控制(CP)型 机器人各关节同时作受控运动，使机器人终端按预期的轨迹和速度运动，为此各关节控制系统需要实时获取驱动机的角位移和角速度信号。连续控制主要用于弧焊机器人。

4. 按驱动方式来分

(1) 气压驱动 使用压力通常在 0.4~0.6MPa，最高可达 1MPa。气压驱动的主要优点是气源方便，驱动系统具有缓冲作用，结构简单，成本低，易于保养；主要缺点是功率质量比小，装置体积小，定位精度不高。气压驱动机器人适用于易燃、易爆和灰尘大的场合。

(2) 液压传动 液压驱动系统的功率质量比大，驱动平衡，且系统的固有效率高，快速性好，同时液压驱动调速比较简单，能在很大范围内实现无级调速；其主要缺点是易漏油，这不仅影响工作稳定性与定位精度，而且污染环境，液压系统需配备压力源及复杂的管路系统，因而，成本也较高。液压驱动多用于要求输出力较大、运动速度较低的场合。

(3) 电气驱动 电气驱动是利用各种电动机产生的力或转矩，直接或经过减速机构去驱动负载，以获得机器人要求的运动。由于具有易于控制、运动精度高、使用方便、成本低廉、驱动效率高、不污染环境等诸多优点，电气驱动是最普遍、应用最多的驱动方式。电气驱动又可细分为步进电机驱动、直流电机驱动、无刷直流电机驱动和交流伺服电机驱动等多种方式。后者有着最大的转矩质量比，由于没有电刷，其可靠性极高，几乎不需任何维护。20 世纪 90 年代后生产的机器人大多采用这种驱动方式。

三、焊接机器人的组成

焊接机器人主要包括机器人和焊接设备两部分。机器人由机器人本体和控制柜(硬件及软件)组成。而焊接装备，以弧焊及点焊为例，则由焊接电源，(包括其控制系统)、送丝机(弧焊)、焊枪(钳)等部分组成。对于智能机器人还应有传感系统，如激光或摄像传感器及其控制装置等。

机器人要完成焊接作业，必须依赖于控制系统与辅助设备的支持和配合。完整的焊接要机器人系统一般由机器人操作机、变位机、控制器、焊接系统、焊接传感器、中央控制计算机和相应的完全设备等几部分组成(见图 5-9)机器人操作机是焊接机器人系统执行机构，它的任务是精确地保证末端操作器所要求的位置、姿态和实现其运动。变位机作为机器人接

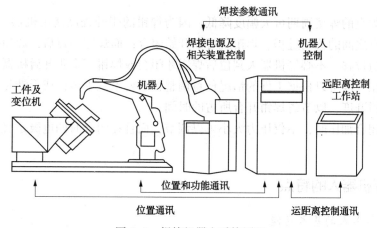

图 5-9　焊接机器人系统原理

生产线及接柔性加工单元的重要组成部分，其作用是将被焊工件旋转到最佳的焊接位置，通过夹具来装卡和定位，对焊件的不同要求决定了变位机的负载能力及其运动方式。控制器是整个机器人系统的神经中枢，负责处理焊接机器人工作过程中的全部信息和控制其全部动作。

四、点焊机器人的特点

1. 点焊机器人的基本功能

点焊对所用的机器人的要求是不很高的。因为点焊只需点位控制，至于焊钳在点与点之间的移动轨迹没有严格要求。这也是机器人最早只能用于点焊的原因。点焊用机器人不仅要有足够的负载能力，而且在点与点之间移位时速度要快捷，动作要平稳，定位要准确，以减少移位的时间，提高工作效率。点焊机器人需要有多大的负载能力，取决于所用的焊钳形式。对于用与变压器分离的焊钳，30~45kg 负载的机器人就足够了。但是，这种焊钳一方面由于二次电缆线长，电能损耗大，也不利于机器人将焊钳伸入工件内部焊接；另一方面电缆线随机器人运动而不停摆动，电缆的损坏较快。因此，目前逐渐增多采用一体式焊钳。这种焊钳连同变压器质量在 70kg 左右。考虑到机器人要有足够的负载能力，能以较大的加速度将焊钳送到空间位置进行焊接，一般都选用 100~150kg 负载的重型机器人。为了适应连续点焊时焊钳短距离快速移位的要求。新的重型机器人增加了可在 0.3s 内完成 50mm 位移的功能。这对电机的性能，微机的运算速度和算法都提出更高的要求。

2. 点焊机器人的焊接装备

点焊机器人的焊接装备，由于采用了一体化焊钳，焊接变压器装在焊钳后面，所以变压器必须尽量小型化。对于容量较小的变压器可以用 50Hz 工频交流，而对于容量较大的变压器，已经开始采用逆变技术把 50Hz 工频交流变为 600~700Hz 交流，使变压器的体积减少、减轻。变压后可以直接用 600~700Hz 交流电焊接，也可以再进行二次整流，用直流电焊接。焊接参数由定时器调节。新型定时器已经微机化，因此机器人控制柜可以直接控制定时器，无需另配接口。点焊机器人的焊钳，通常用气动的焊钳，气动焊钳两个电极之间的开口度一般只有两级冲程。而且电极压力一旦调定后是不能随意变化的。近年来出现一种新的电伺服点焊钳。焊钳的张开和闭合由伺服电机驱动，码盘反馈，使这种焊钳的张开度可以根据实际需要任意选定并预置。而且电极间的压紧力也可以无级调节。这种新的电伺服点焊钳具有如下优点：

（1）每个焊点的焊接周期可大幅度降低，因为焊钳的张开程度是由机器人精确控制的，机器人在点与点之间的移动过程、焊钳就可以开始闭合；而焊完一点后，焊钳一边张开，机器人就可以一边位移，不必等机器人到位后焊钳才闭会或焊钳完全张开后机器人再移动；

（2）焊钳张开度可以根据工件的情况任意调整，只要不发生碰撞或干涉尽可能减少张开度，以节省焊钳开度，以节省焊钳开合所占的时间。

（3）焊钳闭合加压时，不仅压力大小可以调节，而且在闭合时两电极是轻轻闭合，减少撞击变形和噪声。

五、弧焊机器人的特点

1. 弧焊用机器人的基本功能

弧焊过程比点焊过程要复杂得多，工具中心点(TCP)，也就是焊丝端头的运动轨迹、焊枪姿态、焊接参数都要求精确控制。所以，弧焊用机器人除了前面所述的一般功能外，还必须具备一些适合弧焊要求的功能。

虽然从理论上讲，有5个轴的机器人就可以用于电弧焊，但是对复杂形状的焊缝，用5个轴的机器人会有困难。因此，除非焊缝比较简单，否则应尽量选用6轴机器人。

弧焊机器人除前面提及的在作"之"字形拐角焊或小直径圆焊缝焊接时，其轨迹应能贴近示教的轨迹之外，还应具备不同摆动样式的软件功能，供编程时选用，以便作摆动焊，而且摆动在每一周期中的停顿点处，机器人也应自动停止向前运动，以满足工艺要求。此外，还应有接触寻位、自动寻找焊缝起点位置、电弧跟踪及自动再引弧功能等。

2. 弧焊机器人用的焊接设备

弧焊机器人多采用气体保护焊方法（MAG、MIG、TIG），通常的晶闸管式、逆变式、波形控制式、脉冲或非脉冲式等的焊接电源都可以装到机器人上作电弧焊。由于机器人控制柜采用数字控制，而焊接电源多为模拟控制，所以需要在焊接电源与控制柜之间加一个接口。近年来，国外机器人生产厂都有自己特定的配套焊接设备，这些焊接设备内已经播人相应的接口板、所以在图中的弧焊机器人系统中并没有附加接口箱。应该指出，在弧焊机器人工作周期中电弧时间所占的比例较大，因此在选择焊接电源时，一般应按持续率100%来确定电源的容量。

送丝机构可以装在机器人的上臂上，也可以放在机器人之外，前者焊枪到送丝机之间的软管较短，有利于保持送丝的稳定性，而后者软管校长，当机器人把焊枪送到某些位置，使软管处于多弯曲状态，会严重影响送丝的质量。所以送丝机的安装方式一定要考虑保证送丝稳定性的问题。

六、焊接机器人的应用

国际上1980年代是焊接机器人在生产中应用发展最快的10年。我国工厂从1990年代开始，应用焊接机器人的步伐也显著加快。焊接机器人必须配备相应的外围设备组成一个焊接机器人系统才有意义。国内外应用较多的焊接机器人系统有如下几种形式：

1. 焊接机器人工作站（单元）

如果工件在整个焊接过程中无需变位，就可以用夹具把工件定位在工作台面上，这种系统既是最简单不过的了。但在实际生产中，更多的工件在焊接时需要变位，使焊缝处在较好的位置（姿态）下焊接。对于这种情况，变位机与机器人可以是分别运动，即变位机变位后机器人再焊接；也可以是同时运动，即变位机一边变位，机器人一边焊接，也就是常说的变位机与机器人协调运动。这时变位机的运动及机器人的运动复合，使焊枪相对于工件的运动既能满足焊缝轨迹又能满足焊接速度及焊枪姿态的要求。实际上这时变位机的轴已成为机器人的组成部分，这种焊接机器人系统可以多达7~20个轴，或更多。最新的机器人控制柜可以是两台机器人的组合作12个轴协调运动。其中一台是焊接机器人、另一台是搬运机器人作变位机用。

2. 焊接机器人生产线

焊接机器人生产线比较简单的是把多台工作站（单元）用工件输送线连接起来组成一条生产线。这种生产线仍然保持单站的特点，即每个站只能用选定的工件夹具及焊接机器人的程序来焊接预定的工件，在更改夹具及程序之前的一段时间内，这条线是不能焊其他工件的。

另一种是焊接柔性生产线（FMS-W）。柔性线也是由多个站组成，不同的是被焊工件都装卡在统一形式的托盘上，而托盘可以与线上任何一个站的变位机相配合并被自动卡紧。焊接机器人系统首先对托盘的编号或工件进行识别，自动调出焊接这种工件的程序进行焊接。这样每一个站无需作任何调整就可以焊接不同的工件。焊接柔性线一般有一个轨道子母车，子母车可以自动将点固好的工件从存放工位取出，再送到有空位的焊接机器人工作站的变位机上。也可以从工作站上把焊好的工件取下，送到成品件流出位置。整个柔性焊接生产线由一台调度计算机控制。因此，只要白天装配好足够多的工件，并放到存放工位上，夜间就可以实现无人或少人生产了。

挖掘机—斗杆机器人焊接系统

推土机—平衡梁机器人焊接系统

履带式起重机—履带梁机器人焊接系统

汽车式起重机—车架后段机器人焊接系统

铁路机车—转向架机器人焊接系统

液压支架—连杆机器人焊接系统

七、焊接机器人主要技术指标

选择和购买焊接机器人时，全面和确切地了解其性能指标十分重要。使用机器人时，掌握其主要技术指标更是正确使用的前提。各厂家在其机器人产品说明书上所列的技术指标往往比较简单，有些性能指标要根据实用的需要在谈判和考察中深入了解。

焊接机器人的主要技术指标可分为两大部分，机器人的通用指标和焊接机器人的专门指标。

1. 机器人通用技术指标

（1）自由度数　这是反映机器人灵活性的重要指标。一般来说，有 3 个自由度数就可以达到机器工作空间任何一点，但焊接不仅要达到空间某位置，而且要保证焊枪（割具或焊钳）的空间姿态。因此，对弧焊和切割机器人至少需要 5 个自由度，点焊机器人需要 6 个自由度。

（2）负载　指机器人末端能承受的额定载荷，焊枪及其电缆、割具及气管、焊钳及电缆、冷却水管等都属于负载。因此，弧焊和切割机器人的负载能力为 6~10kg；点焊机器人如使用一体式变压器和焊钳一体式焊钳，其负载能力应为 60~90kg，如用分离式焊钳，其负载能力应为 40~50kg。

（3）工作空间　厂家所给出的工作空间是机器人未装任何末端操作器情况下的最大可达空间，用图形来表示。应特别注意的是，在装上焊枪（或焊钳）等后，又需要保证焊枪姿态。实际的可焊接空间，会比厂家给出的小一层，需要认真地用比例作图法或模型法核算一下，以判断是否满足实际需要。

（4）最大速度　这在生产中是影响生产效率的重要指标。产品说明书给出的是在各轴联动情况下，机器人手腕末端所能达到的最大线速度。由于焊接要求的速度较低，最大速度只影响焊枪（或焊钳）的到位、空行程和结束返回时间。一般情况下，焊接机器人的最高速度达 1~1.5m/s，已能满足要求。切割机器人要视不同的切割方法而定。

（5）点到点重复精度　这是机器人性能的最重要指标之一。对点焊机器人，从工艺要求出发，其精度应达到焊钳电极直径的 1/2 以下，即+1~2mm。对弧焊机器人，则应小于焊丝直径的 1/2，即 0.2~0.4mm。

（6）轨迹重复精度　这项指标对弧焊机器人和切割机器人十分重要，但各机器人厂家都不给出这项指标，因为测量比较复杂。但各机器人厂家内部都做这项测量，应坚持索要其精度数据，对弧焊和切割机器人，其轨迹重复精度应小于焊丝直径或割具切孔直径的 1/2，一般需要达到+0.3~0.5mm 以下。

（7）用户内存容量　指机器人控制器内主计算机存储器的容量大小。这反映了机器人能存储示教程序的长度，它关系到能加工工件的复杂程度。即示教点的最大数量。一般用能存储机器人指令的系数和存储总字节（Byte）数来表示，也有用最多示教点数来表示。

（8）插补功能　对弧焊、切割和点焊机器人，都应具有直线插补和圆弧持补功能。

（9）语言转换功能　各厂机器人都有自己的专用语言，但其屏幕显示可由多种语言显示，例如 ASEA 机器人可以选择英、德、法、意、西班牙、瑞士等国语言显示。这对方便本国工人操作十分有用。我国国产机器人可用中文显示。

（10）自诊断功能　机器人应具有对主要元器件、主要功能模块进行自动检查、故障报警、故障部位显示等功能。这对保证机器人快速维修和进行保障非常重要。因此，自诊断功能是机器人的重要功能，也是评价机器人完善程度的主要指标之一。现在世界上名牌工业机器人都有 30~50 个自诊断功能项，用指定代码和指示灯方式向使用者显示其诊断结果及报警。

（11）自保护及安全保障功能　机器人有自保护及安全保障功能。主要有驱动系统过热自断电保护、动作超限位自断电保护、超速自断电保护等，它起到防止机器人伤人或损伤周边设备，在机器人的工作部位装有各类触觉触或接近觉传感器，并能使机器人自动停止工作。

2. 焊接机器人专用技术指标

（1）可以适用的焊接或切割方法　这对弧焊机器人尤为重要。这实质上反映了机器人控制和驱动系统抗干扰的能力。现在一般弧焊机器人只采用熔化极气体保护焊方法，因为这些焊接方法不需采用高频引弧起焊，机器人控制和驱动系统没有特殊的抗干扰措施，能采用钨极氩弧焊的弧焊机器人是近几年的新产品，它有一套特殊的抗干扰措施。这一点在选用机器人时要加以注意。

（2）摆动功能　这对弧焊机器人甚为重要，它关系到弧焊机器人的工艺性能。现在弧焊机器人的摆动功能差别很大，有的机器人只有固定的几种摆动方式，有的机器人只能在 $x-y$ 平面内任意设定摆动方式和参数，最佳的选择是能在空间$(x-y-z)$范围内任意设定摆动方式和参数。

（3）焊接 P 点示教功能　这是一种在焊接示教时十分有用的功能，即在焊接示教时，先示教焊缝上某一点的位置，然后调整其焊枪或焊钳姿态，在调整姿态时，原示教点的位置完全不变，实际是机器人能自动补偿由于调整姿态所引起的 P 点位置的变化，确保 P 点坐标，以方便示教操作者。

（4）焊接工艺故障自检和自处理功能　这是指常见的焊接工艺故障，如弧焊的粘丝、断丝、点焊的粘电级等，这些故障发生后，如不及时采取措施，则会发生损坏机器人或报废工件等大事故。因此，机器人必须具有检出这类故障并实时自动停车报警的功能；

（5）引弧和收弧功能　为确保焊接质量，需要改变参数。在机器人焊接中，在示教时应能设定和修改，这是弧焊机器人必不可少的功能。

第三篇　金属材料的焊接

第六章　焊接接头的组织及性能

第一节　焊缝金属的组织和性能

焊接接头包括焊缝金属、熔合区和热影响区。由于各个部分在焊接过程中进行的焊接冶金过程不同，经受的热循环作用也不同，使各个部分的组织和性能存在较大的差异。

由于熔池凝固是非平衡结晶，冷却速度大，在结晶过程中化学成分来不及均匀化，所以，焊缝金属中必有成分偏析，而在焊缝的边界—熔合区内还会出现更为明显的成分不均匀性，形成焊接接头的薄弱地带。

焊缝中存在偏析直接影响熔敷金属的性能，如果偏析杂质形成易熔共晶体或脆性相，其危害更大，甚至导致裂纹。焊缝中的偏析主要有显微偏析、层状偏析和区域偏析三种。

一、焊缝金属的一次结晶组织与性能

直接自液态熔池中析出的固态金属组织称为一次结晶组织。一次结晶产生柱状晶，其组织为奥氏体。由于焊缝结晶冷却速度很快，在每一温度下，固相内的成分来不及趋于一致，而在相当大程度上保持着由于结晶先后而产生的成分不均匀性，即所谓偏析现象。焊缝中的偏析对焊缝质量的影响很大，不仅使化学成分不均匀，性能变化，而且是产生裂纹、气孔的主要原因之一。

当焊缝一次结晶组织为细的柱状晶时，其性能比粗大的柱状晶好，粗大的柱状晶不仅降低焊缝强度，而且降低其塑性和韧性。

从焊缝中的偏析来看，偏析越严重，化学成分越不均匀，焊缝的抗裂性能越差，机械性能和耐腐蚀性能的不均匀程度越大。当硫、磷等杂质元素偏析严重且集中在焊缝中心线处时，很容易发生热裂纹。

焊接金属一次结晶的组织形态对其性能有很大的影响，粗大的柱状晶降低了焊缝的力学性能，尤其是韧性。同时增大热裂纹倾向，降低抗腐蚀性能，包括奥氏体不锈钢抗晶间腐蚀性能等。柱状晶组织的粗细对一般低碳钢的影响不甚严重，但对高温耐热钢和高强度不锈钢等材料就显得特别重要。如对 25-20 型奥氏体不锈钢，由于存在方向性的粗大柱状晶，其焊缝金属的热裂纹倾向十分敏感。因此对于某些奥氏体不锈钢的焊缝，通过焊接材料中加入的铁素体形成元素，形成奥氏体和铁素体双相组织，以打乱单一奥氏体柱状晶的方向，从而提高焊缝的抗腐蚀性能，减少了产生热裂纹的倾向。

二、焊缝金属的二次结晶组织与性能

一次结晶结束后，熔池转变为固体焊缝。高温焊缝金属冷却到室温时组织将进一步发生转变，这种相变过程称为焊缝的二次结晶。二次结晶的焊缝组织基本上取决于焊缝的成分和

冷却条件。

1. 低碳钢的焊缝组织

低碳钢的焊缝金属含碳量很低。一次结晶得到的是奥氏体组织，当冷却至相变温度时，奥氏体转变为铁素体和珠光体。表 6-1 显示了低碳钢焊接冷却速度对焊缝组织和抗拉强度的影响。

表 6-1　低碳钢焊接冷却速度对焊缝组织、抗拉强度和硬度的影响

冷却速度/(℃/s)	组织的体积分数/%		抗拉强度 σ_b/MPa	焊缝硬度/HV
	铁素体	珠光体		
110	38	62	712	228
60	40	60	662	
50	49	51	632	205
35	61	39	617	195
10	65	35	583	185
5	79	21	529	167
1	82	18	529	165

从表 6-1 中可以看出，在低碳钢的平衡组织(即非常缓慢冷却得到的组织)中，珠光体含量是很少的。但随着冷却速度的增大，所得到的珠光体含量也较平衡组织中的含量增多，同时焊缝金属的强度也显著提高，硬度增加。

低碳钢焊缝中还可能出现魏氏组织，其特征是铁素体在原奥氏体晶界呈网状析出，也可从原奥氏体晶粒内部沿一定方向析出，具有长短不一的针状或片条状，可直接插入珠光体晶粒之中。一般认为它是一种多相组织，是晶界铁素体、侧板条铁素体和珠光体混合组织的总称。魏氏组织的出现，导致焊缝金属的塑性和冲击韧性差，使脆性转变温度上升。因此，一般不希望焊缝形成这种组织。

2. 低合金高强度钢的焊缝组织

合金元素含量较少的低合金钢组织与低碳钢相似。一般冷却速度条件下，焊缝组织为铁素体加少量珠光体，冷却速度大时，也会产生粒状贝氏体。合金元素含量较高、淬透性较好的低合金高强度钢，其焊缝组织为贝氏体或低碳马氏体，高温回火后为回火索氏体。

3. 钼和铬钼耐热钢的焊缝组织

合金元素较少(铬含量小于 5%)的耐热钢，在焊前预热、焊后缓冷的条件下，得到珠光体和部分淬硬组织，高温回火后，可得到完全的珠光体组织。

合金元素较多(铬含量为 5%~9%)的耐热钢，当焊接材料成分与母材相近时，在焊前预热、焊后缓冷的条件下，其焊缝组织为贝氏体组织，也可能出现马氏体。当使用不锈钢焊接材料时，则焊缝组织主要为奥氏体。

4. 不锈钢的焊缝组织

奥氏体不锈钢的焊缝组织，一般为奥氏体加少量铁素体，铁素体含量约为 2%~6%。

铁素体型不锈钢的焊缝组织，当焊接材料成分与母材相近时为铁素体，当采用铬镍奥氏体焊接材料时为奥氏体。

马氏体型不锈钢的焊缝组织，当焊接材料成分与母材相近时，焊缝回火后的组织分别为马氏体和回火马氏体，当采用铬镍奥氏体焊接材料时为奥氏体。

5. 二次结晶组织与性能的关系

焊缝二次结晶组织形态特征直接影响焊缝的性能。从强度看，马氏体比其他组织的强度要高，其次是贝氏体，再次是铁素体加珠光体组织，最低的是铁素体和奥氏体；在塑性和韧性方面，奥氏体组织的焊缝塑性和韧性最好，且温度降低时无明显的脆性转变，铁素体次之，粒状贝氏体也具有较好韧性，下贝氏体韧性良好，且强度较高，上贝氏体的韧性最差，板条马氏体不仅具有较高的强度，同时也具有良好的韧性，抗裂能力强，在各种马氏体中它的综合性能最好；片状马氏体硬而脆，容易产生焊缝冷裂纹，是焊缝中应予避免的组织。在抗裂性能方面，铁素体加珠光体组织及奥氏体组织焊缝，抗裂性较好，奥氏体加少量铁素体的双相组织的不锈钢焊缝抗裂性比单相奥氏体好，贝氏体、贝氏体加马氏体和马氏体则对冷裂纹的敏感性最大。

综上所述，焊缝的性能不仅取决于焊缝的化学成分，而且在相当程度上决定于焊缝的组织和形态特征。

第二节　焊接熔合区及其特性

焊缝边界或熔合线，实际上是一个熔化不均匀的区域，即熔合区。熔合区是整个焊接接头中的一个薄弱环节，此区域在化学成分和组织性能上都有较大的不均匀性，在靠近母材一侧的金属组织都是处于过热状态，此区虽很窄，但其硬度最高，塑性和韧性都很差，某些缺陷如冷裂纹、再热裂纹和脆性相等常起源于这里，并常常引起焊接结构的失效。

第三节　热影响区的组织与性能

热影响区是指焊接或热切割过程中母材因受热的影响（但未熔化）而发生金相组织和力学性能变化的区域。

在焊接低碳钢时，由于热影响区一般不会出现问题，因此，焊接接头的质量主要取决于焊缝的质量，而焊接一些低合金强度钢、高合金钢以及某些特种金属时，焊接接头质量不仅取决于焊缝，而且还取决于热影响区，甚至在某些情况下，热影响区的问题更复杂。

焊接热影响区的组织和性能主要取决于母材成分和所经历的热过程。

一、焊接热循环

在焊接热源的作用下，焊件上某点的温度随时间变化的过程称为焊接热循环。焊接热循环是焊接时所经历的特殊热处理，也是对焊件上热作用的清晰描述。与一般热处理相比较，焊接时加热速度要大得多，而在高温停留的时间又非常短（几秒到十几秒），冷却速度是自然冷却，由于加热的局部性冷却速度较快，不像热处理那样可以任意保温，这就是焊接热循环所具有的主要特征。其主要参数如下：

1. 加热速度

焊接条件下的加热速度比热处理时快得多。加热速度主要影响相变点的温度和高温奥氏体的均质化程度，从而必然影响冷却后热影响区的组织和性能。影响加热速度的因素主要有焊接方法、焊接线能量、板厚及工件的几何尺寸，以及母材的热物理性质等。

2. 加热的最高温度

加热的最高温度又称峰值温度，是热循环的重要参数之一。焊接时，热影响区内距焊缝不同距离的点，加热的最高温度也不同，距焊缝越近的点，加热的最高温度越高。某点的加热最高温度就决定了该点可能发生的相变及晶粒长大等。在热影响区中，由于不同点加热的最高温度不同，所发生的相变过程不同，因而冷却后得到的组织性能也不相同。

3. 在相变温度以上的停留时间

在相变温度以上的停留时间越长，越有利于奥氏体的均质化过程，但温度太高时（如1100℃以上）即使停留时间不长，也会产生严重的晶粒长大。

4. 冷却速度或冷却时间

冷却速度是最终决定热影响区组织性能的主要参数，这里所指的冷却速度是指焊件上某点热循环的冷却过程中某一瞬时温度的冷却速度。由于在实际条件下测定冷却速度比较麻烦，为了便于测量和分析比较，常采用某一温度范围内的冷却时间来研究热影响区内的组织性能变化。对于不易淬火钢，常采用 $800\sim500$℃ 的冷却时间 $t_{8/5}$。对于易淬火钢，常采用 $800\sim300$℃ 的冷却时间 $t_{8/3}$ 和从加热的最高温度冷至 100℃ 的冷却时间 t_{100} 等。

二、焊接热影响区的组织分布

1. 不易淬火钢

不易淬火钢是指在焊后空冷条件下不易形成马氏体的钢种，如低碳钢、16Mn、15MnV 和 15MnTi 等，对于这类钢种，按照热影响区中不同部位加热的最高温度及组织特征的不同，可划分为以下区域见图 6-1。

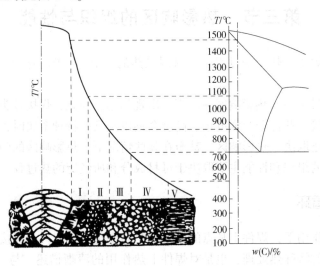

图 6-1　低碳钢的焊接热影响特点

Ⅰ—过热区；Ⅱ—重结晶区（即正火区）；Ⅲ—不完全重结晶；Ⅳ—再结晶区；Ⅴ—母材（冷轧状态）

（1）过热区（又称粗晶区）

该区紧邻焊缝，它的温度范围包括了从晶粒急剧长大的温度开始一直到固相线温度，对普通的低碳钢来说，大约在 1100～1490℃ 之间，由于加热温度很高，特别是在固相线附近处，一些难溶质点（如碳化物和氮化物等）也都溶入奥氏体，因此奥氏体晶粒长得非常粗大。这种粗大的奥氏体在较快的冷却速度下形成一种特殊过热组织——魏氏组织。魏氏组织的形成与焊接热影响区过热区的过热程度有很大关系，即与金属在高温的停留时间有关。手弧焊时的高温停留时间最短，晶粒长大并不严重；而电渣焊时的高温停留时间最长，晶粒长大也最严重。因此，电渣焊时就比电弧焊接时容易出现粗大的魏氏组织；而且对同一种焊接方法来说，热输入愈大，愈容易得到魏氏组织，焊接接头的性能就愈差。电渣焊时，为了改善焊接接头的性能，消除严重的过热组织，不得不采用焊后正火处理的办法。

过热区焊后晶粒度一般为 1~2 级，韧性很低，通常冲击韧度要降低 20%~30%。如果焊件的刚性很大，则常在此区产生裂纹，所以，过热区是焊接接头中最危险的区段。

（2）重结晶区（又称正火区或细晶区）

该区加热到的峰值温度范围在 A_{c3} 到晶粒开始急剧长大以前的温度区间，对于普通的低碳钢来说大约在 900~1100℃ 之间。该区的组织特征是由于在加热和冷却过程中经受了两次重结晶相变的作用，使晶粒得到显著的细化。对于不易淬火钢来说，该区冷却下来后的组织为均匀而细小的铁素体和珠光体，相当于低碳钢正火处理后的细晶粒组织。因此，该区具有较高的综合力学性能，甚至还优于母材的性能。

（3）不完全重结晶区（又称不完全正火区或部分相变区）

此区段温度范围在 A_{c1}~A_{c3} 之间的热影响区。温度稍高于 A_{c1} 时，首先珠光体转变为奥氏体，随温度的升高，在 A_{c1}~A_{c3} 温度范围内只有部分铁素体溶入奥氏体，其余部分铁素体则保留下来并继续长大，成为粗大的铁素体。冷却后，奥氏体转变为细小的铁素体和珠光体，粗大的铁素体依然保留下来。因而此区的特点是组织不均匀，晶粒大小不一，使得材料的机械性能不均匀。

（4）再结晶区

再结晶与重结晶不同，其发生温度低于相变点，重结晶时金属的内部晶体结构要发生变化（即指的是同素异构转变时金属由一种晶体结构转变为另一种晶体结构），而在再结晶时只有晶粒外形的变化，并没有内部晶体结构的变化，从外形看，由冷作变形后的拉长的纤维状晶粒变为再结晶后的等轴晶粒。如果母材在焊接前经过冷作变形（如冷轧钢板），并沿着变形方向形成明显拉长的晶粒及其碎片时，则在加热到相变点（A_{c1}）以下，500℃ 以上的热影响内会出现一个明显的再结晶区。低碳钢再结晶区的组织为等轴铁素体晶粒，明显不同于母材冷作变形后的纤维状组织。再结晶区的强度和硬度都低于冷作变形状态的母材，但塑性和冲击韧度都得到改善。因此，再结晶区在整个焊接接头中也是一个软化区，如果焊前母材为未经受过冷作塑性变形的热轧钢板或退火状态下的钢板，那么在热影响区内就不会出现这种再结晶现象。所以在焊接通常的热轧低碳钢板和低合金钢板时，有明显组织变化的热影响区只有三部分，即过热区、重结晶区和不完全重结晶区。

2. 易淬火钢

由于焊接时的冷却速度很大，因此一些通常认为淬火倾向并不大的钢材，在焊接条件下也会形成淬火组织。所以这类钢材的范围实际上是很广的，从低合金高强度钢中的热轧钢、正火钢、低碳调质钢，一直到含碳、合金元素较高的中碳调质钢和高碳钢等。但它们之间的化学成分、淬火倾向、马氏体的组织结构和形态等相差都很大，每种钢材的淬火倾向可以通过它的奥氏体连续冷却转变曲线来表达。

根据加热到的峰值温度和冷却下来后的组织特征，一般可将易淬火钢的焊接热影响区分为三大部分。

（1）完全淬火区

焊接时热影响区处于 A_{c3} 以上的区域，由于这类钢的淬硬倾向较大，故焊后将得到淬火组织(马氏体)。在靠近焊缝附近(相当于低碳钢的过热区),由于晶粒严重长大,故得到粗大的马氏体,而相当于正火区的部位得到细小的马氏体,根据冷却速度和线能量的不同,还可能出现贝氏体,从而形成了与马氏体共存的混合组织。这个区在组织特征上都是属同一类型(马氏体),只是粗细不同,因此统称为完全淬火区。

(2)不完全淬火区

该区的加热温度在 $A_{c1} \sim A_{c3}$ 之间,相当于不易淬火钢材焊接热影响区的不完全重结晶区。加热时,珠光体(或贝氏体、索氏体)转变为奥氏体,铁素体尚未完全溶入奥氏体,未溶入奥氏体的铁素体还将得到进一步长大。因此,冷却时奥氏体会转变为马氏体,粗大的铁素体依然保留下来,从而形成了马氏体和铁素体的混合组织,故称为不完全淬火区。当母材含碳量和合金元素较少或冷却速度较慢时,也可能出现贝氏体、索氏体或珠光体。

(3)回火区

焊接热影响区内是否存在这一区域以及这一区域的范围与焊前母材所处的状态有着密切的关系。如果焊前母材的原始组织已经是铁素体+珠光体,则在低于 A_{c1} 的区域内加热时根本不会再发生任何组织变化,因此,对于热轧钢、正火钢以及退火状态的淬火钢来说,它们的焊接热影响区内都不存在回火区。如果焊前母材处于淬火+回火状态,则该区的范围与焊前的回火温度有关。凡是加热峰值温度超过母材回火温度,一直到 A_{c1} 之间的区域,即为焊接热影响区中的回火区。假如母材是淬火后经200℃低温回火时,则热影响区中的回火区范围为200℃ $\sim A_{c1}$。假如母材处于调质状态,即经600℃的高温回火时,则热影响区中的回火区缩小到600℃ $\sim A_{c1}$。因此母材原来的回火温度愈高,则焊接热影响区中的回火区愈小。至于回火区中的组织状态,也取决于所加热到的峰值温度。因此,回火区中不同部位的组织还不完全一样,随着回火区中温度的提高,碳化物的析出愈来愈充分,其弥散度愈来愈小,碳化物粒子逐渐变粗,反映在性能上弱化的程度愈来愈增大,因此,焊接调质钢时,在 A_{c1} 附近的热影响区回火区内有一强度最低的软化区。这一软化区须经焊后重新调质处理才能消除。

三、焊接热影响区的组织分析

焊接热影响区常见的组织有铁素体、珠光体、魏氏组织、上贝氏体、下贝氏体、粒状贝氏体、低碳马氏体、高碳马氏体及M-A组元等。在一定条件下,热影响区出现哪几种组织主要与母材的化学成分和焊接工艺条件有关,在鉴别热影响区组织时应该注意如下几点:

1. 母材的化学成分及原始状态

母材的化学成分是决定热影响区组织的主要因素,一般来讲,母材中碳和合金元素含量越高,淬硬倾向愈大。所以对于含碳或合金元素较低的低碳钢及低合金钢,其热影响区主要为铁素体、珠光体和魏氏组织,并可能有少量的贝氏体或马氏体。对于淬硬倾向较大的钢种,其热影响区主要为马氏体,并依冷却速度的不同可能出现贝氏体、索氏体等组织。

对于易淬硬钢,其马氏体类型主要取决于含碳量。当含碳量较低时,会得到低碳马氏体,否则会得到高碳马氏体。

钢中存在较严重的偏析时,往往会出现反常情况。当在正常成分范围内出现一些预料不到的硬化和裂纹时,偏析常是造成这种情况的原因之一。例如含锰钢的偏析倾向是比较大的,在焊接快速加热和冷却的条件下,热影响区中奥氏体的成分极不均匀,在含锰量比较高的部位,就有可能形成脆硬的马氏体,导致裂纹产生。母材的原始组织状态也是分析热影响区组织的重要依据。

2. 焊接工艺条件

焊接工艺条件主要指焊接方法、焊接线能量和预热温度等。它们主要影响焊接时的加热速度、高温停留时间和冷却速度，从而在一定成分条件下就决定了奥氏体晶粒的长大倾向、均质化程度和冷却时的转变。因此，对于一定钢种，高温停留时间越长，冷却速度越快，得到淬硬组织所占的比例越大。

在快速加热和冷却的条件下，即使对于低碳钢，加热温度在 $A_{c1} \sim A_{c3}$ 的不完全重结晶区，也可能出现高碳马氏体。这是因为在快速加热条件下，原珠光体的部位转变为高碳奥氏体（含 C0.8%），并且来不及扩散均匀化，当冷却速度很快时，这部分高碳奥氏体就转变为高碳马氏体。而铁素体在这急热急冷的过程中始终未发生变化，最后得到马氏体和铁素体的混合组织。

3. 结合焊接热影响区的 CCT 图确定热影响区的组织

焊接热影响区 CCT 图把焊接工艺条件与焊后的组织性能通过 CCT 图曲线联系起来，它是判定热影响区组织的重要依据。只要根据焊接工艺条件确知 $t_{8/5}$ 后，便可在相应 CCT 图上找出各种组织所占的比例，再对应金相检验不难确定出各种组织类型。

四、焊接热影响区的性能

焊接热影响区的性能是指常温、低温或高温的力学性能，以及在特殊条件下要求的耐蚀性、耐热性及疲劳强度等。由于焊接热影响区中的组织不均匀性，必然导致热影响区性能的不均匀性。一般常规焊接接头力学性能的试验结果，反映的是整个接头的平均水平，而不能反映热影响区中某个区段（如过热区、相变重结晶区等）的实际性能。近年来，焊接热模拟技术的发展为研究热影响区不同部位的组织性能创造了良好的条件。

1. 热影响区的力学性能

采用焊接热模拟技术，对一定尺寸的试件模拟焊接热影响区不同部位的热循环和应力应变循环，然后再通过力学性能试验，就得到了相应于热影响区不同部位的力学性能。

图 6-2 是淬硬倾向不大的钢种（如 16Mn钢）热影响区的常温力学性能。由该图可以看出，当加热最高温度超过 900℃ 以后，随着加热最高温度的升高，强度、硬度升高，而塑性（δ 和 ψ）下降；当 T_{m} 值达到 1300℃ 附近时，强度达到最高值（相当于粗晶过热区）；在 T_{m} 超过 1300℃ 的部位，在塑性继续下降的同时，强度也有所下降。这可能是由于晶粒过于粗大和晶界疏松造成的。对于加热温度在 $A_{c1} \sim A_{c3}$ 的不完全重结晶区，由于晶粒大小不均匀，σ_{s} 反而降低。

由上述可知，在热影响区中，硬度最高、塑性最差的部位是过热区，属于接头的薄弱

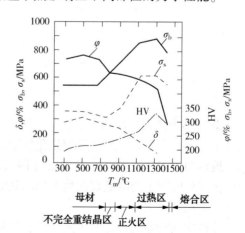

图 6-2 热影响区各部位的力学性能

环节。因此，在采用热模拟技术研究热影响区性能时，应着重研究过热区力学性能随热循环参数的变化规律。

采用热模拟技术研究过热区的组织性能与焊接热循环参数的关系，对于指导焊接生产，提高焊接质量具有重要意义。但由于在生产条件下受设备条件的限制难以实现，因此，在实际生产中常用硬度的变化来判断热影响区性能的变化。

2. 焊接热影响区的硬度

硬度指标可间接地估计热影响区的强度、塑性及产生裂纹的倾向，一般而言，随着硬度的增大，强度升高，塑性、韧性下降，冷裂纹倾向增大。因此，通过测定焊接热影响区的硬度分布便可间接地估计热影响区的力学性能及抗裂性等。图 6-3 为相当于 20Mn 钢的低合金单道焊时热影响区的硬度分布图。由图可看出，在焊道横截面 AA' 线上，可看出硬度分布不均匀，在熔合区附近硬度最高，离熔合线越远，硬度逐渐下降而接近母材的硬度水平。

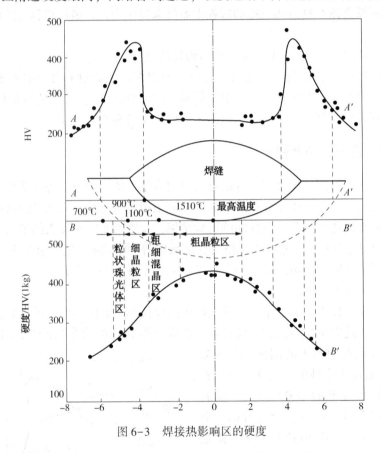

图 6-3　焊接热影响区的硬度

3. 焊接热影响区的软化

对于焊前经冷作硬化或热处理强化的金属或合金，焊后在热影响区总要发生软化或失强现象。最典型的就是调质高强度钢的过回火软化和沉淀强化合金（如硬铝）的过时效软化。这种软化现象的发生会降低焊接接头的承载能力，对于重要的焊接结构，还必须经过焊后强化处理才能满足要求。

焊接调质钢时软化区是不可避免的，焊接方法和焊接线能量也只能影响软化区的宽度，一般来讲，焊接电弧的能量越集中，采用的线能量越小，软化区越窄。但只有经焊后调质处理才能从根本上消除软化区。

在焊接接头中，软化区仅是很窄的一层，并处于强体之间，它的塑性变形受到相邻强体的拘束，受力时将产生应变强化的效果。软夹层越窄，约束强化越显著，失强率越低。因此，焊接时只要设法减小软化区的宽度，即可将软化区的危害降到最低限度。

4. 热影响区的脆化

随着锅炉、压力容器向大型化和高参数(高温、高压或低温)方向发展，防止热影响区发生脆性破坏是一个重要问题。为了保证焊接结构安全运行的可靠性，必须防止焊接热影响区的脆化，因此，提高热影响区的韧性是一个极为重要的问题。

由于热影响区各区段所经历的热作用不同，组织性能各异，因而各区段的韧性也不相同。图6-4为热影响区韧性分布示意图。

在热影响区内，韧性的分布是不均匀的，其大小取决于该区所受到的热循环。有两个区域的韧性值非常低，一个是最高加热温度在1200℃以上的粗晶区到熔合线部分，另一个是焊缝以外靠近基体金属的脆化区。低碳钢的脆化区常在近缝区的200~400℃之间，高强钢的脆化区常在靠近A_1~A_3的相变点之间。一般线能量越大，高温停留时间越长，晶粒也越粗大，韧性降低越明显。在900℃附近的细晶区韧性高，抗脆化的能力强。

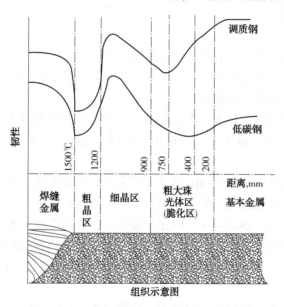

图6-4 热影响区韧性分布示意图

热影响区的脆化有多种类型，如粗晶脆化、淬硬脆化、析出相脆化、M-A组元脆化和热应变脆化等。

(1) 粗晶脆化 粗晶脆化主要是出现在过热区，是由于奥氏体晶粒严重长大造成的。焊接低碳钢及含碳量较低的低合金钢时，热影响区的脆化主要是由于过热区晶粒长大，甚至形成魏氏组织造成的。因此，焊接这类钢时，应采用比较小的线能量，防止晶粒长大。

(2) 淬硬脆化 焊接含碳和合金元素较多的易淬火钢时，热影响区的脆化主要是过热区形成淬硬的孪晶马氏体造成的。焊接这类钢时，宜采用较大的线能量，必要时还需配合预热、后热等措施，以降低中温冷却速度，避免出现脆硬的马氏体。对于淬硬倾向更大的钢种，往往需要进行焊后高温回火或调质处理来改善热影响区的韧性。

(3) 析出相脆化 对于某些金属或合金，在焊接冷却过程中，或是在焊后回火或时效过程中，从过饱和固溶体中析出氮化物、碳化物或金属间化合物时，引起金属或合金脆性增大的现象，称为析出相脆化。

（4）M-A组元脆化　在焊接低合金高强度钢时，过热区不仅晶粒粗大，而且还会产生M-A组元。M-A组元属于脆性相，随着M-A组元数量的增多，韧脆转变温度将显著升高。

（5）热应变时效脆化　钢材因经受塑性变形产生时效过程，而发生脆化的现象叫应变时效脆化。焊接接头中发生的应变时效脆化主要有两大类：

1）静应变时效

一般把室温或低温下受到预应变后产生的时效脆化现象叫作静应变时效。其特点是伴随时效的发生，强度、硬度升高，而塑性、韧性下降。

产生静应变时效的原因，主要是由于应变会引起位错密度增加，碳、氮等原子将向位错处析集形成所谓Cottre11气团，对位错产生钉扎和阻塞作用。因此，只有含有碳、氮等间隙原子的钢种才发生静应变时效。

在焊前准备时，焊接部件往往要经过下料、剪切、冷弯成形，因此，这种低温预应变总是存在的。特别是在焊接低碳钢和强度不高的低合金钢（$\sigma_b \leqslant 500MPa$）时，因自由氮原子较多，容易产生静应变时效。

2）动应变时效

钢材在塑性变形过程中产生的时效脆化现象叫作动应变时效。其特点是应变和时效同时发生。但由于这种应变时效过程是在200~400℃的高温下发生的，所以又叫热应变时效。通常所说的蓝脆性就属于动应变时效现象。

产生动应变时效的原因，认为是由于在热应力作用下产生的塑性变形使位错增殖，同时诱发碳、氮原子快速扩散，集聚于位错周围而形成Cottrell气团。其确切机理尚待进一步研究。

实践证明，在焊接低碳钢和C-Mn钢时，其熔合区和加热温度在200~600℃的亚热影响区容易产生热应变时效脆化现象。但在金相组织上看不出明显的变化。一般情况下，单道焊时热应变脆化容易发生在亚热影响区。但在对接焊时，根据实测发现，亚热影响区产生的热应变一般不超过1%，因此，动应变时效脆化并不突出。但在焊前的加工成形过程中，其预应变可达5%之多，因此，焊接接头亚热影响区的应变脆化，往往是以静应变为主，动应变为辅的综合作用。

在多层焊时，由于热应变比单层焊时大，特别是在有缺口效应的部位，容易产生热应变时效脆化。在实际焊接接头中，由于熔合区最容易产生咬边、未焊透等缺口效应，所以熔合区最容易发生热应变脆化现象。

由于以上两种应变脆化现象均与碳、氮元素向位错处的偏聚有关。因此，含有碳、氮化物形成元素（Ti、Cr、Al等）的钢中，应变脆化程度较低。

综上所述，影响热影响区脆化的因素很多，不同材料产生脆化的原因也不相同。当热影响区的脆化严重时，即使母材和焊缝韧性再高也是没有意义的。为了提高焊接结构安全运行的可靠性，必须设法保证焊接热影响区的韧性。

第七章 焊接材料

焊接过程中的各种填充金属以及为了提高焊接质量而附加的保护物质统称为焊接材料。随着焊接技术的迅速发展，焊接材料的应用范围日益扩大。而且，焊接技术的发展对焊接材料无论在品种和产量方面都提出了越来越高的要求。

焊接生产中广泛使用的焊接材料主要包括焊条、焊丝、焊剂和保护气体等。

焊接材料的质量对保证焊接过程的稳定和获得满足使用要求的焊缝金属起着决定的作用。归纳起来，焊接材料应具有以下作用：

（1）保证电弧稳定燃烧和焊接熔滴顺利过渡；

（2）在焊接过程中保护液态熔池金属，以防止空气侵入；

（3）进行冶金反应和过渡合金元素，调整和控制焊缝金属的成分与性能；

（4）防止气孔、裂纹等焊接缺陷的产生；

（5）改善焊接工艺性能，在保证焊接质量的前提下尽可能提高焊接效率。

第一节 焊 条

一、组成及作用

焊条由焊芯和药皮两部分组成。

1. 焊芯

焊芯的作用是作为填充金属和传导电流。

焊芯采用焊接专用的金属丝（即焊丝）。焊芯牌号的首位字母是"H"，后面的数字表示含碳量，其他合金元素含量的表示方法与钢材的表示方法大致相同。对高质量的焊条焊芯，尾部加"A"表示优质钢，加"E"表示特优质钢。

2. 药皮

焊条药皮由多种原材料组成，焊条药皮可以采用氧化物、碳酸盐、有机物、氟化物、铁合金等数十种原材料粉末，按照一定的配方混合而成。各种原材料根据其在焊条药皮中的作用，可分成以下几类：稳弧剂、造渣剂、脱氧剂、造气剂、合金剂、增塑剂、粘结剂等。

焊条药皮具有下列作用：

（1）提高焊接电弧的稳定性；

（2）保证熔化金属不受外界空气的影响；

（3）过渡合金元素使焊缝获得所要求的性能；

（4）改善焊接工艺性能、提高焊接生产率。

二、分类

电焊条的分类方法很多，可分别按用途、熔渣的碱度、焊条药皮的主要成分、焊条性能特征等对电焊条进行分类。

1. 按用途分类

电焊条按用途可分为十大类，见表7-1。

表7-1 电焊条分类表

序号	焊条牌号 焊条分类（按用途分类）	代号 汉字（字母）	焊条型号 焊条分类（按化学成分分类）	代号	国家标准
1	结构钢焊条	结（J）	非合金钢及细晶粒钢焊条	E	GB/T 5117
2	钼及铬钼耐热钢焊条	热（R）			
3	低温钢焊条	温（W）	热强钢焊条	E	GB/T 5118
4	不锈钢焊条： 1）铬不锈钢焊条 2）铬镍不锈钢焊条	铬（G） 奥（A）	不锈钢焊条	E	GB/T 983
5	堆焊焊条	堆（D）	堆焊焊条	ED	GB 984
6	铸铁焊条	铸（Z）	铸铁焊条	EZ	GB 10044
7	镍及镍合金焊条	镍（Ni）	镍及镍合金	ENi	GB/T 13814
8	铜及铜合金焊条	铜（T）	铜及铜合金	TCu	GB 3670
9	铝及铝合金焊条	铝（L）	铝及铝合金	TAl	GB 3669
10	特殊用途焊条	特（TS）	—		—

2. 按熔渣碱度分类

在实际生产中，通常将焊条分为两大类——酸性焊条和碱性焊条（又称低氢型焊条），即按熔渣中酸性氧化物与碱性氧化物的比例分类。当熔渣中酸性氧化物的比例高时为酸性焊条，反之即为碱性焊条。

从焊接工艺性能来比较，酸性焊条电弧柔软，飞溅小，熔渣流动性和覆盖性均好，因此，焊缝外表美观，焊波细密，成形平滑；碱性焊条的熔滴过渡是短路过渡，电弧不够稳定，熔渣的覆盖性差，焊缝形状凸起，且焊缝外观波纹粗糙，但在向上立焊时，容易操作。

酸性焊条的药皮中含有较多的氧化铁、氧化钛及氧化硅等，氧化性较强，因此在焊接过程中使合金元素烧损较多，同时由于焊缝金属中氧和氢含量较多，因而熔敷金属塑性、韧性较低。碱性焊条的药皮中含有多量的大理石和萤石，并有较多的铁合金作为脱氧剂和渗合金剂，因此药皮具有足够的脱氧能力。另外，碱性焊条主要靠大理石等碳酸盐分解出 CO_2 做保护气体，与酸性焊条相比，弧柱气氛中氢的分压较低，且萤石中的氟化钙在高温时与氢结合成氟化氢（HF），从而降低了焊缝中的含氢量，故碱性焊条又称为低氢型焊条。但由于氟的反电离作用，为了使碱性焊条的电弧能稳定燃烧，一般只能采用直流反接（即焊条接正极）进行焊接，只有当药皮中含有多量稳弧剂时，才可以交直流两用。用碱性焊条焊接时，由于焊缝金属中氧和氢含量较少，非金属夹杂物也少，故具有较高的塑性和冲击韧性。

3. 按药皮的主要成分分类

焊条药皮由多种原料组成，按照药皮的主要成分可以确定焊条的药皮类型。药皮中以钛铁矿为主的称为钛铁矿型；当药皮中含有30%以上的二氧化钛及20%以下的钙、镁的碳酸盐时，就称为钛钙型。唯有低氢型例外，虽然它的药皮中主要组成为钙、镁的碳酸盐和萤石，但却以焊缝中含氢量最低作为其主要特征而予以命名。对于有些药皮类型，由于使用的粘接剂分别为钾水玻璃(或以钾为主的钾钠水玻璃)或钠水玻璃，因此，同一药皮类型又可进一步划分为钾型和钠型，如低氢钾型和低氢钠型。前者可用于交直流焊接电源，而后者只能使用直流电源。焊条药皮类型分类示于表7-2。

表7-2　焊条药皮类型及主要特点

序号	药皮类型	电源种类	主　要　特　点
0	不属已规定类型	不规定	在某些焊条中采用氧化锆、金红石等，这些新渣系目前尚未形成系列
1	氧化钛型	直流或交流	含多量氧化钛，焊条工艺性能良好，电弧稳定，引弧方便，飞溅很小，熔深很浅，熔渣覆盖性良好，脱渣容易，焊缝波纹特别美观，可全位置焊接。尤宜于薄板焊接。但焊缝塑性和抗裂性稍差。随药皮中钾、钠及铁粉等用量的变化，分为高钛钾型、高钛钠型及铁粉钛型等
2	钛钙型	直流或交流	药皮中含氧化钛30%以上，钙、镁的碳酸盐20%以下，焊条工艺性能良好，熔渣流动性好，熔深一般，电弧稳定，焊缝美观，脱渣方便，适用于全位置焊接，如J422即属此类型，是目前碳钢焊条中使用最广泛的一种焊条
3	钛铁矿型	直流或交流	药皮中含钛铁矿≥30%，焊条熔化速度快，熔渣流动性好，熔深较深，脱渣容易，焊波整齐，电弧稳定，平焊、平角焊工艺性能较好，立焊稍次，焊缝有较好的抗裂性
4	氧化铁型	直流或交流	药皮中含多量氧化铁和较多的锰铁脱氧剂，熔深大，熔化速度快，焊接生产率高，电弧稳定，再引弧方便，立焊、仰焊较困难，飞溅稍大，焊缝抗裂性能较好，适用于中厚板焊接。由于电弧吹力大，适于野时操作。若药皮中加入一定量的铁粉，则为铁粉氧化铁型
5	纤维素型	直流或交流	药皮中含15%以上的有机物，30%左右的氧化钛，焊接工艺性能良好，电弧稳定，电弧吹力大，熔深大，熔渣少，脱渣容易。可作立向下焊、深熔焊或单面焊双面成型焊接，立、仰焊工艺性好，适用于薄板结构、油箱、管道、车辆壳体等焊接。随药皮中稳弧剂、粘结剂含量变化，分为高纤维素钠型〈采用直流反接〉、高纤维素钾型两类
6	低氢型	直流或交流	药皮组分以碳酸盐和萤石为主，焊条使用前须经300~400℃烘焙。短弧操作，焊接工艺性一般，可全位置焊接，焊缝有良好的抗裂性和综合力学性能。适宜于焊接重要的焊接结构。按照药皮中稳弧剂量、铁粉量和粘结剂不同，分为低氢钠型、低氢钾型和铁粉低氢型等
7	低氢型	直流	
8	石墨型	直流或交流	药皮中含有多量石墨，通常用于铸铁或堆焊焊条。采用低碳钢焊芯时，焊接工艺性能较差，飞溅较多，烟雾较大，熔渣少，适用于平焊。采用有色金属焊芯时，能改善其工艺性能，但电流不宜过大
9	盐基型	直流	药皮中含多量氯化物和氟化物，主要用于铝及铝合金焊条。吸潮性强，焊前要烘干。药皮熔点低，熔化速度快。采用直流电源，焊接工艺性较差，短弧操作，熔渣有腐蚀性，焊后常用热水清洗

4. 按焊条性能分类

按性能分类的焊条，都是根据其特殊使用性能而制造的专用焊条，如超低氢焊条、低尘低毒焊条、立向下焊条、打底层焊条、高效铁粉焊条、防潮焊条、水下焊条、重力焊条等。

三、电焊条的型号与牌号

1. 电焊条的型号

焊条型号是以焊条国家标准为依据,反映焊条主要特性的一种表示方法。焊条型号包括以下含义:焊条类别、焊条特点(如焊芯金属类型、使用温度、熔敷金属化学组成或抗拉强度等)、药皮类型及焊接电源。不同类型焊条的型号表示方法也不同。

(1)非合金钢及细晶粒钢焊条

1)型号编制方法

根据 GB/T 5117—2012《非合金钢及细晶粒钢焊条》标准规定,焊条型号由五部分组成:

a)第一部分用字母"E"表示焊条;

b)第二部分为字母"E"后面的紧邻两位数字,表示荣福金属的最小抗拉强度代号,见表7-3;

c)第三部分为字母"E"后面的第三和第四两位数字,表示药皮类型、焊接位置和电流类型,见表7-4;

d)第四部分为熔敷金属的化学成分分类代号,可为"无标记"或短划"-"后的字母、数字和数字的组合,见表7-5;

e)第五部分为熔敷金属的化学成分代号之后的焊后状态代号,其中"无标记"表示焊态,"P"表示热处理状态,"AP"表示焊态和热处理两种状态均可。

除以上强制分类代号外,根据供需双方协商,可在型号后依次附加可选代号:

a)字母"U",表示在规定试验温度下,冲击吸收能量可以达到47J以上。

b)扩散氢代号"HX",其中 X 代表15、10 或 5,分别表示每 100g 熔敷金属中扩散氢含量的最大值(mL)。

2)型号示例

示例1:

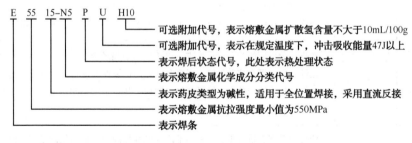

示例2:

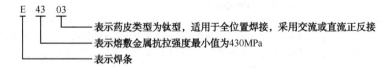

表7-3　熔敷金属抗拉强度代号

抗拉强度代号	最小抗拉强度值/MPa	抗拉强度代号	最小抗拉强度值/MPa
43	430	55	550
50	490	57	570

表7-4 药皮类型代号

代号	药皮类型	焊接位置①	电流类型
03	钛型	全位置②	交流和直流正、反接
10	纤维素	全位置	直流反接
11	纤维素	全位置	交流和直流反接
12	金红石	全位置②	交流和直流正接
13	金红石	全位置②	交流和直流正、反接
14	金红石+铁粉	全位置②	交流和直流正、反接
15	碱性	全位置②	直流反接
16	碱性	全位置②	交流和直流反接
18	碱性+铁粉	全位置②	交流和直流反接
19	钛铁矿	全位置②	交流和直流正、反接
20	氧化铁	PA、PB	交流和直流正接
24	金红石+铁粉	PA、PB	交流和直流正、反接
27	氧化铁+铁粉	PA、PB	交流和直流正、反接
28	碱性+铁粉	PA、PB、PC	交流和直流反接
40	不做规定	由制造商确定	
45	碱性	全位置	直流反接
48	碱性	全位置	交流和直流反接

① 焊接位置见 GB/T 16672，其中 PA＝平焊、PB＝平角焊、PC＝横焊、PG＝向下立焊；

② 此处"全装置"并不一定包含向下立焊，由制造商确定。

表7-5 熔敷金属化学成分分类代号

分类代号	主要化学成分的名义含量(质量分数)/%				
	Mn	Ni	Cr	Mo	Cu
无标记、-1、-P1、-P2	1.0	—	—	—	—
-1M3	—	—	—	0.5	—
-3M2	1.5	—	—	0.4	—
-3M3	1.5	—	—	0.5	—
-N1	—	0.5	—	—	—
-N2	—	1.0	—	—	—
-N3	—	1.5	—	—	—
-3N3	1.5	1.5	—	—	—
-N5	—	2.5	—	—	—
-N7	—	3.5	—	—	—
-N13	—	6.5	—	—	—
-N2M3	—	1.0	—	0.5	—
-NC	—	0.5	—	—	0.4
-CC	—	—	0.5	—	0.4
-NCC	—	0.2	0.6	—	0.5
-NCC1	—	0.6	0.6	—	0.5
-NCC2	—	0.3	0.2	—	0.5
-G	其他成分				

（2）热强钢焊条

1）型号编制方法

根据 GB/T 5118—2012《热强钢焊条》标准规定，焊条型号由四部分组成：

a）第一部分用字母"E"表示焊条；

b）第二部分为字母"E"后面的紧邻两位数字，表示熔敷金属的最小抗拉强度代号，见表7-6；

c）第三部分为字母"E"后面的第三和第四两位数字，表示药皮类型、焊接位置和电流类型，见表7-7；

d）第四部分为短划"-"后的字母、数字或字母和数字的组合，表示熔敷金属的化学成分分类代号，见表7-8。

除以上强制分类代号外，根据供需双方协商，可在型号后附加扩散氢代号"HX"，其中X代表15、10或5，分别表示每100g熔敷金属中扩散氢含量的最大值（mL）。

2）型号示例

本标准中完整焊条型号示例如下

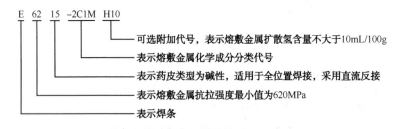

表7-6 熔敷金属抗拉强度代号

抗拉强度代号	最小抗拉强度值/MPa	抗拉强度代号	最小抗拉强度值/MPa
50	490	55	550
52	520	62	620

表7-7 药皮类型代号

代号	药皮类型	焊接位置①	电流类型
03	钛型	全位置③	交流和直流正、反接
10②	纤维素	全位置	直流反接
11②	纤维素	全位置	交流和直流反接
13	金红石	全位置③	交流和直流正、反接
15	碱性	全位置③	直流反接
16	碱性	全位置③	交流和直流反接
18	碱性+铁粉	全位置（PG除外）	交流和直流反接
19②	钛铁矿	全位置③	交流和直流正、反接
20②	氧化铁	PA、PB	交流和直流正接
27②	氧化铁+铁粉	PA、PB	交流和直流正接
40	不做规定	由制造商确定	

① 焊接位置见 GB/T 16672，其中 PA＝平焊、PB＝平角焊、PG＝向下立焊；

② 仅限于熔敷金属化学成分代号 1M3；

③ 此处"全位置"并不一定包含向下立焊，由制造商确定。

表 7-8　熔敷金属化学成分分类代号

分类代号	主要化学成分的名义含量
-1M3	此类焊条中含有 Mo，Mo 是在非合金钢焊条基础上的唯一添加合金元素。数字 1 约等于名义上 Mn 含量两倍的整数，字母"M"表示 Mo，数字 3 表示 Mo 的名义含量，大约 0.5%。
-×C×M×	对于含铬-钼的热强钢，标识"C"前的整数表示 Cr 的名义含量，"M"前的整数表示 Mo 的名义含量。对于 Cr 或者 Mo，如果名义含量少于 1%，则字母前不标记数字。如果在 Cr 和 Mo 之外还加入了 W、V、B、Nb 等合金成分，则按照此顺序，加于铬和钼标记之后。标识末尾的"L"表示含碳量较低。最后一个字母后的数字表示成分有所改变。
-G	其他成分

（3）不锈钢焊条型号

1）型号编制方法

根据 GB/T 983—2012《不锈钢焊条》标准规定，焊条型号由四部分组成：

a）第一部分字母"E"表示焊条；

b）第二部分字母"E"后面的数字表示熔敷金属化学成分分类代号，数字后面的"L"表示碳含量较低，"H"表示碳含量较高，如有其他特殊要求的化学成分，该化学成分用元素符号表示放在后面，见本规范中的表 1；

c）第三部分为短划"-"后的第一位数字，表示焊接位置，见表 7-9；

d）第四部分为最后一位数字，表示药皮类型和电流类型，见表 7-10。

2）型号示例

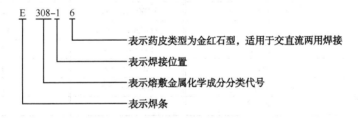

表 7-9　焊接位置代号

代　　号	焊接位置[a]	代　　号	焊接位置[①]
-1	PA、PB、PD、PF	-4	PA、PB、PD、PF、PG
-2	PA、PB		

① 焊接位置见 GB/T 16672，其中 PA＝平焊、PB＝平角焊、PD＝仰角焊、PF＝向上立焊、PG＝向下立焊。

表 7-10　药皮类型代号

代　　号	药皮类型	电流类型
5	碱性	直流
6	金红石	交流和直流[①]
7	钛酸型	交流和直流[②]

① 46 型采用直流焊接；

② 47 型采用直流焊接。

（4）堆焊焊条型号划分

1）型号编制方法

根据 GB/T 984—2001《堆焊焊条》标准规定，堆焊焊条型号编制方法为：

型号中第一字母"E"表示焊条，第二字母"D"表示用于表面耐磨堆焊，后面用一或两位字母、元素符号表示焊条熔敷金属化学成分分类代号，见表 7-11，还可附加一些主要成分的元素符号。在基本型号内可用数字字母进行细分类，细分类代号也可用短划"-"与前面符号分开；型号中最后两位数字表示药皮类型和焊接电流种类，用短划"-"与前面符号分开，见表 7-12。

药皮类型和焊接电流种类不要求限定时型号可以简化，如 EDPCrMo-Al-03 可简化成 EDPCrMo-Al。

2）型号示例

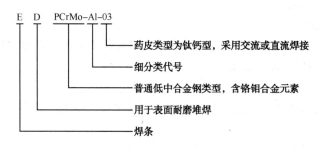

表 7-11　熔敷金属化学成分分类

型号分类	熔敷金属化学成分分类	型号分类	熔敷金属化学成分分类
EDP××-××	普通纸中合金钢	EDZ××-××	合金铸铁
EDR××-××	热强合金钢	EDZCr××-××	高铬铸铁
EDCr××-××	高铬钢	EDCoCr××-××	钴基合金
EDMn××-××	高锰钢	EDW××-××	碳化钢
EDCrMn××-××	高铬锰钢	EDT××-××	特殊型
EDCrNi××-××	高铬镍钢	EDNi××-××	镍基合金
EDD××-××	高速钢		

表 7-12　药皮类型和焊接电流种类

型　　号	药皮类型	焊接电流种类
ED××-00	特殊型	交流或直流
ED××-03	钛钙型	
ED××-15	低氢钠型	直流
ED××-16	低氢钾型	交流或直流
ED××-08	石墨型	

（5）铸铁焊条型号划分

根据 GB 10044—2006《铸铁焊条及焊丝》标准规定，铸铁焊接用纯铁及碳钢焊条根据焊芯化学成分分类，其他型号铸铁焊条根据熔敷金属的化学成分及用途划分型号。

1）型号编制方法

字母"E"表示焊条，字母"Z"表示用于铸铁焊接，在"EZ"字母后用熔敷金属的主要化学元素符号或金属类型代号表示，见表 7-13，再细分时用数字表示。

2）型号示例

焊条型号标记示例：

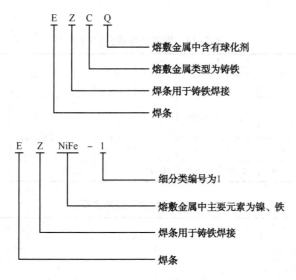

表 7-13　铸铁焊条类别及型号

类别	型号	名称
铁基焊条	EZC	灰铸铁焊条
	EZCQ	球墨铸铁焊条
镍基焊条	EZNi	纯镍铸铁焊条
	EZNiFe	镍铁铸铁焊条
	EZNiCu	镍铜铸铁焊条
	EZNiFeCu	镍铁铜铸铁焊条
其他焊条	EZFe	纯铁及碳钢焊条
	EZV	高钒焊条

（6）镍及镍合金焊条（GB/T 13814—2008）

1）焊条分类

焊条按熔敷金属合金体系氛围镍、镍铜、镍铬、镍铬铁、镍钼、镍铬钼和镍铬钴钼等7类。

2）型号划分

焊条按照熔敷金属化学成分进行型号划分。

3）型号编制方法

焊条由三部分组成。第一部分为字母"ENi"，表示镍及镍合金焊条；第二部分为四位数字，表示焊条型号；第三部分为可选部分，表示化学成分代号。

4）型号示例

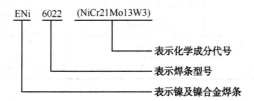

（7）铝及铝合金焊条（GB/T 3669—2001）

焊条型号根据焊芯的化学成分和焊接接头力学性能划分。化学成分见表7-14，力学性能见表7-15。

表7-14　焊芯化学成分（%）

焊条型号	Si	Fe	Cu	Mn	Mg	Zn	Ti	Be	其他		Al
									单个	合计	
E1100	Si+Fe 0.95		0.05~0.20	0.05	—	0.10		0.0008	0.05	0.15	≥99.00
E3003	0.6	0.7		1.0~1.5							余量
E4043	4.5~6.0	0.8	0.30	0.05	0.05		0.20				

表7-15　熔敷金属抗拉强度

焊条型号	抗拉强度 σ_b/MPa
E1100	≥80
E3003	≥95
E4043	

型号编制方法：字母"E"表示焊条，E后面的数字表示焊芯用的铝及铝合金牌号。

焊条型号示例：

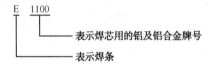

（8）铜及铜合金焊条（GB/T 3670—1995）

焊条根据表7-16规定的熔敷金属的化学成分分类。

焊条型号的表示方法为：字母"E"表示焊条，"E"后面的字母直接用元素符号表示型号分类，同一分类中有不同化学成分要求时，用字母或数字表示，并以短划"-"与前面的元素符号分开。

表7-16　熔敷金属的化学成分（%）

型号	Cu	Si	Mn	Fe	Al	Sn	Ni	P	Pb	Zn	F成分合计
Ecu	>95.0	0.5	3.0	F	f	—	f	0.30	0.02	f	0.50
ECuSi-A	>93.0	1.0~2.0	3.0	—	f		f	0.30	0.02	f	0.50
ECuSi-B	>92.0	2.5~4.0	3.0	—	f		f	0.30	0.02	f	0.50
ECuSn-A	余量	f	f	f	f	5.0~7.0	f	0.30	0.02	F	0.50
ECuSn-B	余量	f	f	f	f	7.0~9.0	f	0.30	0.02	f	0.50
ECuAl-A2	余量	1.5	f	2.5~5.0	6.5~9.0	f	f	—	0.02	f	0.50
ECuAl-B	余量	1.5	f	2.5~5.0	7.5~10.0	f	f		0.02	f	0.50
ECuAl-C	余量	1.0	2.0	1.5	6.5~10.0	—	0.5		0.02	f	0.50
ECuNi-A	余量	0.5	2.5	2.5	Ti0.5	—	9.0~11.0	0.020	0.02	f	0.50

型号	Cu	Si	Mn	Fe	Al	Sn	Ni	P	Pb	Zn	F成分合计
ECuNi-B	余量	0.5	2.5	2.5	Ti0.5	—	29.0~33.0	0.020	0.02	f	0.50
ECuAlNi	余量	1.0	2.0	2.0~6.0	7.0~10.0	—	2.0	—	0.02	f	0.50
ECuMnAlNi	余量	1.0	11.0~13.0	2.0~6.0	5.0~7.5	f	1.0~2.5	—	0.02	f	0.50

注：① 表中所示单个值为最大值。

② ECuNi-B类S应控制在0.015%以下。

③ 表中f表示微量元素。

④ Cu元素中允许含Ag。

四、电焊条的选用

焊条的选用须在确保焊接结构安全、可靠使用的前提下，根据被焊材料的化学成分、力学性能、板厚及接头形式、焊接结构特点、受力状态、结构使用条件对焊缝性能的要求、焊接施工条件和技术经济效益等综合考查后，有针对性的选用焊条，必要时还需进行焊接性试验。焊条的选用原则如下：

1. 同种钢材焊接时焊条选用要点

（1）考虑焊缝金属力学性能和化学成分

对于普通结构钢，通常要求焊缝金属与母材等强度，应选用熔敷金属抗拉强度等于或稍高于母材的焊条。对于合金结构钢，有时还要求合金成分与母材相同或接近。在焊接结构刚性大、接头应力高、焊缝易产生裂纹的不利情况下，应考虑选用比母材强度低的焊条。当母材中碳、硫、磷等元素的含量偏高时，焊缝中容易产生裂纹，应选用抗裂性能好的碱性低氢型焊条。

（2）考虑焊接构件使用性能和工作条件

对承受动载荷和冲击载荷的焊件，除满足强度要求外，主要应保证焊缝金属具有较高的冲击韧度和塑性，可选用塑、韧性指标较高的低氢型焊条。接触腐蚀介质的焊件，应根据介质的性质及腐蚀特征选用不锈钢类焊条或其他耐腐蚀焊条。在高温、低温、耐磨或其他特殊条件下工作的焊接件，应选用相应地耐热钢、低温钢、堆焊或其他特殊用途焊条。

（3）考虑焊接结构特点及受力条件

对结构形状复杂、刚性大的厚大焊接件，由于焊接过程中产生很大的内应力，易使焊缝产生裂纹，应选用抗裂性能好的碱性低氢焊条。对受力不大、焊接部位难以清理干净的焊件，应选用对铁锈、氧化皮、油污不敏感的酸性焊条。对受条件限制不能翻转的焊件，应选用适于全位置焊接的焊条。

（4）考虑施工条件和经济效益

在满足产品使用性能要求的情况下，应选用工艺性好的酸性焊条。在狭小或通风条件差的场合，应选用酸性焊条或低尘焊条。对焊接工作量大的结构，有条件时应尽量采用高效率焊条，如铁粉焊条、高效率重力焊条等，或选用底层焊条、立向下焊条之类的专用焊条，以提高焊接生产率。

2. 异种钢焊接时焊条选用要点

（1）强度级别不同的碳钢+低合金钢或低合金钢+低合金高强钢

一般要求焊缝金属或接头的强度不低于两种被焊金属的最低强度，选用的焊条强度应能保证焊缝及接头的强度不低于强度较低侧母材的强度，同时焊缝金属的塑性和冲击韧性应不低于强度较高而塑性较差侧母材的性能。因此，可按两者之中强度级别较低的钢材选用焊条。但是，为了防止焊接裂纹，应按强度级别较高、焊接性较差的钢种确定焊接工艺，包括焊接规范、预热温度及焊后热处理等。

（2）低合金钢+奥氏体不锈钢

应按照对熔敷金属化学成分限定的数值来选用焊条，一般选用铬、镍含量较高的、塑性、抗裂性较好的25-13型奥氏体钢焊条，以避免因产生脆性淬硬组织而导致的裂纹。但应按焊接性较差的不锈钢确定焊接工艺及规范。

（3）不锈复合钢板

应考虑对基层、覆层、过渡层的焊接选用三种不同性能的焊条。对基层（碳钢或低合金钢）的焊接，选用相应强度等级的结构钢焊条；覆层直接与腐蚀介质接触，应选用相应成分的奥氏体不锈钢焊条。关键是过渡层（即覆层与基层交界面）的焊接，必须考虑基体材料的稀释作用，应选用铬、镍含量较高、塑性和抗裂性好的25-13型奥氏体焊条。

第二节　焊　　丝

一、焊丝分类

按制造方法可分为实芯焊丝和药芯焊丝两大类，其中药芯焊丝又可分为气保护和自保护两种。

按焊接工艺方法可分为埋弧焊焊丝、气保焊焊丝、电渣焊焊丝、堆焊焊丝和气焊焊丝等。

按被焊材料的性质又可分为碳钢焊丝、低合金钢焊丝、不锈钢焊丝、铸铁焊丝和有色金属焊丝等。

$$
焊丝
\begin{cases}
实芯焊丝
\begin{cases}
埋弧焊、电渣焊 \\
气体保护焊
\begin{cases}
惰性气体保护焊（TIG，MIG） \\
活性气体保护焊（MAG）
\end{cases} \\
自保护焊
\end{cases} \\
药芯焊丝
\begin{cases}
埋弧焊 \\
气体保护焊（CO_2 焊，Ar+CO_2 焊） \\
自保护焊
\end{cases}
\end{cases}
$$

二、实芯焊丝

实芯焊丝是热轧线材经拉拔加工而成的。产量大而合金元素含量少的碳钢及低合金钢线材，常采用转炉冶炼；产量小而合金元素含量多的线材多采用电炉冶炼，分别经开坯、轧制而成。为了防止焊丝生锈，除不锈钢焊丝外都要进行表面处理。目前主要是镀铜处理，包括电镀、浸铜及化学镀铜等方法。不同的焊接方法应采用不同直径的焊丝。

1. 埋弧焊用焊丝

埋弧焊接时，焊缝成分和性能主要是由焊丝和焊剂共同决定的。焊丝品种随所焊金属的不同而不同。目前已有碳素结构钢、低合金钢、高碳钢、特殊合金钢、不锈钢、镍基合金钢焊丝，以及堆焊用的特殊合金焊丝。常用的埋弧焊焊丝标准有《熔化焊钢丝》（GB/T 14957—1994）、《焊接用不锈钢盘条》（GB/T 4241—2006）、《埋弧焊用碳钢焊丝和焊剂》（GB/T 5293—1999）、《埋弧焊用低合金钢焊丝和焊剂》（GB/T 12470—2003）、《埋弧焊用不锈钢焊丝和焊剂》（GB/T 17854—1999）。

焊丝牌号的字母"H"表示焊接用实心焊丝，字母"H"后面的数字表示碳的质量分数，化学元素符号及后面的数字表示该元素大致的质量分数值。当元素的含量 $w(Me)$ 小于 1% 时，元素符号后面的 1 省略。有些结构钢焊丝牌号尾部标有"A"或"E"字母，"A"为优质品，即焊丝的硫、磷含量比普通焊丝低；"E"表示为高级优质品，其硫、磷含量更低。

例如：

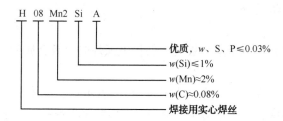

2. 气体保护焊用焊丝

用于低碳钢和低合金钢气体保护焊的钢焊丝，我国已有国家标准《气体保护电弧焊用碳钢、低合金钢焊丝》（GB/T 8110—2008）。在标准中对于我国目前应用最广泛的焊丝，在技术要求、试验方法及检验规则等方面，作了详细的规定。下面以国标为基础，对气保焊焊丝作一介绍：

（1）对焊丝的要求

1）化学成分

a. 脱氧剂（合金元素）　焊丝必须含有一定数量的脱氧剂，以防止产生气孔，减少焊缝金属中的含氧量并提高焊缝金属的力学性能。对于低碳钢和低合金钢 CO_2 焊的焊丝，主要的脱氧剂是 Mn、Si。其成分含量范围 Mn 为 1%～2.5%、Si 为 0.5%～1%，Mn、Si 比约为 1.2～2.5，以期发挥"Si-Mn"联合脱氧的有利作用。

b. C、S、P　焊丝的含碳量要低，要求 C≤0.11%，这对于避免气孔及减少飞溅是很重要的。对于一般焊丝要求硫及磷含量均为≤0.04%；对于高性能的优质 CO_2 焊丝，则要求硫及磷含量均≤0.03%。

c. 镀铜　焊丝镀铜的目的是为防锈及提高表面导电性。但镀铜焊丝的含铜量不能太大，否则会形成低熔共晶体，影响焊缝金属的抗裂能力。要求镀铜焊丝的含铜量不大于 0.5%。

d. 固氮元素　在某些情况下，当要求焊缝金属具有更高的抗气孔能力时，可在焊丝中增加固氮元素。常用的固氮元素是 Ti、Al 等。它们的成分含量，分别可选用在 0.2%～0.7% 范围内，过分的含量会影响焊缝金属的塑性及冲击韧度。

2）加工制造　除了焊丝的化学成分对焊接质量有影响外，焊丝的加工制造情况对焊接工艺也有影响。所以对焊丝的加工制造也应提出要求。

a. 尺寸偏差　焊线的供应状态应为冷拔状态，拔丝的圆度误差要求不超过直径允许偏差的 75%。

b. 焊丝刚度　焊丝的冷拔加工过程会增加焊丝的硬度及弹性。这种硬化对于焊接所用的焊丝是很必要的。但硬化形成的焊丝刚度必须适当，否则硬化过分或不足都将影响送丝过程的稳定性。为此，国标中特别规定了焊丝松驰和翘距的检查项目，来检验焊丝的刚度。按规定将直焊丝以焊丝盘(卷)的直径，绕成至少成为一圈半的圆圈，然后不受约束地放在水平面上，它所形成的圆圈的松驰直径和翘距应符合规定。

c. 表面质量 焊丝表面的镀铜层对表面质量关系很大。按 GB/T 8110—2008 的规定可用缠绕法对镀铜层的附着力进行检查。方法是把 ϕ0.5~1.6mm 的焊丝，紧密缠绕在相应的 ϕ4~8mm 的金属圆棍上，用 50 倍放大镜目测检查，以不出现镀铜层起鳞与剥离现象为合格。此外，焊丝表面应光洁平整，不允许有锈蚀及油污。

d. 盘卷状态 焊丝盘卷内的焊丝应由一根焊丝组成，内无断头，且无紊乱、弯折和波浪形。盘卷的焊丝应处于精绕密排状态。

（2）焊丝型号及化学成分

1）型号划分

焊丝型号按化学成分和采用熔化极气体保护电弧焊时熔敷金属的力学性能分类。

2）型号编制方法

焊丝型号由三部分组成。第一部分用字母"ER"表示焊丝；第二部分两位数字表示焊丝熔敷金属的最低抗拉强度；第三部分为短划"－"后面的字母或数字，表示焊丝化学成分分类代号。

根据供需双方协商，可在型号后附加扩散氢代号 HX，其中 X 代表 15、10 或 5。

3）焊丝型号举例

三、药芯焊丝

药芯焊丝是继焊条、实芯焊丝之后广泛应用的又一类焊接材料，它是由金属外皮和芯部药粉两部分构成的。使用药芯焊丝作为填充金属的各种电弧焊方法统称为药芯焊丝电弧焊。

药芯焊丝最早出现在 20 世纪 20 年代的美国和德国。但真正大量应用于工业生产是在 50 年代，特别是 60、70 年代以后，随着细直径(2.0mm 以下)全位置药芯焊丝的出现，药芯焊丝进入高速发展阶段。近几年发达国家药芯焊丝的用量约占焊接材料总量的 20%~30%，且仍处在稳步上升阶段。焊条、实芯焊丝、药芯焊丝 3 大类焊接材料中，焊条年消耗量呈逐年下降趋势，实芯焊丝年消耗量进入平稳发展阶段，而药芯焊丝无论是在品种、规格还是在用量等各方面仍具有很大的发展空间。

我国在 60 年代开始有关药芯焊丝的相关技术以及制造设备的研究。80 年代初，国内一些重大工程项目开始大量使用药芯焊丝(几乎全部为国外产品)，对药芯焊丝的推广使用起到了推动作用。80 年代中期，我国开始引进药芯焊丝生产线以及产品配方，90 年代初期，国产药芯焊丝生产线也具备了批量生产的能力。近年来，国内药芯焊丝年消耗量接近万吨，占焊接材料总量的 1% 左右，但国产药芯焊丝年产量仅 2000t 左右，不足焊材总产量的

0.3%。国产药芯焊丝无论是在品种还是产量都不能满足国内目前市场的需求。然而从近几年国产药芯焊丝发展趋势可以看出，国产药芯焊丝及其相关技术已经成熟，今后几年我国的药芯焊丝技术及应用也将进入高速发展阶段。

总之，药芯焊丝以其明显的技术和经济方面的优势将逐步成为焊接材料的主导产品，是21世纪最具发展前景的高技术焊接材料。

1. 药芯焊丝的分类

药芯焊丝目前尚无统一的分类方法，一般公认的分类方法如下：

（1）按横截面形状分　药芯焊丝的横截面形状可分为简单 O 形截面和复杂截面两大类（见图 7-1）。

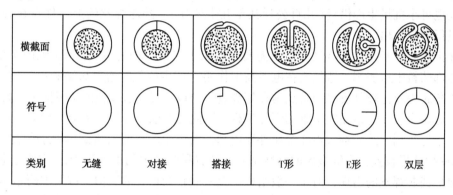

图 7-1　药芯焊丝截面形状示意图

O 形截面的药芯焊丝又分为有缝和无缝药芯焊丝。有缝 O 形截面药芯焊丝又有对接 O 形和搭接 O 形之分。药芯焊丝直径在 2.0mm 以下的细丝多采用简单 O 形截面，且以有缝 O 形为主。此类焊丝截面形状简单，易于加工，生产成本低，因而具有价格优势。无缝药芯焊丝制造工艺复杂，设备投入大，生产成本高，但无缝药芯焊丝成品丝可进行镀铜处理，焊丝保管过程中的防潮性能以及焊接过程中的导电性均优于有缝药芯焊丝。细直径的药芯焊丝主要用于结构件的焊接。

复杂截面主要有：T 形、E 形、梅花形和双层形等截面形状。复杂截面形状主要应用于直径在 2.0mm 以上的粗丝。采用复杂截面形状的药芯焊丝，因金属外皮进入到焊丝芯部，一方面对于改善熔滴过渡、减少飞溅、提高电弧稳定性是有利的；另一方面焊丝的挺度较 O 形截面药芯焊丝好，在送丝轮压力作用下焊丝截面形状的变化较 O 形截面小，对于提高焊接过程中送丝稳定性是有利的。复杂截面形状在提高药芯焊丝焊接过程稳定性方面的优势，粗直径的药芯焊丝直径减小，焊接过程中电流密度的增加，药芯焊丝截面形状对焊接过程稳定性的影响将减小。焊丝越细，截面形状在影响焊接过程稳定性诸多因素中所占比重越小。粗直径药芯焊丝全位置焊接适应性较差，多用于平焊、平角焊。特别是 ϕ3.0mm 以上的粗丝主要应用于堆焊方面。

（2）按保护方式分　根据焊接过程中外加的保护方式，药芯焊丝可分为气体保护焊用、埋弧焊用药芯焊丝及自保护药芯焊丝。

气体保护焊用药芯焊丝根据保护气体的种类可细分为：CO_2 气体保护焊（见图 7-2）、熔化极惰性气体保护焊、混合气体保护焊以及钨极氩弧焊用药芯焊丝。其中 CO_2 气体保护焊药芯焊丝主要用于结构件的焊接制造，其用量大大超过其他种类气体保护焊用药芯焊丝。由于不同种类的保护气体在焊接冶金反应过程中的表现行为是不同的，为此药芯焊丝在粉芯中所采用的冶金处理方式以及程度也不是相同的。因此，尽管被焊金属相同，不同种类气体保护焊用药芯焊丝原则上讲是不能相互代用的。

埋弧焊用药芯焊丝主要应用于表面堆焊。由于药芯焊丝制造工艺较实芯焊丝复杂、生产成本较高，因此普通结构除特殊需求外一般不采用药芯焊丝埋弧焊。但对于高强钢药芯与实芯焊丝生产成本较接近，合金含量较高的药芯焊丝生产成本甚至低于实芯焊丝，而某些成分的材料要制成实芯丝是十分困难的。埋弧焊用药芯焊丝多数情况下不需要配合选用专用焊剂，普通熔炼焊剂(例：HJ431、HJ260)可满足一般使用要求。焊接金属中合金元素的过渡、化学成分的调整可方便地通过调整粉芯配方来实现。另一方面，尽管成分上无特殊要求，但药芯焊线也可小批量生产供货(几百公斤甚至几十公斤)。药芯焊丝的上述优点在表面堆焊应用中显得十分突出。

自保护药芯焊丝是在焊接过程中不需要外加保护气或焊剂的一类焊丝(见图7-3)。通过焊丝芯部药粉中造渣剂、造气剂在电弧高温作用下产生的气、渣对熔滴和熔池进行保护。与气保护药芯焊丝比较其突出的特点是在施焊过程中该类焊丝有较强的抗风能力，特别适合于远离中心城市、交通运输较困难的野外工程。因此在石油、建筑、冶金等行业得到广泛应用。但由于造气剂、造渣剂包敷在金属外皮内部，所产生的气渣对熔滴(特别是焊丝端部的熔滴)的保护效果较差，焊缝金属的韧性稍差。随着科学技术的不断进步，特别是近几年高韧性自保护药芯焊丝的出现，对于一般结构甚至一些较为重要的结构，自保护药芯焊丝已完全可以满足结构对焊接材料的要求。另外，该类焊丝在焊接过程中产生大量的烟尘，一般不适用于室内施焊，户外应用时也应注意通风。

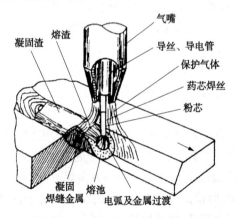 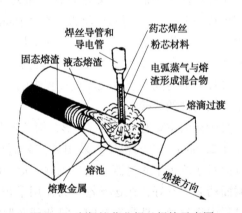

图7-2　药芯焊丝 CO_2 气体保护焊接示意图　　　图7-3　自保护药芯焊丝焊接示意图

（3）按金属外皮所用材料分　药芯焊丝金属外皮所用材料有：低碳钢、不锈钢以及镍。

低碳钢其加工性能优良，是药芯焊丝首选外皮材料。目前药芯焊丝产品中大部分都采用低碳钢外皮。即使是不锈钢系列药芯焊丝，某些产品也选用低碳钢外皮，通过粉芯加入铬、镍等合金元素，经焊接过程中的冶金反应最后形成不锈钢焊缝。

由于受加粉系数(单位重量焊丝中药粉所占比例)的制约，生产合金含量较高的药芯焊丝时采用低碳钢外皮制造难度很大。对于高合金钢以及合金是几乎不能实现用低碳金刚外皮制成其药芯焊丝的。对于铬镍含量较高的高合金钢，可采用不锈钢作为外皮材料制造式芯焊丝。而对于镍基合金，可采用纯镍作为外皮材料制造药芯焊丝。当然，用后两种材料制造药芯焊丝时对生产设备也有不同的要求。

除上述 3 种材料外，在焊接以外其他用途中也有采用其他外皮材料制造粉芯丝。例如选用铝及铝合金作为外皮制造喷涂用粉芯丝。

（4）按芯部药粉类型分　药芯焊丝可分为在渣型和无渣型。无渣型又称为金属粉芯焊丝，主要用于埋弧焊，高速 CO_2 气体保护焊药芯焊也多为金属粉型。有渣型药芯焊丝按熔渣的碱度分为酸性渣和碱性渣两类。目前用量较大的 CO_2 气体保护焊药芯焊丝多为钛型（酸性）渣系，自保护药芯焊丝多采用高氟化物（弱碱性）渣系。

应当指出，酸、碱性渣系药芯焊丝熔敷金属含氢量的差别远小于酸、碱性焊条，酸性渣系药芯焊线熔敷金属含氢量可以达到低氢型（碱性）焊条标准（<8mL/100g）。钛型渣系式芯焊丝熔敷金属不仅含氢量可以达到低氢，而且其力学性能也可以达到高韧性。近年来，国内外某些重要焊接结构（如球罐）工程中，就选用钛型渣系 CO_2 气体保护焊药芯焊丝作为焊接材料。当然碱性渣系药芯焊丝在熔敷金属含氢量方面仍占有一定的优势，可以达到超低氢焊条的水平（<3mL/100g），但其在焊接工艺性能方面仍与钛型渣系药芯焊丝有较大的差距。由于药芯焊丝与焊条的加工工艺差别较大，粉芯与焊条药皮配方设计、原材料的选择也有很大差别，因此建立在焊条熔渣理论基础上的某些经验不能简单地套用在药芯焊丝的选择原则中。

（5）按用途分　药芯焊丝按被焊钢种可分为：

低碳、低合金钢用药芯焊丝

低合金高强钢用药芯焊丝

低温钢用药芯焊丝

耐热钢用药芯焊丝

不锈钢用药芯焊丝

镍及镍合金用药芯焊丝

药芯焊丝按被焊结构类型可分为：

一般结构用药芯焊丝

船用药芯焊丝

锅炉、压力容器用药芯焊丝

硬面堆焊用药芯焊丝

药芯焊丝按焊接方法可分为：

CO_2 气体保护焊用药芯焊丝

TIG 焊用药芯焊丝

MIG 焊、混合气体保护焊用药芯焊丝

自保护焊药芯焊丝

埋弧焊用药芯焊丝

热喷涂用粉芯线材

2. 药芯焊丝的特点

（1）药芯焊丝是在结合焊条的优良工艺性能和实芯焊丝的高效率自动焊的基础上产生的一类新型焊接材料。较为公认的优点如下：

1）焊接工艺性能好　在电弧高温作用下，芯部各种物质产生造气、造渣以及一系列冶金反应，对熔滴过渡形态、熔渣表面张力等物理性能产生影响，明显地改善了焊接工艺性能。即使采用 CO_2 气体保护焊，也可实现熔滴的喷射过渡，可做到无飞溅和全位置焊接。

且焊道成型美观。

2）熔敷速度快、生产效率高　药芯焊丝可进行连续地自动、半自动焊接。焊接时，电流通过很薄的金属外皮，其电流密度较高，熔化速度快。熔敷速度明显高于焊条，并略高于实芯焊丝（见图7-4）。生产效率约为焊条电弧的3~4倍。

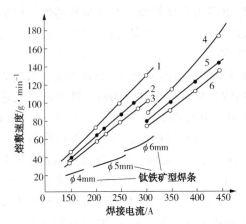

图7-4　三类焊接材料熔敷速度比较
1—金属粉型药芯焊丝，ϕ=1.2mm；2—氧化钛型药芯焊丝，ϕ=1.2mm；3—金属粉型药芯焊丝，ϕ=1.6mm；4—实心焊丝，ϕ=1.2mm；5—氧化钛型药芯焊丝，ϕ=1.6mm；6—实芯焊丝，ϕ=1.6mm

3）合金系统调整方便　药芯焊丝可以通过金属外皮和药芯两种途径调整熔敷金属的化学成分。特别是通过改变药芯焊丝中的填充成分，可获得各种不同渣系、合金系的药芯焊丝以满足各种需求。该优点对于低合金高强度钢焊接的优势是实芯焊丝无法比拟的。

4）能耗低　在电弧焊过程中，连续地生产使得焊机空载损耗大为减少；较大的电流密度，增加了电阻热，提高了热源利用率。这两者使药芯焊丝能源有效利用率提高，可节能20%~30%。

5）综合成本低　焊接生产的总成本应由焊接材料、辅助材料、人工费用、能源消耗的生产效率、熔敷金属表面填充量等多项指标综合构成。焊接相同厚度（中厚板以上）的钢板，单位长度焊缝其综合成本药芯焊丝明显低于焊条，且略低于实芯焊丝。使用药芯焊丝经济效益是非常显著的。

（2）药芯焊丝是一种高效节能的新型焊接材料。但也有其不足，主要如下：

1）制造设备复杂　无论用何种工艺生产药芯焊丝，其设备的复杂程度，在加工精度、控制精度、设备高技术含量、操作人员素质等多方面的要求，均高于另两类焊接材料的生产设备。药芯焊丝的生产设备的一次性投入费用高。

2）制造工艺技术要求高　药芯焊丝生产工艺的复杂程度，远大于焊条和实芯焊丝的生产。合格的药芯焊丝产品除了精良的制造设备、优良的内在质量的药粉配方技术，另一关键则在于制造工艺。目前，国内许多药芯焊丝制造厂家的产品质量、批量上的差距其原因还在制造工艺方面尚不过关。

3）成品丝的防潮保管　除了无缝药芯焊丝外表面可镀铜外，药芯焊丝在防潮保管方面比另两类焊材要求高。从防潮性能方面药芯焊丝不如镀铜实芯焊丝抗潮性好。从受潮后通过烘干，恢复其性能方面分析，药芯焊丝不如焊条，受潮较重的药芯焊丝或是无法烘干（塑料盘），或是烘干效果不理想，基本上不能使用。在防潮保管问题上，一方面生产厂商在药芯焊丝包装上要给予充分重视，采取相应的技术措施；另一方面建议使用单位不要长期大量保存药芯焊丝。目前现有的常规防潮包装可保证药芯焊丝在半年至一年内基本符合出厂时的技术要求。因此使用单位应根据生产实际情况组织进货，减少库存。

3. 药芯焊丝标准

最早的药芯焊丝标准是由美国焊接学会于60年代制定，并于1969年正式颁布的AW-SA5.20《电弧焊碳钢用药芯焊丝标准》，随后相继制定了低合金钢、不锈钢等一系列药芯焊丝标准，并进行过多次修正和补充，成为目前影响最大应用最广的药芯焊丝标准。在AWS

药芯焊丝标准基础上，各工业发达国家根据药芯焊丝发展，制定了本国的药芯焊丝标准，如英国 BS、德国 DIN、日本 JIS 药芯焊丝标准。欧洲标准委员会(CEN)90 年代初制定了欧洲(EN)药芯焊丝标准，现已被欧洲各国接受和采纳，成为另一个应用最广的药芯焊丝标准。国际焊接学会(IIW)一直在致力于制定通用药芯焊丝标准以提交国际标准委员会(ISO)采纳。我国于 20 世纪 80 年代中期开始药芯焊丝标准的制定工作，并于 1988 年正式颁布执行我国第一部药芯焊丝国家标准 GB 10045—1988。药芯焊丝标准是正确选择、正确使用药芯焊丝的重要工具，有必要对药芯焊丝标准有个基本的了解。

（1）中国(GB)标准

目前我国正式颁布执行的药芯焊丝标准为：GB 10045—2001《碳钢药芯焊丝》；GB/T 17853—1999《不锈钢药芯焊丝标准》和 GB/T 17493—2008《低合金钢药芯焊丝》。

1）碳钢药芯焊丝

国家标准 GB 10045—2001 规定碳钢药芯焊丝型号的表示方法为：E×××T-×ML，字母"E"表示焊丝、字母"T"表示药芯焊丝。型号按排列顺序分别说明如下：

（1）熔敷金属力学性能 字母"E"后面的前 2 个符合"××"表示熔敷金属力学性能；

（2）焊接位置 字母"E"后面的第 3 个符合"×"表示推荐的焊接位置，基中，"O"表示平焊和横焊位置，"1"表示全位置。

（3）焊丝类别特点 短划后面的符合"×"表示焊丝类别特点；

（4）字母"M"表示保护气体为 75%~80%Ar+CO_2。当无字母"M"时，表示保护气体为CO_2，或为自保护类型。

（5）字母"E"表示焊丝熔敷金属的冲击性能为-40℃时，其 V 型缺口冲击功不小于 27J。当无字母"E"表示焊丝熔敷金属的冲击性能符合一般要求。焊丝型号举例如图 7-5：

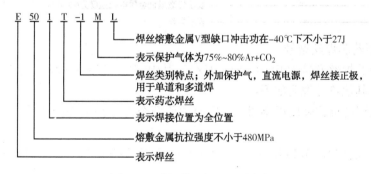

图 7-5 碳钢药芯焊丝型号举例

2）低合金钢药芯焊丝

a. 分类

焊丝按药芯类型分为非金属粉型药芯焊丝和金属粉型药芯焊丝。非金属粉型药芯焊丝按化学成分分为钼钢、铬钼钢、镍钢、锰钼钢和其他低合金钢等五类；金属粉型药芯焊丝按化学成分分为铬钼钢、镍钢、锰钼钢和其他低合金钢等四类。

b. 型号

非金属粉型药芯焊丝型号按熔敷金属的抗拉强度和化学成分、药芯类型和保护气体进行划分；金属粉型药芯焊丝型号按熔敷金属的抗拉强度和化学成分进行划分。

c. 非金属粉型药芯焊丝型号的编制方法：

非金属粉型药芯焊丝型号为E×××T×-××(-J H×)，其中字母"E"表示焊丝，字母"T"表示非金属粉型药芯焊丝，其他符号说明如下：

（a）熔敷金属的抗拉强度以字母"E"后面的前两个符号"××"表示熔敷金属的最低抗拉强度；

（b）焊接位置以字母"E"后面的第3个符号"×"表示推荐的焊接位置；

（c）药芯类型以字母"T"后面的符号"×"表示药芯类型及电流种类；

（d）熔敷金属化学成分以第一个短划线"-"后面的符号"×"表示熔敷金属化学成分代号；

（e）保护气体以化学成分代号后面的符号"×"表示气体类型："C"表示CO_2气体，"M"表示Ar+(20%~25%)CO_2混合气体，当该位置没有符号出现时，表示不采用保护气体，为自保护型。

（f）更低温度的冲击性能（可选附加代号）以型号中如果出现第二个短划线"-"及字母"J"时，表示焊丝具有更低温度的冲击性能；

（g）熔敷金属扩散氢含量（可选附加代号）以型号中如果出现第二个短划线"-"及字母"H×"时，表示熔敷金属扩散氢含量，×为扩散氢含量最大值；焊丝型号示例如下：

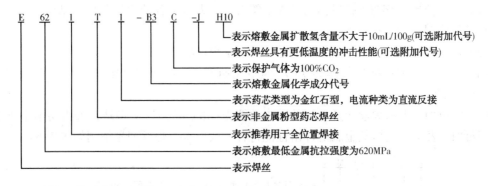

d. 金属粉型药芯焊丝型号

金属粉型药芯焊丝型号为E××C-×(- H×)，其中字母"E"表示焊丝，字母"C"表示金属粉型药芯焊丝，其他符号说明如下：

（a）熔敷金属的抗拉强度以字母"E"后面的前两个符号"××"表示熔敷金属的最低抗拉强度；

（b）熔敷金属化学成分以第一个短划线"-"后面的符号"×"表示熔敷金属化学成分代号；

（c）熔敷金属扩散氢含量（可选附加代号）以型号中如果出现第二个短划线"-"及字母"H×"时，表示熔敷金属扩散氢含量，×为扩散氢含量最大值。焊丝型号示例如下：

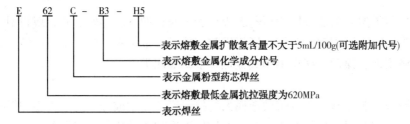

（2）美国（AWS）标准

美国焊接学会（AWS）早在1969年制定了AWSA5.20《碳钢药芯焊丝标准》，随后相继制定了 AWSA5.22《不锈钢药芯焊丝标准》、AWSA5.26《气电立焊药芯焊丝标准》、和 AWSA5.29《低合金钢药芯焊丝标准》等主要药芯焊丝标准，并进行了多次修正和补充。

AWSA5.20 规定碳钢药芯焊丝型号的表示方法及分类，分别见图 7-6 和表 7-17。

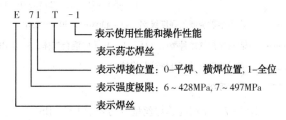

图 7-6 AWSA5.20 碳钢药芯焊丝型号表示方法

表 7-17 碳钢药芯焊丝分类(AWSA5.20)

种类	药粉类型	保护气体	电流	适用性	其他
T-1	金红石型	CO_2或混合气	直流反接	单道焊或多道焊	—
T-2	金红石型	CO_2	直流反接	单道焊	—
T-3	自保护型	无	直流反接	单道焊或多道焊	电弧呈喷射过渡；用于薄板焊接
T-4	自保护型	无	直流反接	单道焊或多道焊	电弧呈射滴过渡
T-5	碱性渣系	CO_2或混合气	直流反接	单道焊或多道焊	—
T-6	自保护型	无	直流反接	单道焊或多道焊	电弧呈射流过渡；韧性良好
T-7	自保护型	无	直流反接	单道焊或多道焊	全位置
T-8	自保护型	无	直流正接	单道焊或多道焊	全位置；韧性良好
T-10	自保护型	无	直流正接	单道焊	可焊接厚度<6.4mm 的钢板
T-11	自保护型	无	直流正接	单道焊或多道焊	全位置；电弧呈射流过渡
T-G	—	—	—	单道焊或多道焊	—
T-GS	—	—	—	单道焊	—

（3）日本(JIS)标准

目前，日本的药芯焊丝标准有日本焊接学会(JIS)制定的下列几个主要标准：

JIS Z3313 低碳钢、高强钢及低温钢药芯焊丝标准

JIS Z3318Cr-Mo 耐热钢药芯焊丝标准

JIS Z3319 气电立焊药芯焊丝标准

JIS Z3320 耐腐蚀钢药芯焊丝标准

JIS Z3323 不锈钢药芯焊丝标准

JIS Z3326 硬面堆焊药芯焊丝标准

图 7-7 为碳钢药芯焊丝的型号表示方法。

由于篇幅所限，本节仅列出中、日、美三国药芯焊丝标准名称及碳钢药芯焊丝型号的表示方法。从上述内容不难看出：日本药芯焊丝标准种类较全；表示方法较详细(规定了保护气体种类)、合理。这与日本药芯焊丝的发展、目前的应用基本吻合。

4. 焊接质量

焊接质量受焊接材料、焊接工艺、设备以及管理等多种因素的影响。与焊接过程有关的

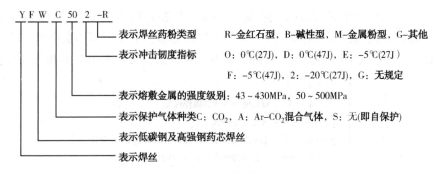

图 7-7　碳钢药芯焊丝型号的表示方法（JIS）

某一环节的质量问题，都会影响产品的最终质量。本节仅就药芯焊丝使用过程中常见的质量问题作简单介绍，表7-18列出了药芯焊丝电弧焊常见的质量问题及防治措施。

表 7-18　药芯焊丝电弧焊常见的焊接质量问题及防治措施

类　型	原　因	措　施
气孔	保护气流过小	1. 增加保护气流量 2. 清除保护气喷嘴内的飞溅物
	保护气流量过大	减少保护气流量
	焊接区风速过大	加强焊接工作区域的防风保护
	保护气的纯度低	1. 使用质量合格的保护气体 2. 检查气源、气路、供气设备工作是否正常
	接头区的油、锈、漆	加强消除焊缝及附近区域油、锈、漆及做好焊前准备工作
	焊丝表面的油、锈	1. 清除焊丝表面的润滑剂（用于焊丝生产） 2. 清除送丝轮表面的油污 3. 采取防护措施，防止其他设备的油污对焊丝的污染 4. 更换表面有锈斑的焊丝
	电弧电压过高	调整电弧电压
	焊丝伸出长度过大	减少伸出长度或调整焊接电流
	伸出长度过小（自保护）	增加伸出长度或调整焊接电流
	焊接速度过快	调整焊接速度
	焊丝质量不合格	更换焊丝
未熔合、未焊透	操作不当	1. 焊丝对准焊缝底层或前道焊缝的焊趾 2. 调整焊枪角度 3. 调整焊枪摆动幅度
	焊接工艺参数不合适	1. 增加焊接电流 2. 减小焊接速度 3. 增加焊接速度（自保护焊丝） 4. 调整焊丝伸出长度 5. 更换细直径的焊丝
	坡口尺寸不当	1. 适量增大坡口间隙 2. 减小坡口钝边尺寸

类 型	原 因	措 施
裂纹	接头刚度过大	1. 采用调整焊接顺序等措施降低接头的拘束度 2. 预热 3. 锤击
	焊丝质量不合格	更换合格焊丝
	焊丝选用不当	选用高韧性药芯焊丝
送丝不畅	送丝推力不够	增加送丝轮压力
	焊丝变形	减小送丝轮压力
	导电嘴烧蚀	1. 减小电弧电压 2. 调整停弧控制参数 3. 更换过度磨损的导电嘴
	导丝管太脏	用压缩空气清除管内的粉灰

第三节　焊　　剂

埋弧焊焊剂在焊接过程中起隔离空气、保护焊缝金属不受空气侵害和参与熔池金属冶金反应的作用。

埋弧焊焊剂除按用途分为钢用焊剂和有色金属用焊剂外，通常按制造方法、化学成分、化学性质、颗粒结构等分类，如图 7-8 所示。

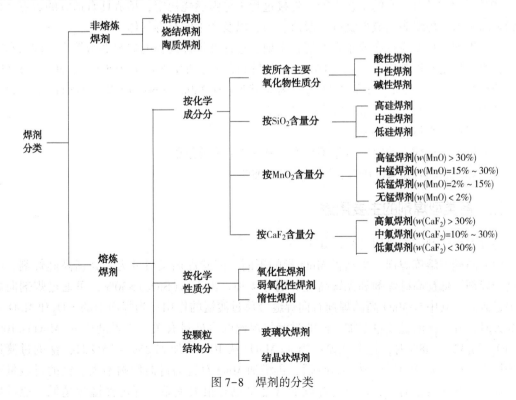

图 7-8　焊剂的分类

一、焊剂的型号

我国的现行 GB/T 5293—1999《埋弧焊用碳钢焊丝和焊剂》中规定：焊剂型号分类根据焊丝-焊剂组合的熔敷金属力学性能、热处理状态进行划分。

焊丝-焊剂组合的型号编制方法如下：

字母"F"表示焊剂；第一位数字表示焊丝-焊剂组合的熔敷金属抗拉强度的最小值；第二位字母表示试件的热处理状态，"A"表示焊态，"P"表示焊后热处理状态；第三位数字表示熔敷金属冲击吸收功不小于 27J 时的最低试验温度；"-"后面表示焊丝的牌号，焊丝的牌号按 GB/T 14957。

完整的焊丝-焊剂型号示例如下：

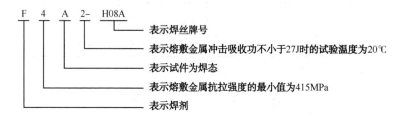

二、焊剂质量要求

（1）焊剂应具有良好的冶金性能　在焊接时配合适当的焊丝及合理的焊接工艺，焊缝金属应能得到适宜的化学成分及良好的力学性能，以及较强的抗气孔、抗裂纹的能力。

（2）焊剂应具有良好的工艺性能　焊接过程中电弧燃烧稳定，熔渣具有适宜的熔点、粘度和表面张力。焊缝表面成形良好、脱渣容易、以及产生的有毒气体少。

（3）焊剂颗粒度应符合要求焊剂能自由地通过标准焊接设备的焊剂供给管道、阀门和喷嘴。普通颗粒度的焊剂应满足：0.450mm（40 目）以下的细粒不得大于 5%。2.50mm（8 目）以上的粗粒不得大于 2%。细颗粒度的焊剂应满足：0.280mm（60 目）以下的细粒不得大于 5%，2.00mm（10 目）以上的粗粒不得大于 2%。

（4）焊剂含水量≤0.10%。

（5）焊剂中机械夹杂物的含量不得大于 0.30%（质量分数）。

（6）焊剂的硫含量≤0.06%；磷含量≤0.08%。

三、各类型焊剂的主要用途

各种类型焊剂的主要用途介绍如下：

（1）高硅型熔炼焊剂　根据含 MnO 量的不同，高硅焊剂又可分为：高锰高硅焊剂、中锰高硅焊剂、低锰高硅焊剂和无锰高硅焊剂等 4 种。由于 $w(SiO_2)>30\%$，可通过焊剂向焊缝中过渡硅，其中含 MnO 高的焊剂有向焊缝金属过渡锰的作用。当焊剂中的 SiO_2 和 MnO 含量加大时，硅、锰的过渡量增加。硅的过渡与焊丝的含硅量有关。当焊剂中 $w(MnO)<10\%$，$w(SiO_2)$ 为 42%~48% 时，锰会烧损；当 $w(MnO)$ 从 10% 增加到 25%~35% 时，锰的过渡量显著增大；但当 $w(MnO)>25\%~30\%$ 后，再增加 MnO 对锰的过渡影响不大。锰的过渡量不但与焊剂中 SiO_2 含量有关，而且与焊丝的含锰量也有很大关系。焊丝含锰量越低，通过焊剂过渡锰的效果越好。因此，要根据高硅焊剂含 MnO 量的多少来选择不同含锰量的焊丝。焊接低碳钢和某些低合金结构钢时，焊剂与焊丝的配用见表3-37。

（2）中硅型熔炼焊剂　由于这类焊剂含酸性氧化物 SiO₂ 数量较低，而碱性氧化物 CaO 或 MgO 数量较多，故碱度较高。大多数中硅焊剂属弱氧化性焊剂，焊缝金属含氧量较低，因而韧性较高。这类焊剂配合适当焊丝焊接合金结构钢。为了减少焊缝金属的含氢量，以提高焊缝金属的抗冷裂的能力，可在这类焊剂中加入一定数量的 FeO。这样的焊剂成为中硅氧化性焊剂，是焊接高强钢的一种新型焊剂。

（3）低硅型熔炼焊剂　这种焊剂由 CaO、Al₂O₃、MgO、CaF₂ 等组成。这种焊剂对焊缝金属基本上没有氧化作用。配合相应焊丝可焊接高合金钢，如不锈钢、热强钢等。

（4）氟碱型烧结焊剂　这是一种碱性焊剂，可交、直流两用。直流焊时焊丝接正极，最大焊接电流可达 1200A，所焊焊缝金属具有较高的低温冲击韧性。配合适当焊丝，可焊接多种低合金结构钢，用于重要的焊接产品，如锅炉压力容器、管道等。可用于多丝埋弧焊，特别适用于大直径容器的双面单焊道。

（5）硅钙型烧结焊剂　这是一种中性焊剂，可交、直流两用。直流焊时焊丝接正极，最大焊接电流可达 1200A。配合适当焊丝，可焊接普通结构钢、锅炉用钢、管线用钢等。可用于多丝高速焊，特别适于双面单道焊，也可焊接小直径管线。

（6）硅锰型烧结焊剂　这种焊剂是酸性焊剂，可交、直流两用。直流焊时焊丝接正极，配合适当焊丝，可焊接低碳钢及某些低合金钢。可用于机车车辆、矿山机械等金属结构的焊接。

（7）铝钛型烧结焊剂　这是和种酸性焊剂，可交、直流两用。直流焊时焊丝接正极，最大焊接电流可达 1200A。焊剂具有较强的抗气孔能力，对少量的铁锈膜及高温氧化膜不敏感。配合适当焊丝可焊接低碳钢及某些低合金结构钢，如锅炉、船舶、压力容器等。可用于多丝高速焊，特别适于双面单道焊。

第八章　碳钢的焊接

第一节　碳钢的焊接性

碳钢是以铁为基本成分含有少量碳（C≤1.3%）的铁碳合金。实际上，碳钢中除以碳作为主要合金元素外，还含有少量有益元素 Mn 和 Si，Mn 一般小于1%，个别碳钢达到1.2%，Si 都在05%以下，皆不作为合金元素。而其他元素，如 Cr、Ni、Cu 等，更控制在残余量的限度以内，远非合金成分。杂质元素，例如 S、P、O、N 等，根据钢材品种等级的不同，也都有严格限制。

由上可知，碳钢的焊接性主要取决于碳含量，随着碳含量的增加，焊接性逐渐变差。碳钢中锰和硅对焊接性也有影响。它们的含量增加，焊接性变差，但不如碳作用强烈。Mn 和 Si 的影响可以折算为相当于多少碳量的作用，这样，就可以把 C、Mn 和 Si 对焊接性的影响汇合成一个适用于碳钢的碳当量 C_{eq} 经验公式：

$$C_{eq} = C + 1/6Mn + 1/24Si$$

对于碳钢来说，Si 含量较少，充其量 Si 也达不到05%，即使以 Si = 0.4% 计算，则 1/24Si 值亦只 0.021%，对于 C_{eq} 值影响甚微。因此，在计算碳钢的碳当量时，往往将上式简化如下：

$$C_{eq} = C + 1/6 \, Mn$$

C_{eq} 值增加，产生冷裂纹的敏感性增加，焊接性变差。通常，当 C_{eq} 值大于 0.4% 时，冷裂纹的敏感性将增大。

实际上，焊接性的好坏不只取决于 C、Mn 和 Si 的含量，还取决于焊接接头冷却速度，它与上述 3 种元素共同影响着热影响区和焊缝的组织，通过组织决定了焊接性的好坏。不同碳钢、不同冷却速度下的组织及其百分比，可从 CCT 图获得。在某些焊接热循环的加热及冷却速度下，碳钢可能在焊缝和热影响区中形成硬化组织甚至马氏体，而以马氏体对焊接性的影响最大。有无马氏体或马氏体量多少的表征之一是材料的硬度，马氏体愈多，则硬度愈高，焊接性也愈差。焊后的大量马氏体或者它表现出的高硬度，在焊接应力下可能引起热影响区和焊缝的裂纹，从而表现为焊接性变差。因此，测定焊接接头的硬度，可以粗略地判断裂纹倾向或者焊接性的优劣。

焊接时，母材已由设计者确定，亦即 C_{eq} 值已经确定，若要改善焊接性，亦即改善组织，从而避免裂纹，则控制冷却速度也就成为至关重要的途径。冷却速度主要取决于以下 3 方面因素：钢材厚度和接头几何形状；焊接时母材的原始温度；焊接热输入的大小。

钢材厚度增加，则散热加快，从而焊接接头冷却速度增加，冷裂纹倾向增大。T 形接头比平对接接头的散热方向增多，导致焊接接头冷却加快，容易产生裂纹。

采用预热、层间温度和后热，或使用大热输入，都能降低焊接接头冷却速度，从而控制组织和硬度，减少冷裂纹的可能性。

其实，引起冷裂纹的因素也还不止 C_{eq} 值、冷却速度或淬硬组织，氢和大的拘束度都会增加冷裂纹敏感性。例如，当碳钢碳当量超过 0.15% 时，氢致冷裂纹敏感性就会出现；即使碳当量等于或小于 0.15% 的钢材，也并不能完全避免这一可能，特别是焊接厚件时更如此。如果使用低氢或超低氢焊接材料，并按规定的规范烘焙，则可以大大减少氢致冷裂纹敏感性。还有，如果焊接时母材被刚性固定或结构刚性过大，或板材较厚，则都能造成大的拘束，使氢致冷裂纹敏感性增加。

碳钢中的杂质，例如 S、P、O、N 对焊接接头的裂纹敏感性和力学性能都有重大影响。碳钢中正常的 S、P 量并不引起裂纹，这一允许范围在我国国家标准中规定得较松，为 0.030%~0.050%，即使焊丝用钢 H08A 和 H08E，S 和 P 上限仍然分别为 0.030% 和 0.020%。不过，钢厂生产的钢材实际的 S、P 远比这一数字低。从硫的实际含量看，先进工业国家一般碳钢都控制 $w(S)$ 在 0.010% 以下，重要碳钢，例如海洋平台用钢，控制 S 在 0.007% 以下，甚至 0.003% 以下。

如果钢中 S、P 过多，则可能在晶界上形成低熔点的 S、P 化合物，引起焊缝熔合线附近的液化裂纹，甚至焊缝热裂纹。此外，高 S 量还可能引起气孔。

氧在碳钢中危害很大，会降低力学性能各项指标(强度、塑性和韧性)，并提高时效敏感性。当氧化物和其他化合物数量过多时，还可能引起层状撕裂，这在厚板焊接时更应注意。就母材而言，氧的含量过多，往往与冶炼方法有关，例如，沸腾钢比镇静钢差，即因氧的含量高，从而焊接性也差。

焊缝中的氧、氮是影响焊缝质量的重要因素之一。焊缝中的氧、氮不仅以氧化物、氮化物形态存在，有时还以一氧化碳或氮气的气孔形态存在。化合物形态降低焊缝力学性能，特别是冲击韧度急剧降低；气孔形态则导致焊缝多孔性，降低力学性能，甚至需要返修。有试验证明：焊条药皮中造气剂太少时，焊缝含氮量迅速增加，力学性能降低。也有试验证明：在室外使用富氩-二氧化碳气体保护焊焊接万吨轮船体垂直焊缝时，如果由于风大而保护不好，则焊缝中央沿垂直方向可以形成很长的管状气孔。对该处焊缝金属的化学成分分析表明，N 含量甚高，这是由于空气中的氮侵入焊缝而导致焊缝报废。至于氧的危害则更为明显，即以正常的碳钢焊条为例，一些酸性焊条熔敷金属含氧量约为 0.1%，而低氢焊条熔敷金属含氧量仅为 0.02%~0.03% 左右，只有酸性焊条的 1/5~1/3，所以在同一强度级别的碳钢焊条中，低氢焊条熔敷金属的冲击韧度高于酸性焊条，即与其含氧量的差别有着很大关系。

除了上述影响碳钢焊接性的诸多因素以外，母材焊前热处理状态对焊接性影响也是碳钢焊接时不容忽视的问题。由于母材焊前热处理状态不同，导致同样的碳钢钢种，其母材焊前的原始金相组织和力学性能可能并不一样，焊后的焊接接头性能和质量也会显出差异。

第二节 低碳钢的焊接

一、低碳钢的焊接性

低碳钢中 C、Mn、Si 含量少，所以，通常情况下不会因焊接而引起严重硬化组织或淬火组织。这种钢材的塑性和冲击韧度也很好，焊接时，一般不需预热、控制层间温度和后热，焊后也不必采用热处理改善组织，可以说，整个焊接过程中不需要特殊的工艺措施，其焊接性优良。但在少数情况下，低碳钢的焊接性也会不好，焊接时出现困难，例如：

（1）采用旧冶炼方法或者非正规小型钢厂生产的转炉钢，这种钢含杂质较多，从而冷脆性大，时效敏感性 大，焊接接头质量低，焊接性差；

（2）沸腾钢脱氧不完全而含氧量高；

（3）低碳钢母材成分不合格时，焊接时可能出现裂纹；

（4）焊条质量不好时，焊缝也可能出现裂纹。

（5）某些焊接方法可能给低碳钢的焊接质量带来一定影响。埋弧焊的焊接热输入较大，会使焊接热影响区 的粗晶区晶粒过于粗大，从而使这一区域金属的冲击性能降低。电渣焊的热输入比埋弧焊大得多，焊接热影响区的粗晶区晶粒更加粗大，从而冲击性能也降得更低，低碳钢电渣焊接头焊后也需要正火处理，正火温度一般为 $A_{c3}+(30\sim50)℃$。

刚性大的结构件在低温条件下焊接时，可能出现裂纹。因此，在寒冷冬天焊接刚性大的结构时，应当特别注意，可采用适当预热和缓冷措施。

二、焊接材料的选用

见表 8-1 、表 8-2。

表 8-1　几种低碳钢焊接选用焊条举例

钢号	焊条选用				施焊条件
	一般结构		焊接动载荷、复杂和厚板结构、重要受压容器、以及低温下焊接		
	国标型号	牌号	国标型号	牌号	
Q235	E4313，E4303，E4301，E4320，E4311	J421，J422 J423，J424，J425	E4316，E4315，（E5016，E5015）	J426，J427 （J506，J507）	一般不预热
Q255					
Q275	E5016，E5015	J506，J507	E5016，E5015	J506，J507	厚板结构预热150℃以上
08、10、15、20	E4303，E4301，E4320，E4311	J422，J423 J424，J425	E4316，E4315，（E5016，E5015）	J426，J427 （J506，J507）	一般不预热
25、30	E4316，E4301	J426，J427	E5016，E5015	J506，J507	厚板结构预热150℃以上
Q245R、22g	E4303，E4301	J422，J423	E4316，E4315，（E5016，E5015）	J426，J427 （J506，J507）	一般不预热
Q245R	E4303，E4301	J422，J423	E4316，E4315，（E5016，E5015）	J426，J427 （J506，J507）	一般不预热

注：表中括弧内表示可以代用。

表 8-2　几种碳钢埋弧焊常用焊接选择举例

钢号	埋弧焊焊接材料选用		
	焊丝	焊剂	
		牌号	国际型号
Q235	H08A	HJ430，HJ431	HJ401-H08A
Q255	H08A		
Q275	H08MnA		
15、20	H08A，H08MnA	HJ430，HJ431，HJ330	HJ401-H08A HJ301-H10Mn2
25、30	H08MnA，H10Mn2		
Q245R、22g	H08MnA，H08MnSi，H10Mn2		
Q245R	H08MnA		

三、低碳钢在低温下的焊接

在严寒冬天或类似的气温条件下焊接低碳钢结构，焊接接头冷却速度较快，从而裂纹倾向增大，特别是焊接大厚度或大刚度结构更是如此。其中，多层焊接的第 1 道焊缝开裂倾向比其他层大。为避免裂纹，可以采取以下措施：

焊前预热，焊时保持层间温度；

采用低氢或超低氢焊接材料；

点固焊时加大电流，减慢焊速，适当增大点固焊缝截面和长度，必要时进行预热；

整条焊缝连续焊完，尽量避免中断；

不在坡口以外的母材上打弧，熄弧时，弧坑要填满；

弯板、矫正和装配时，尽可能不在低温下进行；

尽可能改善严寒下劳动生产条件。

四、预热与热处理

各标准对碳钢的焊接预热与热处理规定见表 8-3，有应力腐蚀（如碱液）的管道，应按设计文件要求进行焊后消应力热处理。

表 8-3　预热与热处理

钢号	标准号	焊前预热		焊后热处理	
		壁厚/mm	温度/℃	壁厚/mm	温度/℃
C C-Mn	GB 50236—2011	≥25	≥80	—	—
		<25 但最小抗拉强调>490MPa	≥80		
20	SH 3501—2011	≥25	≥80	≥19	600~650
		全部>490MPa	≥80		

第三节　中碳钢的焊接

一、中碳钢的焊接性

中碳钢的含碳量为 0.30%~0.60%。当含碳量接近 0.30% 而含 Mn 量不高时，焊接性良好。随着含碳量的增加，焊接性逐渐变差。如果含碳量为 0.50% 左右而仍按焊接低碳钢常用的工艺施焊时，则热影响区可能产生硬脆的马氏体组织，易于开裂。当焊接材料和焊接过程控制不好时，甚至焊缝也如此。焊接时，相当数量母材会熔化进入焊缝，使其碳含量增高，容易产生焊缝热裂纹。特别是杂质 S 控制不严时，更易显示出来。这种热裂纹在弧坑处更为敏感。此外，由于碳含量增高，气孔敏感性也增大。

中碳钢既可用作强度较高的结构件，也可用作机械部件和工具。用作机械部件和工具时，又常用其坚硬耐磨而非高强度，无论是高强度还是耐磨，常常通过热处理来达到所希望的性能。

二、焊接材料的选用

应当尽量选用低氢焊接材料，它们有一定脱硫能力，熔敷金属塑性和韧性良好，扩散氢量又少，抗裂性都较高。

个别情况下，也可采用钛铁矿型或钛钙型焊条，但一定要有严格的工艺措施配合，例如，认真控制预热温度或尽量减少母材熔深，才能得到较好效果。

特殊情况下，亦可采用铬镍奥氏体不锈钢焊条焊接，这时不需预热。

如果选用碳钢焊条或低合金钢焊条，而焊缝与母材并不要求等强时，可以选用强度等级稍低的低氢焊条。通常，焊条强度等级可以比母材强度等级低一档。

中碳钢焊接用焊条选用见表 8-4。

表 8-4　中碳钢焊接用焊条举例

钢号	母材 $w(C)/\%$	焊接性	母材力学性能≥					选用焊条牌号	
			屈服点 /MPa	抗拉强度 /MPa	伸长率 /%	断面收缩率/%	冲击吸收功/J	不要求强度或不要求等强	要求等强度
35	0.32~0.40	较好	315	530	20	45	55	J422、J423	J506、J507
ZG270-500	0.31~0.40	较好	270	500	18	25	22	J426、J427	
35	0.42~0.50	较差	355	600	16	40	39	J422、J423 J426、J427 J506、J507	J556、J557
ZG310-570	0.41~0.50	较差	310	570	15	21	15		
35	0.52~0.60	较差	380	645	13	35	—	J422、J423 J426、J427 J506、J507	J606、J607
ZG340-640	0.51~0.60	较差	340	640	10	18	10		

三、碳钢焊接工艺要点

大多数情况下，中碳钢焊接需要预热和控制层间温度，以降低焊缝和热影响区冷却速度，从而防止产生马氏体。预热温度取决于碳当量、母材厚度、结构刚性、焊条类型和工艺方法。通常，35 号和 45 号钢预热温度可为 150~250℃，含碳量再高，或厚度大，或刚性大，则预热温度可在 250~400℃。焊后最好立即进行消除应力热处理，特别是大厚度工件、大刚性结构件和苛刻的工况条件下（例如动载荷或冲击载荷）工作的工件更如此。消除应力回火温度一般为 600~650℃。如果不可能立即消除应力，也应当后热，以便扩散氢逸出。后热温度不一定与预热温度相同，视具体情况而定。后热保温时间大约每 10mm 厚度为 1h 左右。

当焊接沸腾钢时，加入含有足够数量脱氧剂（例如 Al、Mn、Si）的填充金属，可以防止焊缝气孔。埋弧焊的焊丝和焊剂配合适当，可以有足够的脱氧剂，例如 Si 或 Mn，也可防止焊接沸腾钢引起焊缝气孔。

第四节　高碳钢的焊接

一、高碳钢的焊接性

高碳钢含碳量大于 0.6%，除了高碳结构钢外，还包括高碳碳素钢铸件和碳素工具钢等。它们的含碳量比中碳钢更高，更容易产生硬脆的高碳马氏体，所以淬硬倾向和裂纹敏感倾向更大，从而焊接性更差。因此，这类钢实际上不用于制造焊接结构，而用于高硬度或耐磨部件、零件和工具，以及某些铸件，亦即用于工具钢和铸钢，所以这类钢的焊接也大多数为焊接修复。为了获得高硬度或耐磨性，高碳钢零件一般都经过热处理，常为淬火+回火，因此，焊接前应经过退火，可以减少裂纹倾向，焊后再进行热处理，以达到高硬度和耐磨要求。

二、焊接材料的选用

焊接材料通常不用高碳钢，具体根据钢的含碳量、工件设计和使用条件等，选用合适的填充金属。焊缝要与母材性能完全相同比较困难，这些钢的抗拉强度大多在 675MPa 以上，选用的焊接材料视产品设计要求而定，要求强度高时，一般用 E7015-D2（J707）或 E6015-D1（J607），要求不高时可用 E5016（J506）或 E5015（J507）等焊条，或者分别选用与以上强度等级相当的低合金钢焊条或填充金属。所有焊接材料都应当是低氢型的。

必要时也可以用铬镍奥氏体不锈钢焊条焊接，其牌号与中碳钢所用的相同，例如 A102、A107、A142、A146、A172、A302、A307，这时可以不预热，或者当刚度较大时，焊前适当预热。

三、高碳钢焊接工艺要点

高碳钢应先行退火，方能焊接。

采用结构钢焊条焊接时，焊前必须预热，一般为 250~350℃以上。焊接过程中还需要保持与预热一样的道间温度。

焊后工件保温，并立即送入炉中，在 650℃保温，进行消除应力热处理。

工件刚度、厚度较大时，应采取减少焊接内应力的措施，例如合理排列焊道，分段倒退焊法，焊后锤击等。

第九章　低合金强度钢的焊接

这类钢屈服点均在 294MPa 以上。其应用面宽，常用来制造常温下工作的受力构件，如压力容器、动力设备、工程机械、交通运输工具、桥梁、建筑结构和管道等。按照屈服点的高低及使用时的热处理状态这类钢又可分为以下三种：

（1）热轧、正火或控冷控轧钢　这是一种非热处理强化钢，一般在热轧、正火或控冷控轧状态下焊接和使用的，因为其合金元素含量低（一般合金元素总量不大于 3%），屈服点为 294~490MPa。

（2）低碳调质钢　这是一种屈服点为 490~980MPa 的热处理强化钢，一般在调质状态下供货。其特点是含碳量较低（一般在 0.25% 以下），强度高，兼有良好的塑性和韧性，可以直接在调质状态下焊接，且焊后不须进行调质处理，必要时可采取消除应力处理。不足之处是焊接后会在热影响区中造成软化带，焊后进行消除应力处理软化问题也难以解决。

（3）中碳调质钢　这类钢的屈服点高达 880~1176MPa 以上，也是热处理强化钢。与低碳调质钢相比，这类钢的含碳量高（0.25%~0.50%），淬硬性强，因此，调质处理后有很高的强度和硬度，而韧性较低，这就给焊接带来很大困难，所以，这类钢经常要在退火状态下焊接，焊后再进行整体热处理以达到所需要的强度和硬度。

第一节　低合金高强钢的焊接

本节所述低合金高强钢是在热轧、控轧控冷及正火（或正火加回火）状态下焊接和使用屈服强度为 295~460MPa 的低合金高强度结构钢，现执行标准为 GB/T 1591—1994。钢的牌号由代表屈服点的汉语拼音 Q、屈服点数值、质量等级符号三个部分按顺序排列。该类钢有 5 个强度等级，分别为 295MPa、345MPa、390MPa、420MPa 及 460MPa。

一、低合金高强度钢的焊接性

1. 焊接热影响区的组织与性能

依据焊接热影响区被加热的峰值温度不同，焊接热影响区可分为熔合区（1350~1450℃）、粗晶区（1000~1300℃）、细晶区（800~1000℃）、不完全相变区（700~800℃）及回火区（500~700℃）。不同部位热影响区组织与性能取决于钢的化学成分和焊接时加热和冷却速度。对于某些低合金钢，如果焊接冷却速度控制不当，焊接热影响区局部区域将产生淬硬或脆性组织，导致抗裂性或韧性降低。

低合金高强度钢焊接时热影响区中被加热到 1100℃ 以上的粗晶区及加热温度为 700~800℃ 的不完全相变区是焊接接头的两个薄弱区。热轧钢焊接时，如果焊接热输入过大，粗晶区将因晶粒严重长大或出现魏氏组织等而降低韧性；如果焊接热输入过小，由于粗晶区组织中马氏体比例增大而降低韧性。正火钢焊接时，粗晶区组织性能受焊接热输入的影响更为显著。如果热输入较大，粗晶区将产生粗大的粒状贝氏体、上贝氏体组织而导致粗晶区的韧性的显著降低。焊接热影响区软化是控轧控冷钢焊接时遇到的主要问题，当采用埋弧焊、电渣焊及闪光对焊等高热输入焊接工艺方法时，控轧控冷钢焊接热影响区软化问题变得非常突出。焊接热影响区的软化使焊接接头强度明显低于母材，给焊接接头的疲劳性能带来损害。另外，焊接热输入还影响控轧控冷钢热影响区的组织和韧性，当采用较小的热输入焊接时，由于焊接冷却速度较快，焊接热影响区获得下贝氏体组织，具有较优良的韧性，而随着焊接热输入的增加，焊接冷却速度降低，焊接热影响区获得上贝氏体或侧板条铁素体组织，韧性显著降低。

2. 热应变脆化

在自由氮含量较高的 C-Mn 系低合金钢中，焊接接头熔合区及最高加热温度低于 A_{c1} 的亚临界热影响区，

常常有热应变脆化现象。这种脆化是由于氮、碳原子聚集在位错周围，对位错造成钉扎作用所造成的。热应变脆化容易在最高加热温度范围 200~400℃ 的亚临界热影响区产生。如有缺口效应，则热应变脆化更为严重，熔合区常常存在缺口性质的缺陷，当缺陷周围受到连续的焊接热应变作用后，由于存在应变集中和不利组织，热应变脆化倾向就更大，所以热应变脆化容易发生在熔合区。

3. 冷裂纹敏感性

焊接氢致裂纹（通常称焊接冷裂纹或延迟裂纹）是低合金高强度钢焊接时最容易产生、而且是危害最为严重的工艺缺陷，它常常是焊接结构失效破坏的主要原因。低合金高强度钢焊接时产生的氢致裂纹主要发生在焊接热影响区，有时也出现在焊缝金属中。根据钢种的类型、焊接区氢含量及应力水平的不同，氢致裂纹可能在焊后 200℃ 以下立即产生，或在焊后一段时间内产生。大量研究表明，当低合金高强度钢焊接热影响区中产生淬硬的 M 或 M+B+F 混合组织时，对氢致裂纹敏感；而产生 B 或 B+F 组织时，对氢致裂纹不敏感。热影响区最高硬度可被用来粗略的评定焊接氢致裂纹敏感性。对一般低合金高强度钢，为防止氢致裂纹的产生，焊接热影响区硬度应控制在 350HV 以下。

强度级别较低的热轧钢，由于其合金元素含量少，钢的淬硬倾向比低碳钢稍大。如 Q345 钢、15MnV 钢焊接时，快速冷却可能出现淬硬的马氏体组织，冷裂倾向增大。但由于热轧钢的碳当量比较低，通常冷裂倾向不大，但在环境温度很低或钢板厚度大时应采取措施防止冷裂纹的产生。

控轧控冷钢碳含量和碳当量都很低，其冷裂纹敏感性较低。除超厚焊接结构外，490MPa 级的控轧控冷钢焊接，一般不需要预热。

正火钢合金元素含量较高，焊接热影响区的淬硬倾向有所增加。对强度级别及碳当量较低的正火钢，冷裂倾向不大。但随着强度级别及板厚的增加，其淬硬性及冷裂倾向都随之增大，需要采取控制焊接热输入、降低含氢量、预热及后热等措施，以防止冷裂纹的产生。

4. 热裂纹敏感性

低合金高强钢的含 C、S 较低，且含 Mn 量较高，其热裂纹倾向较小，但有时也会在焊缝中出现热裂纹，如厚壁压力容器焊接生产中，在多层多道埋弧焊焊缝的根部焊道或靠近坡口边缘的高稀释率焊道中易出现焊缝金属热裂纹；电渣焊时，如母材含碳量偏高并含 Nb 时，电渣焊焊缝可能出现八字形分布的热裂纹。另外，焊接热裂纹也常常在低碳的控轧控冷管线钢根部焊缝中出现，这种热裂纹产生的原因与根部焊缝基材的稀释率大及焊接速度较快有关。采用 Mn：Si 含量较高的焊接材料，减小焊接热输入，减少母材在焊缝中的熔合比，

增大焊缝成形系数，有利于防止焊缝金属的热裂纹。

5. 再热裂纹敏感性

低合金钢焊接接头中的再热裂纹亦称消除应力裂纹，出现在焊后消除应力热处理过程中。再热裂纹属于沿晶断裂，一般都出现在热影响区的粗晶区，有时也在焊缝金属中出现。Mn-Mo-Nb 和 Mn-Mo-V 系低合金高强钢对再热裂纹的产生有一定的敏感性，这些钢在焊后热处理时应注意防止再热裂纹的产生。

6. 层状撕裂倾向

大型厚板焊接结构焊接时，如在钢材厚度方向承受较大的拉伸应力，可能沿钢材轧制方向发生阶梯状的层状撕裂。这种裂纹常出现在要求熔透的角接接头或丁字接头中。

二、低合金高强钢的焊接工艺

1. 焊接方法的选择

低合金高强度钢可采用焊条电弧焊、熔化极气体保护焊、埋弧焊、钨极氩弧焊、气电立焊、电渣焊等所有常用的熔焊及压焊方法焊接。具体选用何种焊接方法取决于所焊产品的结构、板厚、对性能的要求及生产条件等。其中焊条电弧焊、埋弧焊、实心焊丝及药芯焊丝气体保护电弧焊是常用的焊接方法。当采用高热输入的焊接工艺方法时，如电渣、气电立焊及多丝埋弧焊焊接方法时，使用前应对焊缝金属和热影响区的韧性作认真的评定，以保证焊接接头的韧性能够满足使用要求。

2. 焊接材料的选择

焊接材料的选择首先应保证焊逢金属的强度、塑性、韧性达到产品的技术要求，同时还应该考虑抗裂性及焊接生产效率等。由于低合金高强度钢氢致裂纹敏感性较强，因此，选择焊接材料时应优先采用低氢焊条和碱度适中的埋弧焊焊剂。另外，为了保证焊接接头具有与母材相当的冲击韧度，正火钢与控轧控冷钢焊接材料优先选用高韧度焊材。焊接厚大构件时，为了防止出现冷裂纹，可采用"低匹配"的原则，即选用焊缝金属强度低于母材强度的焊接材料。焊缝强度过高，将导致焊缝金属塑、韧性及抗裂性能的降低。各种低合金高强度钢焊接材料选用见表 9-1。

表 9-1 热轧及正火钢常用焊接材料示例

屈服强度/MPa	钢号	手弧焊焊条	埋弧自动焊		电渣焊		CO₂保护焊焊丝
			焊丝	焊剂	焊丝	焊剂	
294	09Mn2 09Mn2Si 09MnV 09Mn2Cu	J422 J423 J426 J427	H08A H08MnA	HJ431			H10MnSi H08Mn2Si
343	Q345R 14MnNb 16MnRe	J502 J503 J506 J507	不开坡口对接 H08A 中板开坡口对接 H08MnA H10Mn2 H10MnSi 厚板深坡口 H10Mn2	} HJ431 HJ350 HJ431	H08MnMoA H10Mn2 H10MnSi	HJ431 HJ360	H08Mn2Si

屈服强度/MPa	钢号	手弧焊焊条	埋弧自动焊		电渣焊		CO₂保护焊焊丝
			焊丝	焊剂	焊丝	焊剂	
393	15MnV 15MnTi 16MnNb 15MnVRe	J502 J503 J506 J507 J556 J557	不开坡口对接 H08MnA 中板开坡口对接 H10Mn2 H10MnSi H08Mn2Si 厚板深坡口 H08MnMoA	HJ431 HJ350 HJ250	H08Mn2MoVA H10MnMoVA	HJ360 HJ431	H08Mn2Si
442	15MnVN 15MnVTiRe	J556 J557 J606 J607	H08MnMoA H04MnVTiA	HJ350	H10Mn2MoVA	HJ360 HJ431	
491	14MnMoV 18MnMoNb	J606 J607 J707 J707Ni	H08Mn2MoA H08Mn2MoVA H08Mn2NiMoA	HJ350 HJ250	H10Mn2MoA H10Mn2MoVA H10Mn2NiMoA	HJ360 HJ431	

3. 焊接热输入的控制

焊接热输入的变化将改变焊接冷却速度，从而影响焊缝金属及热影响区的组织组成，并最终影响焊接接头的力学性能及抗裂性。屈服强度不超过500MPa的低合金高强度钢焊缝金属，如能获得细小均匀针状铁素体组织，其焊缝金属则具有优良的强韧性。而针状铁素体组织的形成需要控制焊接冷却速度。因此为了确保焊缝金属的韧性，不宜采用过大的焊接热输入。焊接操作上尽量不用横向摆动和挑弧焊接，推荐采用多层窄焊道焊接。

热输入对焊接热影响区的抗裂性及韧性也有显著的影响。低合金高强度钢热影响区组织的脆化或软化都与焊接冷却速度有关。由于低合金高强度钢的强度及板厚范围都较宽，合金体系及合金含量差别较大，焊接时钢材的状态各不相同，很难对焊接热输入作出统一的规定。各种低合金高强度钢焊接时应根据其自身的焊接性特点，结合具体的结构形式及板厚，选择合适的焊接热输入。

与正火或正火加回火钢及控轧控冷钢相比，热轧钢可以适应较大的焊接热输入。含碳量较低的热轧钢(09Mn2、09MnNb等)以及含碳量偏下限的16Mn钢焊接时，焊接热输入没有严格的限制。因为这些钢焊接热影响区的脆化及冷裂倾向较小。但是，当焊接含碳量偏上限的16Mn钢时，为降低淬硬倾向，防止冷裂纹的产生，焊接热输入应偏大一些。

含V、Nb、Ti微合金化元素的钢种，为降低热影响区粗晶区的脆化，确保焊接热影响区具有优良的低温韧性，应选择较小的焊接热输入。如14MnNbq钢焊接热输入应控制在37kJ/cm以下，15MnVN钢的焊接热输入宜在40~45kJ/cm以下。

碳及合金元素含量较高、屈服强度为490MPa的正火钢，如18MnMoNb等，选择热输入时既要考虑钢种的淬硬倾向，同时也要兼顾热影响区粗晶区的过热倾向。一般为了确保热影响区的韧性，应选择较小的热输入，同时采用低氢焊接方法配合适当的预热或及时的焊后消氢处理来防止焊接冷裂纹的产生。

控冷控轧钢的碳含量和碳当量均较低，对氢致裂纹不敏感，为了防止焊接热影响区的软化，提高热影响区韧性，应采用较小的热输入焊接，使焊接冷却时间 $t_{8/5}$ 控制在 10s 以内为佳。

4. 预热及焊道间温度

预热可以控制焊冷却速度，减少或避免热影响区中淬硬马氏体的产生，降低热影响区硬度，同时预热还可以可以降低焊接应力，并有助于氢从焊接接头的逸出。因此，预热是防止低合金高强度钢焊接氢致裂纹产生的有效措施。但预热常常恶化劳动条件，使生产工艺复杂化，不合理的、过高的预热和焊道间温度还会损害焊接接头的性能。因此，焊前是否需要预热及合理的预热温度，都需要认真考虑或通过试验确定。

预热温度的确定取决于钢材的成分、板厚、焊件结构形状和拘束度、环境温度以及所采用的焊接材料的含氢量等。表 9-2 中推荐了不同强度级别的热轧和正火低合金高强钢的焊接预热温度。对于厚板多道多层焊，为了促进焊接区氢的逸出，防止焊接过程中氢致裂纹的产生，应控制焊道间温度不低于预热温度和进行必要的中间消氢热处理。

表 9-2　推荐用于轧制和正火状态的低合金高强钢的预热温度/℃

钢的厚度/mm	焊条类型	钢的最低屈服强度/MPa				
		310	345	380	413	448
<10	普通	不预热	不预热	不预热	38	66
	低氢	不预热	不预热	21	21	21
10~19	普通	不预热	38	66	93	121
	低氢	不预热	不预热	21	21	21
19~38	普通	66	66	93	121	—
	低氢	不预热	不预热	66	66	—
38~51	普通	93	121	149	—	—
	低氢	66	66	107	—	—
51~76	普通	149	149	177	—	—
	低氢	107	107	149	—	—

注：表中的不预热是指母材温度必须高于 10℃，如果低于 10℃，必须预热到 21~38℃

5. 焊接后热及焊后热处理

（1）焊接后热及消氢处理　焊接后热是指焊接结束或焊完一条焊缝后，将焊件或焊接区立即加热到 150~250℃ 范围内，并保温一段时间；而消氢处理则是在 300~400℃ 加热温度范围内保温一段时间，两种处理的目的都是加速焊接接头中氢的扩散逸出，消氢处理效果比低温后热更好。焊后及时后热及消氢处理是防止焊接冷裂纹的有效措施之一，特别是对于氢致裂纹敏感性较强的 14MnMoV、18MnMoNb 等钢厚板焊接接头，采用这一工艺不仅可以降低预热温度、减轻焊工劳动强度，而且还可以采用较低的焊接热输入使焊接接头获得良好的综合力学性能。对于厚度超过 100mm 的厚壁压力容器及其他重要的产品构件，焊接过程中，应至少进行 2~3 次中间消氢处理，以防止因厚板多道多层焊氢的积聚而导致的氢致裂纹。

（2）焊后热处理　热轧、控轧控冷及正火钢一般焊后不进行热处理。电渣焊的焊缝及热影响区的晶粒粗大，焊后必须进行正火处理以细化晶粒。

（3）消除应力处理　厚壁高压容器、要求抗应力腐蚀的容器、以及要求尺寸稳定性的焊接结构，焊后需要进行消除应力处理。此外，对于冷裂纹倾向大的高强钢，也要求焊后及时进行消除应力处理。

消除应力热处理是最常用的松弛焊接残余应力的方法，该方法是将焊件均匀加热到 A_{c1} 点以下某一温度，保温一段时间后，随炉冷到 $300 \sim 400℃$，最后焊件在炉外空冷。合理的消除应力热处理工艺可以起到消除内应力并改善接头的组织与性能的目的。几种低合金高强度钢的不同焊后热处理的推荐参数见表 9-3。

表 9-3　几种低合金高强度钢的焊后热处理的推荐参数

强度等级/MPa	钢号	回火	正火	消除应力处理
295	09Mn2 09MnV 09Mn2Si	—	$900 \sim 940℃$	$550 \sim 600℃$
345	14MnNb 16Mn	$580 \sim 620℃$	$900 \sim 940℃$	$550 \sim 600℃$
390	15MnV 15MnTi 16MnNb	$620 \sim 640℃$	$910 \sim 950℃$	$600 \sim 650℃$
420	15MnVN 14MnVTiRE	$620 \sim 640℃$	$910 \sim 950℃$	$600 \sim 660℃$
460	14MnMoV 18MnMoNb	$640 \sim 660℃$ $620 \sim 640℃$	$920 \sim 950℃$	$600 \sim 660℃$

第二节　低碳低合金调质钢的焊接

一、焊接性

这类调质钢主要是作为高强度的焊接结构用钢，因此含碳量限制得较低。这类钢焊接性的主要特点是：在焊接热影响区，特别是焊接热影响区的粗晶区有产生冷裂纹和韧性下降的倾向；在焊接热影响区受热时未完全奥氏体化的区域及受热时其最高温度低于 A_{c1}，而高于钢调质处理时的回火温度的那个区域有软化或脆化的倾向。低碳调质钢的淬硬倾向较大，但在焊接热影响区的粗晶区形成的是低碳马氏体，又因这类钢的 Ms 点较高，在焊接冷却过程中，所形成的马氏体可发生自回火，因而这种钢的冷裂倾向比中碳调质钢小得多。但为了可靠地防止冷裂纹的产生，还必须严格控制焊接时的氢源及选择合适的焊接方法及焊接工艺参数。一般低碳调质钢的热裂倾向较小，因钢中的 C、S 含量都比较低，而 Mn 含量及 Mn/S 又较高。如果钢中的 C、S 含量较高或 Mn/S 较低时，则热裂倾向增大。如 12Ni3CrMoV 钢中的 Mn/S 较低，又含有较多的 Ni，在近缝区易出现液化裂纹。这种裂纹常出现于大热输入焊接时。采用小热输入的焊接工艺参数，控制熔池形状，可以防止这种裂纹的产生。

二、焊接工艺

1. 焊接方法

低碳调质钢最常用的焊接方法有焊条电弧焊、熔化极气体保护焊、埋弧焊及钨极氩弧焊。采用上述各种电弧焊方法，用一般焊接工艺参数，焊接接头的冷却速度较高，使低碳调质钢的焊接热影响区的力学性能接近钢在调整状态下的力学性能，因而不需要进行焊后热处理。如果采用电渣焊工艺，由于焊接热输入大、母材加热时间长、冷却缓慢，故这类钢在电渣焊后，必须进行淬火加回火处理。为了避免焊接热影响区韧性的恶化，不推荐大电流、粗丝、多丝埋弧焊工艺。但是窄间隙双丝埋弧焊工艺，由于焊丝细、焊接热输入不高，已成功地应用于低碳调质钢压力容器的焊接。

2. 焊接材料

低碳调质钢产生冷裂纹的倾向较大，因此严格控制焊接材料中的氢是十分重要的，用于低碳调质钢的焊条应是低氢型或超低氢型焊条。焊接材料的选用见表9-4。

表9-4 几种低碳调质钢的焊条、焊丝及保护气体

钢号或名称	焊条电弧焊		熔化极气体保护焊		
	焊条型号	焊条牌号	焊丝型号	焊丝牌号	保护气体
07MnCrMoVR 07MnCrMoVDR 07MnCrMoV-D 07MnCrMoV-E	GBE6015-G JIS D5816 AWSE9016-G	PP. J607RH[①]			
HQ60	CB E6016-G GB E6015H	J606RH J607H	GB ER60-G AWS ER80-G	HS-60Ni[②] （H08MnNiMoA） HS-60[②] （H08MnSiMoA）	Ar+20%CO$_2$ 或 CO$_2$
HQ70	GB E7015-G AWS E10015-G JIS D7015	J707Ni J707RH J707NiW	GB ER69-1，-2，-3 AWS ER100-G	HS-70[②] （H08Mn2NiMoA） ER100-1，-2	Ar+20%CO$_2$ 或 CO$_2$
HQ80C	GB E8015-G AWS E11015-G JIS D8015	J807RH	GB ER76-1 AWS ER110-G	HS-80A[②] （H08MnNi2MoA） ER110	Ar+20%CO$_2$
HQ100		J956		GHQ-100[③] （H08MnNi2CrMoA）	Ar+5%~20%CO$_2$

① 上海电力修造厂生产，其余焊条见焊接材料样本。

② 哈尔滨焊接研究所研制生产。

③ 北京钢铁研究总院研制生产。

④ 应符合 HG/T 2537—1993 优等品要求。

3. 焊接热输入和焊接技术

焊接热输入不仅影响焊接热影响区的性能，也影响焊缝金属的性能。对许多焊缝金属来说，为获得综合的强韧性，需要获得针状铁素体的组织。这种组织必须在较快的冷却条件下才能获得。为了避免采用过大的热输入，不推荐采用大直径的焊条或焊丝。可能采用多层小焊道焊缝。最好采用窄焊道，而不采用横向摆动的运条技术。这样不仅可以使焊接热影响区和焊缝金属有较好的韧性，而且还可以减少焊接变形。立焊时不可避免地要做局部摆动和向上挑动，但应控制在最低程度。可以采用碳弧气刨清理焊根，但必须严格控制热输入。在碳弧气刨以后，应打磨清理气刨表面后再施焊。表 9-5、表 9-6、表 9-7 为几种钢允许的最大热输入推荐值。

表 9-5　不同板厚的 Welten80C（日本）钢最大热输入推荐值（kJ/mm）

焊接方法	板　　厚 h/mm			
	$6 \leqslant h < 13$	$13 \leqslant h < 19$	$19 \leqslant h < 25$	$26 \leqslant h$
焊条电弧焊与熔化极气体保护焊	2.5	3.5	4.5	4.8
埋弧焊	2.0	2.5	3.5	4.0

表 9-6　A514 或 A517（美国）钢对接焊最大热输入（kJ/mm）

预热及道间温度/℃	板　　厚/mm				
	6	19	25	32	51
20	1.42	4.76	不限制	不限制	不限制
95	1.14	3.9	6.80	不限制	不限制
150	0.95	3.23	4.96	6.00	不限制
200	0.75	2.56	3.66	5.00	不限制

表 9-7　HY-130 钢最大焊接热输入（kJ/mm）

板厚/mm	10~16	16~22	22~35	35~102
焊条电弧焊	1.58	1.78	1.77	1.97
气体保护焊	1.38	1.58	1.77	1.97

4. 预热

为了防止冷裂纹的产生，焊接低碳调质钢时，常常需要采用预热，但必须注意防止由于预热而使焊接热影响区的冷却速度过于缓慢，因为在过于缓慢的冷却速度下，焊接热影响区内产生 M-A 组元和粗大贝氏体。这些组织使焊接热影响区强度下降、韧性变坏。如有可能，采用低温预热加后热，或不预热只采用后热的方法来防止低碳调质钢产生冷裂纹，可以减轻或消除过高的预热温度对其热影响区韧性的损害。常用低碳调质钢的预热温度见表 9-8，允许的最高预热温度与表中最低值相比不得大于 65℃。

表 9-8　几种低碳调质钢的最低预热温度和道间温度（℃）

板厚/mm	<13	13~16	16~19	19~22	22~25	25~35	35~38	38~51	>51
14MnMoNbB		100~150	150~200	150~200	200~250	200~250			
15MnMoVN		50~100	100~150	100~150	150~200	150~200			
A514 A517	10	10	10	10	10	66	66	66	93
HY-80	24	52	52	52	52	93	93	93	93
HY-130	24	24	52	52	52	93	93	93	93

5. 焊后热处理

大多数低碳调质钢焊接构件是在焊态下使用，除非在下述条件下才进行焊后热处理：焊后或冷加工后钢的韧性过低；焊后需进行高精度加工，要求保证结构尺寸的稳定性；焊接结构承受应力腐蚀。为了使焊后热处理不给焊接接头造成严重损害，应认真制定焊后热处理的规范。焊后热处理的温度必须低于母材调质处理的回火温度、以防母材的性能受到损害。

6. 焊后表面处理

对接接头焊后，应将余打磨平才能使接头有足够的疲劳强度。角焊缝趾处的机械打磨、TIG 重熔或锤击强化都可以提高角接接头的疲劳强度。

第三节　中碳调质钢的焊接

中碳调制钢的碳含量较高（0.25%~0.50%）这类钢在调质状态下具有良好的综合性能，屈服强度高达 880~1176MPa。

一、焊接性

1. 焊接热影响区的脆化和软化

中碳调质钢由于含碳量高、合金元素含量多，在快速冷却时，从奥氏体转变为马氏体的起始温度 Ms 较低，焊后热影响区产生硬度很高的马氏体，造成脆化。

如果钢材在调质状态下施焊，而且焊后不再进行调质处理，其热影响区被加热到超过调质处理回火温度的区域，将出现强度、硬度低于母材的软化区。该软化区可能成为降低接头强度的薄弱区。

2. 裂纹

中碳调质钢焊接热影响区极易产生硬脆的马氏体，对氢致冷裂纹的敏感性很大，在一般用于焊接的低合金钢中，具有最大的冷裂纹敏感性。从 40CrNi2Mo 钢模拟焊接热影响区粗晶区的连续冷却组织转变相图可以看出，当 $t_{8/5}$ 小于 140s 时，40CrNi2Mo 钢焊接热影响区粗晶区是 100% 的马氏体，而且马氏体的硬度高达 800HV。这意味着即使采用高热输入埋弧焊，其焊接热影响区粗晶区组织也是 100% 的高硬度马氏体。因此，焊接中碳调质钢时，为了防止氢致冷裂纹的产生，除了尽量采用低氢或超低氢焊接材料和焊接工艺外，通常应采用焊前预热和焊后及时热处理。

由于中碳调质钢的碳及合金元素含量高，焊接熔池凝固时，固液相温度区间大，结晶偏析倾向大，因而焊接时具有较大的热裂纹倾向。为了防止产生热裂纹，要求采用低碳，低硫、磷的焊接材料。重要产品用钢材及焊材，应采用真空冶炼及电渣精炼。在焊接工艺上，要注意填满弧坑。

二、中碳调质钢焊接工艺

中碳调质钢的滚圆、校圆、冲压等成形工艺应在退火状态下完成。

1. 焊接方法及热输入的选择

常用的焊接方法有钨极氩或氦弧焊、熔化极气体保护焊、埋弧焊、焊条电弧焊及电阻点焊等。钨极氩或氦弧焊焊缝的氢含量极低，适合于焊接薄小且拘束应力较大的构件。熔化极

气体保护焊可采用 CO_2、$Ar-CO_2$ 或 $Ar-O_2$ 混合保护气体。熔化极气体保护焊焊缝的含氢量很低，有利于减小中碳调质钢焊接时产生冷裂纹的可能性。埋弧焊常用于那些焊后进行调质处理的构件，这时应选好焊丝、焊剂的组合，以保证经调质处理的焊缝金属具有满意的强度、塑性及韧性。焊条电弧焊应选用低氢或超低氢焊条。用脉冲氩弧焊、等离子弧及真空电子束等热量集中的焊接方法有利于缩小中碳调质钢热影响区的宽度，减小焊接应力，获得组织较细的热影响区组织，从而提高其抗裂性及焊接接头的力学性能。如果采用真空电子束焊，有时可以不预热或低温预热。

中碳调质钢宜采用较低的热输入焊接。大热输入将产生宽的、组织粗大的热影响区，增大脆化的倾向；大热输入也增大焊缝及热影响区产生热裂纹的可能性；对在调质状态下的焊接，且焊后不再进行调质处理的构件，大热输入增大热影响区软化的程度。应尽可能采用机械化、自动化焊接，从而减少起弧及停弧次数，减少焊接缺陷和改善焊缝成形。

中碳调质钢的焊接坡口应采用机械方法加工，以保证装配精度，并避免由热切割引起坡口处产生淬火组织。焊前应仔细清理母材及焊丝。

2. 焊接材料的选择

为提高抗裂性，焊条电弧焊时应选用低氢或超低氢焊条；埋弧焊时，选用中性或中等碱度的焊剂，以保证焊缝有足够的韧性和优良的抗裂性。焊条、焊剂使用前应严格烘干，使用过程中，应采取措施防止焊接材料再吸潮。为保证焊缝金属有足够的强度、良好的塑韧性及抗裂性，应选用低碳、低 S、P 和含适量合金的焊接材料。对于焊后进行调质处理的构件，应选用合金成分与母材相近的焊接材料。对于焊后只进行消除应力热处理的构件，应考虑焊缝金属消除应力热处理后的强韧性与母材相匹配。对于焊后不进行热处理，并要求在动载及冲击载荷下具有良好性能，而不要求焊缝金属与母材等强度的构件时，可选用镍基合金或镍铬奥氏体钢焊接材料。中碳调质钢用的焊接材料尚未标准化，表 9-9 列出几种中碳调质钢可选用的焊条及气体保护焊焊丝的熔敷金属力学性能及用途。

表 9-9　中碳调质钢用焊条、焊丝熔敷金属力学性能及用途

焊材牌号	热处理状态	σ_b/MPa	σ_s/MPa	δ_5/%	A_{KV}/J	适用钢种
HTJ-3	焊后淬火、回火	980			40	30CrMnSiA
J857Cr	600~650℃ 回火	≥830	≥740	≥12	≥27（常温）	35CrMo 30CrMo
J857CrNi	焊态	≥830	≥740	≥12	≥27（-50℃）	
J907Cr	600~650℃ 回火	≥880	≥780	≥12		35CrMo（A） 30CrMo（A） 40Cr 40CrMnMo 40CrNiMo
J107Cr	880℃油淬、520℃回火空冷	≥980	≥880	≥12	≥27（常温）	35CrMo（A） 30CrMnSi（A） 40Cr 40CrMnMo 40CrNiMo

焊材牌号	热处理状态	σ_b/MPa	σ_s/MPa	δ_5/%	A_{KV}/J	适用钢种
HS-70①	焊态	749	664	20.8	65(−40℃)	35CrMo(A) 30CrMo(A) 40Cr
HS-80②	焊态	798	764	21.2	113(−40℃)	35CrMo(A) 30CrMo(A) 40Cr
HS-80②	580℃消除应力热处理	850	794	18	102(−40℃)	35CrMo(A) 30CrMo(A) 40Cr
H08MnCrNiMoA						D6AC
H10Cr2MoVA						D6AC(板厚5mm)
H18CrMoA						35CrMo(A)
H08Mn2SiA	焊态	500	420	22	≥47(常温)	35CrMo(A) 30CrMo(A) 40Cr

① CO_2 气体保护焊。

② Ar-CO_2 或 Ar-O_2 气体保护焊。

3. 预热

为防止氢致冷裂纹的产生，除了拘束度小、结构简单的薄壁壳体等焊件不用预热外，中碳调质钢焊接时一般均需要预热。焊接时，需采用的最低预热及道间温度取决于被焊钢材的碳及合金的含量、焊后的热处理条件、构件截面厚度及拘束度和焊接时可能有的氢含量。如钨极氩弧焊或熔化极气体保护焊可采用比焊条电弧焊较低的预热和道间温度。理想的预热及道间温度应比冷却时马氏体开始转变的温度(M_s)高20℃，焊后在此温度下保持一段时间，以保证焊缝及热影响区全部转变为贝氏体，而且也使接头的氢能较充分地扩散逸出，可有效地防止氢致冷裂纹。但是，中碳调质钢冷却时，马氏体开始转变的温度(M_s)一般在300℃以上。如此高的预热温度不但使焊接工人操作困难，也会在金属表面产生氧化膜，导致焊接缺陷。如果预热及道间温度比冷却时马氏体开始转变的温度(M_s)低，焊接时焊缝及热影响区部分奥氏体立即转变为硬脆的马氏体，还有部分奥氏体没有转变。若焊后工件立即冷却至室温，尚未转变的奥氏体也转变为硬脆的马氏体，这种情况下极易产生冷裂纹。因此，预热及道间温度比冷却时马氏体开始转变的温度(M_s)低时，焊接以后工件冷至室温以前必须采用适当的、及时的热处理措施。

4. 焊后热处理

预热及道间温度比冷却时马氏体开始转变的温度(M_s)低时，如果焊接以后工件不能立即进行消除应力热处理时，为防止氢致裂纹的产生，应采用后热措施。即将工件立即加热至高于M_s点10~40℃，并在此温度保温约1h，使尚未转变的那部分奥氏体转变为韧性较好的贝氏体，然后再冷至室温。如果焊接以后工件可以立即进行消除应力热处理时，应将工件立即冷却至马氏体转变终了的温度Mf点以下，并停留一段时间。使尚未转变的那部分奥氏体亦完成马氏体转变，然后工件应立即进行消除应力热处理，这样焊件在随后的消除应力热处理过程中，接头中的马氏体被回火和软化。经过消除应力热处理的工件，再冷至室温不会有产生氢致冷裂纹的危险。

对于焊接以后进行调质处理的工件，进行处理前应仔细检查接头是否有缺陷，若需补焊，则补焊工艺要求与焊接工艺一样。采用的淬火工艺应保证接头各部分都能得到马氏体，然后进行回火处理。

5. 防止氢致冷裂纹的其他措施

由于中碳调质钢焊接热影响区的高碳马氏体的氢脆敏感性大，少量的氢足以导致焊接接头产生氢致冷裂纹。为了降低焊接接头中的氢含量，除了采用预热及焊后及时热处理、采用低氢或超低氢焊接材料和焊接方法外，还应注意焊接前仔细清理焊件坡口周围及焊丝表面的油锈等，严格执行焊条、焊剂的烘干及保存制度，避免在穿堂风、低温及高湿度环境下施焊，否则应采取挡风和进一步提高预热温度等措施。不允许焊接接头有未焊透、咬边等缺陷，焊缝与母材的过渡应圆滑。上述缺陷都可能成为裂纹源。为了改善焊缝成形，除了尽量采用机械化自动化焊接方法和注意操作外，可以采用钨极氩弧焊对焊趾处进行重熔处理。

第十章　低温钢的焊接

第一节　低合金低温用钢的焊接

低合金低温钢主要用于低温下工作的容器、管道和结构，如液化石油气储罐、冷冻设备及石油化工低温设备等。低合金低温用钢可分为不含 Ni 及含 Ni 的两大类。

一、低合金低温钢的焊接性

不含镍的低温用钢由于其含碳量低、其他合金含量也不高，淬硬和冷裂倾向小，因而具有良好的焊接性，一般可不预热，但应避免在低温下施焊。

含镍低温钢，如 2.5%Ni 和 3.5%Ni 钢，虽然由于镍的加入提高了钢材的淬透性，但由于含碳量限制得较低，因此冷裂倾向并不严重，薄板焊接时可不预热，厚板焊接时需进行适当预热。此外，由于 Ni 能增大钢材的热裂倾向，因此焊接这类含 Ni 钢时要注意液化裂纹的问题，但在低温钢中由于含碳量和杂质硫、磷的含量控制都很严格，如果采用合理的焊接工艺条件，增大焊缝成型系数，可以避免热裂纹。

低温钢焊接的主要问题是焊缝和熔合区的晶粒粗化或产生过热组织而引起的韧性下降，而热影响区的其余部位的韧性有可能还高于母材。

二、低温钢的焊接工艺特点

低温钢焊接时，除了要防止出现裂纹外，关键是要保证焊缝和过热区的低温韧性，这是制定低温钢焊接工艺的一个根本出发点。解决热影响区韧性主要是通过控制焊接线能量，而焊缝韧性除了与线能量有关外，最根本的是取决于焊缝成分的选择。由于焊缝金属是粗大的铸造状组织，因此性能要低于同样成分的母材，故焊缝成分不能与母材完全相同，如何正确选择焊缝成分，是保证焊缝韧性的关键。

1. 焊接方法及热输入的选择

常用的焊接方法有焊条电弧焊、埋弧焊、钨极氩弧焊及熔化极气体保护焊等。低合金低温用钢焊接时，为避免焊缝金属及近缝区形成粗大组织而使焊缝及热影响区的韧性恶化，焊接时，焊条尽量不摆动，采用窄焊道、多道多层焊，焊接电流不宜过大，宜用快速多道焊及加焊表面退火焊道来减轻焊道过热，并利用后焊焊道对前一焊道的重热作用细化晶粒。多道焊时，要控制道间温度，应采用小热输入施焊，焊条电弧焊热输入应控制在 20kJ/mm 以下，熔化极气体保护焊焊接热输入应控制在 25kJ/mm 左右。埋弧焊时，焊接热输入应控制在 28~45kJ/mm。如果需要预热，应严格控制预热温度及多层多道焊时的道间温度。

2. 焊接材料的选择

选用低温钢焊材首先应考虑接头使用温度、韧性要求、以及是否要进行焊后热处理等，尽量使焊缝金属的化学成分和力学性能(尤其是冲击韧度)与母材一致。

焊接无镍低温钢时，可选择成分与母材相同的低碳钢和 C-Mn 钢型的高韧性焊条，但焊缝冲击值波动较大，因此，为了保证获得良好的低温韧性，选用含 Ni 0.5%～1.5% 的低镍焊条更为可靠。用 MIG 和 TIG 焊时，要选用含 Ni1.5%～2.5% 的焊丝。埋弧焊时，可用中性熔炼焊剂配合 Mn-Mo 焊丝或碱性熔炼焊剂配合含 Ni 焊丝，也可采用 C-Mn 钢焊丝配合碱性非熔炼焊剂，由焊剂向焊缝渗入微量 Ti、B 合金元素，以保证焊缝金属获得良好的低温韧性。

低 Ni 钢焊接时，所用焊条的含 Ni 量应与母材相同或稍高于母材，但要注意，并非含 Ni 量高焊缝韧性一定好。焊态下 Ni 量超过 2.5% 以后，焊缝中会出现粗大的板条状贝氏体或马氏体，韧性较低。在这种情况下，含 C 量越高，韧性下降的越明显。只有焊后经调质处理，焊缝韧性才随含 Ni 量增加而提高。当焊后不能调质时，含 Ni 量超过 2.5% 的焊缝金属韧性是不理想的，所以为了改善 3.5Ni 钢焊缝韧性，除了尽量降低含 C 量和 S、P、O 等有害杂质含量外，应对焊缝中的 Si 和 Mn 的含量加以限制。但 Si、Mn 太低，会导致焊缝含氧量增加。另外，在 Ni3.5% 焊丝中添加微量 Ti 后可细化晶粒，改善焊缝的低温韧性。当焊缝含 Ni 量增加时，回火脆性倾向也会增加，加入少量 Mo 有利于减少回火脆性。手弧焊 Ni3.5% 钢时，常采用含 Mo 的焊条，焊接线能量控制在小于 20kJ/cm，MIG 和 TIG 焊时，可采用；与母材成分相似的含 C 很低(C 0.03%)的 3.5%Ni-0.15Mo 型焊丝。埋弧自动焊 Ni3.5% 钢时，可选用 3.5Ni-0.3Ti 的焊丝配粘结焊剂。

低合金低温钢焊接材料的选择见表 10-1。

表 10-1　常用低温钢焊接材料

钢　号	电弧焊			埋弧焊		
	标准号	焊条型号	焊条牌号	焊丝钢号	焊剂	
					型号	牌号
16MnDR	GB/T 5118	E5016-G	J506RH	注	—	注
16MnD	GB/T 5118	E5016-G	J507RH			
15MnNiDR	GB/T 5118	E5016-G	W607	—	—	—
09MnNiD 09MnNiDR	GB/T 5118	—	W707	—	—	—
08MnNiCrMoVD 07MnNiCrMoVDR	GB/T 5118	E6015-G	J607RH	注	—	SJ102
09MnD	GB/T 5118	E5015-G	W607	—	—	—
20MnMoD	GB/T 5118	E5016-G	J506RH	—	—	—
	GB/T 5118	E5015-G	J507RH	—	—	—
20MnMoD	GB/T 5118	E5516-G	J556RH	—	—	—
10Ni3MoVD	GB/T 5118	E6015-G	J607RH	—	—	—

注：已有焊接材料，但尚未列入标准。

3. 预热

(1) 焊前预热应根据母材的化学成分、焊接性能、焊件厚度、焊接接头的拘束程度、焊接方法等综合考虑，必要时通过试验确定。常用钢号推荐的预热温度见表 10-2。

表 10-2　常用钢号推荐的预热温度

钢号或公称成分	厚度/mm	预热温度/℃
16MnD、09MnNiD、16MnDR、09MnNiDR、15MnNiDR	≥30	≥50
20MnMoD、08MnNiCrMoVD、10Ni3MoVD	任意厚度	≥100
3.5Ni	任意厚度	≥100
07MnNiCrMoVDR	16~30	≥60
07MnNiCrMoVDR	>30~40	≥80
07MnNiCrMoVDR	>40~50	≥100
5Ni、8Ni、9Ni	任意厚度	≥10

（2）异种钢焊接接头预热温度按预热温度要求较高的母材确定，且不低于该母材要求预热温度的下限。

（3）局部预热时，预热的范围为焊缝两侧各不小于焊件厚度的三倍（见图 10-1），且不小于 100mm。加热区以外 100mm 范围内应予保温。

（4）预热方法宜采用电加热法。预热过程应保证坡口两侧沿壁厚均匀受热，并防止局部过热。

（5）预热温度在距焊缝中心 50~100mm 处进行测量，测量点应均匀分布。

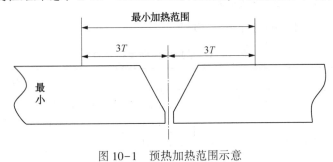

图 10-1　预热加热范围示意
T—焊件壁厚

4. 焊后热处理

（1）若设计文件无规定，当焊件厚度等于或大于 16mm 时，应进行焊后热处理，推荐的焊后热处理条件见表 10-3。

表 10-3　推荐的焊后热处理条件

钢号或公称成分	热处理厚度 T/mm	焊后热处理温度/℃	最少保温时间/h	按厚度确定的最少保温时间
16MnR 16MnDR	≥16	600~640	1/4	T/25 h
09MnNiDR 15MnNiDR	≥16	540~580	1/4	T/25 h
3.5Ni	≥16	593~635	1	1.2mm/min
5Ni 8Ni 9Ni	≥50	552~585	1	2.4mm/min

（2）焊后热处理可采用整体热处理方法，也可采用局部热处理方法，并优先采用电加热法。

（3）不同厚度焊件组成的焊接接头，热处理温度应按薄者确定。对有回火脆性的低温钢，应慎重选择热处理温度和加热速度。异种钢的焊后热处理，应按 SH/T 3526 规定执行。

（4）容器采用局部热处理时，焊缝每侧加热宽度不小于钢材厚度的 2 倍；接管与壳体相焊处加热宽度不得小于钢材厚度的 6 倍。靠近加热区的部位应采取保温措施，使温度梯度不致影响材料的组织和性能。

管道焊接接头局部热处理的加热范围为焊缝两侧各不少于焊缝宽度的 3 倍，且不少于 25mm。加热区以外 100mm 范围内应予以保温，且管道端口应封闭。

（5）热处理过程应均匀加热、准确控制温度，热处理温度以在焊件上直接测量为准，并填写热处理记录。

第二节　中、高合金低温钢的焊接

中高合金低温钢主要是指制造生产、运输及储存液化气的机械和设备及超导设备、核聚变反应设备所用的金属材料。这类低温用钢包含 Ni 钢（如 Ni5 钢、Ni9 钢），Cr-Ni 奥氏体钢（如奥氏体不锈钢），Cr-Ni-Mn-N 奥氏体钢（如 0Cr21Ni6Mn9N 钢）、Fe-Mn-Al 钢（如 15Mn26Al4 钢）等，使用温度分别为：

Ni5 钢	−165℃	Ni9 钢	−196℃
15Mn26Al4 钢	−253℃	0Cr21Ni6Mn9N 钢	−269℃

一、Ni5 钢与 Ni9 钢的焊接

1. Ni9 钢的焊接性

Ni9 钢以其优良的低温韧性和焊接性被认为是制造低温压力容器的优良材料。Ni5 钢的焊接性与 Ni9 钢相似而且焊接材料也基本相同，因此下面主要介绍 Ni9 钢的焊接。

焊接 Ni9 钢时可能遇到的主要问题是焊接接头的低温韧性、焊接裂纹、电弧的磁偏吹等。这些问题与所采用的焊接材料的类型、焊接热输入和焊接工艺有很大关系。

（1）焊接接头的低温韧性

焊接接头的低温韧性问题可能出现于焊缝金属、熔合区和粗晶区中。焊缝金属的低温韧性主要与采用的焊接材料的类型有关。用与 Ni9 钢成分相同的焊接材料焊接 Ni9 钢时，焊缝金属的低温韧性很差，这主要是焊缝金属中的含氧量太高，有时可达 $6×10^{-4}$%。所以，铁素体型焊接材料仅限于 TIG 与 MIG 焊接方法。一般 Ni9 钢的焊接材料主要采用 Ni 基（如含 Ni 约 60% 以上的 Inconel 型）、Fe-Ni 基（如含 Ni 约 40% 的 Fe-Ni 基型）和 Ni-Cr（如 Ni13%~Cr16%）奥氏体不锈钢这三种类型。Ni 基和 Fe-Ni 基焊接材料的低温韧性良好，含 Ni13%~含 Cr16% 奥氏体不锈钢型焊接材料的强度稍高、但低温韧性较差、而且易在熔合区出现脆性组织。

熔合区的低温韧性与所出现的脆性组织有关。当采用 Ni13%-Cr16% 型奥氏体不锈钢焊材焊接 Ni9 钢时，熔合区的化学成分既非奥氏体钢也非 Ni9 钢的成分，而是富含 Cr、Mn、W 与 C 的区域。熔合区的硬度明显地比焊缝金属的硬度和热影响区的硬度高，而且熔合区内

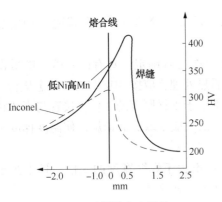

图 10-2　不同填充金属的 Ni9
钢接头硬度分布

的硬度又随所处位置而不同，如图 10-2 所示。说明熔合区焊缝侧存在一个硬脆层。电镜分析确认该硬脆层的组织是由板条马氏体和孪晶马氏体组成的富合金马氏体。

粗晶区的韧性主要取决于焊接热输入与焊后的冷却速度。首先，逆转奥氏体随焊接热循环峰值温度的提高而减少。其次，在冷却速度小时，从 Ni9 钢的焊接 SH-CCT 图（图 10-3）看出，在粗晶区会出现粗大的贝氏体组织。逆转奥氏体的减少与贝氏体组织的出现，使低温韧性降低。多层焊时，由于后续焊道的回火作用，能使逆转奥氏体的数量有所增加。

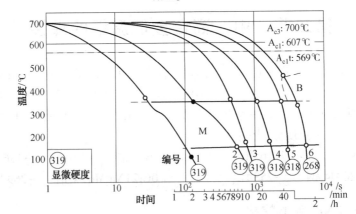

Ni9 钢的化学成分(质量分数)(%)

C	Si	Mn	P	S	Cu	Ni	Cr	Mo	Al
0.05	0.20	0.77	0.003	0.005	<0.01	9.49	<0.01	0.05	0.003

图 10-3　Ni9 钢的焊接 SH-CCT 图（最高加热温度：1350℃）

（2）焊接热裂纹　采用 Ni 基、Fe-Ni 基或 Ni13%-Cr16%奥氏体不锈钢焊材焊接 Ni9 钢时，都可能产生热裂纹。如用 25Cr16Ni13Mn8W3 焊条焊接 Ni9 钢时，可能产生弧坑裂纹、高温失塑裂纹、液化裂纹，也可能在熔合区中产生显微疏松。

焊缝热裂纹易产生于打底焊缝或定位焊缝中。如果夹渣较多时，也能从夹渣处产生裂纹。定位焊时在起弧处也可能产生裂纹。

裂纹倾向还与焊接位置有关。在立、仰、横与平四个焊接位置中，横焊与平焊的裂纹倾向最大，立焊与仰焊较小。

显微疏松或称折叠中的显微裂纹主要产生在熔合区，这种缺陷一般很小。所谓折叠是焊接过程中由于电弧的搅动，把部分母材带入焊缝中造成的。带入焊缝中的这部分母材虽经熔化，但未与焊条金属相混合，其成分基本上是原 Ni9 钢的成分。因为焊缝金属的合金元素比 Ni9 钢高得多，其熔点低于 Ni9 钢。陷入折叠之中的焊缝金属的凝固晚于周围的折叠金属，因而在它凝固时得不到周围液体金属的补充而产生裂纹，实际上是显微疏松。

要消除以上几种裂纹，最根本的办法是减少有害杂质元素，采用正确的收弧技术并配合适当打磨处理。

（3）焊接冷裂纹　Ni9 钢本身与同等强度水平的其他低合金钢相比有较好的抗冷裂的能力。在低氢条件下一般不会产生冷裂纹。但采用低镍高锰型奥氏体焊条时，因母材的稀释作用在熔合区处会出现高硬度的马氏体带，对氢脆敏感。防止焊接冷裂纹的措施是：在施焊中严格执行焊接工艺规程，特别是焊条烘干、焊接环境温度、焊接规范等。采用 Ni 基合金焊接材料，使熔合区基本上不出现高硬度马氏体带，对防止冷裂纹有利。

（4）电弧的磁偏吹　焊接 Ni9 钢时易发生电弧的磁偏吹。为消除磁偏吹，应控制 Ni9 钢母材的剩磁在 $5 \times 10^{-3} T$ 以下，但随着焊接的进行，磁场强度增大，有时高达 $2 \times 10^{-2} T$ 以上。因此，焊接时应尽量采用交流焊接，避免用大电流的碳弧气刨清根。采用磁铁进行排磁也是有效的方法。

2. 焊接方法及其焊接材料的选择

（1）焊接方法　焊接 Ni9 钢的常用方法有焊条电弧焊（SMAW）、埋弧焊（SAW）、熔化极气体保护焊（GMAW）和钨极氩弧焊（GTAW）等。目前，仍以焊条电弧焊为主，其次是埋弧焊与钨极氩弧焊。

焊条电弧焊当采用 Ni 基与 Fe-Ni 基型焊接材料焊接 Ni9 钢时，由于焊条的高电阻易使焊条过热引起焊条药皮脱落而产生焊接缺陷。此外，焊接效率低。

熔化极气体保护焊　熔化极气体保护焊的熔敷速率高，但容易产生熔合不良和气孔。

埋弧焊　埋弧焊是熔敷速率很高的一种焊接方法。当采用高镍型焊接材料焊接 Ni9 钢时，由于焊透深度小，必须增大埋弧焊时焊接接头的坡口角度。为了减少焊接缺陷，必须采用细的焊丝（直径 3.2mm 以下），以牺牲焊接效率来保证焊接质量。

钨极氩弧焊　钨极氩弧焊能保证焊接接头具有高质量。由于能分别控制焊接电流和焊丝的给送速度，容易控制稀释率而得到满意的焊缝形状。虽然钨极氩弧焊的熔敷效率比熔化极气体保护焊和埋弧焊低，因而焊接效率低。但能得到具有窄坡口的高质量的焊接接头。特别是采用低镍型焊接材料焊接 Ni9 钢时，钨极氩弧焊将成为非常好的焊接方法。高效的热丝 TIG 焊得到较广泛的应用。

（2）焊接材料　Ni9 钢的电弧焊中，常用的焊接材料有四种，即含 Ni 约 60% 以上的 Inconel 型，含 Ni 约 40% 的 Fe-Ni 基型，含 Ni 13%~Cr 16% 的奥氏体不锈钢型和含 Ni 11% 的铁素体型。铁素体型焊接材料，除气体保护焊外，尚未获得广泛的工业应用。在其他三种焊接材料中，Ni 基与 Fe-Ni 基焊接材料，低温韧性好，线胀系数与 Ni9 钢相近，但成本高，强度特别是屈服强度偏低。Ni 13%~Cr 16% 型焊接材料，成本低，屈服强度高，但低温韧性稍差，线胀系数与 Ni9 钢有较大差异。各种焊接方法采用的焊接材料（或熔敷金属的化学成分）列于表 10-4。

Ni9 钢焊缝金属的力学性能列于表 10-5。钨极氩弧焊焊缝金属和接头力学性能列于表 10-6。

3. 焊前准备和焊接工艺要点

（1）焊前准备　可以用气割下料和制备坡口。气割的坡口边缘应进行打磨。坡口形式一般与低合金钢相同。但钨极氩弧焊时，建议改变坡口尺寸。主要是减小坡口面积。不仅能提高焊接效率，还能减少 Ni 基焊接材料的消耗使成本降低。钨极氩弧焊的坡口形状参见表 10-7。

焊前一般不预热，当板厚超过 50mm 时可预热 50℃。冷变形超过 3% 时应进行退火处理，退火温度为 550~580℃。焊条必须烘干以降低扩散氢水平，防止产生冷裂纹。

（2）焊接工艺　焊接 Ni9 钢时，焊接热输入应控制在 45kJ/cm 以下，一般常用 7~35kJ/cm。多层焊时层间温度应控制在 100℃ 以下。

表 10-4 Ni9 钢各种焊接采用的焊接材料的化学成分

焊接材料		化学成分(质量分数)/%										
		C	Si	Mn	S	P	Ni	Cr	Mo	Nb+T	W	其他	Fe
焊条电弧焊	Ni60Cr15Mo	≤0.10	≤0.75	1.0~0.35	≤0.02	≤0.03	62	13~17	0.5~2.5	0.5~3.0	—	—	—
	Ni55Cr22Mo9	≤0.10	≤0.75	1.0	≤0.02	≤0.03	55	20~23	8~10	3.2~4.2	—	—	—
	Ni36Cr10Mn5Mo3	≤0.12	≤0.50	4.0~6.0	≤0.02	≤0.03	34.0~37.0	10.0~12.0	3.0~4.0	—	—	—	—
	25Cr16Ni13Mn8W3	≤0.25	≤0.50	7.0~9.0	≤0.02	≤0.03	12.0~14.0	15.0~17.0	—	—	3.0~4.0	—	—
	Cr15Ni70Mn-4Ni4Nb	≤0.052	—	4.01	0.003	0.006	余	15.10	4.7	3.3	—	—	2.9
埋弧焊	Ni67Cr16Mn3Ti	≤0.10	0.35	2.5~3.5	≤0.015	≤0.03	67	14~17	—	—	—	Ti2.5~3.5	—
	Ni58Cr22Mo9W	≤0.10	0.5	0.5	≤0.015	≤0.02	58	8.0~10.0	3.2~4.2	3.2~4.2	—	Al0.40 Ti0.40	—
气体保护焊	Ni11	≤0.05	0.10	0.20	≤0.010	≤0.02	11.0			—	—	Ti0.05	—
	Ni70Mo18CrW	≤0.05	≤0.50	≤0.50	≤0.010	≤0.010	≥70	1.0~3.0	17~20	—	2.0~3.5	—	4.0~8.0

表 10-5 Ni9 钢焊缝金属的力学性能

焊接方法	焊接材料	力学性能		
		σ_s/MPa	σ_b/MPa	A_{KV}(77K)/J
焊条电弧焊 (焊接热输入为 1.7kJ/mm)	Ni60Cr15Mo	370	620	68~81
	Ni55Cr22Mo9	510	790	64
	Ni36Cr10Mn5Mo3		610	80
	25Cr16Ni13Mn8W3	483	701.7	47~70
埋弧焊	Ni67Cr16Mn3Ti	379	668	54
	Ni58Cr22Mo9W	455	765	44
气体保护焊	Ni11	705	774	50~176
	Ni70Mo18CrW	470	764	147

表 10-6 Ni9 钢钨极氩弧焊焊缝金属和焊接接头的力学性能

板厚/mm	焊缝位置	焊接热输入/kJ·cm⁻¹	焊缝金属的力学性能			焊接接头的抗拉强度		A_{KV}(77K)/J	
			σ_s/N·mm⁻²	σ_b/N·mm⁻²	δ/%	σ_b/N·mm⁻²	断裂位置		
6	立焊缝	15.6	396.9	758.5	44.2	760.5	焊缝	焊缝	42.1
								熔合区	52.9
								HAZ	100.0
	横焊缝	9.1	411.6	757.5	43.3	778.1	焊缝	焊缝	40.2
								熔合区	47.0
								HAZ	88.2

板厚/mm	焊缝位置	焊接热输入/kJ·cm⁻¹	焊缝金属的力学性能			焊接接头的抗拉强度		A_{KV}(77K)/J	
			σ_s/N·mm⁻²	σ_b/N·mm⁻²	δ/%	σ_b/N·mm⁻²	断裂位置		
12	立焊缝	25.3	443	760.5	35.6	729.1	焊缝	焊缝	130.3
								熔合区	119.6
								HAZ	176.4
22	立焊缝	25.3	469.4	765.4	43.8	741.9	焊缝	焊缝	80.4
								熔合区	94.1
								HAZ	170.5

焊条电弧焊时焊条直径不宜超过4mm。由于采用 Ni 基型焊接材料焊接的焊缝金属的熔点比 Ni9 钢低 100~150℃左右，易造成未熔合等类缺陷，因此对焊工必须进行严格培训。当采用有弧坑裂纹

倾向的焊条焊接 Ni9 钢时，应采取措施消除弧坑裂纹。主要措施是打底焊时用穿透法焊接，把弧坑尽可能留在背面，以便清根时裂纹 等类缺陷能被消除掉。清根后的背面要有合理的坡口形状，避免出现深而窄的坡口。在收弧时应尽量减小熔池尺寸，把弧坑引向坡口边缘或引回焊道外缘，并进行适当的打磨处理。

Ni9 钢自动冷丝钨极氩弧焊的参考焊接规范和坡口形状列于表 10-8。

埋弧焊时焊丝直径为 3.2mm 以下。熔化极气体保护焊时焊丝直径为 2.5mm 以下。

4. 低温储罐的焊接实例

LNG 双层储罐的结构示意图见图 10-4 外层壳体用 Al 镇定钢制，内层壳体用 Ni9 钢制成，使用焊接材料与方法见表 10-9，焊接规范见表 10-10。

表 10-7 钨极氩弧焊的坡口形状

板厚/mm	12		22
焊接位置	横焊	立焊	横焊
坡口形式			
电流/A	300~450	200~260	300~45
电压/V	11~14	10~12	11~14
焊接速度/(mm/min)	150~200	60	150~200
热输入/(kJ/cm)	14.5	25.3	14.5
保护气体及流量	Ar 流量40L/min(双面保护)		

表 10-8 Ni9 钢自动冷丝钨极氩弧焊的焊接规范

板厚/mm	6		12
焊接位置	立焊	横焊	立焊
坡口形状			

板厚/mm	6		12
电流/A	120~140	180~260	200~260
电压/V	10	10~11	10~12
焊接速度/mm·min⁻¹	50	150~210	60
热输入/kJ·cm⁻¹	15.6	9.1	25.3
保护气体及流量	Ar　流量40L/min(双面保护)		

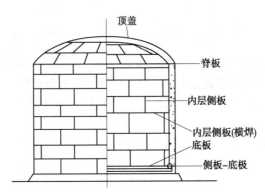

图 10-4　LNG 双层储罐的结构示意

表 10-9　LNG Ni9 内层储罐自动焊接材料与方法

位置	组元名称	焊接位置	焊接方法[1]	焊接材料
1	内层侧板	立焊	自动 TIG	TGS-709S(φ1.2mm)
2	内层侧板	横焊	埋弧焊	US-709S(φ2.4mm×PFN-4 焊剂)
3	脊板	弧形焊	自动 TIG	TGS-709S(φ1.2mm)
4	顶盖	搭接与平焊位	自动 TIG	TGS-709S(φ1.2mm)
5	底板	搭接填角与平焊	自动 TIG 埋弧焊	TGS-709S(φ1.2mm) US-709S(φ2.4mm×PFN-3 焊剂)
6	侧板一底板	角焊	埋弧焊	US-709S(φ2.4mm×PFN-3 焊剂)

① 焊接方法中自动 TIG 采用全位置焊,用电磁控制电弧偏前或者偏后。

表 10-10　LNG 双层储罐内层 Ni9 钢磁控电弧偏转 TIG(MC-TIL)焊接规范

焊接位置	板厚/mm	坡口	道次	焊接电流/A	焊接电压/A	焊接速度/cm·min⁻¹	热输入/kJ·cm⁻¹	MC(磁控电流)/A	送丝量/g·min⁻¹
平焊	6	65° 2 1 3 1.5 6	1	210	10.5	12	14	80	44
			2	250	11	10	17	80	27
立焊	12	60° 上 3 2 1 下 12 1 5	1	250	9	5	27	70	26
			2	260	9	6	23	70	35
			3	250	9	6	23	70	27

焊接位置	板厚/mm	坡口	道次	焊接电流/A	焊接电压/A	焊接速度/cm·min⁻¹	热输入/kJ·cm⁻¹	MC(磁控电流)/A	送丝量/g·min⁻¹
立焊	32		1	280	9	5	30	60	28
			2	310	9	5	33	60	35
			3	290	9	6	26	60	44
			4	250	9	6	23	60	35
			5	330	10	6	33	70	44
			6	330	9	5.5	32	60	44
			7	270	9.5	6	26	60	40

第十一章　铬钼耐热钢的焊接

耐热钢按其合金成分的含量可分为低合金、中合金和高合金耐热钢。合金元素总含量在5%以下的合金钢为低合金耐热钢，也称珠光体耐热钢。合金含量在6%~12%的合金钢称为中合金耐热钢，合金总含量在10%以下的耐热钢在退火状态下具有铁素体+合金碳化物的组织，在正火+回火状态，这些合金钢的组织为铁素体+贝氏体，当钢的合金含量超过10%时，其供货状态下的组织为马氏体，属于马氏体耐热钢。合金总含量高于13%的合金钢称为高合金耐热钢，按组织可分为马氏体、铁素体和奥氏体三种。本章主要讲述铬钼耐热钢（低合金及中合金耐热钢）的焊接，对于高合金耐热钢焊接见不锈钢的焊接。

第一节　低合金耐热钢的焊接

一、低合金耐热钢的焊接特点

按其合金含量的不同具有不同程度的淬硬倾向；钢的淬硬性取决于它的碳含量，合金成分及其含量。低合金耐热钢中的主要合金铬和钼等都能显著地提高钢的淬硬性。

耐热钢中大多数钢中含有 Cr、Mo、V、Nb 和 Ti 等强碳化物形成元素，从而使接头的过热区具有不同程度的再热裂纹（亦称消除应力裂纹）敏感性。低合金耐热钢焊接接头的再热裂纹主要取决于钢中碳化物形成元素的特性及其含量以及焊接热规范。为防止再热裂纹的形成，可采取下列冶金和工艺措施：

（1）严格控制母材和焊材中加剧再热裂纹的合金成分，应在保证钢材热强性的前提下，将 V、Ti、Nb 等合金元素的含量控制在最低的容许范围内；

（2）选用高温塑性优于母材的焊接填充材料；

（3）适当提高预热温度和层间温度；

（4）采用低热输入焊接方法和工艺，以缩小焊接接头过热区的宽度，限制晶粒长大；

（5）选择合理的热处理规范，尽量缩短在敏感温度区间的保温时间；

（6）合理设计接头的形式，降低接头的拘束度。

某些耐热钢焊接接头，当有害的残余元素总含量超过容许极限时会出现回火脆性或长时脆变，即铬钼钢及其焊接接头在370~565℃温度区间长期运行过程中发生渐进的脆变现象。

二、低合金耐热钢的焊接工艺

1. 焊接方法

到目前为止，用于耐热钢焊接结构生产中的焊接方法有：焊条电弧焊、埋弧焊、熔化极气体保护焊、电渣焊、钨极氩弧焊、电阻焊和感应加热压力焊等。

2. 焊前准备

对于一般的低合金耐热钢焊件，可以采用各种热切割法下料。热切割或电弧气刨快速加热和冷却引起的热切割边缘的母材组织变化与焊接热影响区相似，但热收缩应力要低得多。虽然如此，厚度超过50mm的铬钼钢热切割边缘硬度仍可达到HV440以上，如在后续加工之前，对这种高硬度热切割边缘不加处理，很可能成为工件卷制和冲压过程中的开裂源。为防止厚板热切割边缘的开裂，应采取下列工艺措施：

（1）对于所有厚度的2.25Cr-1Mo、3Cr-1Mo型钢和15mm以上的1.25Cr-0.5Mo钢板，热切割前应将割口边缘预热150℃以上。热切割边缘应作机械加工并用磁粉探伤检查是否存在表面裂纹；

（2）对于15mm以下的1.25Cr-0.5Mo钢板和15mm以上的0.5Mo钢板，热切割前应预热100℃以上。热切割边缘应作机械加工并用磁粉探伤检查是否存在表面裂纹；

（3）对于15mm以下的0.5Mo钢板，热切割前不必预热。热切割边缘最好作机械加工。

热切割边缘或坡口面如直接进行焊接，焊前必须清理干净热切割熔渣和氧化皮。切割面缺口应用砂轮修磨圆滑过渡，机械加工的边缘或坡口面焊前应清除油迹等污物。对焊缝质量要求较高的焊件，焊前最好用丙酮擦净坡口表面。

3. 焊接材料的选则

低合金耐热钢焊接材料的选择原则是焊缝金属的合金成分与强度性能应基本符合母材标准规定的下限值或应达到产品技术条件规定的最低性能指标。如焊件焊后需经退火、正火或热成形，则应选择合金成分和强度级别较高的焊接材料。为提高焊缝金属的抗裂性，通常将焊接材料中的碳含量控制在低于母材的碳含量。

对于1.25Cr-0.5Mo钢和2.25Cr-1Mo钢来说，焊缝金属的最佳碳含量为0.10%左右。在这种碳含量下焊缝金属具有最高的冲击韧性和与母材相当的高温蠕变强度。而碳含量过低的铬钼钢焊缝金属，经长时间的焊后热处理会促使铁素体形成，导致韧性下降，故应谨慎使用碳含量过低的焊丝和焊条。

低合金耐热钢焊接材料的选用见表11-1。

4. 焊接热规范

焊接热规范通常是指焊接热输入、预热温度和层间温度。焊接热规范直接影响接头的冷却条件。热规范愈高，冷却速度愈低，接头各区的晶粒愈粗大，强度和韧性则愈低，采用低的热规范，则提高接头的冷却速度，有利于细化接头各区的晶粒，改善显微组织而提高冲击韧度。但在低合金耐热钢焊接中，预热和保持层间温度是防止接头冷裂纹和再热裂纹的必要条件之一，故调整焊接热规范主要通过控制焊接热输入。大多数低合金耐热钢对焊接热输入在一定范围内的改变并不敏感。当焊接热输入超过30kJ/cm，预热和层间温度高于250℃，则Cr-Mo钢焊缝金属的强度和冲击韧性会明显下降。

（1）预热

预热是防止低合金耐热钢焊接接头冷裂纹和再热裂纹的有效措施之一。预热温度主要依据钢的碳当量，接头的拘束度和焊缝金属的氢含量来决定。对于低合金耐热钢，预热温度并非愈高愈好。世界各国压力容器和管道制造法规对低合金耐热钢规定的最低预热温度列于表11-2。

大型焊件的局部预热应注意保证预热区的宽度大于所焊壁厚的4倍，至少不小于150mm，且预热区内外表面均应达到规定的预热温度。在厚壁焊件的焊接过程中，应将予热温度基本保持一致。

表 11-1 低合金耐热钢焊接材料的选用表

钢号		焊条电弧焊		埋弧焊		气体保护焊	
国标	ASTM(DIN)	牌号	型号	牌号	型号	牌号	型号
15Mo	A204-A B C A209-T1 A335-P1 (15Mo3)	R102 R107	E5003-A1 E5015-A1 E7015-A1(AWS)	H08MnMoA+HJ350	F5114-H08MnMoA F7P0-EA1-A1(AWS)	H08MnSiMo TGR50M(TIG)	ER55-D2
12CrMo	A387-2 A213-T2 A335-P2	R202 R207	E5503-B1 E5515-B1 E8015-B1(AWS)	H10MoCrA+HJ350	F5114-H10MoCrA F9P2-EG-G(AWS)	H08CrMnSiMo	ER55-B2
15CrMo	A213-T12 A199-T11 A335-P11, P12 A387-11, 12 (13CrMo44)	R302 R307 R306Fe R307H	E5503-B2 E5515-B2 E5518-B2 E8018-B2(AWS) E8015-B2(AWS)	H08CrMoV+HJ350	F5114-H08CrMoA F9P2-EG-B2(AWS)	H08CrMnSiMo TGR55CM(TIG)	ER55-B2
12Cr1MoV	(13CrMoV42)	R312 R316Fe R317	E5503-B2-V E5518-B2-V E5515-B2-V	H08CrMoA+HJ350	F6114-H08CrMoV	H08CrMnSiMoV TGR55V(TIG)	ER55B2MnV
12Cr2Mo	A387-22 A199-T22 A213-T22 A335-P22 (10CrMo910)	R406Fe R407	E6018-B3 E6015-B3 E9015-B3(AWS)	H08Cr3MoMnA +HJ350(SJ101)	F6124+H08Cr3MnMoA F8P2-EG-B3(AWS)	H08Cr3MoMnSi TGR59C2M	ER62-B3
12Cr2MoWVTiB	—	R347 R340	E5515-B3-VWB	H08Cr2MoWVNbB	H08Cr2MoWVNbB TGR55WB	H08Cr2MoWVNbB TGR55WB	ER62-G
18MnMoNb	A302-B, A	J707 J707Ni J607 J606	E7015-D2 E7015-G E6015-D1 E6016-D1 E9016-D1(AWS)	H08Mn2MoA+HJ350 (SJ101) H08Mn2NiMo+HJ350 (SJ101)	F7124-H08Mn2Mo -H08Mn2NiMo F8A6-EG-A4	H08Mn2SiMoA MG59-G	ER55-D2 ER80S-D2(AWS)
13MnNiMoNb	A533-A, B, C, D1 A508.2.3 (13MnNiMo54)	J607Ni J707Ni	E6015-G E7015-G E9015-G(AWS)	H08Mn2NiMo+HJ350 (SJ101)	F7124-H08Mn2NiMo F9P4-EG-G(AWS)	H08Mn2NiMoSi	ER55Ni1 ER80S-Ni1(AWS)

表 11-2　各国压力容器法规规定的最低预热温度

钢种	推荐值		ASME		BS5000		ANSI B31.3		BS3351（低氢焊条）		BS2633（酸性焊条）	
	厚度/mm	温度/℃	厚度/mm	温度/℃	厚度/mm	温度/℃	厚度/mm	温度/℃	厚度/mm	温度/℃	厚度/mm	温度/℃
0.5Mo	≥20	80	>16	80	≥12	100	≥12	80	≥12	100	≤38	150
1Cr-0.5Mo 1.25Cr-0.5Mo	≥20	120	≥12	120	≤12 >12	100 150	所有厚度	150	≤12 >12	100 150	≤12 >12	150 200
2.25Cr-1Mo 1CrMoV	≥10	150	≥12	200	≤12 >12	150 200	所有厚度	150	≤12 >12	150 200	≥12 —	200
20CrMoWVTiB	所有厚度	150	—	—	—	—	—	—	—	—	—	—
20Mn-Mo 2Mn-Ni-Mo	≥30	150	—	—	—	—	—	—	—	—	—	—

（2）焊后热处理

低合金耐热钢焊件可按钢和对接接头性能的要求，作下列焊后处理：不作焊后热处理；580~760℃温度范围内回火或消除应力热处理；正火处理。

对于低合金耐热钢来说，焊后热处理的目的不仅是消除焊接残余应力，而且更重要的是改善金属组织，提高接头的综合力学性能，包括降低焊缝及热影响区的硬度，提高接头的高温蠕变强度和组织稳定性等。因此，在拟定耐热钢接头的焊后热处理规范时，应综合考虑下下列冶金和工艺特点：

1）焊后热处理应保证焊缝热影响区，主要是过热区组织的改善；

2）加热温度应保证接头的Ⅰ类应力降低到尽可能低的水平；

3）焊后热处理，包括多次的热处理不应使母材和焊接接头各项力学性能降低到产品技术条件规定的最低值以下；

4）焊后热处理应尽量避免在所处理钢材回火脆性敏感的或对再热裂纹敏感的温度范围内进行，并应规定在危险的温度范围内的加热速度。

表 11-3 列出各国制造法规对低合金耐热钢焊件规定的最低焊后热处理温度。

表 11-3　各国制造法规要求的最低焊后热处理温度(℃)

钢种 ＼ 制造法规	ANSI B31.1	ASME Ⅷ	BS3351	JIS B8243	1SOTC11	推荐温度
0.5Mo	600~650	≥595	650~680	≥600	580~620	600~620
0.5Cr-0.5Mo	600~650	≥595	—	≥600	620~660	620~640
1Cr-0.5Mo	700~750	≥595	630~670	≥680	620~660	640~680
1.25Cr-0.5Mo	—	≥595	630~670	≥680	620~660	640~680
2.25Cr-1Mo	700~750	≥680	680~720 700~750	≥680	625~700	680~700
1Cr-Mo-V	—	—	—	—	—	720~740
2Cr-MoWVTiB	—	—	—	—	—	760~780

第二节　中合金耐热钢的焊接

在动力化工和石油等工业部门经常使用的中合金耐热钢有 5Cr-0.5Mo、7Cr-0.5Mo、9Cr1MoV、9Cr1MoVNb、9Cr-2Mo 等。这类耐热钢的主要合金元素是 Cr，其使用性能主要取决于 Cr 含量，Cr 含量愈高，耐高温性能和抗高温氧化性能愈好。

一、中合金耐热钢的焊接特点

中合金耐热钢具有相当高的空淬倾向，为防止裂纹的形成并保证接头的韧性，预热温度应按组织转变图中马氏体转变开始点温度确定，一般不应低于 200℃。

控制焊接区组织转变的进程是焊接质量控制的关键。在焊接过程中严格控制焊件的层间温度，使其保持在预热温度或更高的温度是首要的任务。其次要十分注意从层间温度冷却至焊后热处理开始的时间间隔，它取决于所焊钢的组织转变特点。

中合金钢焊接接头在焊后状态均为高硬度的不稳定组织，焊后必须作相应的热处理。

二、中合金耐热钢的焊接工艺

1. 焊接方法

中合金耐热钢由于淬硬和裂纹倾向较高，在选择焊接方法时，应优先采用低氢的焊接方法，如钨极氩弧焊和熔化极气体保护焊等。在厚壁焊件中，可选择焊条电弧焊和埋弧焊，但必须采用低氢碱性药皮焊条和焊剂。电渣焊的热循环对中合金钢的焊接十分有利。通常焊前无须预热。但在焊接空淬倾向特别高的钢材时，利用电渣焊过程本身的热量很难保持规定的层间温度。特别是对于长焊缝，在整条焊缝焊完之前，焊缝端部已冷却至室温，加上电渣焊焊缝金属和过热区组织晶粒粗大，很容易在焊后热处理之前已形成裂纹。

2. 焊前准备

中合金耐热钢热切割之前，必须将切割边缘 200mm 宽度内预热到 150℃ 以上。切割面应采用磁粉探伤检查是否存在裂纹。焊接坡口应机械加工，坡口面上的热切割硬化层应清除干净，必要时应作表面硬度测定加以鉴别。

接头坡口形式和尺寸的选用原则是尽量减少焊缝的横截面积。在保证焊缝根部全焊透的前提下应尽量减小坡口角度和 U 形坡口底部圆角半径，缩小坡口宽度，这样可使焊接过程在尽可能短的时间内完成，容易实现等温焊接工艺。对于中合金耐热钢来说，最理想的坡口形式为窄间隙坡口，不管焊件壁厚多大，窄间隙坡口的宽度，对于埋弧焊通常为 18~22mm，对于熔化极气体保护焊为 14~16mm，对于钨极氩弧焊或热丝钨极氩弧焊为 8~12mm。

3. 焊接材料的选择

中合金耐热钢焊接材料的选择有两种方案。一种是选用高铬镍奥氏体焊材，即异种焊材。另一方案是与母材合金成分基本相同的中合金耐热钢焊材。采用高铬镍奥氏体焊材可以有效防止中合金钢焊接接头热影响区裂纹，且焊接工艺简单，焊前无需预热，焊后可不作热处理。但设备的运行经验表明，这种异种钢接头在高温下长期工作时，由于铬镍钢焊缝金属的线膨胀系数与中合金铬钼钢有较大的差别，接头始终受到较高的热应力作用，加上异种钢接头界面存在高硬度区，最终将导致接头的提前失效。

中合金耐热钢焊接材料在我国至今尚未完全标准化。在国外，大部分中铬钢材已纳入标准。中合金耐热钢焊接材料型号和牌号选用见表 11-4。

表 11-4　中合金耐热钢常用焊接材料标准型号和牌号

适用钢种	焊材型号	焊材牌号
12Cr5Mo A213-T5 A335-P5	E5MoV-15 E801Y-B6(AWS)	R507
10Cr5MoWVTiB	—	R517A
A213-T7，T9	E9Mo-15	R707
A335-P7，P9	E801Y-B8(AWS) E505-15	R717A
A213-T91 10Cr9Mo1VNb	E901Y-B9(AWS)	R717

4．热规范

（1）预热　中合金耐热钢焊接时，预热是不可缺少的重要工序，是防止裂纹、降低接头各区硬度和焊接应力峰值以及提高韧性的有效措施。焊前的预热温度对于成熟钢种可按制造法规的要求选定。对于新型钢种，可根据抗裂性试验来确定。目前，测定钢材最低预热温度较可靠的定量试验法是插销冷裂试验。不过，焊件的实际预热温度应根据接头的拘束度、焊接方法、焊接热输入和焊缝金属内实测的扩散氢含量等加以适当的调整。如采用低氢的焊接方法和大热输入焊接，则实际使用的预热温度可略低于插销冷裂试验测定的预热温度。而在焊接高拘束度接头或焊缝金属扩散氢含量较高时，则应适当提高预热温度。表 11-5 为各国标准推荐的中合金耐热钢的最低预热温度。

表 11-5　各国制造法规要求的中合金耐热钢的最低预热温度

钢种	推荐值		ASME Ⅷ		BS5000		ANSI B31.3		BS3351（低氢焊条）	
	厚度/mm	温度/℃	厚度/mm	温度/℃	厚度/mm	温度/℃	厚度/mm	温度/℃	厚度/mm	温度/℃
5Cr-0.5Mo	≥6	200	≤13 >13	150 204	所有厚度	200	所有厚度	175	所有厚度	200
7Cr-0.5Mo	≥6	250	所有厚度	204	所有厚度	200	所有厚度	175	所有厚度	200
9Cr-1Mo 9Cr-1MoV 9Cr-2Mo	≥6	250	所有厚度	204	所有厚度	200	所有厚度	175	所有厚度	200

（2）热输入　中合金耐热钢具有高的空淬倾向，焊后状态的焊缝金属和热影响区均为马氏体组织，但焊接热输入对接头的性能仍产生一定的影响。如采用太高的热输入焊接这类中合金钢，则将严重降低接头的高温持久强度。因此，焊接中合金耐热钢时，应选择低的热输入，控制焊道厚度，焊前的预热温度和层间温度不宜高于250℃，尽量缩短焊接接头热影响区 830~860℃ 区间停留时间。

（3）焊后热处理　中合金耐热钢焊件的焊后热处理目的在于改善焊缝金属及其热影响区的组织，使淬火马氏体转变成回火马氏体，降低接头各区的硬度，提高其韧性、变形能力和高温持久强度并消除内应力。中合金耐热钢焊件常用的焊后热处理有：完全退火、高温回火或回火加等温退火等。各种中合金耐热钢焊件焊后热处理的最佳规范可通过系列回火试验来确定。在实际生产中，应根据特定的情况制定最合理的规范。常见中合金耐热钢的焊后热处理温度见表 11-6。

表 11-6　推荐的及各国压力容器和管道制造法规对中合金耐热钢焊后热处理的温度范围

钢种 ＼ 法规名称	推荐温度/℃	ANSI B31.3	BS3351	ISO TC11	ASME Ⅷ
		温度/℃	温度/℃	温度/℃	温度/℃
5Cr-0.5Mo	720~740	705~760	710~760	670~740	≥677
5CrMoWvTiB	760~780	—	—	—	—
9Cr-1Mo	720~740	705~760	710~760		>677
9Cr-1MoV	710~730	—	—	—	—
9Cr-1MoVNb	750~770	—	—	—	—
9Cr-1MoWvNb	740~750	—	—	—	—
9Cr-2Mo	710~730	—	—	—	—

第三节　铸造耐热不锈钢炉管的焊接

一、铸造耐热不锈钢炉管的特性

在合成氨、甲醇、城市煤气和直接还原炼钢工厂的蒸汽转化炉中，广泛地采用铸造耐热不锈钢炉管作触煤管；此外，在乙烯装置中的裂解管也应用它。这类炉管与锅炉等工业使用的炉管相比，工作温度通常较高，同时所输送化工介质的流体在工作温度下，具有较大的化学活性，因而对耐腐蚀性能有一定要求。因此，不能单纯从强度角度来选材。

铸造耐热不锈钢炉管，是用离心铸造或用电渣熔铸的方法制成的。铸成的炉管可直接使用，也可在铸造炉管的内壁表面进行机械加工后使用，常用的铸造耐热不锈钢炉管的化学成分及力学性能见表 11-7 和表 11-8，其中 HK-40 炉管应用历史较长，应用范围较广，本文着重进行介绍。在乙烯裂解等温度更高的场合，HP 材料目前占主要地位。

表 11-7　铸造耐热不锈钢炉管

牌号	化学成分(质量分数)/%								
	C	Mn	Si	Cr	Ni	Nb	W	P	S
HK-40 (ZG4Cr25Ni20Si2)	0.35~0.45	≤1.5	0.5~2.0	23.0~27.0	19.0~22.0	—	—	≤0.03	≤0.03
HP-Nb (ZG4Cr25Ni35Nb)	0.38~0.45	≤1.5	≤1.5	23.0~27.0	33.0~36.0	0.8~1.5	—	≤0.03	≤0.03
HP-W-Nb (ZG4Cr25Ni35WNb)	0.38~0.45	≤2.0	≤2.0	24.0~27.0	32.0~37.0	1.0~2.0	1.0~2.0	≤0.03	≤0.03

表 11-8　铸造耐热不锈钢炉管的力学性能

牌号	常温		高温短时			高温持久		
	σ_b/MPa	δ_s/%	温度/℃	σ_b/MPa	δ_s/%	温度/℃	σ/MPa	时间/h
HK-40 （ZG4Gr25Ni20Si2）	451	15	871	113	6	871	69	25
HP-Nb（ZG4Gr25Ni35Nb）	448	10	900	147	24	900	49	100
HP-W-Nb（ZG4Gr25Ni35WNb）	448	8	1000	106	28	1000	29.4	100

HK-40 铸造炉管的组织是由奥氏体和奥氏体与初次碳化物 M_7C_3 的共晶物组成，属于含共晶体的奥氏体耐热钢。骨架状共晶碳化物使钢材的高温蠕变强度比纯奥氏体钢提高了许多。钢管在高温条件下工作时，会发生时效，在奥氏体晶内逐步析出二次碳化物（$M_{23}C_6$）微粒；初次碳化物也会逐步变化为 $Cr_{23}C_6$。这些分散的二次碳化物颗粒可大大提高奥氏体晶体的高温强度。但是在高温下长时间工作，二次碳化物会逐步由增多转为聚集长大，即发生过时效，此时钢的强度将逐步下降。另外，当工作温度低于 900℃ 在 650℃ 以上长期工作，钢中会有 σ 相析出。

HK-40 炉管的主要化学成分有铬、镍、碳等。其中铬元素大部分成为固溶元素，另一部分则与碳形成铬的碳化物，使合金具有良好的耐热性和较高的高温蠕变断裂强度；良好的耐热性是由于铬元素使炉管表面形成一层致密性的氧化膜，从而使炉管具有良好的抗氧化性和一定的抗渗碳能力；同时与奥氏体不锈钢一样，在氧化性介质和某些还原性介质中，由于铬和镍的共同作用，这种炉管具有良好的耐蚀性。镍主要起稳定奥氏体的作用，并能提高炉管的高温强度、高温韧性以及抗渗碳作用。碳与铬作用可显著地提高 HK-40 炉管蠕变断裂强度。为防止钢材过早过快发生 σ 相脆化，含碳量不宜低于 0.38%。有时，为了提高炉管高温抗渗碳能力，要将炉管中硅的质量分数提高到 1.8%，此时应当同时提高钢材碳的质量分数达到 0.5%，以抑制由硅的含量增加而出现大量微裂纹的倾向，从而提高炉管的焊接性。应当注意到，较早期裂解炉所用 HK-40 钢炉管，其含硅量较高，有的高达 2% 以上，因为炉管工作温度高于 900℃ 时的主要矛盾是耐渗碳和高温强度而不是 σ 相的问题。

HP 系列铸造耐热不锈钢炉管可以看作是在 HK 系列基础上发展起来的，其主要化学成分的质量分数（%）为：Cr25 和 Ni35。其中镍的质量分数比 HK-40 提高了 15%，以适应乙烯裂解管高温区的需要，且增强了炉管的耐渗碳和抗氧化能力；另一方面由于镍的含量增加，减少了碳在奥氏体中的溶解度，在含碳量相同的情况下，HP 系列比 HK-40 炉管的共晶碳化物多，从而提高了蠕变断裂强度。在 HP 系列炉管中，添加铌能提高蠕变断裂强度和高温塑性，还能提高炉管的抗渗碳能力；添加钨、钼合金元素主要是为了提高炉管的抗渗碳能力。特别是铁和铌的复合加入，效果最佳；由于 HP-Nb 钢的高温强度（尤其是在 800～900℃ 以上温度区）比 HK-40 高得多，所以在同等工作条件下的炉管壁厚可减薄约 1/3，因此，这种炉管既能节约能源又能节省钢材。80 年代以来，HP 系列钢材，在许多领域中取代了原来的 HK-40，尤其是在乙烯裂解炉中得到较为广泛的采用。

二、铸造耐热不锈钢炉管的焊接性

HK40 和 HP-Nb 等铸造耐热不锈钢炉管与奥氏体不锈钢一样，均为高铬镍合金钢，其焊接性与奥氏体不锈钢大体类似。不过，由于含碳量高，本来就含有一定量的共晶，所以焊接熔池的流动性较好，炉管在正常工艺条件下，焊接熔池在结晶过程中会出现气孔和结晶热裂纹的问题，但是并不突出。主要的问题在于焊接接头过热区中可能出现液化裂纹，这是由于该处的共晶物会发生液化，如果其中的硫、磷等杂质含量较高或偏聚不均，则在焊接冷却过程中会产生裂纹。

三、高温铸造炉管的服役失效

对于长期服役(通常设计寿命为 16^5 h)的焊接接头，仅仅焊后完好并不一定能保证其终身性能。只有从全寿命期的考察出发，来研究其性能的发展变化直至其失效过程，才能找到保证焊接接头质量真正优良的焊接材料和焊接工艺。

1. σ 相析出引起裂纹

一个炉膛中的温度不可能完全均匀一致，而且炉管中工作介质流体的入口、出口温度大不相同，因而炉管在不同位置上的温度也不相同，其内外壁的温差自然也就不同。例如通常加热炉中工作介质流体的入口温度最低；出口部位的炉管温度相对要高得多，且内外壁温差最小，而管壁温度最高区则处于炉膛中部(炉膛高温区)的工作介质流向的后段。由于炉管各部位的温度差别很大，除了存在复杂的热应力外，其炉管各段的性能变化和失效的规律也并不完全一致。例如由于焊缝结晶的宏观偏析，焊缝中的 σ 相有非均匀分布(局部较多)的特点，所以在 650~900℃温度区的 HK-40 钢的炉管中可能会析出 σ 相。

通常，含碳量较高的合金，σ 相析出的倾向较小，这是由于含碳量高时，析出铬的碳化物会导致 σ 相所需有效含铬量不足。有人粗略地认为高碳 HK-40 炉管不会有 σ 相析出，但这是不可靠的。因为 HK-40 钢的 σ 相析出倾向，会受到其中各种合金元素的综合影响，通常 HK-40 炉管，在 800~900℃温度区间长期工作都会有局部 σ 相析出。对在高温服役后含有 σ 相的炉管包括焊接接头进行检测表明：焊缝金属中 σ 相析出的数量多于炉管本体的。σ 相在室温下和中温区很脆，而其硬度(强度)又较碳化物低不少，因而往往导致钢材塑性和韧性下降，其本身则成为低中温的起裂点。除了由于在中、低温阶段已萌生裂纹之外，还因为 σ 相同奥氏体之间的相界结合强度比碳化物同奥氏体之间的结合强度更低，易于萌生蠕变孔洞。为工防止炉膛中各个温度区的焊缝在长服役期中 σ 相析出过多，并由此导致蠕变断裂强度降低过快，必须从焊缝化学成分及其均匀性方面入手，来保证焊缝金属的 σ 相倾向较低才行。

HP-Nb 合金钢中镍含量比 HK40 合金钢高得多，通常不存在 σ 相脆化问题。

2. 蠕变裂纹

符合或接近正常设计长寿命的(例如 10^5 h)蠕变断裂，多半是宏观脆性所致。而由高温所导致的早期或短期的异常蠕变断裂，从宏观上看有一个明显特征，即在炉管本体或焊接接头裂纹损坏区有明显的蠕胀。再从显微组织上看，可发现炉管金属中碳化物比无裂纹区(即使服役时间更长得多)的炉管金属的碳化物粗大且数量少；还可看到碳化物附近有空隙，空隙并合而形成裂纹。焊缝金属组织变化与炉管本体相同。从这种裂纹附近的炉管和焊接接头上切取试样，进行蠕变断裂强度的检测，其强度数值不仅低于铸态炉管蠕变断裂强度的下限，而且也低于在最高温度下很长时间服役炉管的强度。

3. 渗碳引起裂纹

炉管长期在高温裂解等条件下服役，内壁金属通常接触高渗碳能力的介质，因此容易渗碳。渗碳层中的碳化物比正常组织数量增多，形态为粗大化或呈块状。由于渗碳过程中产生体积膨胀，渗碳层承受压应力，必然使其邻近的未渗碳区承担拉应力。又由于渗碳层金属的线膨胀系数小于未渗碳层，在加热和冷却过程中，在渗碳层和未渗碳层以及此二层的交界处会产生变动很大的、甚至是拉压转变的应力应变过程，最后难免导致裂纹，使炉管损坏。

一般来说渗碳层较薄（例如0.8mm）的旧炉管，可以进行焊接，但事先必须将待焊处的炉管段内壁的渗碳层彻底清除干净。渗碳层较厚（例如1~2mm）或严重受损的旧炉管，尤其是氧化又较为严重的炉管，很难焊接，主要困难在于热影响区会产生裂纹。而这种裂纹属于高温低塑性裂纹，产生于350~800℃温度区间。

4. 热疲劳引起裂纹

在某些特殊条件下，例如局部高温区保温防雨不良，反复遭受到风吹雨打，金属中会产生复杂的反复热应力应变，很有可能引起炉管内表面出现细微的网络状裂纹。这些裂纹整齐地向中心伸展，在裂纹周围还可能布满了氧化物等腐蚀产物，即表现出热腐蚀疲劳的特征。这些都将使炉管的服役寿命大大缩短。

5. 应力腐蚀引起裂纹

铸造耐热不锈钢炉管，也有出现应为腐蚀失效的案例。这种情况大多发生在炉管的低温段，例如伸出于炉墙之外的工艺气入口段。装配应力和焊接的残余应力是其应力来源；而热工作介质中所含的蒸汽冷凝结露，因此导致微量有害杂质（例如 Cl⁻、硫化物等）在其中浓聚，则意外地构成了腐蚀条件。

四、焊接铸造耐热不锈钢炉管的措施

为了消除和减少HK-40炉管焊接接头在焊接和高温长期服役时而引起的裂纹，应采取下列措施：

1. 冶金措施

正确选用合适的焊接材料，以确保焊接过程中，焊缝金属中含杂质量少，不易产生热裂纹；在 σ 相析出温度区段（650~900℃）长期服役过程中，焊缝金属局部不会析出 σ 相；同时在高温服役过程中，焊接接头的蠕变断裂强度不低于铸态炉管，从而避免炉管的损坏发生在焊接接头上。只有选用这种焊接材料，才能提高炉管的焊接性和保持高温长期服役过程中的稳定性。

用于HK-40炉管焊接的焊接材料见表11-9。其中TGS-310HSA实芯焊丝具有良好的焊接性，同时也基本具备了HK-40炉管在高温长期服役过程所需要的蠕变断裂强度。该焊丝中的镍含量较高（不低于24%），所焊成的焊缝金属在650~900℃温度范围内长期服役不会有局部 σ 相析出。这类高合金材料焊丝中的硫和磷含量很低，对提高焊缝金属抗裂性有益的。

表11-9 HK-40炉管的焊接材料

牌号	化学成分（质量分数）/%								用途
	C	Si	Mn	P	S	Cr	Ni	其他	
中国焊丝 H4Cr25Ni20	0.35~0.45	≤0.6	1.0~2.5	0.03	0.02	25.0~28.0	20.0~22.5	—	为钨极惰性气保焊的焊丝

牌号	化学成分(质量分数)/%								用途
	C	Si	Mn	P	S	Cr	Ni	其他	
美国 AWS 焊丝 E310H	0.35~ 0.45	<0.75	1.0~ 2.5	<0.03	<0.03	25.0~ 28.0	20.0~ 22.5	Mo<0.75 Cu<0.75	为焊条电弧焊用焊条
德国 THYSSEN 焊丝 THERMANTT CR	0.4	0.7	1.5			25.5	21.5	—	为焊条的焊芯；钨极惰性气保焊和气体保护电弧焊的焊丝
日本焊丝 TGS-310HSA	0.38~ 0.45	0.4~ 0.8	0.40.8	≤0.015	≤0.015	24.0~ 25.5	24.0~ 25.5	—	为钨极惰性气保焊的焊丝

2. 工艺措施

(1) 焊接方法的选择　铸造耐热不锈钢炉管的焊接可以采用钨极氩弧焊或用钨极氩弧焊打底，焊条电弧焊盖面的焊接方法；也可以采用熔化极氩弧焊的焊接方法。在熔化极氩弧焊中，有一种低热输入窄间隙焊接方法，在炉管焊接中已得到推广使用。

铸造耐热不锈钢炉管，目前仍常用钨极氩弧焊进行施焊。

(2) 坡口的选择　由于焊接材料的化学成分优于炉管本体，希望炉管材料在焊缝金属中所占比例的份量愈少愈好。这样能提高焊缝金属抗裂性，还可以使焊缝金属局部 σ 相析出量减少，并能提高高温蠕变断裂强度，延长炉管的服役寿命。炉管对接焊时常用的坡口形式如图 11-1 所示。图 11-1(a) 为低热输入窄间隙焊的坡口形式，图 11-1(b) 为钨极氩弧焊的坡口形式。无论选用何种焊接方法，采用这种坡口形式时，底层均为不加填充焊丝的封底焊。

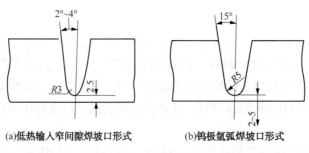

(a)低热输入窄间隙焊坡口形式　　(b)钨极氩弧焊坡口形式

图 11-1　炉管坡口形式

(3) 焊接工艺

1) 施焊以前，炉管的待焊处和焊丝要认真清理，去除油污，保持干净。

2) 避免强力组对装配，减少焊接应力。

3) 炉管点固焊后，管内要充氩气进行内保护，防止焊缝背面氧化。

4) 采用钨极氩弧焊时，要选择合理的焊接次序来降低焊接应力，多层焊时，要等第一层焊缝冷却后，再焊下一层焊缝，避免焊缝过热，防止晶粒粗大。

5) 多层焊时，各层的焊接收弧处要相互错开，避免弧坑中缺陷重叠而降低焊接接头的力学性能。

6) 焊接结束或中断时，要采取电流衰减收弧法，同时要填满弧坑，防止弧坑裂纹的形成。

五、损伤炉管的焊接修复

炉管在长期服役过程中，会产生不同类型的冶金损伤、形变和破坏，必须对严重损伤和失效部位进行更换。由此提出了新旧炉管的焊接课题，尤其是冶金损伤后的炉管，其焊接性很差，给焊接带来了很大困难。

1. 对损伤炉管焊接性分析

（1）损伤炉管内壁存在着渗碳、氧化和受腐蚀层，其常温下的塑性和韧性显著下降，失去了对裂纹产生和扩散的阻力，在焊接应力作用下，极易形成裂纹。

（2）渗碳层较厚的炉管与新炉管焊接时，待焊处存在着渗碳与未渗碳的两种钢材，其密度和线膨胀系数有很大差异，容易造成很大的局部应力进而产生裂纹。

（3）因服役而组织老化的炉管，其管壁心部组织的碳化物分布形态已发生改变，晶内弥散碳化物的聚集及晶界碳化物呈网状片，使旧炉管的强度和韧性下降，一旦内壁形成裂纹，会迅速扩散至整个炉管的壁厚。

（4）在焊接修复由于变形、弯曲或膨胀而损坏的炉管过程中，接头会发生错边和中心偏移，引起较大的应力集中。

2. 损伤炉管的焊接修复工艺

（1）焊前准备　对接焊时，坡口处要加工成 60°~65° 夹角，对口间隙为 2.5mm，坡口待焊处 20mm 端应采用砂轮打磨，炉管内壁层厚至少去除 0.5mm。外壁浅层修磨，坡口及待焊区附近表面须通过着色渗透无损检测，确认无微裂纹存在，方可施焊。

（2）组对装配　损伤炉管由于材料变脆，本身又处于复杂的应力状态，对接接头组对装配时，应尽量避免错边，尤其要严格控制单方向偏移错边；当管壁厚度不等时，适当修磨多余壁厚成斜坡，尽量保持组对时管壁厚度均匀一致，焊接修复时使用吊索或支承装置，使下部炉管对上部炉管不施加重力，保持低的初始应力状态，直到组焊全过程结束。

（3）焊接修复中注意事项

底层焊要保证熔透均匀，避免产生裂纹；炉管上的同一条环焊缝，宜由两名焊工同时进行对称焊，若由一名焊工施焊时，炉管的后半圈可分段焊，以减缓焊接应力集中；收弧处要避免在错边严重的部位；讲究收弧技术，使用电流衰减装置，且要填满弧坑，防止产生弧坑裂纹。

上述焊接修复工艺，适用于管内渗碳层厚度小于 1.0mm 的炉管或者变形、弯曲不严重的炉管。对于严重损伤或渗碳层厚度在 1.0mm 以上的炉管，其潜在微裂纹较多，材料韧性下降显著，焊接修复难度很大，往往需要采取更换新炉管的方法来解决。有时，也可用高温预热方法焊接渗碳较为严重的炉管，预热温度为 750℃，焊后保温。其目的是改善待焊接头处塑性，使炉管在具有塑变能力的温度下完成焊接，防止裂纹的形成。

第十二章　不锈钢的焊接

不锈钢是指主加元素铬含量能使钢处于钝化状态、又具有不锈特性的钢。不锈钢 Cr 含量应高于 12%。通常所说的不锈钢实际是不锈钢和耐酸钢的总称，不锈钢一般指在大气、水等弱腐蚀介质中耐蚀的钢，耐酸钢则是指在酸、碱、盐等强腐蚀介质中耐蚀的钢。不锈钢不一定耐酸，而耐酸钢一般具有良好的不锈性能。本文将不锈钢和耐酸钢简称为不锈钢。不锈钢按照组织类别分为奥氏体型、铁素体型、马氏体型和弥散硬化型四类。

第一节　奥氏体不锈钢的焊接

奥氏体不锈钢大致可分为 Cr18－Ni8 型、Cr25－Ni20 型、Cr25－Ni35 型。

一、奥氏体不锈钢的焊接特点

与其他不锈钢相比，奥氏体不锈钢的焊接比较容易。在焊接过程中，对于不同类型的奥氏体不锈钢，奥氏体从高温冷却到室温时，随着 C、Cr、Ni、Mo 含量的不同、金相组织转变的差异及稳定化元素 Ti、Nb+Ta 的变化，焊接材料与工艺的不同，焊接接头各部位可能出现下述一种或多种问题。

1. 焊接接头的热裂纹

（1）热裂纹的一般特征

与其他不锈钢相比，奥氏体不锈钢具有较高的热裂纹敏感性，在焊缝及近缝区都有产生热裂纹的可能。热裂纹通常可分为凝固裂纹、液化裂纹和高温失塑裂纹三大类，由于裂纹均在焊接过程的高温区发生，所以又称高温裂纹。凝固裂纹主要发生在焊缝区，最常见的弧坑裂纹就是凝固裂纹。液化裂纹多出现在靠近熔合线的近缝区。在多层多道焊缝中，层道间也有可能出现液化裂纹。对于高温失塑裂纹，通常发生在焊缝金属凝固结晶完了的高温区。

（2）产生热裂纹的基本原因

奥氏体不锈钢的物理特性是热导率小、线膨胀系数大，因此在焊接局部加热和冷却条件下，焊接接头部位的高温停留时间较长，焊缝金属及近缝区在高温承受较高的拉伸应力与拉伸应变，这是产生热裂纹的基本条件之一。

对于奥氏体不锈钢焊缝，通常联生结晶形成方向性很强的粗大柱状晶组织，在凝固结晶过程中，一些杂质元素及合金元素，如 S、P、Sn、Sb、B、Nb 易于在晶间形成低熔点的液态膜，因此造成焊接凝固裂纹，对于奥氏体不锈钢母材，当上述杂质元素的含量较高时，将易产生近缝区的液化裂纹。

（3）避免奥氏体型不锈钢焊接热裂纹的途径

1）冶金措施

a. 焊缝金属中增添一定数量的铁素体组织，使焊缝成为奥氏体-铁素体双相组织，能很有效地防止焊缝热裂纹的产生。这是由于铁素体能够溶解较多的硫、磷等微量元素，使其在晶界上数量大大减少，同时由于奥氏体晶界上的低熔点杂质被铁素体分散和隔开，避免了低熔点杂质呈连续网状分布，从而阻碍热裂纹的扩展和延伸。常用以促成铁素体的元素有铬、钼、钒等。

b. 控制焊缝金属中的铬镍比，对于18-8型不锈钢来说，当焊接材料的铬镍比小于1.61时，就易产生热裂纹；而铬镍比达到2.3~3.2时，就可以防止热裂纹的产生。这一措施的实质也是保证有一定量的铁素体存在。

c. 在焊缝金属中严格限制硼、硫、磷、硒等有害元素的含量，以防止热裂纹的产生。对于不允许存在铁素体的纯奥氏体焊缝，可以加入适当的锰，少许的碳、氮，同时减少硅的含量。

上述冶金因素主要是通过焊接材料(焊条、焊丝和焊剂)的化学成分来调整。目前我国生产的18-8型不锈钢焊条的熔敷金属，都能获得奥氏体-铁素体双相组织。

2) 工艺措施

a. 采用适当的焊接坡口或焊接方法，使母材金属在焊缝金属中所占的比例减少(即小的熔合比)。与此同时，在焊接材料的化学成分中加入抗裂元素，且其有害杂质硫、磷的含量比母材金属中的少，即其化学成分优于母材金属，故应尽量减少母材金属熔入焊接熔池的数量。

b. 尽量选用低氢型焊条和无氧焊剂，以防止热裂纹的产生。

c. 焊接时应选用小的热输入(即小电流快速焊)。在多层焊时，要等前一层焊缝冷却后再焊接次一层焊缝，层间温度不宜高，以避免焊缝过热。施焊过程中焊条不摆动。

d. 选择合理的焊接结构、焊接接头形式和焊接顺序，以降低焊接应力，减少热裂纹的产生。

e. 在焊接过程结束和中途断弧前，收弧要慢且要设法填满弧坑，以防止弧坑裂纹的形成。

2. 焊接接头的耐蚀性

(1) 晶间腐蚀

根据不锈钢及其焊缝金属化学成分、所采用的焊接工艺方法，焊接接头可能在三个部位出现晶间腐蚀，包括焊缝的晶间腐蚀、紧靠熔合线的过热区"刀蚀"及热影响区敏化温度区的晶间腐蚀。

对于焊缝金属，根据贫铬理论，在晶界上析出碳化铬，造成贫铬的晶界是晶间腐蚀的主要原因。因此，防止焊缝金属发生晶间腐蚀的措施有：

1) 选择合适的超低碳焊接材料，保证焊缝金属为超低碳的不锈钢；

2) 选用含有稳定化Nb或Ti的低碳焊接材料；

3) 选用合适的焊接材料使焊缝金属中含有一定的数量的δ铁素体($4\% \sim 12\%$)，δ铁素体分散在奥氏体晶间，对控晶间腐蚀有一定的作用。

防止焊接接头产生晶间腐蚀的措施有：

1) 防止焊接接头晶间腐蚀的工艺措施

a. 首先要选用适当的焊接方法，使输入焊接熔池的热量最小，让焊接接头尽可能地缩短在敏化温度区段下停留时间，减低危险温度对它的影响。对于薄件、小型而规则的焊接接头，选用高能量的真空电子束焊或等离子弧焊最为有利；对于中等厚度板材的焊缝，可采用熔化极自动或半自动气体保护焊来施焊；而大厚度的板材的焊接选用埋弧焊较为理想；钨极氩弧焊、焊条电弧焊为常用的焊接方法。

b. 选择工艺参数，应使焊接熔池停留时间最短。在保证焊缝质量的前提下，用小的焊接电流、最快的焊接速度，来达到这一目的。

c. 操作方面 ①尽量采用窄焊缝，多层多道焊，每一道焊缝或每一层焊缝焊后，要等焊接处冷却到100℃以下再进行次一道或次一层焊；②在施焊过程中不允许摆动以降低熔池的温度，加快冷却；③对于管壁较厚而管径又小的炉管来说，首先用氩弧焊进行封底焊，可以不加填充材料进行熔焊，管内通氩气保护，以保护焊接熔池不易氧化，又可以加快焊缝冷却，同时也有利于背面焊缝成形。④对于接触腐蚀介质的焊缝，在有条件的情况下一定要最后施焊，以减少接触介质焊缝的受热次数。

d. 强制焊接区快速冷却

对于有规则的焊缝，在可能条件下，焊缝背面可用纯铜垫，在纯铜垫上可以通水、通保护气。这样，焊缝在惰性气体保护下凝固，成形美观，且少受氧化，同时又加快冷却。许多生产薄壁不锈钢双层茶杯的厂家，用带成材，采用钨极氩弧焊技术实现了高效，并焊成了优质的筒体焊缝。对于不规则的长焊缝，可以一面施焊一面用水冷(浇)焊缝，以水不侵入焊接熔池为准，用这种方法同样也可起到减少晶间腐蚀作用的倾向。曾对一些小而轻的18-8型不锈钢焊件，焊好后将其立即投入水中冷却，至今尚未发现有裂纹倾向。

e. 进行稳定化处理或固溶处理

这是行之有效的方法，即焊后将整个焊接构件进行整体上述热处理，可以减少或避免晶间腐蚀倾向。

2) 防止焊缝晶间腐蚀的冶金措施

a. 使焊缝金属具有奥氏体-铁素体双相组织，其铁素体的体积分数应超过 3%~5%，直至12%。在此范围，不仅能提高焊缝金属抗晶间腐蚀能力和抗应力腐蚀能力，同时还能提高焊缝金属抗热裂纹性能。不过对于高温下服役的焊接接头而言，铁素体含量增多可导致 σ 相脆化的危险性上升。

b. 在焊缝金属中渗入比铬更容易与碳结合的稳定化元素，如钛、铌、钽和锆等。一般认为钛碳比大于5倍时，才能提高抗晶间腐蚀的能力。而试验结果认为钛碳比大于或等于6.7倍时，才有明显的效果；大于7.8倍时，才能彻底地改善晶间腐蚀的倾向。这是由于钛能充分地将碳化铬的铬置换出来，消除了晶界的贫铬地带，从而改善了抗腐蚀性。

c. 最大限度地降低碳在焊缝金属中的含量，达到低于碳在18-8型不锈钢中室温溶解极限值以下，使碳不可能与铬生成铬的碳化物，从而从根本上消除晶界的贫铬区。碳的质量分数在焊缝金属中小于0.03%时，就能提高焊缝金属的抗晶间腐蚀能力。

综上所述，为了使焊缝金属中含有恰当的合金元素种类和数量，只有从焊接材料着手，选择满足上述冶金因素条件的焊条、焊丝及焊剂，才能使焊缝金属达到抗晶间腐蚀的目的。对于不锈钢焊接结构，钢材也应达到此要求，整个焊接构件才算是具备了抗晶间腐蚀的良好性能。

过热区的"刀蚀"仅发生在由 Nb 或 Ti 稳定化的奥氏体不锈钢热影响区的过热区，其原因是当过热区的加热温度超过1200℃时，大量的 NbC 或 TiC 固溶于奥氏体晶内，峰值温度越高，固溶量越大，冷却时将有部分活泼的碳原子向奥氏体晶界扩散并聚集，Nb 或 Ti 原子因来不及扩散，使碳原子在奥氏体晶界处于过饱和状态，再经过敏化温度区的加热后，在奥氏体晶界将析出碳化铬，造成贫铬的晶界，形成晶间腐蚀，而且越靠近熔合线，腐蚀越严重，形成象刀痕一样的腐蚀沟，俗称"刀蚀"。

要防止"刀蚀"的发生，应采取下列措施：

采用超低碳不锈钢及其配套的超低碳不锈钢焊接材料是最为根本的措施。

热影响区敏化温度区的晶间腐蚀发生在热影响区中加热峰值温度在 $600\sim1000℃$ 范围的区域，产生晶间腐蚀的原因仍是奥氏体晶界析出碳化铬造成晶界贫铬所致。因此，防止焊缝金属晶间腐蚀的措施对防止敏化区温度区的晶间腐蚀均有参考价值，选用稳定化的低碳奥氏体不锈钢或超低碳奥氏体不锈钢将可防止晶间腐蚀，在焊接工艺上，采用较小的焊接热输入，加快冷却速度，将有利于防止晶间腐蚀的发生。

（2）应力腐蚀开裂

奥氏体不锈钢焊接接头的应力腐蚀开裂是焊接接头比较严重的失效形式，通常表现为无塑性变形的脆性破坏，危害严重，它也是最为复杂和难以解决的问题之一。影响奥氏体应力腐蚀开裂的因素有焊接残余拉应力、焊接接头的组织变化，焊前的各种热加工、冷加工引起的残余应力、酸洗处理不当或在母材上随意打弧、焊接接头设计不合理造成应力集中或腐蚀介质的局部浓度提高等等。

应力腐蚀裂纹的金相特征是裂纹从表面开始向内部扩展，点蚀往往是裂纹的根源，裂纹通常表现为穿晶扩展，裂纹的尖端常出现分枝，裂纹整体为树枝状。裂纹的断口没有明显的塑性变形，微观上具有准解理、山形、扇形、河川及伴有腐蚀产物的泥状龟裂的特征，还可看到二次裂纹或表面蚀坑。要防止应力腐蚀的发生，需要采取的措施有：①合理设计焊接接头，避免腐蚀介质在焊接接头部位聚集，降低或消除焊接接头的应力集中。②尽量降低焊接残余应力，在工艺方法上合理布置焊道顺序，如采用分段退步焊。采取一些消应力措施，如焊后完全退火，在难以实施热处理时，采用焊后锤击或喷丸等。③合理选择母材与焊接材料，如在高浓度氯化物介质中，超级奥氏体不锈钢就显示出明显的耐应力腐蚀能力。在选择焊接材料时，为了保证焊缝金属的耐应力腐蚀性能，通常采用超合金化的焊接材料，即焊缝金属中的耐蚀合金元素（Cr、Mo、Ni 等）含量高于母材。④采用合理工艺方法保证焊接接头部位光滑洁净，焊接飞溅物、电弧擦伤等往往是腐蚀开始的部位，也是导致应力腐蚀发生的根源，因此，焊接接头的外在质量也是至关重要的。

（3）焊接接头的脆化

1）焊缝金属的低温脆化

对于奥氏体不锈钢焊接接头，耐蚀性或抗氧化性并不总是最为关键的性能，在低温使用时，焊缝金属的塑韧性就成为关键性能。为了满足低温韧性的要求，焊缝组组通常希望获得单一的奥氏体组织，避免 δ 铁素体的存在。δ 铁素体的存在，总是恶化低温韧性。

2）焊接接头的 σ 相脆化

σ 相是一种硬的金属间化合物，主要析集于柱状晶的晶界。在奥氏体焊缝中，γ 相与 δ 相均可发生 σ 相转变，如 Cr25-Ni20 型焊缝在 $800\sim900℃$ 加热时，将发生强烈的 $\gamma\rightarrow\sigma$ 的转变；在奥氏体+铁素体双相组织的焊缝中，当 δ 铁素体含量较高时，如超过12%时，$\delta\rightarrow\sigma$ 的转变将非常显著，造成焊缝金属的明显脆化。σ 相析出的脆化还与奥氏体不锈钢中合金化程度相关，对于 Cr、Mo 等合金元素含量较高的超级奥氏体不锈钢，易析出 σ 相。Cr、Mo 具有明显的 σ 化作用，提高奥氏体化合金元素 Ni 含量，防止 N 在焊接过程中的降低可有效地抑制它们的 σ 化作用，是防止焊接接头脆化的有效冶金措施。

为了防止奥氏体型不锈钢焊缝金属形成 σ 相的脆化问题，应采取下列措施：首先选择焊接材料时不能只考虑防止热裂纹而选用使焊缝出现多量的铁素体组织；同时还要严格限制焊接材料中加速 σ 相形成元素如钼、硅、铌等，适当降低其铬含量和提高镍的含量。其次在焊接工艺方面，要选用热输入低的焊接方法，焊件不能在 600~850℃ 温度区域进行焊后热处理，以减少或避免在此温度的停留时间，从而避免 σ 相脆化的产生。

3. 焊接变形与收缩

奥氏体型不锈钢与碳钢相比，在物理性能上有很大差异，前者在焊接过程中会产生较大的变形和焊后收缩。

18-8 型不锈钢焊后产生很大变形和收缩的原因：与碳钢相比，其电阻是碳钢的 5 倍，在同样的焊接电流、电弧电压条件下的热输入要多；其热导率低，约为碳钢的 1/3，导致热量传递速度缓慢，热变形增大；再则 18-8 型不锈钢的线膨胀系数又比碳钢大 40% 左右，更引起加热时热膨胀量和冷却时收缩量的增加，当然焊后的变形量就显得更加突出了。事实证明，焊接变形量的大小与焊接参数的选择、焊接次序的正确性、操作的合理性都有一定的关系。

为了尽量减少 18-8 型不锈钢焊接变形和焊后收缩引起焊件尺寸的不足，对接接头的焊接构件要留有足够的收缩余量。

如果焊后变形量超过允许值，就必须进行矫正变形。矫正的方法有局部加热矫正和冷矫正两种。在矫正 18-8 型不锈钢的焊接变形时，如果该焊接结构对耐腐蚀性能有要求时，建议不采用热矫正的方法。这是由于热矫正过程中，若加热温度控制不当，可导致焊接构件耐腐蚀性能降低，这点要引起重视。通常，都是采用冷矫正的方法来矫正 18-8 型不锈钢焊接构件的变形。

第二节　铁素体型不锈钢的焊接

铁素体型不锈钢是含有足够的铬或铬加一些铁素体形成元素（如铝、钼、钛）的 Fe-Cr-C 三元合金，其中奥氏体形成元素，如碳和镍的含量比较低。这类钢与奥氏体型不锈钢一样，加热过程中不会发生相变，也不能热处理强化。耐腐蚀性能和焊接性均不如奥氏体型不锈钢。但其制造成本较低，抗氧化性较好，且具有较好的耐应力腐蚀性能。主要用于制造耐氧化、耐腐蚀的设备，以及汽车工业和家用电器工业。

一、铁素体型不锈钢的焊接性

普通纯度高铬铁素体不锈钢对高热作用敏感，在焊接热循环作用下，引起焊接接头热影响区晶粒长大粗化和碳、氮化物在晶界析出、聚集，从而会降低焊接接头的塑性和韧性。同时还引起晶间腐蚀。在焊接过程中，仍会造成高温脆化和 475℃ 脆性，特别在焊接大刚度接头时会产生裂纹。

超高纯度高铬铁素体不锈钢具有良好的焊接性，在焊接高温作用下引起的脆化不显著，焊接接头有良好的塑性和韧性，焊前不需要预热，焊后也不需要作热处理，但是仍有可能产生晶间腐蚀。焊接中主要问题是如何控制焊接材料中碳和氮的含量，以及避免焊接材料表面和熔池表面的沾污。

二、铁素体型不锈钢的焊接工艺特点

1. 普通纯度高铬铁素体不锈钢

（1）低温预热　高铬铁素体不锈钢在室温时韧性较低，焊接时焊接接头易形成高温脆化，在一定条件下可能产生裂纹。通过预热，使焊接接头处于富有韧性的状态下施焊，能有效防止裂纹的产生；但是，焊接时的热循环又会使焊接接头近缝区的晶粒急剧长大粗化，而引起脆化。为此，预热温度的选择要慎重，一般控制在 100~150℃ 左右，随着母材金属中含铬量的提高，预热温度可相应提高。预热温度过高，又会使焊接接头过热而脆硬。

（2）焊接材料的选择　可以焊前预热或焊后进行热处理的焊接构件，可选用与母材金属相同化学成分的焊接材料；对于不允许预热或焊后不能进行热处理的焊接构件，应选用奥氏体不锈钢焊接材料，以保证焊缝具有良好的塑性和韧性。

当采用同质的焊接材料时，焊缝金属呈粗大的铁素体组织，韧性很差。通过焊后热处理，焊接接头的塑性可以得到改善，韧性略有提高。

（3）475℃脆性的防止　475℃脆性是高铬铁素体不锈钢焊接时的主要问题之一。杂质对475℃脆性有促进作用，因此，需提高母材金属和熔敷金属的纯度，缩短铁素体不锈钢焊接接头在这个温度区间的停留时间，以防止 475℃脆性的产生。

一旦出现 475℃脆性，可以在 600℃ 以上温度短时间加热，再以较快的速度冷却，给予消除。

（4）焊后热处理　对于同质材料焊成的铁素体不锈钢焊接接头，热处理的目的是使焊接接头组织均匀化，从而提高其塑性及耐蚀性。

焊后热处理温度为 750~800℃，是一般回火温度，实际上是空冷的退火处理。

2. 超高纯度高铬铁素体不锈钢

选用与母材金属化学成分相同的焊接材料焊接时，要严格保护好焊接熔池，防止空气中氮气侵入熔池，以防因焊缝金属中氮和碳的总含量增加，导致晶间腐蚀的产生。

选用与母材金属化学成分不同的焊接材料焊接时，要严格控制焊接材料中的碳、氮含量和提高铬元素含量，以提高焊接接头抗腐蚀能力。同样对焊接材料和熔池的表面净化，也是提高焊接接头抗腐蚀性能的一项重要的工艺手段。

3. 铁素体型不锈钢的焊接方法

（1）普通纯度铁素体不锈钢

普通纯度铁素体不锈钢的焊接方法通常采用焊条电弧焊、钨极氩弧焊、熔化极气体保护焊和埋弧焊等。

1）焊条电弧焊　填充金属主要分两类：一类为同质的铁素体型焊条；另一类为异质的奥氏体型(或镍基合金)焊条。

用同质焊条焊成的焊缝其优点是：焊缝与母材金属有一样颜色和形貌，相同的线膨胀系数和大体相似的耐蚀性，但抗裂性不高。用异质奥氏体焊条所焊成的焊缝具有很好的塑性，应用较多，但要控制好母材金属对奥氏体焊缝的稀释。但是，用异质焊条施焊，不能防止热影响区的晶粒长大和焊缝形成马氏体组织，而且焊缝与母材金属的色泽也不相同。

表 12-1 介绍了焊接普通纯度铁素体型不锈钢常用同质和异质焊条的型号和牌号。

普通纯度铁素体不锈钢用焊条电弧焊进行对接平焊时，坡口形式及焊接工艺参数见表12-2。

表 12-1 焊接普通纯度铁素体型不锈钢常用焊条

母材钢号	以焊接接头性能的要求	焊条			预热及热处理温度/℃
		型号	牌号	合金系统	
10Cr17 Cr17Ti	耐硝酸及耐热	E430	G302	Cr17	预热100~200 焊后750~800回火
10Cr17 10Cr17Ti 10Cr17Mo2Ti	提高焊缝塑性	E316	A207	18-12Mo2	不预热 焊后不热处理
Cr25Ti	抗氧化性	E309	A307	25-13	不预热 焊后760~780回火
Cr28 Cr28Ti	提高焊缝塑性	E310 E310Mo	A402 A412	25-20 25-20Mo2	不预热 焊后不热处理

表 12-2 焊条电弧焊焊接普通纯度铁素体不锈钢对接平焊时焊接参数

板厚/mm	坡口形式	层数	坡口尺寸			焊接电流 I/A	焊接速度 μ/(mm/min)	焊条直径 φ/mm	备注
			间隙 b/mm	钝边 p/mm	坡口角 α/(°)				
2	(坡口形式图)	2	0~1	—	—	40~60	140~160	2.5	反面挑焊根垫板
		1	2	—	—	80~110	100~140	3.2	反面挑焊根垫板
		1	0~1	—	—	60~80	100~140	2.5	—
3	(坡口形式图)	2	2	—	—	80~110	100~140	3.2	反面挑焊根垫板
		1	3	—	—	110~150	150~200	4	反面挑焊根垫板
		2	2	—	—	90~110	140~160	3.2	—
5	(坡口形式图)	2	3	—	—	80~110	120~140	3.2	反面挑焊根垫板
		2	4	—	—	120~150	140~180	4	反面挑焊根垫板
		2	2	2	75	90~110	140~180	3.2	—

2）操作要点　焊接过程中，尽量减少焊接接头在高温的停留时间，有助于焊接接头的热影响区铁素体组织的晶粒不致很快长大，从而提高焊接接头的塑性。可采取焊后强制的冷却方法来减少高温脆化和475℃脆化，防止裂纹的形成。

a. 无论采用何种焊接方法，都应采用小的热输入的焊接参数，选用小直径的焊接材料。

b. 采用窄焊缝技术和快的焊接速度进行多层多道焊。焊接时，不允许进行摆动施焊。

c. 多层焊时，要严格控制层间温度在150℃左右，不宜连续施焊。

d. 采用强制冷却焊缝的方法，以减少焊接接头的高温脆化和475℃脆性，同时还可以减少焊接接头的热影响区过热。其方法是通氩冷却或通水冷却铜垫板等。

（2）超高纯度高铬铁素体不锈钢

超高纯度高铬铁素体不锈钢熔焊的方法有氩弧焊、等离子弧焊和真空电子束焊。采用这些焊接方法主要目的是使焊接熔池能得到良好的保护，净化焊接熔池表面，不受沾污。

采用的工艺措施：

1）增加熔池保护，如采用双层气体保护，增大喷嘴直径，适当增大氩气流量；或者采取在焊枪后面加保护气拖罩的办法，延长焊接熔池的保护时间。

2）焊接时要采用提前送氩气，滞后停气的焊接设备，使焊缝始末端均在有效气体保护范围内。

3）提高氩气纯度，用高纯度氩气进行施焊，以减少氮和氧的含量，提高焊缝金属的净化程度。

4）提高焊工操作技能，填充焊丝时不允许焊丝末端离开保护区。

5）焊缝背面要通氩气保护，最好采用通氩的水冷铜垫板，减少过热，增加冷却速度。

6）尽量减小热输入，多层焊时控制层间温度低于100℃。

第三节　马氏体型不锈钢的焊接

一、马氏体型不锈钢的焊接性

马氏体型不锈钢在焊接热循环的作用下，焊缝和热影响区焊后状态的组织为硬脆的马氏体组织，易形成冷裂纹。并随着钢中碳含量的提高形成冷裂纹的倾向会愈来愈大。

对于含碳量较高的马氏体不锈钢，可以保证在焊接高温区成为单一奥氏体相，冷却后可以形成完全的马氏体组织。但是，含奥氏体形成元素碳和镍的含量较少时，或者铁素体形成元素含量较多的马氏体不锈钢，其铁素体稳定性较高，焊接高温区并不能全部转变为奥氏体，淬火后除了得到马氏体外，还会保留部分铁素体。这部分铁素体并不能改变焊接接头的冲击韧度，也不能减轻冷裂纹的敏感性，反而有可能由于组织不均匀而使具有耐热性能的马氏体型不锈钢高温力学性能恶化。

铁素体形成元素较高的马氏体不锈钢，具有较大的晶粒长大倾向。当焊后冷却速度较小时，焊接热影响区中会出现粗大的铁素体和碳化物；冷却速度快时会产生粗大的马氏体组织，这些都会使马氏体型不锈钢焊接热影响区脆化。

二、马氏体型不锈钢的焊接工艺特点

焊接低、中合金调质结构钢的原则，也适用于马氏体型不锈钢的焊接。为了获得优质的焊接接头，应注意下列焊接工艺特点：

1. 控制焊缝金属的化学成分

焊缝金属的化学成分主要取决于焊接材料。为了保证焊接结构的使用性能，焊缝金属可以通过两个途径取得：一是采用与母材金属的化学成分相同或相接近的焊接材料；二是采用与母材金属化学成分完全不相同的焊接材料，如采用奥氏体不锈钢材料。

用与母材金属成分相同或相接近的焊接材料施焊时，焊缝与热影响区将会硬化变脆，有很高的冷裂纹倾向。为了防止冷裂纹产生，对于材料厚度大于2mm的焊件通常要进行预热，焊后要缓冷并还要进行热处理，以消除焊接应力，从而有助于提高焊接接头性能。

当焊接构件不能进行预热或者不便进行热处理时，可以使用与母材金属化学成分不相同的奥氏体不锈钢焊接材料进行施焊。其焊缝金属为奥氏体组织，焊缝具有较高的塑性和韧性，它能松弛焊接应力，并能够溶入较多的固溶氢，所以能降低焊接接头形成冷裂纹的倾向。但是这种焊接接头的材质不均匀，焊缝与母材金属的膨胀系数也不相同，在循环温度下长期工作，在熔合区产生的切应力可能会导致焊接接头的提前失效，应引起重视。

2. 焊前预热和焊后热处理

焊接马氏体型不锈钢时，若选用与母材金属成分相同的焊接材料时，为了防止焊接接头形成冷裂纹，焊前必须预热。预热温度一般在加 100~350℃，且最好不要高于该钢号的马氏体开始转变温度。

预热温度的选择与材料厚度、填充金属种类、焊接方法和构件的拘束程度有关。其中与钢的碳含量关系最大；当碳的质量分数小于 0.1% 时，预热温度可小于 200℃；碳的质量分数为 0.1%~0.2% 时，预热温度为 200~250℃；当碳的质量分数大于 0.2% 时，除预热温度还要适当提高外，还必须考虑保证多层焊时的层间温度。

马氏体型不锈钢的预热温度不宜过高，否则将使奥氏体晶粒粗大，并且随冷却速度降低，还会形成粗大铁素体加晶界碳化物组织，使焊接接头塑性和强度均有所不降。

不论采用焊条电弧焊、熔化极气体保护焊还是埋弧焊等方法，焊前均需预热，预热温度与钢中碳含量有关，见表 12-3。

表 12-3　马氏体型不锈钢推荐使用的预热、热输入及焊后热处理

$w(C)/\%$	预热温度/℃	热输入	焊后热处理要求
≤0.10	≤200		任选
>0.10~0.20	200~250	一般	任选缓慢冷却
>0.20~0.50	250~320		必须焊后热处理
>0.50	250~320	大	必须焊后热处理

焊后热处理的作用：一是通过退火热处理降低焊缝金属与热影响区的硬度，以改善焊接接头的韧性；二是降低焊接结构的残余应力。对于刚度小的焊接构件，焊后可以在冷至室温后再回火。对于大厚度的焊接构件，特别是钢材中含碳量较高时，需要采用复杂的热处理工艺，即需要进行后热处理：焊接区空冷至 100~150℃，立即在此温度保温 1~2h。其目的有两个：一是让奥氏体充分分解为马氏体，又不致于立即过分脆化；二是使焊缝中氢向外扩散，起到消氢作用。然后加热至回火温度，适当保温，使马氏体充分回火得到理想的回火组织。

回火温度的选择，应根据工程项目对焊接接头力学性能和耐蚀性的要求而定，一般选在 650~750℃，至少保温 1h 后空冷，或者每 30mm 厚焊缝保温 1h，随后空冷。高铬马氏体不锈钢一般在淬火+回火状态下进行焊接，焊后经高温回火处理，使焊接接头具有良好的力学性能。如果钢材在退火状态下焊接，会出现不均匀的马氏体组织，因此，整个焊接构件焊后还需进行调质处理，使焊接接头具有均匀的性能。

3. 焊接方法的选择

用焊条电弧焊焊接马氏体型不锈钢时，要选用适当的焊条，以保证焊缝金属的化学成分和组织与母材相似，便于进行热处理，得到力学性能和耐蚀性与母材相当的焊接接头。若不要求焊接接头性能同母材相当或焊后的构件不需要进行热处理时，则可选用高塑性和韧性的奥氏体不锈钢焊条或镍基合金的焊条。焊条应选用低氢型的，在施焊前要进行高温烘烤处

理，以便彻底消除焊条药皮中的水分，减少焊接区的扩散氢含量和降低冷裂纹的敏感性。焊条电弧焊适用于中、厚板的马氏体型不锈钢的焊接。

钨极氩弧焊适用于薄板焊接，采用直流正极性，能提高焊接质量，但要妥善保护好正面和背面焊接熔池，以防止氧化。用氩弧焊焊接薄板时，可以不预热，冷裂纹倾向较小；厚板要焊前预热，焊后仍要高温回火。

马氏体型不锈钢也可选用 CO_2 气体保护焊，其冷裂纹倾向小于焊条电弧焊，但仍需进行焊前预热，后热和焊后热处理。焊接材料选用表 12-4、表 12-5。

表 12-4　焊接马氏体型不锈钢焊条选用表

钢号	对焊接接头性能的要求	焊条		预热及热处理/℃
		型号	牌号	
10Cr13	耐大气腐蚀及气蚀	E410	G202 G207	焊前预热 150~350℃ 焊后 700~730℃ 回火
	耐有机酸腐蚀、耐热	E410	G217	焊前预热 150~350℃ 焊后 700~7730℃ 回火
20Cr13	要求焊缝有良好的塑性	E308 E316 E310	A102，A107 A202，A207 A402，A407	焊前不预热(对厚大件可预热至200℃)，焊后不进行热处理
Cr12MoV	540℃ 以下有良好的热塑性	E11MoVNi	R802 R807	焊前预热 300~400℃，焊后冷至 100~150℃后，再在 700℃ 以上高温回火
10Cr12WMoV	600℃ 以下有良好的热塑性	E11MoVNiW	R817	焊前预热 300~450℃，焊后冷却至 100~120℃后，再在 740~760℃ 回火

表 12-5　马氏体型不锈钢焊接用药芯焊丝型号及熔敷金属成分的质量分数(%)

AWS 型号	C	Cr	Ni	Mo	Mn	Si	P	S	Cu
E410T-X	0.12	11.0~13.5	0.60	0.5	1.2	1.0	0.04	0.03	0.5
E410NiMoT-X	0.06	11.0~12.5	4.0~5.0	0.40~0.70	1.0	1.0	0.04	0.03	0.5
E410NiTiT-X		11.0~12.5	3.6~4.5	0.05	0.70	0.50	0.03	0.03	0.5
E502T-X	0.10	4.0~6.0	0.40	0.45~0.65	1.2	1.0	0.04	0.03	0.5
E410T-3	0.10	8.0~10.5	0.40	0.85~1.20	1.2	1.0	0.04	0.03	0.5
E410NiMoT-3	0.12	11.0~13.5	0.60	0.5	1.0	1.0	0.04	0.03	0.5
E410NiTiT-3	0.06	11.0~12.5	4.0~5.0	0.40~0.70	1.0	1.0	0.04	0.03	0.5
E×××T-G	0.04	11.0~12.0	3.6~4.5	0.5	0.70	0.50	0.03	0.03	0.5

注：① 为美国 AWS　A5.22-80 药芯焊丝。

② E410NiTiT-X 中，$w(Ti)$ 为 $(10×C)$~1.5%。字尾 X 为 1 时，$w(C)_{max}$ 为 0.04%；字尾 X 为 2 时，$w(C)_{max}$ 为 0.06%。

③ E×××T-G　由买、卖双方协商。

第四节　铁素体-奥氏体双相不锈钢的焊接

铁素体-奥氏体双相不锈 是指铁素体与奥氏体各约占 50% 的不锈钢，其屈服强度可达 400~550MPa，是普通不锈钢的 2 倍，且抗腐蚀性能优于通常的 Cr-Ni 及 Cr-Ni-Mo 奥氏体不锈钢。目前，国际上普遍采用的铁素体-奥氏体双相不锈钢可分为 Cr18 型、Cr23（不含 Mo）型、Cr22 型、Cr25 型四类。

一、双相钢的焊接特点

在加热过程中，当热影响区的温度超过双相钢的固溶处理温度，在 1150~1400℃的高温状态下，晶粒将会发生长大，而且发生 $\gamma \rightarrow \delta$ 相变，γ 相明显减少，δ 相增多。一些钢的高温近缝区会出现晶粒较粗大的 δ 铁素体组织。如果焊后的冷却速度较快，将抑制 $\delta \rightarrow \gamma$ 的二次相变，使热影响区的相比例失调，当 δ 铁素体大于 70% 时，二次转变的 γ 奥氏体也变为针状和羽毛状，具有魏氏组织特征，导致力学性能及耐腐蚀性能的恶化。当焊后冷却速度较慢时，则 $\delta \rightarrow \gamma$ 的二次相变比较充分，室温下为相比例较为合适的双相组织。因此，为了防止热影响区的快速冷却，使 $\delta \rightarrow \gamma$ 二次相变较为充分，保证较合理的相比例，足够的焊接热输入是必要的。随着母材厚度的增加，焊接热输入应适当提高。

对于双相钢焊缝金属，仍以单相 δ 铁素体凝固结晶，并随温度的降低发生 $\delta \rightarrow \gamma$ 组织转变。但由于其熔化-凝固-冷却相变是一个速度较快的不平衡过程，因此，焊缝金属冷却过程中的 $\delta \rightarrow \gamma$ 组织转变必然是不平衡的。当焊缝金属的化学成分与母材成分相同，或者母材自熔时，焊缝金属中的 δ 相将偏高，而 γ 相偏低。为了保证焊缝金属中有足够的 γ 相，应提高焊缝金属化学成分的 Ni 当量，通常的方法是提高奥氏体化元素（Ni、N）的含量，因此就出现了焊缝金属超合金化的特点。

对于双相不锈钢，由于铁素体含量约达 50%，因此存在高 Cr 铁素体钢所固有的脆化倾向。在 300~500℃范围内存在时间较长时，将发生"475℃脆性"及由于 $\alpha \rightarrow \alpha'$ 相变所引起的脆化。因此，双相钢的使用温度通常低于 250℃。双相钢具有良好的焊接性，尽管其凝固结晶为单相铁素体，但在一般的拘束条件下，焊缝金属的热裂纹敏感性很小，当双相组织的比例适当时，其冷裂纹敏感性也较低。但应注意，双相钢中毕竟具有较高的铁素体，当拘束度较大及焊缝金属含氢量较高时，还存在焊接氢致裂纹的危险。因此，在焊接材料选择与焊接过程中应控制氢的来源。

二、焊接工艺方法与焊接材料

到目前为止，焊条电弧焊、钨极氩弧焊、熔化极气体保护焊（采用实心焊丝或药芯焊丝）、甚至埋弧焊都可用于铁素体-奥氏体双相钢的焊接，相应的焊接材料也逐步标准化。

1. 焊接方法

焊条电弧焊是最常用的焊接工艺方法，其特点是灵活方便，并可实现全位置焊接，因此，焊条电弧焊是焊接修复的常用工艺方法。

钨极氩弧焊的特点是焊接质量优良，自动焊的效率也较高，因此广泛用于管道的封底焊缝及薄壁管道的焊接。钨极氩弧焊的保护气体通常采用纯 Ar，当进行管道封底焊接时，应采用纯 Ar+2%N₂ 或纯 Ar+5%N₂ 的保护气体，同时还应采用纯 Ar 或高纯 N 进行焊缝背面保护，以防止根部焊道的铁素体化。

熔化极气体保护焊的特点是较高的熔敷效率，既可采用较灵活的半自动焊，也可实现自动焊。当采用药芯焊丝时，还易于进行全位置焊接。对于熔化极气体保护焊的保护气体，当采用实芯焊丝时，可采用 $Ar+1\%O_2$、$Ar+30\%He+1\%O_2$、$Ar+2\%CO_2$；当采用药芯焊丝时，可采用 $Ar+1\%O_2$、$Ar+2\%CO_2$、$Ar+20\%CO_2$、甚至 $100\%CO_2$。

埋弧焊是高效率的焊接工艺方法，适合于中厚板的焊接，采用的焊剂通常为碱性焊剂。

2. 焊接材料选择

对于焊条电弧焊，根据耐腐蚀性、接头韧性的要求及焊接位置，可选用酸性或碱性焊条。采用酸性焊条时，脱渣优良，焊缝光滑，接头成形美观，但焊缝金属的冲击韧度较低，与此同时，为了防止焊接气孔及焊接氢致裂纹需严格控制焊条中的氢含量。当要求焊缝金属具有较高的冲击韧度，并需进行全位置焊接时应采用碱性焊条。另外，在根部封底焊时，通常采用碱性焊条。当对焊缝金属的耐腐蚀性能具有特殊要求时，还应采用超级双相钢成分的碱性焊条。

对于实心气保护焊丝，在保证焊缝金属具有良好耐腐蚀性与力学性能的同时，还应注意其焊接工艺性能。对于药芯焊丝，当要求焊缝光滑，接头成型美观时，可采用金红石型或钛钙型药芯焊丝；当要求较高的冲击韧度或在较大的拘束条件下焊接时，宜采用碱度较高的药芯焊丝。

对于埋弧焊丝，宜采用直径较小的焊丝，实现中小焊接规范下的多层多道焊，以防止焊接热影响区及焊缝金属的脆化。与此同时，应采用配套的碱性焊剂，以防止焊接氢致裂纹。

常用双相钢焊接材料见表 12-6。

表 12-6　双相不锈钢焊接材料

母材类型	焊接材料	焊接工艺方法
Cr18 型	Cr22-Ni9-Mo3 型超低碳焊条 Cr22-Ni9-Mo3 型超低碳焊丝(包括药芯气保焊焊丝) 可选用的其他焊接材料： 含 Mo 的奥氏体型不锈钢焊接材料，如 A022Si(E316L-16)、A042(E309MoL-16)	焊条电弧焊 钨极氩弧焊 熔化极气体保护焊 埋弧焊(与合适的碱性焊剂相匹配)
Cr23 无 Mo 型	Cr22-Ni9-Mo3 型超低碳焊条 Cr22-Ni9-Mo3 型超低碳焊丝(包括药芯气保焊焊丝) 可选用的其他焊接材料： 奥氏体型不锈钢焊接材料，如 A062(E309L-16)焊条	焊条电弧焊 钨极氩弧焊 熔化极气体保护焊 埋弧焊(与合适的碱性焊剂相匹配)
Cr22 型	Cr22-Ni9-Mo3 型超低碳焊条 Cr22-Ni9-Mo3 型超低碳焊丝(包括药芯气保焊焊丝) 可选用的其他焊接材料： 含 Mo 的奥氏体型不锈钢焊接材料，如 A042(E309MoL-16)	焊条电弧焊 钨极氩弧焊 熔化极气体保护焊 埋弧焊(与合适的碱性焊剂相匹配)
Cr25 型	Cr25-Ni5-Mo3 型焊条 Cr25-Ni5-Mo3 型焊丝 Cr25-Ni9-Mo4 型超低碳焊条 Cr25-Ni9-Mo4 型超低碳焊丝 可选用的其他焊接材料： 不含 Nb 的高 Mo 镍基焊接材料，如无 Nb 的 NiCrMo-3 型焊接材料	焊条电弧焊 钨极氩弧焊 熔化极气体保护焊 埋弧焊(与合适的碱性焊剂相匹配)

三、典型双相不锈钢的焊接

1. Cr18 型双相不锈钢的焊接

（1）Cr18 型双相不锈钢的焊接性

这类钢列入我国国家标准的牌号有 022Cr18Ni5Mo3Si2 和 12Cr18Ni11Si4AlTi 两种。其中 022Cr18Ni5Mo3Si2 钢为超低碳双相不锈钢，在这里以此钢的焊接性进行介绍。该钢中碳含量很低，铬的含量也不多，形成 475℃脆性和 σ 相脆化可能性不大，其双相组织的比例相对稳定。如果将它长期加热，因钢中含有铝和硅合金元素，仍有出现 σ 相脆化和 475℃脆性的可能，可通过 980℃固溶处理恢复到钢原来的相比例。该钢与奥氏体型不锈钢相比，具有较低的焊接热裂纹倾向；与铁素体型不锈钢相比，焊后脆化倾向较低，具有良好的焊接性。但是在焊接热影响区中会出现单相铁素体组织，对焊接接头耐应力腐蚀、晶间腐蚀和力学性能均有影响。

（2）焊接工艺

焊条电弧焊适用于中、厚钢板的焊接，选用 A312 和 A022Si 牌号的焊条，用这两种焊条焊接 022Cr18Ni5Mo3Si2 钢时，其焊接接头的力学性能见表 12-7。无论是薄板、还是中、厚度钢板的焊接，焊前不需要预热，焊后也不要进行热处理。

表 12-7　022Cr18Ni5Mo3Si2 焊接接头的力学性能

焊条牌号	抗拉强度 σ_b/MPa		硬度（HV）					冲击韧度 a_{KV}/（J/cm^2）			
			焊缝	熔合区	热影响区		母材	距熔合线距离/mm			
	焊缝	接头			粗晶区	退火区		0	0.5	1.0	1.5
A312	768	856	199	221	239	229	221	—	—	—	—
A022Si	625	637	220	234	249	245	242	110	97	77	105

为了减少和防止焊缝和热影响区产生单相铁素体组织，以及焊接热影响区的晶粒粗大，应采取下列工艺措施：

1）焊接时尽量选用小的热输入，即在保证焊接质量的前提下采用小的焊接电流和较快的焊接速度。通常焊接热输入不大于 15kJ/cm。

2）采用窄焊缝多道焊，层间温度小于 100℃，施焊过程中焊条不允许作横向摆动。

3）与奥氏体型不锈钢焊缝相反，接触腐蚀介质的焊缝要先焊，使最后一道焊缝移至非接触介质一面。其目的是利用后道焊缝对原先焊缝进行一次热处理，使原先焊缝和热影响区的单相铁素体组织部分转为奥氏体组织。

4）如果要求接触介质的焊缝必须最后施焊，则在此焊缝上需加一道工艺焊缝，但是焊好的工艺焊缝焊后必须除掉，其目的也是给接触介质焊缝进行一次热处理。

氩弧焊通常用于薄板的焊接，填充焊丝可采用母材金属，也可选用 H03Cr19Ni12Mo2 和 H08Cr20Ni14Mo3 焊丝。应采用小直径焊丝和小热输入进行施焊，其他工艺措施与焊条电弧焊相同。

2. Cr22 型双相不锈钢的焊接

列入我国国家标准的 Cr22 型双相不锈钢只有一种 1Cr25Ni5Ti 牌号。它与 022Cr18Ni5Mo3Si2 钢相比，前者降低了钢中 Si 和 Mo 的含量，提高了 Cr 和 Ti 的含量，在正常固溶处理(950～1050℃快冷)后，钢中含有体积分数为50%～40%的铁素体和体积分数为50%～60%的奥氏体组织。在高温下，两相的比例变化不明显；低于950℃进行固溶处理，在钢中会析出 σ 相，使其耐应力腐蚀性能变差。这类钢中增加了钛的含量，与022Cr18Ni5Mo3Si2钢相比，提高了钢的耐晶间腐蚀能力和耐应力腐蚀的能力。由于这类钢中铬当量与镍当量的比值选择适当，在高温加热后仍能保留较大量奥氏体组织，还能在冷却过程中生成二次奥氏体，结果钢中奥氏体总的体积分数不低于30%～40%，使钢具有良好的耐晶间腐蚀的能力。

焊接这类 Cr22 型双相不锈钢的焊接方法有焊条电弧焊和钨极氩弧焊。焊条电弧焊可选用 E309 和 E309L 型焊条；氩弧焊用可选 H06Cr20Ni14Mo3 焊丝作为填充金属。通常焊前不预热，焊后不热处理，施焊时，为了防止热影响区晶粒粗大，焊接热输入一般控制在 10～25kJ/cm，其他工艺措施与焊接 Cr18 型双相不锈钢相同。

3. Cr25 型双相不锈钢的焊接

Cr25 型双相不锈钢列入我国国家标准的牌号只有 06Cr26Ni5Mo2 一种。这类钢中 Mo 含量为 1%～3%，可提高双相不锈钢耐点腐蚀和缝隙腐蚀的能力。但是钼的加入会使这类钢具有明显的 475℃脆性，也有 σ 相形成的倾向。固溶温度低于 1000℃时，有可能出现 σ 相脆化，将降低其冲击韧度。

这类钢与上述两类钢一样，具有良好的焊接性，产生裂纹倾向较少。它既可采用焊条电弧焊，也可采用钨极氩弧焊进行焊接。焊接材料可选用与母材金属成分相同的填充金属材料或镍基焊丝；焊条可采用 E310 型焊条和镍基焊条。对这类钢施焊时，与上述两类钢一样，焊前不需要预热，焊后也不必热处理，但由于其合金含量较高，而且还添加的 Cu 和 W 元素，在 600～1000℃范围内加热时，焊接热影响区及多层多道的焊缝易析出 σ 相、碳、氮化物及其他各种金属化合物。造成接头抗腐蚀性能及塑韧性的大幅度降低。因此，焊接此类钢时要严格控制焊接热输入。通常为 10～15kJ/cm，层间温度不高于 150℃。

第五节　沉淀硬化型不锈钢的焊接

沉淀硬化型不锈钢按其钢材内部组织可分为马氏体、半奥氏体和奥氏体沉淀硬化不锈钢三类。列入我国国家标准沉淀硬化型不锈钢只有半奥氏体沉淀硬化不锈钢一类，也只有一个牌号0Cr17Ni7Al，供货状态为固溶处理加时效处理。它具有高的屈服强度和良好的塑性。这类钢在退火状态下塑性和韧性较好，焊接性较好，可以进行冷压成形、冷拉、轧制和旋压成形。

一、半奥氏体型沉淀硬化不锈钢的焊接性

半奥氏体沉淀硬化不锈钢通常在退火状态下进行施焊。由于该钢材以奥氏体组织为主，它具有奥氏体组织的良好韧性，其焊接性与奥氏体型不锈钢相似，除由于收弧不当引起火口裂纹外，焊接接头不会形成冷、热裂纹。即使这种钢经过相变后转为马氏体组织再进行焊接，对热裂纹也不敏感，这是因为所形成的低碳马氏体的硬度不高，且塑性较好之故。在近缝区的母材金属也不会出现冷裂纹，因为热影响区在焊接过程中已经奥氏体化，并且焊接接头向室温冷却时残留相当多的奥氏体组织。

但是，这类钢对缺口敏感性较强，容易引起断裂。在焊接结构设计中，应尽量避免焊缝

应力集中；在施焊过程要避免焊缝咬边、焊缝余高超标以及焊缝不能圆滑过渡到母材金属而引起的应力集中。

二、半奥氏体型沉淀硬化不锈钢的焊接工艺

1. 焊接特点

这类钢的焊接方法有焊条电弧焊、惰性气体保护的钨极氩弧焊（TIG）等。焊接时，由于焊接热循环的特点，在焊接接头应会出现下列情况：由于焊缝及近缝区加热温度远远高于其固溶温度，焊接接头区铁素体含量有所增加，冷却时导致焊接接头区铁素体相比例增加；其次，这类钢与其他类型不锈钢一样，焊接的高温作用可使各种合金元素形成固溶体，提高了该区域内有效合金元素的含量，也使碳化物特别是铬的碳化物溶解，导致碳和铬合金元素的有效含量增加，使相变温度点 M_s 大大降低，甚至在-73℃低温条件下，奥氏体也不能转变为马氏体组织，为此，焊后必须进行适当的热处理，使碳化物析出，降低固溶合金元素的有效含量，使相变温度上升，从而有利于奥氏体向马氏体转变，达到钢材所具有高的强度和韧性。

2. 焊接材料的选择

（1）选择与母材金属相同的材料作为填充金属

其目的使焊接接头力学性能与母材金属相当。到目前为止尚未研制出一种与母材金属成分相当的焊条，故不能进行焊条电弧焊。采用钨极氩弧焊的方法焊接这类钢时，焊丝可从母材金属钢板上截取，或者熔炼出与母材金属成分相当的棒状焊丝。焊后还需进行下列的整体复合热处理才能使焊接接头力学性能与母材金属等效。

1）焊后调质热处理　在746℃保温3h后空冷，析出铬的碳化物，使固溶的合金元素下降，相变温度（M_s）上升，为奥氏体转变成马氏体创造条件。

2）低温退火　在930℃保温1h后水冷，进一步从固溶体中析出 $Cr_{23}C_6$ 等碳化物，使合金元素有效含量大大降低，可使残余奥氏体的相变温度提高大约155~166℃。

3）冰冷处理　在低温退火后立即进行冰冷处理，使其在-73℃保持3h以上，，然后自然升至室温，使母材金属中的奥氏体全部转变为马氏体组织，在焊缝中仅残留少量的奥氏体，其他全部转为马氏体组织。

4）时效硬化处理　其处理温度和时间对焊接接头的组织和性能影响较大。当回火时间相同，而回火温度从350℃增至600℃时，焊接接头中残余奥氏体减少，回火马氏体增高，组织变得细小而球化，析出碳化物增多。同样在回火温度不变时，回火时间短，则焊接接头中残余奥氏体相增多，马氏体回火不充分，析出碳化物较少，对焊接接头性能不利；反之，回火时间的延长，残余奥氏体相减少，马氏体逐渐球化、细小而密布，析出碳化物也增多，对焊接接头强化效果明显提高。整体复合热处理工艺较为复杂，但是能使焊接接头基本达到与母材金属等强度。

（2）选择与母材金属成分不同的异种焊接材料

可用于不要求等强度或等耐蚀性能的焊接接头。焊接方法有焊条电弧焊和钨极氩弧焊。

焊条电弧焊时，可选用 E308、E308L、E309、E310 或 E316 等型号不锈钢焊条。

钨极氩弧焊时，可选用 H06Cr21Ni10、H06Cr19Ni12Mo2、H12Cr24Ni13 或 H12Cr26Ni21 等牌号不锈钢焊丝。

使用上述焊接方法焊接时，焊前不要预热，焊后不需要进行一系列的热处理，就能获得优质的焊接接头。

第十三章　铸铁的焊接

　　铸铁分为灰铸铁、可锻铸铁、球墨、蠕默铸铁和白口铸铁五种。按照碳在铸铁组织中存在的形式不同，铸铁焊接主要应用于下列三种场合：铸造缺陷的焊接修复；已损坏的铸铁成品件的焊接修复；零部件的生产。

　　我国铸铁焊接采用的方法有焊条电弧焊、CO_2气体保护电弧焊、气焊、气体火焰钎焊等，其中以焊条电弧焊为主。

　　由于铸铁种类多，且对焊接接头的要求多种多样，如焊后焊接接头是否要求进行机械加工，对焊缝的颜色是否要求与铸铁颜色一致，焊后焊接接头是否要求承受很大的工作应力，对焊缝金属及焊接接头的力学性能是否要求与铸铁母材相同，以及焊补成本的高低。为满足不同的要求，电弧焊所用的铸铁焊接材料按其焊缝金属的类型有铁基、镍基及铜基3大类。而铁基焊接材料中，按其焊缝金属含碳量的不同，又可分为铸铁与钢两类。其分类图如图13-1所示。

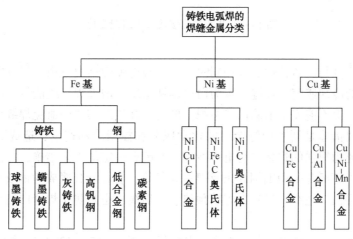

图 13-1　铸铁电弧焊的焊缝金属分类

第一节　铸铁的焊接性

一、灰铸铁的焊接性

　　灰铸铁化学成分的特点是 C 与 S、P 杂质高，这就增大了其焊接接头对冷却速度变化与冷、热裂纹发生的敏感性。其力学性能的特点是强度低，基本无塑性，使其焊接接头发生裂纹的敏感性增大。这两方面的特点，决定了灰铸铁焊接性不良。其主要问题有两点，一是焊接接头易形成白口铸铁与高碳马氏体组织；二是焊接接头易形成裂纹。

1. 焊接接头容易出现白口及淬硬组织

(1) 灰铸铁焊接接头的组织变化

以含碳为 3%，含硅为 2.5% 的常用灰铸铁为例，分析电弧焊焊后在焊接接头上的组织变化。整个焊接接头可分为六个区域，现分述如下，见图 13-2。

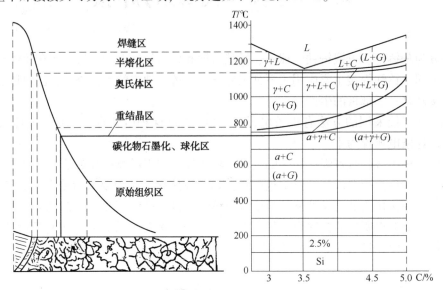

图 13-2　灰铸铁焊接接头的组织变化

1) 焊缝区

当焊缝化学成分与灰铸铁件成分相同时，在一般电弧焊情况下由于焊缝冷却速度远远大于铸件在砂型中的冷却速度，焊缝基本为白口铸铁组织。增大焊接线能量，焊缝中可以出现一定量的灰铸铁，但不能完全消除白口组织。但是，在生产实践中避免焊缝金属成为白口组织并不困难，主要措施是调整焊缝金属的化学成分和控制冷却速度，造成石墨化条件。例如，采用石墨化能力很强的焊条进行电弧冷焊，并配合一定的工艺措施，可保证焊缝为灰铸铁。此外，生产中还经常采用铜钢焊条及镍基焊条等，使焊缝金属成为钢或有色金属，从根本上避免焊缝出现白口组织。显然，焊前预热、焊后缓冷也是防止焊缝白口化的有效措施。

2) 半熔化区

此区较窄，处于液相线及固相线之间，其温度范围为 1150~1250℃。焊接时，此区处于半熔化状态，即液-固状态。其中一部分铸铁已变为液体，另一部分铸铁通过石墨片中碳的扩散作用，也已转变为被碳所饱和的奥氏体。在焊后快速冷却的情况下，其液相部分在共晶温度转变为莱氏体(即奥氏体+渗碳体)，继续快冷时从奥氏体中析出二次渗碳体。至共析温度时，奥氏体转变为珠光体。这样，该区的组织转变为珠光体+莱氏体+二次渗碳体。碳的存在形式由石墨转变为化合状态的渗碳体，也就是由灰铸铁变为白口铸铁。更快的冷却速度还可能抑制奥氏体的共析转变而转变为马氏体。

3) 奥氏体区

该区处于固相线与共析温度上限之间，加热温度范围为 820~1150℃。在此区内为固态。在焊接加热过程中，原来的石墨有一部分溶入奥氏体中。在快速冷却时由于固态石墨化过程不能进行，碳以二次渗碳体的形式从奥氏体中析出。冷却至共析温度，奥氏体转变为珠光体，最后得到珠光体+二次渗碳体+石墨的组织。这是一种不完全石墨的组织状态，比半熔化区的组织状态要好一些。更快的冷却速度也会产生马氏体组织。熔焊时，如采用适当的工艺措施使该区缓冷，可使奥氏体直接析出石墨，这样就可以避免二次渗碳体的析出，以及防止产生淬硬组织。

4）重结晶区

这是一个很窄的区域，其加热温度范围为780~820℃。由于焊接的加热速度很快，母材中只有部分组织可以转变为奥氏体。在焊后的冷却过程中，奥氏体转变为珠光体。当冷却速度很快时，也可能出现马氏体。

5）碳化物石墨化区及原始组织区

这是一个加热温度低于780℃的区域，在焊后组织没有明显变化或不变化。

（2）白口及淬硬组织的危害

1）容易产生焊接裂纹

白口及淬硬组织性质硬而脆，极易造成裂纹，由于焊缝的白口组织可以较好地解决，所以半熔化区的白口层就应引起重视。但是，半熔化区的白口组织，并不是产生裂纹的唯一原因。只要采用适当的工艺措施，即可避免裂纹的产生。

2）难于进行机械加工

许多铸铁在焊后需要进行加工，如果在焊接接头上出现白口铸铁（600~800HBW）及马氏体组织（500HBW）就会使机械加工困难。采用硬质合金刀具虽可勉强加工，但容易使刀具损坏。通常认为焊接接头的硬度在300HBS以下，是可以进行加工的，在270HBS以下时加工可以顺利进行。

（3）防止产生白口组织的方法

1）减慢焊缝的冷却速度

延长半熔化区处于红热状态的时间，使石墨能充分析出，通常采取将焊件预热到400℃（半热焊）左右或600~700℃（热焊）后进行焊接，或在焊接后将焊件保温冷却，都可简慢焊缝的冷却速度，从而使焊缝避免产生白口组织。

选用适当的焊接方法可使焊缝的冷却速度减慢，从而减少焊缝处的白口倾向。

2）改变焊缝化学成分

增加焊缝中石墨化元素的含量，可以在一定条件下防止焊缝金属产生白口。在焊条或焊丝中加入大量的碳、硅元素，以便在一定的焊接工艺条件配合下，使焊缝形成灰铸铁组织。此外，还可以采用非铸铁焊接材料（镍基、铜基、高钒钢等）来避免焊缝金属产生白口或其他脆硬组织的可能性。

2. 焊接接头容易出现裂纹

铸铁焊接时容易出现裂纹缺陷。这不仅使焊接接头的强度下降，而且使工件不能满足水密性或气密性的技术要求。铸铁焊接裂纹可分为冷裂与热裂纹两类。

（1）冷裂纹　铸铁焊接时，冷裂纹可以发生在焊缝及热影响区。

当焊缝为铸铁型时，容易产生冷裂纹。裂纹产生的温度一般在400℃以下，在焊缝较长或焊补刚度较大的缺陷时容易产生这种裂纹，并时常伴有较响的脆性断裂的声音。

焊缝中存在白口铸铁时，由于白口铸铁的收缩率约为2.3%，灰铸铁的收缩率约为1.26%，并且白口铸铁中的渗碳体更脆，所以焊缝容易出现裂纹。焊缝中渗碳体的量越多，越容易出现裂纹。当焊缝基体为珠光体与铁素体时，石墨化过程进行得比较充分。由于石墨化过程伴随体积膨胀，可以松弛部分焊接应力而有利于提高抗裂性。石墨形状对焊缝的抗裂性也有影响，粗而长的片状石墨容易引起应力集中，所以降低焊缝的抗裂性。显然，细片状石墨，可改善抗裂性。当石墨以团絮状或球状存在时，焊缝的抗裂性最好。

此外，由于灰铸铁焊缝的强度低、基本无塑性，所以避免裂纹的措施是降低焊接应力。因此，生产中防止裂纹最有效的方法是对焊补工件进行整体预热 550~700℃，这样可以减轻焊接时的应力。

含有较多渗碳体及马氏体的热影响区中也会产生冷裂纹。在电弧冷焊情况下，半熔化区及奥氏体区会产生渗碳体及马氏体等脆硬组织，当焊接应力超过它们的强度时，就会产生裂纹。此外，由于半熔化区白口铸铁的收缩率(1.6%~2.3%)比相邻的奥氏体的收缩率(0.9%~1.3%)大得多，所以在这两个区之间产生很大的切应力，容易造成纵向裂纹，严重时可以使整个焊缝沿半熔化区从母材上剥下来。厚壁铸件冷焊时，由于坡口深，采用多层焊，所以焊接应力大，容易产生焊缝剥离。对于普通灰铸铁若焊缝强度过高，如采用高钒铸铁焊条，而又不采取减小焊接应力的措施，也容易产生焊缝剥离。

生产上经常采用的防止冷裂纹的措施有：

1）采用焊缝金属为铸铁的焊接材料时，焊前预热、焊后缓冷是防止冷裂纹的有效措施。因为这种热焊措施既能减小焊接应力，又能避免白口等脆性组织的产生。

2）采用焊缝金属为非铸铁组织的焊接材料时，焊缝具有较好的塑性，能够松弛焊接应力，因此可以防止焊缝及热影响区开裂。

3）在焊补厚大铸件时，应尽量采用窄坡口或在坡口内填垫板等措施，以减小焊缝体积，减小焊接应力。此外，也可以采用焊前在坡口内栽丝，以分散焊接应力。

（2）热裂纹　当焊缝为铸铁型时，焊缝对热裂纹不敏感。这与高温时石墨析出过程的体积增加，有助于减小应力有关。

当采用低碳钢焊条与镍基铸铁焊条冷焊时，焊缝容易出现结晶裂纹。常见的有弧坑裂纹、长焊缝中的横向裂纹及沿熔合线焊缝内侧的纵向裂纹等。当应力较大时，此种裂纹也可发展为剥离性裂纹。

防止焊缝热裂纹的措施有：

1）焊前预热和焊后缓冷

焊前将焊件整体或局部预热和焊后缓冷不但能减少焊缝的白口倾向，并能减小焊接应力和防止焊件开裂。

2）采用正确的冷焊工艺，减小焊接应力

选用塑性较好的焊接材料，如用镍、铜、镍铜、高钒钢等作为填充金属，使焊缝金属可通过塑性变形松弛应力，防止裂纹；用细直径焊条，小电流、断续焊（间歇焊）、分散焊（跳焊）的方法可减小焊缝处和基本金属的温度差而减小焊接应力；通过锤击焊缝可以消除应力，防止裂纹。

3）其他措施

调整焊缝金属的化学成分，使其脆性温度区间缩小；加入稀土元素，增强焊缝的脱硫、脱磷冶金反应；加入适量的细化晶粒元素，使焊缝晶粒细化。在某些情况下，采用加热减应区法以减弱焊补处所受的应力，也可较有效地防止裂纹的产生。

二、球墨铸铁的焊接性

球墨铸铁是熔炼过程中经过加入一定量的球化剂处理，使石墨以球状存在，从而使球墨铸铁的力学性能明显提高的。常用的球化剂有镁（Mg）、铈（Ce）、钇（Y）等。球墨铸铁的焊接特点是：

球墨铸铁的白口化倾向及淬硬倾向比灰铸铁大，其原因是球化剂有阻碍石墨化及高淬硬临界冷却速度的作用。所以，在焊接球墨铸铁时，铸铁型焊缝及半熔化区更容易形成白口组织，而奥氏体区更容易出现马氏体组织。

由于球墨铸铁的强度、塑性及韧性等力学性能指标比灰铸铁高，所以对焊接接头的力学性能要求也比较高。常常要求焊接接头与各强度等级的球墨铸铁母材相匹配。所以球墨铸铁焊接比灰铸铁焊接就更困难一些。

第二节　灰铸铁的焊接

一、灰铸铁的焊接方法选择

选择灰铸铁焊接方法时，必须考虑下列因素：

1. 被焊铸件的状况

被焊铸件的状况是指铸件的化学成分、组织及力学性能，铸件的大小、厚薄和结构复杂程度等。为保证铸件焊接接头的组织与性能，必须控制焊缝金属的化学成分与组织。同样化学成分的铸件，其组织和力学性能又与壁厚有关。体积大的铸件整体预热困难，结构复杂的铸件焊接时局部应力集中倾向严重。

2. 被焊铸件的缺陷情况

焊前应了解缺陷的类型（裂纹、缺肉、磨损、气孔、砂眼、未浇足等）、缺陷的大小、缺陷所在部位的刚度、缺陷产生的原因等。使用过程中产生的缺陷是比较难焊的，尤其是结构形状复杂、薄厚不一、变断面多、孔眼密集的铸件，焊补难度更大。在较高温度下长期工作的铸件，因表面有脱碳层，内部组织也会发生变化，焊补更困难，必须采取周密的工艺措施。

3. 焊后的质量要求

对焊后接头的力学性能和加工性能、焊缝颜色和密封性等要求应有所了解。焊后要求切削加工的铸件，接头白口层的宽度应该小于 0.1mm，硬度应控制在 270HBS 以下；对机床导轨面等缺陷补焊时，接头硬度应与母材一致；有密封要求的焊接接头，应选用与母材熔合性好的焊接材料；对颜色有要求的接头应采用同质焊缝金属材料。

4. 现场设备条件与经济性在保证焊后质量要求的条件下，力求用最简便的方法、最普通的焊接设备和工艺装备、最低的成本，使之发挥更大的经济效益乃是铸件补焊的最基本的目的。

补焊铸铁常用的焊接方法是焊条电弧热焊法、焊条电弧冷焊法、气焊和钎焊，这里介绍焊条电弧焊和气焊。

二、铸铁的焊条电弧热焊

在焊接前将焊件加热到 600~700℃，并在焊接过程中保持此温度，焊后在炉中缓冷的焊接方法称为电弧热焊法。预热温度在 300~400℃左右称为半热焊。

1. 电弧热焊的特点

（1）采用铸铁焊条进行电弧热焊，焊后可获得与母材金属化学成分接近的焊缝金属，强度、线膨胀系数等与母材相一致的焊接接头。

（2）热焊后，熔合线处没有白口组织，硬度均匀，切削加工性较好。这对补焊后需机加工铸件来说，尤为适宜。

（3）焊接接头的致密性较好，一般不会产生渗漏现象。

（4）如果对焊件焊缝区有色泽要求，只要温度控制适当、焊接材料选择正确，经过精加工后焊缝表面色泽可达到完全与母材一致。

（5）电弧热焊成本低，铸铁焊条芯供应方便。

（6）热焊时，由于补焊区的热辐射较大，致使焊工的劳动条件恶化，须用隔热挡板加以改善。焊工必须轮换操作，避免因体力消耗过多而影响补焊质量。

（7）焊件需加热到较高温度，对精度要求高的缸面、导轨等铸件来说，控制其变形比较困难，影响到缸面、导轨的加工精度，故此类铸件不能采用电弧热焊法进行补焊。

（8）由于熔池大、温度高，焊接的空间位置受到限制，只能用平焊。

2. 电弧热焊的焊接材料

电弧热焊及半热焊的焊条，主要为石墨化型，目前常用的只有两种，一种是铸铁芯石墨化焊条（Z248），一种是钢芯石墨化焊条（Z208）。前者通过焊芯和药皮共同向焊缝过渡 C、Si 等石墨化元素，而后者主要通过药皮向焊缝过渡石墨化元素。热焊虽然采取了一系列减小焊接接头冷却速度的措施，但焊缝的冷却速度，特别是熔池在 1150~1250℃ 结晶区间的冷却速度，仍然比砂型铸造时快得多。为了防止白口，控制焊缝的硬度在 200HBS 左右，焊缝中 C、Si 的含量范围见表 13-1 所示较为合适。

表 13-1　焊缝中碳和硅的含量范围（质量分数）　　　　　　　　　　%

方　　法	化 学 成 分		
	C	Si	(C+Si)
热焊	3.0~3.8	3.0~3.8	6.0~7.6
半热焊	3.3~4.5	3.0~3.8	6.5~8.3
不预热焊	4.0~5.5	3.5~4.5	7.5~10.0

Z248 焊条为铸铁芯石墨化焊条，焊芯直径为 6~12mm，交直流两用，国内已有焊条厂生产，热焊用 Z248 焊条有较粗的直径，可选择大电流施焊，适用于厚大铸件较大缺陷的补焊，在机床行业中得到了一定的应用。

Z208 焊条焊芯为 H08 钢芯，药皮中含有较多的 C、Si、Al 等石墨化元素向焊缝过渡，使焊缝形成灰铸铁组织，焊芯直径一般在 5mm 以下，较 Z248 便宜易得。

3. 焊接工艺要点

热焊工艺过程包括焊前准备、预热、焊接、焊后处理等。

热焊使焊缝的组织、硬度、物理性能及颜色等都与母材接近；但热焊劳动条件恶劣，生产成本高，生产率低，它主要适用于冷却速度快的厚壁铸件，或刚度较大、结构复杂、易产生裂纹的铸件。

半热焊由于预热温度低，冷却速度较快，在石墨化能力更强的焊接材料配合下才能获得灰铸铁组织。半热焊在一定程度上，改善了劳动条件，简化了焊接工艺，但对补焊刚度大的铸件，由于400℃以下铸铁的塑性几乎为零，接头温差又大，故热应力也大，接头易产生裂纹。

（1）焊前准备

焊前应对缺陷所在的部位进行清理，将油、锈等清除干净；如是砂眼、缩孔等铸造缺陷，应将型砂等杂物彻底清除，对于裂纹应查清其走向、分枝和端点所在位置，有些裂纹肉眼观察便一目了然，有的则需用放大镜观察，若仍不能清楚其走向或端点，可用火焰加热200~300℃，冷却后即可明显的显示出来，也可以用渗油法，渗油后擦去表面油渍，撒上一薄层滑石粉，用小锤敲振，也可以显示出裂纹痕迹。对于有密封要求的铸件，经水压试验便可检查出渗漏处。

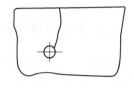

为预防裂纹在补焊中扩展，焊前应在裂纹终端钻孔。钻头可用5~10mm，深度应比裂纹所在平面深2~4mm；穿透性裂纹则应钻透。（如图13-3所示）。

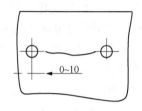

为保证接头焊透和成形良好，焊前还应开坡口或造型。工件壁厚5mm左右时，可不开坡口，5mm以上时可开V形坡口，厚度大于15mm的铸件，最好开X形坡口（图13-4）。开出的坡口底部应圆滑，上口稍大，以预防应力集中并便于操作。

图13-3　裂纹端部钻止裂孔

（2）预热

热焊或半热焊时预热温度的选择，主要根据铸件体积、壁厚、结构复杂程度、缺陷位置、补焊处的刚度及现场条件等来确定。对结构复杂的铸件，由于补焊区刚性大，焊缝无自由收缩的余地，故宜采用整体预热。而结构简单的铸件，补焊处刚性小，焊缝有一定膨胀收缩的余地，例如铸件边缘缺陷及小块断裂，则可采用局部预热。

整体预热一般是将铸件整体炉内加热，或用远红外加热；局部预热可采用远红外加热或氧乙炔火焰加热。

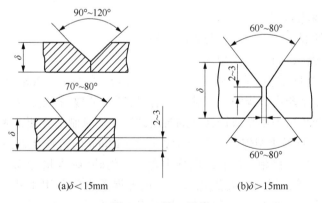

(a)δ<15mm　　　　(b)δ>15mm

图13-4　坡口尺寸

（3）焊接

为保持预热温度、促进石墨化、降低焊接应力，故宜采用大直径的焊条，大电流、长弧、连续焊。因铸铁焊条药皮中含有较多的高熔点难熔物石墨，采用适当的长弧将有利于药皮的熔化以及石墨向熔池中过渡。焊接时，从缺陷中心引弧，逐渐移向边缘，逐层堆焊，直至将缺陷填满。电弧在缺陷边缘处不宜停留过长，以免母材熔化量过多或造成咬边。如果发现熔渣过多，应注意随时清渣，以防夹渣。在焊接过程中要始终保持预热温度，否则，要重新加热才能继续进行焊接。

（4）焊后缓冷

焊后一定要采取保温缓冷的措施，采用保温材料覆盖。对于重要铸件，应在600~900℃进行消除应力处理。

三、铸铁的焊条电弧冷焊

电弧焊冷焊法就是焊件在焊前不预热，焊接过程中也不辅助加热，因此可以大大加快补焊的生产率，降低补焊成本，改善劳动条件，减少焊件因预热时受热不均匀而产生的变形和焊件已加工面的氧化。因此，在可能的条件下应尽量采用冷焊法，目前冷焊法正在我国推广使用，并获得了迅速的发展，广泛用于铸铁件小缺陷的补焊，如汽轮机、汽车缸体、机床导轨、泵壳、电动机罩壳、铸铁容器及薄型铸铁件等。但是冷焊法在焊接后因焊缝及热影响区的冷却速度都很快，极易形成白口组织。此外因焊件受热不均匀，常形成较大的内应力，以致产生裂纹。

1. 铸铁冷焊的特点

通常电弧冷焊前铸件不经预热，焊后也不需热处理。但对形状复杂的薄型铸件，为了改善冷焊熔合性能，防止裂纹产生，减少白口，冷焊前最好将铸件补焊处局部预热到80~200℃，这样不但可将补焊区域表面的油污、水分去除，还可减少焊接区的温差和焊接应力，从而改善焊接质量。电弧冷焊有如下特点：

（1）由于焊前不加热或低温预热，使焊工在操作时，大大改善了劳动条件。

（2）补焊前的准备工作和焊接工艺过程大大简化，因而节约辅助材料和工时。

（3）铸铁件处于低温状态，变形量较小。

（4）电弧冷焊的最大特点是可在各种空间位置进行补焊，故对各种设备的修复更为适宜。

2. 电弧冷焊用焊条

电弧冷焊灰铸铁焊条分为同质和异质两大类。

（1）焊缝金属为铸铁的石墨化型焊条

焊缝金属为铸铁（同质）焊条主要有"Z208"、"Z248"两种。"Z208"为低碳钢芯石墨化型铸铁焊条，强石墨化型药皮。焊缝金属碳、硅总量（质量分数）控制在6.5%~8.3%之间较为合适。此焊条适用于焊接中小型灰铸铁件的各类缺陷，焊条制造方便，成本低。

"Z248"为铸铁芯石墨化型焊条，焊芯为直径6~12mm的铸铁棒，药皮为石墨化型，这种焊条多由铸造生产厂家自制。焊芯的成分中含较多的碳（碳含量为3.0%~3.5%）、硅（硅含量为4.5%~5.0%）等，提高了石墨化效果，这种焊条主要适用于补焊大厚度（壁厚大于10mm）铸件的加工面和非加工面上的缺陷。因焊条直径较大，可配合使用较大的焊接电流，焊后采取缓冷措施，更有利于促进石墨化效果，这种焊条制造工艺复杂，不易于机械化成批生产；手工生产又很难保证每根焊条涂料成分的均匀性。

用这两种焊条补焊形状结构简单的铸件，当缺陷位于铸件端面及边缘上时，可采用局部预热工艺，焊后缓冷，可使接头不产生白口及淬硬组织。硬度、加工性能与母材相近，颜色与母材一致，也不容易产生裂纹。结构简单的小型铸件，可不进行预热。采用大电流连续焊接工艺，焊后采取缓冷措施，也可以得到较好的效果。

（2）焊缝金属为钢的焊条

"Z100"为钢芯氧化型药皮铸铁焊条，这种焊条氧化性强，焊接时可将熔池中的碳和硅氧化，使焊缝成为碳钢，此焊条可与母材较好地熔合，易于生产，成本低。但因氧化性强，熔深大，熔池中的碳、硅含量难以降低，接头白口较宽并有淬硬倾向。

"Z112-Fe"为钢芯钛钙型铁粉焊条。由于药皮中加入了大量铁粉，增大了焊条的熔敷速度，使熔池中碳、硅的浓度得到稀释，可降低焊缝中碳和硅的含量。焊接操作工艺得当时，可获得淬火倾向较小、硬度在350HBS以下的焊缝金属。但单层焊时，焊缝的平均含碳量仍较高，属于高碳钢，难以加工；又因其收缩率与母材相差较大，容易产生剥离裂纹。此焊条与铸铁母材熔合较好，工艺性优良，易于成批生产，价格便宜。

"EZFe-1"为纯铁型药皮焊条，熔敷金属中含碳量很低，故可以稀释熔池中碳、硅浓度，焊缝金属具有较好的塑性和抗裂性。但单层焊时效果差，且半熔化区白口严重，加工困难。

"EZFe-2"为低熔点低氢型铸铁焊条，其性能与"Z112-Fe"相近。因药皮熔点低，增大了焊条的熔化速度，降低了熔深，母材熔化得较少，使熔池中碳、硅稀释效果更小，增大了焊缝的塑性，与母材熔合较好。但半熔化区白口严重，加工困难。

"J422"与"J506"为普通结构钢焊条，采用不预热工艺用它来焊接铸铁近年来得到一定的应用，并且焊缝与母材熔合较好。操作工艺得当时，可以成功地补焊铸件非加工面的缺陷。

"Z116"、"Z117"为高钒铸铁焊条。在低氢型药皮中加入大量钒铁，使焊缝金属成为含钒为10%~12%的高钒钢。钒与碳的亲和力较大，可把渗入焊缝中的碳结合成碳化钒微粒，均匀地分布在焊缝铁素体基体上。因而，使焊缝硬度不高（200~250HBS），加工性能得到改善，有一定的塑性，伸长率（δ_5）可达32%，强度在400MPa以上。提高了抗裂性能。由于钒是强烈阻碍石墨化的元素，且半熔化区脱碳严重（碳向熔池迁移与钒化合），故白口层较宽。如果焊缝中钒含量低于7%~8%或Si含量高于0.5%，则焊缝金属变脆变硬。因此熔敷金属的化学成分（主要是含钒量）和母材的熔化量（取决于焊接电流的大小）对接头的加工性能和抗裂性能影响较大。此种焊条主要用于不预热焊接工艺，焊接强度较高的薄壁铸件或球墨铸铁件。此焊条采用低碳钢芯，可批量机械生产，但因含钒铁量较高，焊条的价格也较高。

这几种焊条焊接灰铸铁时，焊缝金属为碳钢或合金钢。为保证熔池中碳、硅含量的稀释效果，使焊缝具有较好的塑性，必须使母材尽量少熔化，这就要求减小熔合比、缩短高温停留时间。为此，焊接时一般均不采用预热补焊工艺，且尽量采用小电流，用交流或直流反接法施焊。并用多道、分段、断续或分散焊接法焊接。

（3）镍基铸铁焊条

镍基铸铁焊条有 Z308、Z408、Z508 等，其熔敷金属的化学成分见表 13-2。

表 13-2　镍基铸铁焊条熔敷金属的化学成分（质量分数）　　　　　　%

焊条型号	牌号	C	Si	Mn	S	Fe	Ni	Cu	Al
EZNi-1	Z308	≤2.00	≤2.50	≤1.00	≤0.03	≤1.00	≥90	—	—
EZNi-2			≤4.0				≥90	≤2.50	≤1.00
EZNiFe-1	Z408		≤2.50	≤1.80		余	45~60	—	—
EZNiFe-2			≤4.00	≤1.00			≤2.50	≤1.00	
EZNiFe-3									1.00~3.00

焊条型号	牌号	C	Si	Mn	S	Fe	Ni	Cu	Al
EZNiCu-1	Z408	≤1.00	≤0.80	≤2.50	≤0.025	≤1.00	60~70	24~35	—
EZNiCu-2		0.35~0.55	≤0.75	≤2.30		0.35~0.55	50~60	35~45	—
EZNiFeCu	Z508	≤2.00	≤2.00	≤1.50	≤0.03	余	45~60	4~10	—

镍是扩大 γ 区的元素，在 Fe-Ni 合金中，Ni 含量超过 30% 时，合金凝固后一直到室温，其组织均为塑性高而硬度低的奥氏体组织，不发生相变。有铜存在时，铜和镍都是非碳化物形成元素。镍基合金所形成的奥氏体和铁素体在高温下均有较高的溶解碳的能力，如在 1300℃ 时，纯镍可溶解 2.0% 的 C；Ni 含量 70%、Cu 含量 30% 的铜镍合金可溶解 0.9% C。温度下降时，少量的过饱和碳将以细小的石墨形式析出。焊缝具有一定的强度和塑性，且硬度较低。镍又是促进石墨化的元素，对减小半熔化区的白口层宽度很有利。实践表明，焊接电流一定时，焊缝含镍量越高，半熔化区白口层越小，接头的加工性能也越好；用纯镍焊条，小电流密度，不预热工件补焊铸铁时，半熔化区白口层宽度约为 0.05~0.1mm，并呈断续状分布。焊缝强度与灰铸铁接近，但塑性好，所以有利于切削加工和有较好的抗裂性能。但镍在我国属稀缺物资，所以纯镍焊条价格昂贵。镍铁焊条焊缝中镍和铁基本各占一半，强度较高(400MPa 以上)，塑性也较好，伸长率为 10%~20%，线膨胀率也较小，接头有较好的抗裂性。但因含镍量比纯镍焊条低，半熔化区白口层较用纯镍焊条时宽，接头硬度也略高一些，但仍可机械加工。焊条成本比纯镍焊条低，而且补焊在高温下或腐蚀条件下长期工作发生变质的铸件时，比同类焊条中其他焊条熔合性好。此种焊条多用于补焊高强度灰铸铁件、球墨铸铁件不重要部位的缺陷及可锻铸铁件的缺陷。

镍铜铸铁焊条(Z508，型号为 EZNiCu-1、EZNiCu-2)，焊芯中通常含 Ni70%、含 Cu30% 左右，也称蒙乃尔焊条，其焊缝金属强度在镍基焊条中最低，约为 200MPa，硬度与镍铁焊条相近，可进行机械加工。焊缝成分随含硅量增加，晶界可形成 Cu-Si 低熔点共晶，易产生热裂纹。镍铜合金的收缩率高达 2%，冷裂纹倾向也较大，这种焊条在铸铁补焊中应用最早，但目前已逐渐被其他铸铁焊条代替。

镍铁铜铸铁焊条(EZNiFeCu)是国家标准中新列入的一种铸铁焊条，从化学成分上看，可认为它是综合了镍铁与镍铜焊条的优点，克服了镍铜焊条易产生裂纹的缺点，焊缝金属既有较高的强度和塑性，又有较好的抗裂性。焊缝中碳、硅含量较高，镍、铜非碳化物形成元素含量近 50%~70%(质量分数)，有利于提高半熔化区的石墨化程度，可降低白口层的宽度，改善加工性能和抗冷裂性能。

用镍基焊条焊接铸铁，因镍与硫容易形成多种低熔点共晶物，对热裂纹有一定的敏感性，在焊接时若采用预热工艺、增大高温停留时间，显然是不利的。所以，此类焊条多采用不预热工艺，补焊要求较高、缺陷较小的铸件。若补焊处面积较大，为保证补焊成功率，可用于坡口处的打底焊，然后再用其他价格便宜的焊条，以适当的焊接工艺填满焊缝，以降低成本。

(4) 铜基铸铁焊条

铜基焊条有多种形式："Z607" 为铜芯铁粉焊条，药皮为低氢纳型，铁粉占药皮重量的一半左右；"Z616" 铜芯铁皮焊条，以纯铜芯外包低碳钢皮作焊芯，外涂低氢钾型药皮；若外涂钛钙型药皮，则成为牌号 "Z612" 的焊条。也可以用钢芯外包纯铜皮或外套纯铜管作焊芯，药皮同上，做成上述两种牌号的铸铁焊条。在缺少专用铸铁焊条时，为了应急修补铸件缺陷，还可以用普通低碳钢焊条外包纯铜皮或缠绕纯铜丝，或用一根低碳钢焊条与 $1\sim2$ 根纯铜或黄铜丝捆扎在一起，焊条末端点焊起来，以保证通电良好，进行铸件补焊。不管采用哪一种形式，都应该保证熔敷金属中含 Cu 为 80%、含 Fe 为 20% 左右，其组织是以铜为主的铜铁机械混合物。

铜的价格比镍低，亦是非碳化物形成元素，石墨化作用较弱，但具有较好的塑性，在高温时塑性更好，有利于松弛接头中的焊接应力，减小裂纹形成倾向。铜的熔点为 1083℃，比铸铁低，焊接时母材熔化速度小于焊条熔化速度，可降低熔合比，减少母材中碳、硫和磷等杂质向熔池过渡，有利于减小焊缝白口化及裂纹倾向。铜基焊条中有适量铁的存在可减少热裂，还有助于降低气孔。铁与铜的互溶度很小，故铁与铜在熔池高温停留时间很短的情况下不可能混合得很好，铜又不溶解碳，因此，熔池中的碳均处于含量较小的铁中，使铁成为高碳钢，这就形成了由铜与高碳钢机械混合物构成的焊缝金属。铜基部分塑性好，而高碳钢部分因存在着马氏体及渗碳体，硬度很高。所以，含铁量增大时（大于30%），焊缝脆性增大，对冷裂纹敏感，焊接热输入大时，熔合区白口层较宽，加工性能差。此类焊条对气孔的敏感性较大（铜与水和二氧化碳反应可生成氢和一氧化碳），焊缝的颜色与铸铁相差甚大。所以，这类焊条多用于低强度铸铁件非加工面不预热工艺的补焊。

3. 铸铁电弧冷焊工艺

（1）焊前应彻底清理油污，裂纹两端要打止裂孔，加工的坡口形状要保证便于焊补及减少焊件的熔化量。

（2）选择合适的最小焊接电流。灰铸铁含 Fe、Si、C 及有害的 S、P 杂质高，焊接电流越大，与母材接触的第一、二层异质焊缝中熔入母材量越多，带入焊缝中的 Fe、Si、C、S、P 量也随之上升。对镍基焊条来说，其中 Si 及 S、P 杂质提高，会明显增大发生热裂纹的敏感性。焊接电流较大，则焊接热输入增大，其结果使焊接接头拉应力增高，发生裂纹的敏感性增大。同时母材上处于半熔化区温度范围（1150~1250℃）的宽度增大，在电弧冷焊快速冷却条件下，冷却速度极快的半熔化区的白口区加宽。

（3）采用较快的焊接速度及短弧焊接。在保证焊缝正常成形及与母材熔合良好的前提下，应采用较快的焊接速度。因为随着焊接速度加快，铸铁母材的熔深、熔宽下降，母材熔入焊缝量随之下降，焊接热输入也随之减小，其引起的效果与上述降低焊接电流所得效果是同样的。焊接电压（弧长）增高，使母材熔化宽度增宽，母材熔化面积增加，故应采用短弧焊接。

（4）采用短段焊、断续焊、分散焊及焊后立即锤击焊缝的工艺，以降低焊接应力，防止裂纹发生。随着焊缝的增长，纵向应力增大，焊缝发生裂纹的倾向增大，故宜采用短段焊，采用异质焊接材料进行铸铁电弧冷焊时，一般每次焊缝长度为 10~40mm，薄壁件散热慢，一次所焊焊缝长度可取 10~20mm；厚壁件散热快，一次所焊焊缝长度可取 30~40mm。当焊缝仍处于较高温度，塑性性能异常优良时，立即用带圆角的小锤快速锤击焊缝，使焊缝金属承受塑性变形，以降低焊缝应力。为了尽量避免补焊处局部温度过高，应力增大，应采用断续焊，即待焊缝附近的热影响区冷却至不烫手时（50~60℃），再焊下一道焊缝。必要时还可采取分散焊，即不连续在同一固定部位补焊。而在补焊区的另一处补焊，这样可以更好地避免补焊处局部温度过高，从而避免裂纹发生。

（5）选择合理的焊接方向及顺序。焊接方向及顺序的合理与否对焊接应力的大小及裂纹具有较大的影响。对于灰铸铁厚大件的补焊，焊接应力大，焊缝金属发生裂纹与焊缝金属及母材交界处发生剥离性裂纹的危险性增大。一般是刚度大的地方先焊，刚度小的部位后焊，从而有利于减小焊接接头的应力水平，防止产生裂纹。

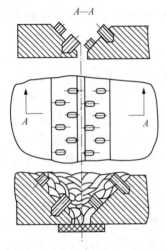

图 13-5　栽丝补焊法

（6）采用栽丝焊等特殊工艺。厚件开坡口多层焊时，焊接应力大，特别是采用碳钢焊缝时，由于其收缩率大，焊缝屈服强度又高于灰铸铁抗拉强度，不易发生塑性变形而松弛应力，而热影响区的半熔化区又是薄弱环节，故往往沿该区发生剥离性裂纹。即使焊接后当时不开裂，若工件承受较大冲击负荷，也容易在使用过程中沿该区破坏。栽丝补焊就是通过栽入碳钢螺柱将焊缝与未受焊接热影响的铸件母材固定在一起，从而防止剥离裂纹的发生，并提高该区承受冲击负荷的能力。这种补焊方法主要应用于承受冲击负荷的厚大铸铁件（厚度大于 20mm）裂纹的补焊，焊前在坡口内钻孔，攻螺纹。孔一般应二排，使其均匀分布，拧入钢质螺柱（如图 13-5 所示），先绕螺柱焊接，再焊螺柱之间。常用螺柱直径为 8～16mm，厚件采用直径大的螺柱，螺柱拧入深度应等于或大于螺柱直径，螺柱凸出待焊表面高度一般为 4～6mm。拧入螺柱的总截面积应为坡口表面积的 25%～35%。这种补焊方法主要应用于承受冲击负荷的厚大铸铁件（厚度大于 20mm）裂纹的补焊。

四、铸铁的气焊

1. 铸铁气焊的特点

气焊火焰温度比电弧温度低得多，因而焊件的加热和冷却比较缓慢，这对防止灰铸铁在焊接时产生白口组织和裂纹都很有利，所以用气焊补焊的薄件质量一般都比较好，因而气焊成为补焊铸铁的常用方法。但气焊与电弧焊相比，其生产率低、成本高、焊工的劳动强度高、焊件变形也较大、补焊大型铸件时难以焊透。因此，目前许多工厂已逐步采用电弧焊代替气焊补焊铸铁件。但由于气焊的铸件质量较好，易于切削加工，使许多工厂中的中小型灰铸铁件，还是较多的用气焊补焊。

2. 气焊的焊丝与焊剂

（1）焊丝　为了保证气焊的焊缝处不产生白口组织，并有良好的切削加工性，铸铁焊丝的成分应有高的含碳量和含硅量，气焊常用焊丝的化学成分见表 13-3。

表 13-3　气焊常用焊丝的化学成分（质量分数）　　　　　%

序　　号	C	Si	Mn	S	P	用途
1（HS401A）	3.0～4.2	2.8～3.6	0.3～0.8	≤0.08	0.15～0.5	热焊
2（HS401B）	3.0～4.2	3.8～4.8	0.3～0.8	≤0.08	0.15～0.5	冷焊

（2）焊剂　铸铁气焊常需要焊剂，也称气焊粉。气焊铸铁时熔池表面存在着熔点（1713℃）较高的 SiO_2，黏度较大，影响焊接的正常进行，如不及时除去，在焊缝中容易形成夹渣，SiO_2 为酸性氧化物，使用碱性物质与其化合生成低熔点的复合盐，浮在熔池表面，焊接过程中随时清除。焊剂采用统一牌号"CJ201"，熔点较低（约 650℃）呈碱性，能将气焊

铸铁时产生的高熔点二氧化硅复合成易熔的盐类。

3. 操作要点

（1）火焰　焊接火焰用中性焰或弱的碳化焰。具体选用应根据补焊的情况，一般可选用中性焰，因焊丝中碳和硅含量较高，能避免焊缝处产生白口组织，用中性焰焊补后，焊缝中金属的强度较高，用弱的碳化焰补焊会使焊缝金属渗碳而降低强度，但当要求提高焊缝金属的切削加工性能或不预热，焊较厚的铸铁时，可用弱的碳化焰使焊缝增碳，以降低焊缝金属的硬度，火焰功率宜大些，否则不易消除气孔、夹渣。

（2）操作　焊接时，要在基本金属熔透后再加入焊丝金属，以防止熔合不良。发现熔池中有小气孔和白亮点夹杂物时，可以往熔池中加入少量气焊焊剂，有助于消除夹渣，但气焊焊剂不宜加入过多，否则反而容易产生夹渣、气孔。适当加大火焰的功率，提高熔池铁液温度，有利于气体及夹杂物浮起，因而能够减少气孔、夹渣。操作时应注意火焰应始终盖住熔池；加入焊丝时，经常用焊丝轻轻搅动熔池，促使气体、熔渣浮出。补焊将完毕时，应使焊缝稍高于焊件表面，并用焊丝刮去杂质较多的表面层。

（3）采用加热减应法　补焊件刚度较大时，可采用"加热减应法"进行焊接。"加热减应区法"就是加热补焊处以外的一个或几个区域，以降低补焊处的拘束应力，防止产生裂纹的一种措施。

如图 13-6 所示的补焊件中间部分有一裂纹，此处的拘束度很大，补焊时焊缝的膨胀和收缩均受很大牵制，会产生很大的拘束应力，不采取措施很难补焊成功。焊前在补焊处及框架上下二个杆件与裂纹对称部位都用气焊火焰轮流进行加热到接近暗红色（600~700℃），再补焊中间杆件上的裂纹。补焊过程中，上下二杆件仍保持所要求的加热温度。这样，三个杆件在加热和冷却时几乎同时膨胀或收缩，降低了焊缝处的拘束应力，可有效地避免裂纹的产生。

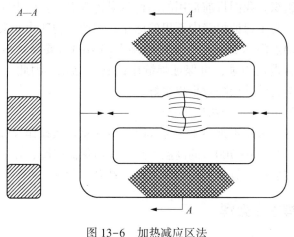

图 13-6　加热减应区法

第三节　球墨铸铁的焊接

球墨铸铁具有铸钢的力学性能和灰铸铁的浇铸性能，并有良好的切削加工性能等特点，因此发展迅速，在生产中得到了大量使用，其铸件的焊接修复也越来越受到人们的重视。

一、球墨铸铁的焊接特点

球墨铸铁是在浇注前向铁液中加入一定的镁、铈和钇等球化剂进行球化处理，使石墨以球状析出；有些球墨铸铁中还含有铝、铜等合金元素，使其力学性能明显提高。球墨铸铁焊接与灰铸铁相比，有很多相似之处，也有其本身的特点。

1. 球墨铸铁焊接接头白口化倾向及淬硬倾向比灰铸铁大

球化剂镁、铈和钇等都有强烈阻碍石墨化的作用，并增大焊接区过冷倾向，提高临界淬硬冷却速度。因此，同质焊缝中球化剂达到使石墨球化的含量之后，容易出现白口组织，热影响区淬硬倾向更大，容易形成马氏体组织。

2. 焊缝组织、性能难与母材相匹配

球墨铸铁有较高的强度和一定的伸长率，主要用以制造强度和塑性要求较高的零部件，因此对焊接接头的力学性能要求也较高。在熔焊条件下，局部加热，结晶速度快，球墨铸铁的成分又较复杂，很难实现焊接接头与母材在组织、力学性能和加工性能等方面相匹配。因此，球墨铸铁比灰铸铁焊接提出了更高的要求，焊接难度更大。

二、球墨铸铁的气焊工艺

气焊加热和冷却过程比较缓慢均匀，球化剂烧损少，有利于石墨球化，减小白口和淬硬组织的形成，这对减小裂纹倾向是有利的。因此，气焊方法适合于球墨铸铁的焊接。气焊方法比较灵活，焊前可用气体火焰清理油污、开坡口、局部预热工件及后热使接头缓冷等，生产中主要应用于薄壁件的补焊。

气焊球墨铸铁一般要使用球墨铸铁焊丝，这种焊丝有很强的球化和有石墨化能力，以保证焊缝获得球墨铸铁组织。我国目前常用的两种球墨铸铁焊丝：稀土镁球墨铸铁焊丝和钇基重稀土球墨铸铁焊丝。为了保证焊缝中石墨的球化，焊丝中的球化元素通常应较母材含量高一些。钇基重稀土其沸点高达 3038℃，比镁的沸点(1070℃)要高，不易烧损，比镁的过渡系数大，焊缝抗球化衰退能力强，可保证焊缝中的石墨球化。因此，在生产实践中应用较广，补焊中、小型球墨铸铁件缺陷效果也很好。

球墨铸铁气焊焊剂可采用"CJ201"铸铁焊剂。

中、小型球墨铸铁件采用不预热工艺补焊时，应注意焊接操作及焊后保温。厚大工件缺陷补焊时，焊前必须进行 500~700℃ 的高温预热，焊后保温缓冷，才能有效地防止接头产生白口、淬硬组织和焊接裂纹，具体工艺措施与灰铸铁基本相同。

三、球墨铸铁焊条电弧焊

用焊条电弧焊补焊球墨铸铁时，按所用焊条不同，可分为同质和异质焊缝两种形式。

1. 同质焊缝的焊条电弧焊

同质焊缝即球墨铸铁焊缝。球墨铸铁焊条电弧焊的同质焊条可分二类：一类是球墨铸铁芯外涂球化剂和石墨化剂药皮，通过焊芯和药皮共同向焊缝过渡钇基重稀土或镁、铈、钙等球化剂使焊缝中石墨球化如 Z258 焊条；另一类是低碳钢芯外涂球化剂和石墨化剂，通过药皮使焊缝中石墨球化如 Z238 焊条。

"Z258"焊条是采用钇基稀土或镁作球化剂，球化能力强。焊条直径为 4~10mm，大直径焊条特别适用于补焊厚大件的缺陷。

"Z238"焊条是低碳钢芯外涂石墨化剂和球化剂的焊条。由于药皮中加有镁、铈等元素所以适合于球墨铸铁焊接，因为镁砂（MgO）的熔点高（2800℃），在电弧高温下分解出元素镁，随着熔池温度急剧下降来不及氧化而强迫过渡到焊缝中去，从而起到球化核心的作用，将石墨由片状聚集成球状。实践证明，单独使用镁砂，球状石墨较大但不圆，单独使用稀土合金时，球状石墨小而圆，在药皮中同时使用镁砂和稀土铈，过渡到焊缝中，可获得比单一使用一种元素球化效果更好的焊缝。

用"Z238"焊条补焊球墨铸铁后，为了改善机加工性能，可以进行正火处理。若将焊件加热至900~920℃，保温2.5h，随炉冷却至730℃，再保温2h，取出空冷。所得组织一般为铁素体加球状石墨或珠光体加球状石墨，硬度为149~229HBS。属于此类焊条还有Z238-Sn-Cu、Z238-Fe。其中Z238-SnCu为低碳钢芯强石墨化药皮焊条，药皮加入适量强化元素锡、铜，经过不同的热处理，可以与不同等级的球墨铸铁相匹配。

"Z238-Fe"焊条是在强石墨化药皮中加入微量元素锡的球墨铸铁焊条。焊缝颜色、硬度与母材相近，该焊条适用于铸态球墨铸铁的焊接。

采用上述同质焊缝的焊条电弧焊工艺要点：

（1）清理缺陷、开坡口。

（2）采用大电流、连续焊工艺。焊接电流可参照 $I=(36~60)d$ 选择，d 为焊条直径（mm）。

（3）中等的缺陷应连续填满，较大的缺陷采取分区、分段焊工艺，保证补焊区有较大的焊接热输入量。

（4）对大刚度部位较大缺陷的补焊，应采取加热减应区法或焊前预热200~400℃，焊后缓冷防止裂纹。

2. 异质焊缝的焊条电弧焊

球墨铸铁焊条电弧焊的异质焊条，主要有"Z408"（镍铁焊条）及"Z116、Z117"（高钒钢焊条）。近年来，在"Z408"的基础上，国内研制的"新Z408"及"球Z408"焊条，可用于焊接球墨铸铁。"新Z408"焊条是在"Z408"的基础上，适当地调整了焊缝的碳、硅、锰等元素含量，使焊缝获得共晶成分；另外加少量稀土等元素，由于它们的净化、球化和细化晶粒作用，大大地提高焊缝的抗热裂性能及力学性能，冷焊的接头有良好的加工性。

"球Z408"焊条是在"Z408"基础上，加入适量的稀土、镁和铋，调整了碳、硅、锰的含量，使石墨球化，并消除了晶间石墨和共晶相，焊缝金属的强度和塑性、抗裂性都有一定程度的提高。

高钒焊条电弧冷焊球墨铸铁，焊缝的抗拉强度及伸长率分别为558MPa及28%~36%。焊缝硬度小于250HBS，但半熔化区白口较宽，致使接头加工性较差，主要用于非加工面补焊。焊后退火可降低接头硬度，改善加工性能。

球墨铸铁异质焊缝焊条电弧冷焊工艺与灰铸铁基本相同。

第四节　蠕墨铸铁、白口铸铁及可锻铸铁的焊接

一、蠕墨铸铁的焊接

蠕墨铸铁除含有 C、Si、Mn、S、P 外，它还含有少量稀土蠕化剂。但其稀土含量比球

墨铸铁低，故其焊接接头形成白口倾向比球铁要小，但比灰铸铁大。在基体组织相同情况下，蠕墨铸铁的力学性能高于灰铸铁而低于球墨铸铁。蠕墨铸铁的 $\sigma_b = 260 \sim 420\text{MPa}$、$\delta = 0.75\% \sim 3.0\%$ 为了与蠕墨铸铁力学性能相匹配，其焊接接头的力学性能应与蠕墨铸铁相等或相近。

我国现已开发的蠕墨铸铁焊接材料及工艺有下列 3 种：

1. 气焊

利用特制的蠕墨铸铁气焊焊丝，配合氧-乙炔中性焰及 CJ201 气焊焊剂，可获得满意的蠕墨铸铁焊缝，焊缝蠕墨化率可达 70% 以上，基体组织为铁素体加珠光体，焊接接头最高硬度小于 230HBS，焊接接头抗拉强度为 370MPa 左右、伸长率为 1.7% 左右。焊接接头的力学性能可与蠕铁母材相匹配。焊接接头有满意的加工性。

2. 同质焊缝电弧焊

采用 H08 低碳钢芯，外涂强石墨化药皮，并加入适量的蠕墨化剂及特殊元素的焊条，在缺陷直径大于 40mm，缺陷深度大于 8mm 的情况下，配合大电流连续焊工艺，可使焊缝石墨蠕化率达 50% 以上。焊缝基体组织由铁素体加珠光体组成，无自由渗碳体。焊接接头最高硬度为 270HBS，有良好的加工性。熔敷金属的抗拉强度为 390MPa 左右、伸长率为 2.5% 左右，焊接接头的抗拉强度为 320MPa 左右、伸长率为 1.5% 左右，可与蠕墨铸铁力学性能相匹配。

3. 异质焊缝电弧焊

常用 GBEZNi 焊条在电弧冷焊铸铁时，具有最好的加工性，故很受欢迎。但该焊条是为焊接灰铸铁研制的，故其熔敷金属的抗拉强度往往不能与蠕墨铸铁相匹配。故焊补加工面缺陷，宜采用 GBEZNiFe 焊条，而焊补非加工面宜采用 GBEZV 焊条。

二、白口铸铁的焊接

白口铸铁可分为普通白口铸铁和合金白口铸铁。由于其耐磨性好、价格低廉等优点，在冶金、矿山、橡胶，塑料等机械中获得越来越广泛地应用。工业上多采用冷硬铸铁。它在化学成分上，碳硅当量较低，制造工艺上采取激冷措施，使铸件表层形成硬而耐磨的白口铸铁，而内部多为具有一定强度及韧性的球墨铸铁。

白口铸铁在铸造和使用过程中常常由于局部缺陷造成整件报废，使许多白口铸铁件平均使用寿命仅为正常报废使用寿命的 40% ~ 60%。因此白口铸铁的焊补修复，已引起国内外的重视。

1. 白口铸铁焊补主要特点

（1）极易产生裂纹及剥离

白口铸铁主要是以连续渗碳体为基体，其伸长率为"零"、冲击韧度（10mm×10mm 无缺口冲击试样）仅为 $2 \sim 3\text{J/cm}^2$、线收缩率为 1.6% ~ 2.3%，约接近灰铸铁的 2 倍。而电弧焊接工艺本身的特点是热源温度高而集中，焊接过程中填充金属迅速熔化与结晶冷却，整个焊接接头受热不均造成极大的温度梯度，而产生很大的焊接内应力，特别对厚大的白口铸铁件，焊缝、熔合区的冷却速度很快，易形成大量的网状渗碳体，塑性变形能力低，加以拘束度很大，极易形成裂纹。对异质焊缝，裂纹易产生在熔合区上。在常规的条件下，焊补白口铸铁，裂纹是难以避免的。

焊接接头出现裂纹，不仅破坏致密性，承载能力下降，而且情况严重时在焊接过程中或焊后使用不久使整个焊缝剥离。这是白口铸铁焊补失败的最主要表现。

（2）要求工作层焊缝硬度及其耐磨性不低于母材，白口铸铁件要求具有较高的耐磨性。因此焊补区域的工作层要求具有与被焊母材相接近的硬度及耐磨性。若焊补处耐磨性较差，经上机使用，焊补处过早的急剧磨损下凹。当然焊缝硬度远高于母材也是不适宜的。

2. 白口铸铁焊补的材料及工艺

白口铸铁廉价，因此只有厚大件的修复才有实际经济价值，对厚大的白口铸铁件，若采用电弧热焊或气焊，劳动条件差，且由于高温加热会使母材性能改变、工件变形，加热速度控制不当很易产生裂纹，因此宜采用电弧冷焊。

白口铸铁硬脆，焊接性极差，要求使用的焊条与白口铸铁有良好的熔合性，线膨胀系数及耐磨性与白口铸铁相匹配。在满足耐磨的前提下，应有较高的塑性变形能力。特别要有利于解决熔合区网状渗碳体的出现。另外焊条电弧冷焊时，焊后锤击是减少焊接接头内应力的有效措施。但是锤击应在焊缝温度较高时进行，否则会引起裂纹，导致焊补失败。这对硬脆的白口铸铁焊补时应特别注意。由以上分析的白口铸铁焊补的特点，采用已有的铸铁焊条、不锈钢焊条及堆焊焊条等都不能全面满足白口铸铁焊补的要求。

适用于焊补白口铸铁有两种焊条（BT-1、BT-2）。BT-1 的焊缝组织为奥氏体+球状石墨，该焊条与白口铸铁熔合良好，焊缝线膨胀系数与白口铸铁相近，球状石墨的析出伴随着体积膨胀，可减小收缩应力。焊缝塑性高，焊接时可以充分地锤击以消除内应力。用于熔敷焊缝底层。BT-2 的焊缝组织为 $M+B_下+A_残$+碳化物质点，该焊条与白口铸铁熔合良好，韧度和撕裂功较高，硬度 45~52HRC，用于焊补白口铸铁工作层。

白口铸铁焊补，熔合区仍然是焊接接头最薄弱的环节。特别是当出现网状渗碳体，抗裂性更低。BT-1、BT-2 焊条中加入适量的变质剂。通过冶金上的变质处理，使熔合区的网状渗碳体团球化，大大强化了熔合区。

白口铸铁焊补工艺如下：

（1）焊前将缺陷进行清理，对原有的裂层要清除干净，周边与底边成 100°角，用 BT-1 焊条焊补底层，用 BT-2 焊条焊补工作层，整个焊接接头为"硬-软-硬"。

（2）焊缝金属分块孤立堆焊：焊前将清理后的缺陷划分为 40mm×40mm 若干个孤立块，整个焊补过程分别先用 BT-1，后用 BT-2 焊条分块跳跃堆焊，各孤立块之间及孤立块周边白口铸铁之间一直保留 7~9mm 间隙，每块焊到要求尺寸后，再将孤立块之间间隙焊满，最后使整个焊缝与周边母材保持一定间隙而成为"孤立体"。

（3）对厚大件焊补，大电流熔化的金属多，收缩量大，焊后必须立即进行锤击，锤击力约为传统的铸铁冷焊工艺锤击力的 10~15 倍，焊缝金属凝固后到 250℃ 左右前后重锤击 6~10 次，随堆焊高度的增加，锤击次数与锤击力相应减小。

（4）焊缝与周边母材的最后焊合是焊补成功的关键。以前的整个焊补过程中，应注意确保焊缝与周边间隙，以减少焊接过程中热应力作用于周边母材，导致裂纹产生，最后用大电流分段并分散焊满边缘间隙。周边焊补中，电弧始终要指向焊缝一侧，用熔池的过热金属熔化白口铸铁母材，尽量减少边缘熔化量和热影响区的过热。其次是周边间隙的焊补后，锤击要准确地打在焊缝一侧，切忌锤击在熔合区外的白口铸铁一侧，以防锤裂母材。

整个焊补面一般应高于周围母材表面 1~2mm，然后用手动砂轮磨平，再经机加工后使用。

三、可锻铸铁的焊接

由于铸态铁素体球铁比可锻铸铁成本低，且其力学性能优于可锻铸铁，故我国许多工厂的可锻铸铁件已为铸态铁素体球铁所代替。

我国应用的可锻铸铁基本上都是以铁素体为基体的可锻铸铁，其焊接性与铁素体球铁近似。

可锻铸铁件的焊补以手弧焊、钎焊及气焊为主要的焊接工艺方法。对于加工面多采用黄铜钎焊，非加工面一般采用电弧冷焊。

黄铜钎焊常采用钎料为 GBHSCuZn-13，钎剂为 100% 的脱水硼砂。用氧乙炔焰加热焊补表面至 900~930℃（亮红色），钎料丝的端头也加热至发红，然后蘸上少许硼砂开始焊补。为防止 Zn 的蒸发，焊接采用弱氧化焰。焊嘴与熔池表面距离控制在 8~15mm。为防止奥氏体区淬火，焊后用火焰适当的加热焊缝周围。对于焊补区刚度较大的部位，焊后轻轻锤击焊缝，可减小裂纹倾向。

可锻铸铁电弧焊可选用 GBEZNiFe 焊条（加工面焊补）及 GBEZV 焊条（非加工面焊补）。

损坏的螺孔可用气焊修复，焊后再钻孔及攻丝。为了顺利进行加工，先将螺孔部位的缺陷适当扩大，然后用铸铁气焊丝焊满即可。其攻丝时的加工性比黄铜纤焊好。

第十四章　有色金属的焊接

第一节　铝及铝合金的焊接

一、铝及铝合金的焊接性

铝及铝合金具有独特的物理化学性能，因此在焊接过程中会产生一系列的困难，具体表现有以下几点：

1. 强的氧化能力

铝和氧的亲和力很大，在空气中铝容易与氧结合生成紧密结实的 Al_2O_3 薄膜（厚度约 0.1μm），这层薄膜的熔点高达2050℃，密度 $3.95\sim4.10kg/m^3$，约为铝的1.4倍，它会吸附水分，并在焊接过程中形成气孔、夹渣等缺陷，从而降低了焊接接头的力学性能。为保证获得良好的焊接接头，在焊前需去除 Al_2O_3 薄膜，并在焊接过程中防止熔池继续受到氧化。在气焊、碳弧焊时采用气焊熔剂，当熔剂与熔池金属发生反应后，将高熔点的氧化膜溶解而被清除。在氩弧焊时，由氩气的机械隔离作用保护熔池免受氧化。

2. 高的热导率和导电性

铝及铝合金的热导率、比热容、熔化潜热很大，热导率为 $225.3W/(m\cdot K)$，约比钢大1倍多。在焊接过程中大量的热能被迅速传导到基体金属内部，因此焊接铝及铝合金时比钢要消耗更多的热量。为了达到高质量的焊接接头，必须采用能量集中、功率大的热源，并采取预热等措施。

3. 容易形成热裂纹

铝的线膨胀系数为 $23.5\times10^{-6}/℃$，约比钢大两倍，凝固时的体积收缩率达 $6.5\%\sim6.6\%$，因此在焊接某些铝合金时，往往由于过大的收缩内应力而导致裂纹。

4. 容易形成气孔

铝及铝合金的液体熔池很容易吸收气体，在高温下溶入的大量氢气，在焊后的冷却凝固过程中来不及析出而聚集在焊缝中形成气孔。

5. 高温下的强度和塑性低

在高温下铝的强度和塑性很低，以致不能支承住液体金属而使焊缝成型不良，甚至形成塌陷(或烧穿)缺陷。因此，一般情况下需要用夹具和垫板。

6. 合金元素的蒸发和烧损

某些铝合金中含有低沸点的合金元素如镁、锌等，这些元素在高温火焰或电弧的作用下极易蒸发、烧损，从而改变了焊缝金属的化学成分，同时也降低了焊接接头的性能。

7. 无色泽变化

铝及铝合金从固态变成液态时，无明显的颜色变化，因此在焊接过程中给操作者带来不少困难。

二、铝及铝合金的焊接技术

1．焊接方法

铝及铝合金的焊接方法很多，各种方法有其不同的应用场合。因此，必须根据铝及铝合金的牌号、焊件厚度、产品结构、生产条件以及焊接接头质量要求等因素加以选择。常用的焊接方法有：气焊、钨极氩弧焊、钨极脉冲氩弧焊、熔化极氩弧焊、熔化极脉冲氩弧焊、等离子弧焊、电渣焊等。

2．焊接材料的选择

铝及铝合金的焊接材料包括电焊条、焊丝、焊剂、电极和保护气体。

（1）焊丝

按我国国标 GB/T 3669—1983 及 GB 10858—1989，焊丝分为电焊条芯及焊丝两个类别。按美国国标 ANSI/AWS A5.10-92，焊丝分为电极丝（代号 E）及填充丝（代号 R）和电极丝、填充丝两者兼用丝（ER）。

焊丝是影响焊缝金属成分、组织、液相线温度、固相线温度、焊缝金属及近缝区母材的抗裂性、耐腐蚀性及常温或高低温下力学性能的重要因素。当铝材焊接性不良、熔焊时出现裂纹、焊缝及焊接接头力学性能欠佳或焊接结构出现脆性断裂时，改用适当的焊丝而不改变焊件设计和工艺条件常成为必要、可行和有效的技术措施。

选用填充焊丝时，对焊丝性能的要求是多方面的，即：

焊接时生成焊接裂纹的倾向低；

焊接时生成焊缝气孔的倾向低；

焊缝及焊接接头的力学性能（强度、延性）好；

焊缝及焊接接头在使用环境条件下的耐蚀性能好；

焊缝金属表面颜色与母材表面颜色能相互匹配。

焊丝的性能表现及其适用性需与其预定用途联系起来，以便针对不同的材料和主要的性能要求来选择焊丝，见表 14-1。

表 14-1　针对不同的材料和性能要求选择焊丝合金

材　料	按不同性能要求推荐的焊丝				
	要求高强度	要求高延性	要求焊后阳极化后颜色匹配	要求抗海水腐蚀	要求焊接时裂纹倾向低
1100	SAlSi-1	SAl-1	SAl-1	SAl-1	SAlSi-1
2A16	SAlCu	SAlCu	SAlCu	SAlCu	SAlCu
3A21	SAlMn	SAl-1	SAl-1	SAl-1	SAlSi-1
5A02	SAlMg-5	SAlMg-5	SAlMg-5	SAlMg-5	SAlMg-5
5A05	LF14	LF14	SAlMg-5	SAlMg-5	LF14
5083	ER5183	ER5356	ER5356	ER5356	ER5183
5086	ER5356	ER5356	ER5356	ER5356	ER5356
6A02	SAlMg-5	SAlMg-5	SAlMg-5	SAlSi-1	SAlSi-1
6063	ER5356	ER5356	ER5356	SAlSi-1	SAlSi-1
7005	ER5356	ER5356	ER5356	ER5356	X5180
7039	ER5356	ER5356	ER5356	ER5356	X5180

在一般情况下，焊丝选用可参考表14-2。

表14-2 一般用途焊接时焊丝选用表

	7005	6A02 6061 6063	5083 5086	5A05 5A06	5A03	5A02	3A21 3003	2A16 2B16	2A12 2A14	1070 1060 1050
	与母材配用的焊丝[①]、[②]、[③]									
1070 1060 1050	SAlMg-5[④]	SAlSi-1[④]	ER5356	SAlMg-5 LF14	SAlMg-5[④]	SAlMg-5[④]	SAlMn[⑤]	—	—	SAl-1 SAl-2 SAl-3
2A12 2A14	—	—						—	SAlSi-1[⑨] Bj-380A	
2A16 2B16	—	—					—	SAlCu		
3A21 3003	SAlMg-5	SAlSi-1	SAlMg-5[⑥]	SAlMg-5[⑥]	SAlMg-5[⑥]	SAlSi-1[⑥]	SAlMn[⑤] SAlMg-3			
5A02	SAlMg-5[⑧]	SAlMg-5[⑦]	SAlMg-5[⑥]	SAlMg-5 LF14	SAlMg-5[⑥]	SAlMg-5[⑧]				
5A03	SAlMg-5[⑥]	SAlMg-5[⑥]	SAlMg-5[⑥]	SAlMg-5 LF14	SAlMg-5[⑥]					
5A05 5A06	SAlMg-5[⑥] LF14	SAlMg-5[⑥]	SAlMg-5 LF14	SAlMg-5 LF14						
5083 5086	SAlMg-5[⑥]	SAlMg-5[⑥]	SAlMg-5[⑥]							
6A02 6061 6063	SAlMg-5 SAlSi-1[⑧]	SAlSi-1[⑧]								
7005	X5180[⑨]									

① 不推荐SAlMg-3、ER5183、SAlMg-5、ER5356、SAlMg2、ER5654在淡水或盐水中，接触特殊化学物质或持续高温(超过65℃)的环境下使用。

② 本表中的推荐意见适用于惰性气体保护焊接方法。氧燃气火焰气焊时，通常只采用SAl-1、SAl-2、SAl-3、ER1188、ER1100、SAlSi-1、ER4043及ER4047。

③ 本表内未填写焊丝的母材组合不推荐用于焊接设计或需通过试验选用焊丝。

④ 某些场合可用SAlMg-3、ER5183。

⑤ 某些场合可用SAl-1或SAl-2、SAl-3。

⑥ 某些场合可用SAlMg-3。

⑦ 某些场合可用SAlSi-1。

⑧ 某些场合也可采用SAlMg-1、SAlMg-2、SAlMg-3，它们或者可在阳极化处理后改善颜色匹配，或者可提供较高的焊缝延性，或者可提供较高的焊缝强度。SAlMg-1适用于在持续的较高温度下使用。

⑨ X5180焊丝的成分(质量分数)：Mg = 3.5%～4.5%，Mn = 0.2%～0.7%，Cu ≤ 0.1%，Zn = 1.7%～2.8%，Ti = 0.06%～0.20%，Zr = 0.08%～0.25%

焊接纯铝时，可采用同型号纯铝焊丝；焊接铝-锰合金时，可采用同型号铝-锰合金焊丝或纯铝SAl-1焊丝；焊接铝-镁合金时，如果含镁量在3%以上，可采用同系型号焊丝；

如果含镁量在3%以下，如5A01及5A02合金，由于其热裂倾向强，应采用高Mg含量的SAlMg5或ER5356焊丝；焊接铝-镁-硅合金时，由于生成焊接裂纹的倾向强，一般应采用SAlSi-1焊丝，如果焊缝与母材颜色不匹配，在结构拘束度不大的情况下，可改用SAlMg-5焊丝；焊接铝-铜-镁、铝-铜-镁-硅合金时，如硬铝合金2A12、2A14，由于焊接时热裂倾向强，一般应采用抗热裂性能好的SAlSi-1、ER4145或BJ-380A焊丝。ER4145焊丝抗热裂能力很强，但焊丝及焊缝的延性很差，在焊接变形及应力发展过程中焊缝易发生撕裂，一般只用于结构拘束度不大及不太重要的结构生产中。SAlSi-1焊丝抗热裂能力强，形成的焊缝金属的延性较好，用于钨极氩弧焊时，能有效防治焊缝金属结构裂纹，但该焊丝防治近缝区母材液化裂纹能力较差。BJ-380A(Al-5Si-2Cu-Ti-B)焊丝不仅能有效防治硬铝合金焊缝金属结晶裂纹，而且能有效防治该类合金近缝区母材液化裂纹；焊接铝-铜-锰合金时，如2Al16、2219合金，由于其焊接性较好，可采用化学成分与母材基本相同的SAlCu、ER2319焊丝；焊接铝-锌-镁合金时，由于焊接时有产生焊接裂纹的倾向，可采用与母材成分相同的铝-锌-镁焊丝、高镁的铝-镁合金焊丝或高镁低锌的X5180焊丝；焊接不同型号的铝及铝合金时，由于每种合金组合时焊接性表现多种多样，有的组合焊接性良好，有的组合焊接性较差，因此，除可参考表10-2外，有些组合尚需通过焊接性试验或焊接工艺评定，最终选定焊丝。

(2) 气焊熔剂

气焊熔剂简称为气剂。铝及铝合金的焊接质量和工艺性还取决于气焊溶剂的成分和质量。在气焊、碳弧焊过程中熔化金属表面容易氧化生成氧化膜。氧化膜的存在会导致焊缝产生夹杂物。并妨碍基体与填充金属的熔合。为保证焊接质量，需要用气剂去除氧化膜及其他杂质。铝气剂的作用有：

1) 溶解和彻底清除覆盖在铝板及熔池表面上的 Al_2O_3 薄膜、并在熔池表面形成一层熔融及挥发性强的夹渣，可保护熔池免受连续氧化；

2) 排除熔池中的气体、氧化物及其他杂质物；

3) 改善熔池金属的流动性，以保证形成优良的焊缝。

气剂的使用方法是，先把气剂用洁净的蒸馏水调成糊状(每100g气剂约加入50mL水)，然后涂于焊丝表面及焊件坡口两侧，涂层厚度约0.5~1.0mm。或用灼热的填充焊丝端部直接蘸上干的气剂施焊，就可减少熔池中水分的来源，有利于防止气孔的产生。调制好的气剂应在12h内用完。

3. 焊丝、焊件的清洗

在焊前必须将铝丝、铝板表面上的油污、氧化膜等污物清洗掉。清洗方法如下：

(1) 去油污　在清除氧化膜之前，先将铝丝表面、铝板坡口及其两侧(各30mm内)的油污、脏物清洗干净。在生产上一般采用汽油或丙酮、醋酸乙酯、松香水、四氯化碳等溶剂。也可配制一种化学混合液进行脱脂处理，其步骤如下：

1) 在温度为60~70℃的混合溶液(工业磷酸三钠40~50g，碳酸钠40~50g，水玻璃20~30g，水1L)中加热5~8min；

2) 在50℃左右的热水中冲洗2min；

3) 冷水中冲洗2min。

(2) 清除氧化膜　氧化膜的清理有机械清理及化学清理两种方法。

1) 机械清理　在去除油污后，可用不锈钢丝轮、铜丝轮或刮刀，将焊件坡口两侧表面刮净。这种方法较简便，但清理的质量较差，主要用于焊缝质量要求不高、焊件尺寸较大、不易用化学方法清理或化学清理后又被局部污染的焊件。这种方法难于清除焊丝表面的氧化膜。

2）化学清理 铝及铝合金板材、管子及铝丝化学清理时，先把铝板、铝管及铝丝放入温度为 40~60℃、浓度 8%~10% 的氢氧化钠溶液中侵蚀，保持 10~15min（对于铝合金只需 5min）后取出，用冷水冲洗 2min；再置于 30% 的硝酸溶液中进行光化处理，以中和余碱，避免碱液继续腐蚀铝板、铝管、铝丝；再用流动的冷水冲洗 2~3min。清理工作完成后，铝丝应置于 150~200℃ 的烘箱内，随用随取。清理过的焊件、焊丝必须妥善保管，不准随意乱放。铝板坡口清理后宜立即进行装配、焊接，一般不得超过 24h。

（3）焊接工艺

1）手工钨极氩弧焊

手工钨极氩弧焊时，采用交流电源，利用"阴极破碎作用"清除铝板焊接部位表面上的氧化膜。

氩气的纯度必须大于 99.99%，含氮量小于 0.04%、含氧量小于 0.03%、水分小于 0.07%，当氮气超过标准值时，焊缝表面会产生淡黄色或草绿色的化合物（氮化物）及气孔，给焊工的操作带来困难；而且当氧气过量时，在熔池表面上还会出现密集的黑点，使电弧不稳定，飞溅较大，水分会导致熔池沸腾，并形成气孔。

大于 3mm 厚的焊件需加工成 V 形坡口，厚度超过 14mm 的焊件宜开双 V 形坡口，厚度超过 3mm 的管子也应加工成 V 形坡口。

板厚超过 10mm 的焊件焊接时或重要结构定位焊时，应采取预热措施。预热温度的选择主要取决于焊件大小及焊缝金属的冷却速度。板材愈厚，预热温度愈高。一般预热温度控制在 200~250℃。多层焊时，要保证层间温度不低于预热温度。铝及铝合金手工钨极氩弧焊工艺参数如表 14-3 所示。

表 14-3　手工钨极交流氩弧焊工艺参数

板材厚度/ mm	焊丝直径/ mm	钨极直径/ mm	预热温度/ ℃	焊接电流/ A	氩气流量/ （L/min）	喷嘴孔径/ mm	焊接层数 （正面/反面）	备注
1	1.6	2	—	45~60	7~9	8	正 1	卷边焊
1.5	1.6~2.0	2		50~80	7~9	8	正 1	卷边或单面对接焊
2	2~2.5	2~3		90~120	8~12	8~12	正 1	对接焊
3	2~3	3		150~180	8~12	8~12	正 1	V 形坡口对接
4	3	4		180~200	10~15	8~12	1~2/1	V 形坡口对接
5	3~4	4		180~240	10~15	10~12	1~2/1	V 形坡口对接
6	5	5		240~280	16~20	14~16	1~2/1	V 形坡口对接
8	4~5	5	100	260~320	16~20	14~16	2/1	V 形坡口对接
10	4~5	5	100~150	280~340	16~20	14~16	3~4/1~2	V 形坡口对接
12	4~5	5~6	150~200	300~360	18~22	16~20	3~4/1~2	V 形坡口对接
14	5~6	5~6	180~200	340~380	20~24	16~20	3~4/1~2	V 形坡口对接
16	5~6	6	200~220	340~380	20~24	16~20	4~5/1~2	V 形坡口对接
18	5~6	6	200~240	360~400	25~30	16~20	4~5/1~2	V 形坡口对接

板材厚度/ mm	焊丝直径/ mm	钨极直径/ mm	预热温度/ ℃	焊接电流/ A	氩气流量/ (L/min)	喷嘴孔径/ mm	焊接层数 （正面/反面）	备注
20	5~6	6	200~260	360~400	25~30	20~22	4~5/1~2	V形坡口对接
16~20	5~6	6	200~260	300~380	25~30	16~20	2~3/2~3	X形坡口对接
22~25	5~6	6~7	200~260	360~400	30~35	20~22	3~4/3~4	X形坡口对接

2）熔化极氩弧焊（MIG焊）

熔化极氩弧焊（分为自动及半自动）适用于中等厚度、大厚度铝及铝合金板材的焊接，焊接时采用直流反接。采用该方法焊接时焊接速度快，焊接接头热影响区和焊件的变形量小。焊前焊件不必预热，例如厚度达30mm的铝板仅需正、反面各焊接一层。

自动熔化极氩弧焊时，气孔的敏感性较大，这与焊丝直径有显著关系，为此，常选用粗的焊丝及较大的焊接电流值，焊丝直径越粗，焊丝的比表面积就越小，反之，越大。用细焊丝焊接时，由铝丝表面带入熔池的氧化膜及表面吸附水等杂质的数量要高于粗丝焊，因此容易产生气孔缺陷。

6mm的铝板对接焊时开I形坡口，间隙小于0.5mm，厚度大于8mm的铝板，需加工成V形坡口。

半自动MIG焊工艺参数如表14-4所示。

表14-4　半自动MIG焊工艺参数

板厚/ mm	焊丝直径/ mm	焊接电流/ A	电弧电压/ V	氩气流量/ (L/min)	喷嘴孔径/ mm	备注
6	2.0	230~270	26~27	20~25	20	反面采用垫板仅焊一层焊缝
8	2.0	240~280	27~28	25~30	20	正面焊二层，反面焊一层
10	2.0	280~300	27~29	30~36	20	正面焊二层，反面焊一层
12	2.5	280~320	27~29	30~35	20	正反面均焊一层
14	2.5	300~330	29~30	35~40	22~24	正反面均焊一层
16	2.5	300~340	29~30	40~50	22~24	正面焊二层，反面焊一层
18	2.5	360~400	29~30	40~50	22~24	正面焊二层，反面焊一层
20~22	2.5~3.0	400~420	29~30	50~60	22~24	正面焊二层，反面焊一层
25	2.5~3.0	420~450	30~31	50~60	22~24	正面焊三层，反面焊一层

三、铝及铝合金焊接时常见的缺陷

铝及铝合金焊缝中常见的缺陷有焊缝成形不良、基体金属的咬边、裂纹、气孔、未焊透、烧穿、夹渣等。

1. **焊缝成形不良**

焊缝成形不良表现在熔宽尺寸不一，成形粗糙，且不光亮；接头太多；焊缝中心突起，两边平坦或凹陷；焊缝满溢等。这些缺陷的形成原因主要是与焊工的操作不够熟练，焊接工艺参数选择不当，焊炬角度不正确，氧乙炔火焰或电弧没有严格对准坡口，导电嘴孔径太大

（对自动、半自动熔化极氩弧焊而言），焊丝表面、焊条涂料及氩气中含有水分等因素有关。

2. 裂纹

铝合金焊缝中的裂纹是在焊缝金属结晶过程中产生的。纯铝、铝锰、铝镁合金的热裂纹形成倾向很小，但在结构刚性较大、杂质含量较多或工艺参数选择不当时，也会引起裂纹。纯铝、铝锰合金焊缝中硅含量多于铁时，即 Fe/Si<1，焊缝塑性显著降低，容易形成裂纹，反之，当 Fe/Si>1 时，裂纹形成倾向减小，这与所生成化合物的形态及分布有关。

铝镁合金的含镁量低于 2%～3% 时，有裂纹形成倾向。但若在铝镁合金焊丝中加入0.2% 以下的钛作为变质剂时，可细化晶粒、提高焊缝金属的抗裂性和力学性能。

硬铝的焊接性很差，对焊接热循环及焊接线能量十分敏感，焊接时的结晶裂纹（热裂纹）问题极为严重，特别当采用与基体金属相同成分的填充焊丝焊接时，其结晶裂纹的倾向性往往可高达 80% 以上，甚至发生贯穿性开裂。另外在过热区出现粗大的低熔点共晶层网状结构，弱化了晶界的联结，使接头的力学性能降低。

LD10、LD2 等铝-镁-硅系铝合金易产生热影响区微裂纹，在电镜下可观察到晶界断裂面，从其形成过程分析，该裂纹属于晶界液化裂纹。在焊接时热影响区晶界上的低熔点共晶发生局部熔化及过烧，由于该类合金的共晶相、杂质相多，脆性温度区间宽、固相线温度低，随着焊件的冷却，当晶界上还留有液态薄膜时，由过大的拉伸应力将晶界拉开，而形成晶界液化裂纹。

为防止液化裂纹，应采用高能量、热量集中的焊接方法，选择较大的焊接工艺参数，控制好层间温度。多层焊时在前一层焊缝的热影响区会产生液化裂纹，因此，焊接层数宜少。

铜、锰含量较低的 LD2 锻铝合金，与铜、锰含量较高 LD5 合金相比，裂纹形成倾向要大。

在可焊的铝-锌-镁系高强度铝合金中，增加镁含量可提高合金的抗裂性。

随着坡口角度、间隙、焊件刚性的增大，裂纹问题越显突出。

防止热裂纹的措施如下：

（1）控制基体金属及焊丝的成分。纯铝、铝锰合金及焊丝中的铁、硅含量比应大于1，以减少焊缝金属中低熔点硅共晶的数量，使铁、硅、铝的多元化合物呈断续分布。

（2）硬铝、超硬铝焊接时常用 HS311 焊丝，这种焊丝具有足够数量的低熔点共晶，借此可填满液态金属收缩时引起的孔隙，还能减少焊缝金属凝固时的收缩量。在 HS311 焊丝基础上发展起来的 Al-Si5-Cu-Ti 系焊丝，特别适用于硬铝的氩弧焊，它可较好地防止各类焊接裂纹的产生。

（3）通过填充焊丝向焊缝金属加入少量细化晶粒的变质剂，有利于防止热裂纹的产生。当在 LY16 硬铝焊缝中加入 0.5% 锆后，焊缝金属可变成细小的等轴晶组织。

（4）应尽量采用加热集中的焊接方法（如熔化极自动氩弧焊）及选择大电流、高焊接速度的焊接工艺参数，

（5）在铝结构装配、施焊时不使焊缝承受很大的刚性，在工艺上采取分段焊、预热或适当降低焊接速度等措施。

（6）尽量采用开坡口和留小间隙的对接焊，并避免采用十字形接头及不适当的定位、焊接顺序。

（7）焊接结束或中断时，应及时填满弧坑，然后再移去热源，否则易引起弧坑裂纹。

3. 气孔

铝合金自动熔化极氩弧焊时，焊缝表面上的气孔比较多，大量的是小于 0.1μm 的微气孔。微气孔的数量及大小随着层数的增多而增加。

焊缝表面中心线上的微气孔比焊缝内部中心线上的微气孔多。当大气湿度较大时，第二层焊缝表面中心线上会出现连续的大气孔。铝焊缝中各种气孔的特征及形成原因如表 14-5 所示。

表 14-5　铝焊缝中各种气孔的特征及形成原因

气孔种类	气孔特征	气孔形成原因
表面气孔	位于焊缝上表面	焊丝及焊件坡口两侧的污垢和水分清除不干净，氩气、乙炔气杂质太多，焊接速度不均，电弧过长
弥散气孔	尺寸较小（约在 0.5mm 以下），位于接头、引弧处及焊缝上表面	采用不清洁的焊丝或焊丝放置时间过长，焊接工艺参数较小等
局部密集气孔	尺寸比弥散气孔大，常出现在接头处，焊缝内壁呈现黑色或灰黑色	在局部处气体保护性能突然变坏，空气中的氮、氧侵入熔池
单个大气孔	气孔直径甚大，在 3~4mm 左右	焊接速度过快，熔池温度低，焊缝根部存在未焊透等缺陷
根部链状气孔	气孔较大，位于焊缝根部	由于接头根部及其边缘的氧化膜未清除干净及电弧的"阴极破碎作用"达不到接头根部
柱状气孔	气孔深度较深，且呈长条状，常出现于焊补处	缺陷焊补时熔合不良而引起

防止气孔的措施如下：

1) 生产准备　材料、零件、焊丝、惰性气体、工业大气、送丝机构、焊接操作人员的手套及手迹，都可以提供氢源。主要的氢源是水分、含水氧化膜、油污。

材料及焊丝自身的含氢量宜控制为每 100g 金属内含氢不超过 0.4mL。

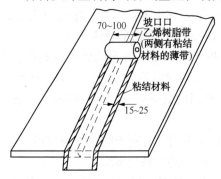

图 14-1　保护坡口用的乙烯树脂带

零件表面应经机械清理或化学清洗，以去除油污及含水氧化膜。零件清理或清洗后，用干燥、洁净、不起毛的织物或聚乙烯薄膜胶带（图 14-1）将坡口及其邻近区域覆盖好，防止其随后沾污。必要时临焊前再用洁净的刮刀刮削坡口及焊丝表面，继而用焊枪向坡口吹氩，吹除坡口内刮屑，然后施焊。零件表面清洗后，存放待焊时间不能超过 4~24h，否则需再行清洗。

普通焊丝表面制备过程与零件相同。抛光焊丝可不经任何清理而直接用于焊接，焊丝拆封后存放待用时间放宽限制，但不要长期拆封存放，拆封但未用完的焊丝可再封存于干燥环境内。

惰性气体：氩、氦、其内杂质气体含量：

$$\phi(H_2)<0.001\%、\phi(O_2)<0.02\%、\phi(N_2)<0.1\%、\phi(H_2O)<0.02\%$$

露点不高于 -55℃。

惰性气体管路：应采用不锈钢管或铜管的管路，从管路末端至焊枪之间应采用硬质聚四氟乙烯管，不宜采用橡胶和乙烯树脂管路，因其吸水性强。要确保惰性气体管路（包括管接头)不渗露，否则无内压时夹带潮气的工业大气将渗入管路内。由于焊枪结构内尚需接冷却水管，应确保其管接头不会漏水。当现场环境内湿度大时，可用经加热的氩气通吹气体管路，以去除管壁上可能附着的水分。也可采用试板进行电弧焊接试验，根据焊道的外观和阴极雾化区的宽窄来定性检查惰性气体的纯度、露点和保护效果，同时也藉以清除焊枪和气体管路中的冷凝水。

焊丝输送机构：焊丝输送机构内不能有油或油污，送丝套管也应采用聚四氟乙烯管，也应注意清除套管壁上可能附着的冷凝水。

现场环境：铝及铝合金焊接生产产房内环境温度不宜超过 25℃，相对湿度不宜超过 50%。如果难于控制整体环境，可考虑在大厂房内为焊件创造能空调或去湿的局部小环境。焊接工作地应远离切割、板金、加工等工作地，焊接工作地禁放杂物，应保护现场整齐清洁。

从事装配及焊接的工人身上的油污及手迹、汗迹含有碳氢化合物，也是氢源。接触、加工、焊接铝件时，必须穿戴白色衣、帽及手套，选择白色穿戴的目的即在于发现和清除脏污。

2）结构设计　设计时应考虑避免采用横焊、仰焊及可达性不好的接头，以免焊接时易于发生突然断弧，以致断弧处滋生气孔。焊接接头应便于实施自动焊以代替引弧、熄弧、接头频繁的手工焊，凡可实施反面坡口的部位可设计成反面 V 形坡口。

3）焊前预热、减缓散热　焊前预热减缓散热有利于减缓熔池冷却速度，延长熔池存在时间，便于氢气泡逸出，免除或减少焊缝气孔，是适用于铝及铝合金结构定位焊、焊接、补焊时预防焊缝气孔的有效措施。预热方法最好是在夹具内设置电阻加热或焊件外远红外局部加热。对于远火状态的 Al、Al-Mn、及 $w(Mg)$ 量小于 5% 的 Al-Mg 合金，预热温度可选用 100~150℃，对于固溶时效强化的 Al-Mg-Si、Al-Cu-Mg、Al-Cu-Mn、Al-Zn-Mg 合金，预热温度一般不超过 100℃。减缓散热的方法为选用热导率小的材料制造胎夹具（如钢）及焊缝垫板（不锈钢或钛合金）。

4）优选焊接方法　钨极交流氩弧焊和钨极直流正极性短弧氩弧焊时，电弧过程稳定，环境大气混入弧性及熔池溶氢较少,，因而对焊缝气孔的敏感性较低。极性及参数非对称调节的钨极方波交流氩弧焊和等离子弧焊及等离子弧立焊时，阴极雾化充分，焊接过程中可排除气孔和夹杂物，对焊缝气孔的敏感性亦较低，甚至可获得无缺陷焊缝。

熔化极氩弧焊存在熔滴过渡过程、过程稳定性较差，环境大气难免混入弧柱区，熔池熔氢较多、焊接速度及熔池冷却速度较大，因而生成焊缝气孔的敏感性较强，宜选用亚射流过渡及粗丝焊接。

5）优选焊接工艺参数　降低电弧电压、增大焊接电流、降低焊接速度，有利于减小焊接熔池溶解的含氢量，延长液态熔池存在时间，减缓熔池冷却速度，便于氢气泡逸出，减少焊缝气孔。

6）焊接操件技艺　始焊及定位焊接时，零件温度低、散热快，熔池冷却速度大，焊接处易产生焊缝气孔，宜采用引弧板。定位焊起弧后稍滞留，然后填丝焊接，以免该部位产生未焊透及气孔。

单面焊时，背面焊根处易产生根部气孔。最好实行反面坡口双面焊，正面焊后，反面清根，去除根部气孔及氧化膜夹杂物，然后施行背面封底焊。

多层焊时，宜采用薄层焊道，每层熔池熔化金属体积较小，便于氢气泡逸出。

补焊时，必须先检测原有缺陷的准确位置，确保缺陷完全排除，最好随即安排一次工艺性 X 射线透视，验证缺陷排除程度。补焊时，焊件温度低，补焊焊缝短，起弧熄弧间距小，补焊操作不便，熔池冷却速度大，极易产生气孔，因此，补焊难度较大，必要时，可施行远红外辐射局部预热。

手弧焊时，焊接及补焊过程中对焊缝气孔的预防在很大程度上取决于焊工的操作技艺。焊工应善于观察焊接熔池状态转化过程和气泡产生及逸出情况、切忌盲目追求高焊接速度，应善于通过操作手法，作前后适当搅动，以利气泡逸出。

自动焊时，可采用适当的机械或物理方法搅拌熔池，如超声搅拌、电磁搅拌、脉冲换气（氩、氦）、脉冲送丝等。

预防铝及铝合金焊缝气孔是一个复杂的难题，实际生产中常需结合生产条件，采取综合防治技术措施。

不同成分的铝材在相同条件下进行熔化极氩弧焊时，焊缝中微气孔的数量及分布情况不同。例如 LF6 铝镁合金的微气孔在焊缝、熔合线、热影响区均有分布。纯铝的微气孔则主要分布在焊缝中。铝镁合金焊缝中形成微气孔的倾向远大于纯铝。这与铝镁合金的结晶温度区间较大及结晶过程有关。虽然铝镁合金在常温下对氢的溶解度比纯铝大，但铝镁合金熔池的高温停留时间长，溶解度也大，对氢的溶解量远比纯铝多，故在结晶过程中析出的氢量也较多；另外，铝镁合金比纯铝的结晶核心多，为气泡的及早形成和浮出提供了条件，所以与纯铝相比，铝镁合金焊缝中的含氢量相对要少些。

第二节　铜及铜合金焊接

常用的铜及铜合金的四种，包括纯铜（红铜）、黄铜（铜锌合金）、青铜、白铜（铜镍合金）。

一、铜及铜合金的焊接性

铜及铜合金具有独特的物理、化学性能，它们的焊接性能表现如下：

1. 铜及铜合金的热导率高

常温下纯铜的热导率比碳钢约大 8 倍，要把纯铜焊件局部加热到熔化温度是有一定困难的，因此，在焊接时要采用能量集中的热源，否则大量的热能被焊件导失掉，使焊件坡口处达不到熔化温度，以致形成未焊透等缺陷。随着板材厚度的增加，这一情况越显严重。纯铜焊接时对焊件应进行预热，即使是热能较集中的熔化极自动氩弧焊及等离子弧焊也同样需要预热，不过预热温度可适当降低些。

2. 铜及铜合金焊接时易出现裂纹

裂纹的位置多数在焊缝上，也有的出现在熔合线及热影响区。裂纹呈晶间破坏特征，从断面上可看到明显的氧化色。

若在焊接熔池中含有微量的氧时，在结晶过程中氧与铜就形成氧化亚铜，并与 α 铜组成共晶，其熔点为 1064℃。在铜合金中尚含有杂质铅时，由于铅不溶于固态铜，因而铅与铜生成熔点约 326℃ 的低熔点共晶体。在结晶后期，这些共晶体以液态形式分布在固态 α 铜的晶粒边界，割断了固体晶粒间的联系，显著地降低了铜及铜合金的高温强度。

由于在焊缝金属晶粒间存在着低熔点共晶(脆性化合物)和偏析物,使晶间结合力受到削弱,焊缝金属的塑性显著下降,再加上铜及铜合金的线膨胀系数比较大,焊接热影响区宽,在焊缝冷却、凝固过程中将产生较大的焊接内应力。处于高温状态下的铜及铜合金接头强度、塑性显著降低的时刻与焊件中内应力作用的时刻相重合(即较大的焊接内应力正巧作用在脆弱的焊接接头上)时,就在接头的脆弱部位形成裂纹。

在纯铜及某些铜合金焊接结构中,也可能出现热影响区裂纹。其原因是热影响区基体金属被加热到1064℃以上的高温时,原来分散的氧化亚铜与α铜的共晶被重新加热熔化,低熔点的共晶聚集于粗大的晶粒边界,从而为裂纹的形成提供了条件。

3. 铜及铜合金的焊缝中常出现气孔

纯铜焊缝金属中的气孔主要由氢气引起的。当纯铜中含有一定的氧或在纯铜中溶解有CO气体时,也可能由水气及由一氧化碳与氧反应生成的CO_2气体引起气孔。

由于铜的导热性特好,焊缝金属的结晶速度很快,因此溶解在焊缝金属中的氢气往往来不及析出,而聚集于焊缝内部,构成了气孔。

焊接工业纯铜时,如果脱氧反应进行的不完善,便在焊缝金属晶粒边界上形成一定量的氧化亚铜。随着熔池温度的提高,焊缝中的氢含量增加,聚集在晶粒边界上的氢气与氧化亚铜发生反应形成水气。水气不溶于铜,在铜中的扩散能力很差,因此当结晶条件不利于水气逸出时也会引起气孔。

铜合金焊接时的气孔形成倾向比纯铜要大得多。一般气孔分布在焊缝中心及接近熔合线处。

4. 纯铜及铜合金焊接时,存在着接头力学性能降低的倾向

在铜合金焊接时,或多或少地会发生铜的氧化及合金元素的蒸发、烧损现象。氧化生成的氧化亚铜和α铜的共晶体处于晶粒间界,削弱了金属间的结合能力。而低熔点的合金元素(如锌、锡、铅、铝、镉等)氧化、烧损后,不仅降低了合金元素的含量,而且还会形成脆硬的夹杂物、气孔及未焊透等缺陷。由低熔点的共晶及各种焊接缺陷导致焊接接头强度、塑性及导电性降低。

铜及铜合金没有相变,所以焊缝和热影响区的晶粒较粗大,以致在一定程度上影响到接头的力学性能。

纯铜的焊接接头强度约为基体金属的80%~90%,而伸长率和冷弯角的降低尤为显著。

二、铜及铜合金的焊接工艺

1. 焊接方法的选择

熔焊是铜及铜合金焊接中应用最广泛的工艺方法,除了传统的气焊、碳弧焊、焊条电弧焊和埋弧焊外,钨极和熔化极气体保护焊、等离子焊和电子束焊在近年来也得以大量应用。合理选择焊接方法,除了根据基材的成分、厚度和结构特点外、还要考虑合金元素及数量等。焊接铜及铜合金时需要大功率、高能束的熔焊热源,热效率愈高,能量愈集中愈有利。不同厚度的材料对不同焊接方法有其适应性。如薄板焊接以钨极氩弧焊、焊条电弧焊或气焊为好,中厚板以熔化极气体保护焊和电子束焊较合理,厚板则建议使用埋弧焊、MIG焊。

2. 铜及铜合金焊接材料的选择

铜及铜合金的焊接材料主要是指填充焊丝、焊条及气焊熔剂。

(1)填充焊丝　在气焊、碳弧焊、手工钨极氩弧焊时,需用手工填加填充焊丝。焊丝的

牌号、成分与焊接工艺性、接头力学性能及耐蚀性能等有很大关系。在选择填充焊丝时，首先必须考虑基体金属的牌号、板材厚度、产品结构及施工条件等因素。

铜及铜合金焊接用的填充焊丝必须满足以下要求：

1）具有良好的脱氧能力

2）能获得良好的焊缝成形

3）纯铜焊接接头的导电性应接近基体金属的导电性

含磷的焊丝具有良好的脱氧能力，但过多的磷过渡到焊缝金属时，将引起接头导电性的显著降低，因此有导电性要求的纯铜焊件，不宜选用含磷的焊丝，一般选择纯度较高的纯铜丝。

对于白铜，为了预防气孔和裂纹的发生，即使焊接刚性较小的薄板，也要求采用加丝来控制熔池的脱氧反应。

对普通黄铜，采用无氧铜加脱氧剂的锡青铜焊丝，如 SCuSnA。对高强度黄铜，采用青铜加脱氧剂的硅青铜焊丝或铝青铜焊丝，如 SCuAl、SCuSi、RCuSi 等。

青铜本身所含合金元素就具有较强的脱氧能力。焊丝成分只需补足氧化烧损部分，即选用含合金元素略高于基材的相应焊丝，如硅青铜焊丝、铝青铜焊丝、锡青铜焊丝等。

（2）气剂　正确选择气剂对提高焊接质量有很大关系。在气焊、碳弧焊时，熔池金属的表面容易氧化生成氧化亚铜，由于氧化亚铜的存在，往往引起焊缝气孔、裂纹、夹渣等缺陷。

向焊接熔池加入气剂后，由气剂中的化合物与氧化亚铜反应，促使氧化亚铜还原成易熔的液体熔渣，它浮于熔池及热影响区表面，防止焊缝金属免受氧化。用于铜及铜合金焊接的气剂，应具备下列条件：

1）能改善熔池金属的流动性，以保证形成良好的焊缝成形；

2）气剂的熔点必须低于基体金属和填充焊丝的熔点，而在焊接过程中所形成的熔渣密度应比液体金属的密度小，否则夹渣不易浮起，残留于焊缝内生成夹渣缺陷。

3）气剂的吸湿性及腐蚀性较小。

（3）焊条　基本按工件的成分选择相应焊芯的电焊条。焊条电弧焊用铜焊条分为纯铜、青铜两类，目前应用较多的是青铜焊条。青铜焊条除了可用于焊接各种青铜、黄铜外，还可用于轴承等承受金属间摩擦、磨损和耐海水腐蚀零件的堆焊，以及容易产生裂纹的铸铁件的焊补等。

常用铜焊条的牌号 T107、T227、T237、T317。

T107 为纯铜焊条，这种焊条对大气及海水等介质具有良好的耐蚀性，常用于脱氧纯铜及无氧纯铜的焊接。

T227 是一种比较通用的铜焊条，它可用于磷青铜、黄铜等材料的焊接，又可用于耐腐蚀、耐磨工件的堆焊。用该焊条焊成的接头具有一定的强度、良好的塑性、耐冲击性、耐磨性及耐腐蚀性。

T237 是焊接铝青铜的焊条，用这种焊条焊成的焊缝中合金元素含量高，可以说是强度、耐磨性及耐腐蚀性最高的一种铜合金焊条。此焊条的通用性较大，主要用于铜合金制造的各种化工机械、海水散热器、阀门的焊接，并也可用于水泵、汽缸堆焊及船舶螺旋桨的修补上。

T317 铜焊条是一种操作性能良好的低氢型铜镍合金焊条，它主要用于焊接导电铜排、铜制热交换器、冷凝器、船舶核容器用耐海水腐蚀导管等构件；同时也可用于耐海水腐蚀的碳钢零件堆焊；还可用于有耐蚀要求的镍基合金的焊接。

3. 焊前准备

（1）焊丝、焊件的清理

在焊前，必须清理掉焊丝表面和铜板（或铜合金铸件）坡口两侧（约 30mm 以内）的油脂、水分、氧化物及其他夹杂物，一般采用汽油、无水乙醇（酒精）等溶剂拭擦或将焊丝、焊件置于含氢氧化钠 10% 的水溶液中脱脂，，溶液加热温度 30~40℃，然后用清水冲洗干净。铜及铜合金焊件经脱脂处理后，置于含硝酸 35%~40% 或含硫酸 10%~15% 的水溶液中浸蚀 2~3min，再用请水冲洗。铜及铜合金焊件经脱脂处理后，在坡口附近再用钢丝轮或不锈钢丝轮清理。

（2）接头形式的设计与选择

只有当被焊接头相对热源呈对称形时，接头两侧才能具备相同的传热条件，可获得成功均匀的焊缝。因此采用对接接头、端接接头是合理的；

在没有采用焊缝成形装置的情况下，选用双面焊接接头容易保证良好的成形。采用单面焊接头，特别开坡口的单面焊接头必须在背面加上成形垫板才不会使液态铜流失而获得需要的焊缝形状。一般情况下对铜及铜合金工件不采用立焊和仰焊；

不等厚工件的对接，要求采用厚度过渡接头；

全位置手弧焊一般只限于铝青铜和铜镍合金，也可用于磷青铜和硅青铜；

4. 焊前预热

预热温度要根据材料的热导率和工件的厚度等来确定。

焊条电弧焊时，纯铜材料随厚度从 4~40mm，预热温度可在 300~600℃ 范围内选择，最高也有预热至 750~800℃ 的。黄铜导热比纯铜差，但为了抑制锌的蒸发也必须预热至 200~400℃ 之间，并配合采用小电流焊接。青铜的预热规范比较复杂，部分青铜具有明显的热脆性，如锡青铜在 400℃ 时的强度和塑性很低，硅青铜在 300~400℃ 有热脆性，它们的导热性又较低，预热温度和层间温度不应该超过 200℃，磷青铜的流动性差，必须预热至不低于250℃。铝青铜热导率高，厚板的预热温度甚至高达 600~650℃。对于白铜，预热温度一般偏低。

对于钨极氩弧焊，工件厚度在 4mm 以下可以不预热，4~12mm 厚的纯铜需预热至 200~450℃，青铜与白铜可降至 150~200℃，硅青铜、磷青铜可不预热并严格控制道间温度低于100℃。但补焊大尺寸的黄铜和青铜铸件时，一般需预热至 200~300℃。钨极氩弧焊和熔化极惰性气体保护焊的预热温度可参考图 14-2。

5. 焊接工艺

（1）焊条电弧焊 为减少锌蒸发和合金元素的烧损，尽量缩短熔池和接头高温停留时间，各种铜合金的焊条电弧焊都应采用直流反接、较高预热温度、小电流、高焊速、短弧焊的工艺规范。尽量使焊缝窄而薄。操作时焊条一般不需摆动，对有坡口的焊道，即使摆动，

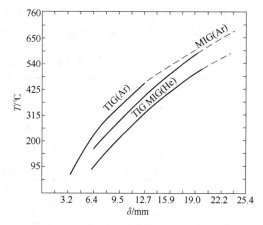

图 14-2　纯铜惰性气体保护焊时预热温度

其摆动宽度也不应超过焊条直径的两倍。铜及铜合金焊条电弧焊工艺参数可参考表 14-6。

表 14-6　铜及铜合金焊条电弧焊工艺参数

材料	板厚/ mm	坡口 形式	焊条直径/ mm	焊接电流/ A	备　　注
紫铜	2	I 形	3.2	110~150	
	3	I 形	3.2~4	120~200	
	4	I 形	4	150~220	
	5	V 形	4~5	180~300	
	6	V 形	4~5	200~350	
	8	V 形	5~7	250~380	铜及铜合金手工焊条所选用的电流一般可按公式
	10	V 形	5~7	250~380	
黄铜	2	I 形	2.5	50~80	$I \approx (3.5 \sim 4.5)d$
	3	I 形	3.2	60~90	（其中 d 为焊条直径）来确定
铝青铜	2	I 形	3.2	60~90	1）随着板厚增加，热量损失大，焊接电流选用高限，甚至可能超过直径的 5 倍；
	4	I 形	3.2~4	120~150	
	6	V 形	5	230~250	2）在一些特殊情况下，工件的预热受限制，也可适当提高焊接电流予以补充
	8	V 形	5~6	250~280	
	12	V 形	5~6	280~300	
锡青铜	1.5	I 形	3.2	60~100	
	3	I 形	3.2~4	80~150	
	4.5	V 形	3.2~4	150~180	
	6	V 形	4~5	200~300	
	12	V 形	6	300~350	
白铜	6~7	I 形	3.2	110~120	平焊
	6~7	V 形	3.2	100~115	平焊和仰焊

（2）钨极氩弧焊　对大多数铜及铜合金的钨极氩弧焊均采用直流正极性，此时工件可获得较高的热量和较大的熔深。但对于铍青铜、铝青铜，采用交流电源比直流电源更有利于破除表面氧化膜，使焊接过程稳定。特别是手工氩弧焊焊接铝青铜时，弧长控制不稳定，更需使用交流电源。焊接纯铜和青铜的焊接工艺参数见表 14-7 和表 14-8。

表 14-7　纯铜的 TIG 焊工艺参数

板厚/ mm	钨极直径/ mm	焊丝直径/ mm	电流/A	Ar 气流量/ （L/min）	预热温度/ ℃	备　　注
0.3~0.5	1	—	30~60	8~10	不预热	卷边接头
1	2	1.6~2.0	120~160	10~12	不预热	—
1.5	2~3	1.6~2.0	140~180	10~12	不预热	—
2	2~3	2	160~200	14~16	不预热	—
3	3~4	2	200~240	14~16	不预热	单面焊双面成形
4	4	3	220~260	16~20	300~350	双面焊

板厚/ mm	钨极直径/ mm	焊丝直径/ mm	电流/A	Ar 气流量/ (L/min)	预热温度/ ℃	备　注
5	4	3~4	240~320	16~20	350~400	双面焊
6	4~5	3~4	280~360	20~22	400~450	—
10	5~6	4~5	340~400	20~22	450~500	—
12	5~6	4~5	360~420	20~24	450~500	—

表 14-8　青铜和白铜的 TIG 焊规范

材料	板厚/ mm	钨极直径/ mm	焊丝直径/ mm	电流/ A	Ar 气流量/ (L/min)	焊速/ (mm/min)	预热温度/ ℃	备　注
铝青铜	≤1.5	1.5	1.5	25~80	10~16	—	不预热	I 形接头
	1.5~3.0	2.5	3	100~130	10~16	—	不预热	I 形接头
	3.0	4	4	130~160	16	—	不预热	I 形接头
	5.0	4	4	150~225	16	—	150	V 形接头
	6.0	4~5	4~5	150~300	12~16	—	150	V 形接头
	9.0	4.5	4~5	210~330	16	—	150	V 形接头
	12.0	4~5	4~5	250~325	16	—	150	V 形接头
锡青铜	0.3~1.5	3.0	—	90~150	12~16	—	—	卷边焊
	1.5~0.3	3.0	1.5~2.5	100~180	12~16	—	—	I 形接头
	5	4	4	160~200	14~16	—	—	V 形接头
	7	4	4	210~250	16~20	—	—	V 形接头
	12	5	5	260~300	20~24	—	—	V 形接头
硅青铜	1.5	3	2	100~130	8~10	—	不预热	I 形接头
	3	3	2~3	120~160	12~16	—	不预热	I 形接头
	4.5	3~4	2~3	150~220	12~16	—	不预热	V 形接头
	6	4	3	180~220	16~20	—	不预热	V 形接头
	9	4	3~4	250~300	18~22	—	不预热	V 形接头
	12	4	4	270~330	20~24	—	不预热	V 形接头
白铜	3	4~5	1.5	310~320	12~16	350~450	—	B10 自动焊,I 形
	<3	4~5	3	300~310	12~16	130	—	B10 自动焊,I 形
	3~9	4~5	3~4	300~310	12~16	150	—	B10 自动焊,V 形
	<3	4~5	3	270~290	12~16	130	—	B10 自动焊,I 形
	3~9	4~5	5	270~290	12~16	150	—	B10 自动焊,V 形

（3）熔化极气体保护焊工艺

熔化极气体保护焊可用于所有的铜及铜合金。对于厚度大于 3mm 的铝青铜、硅青铜和铜镍合金最好选用此种焊接方法焊接。对于厚度在 3~12mm 或大于 12mm 的铜及铜合金几乎总要选用熔化极气体保护焊。

对于厚度大于 6mm 或所用焊丝直径大于 1.6mm 的 V 形坡口均需预热，对于硅青铜和铍青铜，根据其脆性及强度的特点，焊后应该进行退火消除应力和 500℃保温 3 小时的时效硬化处理。MIG 焊时焊接工艺参数见表 14-9 和表 14-10。

表 14-9　纯铜的 MIG 焊工艺参数

板厚/mm	坡口形式及尺寸				焊丝直径/mm	电流/A	电压/V	Ar 气流量/(L/min)	焊速/(mm/min)	层数	预热温度/℃
	形式	间隙/mm	钝边/mm	角度/(°)							
3	I	0	—	—	1.6	300~350	25~30	16~20	40~45	1	—
5	I	0~1	—	—	1.6	350~400	25~30	16~20	30	1~2	100
6	V	0	3	70~90	1.6	400~425	32~34	16~20	30	2	250
6	I	0~2	—	—	2.5	450~480	25~30	20~25	30	1	100
8	V	0~2	1~3	70~90	2.5	460~480	32~35	25~30	25	2	250~300
9	V	0	2~3	80~90	2.5	500	25~30	25~30	21	2	250
10	V	0	2~3	80~90	2.5~3	480~500	32~35	25~30	20~23	2	400~500
12	V	0	3	80~90	2.5~3	550~650	28~32	25~30	18	2	450~500
12	X	0~2	2~3	80~90	1.6	350~400	30~35	25~30	18~21	2~4	350~400
15	X	0	3	30	2.5~3	500~600	30~35	25~30	15~21	2~4	450
20	V	1~2	2~3	70~80	4	700	28~30	25~30	23~25	2~3	600
22~30	V	1~2	2~4	80~90	4	700~750	32~36	30~40	20	2~3	600

表 14-10　铜合金的 MIG 焊工艺参数

材料	板厚/mm	坡口形式	焊丝直径/mm	电流/A	电压/V	送丝速度/(m/min)	Ar(He)流量/(L/min)	备　注
黄铜	3	I	1.6	275~285	25~28	—	16	—
	9	V	1.6	275~285	25~28	—	16	—
	12	V	1.6	275~285	25~28	—	16	—
锡青铜	1.5	I	0.8	130~140	25~26			—
	3	I	1.0	140~160	26~27	—		—
	6	V	1.0	165~185	27~28	—		—
	9	V	1.6	275~285	28~29	—	(18)	预热 100~150℃
	12	V	1.6	315~335	29~30	—	(18)	预热 200~250℃
	18	—	2	365~385	31~32	—		—
	25	—	2.5	440~460	33~34	—		—
铝青铜	3	I	1.6	260~300	26~28		20	—
	6	V	1.6~2.0	280~320	26~28	4.5~5.5	20	—
	9	V	1.6	300~330	26~28	5.5~6.0	20~25	—
	10	X	4.0	450~550	32~34	—	50~55	—
	12	V	1.6	320~380	26~28	6.0~6.5	30~32	—
	16	X	2.5	400~440	26~28		30~35	—
	18	V	1.6	320~350	26~28	6.0~6.5	30~35	—
	24	X	2.5	450~500	28~30	6.5~7.0	40~45	—

材料	板厚/mm	坡口形式	焊丝直径/mm	电流/A	电压/V	送丝速度/(m/min)	Ar(He)流量/(L/min)	备注
	3	I	1.6	260~270	27~30	—	16	—
	6	I	1.6	300~320	26	5.5	16	—
硅青铜	9	V	1.6	300	27~30	5.5	16	—
	12	V	1.6	310	27	5.5~7.5	16	—
	20	X	2.5	320~380	27~30	—	16~20	—
	3	I	1.6	280	22~28	—	16	
	6	I	1.6	270~330	22~28	—	16	
	9	V	1.6	300~33	22~28	—	16	
白铜	10	V	1.6	300~330	22~28	—	16	
	12	V	1.6	300~360	22~28	—	—	
	18	—	—	350~400	24~28	—	—	
	25	—	—	350~400	26~28	—	—	
	25	—	—	370~420	26~28	—	—	

第三节　钛及钛合金的焊接

一、钛及钛合金的焊接特性

钛及钛合金具有特定的物理、化学性能和热处理性能，为掌握钛及钛合金的焊接工艺，提高焊接接头的质量，必须了解钛及钛合金的焊接特性。

（1）钛的化学活性强

钛在常温下能与氧生成致密的氧化膜而保持高的稳定性和耐腐蚀性，540℃以上生成的氧化膜则不致密。在300℃以上的高温（固态）下极易被空气、水分、油脂、氧化皮污染，由表面吸收氧、氮、氢、碳等杂质，以致降低焊接接头的塑性和韧性。在600℃的高温下，氧与钛发生强烈的作用，在700℃以上的高温下，氮和钛发生剧烈的作用。

（2）含较多 β 相的 $\alpha+\beta$ 钛合金

在焊后快速冷却条件下，除由 β 相转变成 α 相（即焊缝金属中产生的马氏体组织）外，还可能形成脆硬的超显微介稳相——ω 相，使接头的脆性急剧增大，塑性明显下降。为防止上述介稳组织的产生，可采用焊前预热、调整焊接工艺参数等措施，设法减慢焊缝金属的冷却速度，避免在焊接接头中形成 α 介稳组织（钛马氏体）。如果已经产生介稳组织，可在焊后进行退火处理（加热至650~700℃、保温1h）。

（3）钛的熔化温度高、热容量大、电阻率大，热导率比铝、铁等金属低得多，这些物理特性使钛的焊接熔池具有更高的温度、较大的熔池尺寸，热影响区金属在高温下的停留时间长，因此，易引起焊接接头的过热倾向，使晶粒变得十分粗大，接头的塑性显著降低。故在选择焊接工艺参数时，应尽量保证焊接接头（特别是热影响区金属）既不过热又不产生淬硬组织，一般采用小电流、高焊接速度的焊接工艺参数。

（4）钛的纵向弹性模量比不锈钢小（约为不锈钢的50%），在同样的焊接应力作用下，钛及钛合金的焊接变形量比不锈钢约大1倍，因此，焊接时宜采用垫板和压板将焊件压紧，以减少焊接变形量，此外，尚可起到加强焊缝的冷却效果。焊接 5~6mm 厚钛板所用的夹具需通水冷却。实验证明：有循环水冷却的夹具与无循环水冷却的夹具相比，前者可使焊接区的高温停留时间缩短，焊缝的表面色泽得以进一步改善（即氧化程度减轻）。

（5）易形成冷裂纹　由于氢气的溶解度变化引起 β 相过饱和析出，并由焊接过程中体积膨胀引起较大内应力的作用而导致冷裂纹的产生。对焊接接头的冷裂纹一般处于焊缝横断面上。为防止冷裂纹，需控制焊接接头中的氢含量。对于复杂的焊接结构应进行焊后消除应力处理。

（6）焊后有形成气孔的倾向　气孔是最常见的缺陷，它占钛合金整个焊接缺陷的 70% 以上，尽管国内外对气孔进行了大量的研究，在焊接过程中常采用多种预防措施，但是气孔仍不能完全避免。

形成气孔的因素很多，且很复杂，影响钛及钛合金焊缝气孔的因素很多，一般认为氢气是引起气孔的主要原因。在焊缝金属冷却过程中，氢的溶解度会发生变化，如焊接区周围气氛中氢的分压较高时，焊缝金属中的氢不易扩散逸出，而聚集在一起形成气孔。当钛焊缝中的碳大于 0.1% 及氧大于 0.133% 时，由氧与碳反应生成的 CO 气体也可导致产生气孔。

随着焊接电流的增大，气孔有增加的倾向，特别是当焊接电流达到 220A 时，气孔急剧增加。焊接速度增大，气孔增多，在单层钨极氩弧焊时，焊接速度大于 10m/h，气体总体积迅速增加。

为防止气孔的产生，必须采取以下措施：

1）严格控制基体金属、焊丝、氩气中氢、氧、氮等杂质气体的含量；

2）彻底清除板材、焊丝表面上的氧化皮及油污等有机物；

3）正确选择焊接工艺参数，延长熔池的停留时间，便于气泡浮出，一般可减少气孔 5~6 倍；

4）用等离子弧代替钨极氩弧焊可以减少气孔，这是由于等离子弧焊的熔池温度高，对熔池前沿的焊接坡口热清理作用大；

5）尽量缩短焊件从清理到焊接的时间。临焊前对焊件、焊丝清理具有良好的效果，可减少气孔的 1.5~2.0 倍。从清理到焊接的时间一般不超过 2h，否则要用玻璃纸包好存放，以防吸潮；

6）对钛丝进行真空处理，这不仅降低了焊丝的含氢量，而且能改善焊丝的表面状态；

7）焊前在坡口端面需进行机械加工，去掉剪切痕，则可有效地预防气孔的产生；

8）对熔池施以良好的气体保护，控制好氩气的流量及流速，防止产生紊流现象；

9）应保持低的氩气露点，焊炬上通氩气的管道不宜采用橡皮管，而最好用尼龙软管。

二、钨极氩弧焊的焊接工艺

1. 焊前准备

坡口形式及尺寸的选择原则是：尽量减少焊接层数和填充金属量，随着焊接层数的增多，焊缝的累积吸气量增加，以致影响到接头的塑性。

2. 焊件、焊丝清理

钛板及钛丝的清理质量对焊接接头的力学性能有很大的影响，清理质量不高时，往往在钛板及钛丝表面上生成一层灰白色的吸气层，并导致形成裂纹、气孔。钛板及钛丝的清理可分为机械清理及化学清理两种方法。

（1）机械清理　对于焊接质量要求不高或酸洗有困难的焊件，可用细砂纸或不锈钢丝刷擦拭，但最好用硬质合金刮刀刮削钛板待焊边缘表面，当刮削深度达 0.025mm 时，氧化膜层已基本上被刮除。

（2）化学清理　在焊前除了先用丙酮或乙醇、四氯化碳、甲醇等溶剂擦拭钛板坡口及其两侧(各在 50mm 以内)、焊丝表面；工夹具与钛板相接触的部分外，还应彻底清除钛板、焊丝表面的水分、手印痕迹、油污、灰尘及氧化物等污物。

已经清洗的钛板、焊丝放置时间不宜过长，为保持坡口处的清洁，可用塑料布将坡口及其两侧覆盖住，若发现有污物，最好再用丙酮或乙醇在焊件边缘进行擦洗。

清洗过的焊丝应置于温度在 150~200℃ 的烘箱内保温，做到随用随取。取用钛丝时，需戴清洁的白手套。

3. 焊丝的选择

钛及钛合金手工钨极氩弧焊用的焊丝，原则上是选择与基体金属成分相同的钛丝。常用的焊丝牌号有 TA1、TA2、TA3、TA4、TA5、TA6 及 TC3 等，这些焊丝均以真空退火状态供应。

如缺乏上述标准牌号的钛丝时，则可从基体金属上剪下狭条作为填充焊丝，狭条的宽度相同于板厚。

为提高钛焊缝金属的塑性，可选用强度比基体金属稍低的焊丝。例如：焊接 TA7 及 TC4 等钛合金时，可选用纯钛焊丝，又如焊接 TC4 时，也可选用 TC3 焊丝，以改善接头塑性。TC3 钛合金氩弧焊时，一般选用与基体金属同质 TC3 焊丝，但也可用 TA7 或工业纯钛丝。

钛丝的杂质含量要少，其表面不得有烧皮、裂纹、氧化色、金属或非金属夹杂等缺陷。但允许有轻微的银灰色彩、划痕或擦伤等表面缺陷存在。

4. 焊接区的气体保护措施

基于钛对空气中氧、氮、氢等气体具有强的亲和能力，要求在焊接过程中采取良好的气体保护措施，以确保焊接熔池及温度超过 350℃ 的热影响区(包括焊件的正面和反面)与空气相隔绝。现分别按焊缝正面、焊缝正面后端、焊缝反面的保护加以叙述。

（1）焊缝正面的保护　钛焊缝表面的气体保护效果除与氩气纯度、流量、喷嘴与焊件间距离、焊接接头形式、穿堂风等因素有关外，还主要取决于焊炬、喷嘴的结构形状和尺寸。钛的热导率低，焊接熔池尺寸大，因此，钛及钛合金氩弧焊时，对所用焊炬的气体保护性能要高于铝和不锈钢，喷嘴孔径也相应增大，以扩大气体保护区的面积。常用于钛板氩弧焊的焊炬，喷嘴结构如图 14-3 所示。

该焊炬的结构紧凑、体积小、重量轻、气体保护性能良好、加工制造容易。焊炬采用上部径向进气的方式，氩气从进气管导入缓冲气室后再从气体透镜经喷嘴喷出，便获得具有一定挺度的气流层。保护区直径达 30mm 左右。从改善焊缝金属的组织及提高焊缝、热影响区的性能考虑，可采用增强焊缝冷却速度的方法，即在焊缝两侧或焊缝反面设置空冷或水冷铜压块，增强角接接头冷却的装置如图 14-4 所示。

（2）焊缝正面后端的保护

对于已脱离喷嘴保护区，但仍处于 350℃ 以上的焊缝和热影响区表面，必须继续给以保护，生产上常采用通有氩气流的拖罩。拖罩的结构、尺寸根据焊件形状、板材厚度、焊接工

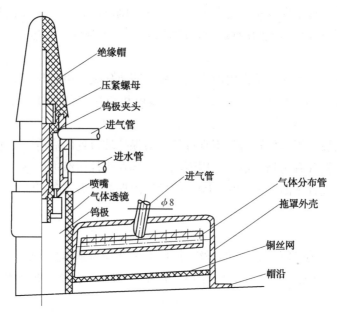

图 14-3　钛板氩弧焊用的焊炬及拖罩

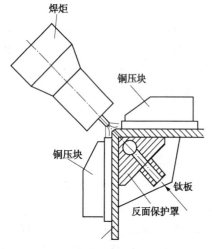

图 14-4　增强角接接头冷却的装置

艺参数等条件确定，要求能与焊件表面间保持一定的距离。图 14-3 中右侧为平板对接焊时用的一种拖罩，这种拖罩的外壳用 1mm 厚的纯铜皮制成。纯铜进气管的外径为 6mm，中间的气流均布管上钻有 1 排 $\phi1.0mm$ 的小孔，孔距 10mm，从进气管导入的氩气直接向上喷射，这样可减慢气流的速度，氩气流再通过拖罩底部的气体透镜（用铜丝网制成），均匀地流向焊缝后端表面。

拖罩的宽度为 30~40mm，高度 35~45mm，拖罩长度应足以使处于 350℃ 以上的焊缝及热影响区金属得到充分的保护，随着板厚及焊接工艺参数的不同，拖罩长度可在 100~180mm 间选择。拖罩外壳的 4 只角上应圆滑过渡，要尽量减少死角。

焊接长焊缝，且所用焊接电流大于 200A 时，在拖罩下端帽沿处需设置冷却水管，以防拖罩过热，甚至引起烧损铜丝网及拖罩外壳等现象。钛及钛合金薄板手工钨极氩弧焊用的小拖罩如图 14-5 所示，拖罩与焊炬相连接，并与焊炬同时移动。

管子对接焊时，管子正面后端焊缝及热影响区的保护，一般是根据管子的外径（曲率），设计制造一专用的环形拖罩，如图 14-6 所示。

（3）焊缝反面的保护

焊缝反面的保护，常采用在局部密闭气腔内或整个焊件（指封闭的圆形、椭圆形焊件）内充满氩气，以及在焊缝背部设置通氩气孔道的纯铜垫板。氩气从焊件背部的纯铜垫板出气孔（孔径 $\phi1.0mm$，孔距 15~20mm）流出，并短暂地储存在垫板的小槽中，以保护焊缝背面不受氧化。焊缝反面通氩保护用的垫板如图 14-7 所示。

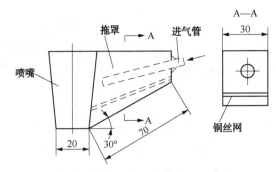

图 14-5 小拖罩的结构

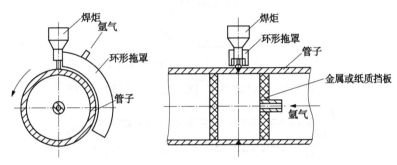

图 14-6 管子对接环焊缝时用的拖罩

　　为了加强钛焊缝的冷却，垫板材料宜选用纯铜，必要时在垫板上开孔通水冷却。垫板上成形槽的深度和宽度要适当，否则不利于氩气的流通和储存，4mm 以内的钛板焊接时，建议选用的垫板成形槽尺寸及压板间距离列于表 14-11。

　　不使用上述垫板的条件下，可在焊缝背部加一只用手工移动的反面通氩拖罩。

表 14-11　垫板成形槽尺寸及压板间的距离

钛板厚度/mm	成形槽尺寸/mm		压板间的距离 L/mm	备　注
	槽宽	槽深		
0.5	1.5~2.5	0.5~0.8	10	反面不通氩气
1.0	2.0~3.0	0.8~1.2	15~20	反面不通氩气
2.0	3.0~5.0	1.5~2.0	20~25	反面通以氩气
3.0	5.0~6.0	1.5~2.0	25~30	反面通以氩气
4.0	6.0~7.0	1.5~2.0	25~30	反面通以氩气

　　对于批量焊接的钛管接头，可特制简易的氩气保护罩，如图 14-7、图 14-8 所示，将待焊的管子接头放入氩气保护罩内，管子转动，焊炬固定不动。保护罩用铝板或低碳钢板制成。从钛管的一端插入 1 根纯铜进气管，使之实现管子背部的保护。

　　焊接紧密配合的钛管板与钛管时，焊缝反面不一定要保护。但若存在较大的装配间隙时，则需采取反面保护措施。

5. 焊接工艺

　　厚度在 0.5~2.5mm 间的钛板，开 I 形坡口、不加焊丝进行双面焊或单面焊。3mm 以上的钛板一般加工成 V 形坡口，10mm 以上的钛板加工成对称双 V 形坡口。焊接时在坡口正面

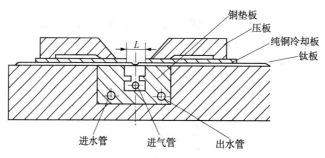

图 14-7　焊缝反面通氩保护用垫板

L—压板间距离

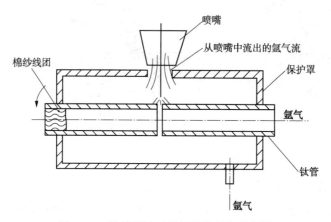

图 14-8　钛管焊接时用的简易氩气保护罩

底层不加钛焊丝，先用焊炬熔焊 1 道后，以后各层均需填加钛丝。

工艺参数的选择既要防止焊缝在电弧热的作用下出现晶粒粗化的倾向，又要避免焊后冷却过程中形成脆硬的介稳组织。

纯钛及所有钛合金焊接时，都有晶粒粗化的倾向，其中尤以 β 钛合金最为显著，而晶粒长大后难以用热处理的方法调整，所以焊接工艺参数的选择主要着重于防止晶粒粗化，常推荐采用较小的焊接线能量。

焊接工艺参数选择得不适当时，容易在焊缝中形成缺陷，如用小电流焊接 6mm 厚的纯钛板时，在焊缝中出现气孔；焊接电流稍增大后就消除了上述缺陷。但要避免选用过大的焊接电流，以防止焊缝金属氧化、形成气孔及引起晶粒长大倾向。在焊接 2mm 厚纯钛板时，由于基体金属中氢含量较高，在不加钛丝时，焊缝中就会产生气孔，但当采用了添加钛丝焊接时，气孔数量就显著减少。

表 14-12、表 14-13 分别为钛及钛合金板的手工、自动钨极氩弧焊参考焊接工艺参数。

三、保护不良引起的缺陷及修补工艺

在保护不良时，氧、氮等进入焊缝及近缝区引起冶金质量变坏，焊缝和近缝区颜色是保护效果的标志，银白色表示保护效果最好，淡黄色为轻微氧化，是允许的，表面颜色一般应符合表 14-14 规定。焊缝的背面保护有时被忽视，实际上背面保护与正面保护同样重要。

表 14-12 钛及钛合金板的手工钨极氩弧焊参考焊接工艺参数

板厚/mm	坡口形式	焊丝直径/mm	钨极直径/mm	焊接层数	焊接电流/A	氩气流量/(L/min) 主喷嘴	拖罩	背面	喷嘴孔径/mm	备注
0.5	开I形坡口对接	1.0	1.5	1	30~50	8~10	14~16	6~8	10	对接接头间的间隙0.5mm，也可不加钛丝间隙1.0mm
1.0		1.0~2.0	2.0	1	40~60	8~10	14~16	6~8	10	
1.5		1.0~2.0	2.0	1	60~80	10~12	14~16	8~10	10~12	
2.0		1.0~2.0	2.0~3.0	1	80~110	12~14	16~20	10~12	12~14	
2.5		2.0	2.0~3.0	1	110~120	12~14	16~20	10~12	12~14	
3.0	V形坡口对接	2.0~3.0	3.0	1~2	120~140	12~14	16~20	10~12	14~18	坡口间隙2~3mm，钝边0.5mm，焊缝反面衬有钢垫板 坡口角度60~65°
3.5		2.0~3.0	3.0~4.0	1~2	120~140	12~14	16~20	10~12	14~18	
4.0		2.0~3.0	3.0~4.0	2	130~150	14~16	20~25	12~14	18~20	
4.0		3.0	4.0	2	200	14~16	20~25	12~14	18~20	
5.0		3.0~4.0	4.0	2~3	130~150	14~16	20~25	12~14	18~20	
6.0		3.0~4.0	4.0	2~3	140~180	14~16	25~28	12~14	18~20	
7.0		3.0~4.0	4.0	2~3	140~180	14~16	25~28	12~14	20~22	
8.0		3.0~4.0	4.0	3~4	140~180	14~16	25~28	12~14	20~22	
10.0	对称双V	3.0~4.0	4.0	4~6	160~200	14~16	25~28	12~14	20~22	坡口角度60°，钝边1mm，坡口间隙55°，钝边1.5~2.0mm 坡口角度55°，钝边1.5~2.0mm，间隙1.5~2.0mm
13.0		3.0~4.0	4.0	6~8	220~240	14~16	25~28	12~14	20~22	
20.0		4.0	4.0	12	200~240	12~14	20	10~12	18	
22	形坡口对接	4.0~5.0	4.0	6	230~250	15~18	18~20	18~20	20	
25		3.0~4.0	4.0	15~16	200~220	16~18	26~30	20~26	22	
30		3.0~4.0	4.0	17~18	200~220	16~18	26~30	20~26	22	

表 14-13 钛及钛合金的自动钨极氩弧焊工艺参数（对接接头）

板厚/mm	坡口形式	成形槽的垫板尺寸/mm 宽度/mm	深度/mm	钨极直径/mm	焊丝直径/mm	焊接电流/A	电弧电压/V	焊接速度/(m/h)	氩气流量/(L/min) 主喷嘴	拖罩	反面	焊接层数
1.0	—	5	0.5	1.6	1.2	70~100	12~15	18~22	8~10	12~14	6~8	1
1.2	—	6	0.7	2.0	1.2	100~120	12~15	18~22	8~10	12~14	6~8	1
1.5	—	5	0.7	2.0	1.2~1.6	120~140	14~16	22~24	10~12	14~16	8~10	1
2.0	—	6	1.0	2.5	1.6~2.0	140~160	14~16	20~22	12~14	14~16	10~12	1
3.0	—	7	1.1	3.0	2.0~3.0	200~240	14~16	19~21	12~14	16~18	10~12	1
4.0	留2mm间隙	8	1.3	3.0	3.0	200~260	14~18	19~20	14~16	18~20	12~14	2
6.0	V形60°	—	—	4.0	3.0	240~280	14~18	18~22	14~16	20~24	14~16	3
10.0	V形60°	—	—	4.0	3.0	200~260	14~18	9~12	14~16	18~20	12~14	3
13.0	双V形60°	—	—	4.0	3.0	220~260	14~18	20~25	14~16	18~20	12~14	4

表 14-14　焊缝和热影响区的表面颜色

焊缝级别	焊　缝				热 影 响 区			
一等	银白、淡黄、深黄	金紫	深兰	银白、淡黄	深黄	金紫	深兰
二等	允许	不允许	不允许	不允许	允许	不允许	不允许	不允许
三等		允许	允许			允许	允许	允许

当保护不良表面颜色超过规定时，虽然重熔可使焊缝变成银白色，焊缝成形也好，但这是绝对不允许的。此时氧、氮不仅不会减少，还会由于表面富氧、氮层熔入焊缝内部，使焊缝氧、氮含量增加，韧、塑性显著降低，此时应将保护不良的这层焊缝加工掉，重新焊接。近缝区的氧化、氮化层也应用砂纸等清理干净。

四、焊后热处理

焊后热处理的目的在于消除应力、稳定组织和获得最佳的物理-力学性能。真空热处理还可以降低氢含量和防止工件表面氧化。根据合金成分、原始状态和结构使用要求可分别进行退火、时效或淬火-时效处理。

由于钛及其合金活性强，在高于 540℃ 大气介质中热处理时，表面生成较厚的氧化层，硬度增加、塑性降低，为此需进行酸洗。为防酸洗时增氢应控制酸洗温度，一般应在 40℃ 以下。

第四节　锆及锆合金的焊接

一、锆及锆合金的焊接特性

锆及锆合金的化学活性很强，它们很易与空气中的氮、氧等气体发生反应。焊缝金属中的含氧量增至 0.5% 时，即生成脆性的化合物，焊接接头的塑性显著降低，强度增高，并使耐高温、高压水的腐蚀性能下降，以致影响到整个焊接结构的服役期限。

基于锆在高温下易氧化的特点，必须采用能量集中的焊接热源，以提高焊接接头的加热及冷却速度，有利于缩短过热区金属在高温下的停留时间。

在焊件冷却过程中热影响区金属有可能析出复杂的金属间化合物（如 $Zr(Fe、Cr)2$ 和 $Zr2Fe$）、氧化物、氮化物等，这些脆性析出物将导致焊缝及热影响区金属的强化，而塑性显著降低，为此，在焊接工艺上应采取一些措施，使焊缝金属避免受到污染。

为防止锆焊接接头的脆化及改善其耐蚀性，在焊丝中往往加入锡、铁、镍、铬、铌等合金元素。

焊缝金属中存在一定量的氮，将降低锆焊接接头在水和蒸汽中的腐蚀稳定性，但对该接头施以焊后退火（570℃）处理，则耐蚀性有所改善。

若在焊缝、热影响区出现淬硬组织，则会影响到接头的耐蚀性。由于焊缝金属晶界上弥散析出的小颗粒第二相沉淀物是不连续的，所以焊缝的腐蚀速度比热影响区要小。

热影响区组织是片状的 α 晶粒，腐蚀介质往往会沿着热影响区的原 β 晶界和 α 片间浸入，使连续分布在晶界和片间的 $ZrFe(Cr)$ 沉淀物优先发生腐蚀，并导致锆晶粒的剥落现象。

锆基体金属中的含碳量大于 0.1%时，便形成锆的碳化物，在该碳化物微区优先发生局部腐蚀，并进一步扩大，促使整个锆合金焊接接头发生快速腐蚀。所以，焊前应将坡口及其两侧表面上的油脂等污物清除干净，防止任何有机物浸入焊缝。

锆焊接可能产生气孔，焊接工艺接近钛，但保护效果要高于钛，焊接措施要严于钛．要采用高纯的氩或氦或真空条件保护熔池金属和热影响区。有的锆焊缝不要求热处理。有些焊件在约 675℃下进行 15~20min 的消除应力处理。

二、焊前准备

仔细清除锆板、管表面上的氧化物、灰尘和其他杂质，可防止焊缝遭受污染及引起气孔等缺陷。焊件坡口及其边缘表面的清理可先用锉刀、刷子锉、刷，然后进行脱脂处理。与焊件坡口相接触的焊接夹具表面宜用丙酮擦洗。焊件装配时不允许用手触摸坡口，否则焊缝表面会发生不同程度的氧化倾向。

锆及锆合金板材、焊丝的化学清洗法：

1. 脱脂处理

用氢氧化钠 10%稀释液擦洗或浸渍焊件或焊丝。在焊前再用丙酮或乙醇清洗一次。

2. 酸洗

（1）焊件或焊丝在氢氟酸 2%~4%、硝酸 30%~40%混合酸溶液（温度 60℃）中清洗，时间 1min，再用冷水冲洗，并烘干。此种酸溶液能有效地防止酸洗过程中发生吸氢现象。

（2）在硝酸 45%、氢氟酸 5%、水 50%的混合酸溶液中浸洗 10s，用冷水冲洗，直至锆板、锆丝表面发出光亮为止。

三、填充焊丝的选择

锆及锆合金焊丝必须光滑、圆整，不允许存在毛刺、皱皮、重叠、裂纹、孔隙、偏析、夹渣等内部及表面缺陷；拉拔时导入焊丝的氧化膜、污物、油脂等集中在焊丝表面，必须进行严格清理。焊丝中不允许有过量的杂质元素，因为这些杂质元素会以间隙式或置换式固溶体形式混入焊缝，以致引起焊缝金属的污染。焊丝成分应与基体金属相同。

为保持焊丝的清洁度，对自动钨极氩弧焊用的焊丝盘必须进行清理，然后烘干。将焊丝紧密地绕在焊丝盘上，一层一层有规律地进行平绕，避免出现焊丝打结，形成波浪形或尖弯等现象。在焊接过程中力求使焊丝盘上的焊丝不受阻碍地自动松开，以达到均匀的送丝。

四、焊接区的气体保护措施

锆及锆合金钨极氩弧焊的主要问题是必须获得良好的气体保护性能，要求充分保护焊缝、温度大于 400℃的热影响区基体金属及焊缝反面。

焊缝的气体保护除在真空充氩室内进行整体保护外，在极大多数情况下采用了局部保护法。焊缝后端 400℃以上热态金属的保护很普通地采用拖罩保护，如图 14-9 所示，拖罩的形状及结构尺寸根据焊件形状、尺寸而定。拖罩与焊件表面间的距离应小于 6mm。大电流连续焊接时，拖罩端部四侧需通水冷却。

焊炬上主喷嘴的内孔应大于铝及铝合金、不锈钢氩弧焊用的喷嘴内孔，但不超过

22mm。主喷嘴与拖罩的氩气流量要配合好，防止主喷嘴或拖罩任一方的流量过大而相互间产生干扰，气流由层流变成紊流，破坏了焊接过程的正常进行。

适用于小尺寸对接焊缝反面保护的可移式保护罩如图 14-10 所示，小气室内存有纯铜屑，它起到气筛的作用。

在焊件上表面、夹具压板下端往往再设置一对纯铜冷却板，这可减少焊缝的宽度，提高焊缝金属的冷却速率，从而缩短了焊缝及热影响区金属处于高温下的停留时间，相应地降低了焊缝金属晶粒长大的倾向。

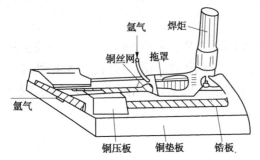

图 14-9　拖罩与焊炬间的相对位置

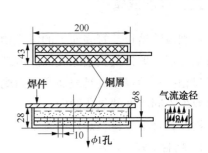

图 14-10　小尺寸对接焊缝反面保护用的可移式保护罩

锆管接头内表面的保护常采用衬环如图 14-11 所示。衬环的氩气流量不宜太大，否则正面根部层焊接时，管子内侧焊缝易引起内凹缺陷。反面不通氩气保护的焊缝，氧、氮、氢的含量会增多。

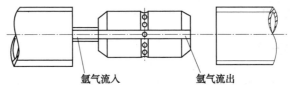

图 14-11　锆管焊接时管内保护用衬环

大直径锆管可采用如图 14-12 所示的夹具。管子外侧、坡口两端装有两个可拆卸的铜环，以增强锆管的冷却，改善焊缝表面的色泽。管内设有一简易的气腔，其两端用耐热橡胶环与管内壁相紧贴。气流从两耐热橡胶环中间的空隙中流出。

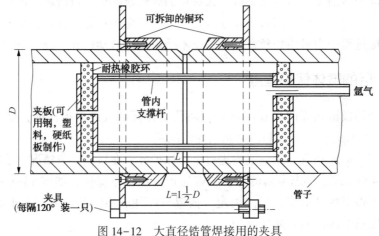

图 14-12　大直径锆管焊接用的夹具

小直径锆管的内部保护可用导管接头固定保护夹具如图 14-13 所示。

管子、管板焊接时的管内保护建议采用如图 14-14 所示的管内保护方式。

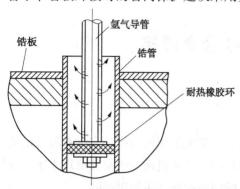

图 14-13　管子、管板焊接用的管内保护方式

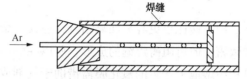

图 14-14　小直径锆管的内部保护夹具

气体保护效果好的焊缝，其表面应呈银白色。随着污染程度的增强，焊缝表面的色泽由银白色逐渐变成微黄色、褐色、蓝色、黑灰色、灰白色。

五、氩弧焊工艺

采用直流正极性。由于锆的熔点比钛约高 185℃，热导率增加 30%，所以焊接电流应比钛材焊接时提高 30%～50%。表 14-15 为锆和锆合金的钨极氩弧焊工艺参数。

表 14-15　锆及锆合金的钨极氩弧焊工艺参数

焊件种类	规格/mm	钨极直径/mm	焊丝直径/mm	喷嘴孔径/mm	焊接电流/A	氩气流量/(L/min)			焊接速度/(m/h)	备注
						主喷嘴	拖罩	背面		
锆板	0.8	1.6	1.2	10	45～55	8～10	—	6～8		手工钨极氩弧焊
	1.6	2.0	1.6	10	50～60	8～10	14～16	6～8		
	2.0	3.0	2.0	12	60～70	8～10	14～16	6～8		
	3.0	3.0	2.0	14	95～120	12～14	16～18	12～14		
	4.0	4.0	2.0	16	140～150	12～14	16～18	12～14		
	5.0	4.0	2～3	18～20	165～175	12～14	16～18	12～14		
	6.0	4.0	2～3	18～20	150～170	14～16	16～18	14～16		焊 2 层，手工钨极氩弧焊
	12.0	4.0	3.0	18～20	170～200	18～20	20	14～16		焊 4～5，手工钨极氩弧焊
锆板	0.5	1.6	1.2	10	40～50	8～10	—	6～8	40～50	自动钨极氩弧焊
	1.0	2.0	1.2	12	60～70	8～10	—	6～8	38.4	
	1.6	3.0	1.6	14	70～80	8～10	14～16	6～8	38.4	
锆合金管	$\varphi73\times1$	3.0	1.2	10～12	78～82	5	12	10～15	41.3	钨极伸长 15mm，手工焊

焊接工艺参数的选择原则是采用大电流、高的焊接速度。要求焊接接头的冷却速度大于 60℃/s，有利于防止热影响区金属发生过热、脆化倾向。

向熔池填充焊丝时，焊丝加热端应保持在喷嘴气流保护层内，不得外移。若焊丝端部偶然受到污染，必须立即进行切除。

焊件、焊丝未经清洗或清洗质量达不到要求时，在锆焊缝中会出现不规则的气孔缺陷。因此，应特别重视焊件、焊丝的清理及保存。

第五节 镁及镁合金焊接

一、镁合金的焊接特点

（1）镁比铝更容易同氧结合，在镁合金表面上会生成氧化镁薄膜。它没有氧化铝薄膜那样致密，但可阻碍焊缝的成形，所以在焊前要用化学方法或机械方法将其清理干净。在熔焊过程中熔池上产生的氧化膜需借助于气剂或电弧的阴极破碎作用加以去除。

氧化镁的熔点很高、密度大，在焊接时极易产生氧化镁夹渣，并严重地阻碍着焊缝的成形。镁在焊接高温下与空气中的氮生成氮化镁，氮化镁夹渣将导致焊缝金属的塑性下降，因此焊接时应加强保护。

（2）在焊接薄件时，由于镁合金的熔点较低，而氧化镁薄膜的熔点很高，两者不易熔合。焊接操作时难以观察焊缝的熔化过程，温度升高，熔池的颜色没有显著变化，故极易产生烧穿和塌陷现象。

（3）由于镁合金的热导率高，应采用大功率的焊接热源，当接头处温度过高时，母材将产生过烧现象，因此焊镁时应控制好热输入。在没有隔绝氧的情况下焊接时镁及镁合金有燃烧的危险，故熔焊时需用气剂或用氩气保护。

（4）镁合金焊接时，通常在接头熔合线区会产生过热倾向及焊缝金属的结晶偏析现象，从而降低了接头的性能。

（5）焊镁时易产生氢气孔，氢在镁中的溶解度也是随着温度的降低而急剧减小，当氢的来源较多时，出现气孔的倾向较大。

二、镁及镁合金的焊接工艺

1. 对焊丝的要求

一般可选用与母材化学成分相同的焊丝。有时为了防止在近缝区沿晶界析出低熔点共晶体，增大金属流动性，减少裂纹倾向，亦可采用与母材不同的焊丝。在焊接镁-锰系合金（如 MB_8）时，为防止产生金属间化合物 Mg_9Ce 所组成的低熔点共晶体，应选用 MB3 的焊接材料。表 14-16 列出了常用镁合金的焊接性及其适应的焊接材料。

表 14-16　常用镁合金的焊接性及适用焊丝

合金牌号	结晶区间/℃	焊接性	适用焊丝
MB_1	646~649	良	MB_1
MB_2	565~630	良	MB_2
MB_3	545~620	良	MB_3
MB_5	510~615	可	MB_5

合 金 牌 号	结晶区间/℃	焊 接 性	适 用 焊 丝
MB$_6$	454~613	—	—
MB$_7$	430~605	可	MB$_7$
MB$_8$	646~649	良	MB$_3$
MB$_{15}$	515~635	尚可	MB$_{15}$
ZM$_5$			ZM$_5$

焊丝使用前,必须仔细清理其表面,清理方法有机械法及化学法。机械清理是用刀具或刷子去除氧化皮。化学清理一般是将焊丝浸入20%~25%硝酸溶液中浸蚀2min,然后在50~90℃的热水中冲洗,再进行干燥。

2. 焊前清理

为了防止腐蚀,镁合金通常都需要氧化处理,使其表面有一层铬酸盐填充的氧化层,这层氧化膜是焊接时的重大障碍,所以在焊前必须彻底清除这层氧化膜以及其他油污。机械法清理时可以用刮刀或不锈钢丝刷从正反面将焊缝区25~30mm内杂物及氧化层除掉。板厚小于1mm时,其背面的氧化膜可不必清除,它可以防止烧穿,避免发生焊缝塌陷现象,但焊前应先用溶剂将油质或尘污等除掉。

3. 焊接工艺

(1) 气焊工艺 由于气焊火焰的热量散布范围大,焊件加热区域较宽。所以焊缝的收缩应力大,容易产生裂纹等缺陷,残留在对接、角接接头的焊剂、熔渣容易引起焊件的腐蚀,因此气焊法主要用于不太重要的镁合金薄板结构的焊接及铸件的焊补。

焊前先将焊件、焊丝进行清洗,并在焊件坡口处及焊丝表面涂一层调好的焊剂,涂层厚度一般不大于0.15mm。

气焊镁合金时,应采用中性焰的外焰进行焊接,不可将焰心接触熔化金属,熔池应距焰心3~5mm,应尽量将焊缝置于水平位置。

(2) 钨极氩弧焊工艺

氩弧焊是目前焊接镁合金最常用的焊接方法。氩弧焊时,焊接热影响区尺寸及变形比气焊时小,焊缝的力学性能和耐腐蚀性能都比气焊高。目前主要采用手工钨极氩弧焊及自动钨极氩弧焊。

镁合金氩弧焊一般用交流电源,焊接电流的选择主要决定于合金成分、板料厚度及反面有无垫板等。如MB8比MB3具有较高的熔点,因而MB8要比MB3的焊接电流大1/6~1/7。

为了减小过热,防止烧穿,焊接镁合金时,应尽可能实施快速焊接。如焊镁合MB$_8$,当板厚5mm,V形坡口,反面用不锈钢成型垫板时,焊速可达35~45cm/min以上。

焊接板厚小于5mm以下的焊件,通常采用左焊法,大于5mm通常采用右焊法。焊接时应尽量压低电弧(弧长2mm左右),以充分发挥电弧的阴极破碎作用并使熔池受到搅拌便于气体逸出熔池。

镁合金的手工、自动钨极氩弧焊的焊接工艺参数见表14-17和表14-18。

表 14-17　变形强化镁合金的手工钨极氩弧焊的焊接工艺参数

板材厚度/ mm	接头形式	钨极直径/ mm	焊丝直径/ mm	焊接电流/ A	喷嘴孔径/ mm	氩气流量/ (L/min)	焊接层数
1~1.5	不开坡口对接	2	2	60~80	10	10~12	1
1.5~3.0	同上	3	2~3	80~120	10	12~14	1
3~5	同上	3~4	3~4	120~160	12	16~18	2
6	V形坡口对接同上	4	4	140~180	14	16~18	2
18	同上	5	4	160~250	15	18~20	2
12	X形坡口对接	5	5	220~260	18	20~22	3
20		5	5	240~280	18	20~22	4

表 14-18　变形强化镁合金的自动钨极氩弧焊的焊接工艺参数

板厚/ mm	接头形式	焊丝直径/ mm	氩气流量/ (L/min)	焊接电流/ A	送丝速度/ (m/min)	焊接速度/ (m/min)	备注
2	不开坡口对称	2	8~10	75~110	50~60	22~24	
3	不开坡口对称	3	12~14	150~180	45~55	19~21	
5	不开坡口对称	3	16~18	220~250	80~90	18~20	反面用垫板,
6	不开坡口对称	4	18~20	250~280	70~80	13~15	单面单层焊接
10	V形坡口对称	4	20~22	280~320	80~90	11~12	
12	V形坡口对称	4	22~25	300~340	90~100	9~11	

第六节　镍基耐蚀合金的焊接

一、镍基耐蚀合金的焊接特点

1. 焊接热裂纹

镍基耐蚀合金具有较高的热裂纹敏感性。热裂纹分为结晶裂纹、液化裂纹和高温失塑裂纹。结晶裂纹最容易发生在焊道弧坑，形成火口裂纹。结晶裂纹多半沿焊缝中心线纵向开裂，也有垂直于焊波。液化裂纹多出现在紧靠熔合线的热影响区中，有的还出现在多层焊的前层焊缝中。高温失塑裂纹既可能发生在热影响区中，也可能发生在焊缝中。各种热裂纹有时是宏观裂纹，且有宏观裂纹时常常伴随有微观裂纹，但有时仅有微观裂纹。热裂纹发生在高温状态，常温下不再扩展。

2. 焊件清理

焊件表面的清洁性是成功地焊接镍基耐蚀合金的一个重要要求。焊件表面的污染物质主要是表面氧化皮和引起脆化的元素。镍基耐蚀合金表面氧化皮的熔点比母材高得多，常常可能形成夹渣或细小的不连续氧化物。这类氧化物不连续特别细小，一般用射线探伤和着色渗透也检查不出来 S、P、Pb、Sn、Zn、Bi、Sb 和 As 等凡是能和 Ni 形成低熔点共晶的元素都是有害元素。这些有害元素增加镍基耐蚀合金的热裂纹倾向。这些元素经常存在于制造过程中所用的一些材料中，例如油脂、漆、标记用蜡笔或墨水、成形润滑剂、切削冷却液以及测温笔迹等。在焊接预热或焊接前，必须完全清除这些杂质。如焊件焊后不再加热，焊缝每侧清理区域向外延伸 50mm，包括钝边和坡口。

清理的方法取决于被清理物质的种类。车间污物、油脂可用蒸汽脱脂或用丙酮及其他溶液去除。对不溶于脱脂剂的漆和其他杂物，可用氯甲烷、碱等清洗剂或特殊专用合成剂清洗。标记墨水一般用甲醇清洗。被压入焊件表面的杂质，可用磨削、喷丸或盐酸溶液（体积分数10%）清洗并用清水洗净。

3. 限制热输入

采用高热输入焊接镍基耐蚀合金可能产生不利的影响。在热影响区（HAZ）产生一定程度的退火和晶粒长大。高热输入可能产生过度的偏析、碳化物的沉淀或其他的有害的冶金现象。这就可能引起热裂纹或降低耐蚀性。

在选择焊接方法和焊接工艺时还必须考虑母材的晶粒尺寸。由于粗大晶粒的晶界存在较多的碳化物和促进液化裂纹的金属间化合物，因而就增大了热裂纹倾向。表14-19给出了在焊接一些晶粒尺寸粗大镍基耐蚀合金必须使用较低的热输入。

表 14-19　晶粒尺寸对推荐焊接方法的影响

合金牌号	晶粒尺寸	GMAW	GTAW	SMAW
600	细	×	×	×
	粗	—	×	×
625	细	×	×	×
	粗	—	×	×
800	细	×	×	×
	粗	—	×	×

注：① 晶粒尺寸大于 ASTM 5 级为粗晶粒，晶粒尺寸小于 ASTM 5 级为细晶粒。

② GMAW 采用喷射过渡。

③ ×表示推荐使用。

当焊接出现问题时应改进焊接工艺，减少热输入或采用其他低热输入的焊接方法。窄焊道就是改进焊接工艺的一个实例。

4. 耐蚀性能

对于大多数镍基耐蚀合金，焊后对耐蚀性能并没有多大影响。通常选择填充材料的化学成分与母材接近。这样焊缝金属在大多数环境下其耐蚀性与母材相当。但有些镍基合金焊接加热后对靠近焊缝的热影响区产生有害影响。例如 Ni-Mo 合金通过焊后退火处理来恢复热影响区的耐蚀性。对于大多数镍基合金不需要通过焊后热处理来恢复耐蚀性。但对一些工作在特殊的环境中的材料例外。例如：600 合金工作在熔融状态苛性碱中及 400 合金工作在氢氟酸介质中，需要焊后消除应力热处理以防止应力腐蚀裂纹。

5. 工艺特性

（1）液态焊缝金属流动性差

镍基合金焊缝金属不象钢焊缝金属那样容易润湿展开。即使增大焊接电流也不能改进焊缝金属的流动性，反而起着有害作用。这是镍基耐蚀合金的固有特性。焊接电流超过推荐范围不仅使熔池过热，增大热裂纹敏感性，而且使焊缝金属中的脱氧剂蒸发，出现气孔。焊条电弧焊时，过大的焊接电流也使焊条过热并引起药皮脱落，失去保护。

由于焊缝金属流动性差，不易流到焊缝两边。因此为获得良好焊缝成形，有时采用摆动工艺。但这种摆动是小摆动，摆动距离不超过焊条或焊丝直径的二倍。有时焊条电弧焊即使采用摆动工艺也发现有缺陷。这是由于咬边引起。为了消除这一缺陷，焊工在摆动到每一侧极限位置时，要稍停顿一下，以便有足够的时间使熔化的焊缝金属填满咬边。在焊条电弧焊时要采用的另一个重要的工艺措施是焊接电弧应尽量的短。

由于需要控制接头的焊缝金属，镍基耐蚀合金接头形式与钢不同。接头的坡口角度更大，以便使用摆动工艺。

（2）焊缝金属熔深浅

这也是镍基耐蚀合金的固有特性。同样并不能通过增大焊接电流来增加熔深。如上所述，如果电流过大对焊接有害，引起裂纹和气孔。

比较 600 合金、304 不锈钢和低碳钢的焊缝熔深，使用自动钨极气体保护焊，在相同焊接规范条件下，低碳钢焊缝熔深最深，600 合金焊缝熔深最浅，只有低碳钢的一半。

由于镍基耐蚀合金焊缝金属熔深浅，接头钝边的厚度要薄一些。

（3）预热和焊后热处理

镍基耐蚀合金一般不需要焊前预热。但当母材温度低于 15℃ 时，应对接头两侧 250~300mm 宽的区域内加热到 15~20℃，以免湿气冷凝。在大多数情况下，预热温度和焊缝道间温度应较低，以免母材过热。一般不推荐焊后热处理，但有时为保证使用中不发生晶间腐蚀或应力腐蚀需要热处理。

二、镍基耐蚀合金的焊条电弧焊

焊条电弧焊主要用来焊接镍和固溶强化镍基耐蚀合金。

1. 焊条

在大多数情况下，焊条的焊缝熔敷金属化学成分与母材类似。可以调整化学成分以满足焊接性的要求。如通过添加合金控制气孔，增加抗热裂纹的能力或改善力学性能。

焊条分类：

镍基耐蚀合金的焊条分为七类，即工业纯镍、Ni-Cu、Ni-Cr、Ni-Cr-Fe、Ni-Mo、Ni-Cr-Mo、Ni-Cr-Co-Mo。熔敷金属化学成分见 GB 13814《镍及镍合金焊条》。

2. 焊接工艺

镍基耐蚀合金的焊接工艺与获得高质量的不锈钢焊缝的焊接工艺相似。由于镍基耐蚀合金的熔深更浅及液态焊缝金属流动性差，在焊接过程中必须严格控制焊接参数的变化。镍基耐蚀合金焊条一般采用直流，焊条接正极。每一种类型和规格的焊条都具有一个最佳电流范围。表 14-20 列出了 3 类镍基耐蚀合金平焊时推荐电流值。对于具体接头焊接电流的设置应该考虑母材厚度、焊接位置、接头形式和装卡刚性等因素。焊接电流过大可能引起许多问题，例如电弧不稳、飞溅过大、焊条过热或药皮脱落，并增大热裂纹倾向。

表 14-20　镍基耐蚀合金焊条焊接电流的大约设置

焊条直径/mm	镍铜合金		镍基合金		Ni-Cr-Fe 和 Ni-Fe-Cr 合金	
	母材厚度/mm	焊接电流/mm	母材厚度/mm	焊接电流/mm	母材厚度/mm	焊接电流/mm
2.4	1.57	50	1.57	75	≥1.57	60
	1.98	55	1.98	80	—	—
	2.36	60	≥2.36	85	—	—
	≥2.77	60	—	—	—	—

焊条直径/mm	镍铜合金		镍基合金		Ni-Cr-Fe 和 Ni-Fe-Cr 合金	
	母材厚度/mm	焊接电流/mm	母材厚度/mm	焊接电流/mm	母材厚度/mm	焊接电流/mm
3.2	2.77	65	2.77	105	2.77	75
	3.18	75	≥3.18	105	3.18	75
	3.56	85	—	—	—	—
	≥3.96	95	—	—	≥3.96	80
4.0	3.18	100	3.18	110	—	—
	3.56	110	3.56	130	—	—
	3.96	115	3.96	135	—	—
	—	—	≥4.75	150	≥4.75	105
	≥6.35	150	—	—	—	—
4.8	—	—	6.35	180	—	—
	9.53	170	≥9.53	200	≥9.53	140
	≥12.7	190	—	—	—	—

尽量采用平焊位置，焊接过程应始终保持短弧。当焊接位置必须是立焊和仰焊时，应采用小焊接电流和细的焊条，电弧应更短，以便很好的控制熔化的焊接金属。液态镍基耐蚀合金的流动性较差，为了防止产生未熔合、气孔等缺陷，一般要求在焊接过程中要适当的摆动焊条。摆动的大小取决于接头的形式、焊接位置及焊条的类型。摆动的宽度不能大于焊芯直径的 3 倍。焊条每次摆动极限结束时要稍稍停顿一下，以便使粘稠的焊缝金属有时间填充咬边。宽焊道金属可能造成夹渣、大的焊接熔池、焊道表面凹凸不平以及破坏电弧周围的气体保护气氛。保护不良可能造成焊缝金属的污染。

断弧时要稍微降低电弧高度并增大焊速以减小熔池尺寸。这样做可以减小火口裂纹。焊接接头再引弧时应采用反向引弧技术，以利于调整接头处焊缝平滑并且能有利于抑制气孔的发生。

三、镍基耐蚀合金的钨极气体保护电弧焊

钨极气体保护电弧焊已广泛用于镍基耐蚀合金的焊接，特别适用于薄板、小截面、接头不能进行封底焊以及焊后不允许有残留熔渣的结构件。

钨极气体保护电弧焊不仅可用于焊接固溶强化镍基合金，而且也可用于焊接沉淀硬化镍基合金。钨极气体保护电弧焊是焊接沉淀硬化镍基合金的最常用的方法。

1. 焊丝

镍基耐蚀合金焊丝成分大多数与母材相当，但焊丝中一般多加入一些合金元素，以补偿某些元素的烧损以及控制焊接气孔和热裂纹。镍基耐蚀合金焊丝与焊条一样也分为 5 类。其多数型号都有对应的焊条型号。其中 ERNiCr-3 焊丝用于焊接 Ni-Cr-Fe 合金(NS312 合金)，在钢上堆焊 Ni-Cr-Fe 合金、异种镍基合金焊接以及钢和镍基合金焊接。ERNiCrFe-5 焊丝用于焊接 Ni-Cr-Fe 合金(NS312 合金)。ERNiCrFe-6 焊丝用于在钢上堆焊 Ni-Cr-Fe 合金以及钢和镍基合金焊接。ERNiFeCr-1 焊丝用于焊接 Ni-Fe-Cr-Mo-Cu 合金(NS142 合金)。

ERNiFeCr-2 焊丝用于焊接 Ni-Cr-Fe-Nb-Mo 合金(718合金)。ERNiMo-2 焊丝用于焊接 Ni-Mo 合金(N含金),在钢上堆焊 Ni-Mo 合金以及 Ni-Mo 合金与钢及与镍基合金焊接。

镍基合金焊丝不仅用于钨极气体保护电弧焊,还用于熔化极气体保护电弧焊、等离子弧焊和埋弧焊。

为了控制气孔和热裂纹,在焊丝中常常添加 Ti、Mn 和 Nb 等合金元素。焊丝的主要合金成分常常比母材高。这样就降低了在低耐腐蚀材料上堆焊及异种金属焊接时稀释率的影响。

2. 焊接工艺

对于手工焊和自动焊都采用直流正接,电极接负极。焊机通常装有高频电流以保证引弧及电流衰减装置以便在断弧时逐渐减小火口尺寸。

由于焊丝需添加改善抗裂性和控制气孔的元素,焊缝至少应含有 50% 填充金属,这些元素才能起着有效的作用。焊接过程熔池应保持平静,应避免电弧搅动熔池。

在焊接过程中焊丝加热端必须处于保护气体中,以避免热的末端氧化和由此造成的焊缝金属的污染。焊丝应在熔池的前端进入熔池,以避免接触钨极。

四、镍基耐蚀合金的熔化极气体保护电弧焊

熔化极气体保护电弧焊可用来焊接固溶强化镍基耐蚀合金,很少用来焊接沉淀硬化镍基耐蚀合金。

金属的主要过渡形式是喷射过渡,但短路过渡和脉冲喷射过渡也广泛使用。由于喷射过渡可以使用较大的焊接电流和较粗直径焊丝,所以更经济。而脉冲喷射过渡使用小的平均焊接电流,更适用全位置焊接。也可以使用滴状过渡,但滴状过渡焊接过程中熔深不稳定,焊缝成形不好,甚至容易产生焊接缺陷,因此很少采用。

1. 保护气体

熔化极气体保护电弧焊使用氩气和氩气、氦气混合气体作为保护气体。过渡形式不同最佳的保护气体也不同。

当采用喷射过渡时,使用纯氩保护可以获得很好的效果。加入氦气后,随着氦气含量的增加导致焊缝变宽,变平及熔深变浅。只使用 He 将产生电弧不稳定和过量的飞溅。添加氧气和二氧化碳气体,将引起严重的氧化和不规则的焊缝表面。并在纯镍和 Ni-Cu 合金焊缝中产生气孔。

熔化极气体保护电弧焊气体流量范围 12~47L/min,具体流量大小取决于接头形式、焊接位置、气体喷嘴大小及是否使用尾气保护。当采用短路过渡时,在氩气中添加一定量的 He 可以获得较好的效果。纯氩保护由于明显的收缩效应使焊缝外形过分凸起,同时可能导致产生未完全熔化缺陷。随着氦气的增加,使熔池具有良好的润湿性,并使焊缝变平,同时减少了未完全熔化缺陷。对于短路过渡,焊接使用的气体流量范围大约在 12~21L/min。随着氦气含量的增加,气体流量必须增加,以提供一个合适的焊接保护。

气体喷嘴的大小对焊接过程有着重要的影响。例如,当使用 50%Ar+50%He 保护气体,气体流量是 19L/min,气体喷嘴直径 9.5mm,焊缝不出现氧化的最大电流是 120A。而气体喷嘴直径增加到 16mm,焊缝不出现氧化的最大电流是 170A。

当采用脉冲喷射过渡时，在氧气中添加氦气可以获得好的效果。He 在 15%～20%时，效果最佳。焊接使用的气体流量范围大约在 12～21L/min。气体流量过大将干扰电弧的稳定性。

2. 焊丝

熔化极气体保护电弧焊使用的焊丝大多数与钨极气体保护电弧焊使用的焊丝相同。焊丝直径取决于过渡形式和母材厚度。对于喷射过渡，宜用直径为 0.8mm、1.2mm 和 1.6mm 的焊丝。短路过渡一般采用直径为 1.2mm 或直径更细的焊丝。

3. 焊接工艺

对于几种过渡形式的焊接均推荐采用直流恒压电源。镍基耐蚀合金的熔化极气体保护电弧焊喷射过渡、脉冲喷射过渡及短路过渡的典型焊接规范列于表 14-21。

表 14-21　镍基耐蚀合金熔化极气体保护电弧焊的典型焊接规范

母材（合金牌号）	焊丝型号	过渡类型	焊丝直径/mm	送丝速度/（mm/s）	保护气体	焊接位置	电弧电压/V		焊接电流/A
							平均值	峰值	
200	ERNi-1	S	1.6	87	Ar	平	29～31	—	375
400	ERNiCu-7	S	1.6	85	Ar	平	28～31	—	290
600	ERNiCr-3	S	1.6	85	Ar	平	28～30	—	265
200	ERNi-1	PS	1.1	68	Ar 或 Ar+He	垂直	21～22	46	150
400	ERNiCu-7	PS	1.1	59	Ar 或 Ar+He	垂直	21～22	40	110
600	ERNiCr-3	PS	1.1	59	Ar 或 Ar+He	垂直	20～22	44	90～120
200	ERNi-1	SC	0.9	152	Ar+He	垂直	20～21		160
400	ERNiCu-7	SC	0.9	116～123	Ar+He	垂直	16～18		130～135
600	ERNiCr-3	SC	0.9	114～123	Ar+He	垂直	16～18		120～130
B-2	ERNiMo-7	SC	1.6	78	Ar+He	平	25		175
C	ERNiCrMo-1	SC	1.6	—	Ar+He	平	25		160
C-4	ERNiCrMo-7	SC	1.6	—	Ar+He	平	25		180

焊枪垂直于焊缝，沿焊缝中心线移动施焊效果最佳。为了便于观察熔化状态，允许焊枪稍作后倾。但过大倾斜可引起空气混入电弧保护区，导致焊缝产生气孔或严重氧化。

在脉冲电弧焊时，焊枪的操作与焊条电弧焊使用焊条时相似。在摆动极限位置稍停顿一下以减少咬边。

五、镍基耐蚀合金的等离子弧焊

等离子弧焊接 2.5～8mm 厚镍基耐蚀合金能得到质量满意的接头。如果焊接更厚的板材，其他焊接方法更合适。实际上等离子弧焊最适应的是不填丝板厚小于 8mm 的接头，而且利用小孔法的单道焊更为有效。

采用 Ar 和 Ar+H_2混合气体 $\phi(H_2)$5%～8%作为等离子气和保护气体。在 Ar 中添加 H_2增加电弧能量。等离子弧焊使用的电源与钨极气体保护电弧焊使用的电源相同。4 种镍基耐蚀合金采用小孔法的自动等离子弧焊使用的典型焊接规范列于表 14-22。

表 14-22　镍基耐蚀合金采用小孔法的自动等离子弧焊典型焊接规范

合金牌号	母材厚度/ mm	离子气流量/ (L/min)	保护气流量/ (L/min)	焊接电流/ A	电弧电压/ V	焊接速度/ (mm/s)
200	3.2	5	21	160	31.0	8
	6.0	5	21	245	31.5	6
	7.3	5	21	250	31.5	4
400	6.4	6	21	210	31.0	6
600	5.0	6	21	155	31.0	7
	6.6	6	21	210	31.0	7
800	3.2	5	21	115	31.0	8
	5.8	6	21	185	31.5	7
	8.3	7	21	270	31.5	5

第十五章　异种金属的焊接

异种金属的焊接，是指各种母材的物理常数和金属组织等性质不同的金属之间的焊接。异种金属的焊接主要包括三种情况：异种钢的焊接、异种有色金属的焊接、钢与有色金属的焊接。

异种金属材料焊接时的焊接接头具有以下特点：化学成分的不均匀性；组织的不均匀性；性能的不均匀性；应力场分布的不均匀性。

第一节　异种金属的焊接性

异种金属的焊接性除了必须考察受焊异种金属本身的固有性质和它们之间可能发生的相互作用之外，还必须结合焊接方法进行分析判断，从而为正确选择焊接方法、制定焊接工艺提供依据。

一、从受焊金属的固有性质和相互间作用分析焊接性

为考察受焊异种金属间可能发生的相互作用，进而分析其焊接性，合金相图是首选工具。在合金相图中，如果受焊金属互为无限固溶（如 Ni-Cu 等）或有限固溶（如 Cu-Ag 等），则这些异种金属组合的焊接性通常都较好，容易适应各种焊接方法。受焊金属互不固溶，其结合表面不能形成新的冶金结合，直接施焊时就不能形成牢固的接头，焊接性就极差。受焊金属相互间能形成化合物时，它们之间不能产生晶内结合，且化合物有脆性，则在原则上说没有焊接性。只有当它们所形成的化合物呈微粒状分布于合金晶粒间，且它们除了形成化合物之外，还形成一定量的固溶体或共晶体时，则这种组合还具有一定的焊接性。受焊异种金属能形成机械混合物时，由于这类情况比较复杂，其焊接性优劣程度有较大差别，若其两组元或两种具有一定溶解度的固溶体形成共晶或包晶产物是固溶体，那么这种组合的焊接性就好；若其共晶或共析中一相是化合物，或包晶产物是化合物，那么焊接性就要差得多。

考察异种受焊金属的固有性质是指考察受焊金属各自固有的化学和物理性能，以及它们在这些性质上的差异，从而对焊接性带来的影响。例如 Cu-Ni 间能互为无限固溶，单从合金状态图判断其焊接性应当是优良的，但在采用电子束焊接时，由于 Ni 的剩磁性和外部磁效应会引起电子束的波动，导致焊接过程控制和焊缝成形的困难。又如 Cu-Al 可以采用真空电子束焊，却不能采用激光焊焊接等。

二、不同焊接方法施焊的焊接性

1. 异种金属熔焊的焊接性

原则上按合金相图分析焊接性好的异种金属组合才有可能在熔焊时具有良好的焊接

性。熔焊的焊接性主要关注：①在焊接区是否会形成对力学性能及化学性能等有较大影响的不良组织和金属间化合物；②能否防止产生焊接裂纹及其他缺陷；③是否会由于熔池混合不良形成溶质元素的宏观偏析及熔合区脆性相；④在焊后热处理和服役中熔合区发生不利的组织变化等。电弧焊是目前应用最多的异种金属熔焊方法，特别在异种钢焊接中应用最多；而对于异种有色金属及异种稀有金属的焊接则以等离子弧焊接较为合适。激光焊、电子束焊在异种金属焊接中的应用正在不断扩大，且特别适合于异种难熔金属和异种稀有金属的焊接。

2. 异种金属压焊的焊接性

压焊的工艺特点有利于防止或控制受焊金属在高温下相互作用形成脆性金属间化合物，有利于控制和改善焊接接头的金相组织和性能，且焊接应力较小，因此许多采用熔焊时极为难焊的异种金属，而采用压焊时却可以容易获得满意的焊接接头。一般压焊方法都可以用于异种金属的焊接。电阻焊是异种钢焊接中应用较多的压焊方法，冷压焊则比较适合于异种有色金属和熔点较低、塑性较好的异种稀有金属的焊接。

三、异种金属焊接缺陷及防止措施

异种金属焊接中产生的如气孔、裂纹等常规缺陷，原则上说与同种金属的大体相同，其产生原因和防止措施列于表 15-1。

表 15-1　焊接缺陷长生原因及防治措施

异种金属组合	焊接方法	焊接缺陷	产主原因	防止措施
06Cr18Ni9 +2.25Cr-1Mo	电弧焊	熔合区产主裂纹	产主马氏体组织	控制母材金属熔合比，采用过渡层，过渡段
奥氏体不锈钢+碳素体	MIG 焊	焊缝产主气孔，表面硬化	保护气体不纯，母材金属、填充材料受潮，碳的迁移	焊前母　金属、填充材料清理干净，保护气体纯度要高，填充材料要烘干，采用过渡层
CrMo 钢+碳素钢	焊条电弧焊	熔合区产主裂纹	回火温度不合适	焊前预热，填充材料塑性好，焊后热处理温度合适
镍合金+碳素钢	TIG 焊	焊缝内部气孔、裂纹	焊缝含镍高，晶粒粗大，低熔点共晶物集聚，冷却速度快	通过填充材料向异质焊缝加入变质剂 Mn、Cr，控制冷却速度，把接头清理干净
铜+铝	电弧焊	产主氧化、气孔、裂纹	与氧亲合力大，氢的析集产主压力，生成低熔点共晶体，高温吸气能力强	接头及填充材料严格清理并烘干，最好选用低温摩擦焊、冷压焊、扩散焊
铜+钢	扩散焊	铜母材金属侧未焊透	加热不足，压力不够，焊接时间短，接头装配不当	提高加热温度、压力及焊接时间，接头装配合理
铜+钨	电弧焊	不易焊合，赠主气孔、裂纹，接头成分不均	极易氧化、生成低熔点共晶，合金元素烧损、蒸发、流失，高温吸气能力强	接头及填充材料严格清理，焊前预热、退火，焊后缓冷，提高操作技术，采用扩散焊

第二节　异种钢的焊接

一、异种钢焊接结构常用的钢种

在异种金属焊接中，异种钢焊接结构是应用最多的。异种钢焊接结构中所用的钢种，按照金相组织分类，主要有珠光体钢，马氏体-铁素体钢和奥氏体钢等三大类型，表15-2列出了一些常用钢种。

表15-2　常用于异种钢焊接结构的钢种

组织类型	类　别	钢　号
珠光体钢	Ⅰ	低碳钢：Q195，Q215，Q235，Q255，08，10，15，20，Q245R，20HP，25
	Ⅱ	中碳钢及低合金钢：B5，BJ5，Q345，16MnR，16MnRC，16MnD，09MnV，09Mn2VD，06MnNbDR，14MnNb，15MnV，15MnVNR，15MnVR，15MnVRC，15MnTi，18MnSi，14MnMoV，18MnMoNbR，18CrMnTi，20Mn，20MnSi，20MnMo，30Mn，09Mn2，15Cr，20Cr，30V，10Mn2，10CrV，20CrV
	Ⅲ	船用特殊低合金钢：AK25[①]，AK27[①]，AK28[①]，AJ15[①]，901钢，921钢
	Ⅳ	高强度中碳钢及中碳低合金钢：35，40，45，50，55，35Mn，40Mn，50Mn，40Cr50Cr，35Mn2，45Mn2，50Mn2，30CrMnTi，40CrMn，35CrMn2，40CrV，25CrMnSi，35CrMnSiA
	Ⅴ	铬钼耐热钢：12CrMo，12Cr2Mo，12Cr2Mo1R，12Cr2Mo1，15CrMo，15CrMoR，20CrMo，35CrMo，38CrMoAlA，2.25Cr-1Mo
	Ⅵ	铬钼钒(钨)耐热钢：20Cr3MoWVA，12Cr1MoV，25CrMoV，12Cr2MoWVTiB
马氏体-铁素体钢	Ⅶ	高铬不锈钢：0Cr13，1Cr14，1Cr13，2Cr13，3Cr13
	Ⅷ	高铬耐酸耐热钢：Cr17，Cr17TI，Cr25，1Cr28，1Cr17Ni2
	Ⅸ	高铬热强钢：12Cr5Mo，Cr9Mo1NbV，1Cr11MoVNb，1Cr12WniMoV，1Cr11MoV，X20CrMoV121[②]
奥氏体及奥氏体-铁素体钢	Ⅹ	奥氏体耐酸钢：022Cr18Ni10，06Cr18Ni9，12Cr18Ni9，20Cr18Ni9，06Cr18NiTi，12Cr18Ni9Ti，12Cr18Ni11Nb，12Cr18Ni12Mo2Ti，12Cr18Ni12Mo3Ti，06Cr18Ni12TiV
	Ⅺ	奥氏体耐热钢：06Cr23Ni18，12Cr18Ni18，06Cr23Ni13，16Cr20Ni14Si2，TP304，P347H
	Ⅻ	无镍或少镍的铬锰氮奥氏体钢和无铬镍奥氏体钢：26Cr18Mn12Si2N，20Cr20Mn9Ni2Si2N，20Mn18Al15SiMoTi
	ⅩⅢ	奥氏体-铁素体高强度耐酸钢：06Cr21Ni5Ti[①]，06Cr21Ni6MoTi[①]，12Cr22Ni5Ti[①]

① 为前苏联钢号；

② 为德国钢号。

二、异种钢焊接的工艺原则

异种钢焊接的突出问题在于焊接接头的化学不均匀性及由此引起的组织和力学性能的不均匀性、界面组织的不稳定性以及应力变形的复杂性等，协调和处理好这些问题是正确制定异种钢焊接工艺的依据，也是获得满意焊接接头的关键。

1. 焊接方法的选择

大部分熔焊和压焊方法都可以用于异种钢的焊接。在一般生产条件下焊条电弧焊使用最方便，因为焊条种类多，可以根据不同异种钢的组合灵活选用，适应性非常强。对于直缝或环缝拼接的异种钢焊接构件，当批量较大时可采用机械化的钨极或熔化极气体保护焊，这样生产效率高、质量稳定可靠。埋弧焊具有同样的优点，而且劳动条件更好一些。摩擦焊、电阻对焊、闪光对焊等压焊方法，因无须填充金属，生产效率高、成本低，更适合于大批量生产的流水作业。扩散焊、爆炸焊等压焊，以及钎焊方法等也可用于异种钢焊接，不过应用不是很多，主要用于熔焊方法不能满足要求的场合。

2. 焊接材料的选择

异种钢焊接时，必须按照异种钢母材的化学成分、性能、接头形式和使用要求正确选择焊接材料。对于金相组织比较接近的异种钢接头，焊接材料的选择要点是要求焊缝金属的力学性能及耐热性等其他性能不低于母材中性能要求较低一侧的指标，并认为这就满足了要求。然而从焊接工艺考虑，在某些特殊情况下反而按性能要求较高的母材来选用焊接材料，可能更有利于避免焊接缺欠的产生。而对于金相组织差别比较大的异种钢接头，如珠光体-奥氏体异种钢接头，则必须充分考虑填充金属受到稀释后，焊接接头性能仍能得到保障来选择焊接材料。选择异种钢焊接材料的基本原则可归纳如下：

（1）所选择的焊接材料必须能够保证异种钢焊接接头设计所需要的性能，诸如力学性能、耐热、耐蚀性能等，但只需符合母材中的一种即认为满足技术条件。

（2）所选择的焊接材料必须在有关稀释率、熔化温度和焊接件其他物理性能要求等方面能保证焊接性需要。

（3）在焊接接头不产生裂纹等缺陷的前提下，当不可能兼顾焊缝金属的强度和塑性时，应优先选用塑性好的填充金属。

（4）焊接材料应经济、易得，并具有良好的焊接工艺性能，其焊缝成形美观。

3. 坡口角度

异种钢焊接时确定坡口角度的主要依据除母材厚度外，还有熔合比。一般坡口角度越大，熔合比越小，表15-3列出了焊条电弧焊和堆焊时熔合比与坡口角度、焊道层数之间的关系。从表中可以看出，坡口角度不同，每一层的熔合比变化也不同，一般在第三层以前的熔合比变化较大。堆焊则相当于坡口角度为180°，其熔合比也最小，但每层之间熔合比的变化却比较大。异种钢多层焊时，确定坡口角度要考虑多种因素的综合影响，但原则上是希望熔合比越小越好，以尽量减小焊缝金属的化学成分和性能的波动。

表15-3　焊条电弧焊和堆焊时熔合比的近似值　　　　　　　　　　　%

焊　层	坡口角度焊条电弧焊的熔合比			堆焊熔合比
	15°	60°	90°	
1	48~50	43~45	40~43	30~35
2	40~43	35~40	25~30	15~20
3	36~39	25~30	15~20	8~12
4	35~37	20~25	12~15	4~6
5	33~36	17~22	8~12	2~3
6	32~36	15~20	6~10	<2
7~10	30~35	—	—	—

4. 焊接工艺参数

焊接工艺参数对熔合比有直接影响。焊接热输入越大，母材熔入焊缝越多，即稀释率越大。焊接热输入又取决于焊接电流、电弧电压和焊接速度等焊接工艺参数。当然，焊接方法不同，熔合比的大小及其变化范围也是不同的，表15-4列出常用焊接方法的熔合比及其可能达到的变化范围。

表15-4　不同焊接方法的熔合比范围

焊 接 方 法	熔合比/%	焊 接 方 法	熔合比/%
碱性焊条电弧焊	20~30	埋弧焊	30~60
酸性焊条电弧焊	15~25	带极埋弧焊	10~20
熔化极气体保护焊	20~30	钨极氩弧焊	10~100

5. 预热及焊后热处理

（1）预热

异种钢焊接时，预热的目的主要还是降低焊接接头的淬火裂纹倾向。因此，对于珠光体、贝氏体、马氏体类异种钢的焊接，预热仍是降低淬火裂纹倾向的重要工艺手段，其预热温度常按淬硬倾向较大的钢种确定。以 Cr12 型热强钢与 12Cr1MoV 低合金耐热钢的异种钢焊接为例，由于 Cr12 钢的淬硬倾向比 12Cr1MoV 钢大，故应按 Cr12 钢来选择预热温度。若选用奥氏体不锈钢焊缝时，预热温度可以适当降低或不预热。

对于铁素体或奥氏体钢，且其焊缝金属也为铁素体或奥氏体的异种钢焊接接头，若预热对确保其使用性能有不利影响时，选择预热要特别谨慎。

（2）焊后热处理

对焊接结构进行焊后热处理的目的是改善接头的组织和性能，消除部分焊接残余应力，并促使焊缝金属中的氢逸出，不过，对异种金属焊接接头进行焊后热处理的问题比较复杂，特别当异种金属的焊后热处理制度本身就有较大差异时，更要格外慎重。对于珠光体、贝氏体、马氏体类异种钢焊接接头，且其焊缝金属的金相组织也与之基本相同时，可以按合金含量较高的钢种确定热处理工艺参数这一基本原则。但对于铁素体或奥氏体钢，且其焊缝金属也为铁素体或奥氏体的异种钢焊接接头，若仍按此原则，则可能有害无益，不但达不到焊后热处理的预期目的，反而可能导致焊接接头缺陷的产生，破坏其使用性能，甚至波及到母材。

三、同类型组织不同钢种的焊接

1. 不同珠光体钢的焊接

表15-2 中类别 I ~ VI 的碳钢和低合金钢(含低合金耐热钢)种类很多，应用范围很广，都属于珠光体钢，但它们的化学成分、强度级别及耐热性等性能不同，焊接性能也有较大差异，所以不同珠光体钢虽然都具有珠光体组织，却仍然存在与同种钢焊接所不同的问题。这一类钢，除一部分低碳钢外，大部分具有较大的淬火倾向，焊接时有较明显的裂纹倾向。焊接这类钢首先要采取措施防止近缝区裂纹，其次要注意防止或减轻它们由于化学成分不同，特别是碳及碳化物形成元素含量的不同所引起界面组织和力学性能的不稳定和劣化。

目前在这类异种钢焊接中经常采用且行之有效的有两种方法，其一是采用珠光体类焊条加预热或后热；其二是采用奥氏体焊条（或堆焊隔离层）不预热，都能满足上述要求。不过要注意的是，由于珠光体焊缝中也可能会出现裂纹，而奥氏体焊缝又存在屈服强度不高等问题，因此这时还必须采取一些特殊措施才能解决好实际生产中某些淬火钢的异种钢焊接问题。

（1）焊接材料的选择

表15-2中珠光体类型共六个类别的钢种，可形成表11-5所示的多种常见异种钢焊接组合，并给出推荐的相应焊接材料。对于不同珠光体钢的场合，宜选用与合金含量较低一侧的母材相匹配的珠光体焊接材料，并要保证力学性能，其接头抗拉强度不低于两种母材标准规定值的较低者，其中Ⅰ~Ⅳ类钢主要保证焊接接头的常温力学性能，而Ⅴ和Ⅵ类钢还要保证耐热性能等。通常都选用低氢型焊接材料，以保证焊缝金属的抗裂性能和塑性。如果产品不允许或施工现场无法进行焊前预热和焊后热处理时，可以选用奥氏体焊接材料，以利用奥氏体焊缝良好的塑性和韧性，且排除扩散氢的来源，从而有效防止焊缝和近缝区产生冷裂纹。不过，对工作在高温状态下的珠光体异种钢焊接接头，要慎用奥氏体焊接材料，因二者线胀系数有较大差异，会在其接头的界面产生较大的附加热应力，而导致接头提前失效。因此，高温部件最好采用与母材同质的焊接材料，又如果异种珠光体钢焊接接头在使用工作温度下可能产生扩散层时，则最好在坡口面堆焊隔离层，其隔离层金属应含有 Cr、V、Ti 等强烈碳化物形成元素。焊接性很差的淬火钢（Ⅳ类、部分含碳量超过 0.3% 的Ⅴ、Ⅵ类），应该用塑性好、熔敷金属不会淬火的焊接材料预先堆焊一层厚约 8~10mm 的隔离层，为防止淬火，堆焊后必须立即回火。

（2）预热及焊后热处理

在不同珠光体钢的焊接中通常按碳当量高的钢种选择预热温度。含碳量低于 0.30% 的低碳钢没有淬硬倾向，焊接性非常好，一般不需预热，但在工件厚度很大（如 40mm 以上）或环境温度很低（如 0℃ 以下）时，仍需适当预热至 75℃ 左右，含碳量约 0.30%~0.60% 的中碳钢，淬硬倾向比较大，经焊接热循环作用后焊接接头可能产生冷裂纹，故一般需要预热，预热温度可在 100~200℃ 范围。含碳量高于 0.60% 的高碳钢，淬硬及冷裂倾向都很大，故要求较高的预热温度，一般都在 250~350℃ 以上，工件比较厚，刚度比较大时，还必须采取焊后保温缓冷等措施。

对珠光体钢焊接接头进行焊后热处理的目的仍然是改善淬火钢焊缝金属与近缝区的组织和性能，消除厚大构件中的残余应力，促使扩散氢逸出，防止产生冷裂纹，以及保持焊件尺寸精度和提高铬钼钒钢工件在高温服役条件下的抗裂性等。常用的焊后热处理方法有高温回火、正火及正火加回火三种，应用较多的是高温回火。常用珠光体异种钢焊接接头的预热温度及回火温度可参考表15-5。

表15-5　常用珠光体异种钢焊接时的焊接材料及预热和回火温度

母材组合	焊条		预热温度/℃	回火温度/℃	备　注
	牌号	型号（GB）			
Ⅰ+Ⅱ	J427	H08A H08MnA	100~200	600~650	
Ⅰ+Ⅲ	J426 J427	H08A	150~250	640~660	

母材组合	焊条		预热温度/ ℃	回火温度/ ℃	备 注
	牌号	型号(GB)			
Ⅰ+Ⅳ	J426 J427	H08A	200~250	600~650	焊后立即热处理
	A302 A307 A146	H12Cr21Ni10Mn6	不预热	不回火	焊后不能热处理时选用
Ⅰ+Ⅴ	J427 R207 R407	—	200~250	640~670	焊后立即热处理
Ⅰ+Ⅵ	J427 R207	—	200~250	640~670	焊后立即热处理
Ⅱ+Ⅲ	J506 J507	H08Mn2SiA	150~250	640~660	
Ⅱ+Ⅳ	J506 J507	H08Mn2SiA	200~250	600~650	
	A402 A407 A146	H12Cr21Ni10Mn6	不预热	不回火	
Ⅱ+Ⅴ	J506 J507	H08Mn2SiA	200~250	640~670	
Ⅱ+Ⅵ	R317	—	200~250	640~670	
Ⅲ+Ⅳ	J506 J507	H08Mn2SiA	200~250	640~670	
	A507	—	不预热	不回火	
Ⅲ+Ⅴ	J506 J507	H08Mn2SiA	200~250	640~670	
	A507	—	不预热	不回火	
Ⅳ+Ⅴ	J707	—	200~250	640~670	焊后立即热处理
	A507	—	不预热	不回火	
Ⅳ+Ⅵ	J707	—	200~250	670~690	焊后立即热处理
	A507	—	不预热	不回火	
Ⅴ+Ⅵ	R207 R407	—	200~250	700~720	焊后立即热处理
	A507	—	不预热	不回火	

2. 不同马氏体-铁素体钢的焊接

表15-5中类别Ⅶ、Ⅷ、Ⅸ的马氏体-铁素体钢，一般都含有大量强碳化物形成元素 Cr，所以这类钢焊接熔合区不会出现明显的扩散过渡区。存在的主要问题是：铁素体钢是一种低碳高铬[$w(Cr)$ 17%~28%]合金，在固溶状态下为单相铁素体组织，这类钢虽然无淬硬性，但热敏感性很高，在焊接高温作用下会使晶粒严重粗化(含铬量越高，粗化越严重)而引起塑性和韧性显著下降；马氏体钢 $w(Cr) = 11.5\%~18\%$，有强烈的空淬倾向，几乎在所有的冷却条件下都转变成马氏体组织，同时也有晶粒粗化倾向和回火脆性。可见这两类钢的焊接

性都比较差，尤其是马氏体钢更差。所以，焊接不同马氏体-铁素体异种钢，最重要的是必须采取措施防止接头近缝区产生裂纹或塑性和韧性的下降。对于铁素体钢，通常采取的措施是选用抗裂性能好的奥氏体或镍基填充材料，采用小规范、快速焊、窄焊道以及多层焊时严格控制层间温度等手段。对于马氏体钢，则必须预热，预热温度通常要高于 $250 \sim 300$℃（但不超过 400℃），采用小热输入施焊，焊后缓冷，冷却到低于 100℃ 时再进行 $700 \sim 750$℃ 的高温回火。只有当工件厚度不大（小于 $10mm$）且无刚性固定的情况下，才可以不预热。如果焊接构件不承受冲击载荷，厚度较大时也可以不预热，但此时必须采用奥氏体焊缝金属，不过因此会产生焊缝强度大大低于母材的严重问题。另外，这种接头在热处理时还会在熔合区产生使工作能力下降的组织变化。所以不预热而用奥氏体焊接材料焊接这类钢应十分慎重，只有在无法进行热处理，且只承受静载荷，又无很大压力的情况下才允许这样做。不同马氏体-铁素体钢焊接时的焊接材料及预热、回火温度可参考表 15-6。

表 15-6　不同马氏体-铁素体钢的焊接材料及预热和回火温度

母材组合	焊接材料	预热温度/℃	回火温度/℃	备　　注
Ⅶ + Ⅷ	H12Cr13，G207	$200 \sim 300$	$700 \sim 740$	
	H12Cr25Ni13，A307	不预热	不回火	
Ⅶ + Ⅸ	G207，R817，R827	$350 \sim 400$	$700 \sim 740$	焊后保温缓冷后立即回火处理
	A307	不预热	不回火	
Ⅷ + Ⅸ	G307，R817，R827	$350 \sim 400$	$700 \sim 740$	焊后保温缓冷后立即回火处理
	A312	不预热	不回火	

3. 不同奥氏体钢的焊接

不同钢号的奥氏体钢焊接时，应考虑各种奥氏体钢本身的焊接性特点而采取相应的工艺措施，选择焊接材料。与同种奥氏体钢的焊接一样，主要注意防止热裂纹、晶间腐蚀和相析出脆化等问题。如控制焊缝金属含碳量，限制焊接热输入及高温停留时间，添加稳定化元素、采用双相组织焊缝、进行固溶处理或稳定化热处理等。但稳定化元素的添加等必须适当，否则过多的 δ 相会引起相析出脆化。奥氏体焊缝的性能与其化学成分密切相关，所以必须尽量保持焊接工艺参数的稳定，以保证焊缝金属化学成分的稳定，从而使熔合比稳定，以保证焊缝金属化学成分的稳定。

几乎所有的焊接方法都可以用于奥氏体钢的焊接，但焊条电弧焊仍是应用较多的方法。不同奥氏体钢焊接用的焊条参看表 15-7。不同奥氏体钢焊接时，一般都不需要预热，也不需要焊后热处理。只有在很特殊的情况下，才考虑焊后固溶处理或稳定化处理等。

表 15-7　异种奥氏体钢焊接用的焊条

焊　　条	备　　注
A202	用于 350℃ 以下非氧化性介质
A132 A137	用于氧化性介质，在 610℃ 以下具有热强性
A212	用于无浸蚀性介质，在 600℃ 以下具有热强性
A302 A307	在不含硫化物或无浸蚀性介质中，1000℃ 以下具有热稳定性，焊缝不耐晶间腐蚀
A132 A137	在不含硫的气体介质中，在 $700 \sim 800$℃ 以下具有热稳定性
A507	适用于镍含量小于 35% 又不含 Nb 的钢材，700℃ 以下具有热强性

四、珠光体钢与奥氏体钢的焊接

1. 珠光体钢与奥氏体钢焊接的特点

由于珠光体钢与奥氏体钢在化学成分、金相组织、物理性能及力学性能等方面有较大差异，在焊接时会引起一系列困难，为保证焊接质量，必须考虑以下特点：

(1) 焊缝金属的稀释

一般情况下，可以认为焊缝金属大体上是搅拌均匀的，选择焊接材料时可以根据舍夫勒组织图(图15-1)按熔合比来估算，以求得纯奥氏体或奥氏体加少量一次铁素体组织的焊缝成分。由于有珠光体母材的稀释作用，18-8 型焊接材料不可能满足要求，25-20 型焊接材料又可能因单相奥氏体组织而容易产生热裂纹，所以采用 25-13 型焊接材料通常是比较合适的。焊缝金属受到母材金属的稀释作用，往往会在焊接接头过渡区产生脆性的马氏体组织，即在珠光体钢一侧熔合区附近形成的低塑性狭窄区域带最高硬度可达 350HV 以上。虽然焊后回火可能使硬度有所降低，但接头在高温下长期工作后，脆性带还会发展，硬度还会上升。在熔池边缘部位，由于搅拌作用不足，母材稀释作用比焊缝中心更突出，铬、镍含量会远低于焊缝中心的平均值，即形成了所谓的过渡区。

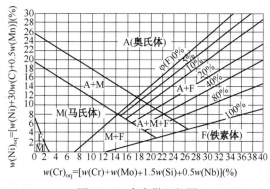

图 15-1　舍夫勒组织图

虽然过渡区难以避免，但通过采取一些措施，如提高焊缝金属中奥氏体形成元素镍的含量和控制高温停留时间等，仍可以减小过渡区的宽度。采用含镍量高的焊接材料是目前改善异种钢熔合区质量的主要手段，因为多数异种钢接头具有奥氏体焊缝。

(2) 碳迁移形成扩散层

在焊接、热处理或使用中长时间处于高温时，珠光体钢与奥氏体钢界面附近发生反应扩散而使碳迁移，结果在珠光体钢一侧形成脱碳层发生软化，奥氏体钢一侧形成增碳层发生硬化。由于两侧性能相差悬殊，接头受力时可能引起应变集中，降低接头的承载能力。为防止碳迁移，常采取以下措施：尽量降低加热温度并缩短高温停留时间；在珠光体钢中增加强碳化物形成元素或预先堆焊含强碳化物形成元素或者镍基合金的隔离层，而在奥氏体钢中要相应减少这些元素；采用含镍量高的填充金属，利用镍的石墨化作用阻碍形成碳化物，以缩小扩散层。

(3) 焊接残余应力

由于珠光体钢与奥氏体钢的线胀系数不同，且奥氏体钢的导热性差，焊后冷却时收缩量的差异必然导致这类接头产生焊接残余应力，而且这部分焊接残余应力很难通过热处理方法消除。这种残余应力必然影响接头性能，特别是当焊接接头工作在交变温度下，由于形成热应力或热疲劳而可能沿着珠光体钢与奥氏体钢的焊接界面产生裂纹，最终导致焊缝金属的剥离。为了防止这种现象的发生，常采用以下措施：有限选用与珠光体钢线胀系数相近且塑性好的填充金属，这样，焊接应力将集中在焊缝与奥氏体钢母材一侧，而奥氏体钢的塑性变形能力强，就能够承受住较大的应力；严格控制冷却速度，焊后缓冷，以尽可能减小焊接变形及应力；以及在焊接接头设计时，要尽可能将其安排在没有剧烈温度变化的位置等。

2. 珠光体钢与奥氏体钢的焊接工艺

（1）焊接方法

珠光体钢与奥氏体钢的焊接应注意选用熔合比小、稀释率低的焊接方法，可参考表11-4。从该表可知，带极埋弧焊、焊条电弧焊及熔化极气体保护焊的稀释率相对小些，是比较适合的焊接方法。钨极氩弧焊的稀释率受有无填充金属及焊接工艺条件的影响很大，采用时一定要注意。

（2）焊接材料

选择焊接材料时，必须充分考虑异种钢焊接接头的使用要求、稀释作用、碳迁移、热物理性能、焊接应力及抗热裂性能等一系列问题，表15-8可供参考。

表 15-8　珠光体钢与奥氏体钢焊接的焊接材料及预热和回火温度

母材组合	焊条		预热温度/℃	回火温度/℃	备注
	牌号	型号（GB）			
Ⅰ+Ⅹ	A402 A407	E310-16 E310-15			工作温度<350℃，不耐晶间腐蚀
	A502 A507	E16-25MoN-16 E16-25MoN-15			工作温度<450℃，不耐晶间腐蚀
	A202	E316-16			用于覆盖 A507 焊缝，耐晶间腐蚀
Ⅰ+Ⅺ	A502 A507	E16-25MoN-16 E16-25MoN-15			工作温度<350℃，不耐晶间腐蚀
	A212	E318-16			用于覆盖 A507 焊缝，耐晶间腐蚀
	Ni307	ENiCrMo-0			用于覆盖 A507 焊缝，耐晶间腐蚀
Ⅰ+Ⅷ	A502 A507	E16-25MoN-16 E16-25MoN-15	不预热	不回火	工作温度<350℃，不耐晶间腐蚀
Ⅱ+Ⅹ 或 Ⅱ+Ⅺ	A402 A407	E310-16 E310-15			工作温度<350℃，不耐晶间腐蚀
	A502 A507	E16-25MoN-16 E16-25MoN-15			工作温度<350℃，不耐晶间腐蚀
	A202	E316-16			用于覆盖 A402，A407，A502，A507 焊缝，耐晶间腐蚀
	Ni307	ENiCrMo-0			珠光体钢坡口堆焊过渡层
Ⅱ+Ⅷ	A502 A507	E16-25MoN-16 E16-25MoN-15			工作温度<300℃，不耐晶间腐蚀
Ⅲ+Ⅹ 或 Ⅲ+Ⅺ	A502 A507	E16-25MoN-16 E16-25MoN-15			工作温度<500℃，不耐晶间腐蚀
	A202	E316-16			用于覆盖 A502，A507 焊缝，可耐晶间腐蚀

母材组合	焊 条		预热温度/ ℃	回火温度/ ℃	备 注
	牌号	型号（GB）			
Ⅲ+Ⅷ	A502	E16-25MoN-16	不预热	不回火	工作温度<500℃，不耐晶间腐蚀
	A507	E16-25MoN-15			
Ⅳ+Ⅹ 或 Ⅳ+Ⅺ	A502	E16-25MoN-16	150~200 或 不预热	680~710 或 不回火	工作温度<450℃，不耐晶间腐蚀
	A507	E16-25MoN-15			
	Ni307	ENiCrMo-0			淬火钢坡口堆焊过渡层
Ⅳ+Ⅷ	A502	E16-25MoN-16			工作温度<300℃，不耐晶间腐蚀
	A507	E16-25MoN-15			
	Ni307	ENiCrMo-0			淬火钢坡口堆焊过渡层
V+Ⅹ 或 V+Ⅺ	A302	E309-16			工作温度<400℃
	A307	E309-15			
	A502	E16-25MoN-16			工作温度<450℃
	A507	E16-25MoN-15			
	Ni307	ENiCrMo-0			用作过渡层
	A212	E318-16			用作覆盖焊缝，可耐晶间腐蚀
V+Ⅷ	A502	E16-25MoN-16			工作温度<350℃，不耐晶间腐蚀
	A507	E16-25MoN-15			
Ⅵ+Ⅹ 或 Ⅵ+Ⅺ	A302	E309-16		730~770 或 不回火	工作温度<520℃，不耐晶间腐蚀
	A307	E309-15			
	A502	E16-25MoN-16			工作温度<550℃，不耐晶间腐蚀
	A507	E16-25MoN-15			
	Ni307	EniCrMo-0			工作温度<570℃，不耐晶间腐蚀
	A212	E318-16			用作覆盖焊缝，可耐晶间腐蚀
Ⅵ+Ⅷ	A502	E16-25MoN-16			工作温度<300℃，不耐晶间腐蚀
	A507	E16-25MoN-15			

（3）焊接工艺要点

在确定接头形式、坡口种类、焊缝层数等工艺因素时，同样要依据珠光体钢与奥氏体钢焊接的特点，尽量减小熔合比。焊条和焊丝直径要小一些，电弧电压高一些，尽量采用小电流、快速焊等。如果为了防止珠光体钢可能产生冷裂纹则需要预热，预热温度应当按照珠光体钢确定，但一般比同种珠光体钢焊接时的预热温度略低一些。

五、珠光体钢与马氏体钢焊接的特点

1. 珠光体钢与马氏体钢焊接的特点

焊接珠光体钢与马氏体钢时的焊接性，主要取决于马氏体钢。这类异种钢形成焊接接头时具有以下特点：

（1）焊接接头容易产生冷裂纹 马氏体钢和多数珠光体钢有较大的淬硬倾向，因此这类异种钢接头在焊后冷却时容易形成淬硬组织，是产生冷裂纹的主要原因。同时珠光体钢与马氏体钢的线膨胀系数相差较大，其接头中会产生较大的焊接应力，如果珠光体钢与马氏体钢焊接接头拘束度比较大，再加上焊缝扩散氢的作用，都会大大促使接头冷裂纹的产生。

（2）焊接接头产生脆化　由于马氏体钢的晶粒粗化倾向比较大，特别是多数马氏体钢的成分特点，使其组织往往处于舍夫勒组织图马氏体-铁素体的边界上，这种马氏体钢的组织存在部分铁素体，当冷却速度比较小时，就会出现粗大的铁素体和碳化物组织，引起塑性显著下降。珠光体钢与马氏体钢的焊接接头，焊后在550℃附近回火时，也容易出现回火脆性。一般含铬量越高，焊后脆化也越严重。

2. 珠光体钢与马氏体钢的焊接工艺

为了尽量防止珠光体钢与马氏体钢焊接接头产生脆化和冷裂纹，需正确制定焊接工艺，经常采用的措施有：

（1）焊前预热　预热温度应按马氏体钢的要求选择，为防止发生粗晶脆化不宜过高，通常为150~400℃。

（2）选择合适的填充材料　为保证异种钢结构的使用性能要求，焊缝化学成分应力求接近两种母材金属的成分，表15-9为推荐的焊接材料、预热及回火温度。

（3）选择合适的焊接参数　尽量采用短弧、小热输入焊接。

（4）焊后回火处理　因马氏体钢一般是在调质状态下进行焊接的，为防止冷裂纹及调节焊接接头性能，通常要进行650~700℃的高温回火处理。

表 15-9　珠光体钢与铁素体-马氏体钢焊接的焊接材料及预热和回火温度

母材组合	焊 条		预热温度/℃	回火温度/℃	备 注
	牌号	型号（GB）			
I + Ⅶ	G207	E410-15	200~300	650~680	焊后立即回火
	A302	E309-16	不预热	不回火	
	A307	E309-15			
I + Ⅷ	G307	E430-15	200~300	650~680	焊后立即回火
	A302	E309-16	不预热	不回火	
	A307	E309-15			
II + Ⅶ	G207	E410-15	200~300	650~680	焊后立即回火
	A302	E309-16	不预热	不回火	
	A307	E309-15			
II + Ⅷ	A302	E309-16	不预热	不回火	
	A307	E309-15			
III + Ⅶ	A507	E16-25MoN-15	不预热	不回火	
III + Ⅷ	A507	E16-25MoN-15	不预热	不回火	工件在浸蚀性介质中工作时，在A507焊缝表面堆焊A202
	A207	E316-15	不预热	不回火	
IV + Ⅶ	R202	E5503-B1	200~300	620~660	焊后立即回火
	R207	E5515-B1			
IV + Ⅷ	A302	E309-16	不预热	不回火	
	A307	E309-15			
V + Ⅶ	R307	E5515-B2	200~300	680~700	焊后立即回火

母材组合	焊条		预热温度/℃	回火温度/℃	备注
	牌号	型号（GB）			
V+Ⅷ	A302 A307	E309-16 E309-15	不预热	不回火	
V+Ⅸ	R817 R827	E11MoVNiW-15 —	350~400	720~750	焊后保温缓冷并回火
Ⅵ+Ⅶ	R307 R317	E5515-B2 E5515-B2-V	350~400	720~750	焊后立即回火
Ⅵ+Ⅷ	A302 A307	E309-16 E309-15	不预热	不回火	
Ⅵ+Ⅸ	R817 R827	E11MoVNiW-15 —	350~400	720~750	焊后立即回火

六、珠光体钢与铁素体钢的焊接

1. 珠光体钢与铁素体钢焊接的特点

焊接珠光体钢与铁素体钢时的焊接性，主要取决于铁素体钢。这类异种钢焊接接头铁素体钢一侧的焊接热影响区有较大的粗晶脆化倾向。含铬量越高，高温停留时间越长，焊接接头的脆化倾向越大。

2. 珠光体钢与铁素体钢的焊接工艺

为防止珠光体钢与铁素体钢焊接接头过热粗化、脆化和裂纹，一般采取的焊接工艺措施有：

（1）焊前预热

焊前预热对防止晶粒粗化、裂纹等缺陷很有效，一般预热温度为150℃。随着铁素体钢含铬量的增高，预热温度可达200~300℃。

（2）严格控制层间温度

控制层间温度可有效防止焊缝在高温停留时间过长，否则会促使粗晶脆化倾向。

（3）选择合适的填充材料

应考虑两种母材金属的预热温度以及与焊接方法的配合，与焊后热处理的关系。如用焊条电弧焊焊接Q235与10Cr17钢时，使用G302、G307等焊条，则焊后必须进行热处理；若选用A107、A207、A412等焊条，焊后可以不进行热处理，且焊缝金属的塑性和韧性均较好。表15-9可供选用焊接材料参考。

（4）焊后及时进行热处理

能促使焊缝组织均匀化，并可提高焊缝的塑性和耐蚀性。如焊接Q235钢与1Cr25Ti钢时，焊后进行760~780℃的回火处理，可获得性能优异的焊接接头。

（5）采用短弧、小电流、快速焊。采用焊条电弧焊最好不要作横向摆动，尽量用窄焊道，以利于防止晶粒粗化。

七、复合钢板的焊接

1. 复合钢板焊接的特点

复合钢板是以不锈钢、镍基合金、铜基合金或钛板等高性能合金为覆层，以低碳钢或低合金钢等珠光体钢为基层进行复合轧制、焊接（如爆炸焊或钎焊）而成的双金属板。复合钢板的基层主要满足结构强度和刚度的要求，覆层满足耐蚀、耐磨等特殊性能的要求。通常覆层只占总厚度的 10%～20%。由于复合钢板系由两种化学成分、力学性能等差别都很大的金属复合而成，所以复合钢板焊接属于异种钢焊接。目前工业应用较多的有奥氏体系和铁素体-马氏体系两种类型的复合钢板，其焊接特点如下：

（1）奥氏体系复合钢板的焊接特点

奥氏体系复合钢板是指覆层为奥氏体（不锈）钢，基层为珠光体钢的复合钢板。其焊接性主要取决于奥氏体钢的物理性能、化学成分、接头形式及填充材料种类。主要的焊接特点是：不仅基层与覆层母材本身在成分、性能等方面有较大差异，而且基层与覆层的焊接材料也同样存在较大差异，因此稀释作用强烈，使得焊缝中奥氏体形成元素减少，含碳量增多，增大了结晶裂纹倾向；焊接熔合区则可能出现马氏体组织而导致硬度和脆性增加；同时由于基层与覆层的含铬量差别较大，促使碳向覆层迁移扩散，而在其交界的焊缝金属区域形成增碳层和脱碳层，加剧熔合区的脆化或另一侧热影响区的软化。

（2）铁素体-马氏体系复合钢板的焊接特点

铁素体-马氏体系复合钢板是指覆层为铁素体-马氏体（不锈）钢，基层为珠光体钢的复合钢板。由于基层与覆层的母材及相应焊接材料同样有较大差异，与（1）相类似的稀释问题等也会引起焊缝及熔合区的脆化。

需要特别指出的是，这类复合钢板接头产生冷裂纹的潜伏期与填充材料种类及焊接工艺密切相关，因此必须注意的是焊接检验不能焊后立即进行。

2. 复合钢板的焊接工艺

为保证复合钢板的焊接质量，首先要恰当地分别选择覆层和基层用的焊接材料。为更有效地防止稀释和碳迁移等问题，在基层与覆层之间加焊过渡层，因此还要选好过渡层用焊接材料。选择焊接材料的基本原则是，覆层用焊接材料应保证熔敷金属的主要合金元素含量不低于覆层母材标准规定的下限值；对于有防止晶间腐蚀要求的焊接接头，还应保证熔敷金属中有一定含量的 Nb、Ti 等稳定化元素或者含碳量≤0.04%。对于基层应按基层钢材合金含量选用焊接材料，保证焊接接头的抗拉强度低于基层母材标准规定的抗拉强度下限值。过渡层焊接材料宜选用 25Cr-13Ni 型或 25Cr-20Ni 型，以保证能补充基层对覆层造成的稀释；基层如果是含铝钢则应选用 25Cr-13Ni-Mo 型。表 15-10 和表 15-11 可供采用焊条电弧焊及埋弧焊时选用焊接材料参考。

表 15-10　复合钢板焊条电弧焊时焊条的选用

复合钢板的牌号	基层		过渡层		覆层	
	焊条牌号	焊条型号（GB）	焊条牌号	焊条型号（GB）	焊条牌号	焊条型号（GB）
Q235+12Cr13	J422 J427	E4303 E4315	A302 A307	E309-16 E309-15	A102 A107	E308-16 E308-15
Q345+12Cr13 15MnV+12Cr13	J502 J507 J557	E5003 E5015 E5515-G	A302 A307	E309-16 E309-15	A102 A107	E308-16 E308-15
12CrMo+12Cr13	R207	E5515-B1	A302 A307	E309-16 E309-15	A102 A107	E308-16 E308-15

复合钢板的牌号	基层		过渡层		覆层	
	焊条牌号	焊条型号（GB）	焊条牌号	焊条型号（GB）	焊条牌号	焊条型号（GB）
Q235+12Cr18Ni9Ti	J422 J427	E4303 E4315	A302 A307	E309-16 E309-15	A132 A137	E347-16 E347-15
Q345+12Cr18Ni9Ti	J502	E5003	A302	E309-16	A132	E347-16
15MnV+12Cr18Ni9Ti	J507 J557	E5015 E5515-G	A307	E309-15	A137	E347-15
Q235+12Cr18Ni12Mo2Ti	J422 J427	E4303 E4315	A312	E309-Mo-16	A212	E318-16
Q345+12Cr18Ni12Mo2Ti 15MnV+12Cr18Ni12Mo2Ti	J502 J507 J557	E5003 E5015 E5515-G	A312	E309Mo-16	A212	E318-16
20g+12Cr13	J422	E4303	A302	E309-16	A202	E316-16
09Mn2+12Cr18Ni9Ti	J502 J507	E5003 E5015	A307 A302	E309-15 E309-16	A107 A212	E308-15 E318-16
15MnTi+12Cr18Ni9Ti	J607 J557	E6015-D1 E5515-G	A307 A302	E309-15 E309-16	A107 A207	E308-15 E316-15

表 15-11 复合钢板埋弧焊时焊丝和焊剂的选用

复合钢板的牌号	基层		过渡层		覆层	
	焊丝牌号	焊剂	焊丝牌号	焊剂	焊丝牌号	焊剂
Q235+12Cr18Ni9Ti	H08、H08A	HJ431	H03Cr29Ni12TiAl	HJ260	H08Cr18Ni12Mo2Ti	HJ260
Q345+12Cr18Ni9Ti	H08Mn2SiA	HJ431	H03Cr29Ni12TiAl	HJ260	H08Cr18Ni12Mo3Ti	HJ260
Q345+12Cr13	H08Mn2SiA	HJ431	H03Cr29Ni12TiAl	HJ260	H03Cr19Ni9Ti	HJ260
Q235+12Cr13	H08A、H08MnA	HJ431	H03Cr29Ni12TiAl	HJ260	H08Cr29Ni12TiAl	HJ260
Q235+12Cr18Ni12Mo3Ti	H08A	HJ431	H03Cr29Ni12TiAl	HJ260	H03Cr18Ni12Mo3Ti	HJ260
Q235+12Cr18Ni12Mo2Ti	H08A	HJ431	H03Cr29Ni12TiAl	HJ260	H03Cr18Ni12Mo2Ti	HJ260
Q345+12Cr18Ni12Mo2Ti	H08Mn2SiA	HJ431	H03Cr29Ni12TiAl	HJ260	H03Cr18Ni12Mo2Ti	HJ260
Q345+12Cr18Ni12Mo3Ti	H08Mn2SiA	HJ431	H03Cr29Ni12TiAl	HJ260	H03Cr18Ni12Mo3Ti	HJ260
09Mn2+12Cr18Ni12Mo2Ti	H08MnA	HJ431	H03Cr29Ni12TiAl	HJ260	H03Cr18Ni12Mo2Ti	HJ260
09Mn2+12Cr18Ni12Mo3Ti	H08MnA	HJ431	H03Cr29Ni12TiAl	HJ260	H03Cr18Ni12Mo3Ti	HJ260
15MnTi+12Cr18Ni9Ti	H10Mn2	HJ431	H03Cr29Ni12TiAl	HJ260	H08Cr19Ni9Ti	HJ260
15MnTi+12Cr13	H10Mn2	HJ431	H03Cr29Ni12TiAl	HJ260	H03Cr29Ni12TiAl	HJ260
15MnTi+12Cr18Ni9Ti	H08Mn2SiA	HJ431	H03Cr29Ni12TiAl	HJ260	H08Cr19Ni9Ti	HJ260
15MnTi+12Cr18Ni12Mo2Ti	H10Mn2	HJ431	H03Cr29Ni12TiAl	HJ260	H08Cr18Ni12Mo2Ti	HJ260
15MnTi+12Cr18Ni12Mo3Ti	H10Mn2	HJ431	H03Cr29Ni12TiAl	HJ260	H08Cr18Ni12Mo3Ti	HJ260

复合钢板的焊接程序如图 15-2 所示，即先焊基层焊缝，再焊过渡层焊缝，最后焊覆层焊缝。复合钢板对接焊时的坡口形式和尺寸见图 15-3，为防止覆层金属混入第一道基层焊缝，可如图 15-3(d)、(f)所示，预先将接头附近的覆层金属加工掉一部分。过渡层焊接宜用小热

输入、反极性、直线运条和多层多道焊。如图15-4所示，过渡层的熔焊金属在基层b处的厚度宜为1.5~2.5mm，在覆层a处的厚度宜为0.5mm~0.5×覆层厚度且不大于1.8mm。焊前需要预热的复合钢板焊接接头，宜按基层母材金属的要求进行，预热温度可参考表15-12选用。焊后需要热处理的，其热处理温度可参照表15-13选择。其恒温时间按复合钢板的总厚度计算。

表 15-12　常用复合钢板预热温度

复合钢板组合	基层厚度/mm	预热温度/℃
Q235+06Cr13 20R	30	>50
06Cr19Ni9 Q235+06Cr17Ni12Mo2 20R+022Cr17Ni14Mo2	30~50	50~80
	50~100	100~150
16MnR+06Cr13	30	>100
06Cr19Ni9 16MnR+06Cr17Ni12Mo2 022Cr17Ni14Mo2	30~50	100~150
	>50	>150
15CrMoR+0Cr13	>10	150~200
06Cr19Ni9 15CrMoR+06Cr17Ni12Mo2 022Cr17Ni14Mo2	>10	150~200

注：覆层材质为0Cr13时，预热温度应按基层选取预热温度，焊条应采用铬镍奥氏体焊条。

表 15-13　复合钢板焊后热处理温度选择

覆层材料		基层材料	温度/℃
不锈钢	铬系	低碳钢 低合金钢	600~650
	奥氏体系(稳定化，低碳)		600~650
	奥氏体系		<550
	奥氏体系	Cr-Mo钢	620~680

注：①覆层材料如果是奥氏体不锈钢，在这个温度带易析出 σ 相和Cr碳化物，故尽量避免做焊后热处理。

②对于405型或410S型复合钢板焊制的容器，当采用奥氏体焊条焊接时，除设计要求外，可免做焊后热处理。

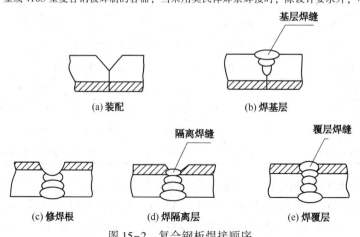

图 15-2　复合钢板焊接顺序

板　厚/mm	外　坡　口(基层侧)	内　坡　口(覆层侧)
<15	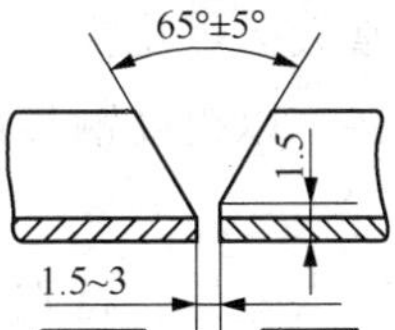 65°±5°　1.5　1.5~3　(a)	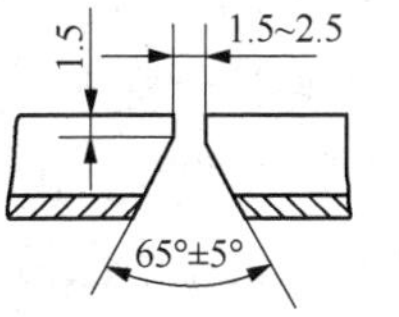 1.5　1.5~2.5　65°±5°　(g)
16~22	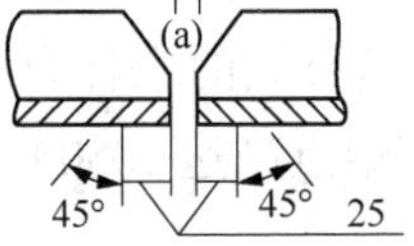 45°　45°　25　(b)	
23~38	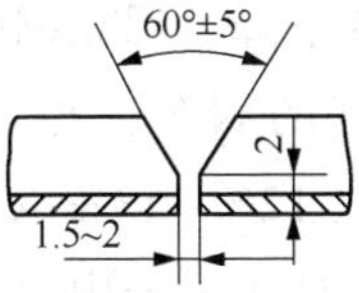 60°±5°　2　1.5~2　(c) 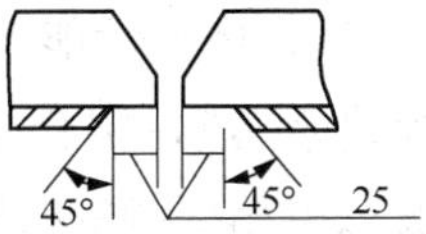　45°　45°　25　(d)	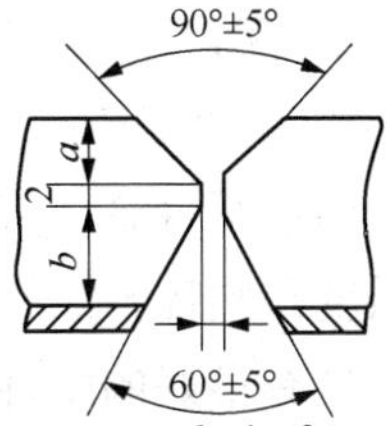 90°±5°　a　2　b　60°±5°　a:b=1:3　(h)
>38	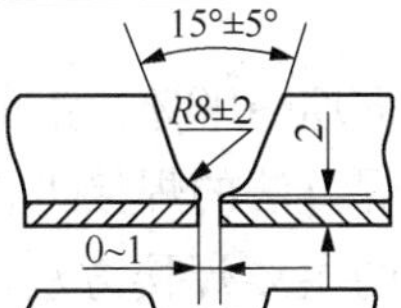 15°±5°　R8±2　2　0~1　(e) 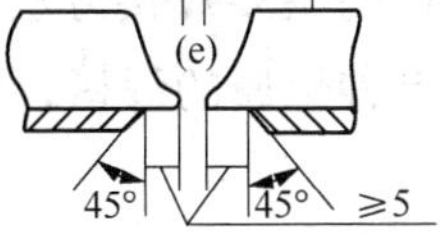　45°　45°　≥5　(f)	

图 15-3　复合板对接接头坡口形式及尺寸

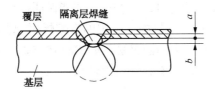

图 15-4　复合钢板隔离层焊缝金属厚度的要求
$a=0.5mm\sim0.5×$覆层厚度；$b=1.5\sim2.5mm$

第三节　异种有色金属焊接

一、铜与铝的焊接

铜与铝都是制造导电体的材料，由于铝的密度仅为铜的 1/3，价格也便宜得多，而且资源丰富，所以从降低成本、减轻重量及合理利用资源等考虑常需要以铝代铜。但铝的导电性比铜差，电阻率比铜大 60% 左右，而且强度很低（$\sigma_b=80\sim100MPa$），故以铝代铜又有一定制约条件。所以在实际生产中，为充分发挥铝和铜它们各自的优点，谋求最好的技术经济性，常常是铝铜共用，这就经常遇到需要将铝与铜牢固连接起来的问题。铝的表面极易氧化，所形成的氧化膜也十分牢固，且电阻率非常大，可见铝与铜之间采用机械连接是不可靠的，因此在生产中广泛应用焊接方法来实现连接，以提高铜与铝接头的综合性能。

1. 铜与铝焊接的特点

铜与铝在物理性能、化学性能等方面存在较大差异，特别是熔点相差 424℃，线胀系数相差 40% 以上，热导率也相差 70% 以上。它们与氧的亲合力都很大，特别是铝无论固态或液态都极易氧化，所形成致密结实的 Al_2O_3 膜熔点高达 2050℃；而铜与氧以及 Pb、Bi、S 等杂质很容易形成多种低熔点共晶。

铝和铜在高温时相互无限固溶，随着温度的下降，铝在铜中的溶解度逐渐下降，到固态时有限固溶。能形成多种以金属间化合物为基的固溶体相，其中包括有 $AlCu_2$、Al_2Cu、AlCu、Al_2Cu 等。只有当铜、铝合金中 $w(Cu)$ 在 12%～13% 以下时，才具有最佳综合性能。这一系列问题给铜与铝的焊接带来了许多困难。特别是采用熔焊方法时，焊接性差的问题最为突出。所以熔焊时，首先要考虑铜与铝在熔点等物理性能上的差异来选择焊接方法和工艺，采取防止氧化的保护措施，并设法控制焊缝金属铜-铝合金中铜的含量在上述最佳范围之内，或者采用铝基合金，并尽量缩短铜与液态铝相接触的时间，以防止形成金属间化合物影响接头的强度和塑性。

铜与铝都具有很好的塑性，铜的压缩率达 80%～90%，铝的也有 60%～80%，因此采用压焊方法可以得到质量优异的铜铝接头。与熔焊方法的焊接工艺复杂、且焊接质量不太理想相比，压焊是目前铜与铝的异种有色金属焊接的主要焊接方法。采用压焊制成的铜-铝过渡接头，还可以避开铜与铝熔焊的困难，而将异种金属的焊接，转变成了铜与铜、铝与铝之间同种金属的焊接。

2. 铜与铝的焊接工艺

（1）铜与铝的熔焊　实践表明，铜与铝的熔焊必须将接头中金属间化合物脆性层厚度控制在 1μm 以下，且焊缝含 Cu 量低于 12%～13%，才能保证接头的强度及质量，而一般熔焊工艺却难以实现，需要采取一些特殊措施。常用的有熔焊-钎焊法，即在铜母材一侧的焊接坡口上预先钎焊金属层（银钎料：$w(Ag)$ 50%，$w(Cu)$ 15.5%，$w(Zn)$ 16.5%，$w(Cd)$ 18%；厚度 1mm）后再使用熔焊的方法。还有在铜母材坡口内预置填充金属丝、棒等中间层后再进行焊接的方法。

铝与铜氩弧焊时，要将电弧向铜的一侧偏移约相当于板厚 1/2 的距离，以便达到两种材料的均匀熔化，在接头的铜侧形成约 3～10μm 厚的金属化合物层，在接头的铝侧形成铜在铝中的固溶体带。由于金属化合物的显微硬度很高，则接头强度严重降低。通过试验，1μm 厚的金属化合物不会影响接头的强度。在焊缝中加入合金元素可以改善铝铜熔焊接头的质量。加入锌、镁能限制铜向铝中过渡，加入钙镁能使表面活化，易于填满树枝状结晶的间隙，加入硅、锌能减少金属间化合物。

采用埋弧焊时，接头形式如图 15-5 所示。焊件厚度为 δ，则电弧与铜母材坡口上缘的偏离值 L 为（05～0.6）δ。铜母材侧开 U 形坡口，铝母材侧为直边。U 形坡口中预置 ϕ3mm 的铝焊丝。当焊件厚度为 10mm 时，采用 φ2.5mm 纯铝焊丝，焊接电流 400～420A，电弧电压 38～39V，送丝速度 332m/h，焊接速度 21m/h。在这种焊接条件下，焊缝金属中 $w(Cu)$ 只有 8%～10%，可获得满意的焊接接头力学性能。

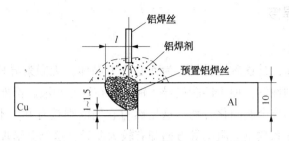

图 15-5　铜-铝埋弧焊接头形式示意图

（2）铜与铝的压焊

电阻对焊和闪光对焊在铜与铝焊接上的应用历史已很久。为防止产生脆性金属间化合物常需要先在铜表面镀上锌、铝或银纤料。闪光对焊时需采用大电流（比焊钢时大 1 倍），高送料速度（比焊钢时高 4 倍），高压快速顶锻（100~300mm/s）和极短的通电顶锻时间（0.02~0.04s）。在这种焊接条件下，脆性金属间化合物和氧化物均被挤出接头，并使接触面处产生较大塑性变形，能获得性能很好的接头。

二、铜与钛的焊接

1. 铜与钛焊接的特点

钛具有塑性、韧性好，耐腐蚀、易于成形，其合金的比强度大等特点。钛有两种晶体结构，882℃以上为体心立方结构，称 β 钛；低于 882℃ 为密排六方结构，称 α 钛。铜与钛在物理性能、化学性能等方面存在着较大差异，Cu 与 Ti 相互之间的溶解度不大，却能形成 Ti_2Cu、$TiCu$、Ti_3Cu_4 等多种金属间化合物，和多种低熔共晶体。这正是焊接铜与钛异种金属接头的主要困难，因为焊接时的热作用可能导致这些脆性相的形成。此外铜与钛焊接时的气孔倾向，以及钛母材由于生成片状氢化物 TiH_2 所引起的氢脆，铜母材由于杂质生成的低熔点共晶体（如 Cu+Bi 共晶体的熔点 270℃）等也不容忽视。

2. 铜与钛的焊接工艺

（1）铜与钛的熔焊

铜与钛熔焊（常用的是氩弧焊）时，主要为避免两种金属的相互搅拌而防止上述困难的发生，常采用加入含有 Mo、Nb 和 Ta 的钛合金中间隔离层，以使 α-β 相转变温度降低，从而获得与铜的组织相近的单相 β 组织钛合金的熔焊方法。这类异种金属焊接接头只能用于焊后不再承受高温加热的场合，因为焊后再把接头加热到高于 400~500℃ 时，接头中会形成连续的金属间化合物层而且会迅速增加，以致引起接头性能大大下降。

（2）铜与钛的压焊

与熔焊相比，压焊比较适合于铜与钛的焊接，尤其是冷压焊对避免因加热所引发的一系列焊接性问题较为有利，而且可以不加中间隔离层直接进行焊接。但如果采用扩散焊时，仍需要加中间隔离层材料，如 Mo 或 Nb 等，以防止产生金属间化合物和低熔共晶体，提高接头强度。采用电炉加热、焊接时间较长的扩散焊接头强度明显高于高频感应加热、焊接时间较短的扩散焊接头强度。

三、铜与镍的焊接

1. 铜与镍焊接的特点

镍属于重有色金属，是铁磁性材料，为面心立方晶体，无同素异构转变，化学活性低，耐蚀性强，强度高，韧性好，加工性能优异。铜与镍在固态和液态都能无限固溶，形成一系列连续固溶体，不会形成金属间化合物。这显然对它们的焊接有利。不过它们在化学成分、熔点、导热性能、线胀系数及电阻率等方面却有较大差异，这仍会给焊接带来很大困难。焊接时，铜母材易与杂质生成低熔点共晶体，镍母材一侧也容易形成（Ni+S）、（Ni+P）、（Ni+As）、（Ni+Pb）等低熔点共晶体，这常会成为接头脆化开裂的原因。氧、氢在镍中的溶解度液态时很大，冷却时变小，也可能导致产生焊缝气孔。

2. 铜与镍的焊接工艺

为减少上述焊接性问题的发生，必须采用高纯度惰性气体或真空来保护焊接区。选用高纯度填充材料，并采用铝、钛脱氧剂加强对焊接熔池的脱氧和脱气，以及采用小的焊接热输入等措施。熔焊、压焊和钎焊方法均可用于铜与镍的焊接，常用的焊接方法有惰性气体保护焊、真空电子束焊、等离子弧焊、真空扩散焊、气焊及钎焊等。

四、钛与铝的焊接

1. 钛与铝焊接的特点

钛与铝在物理和化学性能方面都有很大差异，它们在力学性能上也有很大差异。钛与铝在液态无限固溶，在固态、特别是室温下，钛在铝中的溶解度十分微小，仅0.07%，而分别在1460℃和1340℃形成TiAl型和TiAl3型金属间化合物。钛的熔点1677℃，焊接时，只要钛一熔化，就很难避免产生金属间化合物而导致焊缝的脆化。钛在铝中的溶解度极小，而形成金属间化合物的速度很快，极易产生脆化相以至使接头不能使用，因此焊接性很差，这是钛与铝焊接遇到的最大困难。

2. 钛与铝的焊接工艺

（1）钛与铝的熔焊-钎焊

为了不使接合面的钛熔化，且保持铝的温度不高于800~850℃，可采用熔焊-钎焊法来焊接钛与铝。即如图15-6所示，采用钨极氩弧焊方法加热钛母材，并使之仅部分发生熔化而不熔透，且其热量却能将背面搭接的铝板熔化；在氩气保护下，液态铝在清洁的钛板背面形成填充金属，即钎焊焊缝。这种方法要求严格的焊接工艺以保证铝熔池温度不超过850℃，这使得工艺很复杂，实现的难度很大。为此，改进的熔焊-钎焊法，则预先在钛母材焊接坡口上覆盖铝过渡层，覆盖的方法可用堆焊或将钛母材焊接坡口浸入熔融的工业纯铝中进行渗铝处理等。

（2）钛与铝的压焊

试验证明，加热温度450~500℃，保温5h，在钛-铝接合面上不会出现金属间化合物，因此采用压焊法焊接钛与铝接头，要比熔焊法有利，且能获得很高的接头强度。

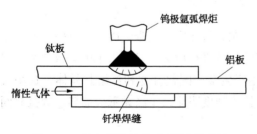

图15-6 钛与铝的熔焊-钎焊法示意图

第四节　钢与有色金属的焊接

一、钢与铝的焊接

1. 钢与铝焊接的特点

铝与铁能形成固溶体、共晶体和多种金属间化合物 $FeAl$、$FeAl_2$、$FeAl_3$、$FeAl_7$、Fe_3Al 和 Fe_2Al_5 等，其中以 Fe_2Al_5 脆性最大。这些金属间化合物对力学性能包括显微硬度等都有明显影响。铝还能与钢中的 Mn、Cr、Ni 等元素形成有限固溶体和金属间化合物，与钢中的碳形成化合物等。这些化合物都是引起钢与铝焊接接头强度和硬度提高，塑性和韧性下降的主要原因。

铝及其合金的物理性能与钢的相差甚远，这也会给它们之间的焊接造成很大困难。如它们的熔点相差达 800~1000℃，当铝或铝合金已完全熔化时，钢还保持着固态，这就很难发生熔合现象而且液态的铝对固态的钢也很难润湿。其次是热导率相差 2~13 倍，故很难均匀加热。线膨胀系数相差 1.4~2 倍，这也必然会在接头界面两侧引起残余热应力，而且不能通过热处理来消除它。另外，铝及其合金加热时在表面迅速形成稳定氧化膜（Al_2O_3）也会造成熔合困难。综上所述，焊接钢与铝及其合金，采用熔焊方法是极其困难的，采用压焊则相对较易实现。

2. 钢与铝的焊接工艺

（1）熔焊

可以采用钨极氩弧焊焊接钢与铝及其合金，当钢一侧坡口面角度为 70° 时，接头强度最高。坡口表面需彻底清理并加上表面活化层，碳钢、低合金钢表面可以镀锌，奥氏体钢表面则以镀铝为好。Q235 钢采用镀锌方式与 1060 纯铝焊接，接头的结合良好，接头强度可达 88~98MPa。

钨极氩弧焊（熔焊-钎焊）采用交流电源，焊接钢与铝时，先将电弧指向铝焊丝，待开始移动进行焊接时则指向焊丝和已形成的焊道表面，如图 15-7(a) 所示，这样能保证镀层不致被破坏。另种方法则是使电弧沿铝母材一侧表面移动而铝焊丝沿钢一侧移动，如图 15-7(b) 所示，使液态铝流至钢的坡口表面。总之，要注意保护坡口上的镀层，勿使其过早烧失而失去作用。

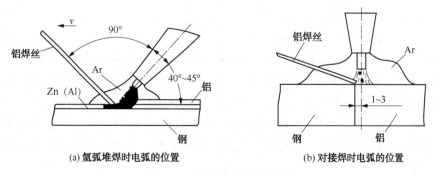

(a) 氩弧堆焊时电弧的位置　　(b) 对接焊时电弧的位置

图 15-7　钢与铝焊接示意图

钢与铝的焊接采用含少量硅的纯铝焊丝可以比较稳定地形成优质焊接接头，其抗拉强度和疲劳强度都可达到与母材铝相当的水平，其密封性和在海水或空气中的耐蚀性也比较好。

不过，不宜使用 Al-Mg 合金焊丝，因为镁不溶于铁，镁与铁的结合力很弱，而且镁还强烈促进金属间化合物的增长，这都会降低接头强度。

（2）压焊

压焊有利于钢与铝及其合金的焊接。冷压焊焊前必须彻底清理钢及铝或铝合金的连接表面，清除氧化物及薄膜。要实现冷压结合必须保证接头处变形量在 70%~80% 以上。

二、钢与铜的焊接

1. 钢与铜及其合金的焊接性

由于两者的线膨胀系数相差大，而且铜-铁二元合金的结晶温度区间约在 300~400℃ 范围之内，故在焊接时容易发生焊缝热裂纹。焊缝金属中 Fe 含量为 10%~43% 时，抗热裂性能最好。

液体铜或铜合金有可能向钢热影响区的表面内部渗透和扩展形成渗透裂纹，可能是单个裂纹，也可能是沿晶界网状裂纹。凡含镍、铝、硅的铜合金焊缝对钢的渗透少，含锡的青铜渗透多。Ni 含量大于 16% 的铜合金焊缝在碳钢上不会造成渗透裂纹。然而，钢的组织状态对渗透裂纹有重要影响。液态铜能浸入奥氏体而不能浸入铁素体，所以单相奥氏体钢容易发生渗透裂纹，而奥氏体-铁素体双相钢就不太容易发生渗透裂纹。

2. 钢与铜及其合金的焊接工艺

（1）钢与铜的熔焊

钢与铜及其合金的焊接可以用气焊、焊条电弧焊、埋弧焊、氩弧焊、电子束焊等熔焊方法来进行施焊。焊接时，应把焊接处表面和焊丝严格清理干净，直至露出金属光泽。

厚度大于 3mm 的钢与纯铜焊接时，最好开保证双面钝边焊透的 X 形坡口。或采用埋弧焊。钢与铜焊条电弧焊时的焊接参数如表 15-14 所示。

表 15-14　钢与铜焊条电弧焊时的焊接参数

被焊材料厚度/mm	母材牌号	接头形式	焊条		焊接电流/A
			牌号	直径/mm	
3+3	T4 铜+Q235	I 形坡口双面焊	T107	3	130
4+4	T4 铜+Q235	V 形坡口单面	T107	4	180
6+6	T2 铜+Q235				120~160
3+8	T4 铜+Q235	T 形接头	T107	3.2	120~160
3+10				2	120~160

不锈钢与铜焊接时，选用不锈钢焊条，则熔敷金属含铜量达到一定数量时会产生热裂纹；若采用铜焊条，则焊缝中的镍、铬、铁渗入不锈钢侧热影响区的奥氏体晶界，而使接头硬而脆。一般大多采用与铜和铁无限固溶的镍或镍基合金作填充金属，以达到较高的强度与塑性。由于铜比不锈钢散热快，故焊接时电弧应偏向铜侧，才能保证焊缝的高质量。

（2）压焊

钢与铜及铜合金用真空扩散焊、电阻焊或闪光焊、爆炸焊等焊接方法都可以获得满意的接头。加入镍过渡层可提高接头强度。

钢与纯铜、黄铜用电阻焊或闪光焊焊接时，效果很好。

18-8 型不锈钢与纯铜爆炸焊接头强度可高达 165MPa，而且接头区内显微硬度不升高。由于焊接性良好，铜作为中间层，制成钢-铜-铝过渡件。

三、钢与镍及其合金的焊接

镍及镍合金的强度、塑性、耐热性及耐蚀性优良，其抗应力腐蚀更佳，广泛用于石油、化工及核能工程。镍与铁的物理及化学性能差别不大，有利于焊接，但易产生气孔及热裂纹等焊接缺陷。

1. 钢与镍及其合金的焊接性

焊缝在高温下镍与氧形成 NiO，冷却时镍与氢、碳发生反应，镍被还原，生成水蒸气和一氧化碳。在结晶时这些气体易形成气孔。焊缝金属含镍量多而熔入的钢较少时，因含碳量减少，气孔倾向变小。锰、钛、铝等元素具有脱氧作用，焊缝金属含铬、锰能提高气体在固态金属中的溶解度，也有利于防止气孔产生，所以镍与不锈钢焊接比镍与碳钢焊接更不易产生气孔。

镍与硫、磷及 NiO 等都能形成低熔点共晶，焊缝组织为粗大树枝状结晶，在焊接应力作用下容易产生热裂纹。锰、铬、钼、铝、钛、铌、镁等，能够细化晶粒并打乱枝晶方向，防止热裂纹。镁、锰能脱硫，这些也都能防止热裂纹的产生，铝、钛能脱氧，当焊缝金属中镍含量低于 30% 时，在快速冷却下会产生马氏体组织，塑性、韧性严重降低，因而铁镍焊缝中 Ni 应控制在 30% 以上。

2. 钢与镍及其合金的焊接工艺

钢与镍及镍基合金焊接时可以采用熔焊和压焊方法，诸如焊条电弧焊、埋弧焊、惰性气体保护焊、点焊、缝焊、爆炸焊等。为保证接头性能良好，只有正确地选择焊接方法、焊接材料及焊接参数才能保证接头的质量。

好的工艺措施对保证钢与镍及镍基合金的焊接接头质量有重要影响。坡口表面和焊接材料必须清理干净，防止将有害杂质带入焊缝。电弧焊时，纯镍一侧热影响区的组织粗大和碳钢一侧的魏氏组织对接头性能不利，故应采用低的焊接参数，防止过热，降低热裂纹倾向。

四、钢与钛及其合金的焊接

钛及其合金具有优良的耐蚀性和很高的比强度，而且质量轻，强度高，是化工、航空、电力等工业广泛应用的材料。随着工业的发展，许多零、部件和设备都由复合材料制造而成，因此钢与钛及其合金的焊接也日益增多。

1. 钢与钛及其合金的焊接性

在高温下钛及钛合金大量吸收氧、氮、氢等气体而脆化，液态吸入上述气体的脆化更加严重。因此在焊接或加热到 400℃ 以上的部位必须用惰性气体保护。钛及钛合金的热导率大约只有钢的 1/6，弹性模量只有钢的 1/2，故焊接时用刚性固定防止变形，焊后退火消除应力。退火需在真空或氩气保护下进行，加热温度为 550~650℃，恒温 1~4h。

钛与不锈钢焊接时，钛与铁、铬、镍形成复杂的金属化合物，使焊缝严重脆化，甚至产生裂纹。这种情况下尽量采用压焊或钎焊，最好避免熔焊的方法。

2. 钢与钛及其合金的间接熔焊工艺

钛与钢直接熔焊时，因钛与铁在液态混合时会产生金属化合物而严重脆化，因此不能进行焊接。钛只能与锆、铪、铌、钽、钒五种金属相互固溶，可以进行焊接。因此，钛与钢的焊接只能采用间接熔焊的办法，也就是用增加过渡段后进行同种材料的熔焊。过渡段可用爆炸焊方法制成钛-钢复合件。另外，也可以用多种中间层金属轧制成两侧分别为钢和钛合金的过渡段，然后两端采用电子束焊。另外，采用蒙乃尔合金作中间层的钛与不锈钢氩弧焊，其效果良好。

钛与钢复合板焊接时，为了防止在加热中产生脆化层而影响钛与钢的结合强度，一般夹有铌中间层。但焊接时要避免钛与钢的熔合，可以采用加盖板的隔离措施。即接头强度由基层钢焊缝保证，覆层钛上加盖钛板起抗腐蚀作用，在钢焊缝与钛盖板之间用银或熔点很低的钎料填充，如图15-8所示。也可以在钢与铁接头之间加难熔金属铌薄片的方法，来防止钢中的铁熔入钛覆层焊缝中而形成脆性相，如图15-9所示。

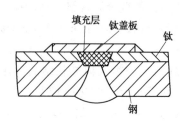

图15-8　钛-钢复合板加盖板
焊接示意图

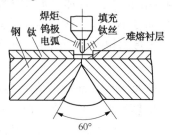

图15-9　钛-钢复合板加衬层
焊接示意图

第四篇　焊接结构与生产

第十六章 焊接应力与变形

第一节 焊接应力与变形概述

一、焊接应力与变形定义

在焊接生产中，焊接应力与焊接变形的产生是不可避免的。焊接过程结束，残留在焊件中的内应力叫做焊接应力，也叫焊接残余应力。焊接过程中，焊件产生了不同程度的变形，焊接过程结束，残留在焊件上的变形叫做焊接变形，也叫焊接残余变形。焊接残余应力往往是造成裂纹的直接原因，同时也降低了结构的承载能力和使用寿命。焊接残余变形造成了焊件尺寸、形状的变化，这给正常的焊接生产带来一定的困难。因此在焊接生产中的一项重要任务就是控制焊接残余应力和焊接残余变形。

二、焊接应力与变形产生的原因

物体在某些外界条件(如应力、温度等)的影响下，其形状和尺寸可能发生变化。下面以一根金属杆为例说明(见图16-1)，一根金属杆在室温下长度为 L_0，当温度升高后，如果不受到阻碍，其长度会增长，增长量 ΔL_T 就是自由变形，见图 16-1(a)。当金属杆在温度升高的过程中受到阻碍，使它不能自由地变形，只能够部分地表现出来，见图16-1(b)，ΔL_e 称为外观变形，而未能够表现出来的变形 ΔL 称为内部变形，它的数值是自由变形和外观变形之差，用下面公式来表示：

$$\Delta L = \Delta L_T - \Delta L_e$$

而内部变形率(ε)用下面的公式来表示：

$$\varepsilon = \Delta L / L_0$$

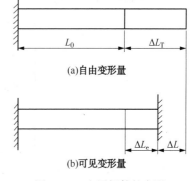

图 16-1 金属杆件的变形

应力与应变之间的关系可以从材料试验的应力-应变图中得知。以低碳钢为例(见图16-2)，当应力低于屈服强度时，应力与应变是直线关系，产生弹性变形(见图16-2)中 OS 线，可以用虎克定律来表示：

$$\sigma = E\varepsilon$$

当应力大于屈服强度时，就会产生塑性变形(见图16-2)中 ST 线。

当材料的温度升高时，其强度会降低，以低碳钢为例(见图16-3)，当温度达到300℃以上时，其强度会迅速降低，当温度达到600℃左右时，屈服强度接近于零。

焊接是一种局部不均匀加热的工艺过程，加热温度高，加热和冷却速度快。焊接时，在焊接区附近产生不均匀的温度场，见图16-4，低碳钢熔池的平均温度达到1700℃以上，熔池周围温度迅速递减。焊件局部因为温度升高而膨胀，又因为温度升高，局部材料的强度降低，由于受到接头周围金属的限制而不能自由膨胀，当压应力大于材料的屈服强度时，产生压缩塑性变形。当焊缝冷却后收缩，由于受到接头周围金属的限制而不能自由收缩而受到拉伸，产生拉应力，即焊接残余应力。总之，焊接时的局部不均匀加热与冷却是产生焊接应力和焊接变形的主要原因。下面以金属框架为例说明，图16-5是一个金属框架，如果只对中间的杆件焊接，而两侧的杆件温度保持不变，见图16-5（a），则前者由于温度的上升而伸长，但这种伸长的趋势受到两侧杆件的阻碍，不能自由地进行，因此中心杆件就受到压缩，产生压应力，而两侧杆件在阻碍中心杆件膨胀伸长的同时受到中心杆件的反作用而产生拉应力。这种应力是在没有外力的作用下产生的，拉应力与压应力在框架内互相平衡。如果中心杆件的压应力达到材料的屈服强度，杆件就会产生压缩塑性变形。当中心杆件的温度恢复到原始状态后，如果任其自由收缩，那么中心杆件就会比原来短。这个差值就是中心杆件的压缩变形收缩量。而实际上框架两侧杆件阻碍着中心杆件的自由收缩，使它受到拉应力，两侧杆件本身由于受到中心杆件的反作用而产生压应力，见图16-5（b）。这样，就在框架中形成了一个新的应力体系，即残余应力。

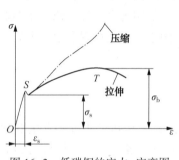

图16-2　低碳钢的应力-应变图

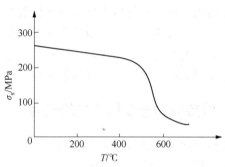

图16-3　低碳钢屈服强度与温度的关系图

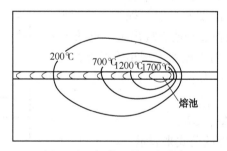

图16-4　焊件上的温度分布

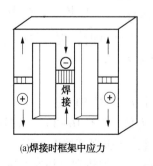

(a)焊接时框架中应力

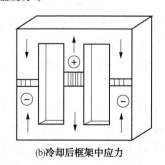

(b)冷却后框架中应力

图16-5　金属框架

三、焊接应力与变形的危害

1. 降低装配质量

焊件的焊接变形不仅影响结构尺寸精度和外观质量，而且使组装件的装配质量下降，造成焊接错边和棱角度。

2. 降低结构的承载能力

焊接变形在外载作用下会引起局部应力集中和附加应力，使结构的承载能力下降。焊接残余应力的叠加，也直接影响焊件的强度和稳定性，并使构件疲劳强度降低，甚至导致脆断事故的发生。

3. 影响焊件加工精度和尺寸稳定性

随时间的变化，焊接残余应力，会直接影响到焊件尺寸的稳定性，内应力是否稳定与材料的组织有关。材料中不稳定组织随时间的变化而发生金相转变(如残余奥氏体转变为马氏体，淬火马氏体转变为回火马氏体)，使焊件在焊后机械加工或使用过程中发生变形。因此对焊后机械加工精度要求较高的焊件，以及使用中对尺寸稳定性要求高的结构，必须采取消除残余应力的措施，以提高结构的尺寸稳定性。

4. 产生裂纹，加速蠕变和应力腐蚀开裂

过大的焊接变形和残余应力，还会使该处的焊接缺陷开裂形成裂纹，并不断扩展，直致失效。对于接触腐蚀介质的结构，由于拉伸残余应力作用，促进应力腐蚀的开裂和扩展。对于高温容器，拉伸残余应力有加速蠕变的作用。

5. 增加制造成本，降低接头性能

部件的焊接变形使组装变得困难，需经矫形后方可装配。有的焊接结构因存在过大的残余应力，必须经消除残余应力才能使用。这些附加工序都将使生产率下降，制造成本增加。矫形和加载法消除焊接残余应力都会使该部位的性能下降，消耗掉一部分材料的塑性。

第二节　焊接残余应力

一、焊接残余应力的分类

1. 按照焊接残余应力产生的原因分类

可分为温度应力、组织应力、拘束应力和氢致应力。

(1) 温度应力　温度应力又称为热应力，它是由于金属受热不均匀，各处变形不一致且互相约束而产生的应力。焊接过程中温度应力是不断地变化的，且峰值一般都达到屈服强度，因此产生塑性变形，焊接结束并冷却后产生残余应力保存下来。

(2) 组织应力　焊接过程中，引起局部金属组织发生转变，随着金属组织的转变，其体积发生变化，而局部体积的变化受到周围金属的约束，同时，由于焊接过程中是不均匀加热与冷却，因此组织的转变也是不均匀的，结果产生了应力。

(3) 拘束应力　焊接结构往往是在拘束条件下焊接的，造成拘束状态的因素有结构的刚度、自重、焊缝的位置以及夹持卡具的松紧程度等。这种在拘束条件下的焊接，由于受到外界或自身刚度的限制，不能自由变形就产生了拘束应力。

（4）氢致应力 焊接过程中，焊缝局部产生显微缺陷，如气孔、夹渣等，扩散氢向显微缺陷处聚集，局部氢的压力增大，产生氢致应力。氢致应力是导致焊接冷裂纹的重要因素之一。

2. 按照焊接残余应力在结构中的作用方向分类

可分为单向应力、双向应力和体积应力。

（1）单向应力 焊接应力在焊件中只沿一个方向产生的应力，如薄板焊接和圆棒对接时，焊件中的应力是单方向的，单向应力也称为线应力，见图16-6。

（2）双向应力 焊接应力存在于焊件中的一个平面的不同方向上，如薄板十字对接焊缝焊接和较厚板对接时，焊件中的应力存在于一个平面上，也称为平面应力，见图16-7。

（3）体积应力 焊接应力在焊件中沿空间三个方向上发生，如厚板对接焊缝和结构件三个方向上焊缝的交叉处都存在体积应力。体积应力也称为三向应力，见图16-8。

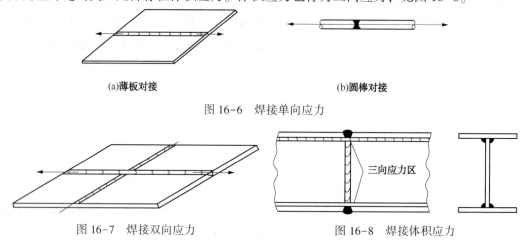

(a)薄板对接   (b)圆棒对接

图16-6 焊接单向应力

图16-7 焊接双向应力   图16-8 焊接体积应力

二、控制焊接残余应力的工艺措施

控制焊接残余应力应该从设计和工艺两个方面来考虑，设计方面应该在保证构件有足够强度的前提下，尽量减少焊缝的数量和尺寸，选择合理的接头形式，将焊缝布置在构件最大应力区之外。在工艺上，主要从以下几点控制焊接残余应力。

1. 选择合理的组焊顺序

施焊时，要考虑焊缝尽可能地收缩，以减小结构的拘束度，从而降低焊接残余应力，其原则是：减小拘束，尽量使每条焊缝能自由地收缩；多种焊缝焊接时，应先焊收缩量大的焊缝；长焊缝宜从中间向两头施焊，避免从两头向中间施焊。图16-9为盖板对接的工字梁，因为盖板对接焊缝的横向收缩量大，必须先焊，然后再焊接工字梁主角焊缝。如果反之，先焊工字梁主角焊缝，后焊盖板对接焊缝，则盖板对接焊缝的横向收缩不自由，很容易产生裂纹。大型储罐容器的罐底是由若干块钢板对接而成，见图16-10，焊接时，焊缝从中间向四周进行，并先焊钢板的对接接长焊缝，然后再焊接通长接宽焊缝，这样能使焊缝最大限度地收缩，减小焊接残余应力。

2. 选择合理的焊接参数

对于需要严格控制焊接残余应力的构件，焊接时尽可能地选用较小的焊接电流和较快的焊接速度，减小焊接热输入，以减少焊件的受热范围。对于多道施焊焊缝，采用小的焊接参数进行多层多道施焊，并控制道间温度，也有利于减小焊接残余应力。

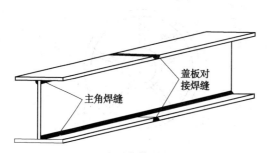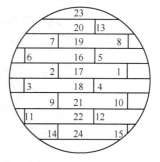

图 16-9　工字梁盖板对接焊缝和主角焊缝的焊接顺序　　　图 16-10　储罐底板的焊接顺序

3. 采用反变形法

反变形法就是通过预先留出焊缝能够自由收缩的余量，使焊缝能够在一定程度上收缩，从而降低焊接残余应力。例如，将容器或其他壳体上原有的孔、洞封闭焊起来，由于周围板的拘束度较大，在拘束应力和焊接残余应力的共同作用下很可能导致裂纹的产生，这时可采用图 16-11 的反变形措施，可以有效地控制焊接残余应力。

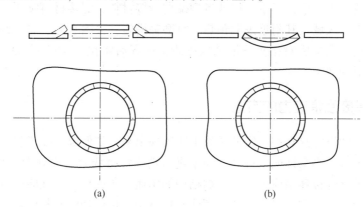

(a)　　　　　　　　　　　(b)

图 16-11　孔洞封闭反变形焊接较小焊接残余应力

4. 采用加热"减应区"法

焊接前，选择构件的适当部位进行加热，使其伸长，在焊后冷却时，加热区的收缩与焊缝的收缩方向相同时，使焊缝能自由收缩，从而降低内应力；这个被加热的部位称为"减应区"，其过程如图 16-12 所示。利用这个原理，可以焊接一些刚度较大的焊缝，获得降低内应力的效果，如图 16-13 轮辐和轮缘断口的焊接。

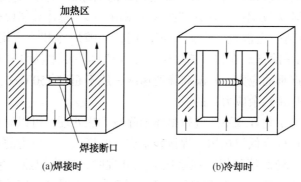

(a)焊接时　　　　　　　　　(b)冷却时

图 16-12　框架断口焊接

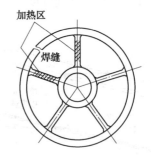

(a)轮辐断口焊接　　　　　　　　(b)轮辐断口焊接

图 16-13　断口焊接

5. 采用锤击方法

每焊完一道焊缝，在焊缝冷却同时锤击焊缝，使焊缝得到一定延伸，可以减少焊接残余应力。

6. 减小氢的措施及消氢处理

为了减小氢致应力集中，尽量选择低氢型碱性焊接材料，焊接材料应严格按要求烘干后使用，同时，对焊接区域及其附近采取预热、打磨等措施，去除水分、油、铁锈等焊接有害物。有的结构件还要求焊后对接头采取消氢处理，即焊后将接头加热到 300~350℃，保温 2h，有利于扩散氢的逸出。

三、消除焊接残余应力的方法

由于焊接应力的影响只有在一定的条件下才表现出来，如低温、疲劳载荷、存在焊接缺陷、保证尺寸精度等。事实证明，许多结构未进行消除焊接残余应力处理，也能安全运行。焊接结构是否要消除焊接残余应力，要根据结构的用途、所用材料的性能等方面综合考虑。

消除焊接残余应力的方法可分为热处理法和机械法。热处理法有整体、局部和中间消除应力热处理；机械法有整体拉伸、振动等。目前最常用的是高温回火热处理，也称为消除应力退火。

1. 高温回火热处理

高温回火热处理是将焊件的整体或需要消除应力的局部加热到一定温度，在这个温度下，金属不会发生相变，屈服强度降低，在残余应力的作用下产生一定的塑性变形，从而消除焊接残余应力，然后再缓慢冷却下来。常用钢材的消除应力热处理温度及保温时间见表 16-1。Q345B 钢消除应力高温回火热处理曲线见图 16-14。整体高温回火热处理是将焊件在热处理炉中整体加热到一定温度，保温一定时间，并随炉冷却，采用这种方法可将焊件 80%~90% 的残余应力消除掉。在整体消除应力热处理时，要注意均匀加热和冷却，以免升温和降温过快引起更严重的应力，升温和降温速度一般不超过 150℃/h，另外保温时间应足够，以达到完全消除焊接残余应力目的的。

对于某些焊接构件不允许或不能进行整体消除应力热处理，可以对其进行局部消除焊接残余应力热处理，它可以降低焊接构件焊接残余应力的峰值，使应力的分布趋于平缓，起到部门消除应力的作用。局部消除焊接残余应力热处理时，应将加热区域用保温材料包裹严密，降低冷却速度；热处理的加热宽度为焊缝每侧不小于板厚的一定倍数。局部消除焊接残余应力热处理的加热方式有感应加热和远红外线加热等方法。感应加热就是采取工频或中频感应加热。由于加热效率低，较难控温等缺点，目前很少采用。中频感应加热时，电流集肤效应强，会导致加热件内外温差大，因此用于厚板加热时应注意。目前，最常用的是远红外加热方式，可以采用计算机控制，控温效果好，加热器可做成履带、绳状等形状和各种尺寸，是一种理想的加热方式。

表 16-1　常用钢材的消除应力热处理温度及保温时间

钢 种 举 例	消除应力热处理温度/℃	根据板厚 δ(mm) 推荐的最小保温时间/h		
		$\delta \leqslant 50$	$50 < \delta \leqslant 125$	$\delta > 125$
Q235，20，12Mn Q345(16Mn)，Q390(15MnV)， Q420(15MnVN)，09Mn2V	≥550	$\delta/25$，但不少于 1/4	$(150+\delta)/100$	$(150+\delta)/100$
14MnMoV，15MnMoV， 18MnMoNb，20MnMoNb， 20MnMo，12CrMo，15CrMo	≥600	$\delta/25$，但不少于 1/4	$(150+\delta)/100$	$(150+\delta)/100$
12Cr1MoV，12Cr2Mo， 12Cr2Mol，12Cr3MoVSiTiB	≥670	$\delta/25$，但不少于 1/4	$\delta/25$，但不少于 1/4	$(375+\delta)/100$

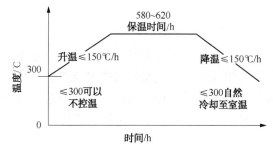

图 16-14　Q345B 钢消除应力高温回火热处理曲线

2. 整体拉伸消除焊接残余应力

焊后对接头进行整体拉伸，使接头受压应力处产生一定塑性变形，与压缩残余变形相互抵消，结果压缩残余变形减小，残余应力也得以减小，但整体拉伸幅度应严格控制，整体拉伸消除焊接残余应力方法对一些锅炉及压力容器特别有意义，因为锅炉及压力容器在焊后要进行水压试验，水压试验的压力一般均大于其工作压力，所以在进行水压试验的同时，也对构件进行了一次拉伸消除焊接残余应力。

3. 机械振动消除焊接残余应力

机械振动消除焊接残余应力就是通过在焊件上安装由偏心轮和变速马达组成的振荡器带动焊件振动，使焊接残余应力释放，从而降低焊接残余应力或使应力重新分布。机械振动消除焊接残余应力所采用的设备简单、节能、时间短、费用低，目前在焊件、铸件、锻件中，为了提高工件的尺寸稳定性而较多采用。有些单位对叉车焊接门架、U 形筋板等件进行机械振动，消除残余应力达到 20% ~ 60%。机械振动消除焊接残余应力时，振荡器的安装位置及焊件的支撑位置十分关键，一般振荡器要安装在焊件振动的波峰处。采用废旧轮胎等支撑物，支撑位置在焊件振动的波节处，见图 16-15。这样可以最大程度地释放能量，波峰和波节可以采用撒沙子或凭手感的方法确定。不要将振荡器安装在焊件的薄板部位，以防振动过程中开裂,大型构件一般要根据具体情况更换几个安装位置进行振动。

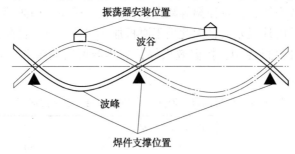

图 16-15 振荡器的安装和焊件支撑位置

第三节 焊接残余变形

一、焊接残余变形分类

焊接残余变形可分为纵向和横向收缩变形、角变形、弯曲变形、扭曲变形和波浪变形等。

1. 纵向和横向收缩变形

焊件在焊后沿焊缝长度方向上的收缩称为纵向收缩变形,见图 16-16 中的 ΔL。焊缝的纵向收缩变形随焊缝长度、焊缝熔敷金属截面积的增加而增加。焊件在焊后沿焊缝宽度方向上的收缩称为横向收缩变形,见图 16-16 中的 ΔB。焊缝的横向收缩变形随焊接热输入、焊缝厚度的增加而增加。对同样厚度的焊件,采用多层多道焊时产生的纵向和横向收缩变形比单层单道焊接小。

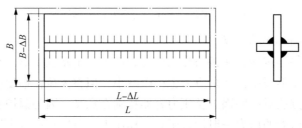

图 16-16 纵向和横向收缩变形

焊缝的纵向收缩量一般随焊缝长度的增加而增加,焊件材料的线胀系数越大,焊接后焊缝的纵向收缩量越大,如不锈钢和铝的线胀系数大,其焊后收缩量就比碳钢大。另外,在多层焊时,第一层引起的收缩量最大,第二层的收缩量约是第一层收缩量的 20%,第三层的收缩量约是第一层收缩量的 5%～10%,以后几层更小。

焊缝的横向收缩量一般随焊缝厚度和焊脚尺寸的增加而增加;对同样厚度的钢板,当坡口角度越大,横向收缩量越大。

2. 角变形

角变形是焊接时,由于焊缝区沿厚度方向产生的横向收缩不均匀引起弯曲变形,角变形的大小用角度 α 表示,堆焊、不对称坡口焊或焊接顺序不合理往往造成焊接角变形,如图 16-17 所示。

角变形量的大小与焊接方法、焊接道数及坡口形式等有关。

3. 弯曲变形

弯曲变形主要是结构上焊缝分布不对称，焊缝收缩引起的变形，弯曲变形的大小用挠度 f 表示。挠度是指焊件的中心轴线偏离原中心轴线的最大距离。图 16-18 为焊接 T 形梁的弯曲变形。

4. 扭曲变形

如果焊件的施焊顺序不合理、组装不良或纵向有错边，焊接时角变形量沿长度方向分布不均匀，焊缝的纵向和横向收缩没有一定规律，引起扭曲变形。图 16-19 是焊接 H 形钢的扭曲变形。

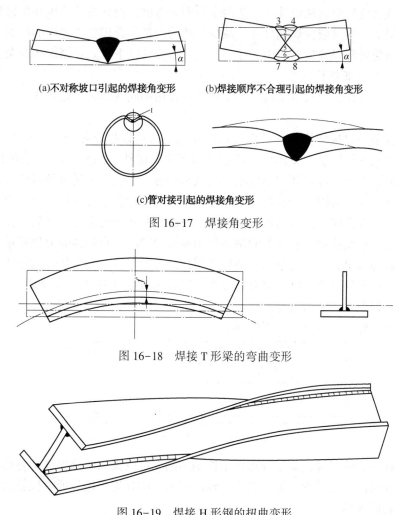

(a)不对称坡口引起的焊接角变形　　(b)焊接顺序不合理引起的焊接角变形

(c)管对接引起的焊接角变形

图 16-17　焊接角变形

图 16-18　焊接 T 形梁的弯曲变形

图 16-19　焊接 H 形钢的扭曲变形

5. 波浪变形

由于结构件的刚性较小，在焊缝的纵向和横向收缩共同作用下造成较大的压应力而引起波浪变形。薄板焊接时很容易产生波浪变形，在公路桥钢箱梁或船体板单元一侧焊接纵向加强筋，并且加强筋数量较多、距离较近时也容易产生波浪变形。图 16-20 是产生波浪变形的例子。

(a)薄板对接引起的波浪变形　　　　　(b)板单元加强筋焊接引起的波浪变形

图 16-20　波浪变形

二、控制焊接残余变形的工艺措施

控制焊接残余变形应该从设计和工艺两个方面来考虑，设计方面应该在保证构件有足够承载能力的前提下，尽量减少焊缝尺寸，减少焊缝的数量，合理安排焊缝的位置，焊缝尽可能对称分布，避免局部焊缝过分集中。在工艺上，主要从以下几点控制焊接残余变形。

1. 选择合理的组装焊接顺序

焊接结构复杂多样，应根据结构件的不同特点选用不同的组装焊接顺序，一般从以下几个方面考虑：

（1）大型复杂的焊接结构，在条件允许的情况下，可以把它划分成若干个单元分别焊接，然后将各单元总体拼装成整体后再进行整体焊接。这种"化整为零"的装配焊接方案的优点是，部件的刚度小，可以利用小型胎卡具减小变形，并能够吊转或翻身施焊；更重要的是把影响整体焊接变形的因素分散到各个单元中去，通过对各部件变形的修整避免了焊接变形的积累，也使部件整体焊接时的焊接量减少。应注意所划分的部件应是易于控制焊接变形的。一般大型公路桥钢箱梁和船体等的制造采用此组焊顺序，将箱体分为顶板单元、底板单元、腹板单元和隔板单元等，各单元分别焊接制造，最后将各单元拼装焊接整体。

（2）对称结构上的对称焊缝，应对称施焊，这样可以使两侧产生的焊接变形相互抵消。也可以在制造过程中对其结构进行调整，如图 16-21 所示，两个 T 形拼成一个工字形焊接，使焊缝对称布置，焊后再将两个 T 形解体。

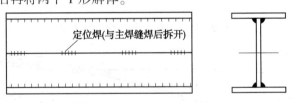

图 16-21　T 形梁焊接方案

（3）非对称布置的焊缝，如果分布在中性轴两侧，可以采用两侧焊缝交替焊接尽量使两侧焊接变形相互抵消。如果焊缝分布在中性轴的一侧，应首先焊接靠近中性轴的焊缝，然后焊接远离中性轴的焊缝。

2. 反变形法

焊前使焊件具有一个与焊后变形方向相反、大小相当的变形，以便恰好能抵消焊接后产生的变形，这种方法叫反变形法。这种方法采用的关键在于反变形量大小的设置，反变形量的大小应依据在自由状态下施焊测得的焊接变形，并结合弹性变形量作适当调整。这种方法经常采用，如中厚板开坡口对接焊缝、焊接 H 形钢翼板反变形、筒体的局部封堵、焊接 T 形的预制上拱等，见图 16-22。对于批量焊接生产的部件，可以设计专门的反变形胎具，会节约大量的焊接变形修整工时，提高生产效率。

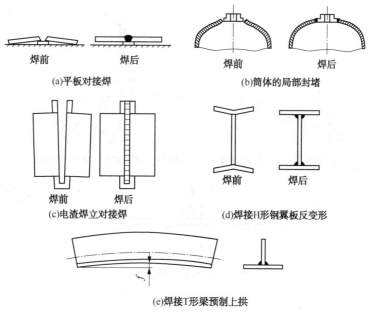

图 16-22　反变形方法应用实例

3. 刚性固定法

焊前对焊件采用外加刚性拘束，使其在不能自由变形的条件下焊接，强制焊件在焊接时不能自由变形，这样可减小焊接变形。应该指出，当外加刚性拘束去除后，由于残余应力的作用，焊件上会残留一定的变形，但比起自由变形来小得多，如果刚性固定与反变形方法结合使用，效果最佳。另外采用刚性固定法，使焊接接头中产生较大的残余应力，对于一些焊后容易裂的材料应慎用。

4. 选择合理的焊接方法、焊接参数和坡口形式

应尽量采用热量集中、焊接变形小的焊接方法施焊。焊接变形由大到小的排列顺序为气焊、电渣焊、埋弧焊、焊条电弧焊、气体保护焊。气体保护焊方法热量集中，且有气体的冷却作用，更有利于焊接变形的控制。目前随着钢结构制造业的发展，CO_2 气体保护焊被广泛采用，有利于焊接变形的控制是一个重要原因。尽量采用小的焊接热输入，既能减小焊接变形，又能减小焊接应力。如果焊脚尺寸较大，可适当开坡口，以减小焊缝填充量，当坡口较深时，不适于开 V 形坡口，宜采用 U 形坡口，减小焊接量。

三、矫正焊接残余变形的方法

焊后，对超出技术要求的焊接变形应进行矫正。目前对焊接残余变形的矫正方法主要有机械矫正和火焰矫正两种，其实质都是设法造成一个新的变形，以抵消已经发生的焊接残余变形。

1. 机械矫正

机械矫正就是通过施加外力，使焊件产生新的变形，以抵消已经发生的焊接残余变形，低碳钢、不锈钢等塑性好的金属材料的焊接变形可用机械矫正法矫正。机械矫正常用的设备为压力机、千斤顶、撵平机等，图 16-23 为几个机械矫正实例。对于焊接工字梁有专用的

矫正机，如图 16-24 所示。

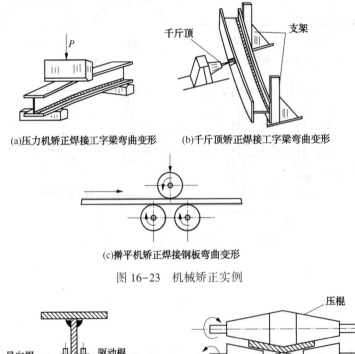

(a)压力机矫正焊接工字梁弯曲变形　　　　(b)千斤顶矫正焊接工字梁弯曲变形

(c)辗平机矫正焊接钢板弯曲变形

图 16-23　机械矫正实例

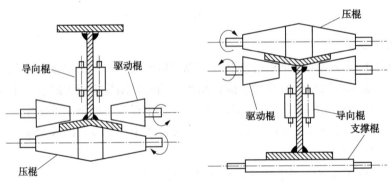

图 16-24　工字梁矫正机示意图

2. 火焰矫正

火焰矫正是用火焰对金属局部加热，使其产生压缩塑性变形，冷却后该区域金属发生收缩，利用此收缩产生的变形来抵消因焊接产生的残余变形。火焰矫正用工具为气焊用焊炬或专用割炬，机动灵活，操作方便，适合对复杂结构件进行焊接变形矫正。火焰矫正的三要素是加热位置、加热形状和加热区温度。

（1）加热位置　确定加热位置是火焰矫正的关键，加热位置不正确，不仅起不到矫正的作用，反而会加重变形。所选择的加热位置必须使它产生的变形方向与焊接残余变形的方向相反，起到抵消焊接残余变形的目的。例如产生弯曲变形和角变形的原因是焊缝集中在中性轴的一侧，要矫正这两种变形，则加热位置必须在中性轴的另一侧，且加热位置距离中性轴越远矫正效果越好，见图 16-25。

（2）加热形状　加热形状有点状加热、条状加热和三角加热三种。

1）点状加热　点状加热适用于薄板波浪变形的矫平，通常采用多点加热，见图 16-26（a），加热点成梅花状均匀分布。一般加热点直径 d 不小于 15mm，两点间距 a 在 50 ~ 100mm 之间，见图 16-26(b)，厚板或变形量大时，可以加大加热点直径(d)及两点间距取小值。为了提高修整效率，加热后可以对加热区锤击，锤击时应垫锤击衬垫。对于淬硬性不强的薄钢板，也可以对加热区采用水冷。

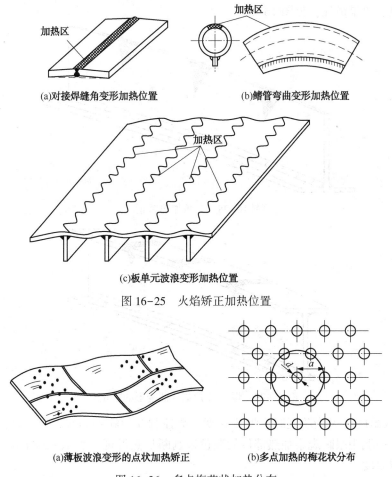

(a)对接焊缝角变形加热位置　　　　(b)鳍管弯曲变形加热位置

(c)板单元波浪变形加热位置

图 16-25　火焰矫正加热位置

(a)薄板波浪变形的点状加热矫正　　(b)多点加热的梅花状分布

图 16-26　多点梅花状加热分布

2）条状加热　条状加热多用于矫正变形量大、刚度大的构件，如图 16-25(a)中对接焊缝角变形的修整和图 16-25(c)中板单元焊接加强筋后波浪变形的修整，再如箱形杆件的弯曲和扭曲变形，见图 16-27。加热时，火焰沿直线移动，薄板常为多条加热，而对于厚板，在直线移动的同时增加横向摆动，形成一定宽度的加热带。

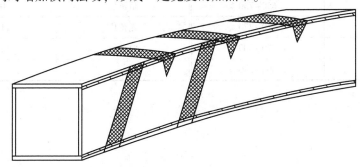

图 16-27　条状加热矫正

3）三角加热　三角加热又称为楔形加热，多用于矫正弯曲变形的构件，如焊接 T 形梁，见图 16-28。加热区呈三角形，底边的横向收缩量大于顶端。在使用过程中，经常将三角加热和条状加热联合使用，如矫正焊接 H 形梁的弯曲变形时，对翼板采用条状加热，对腹板采用三角加热，效果最佳，见图 16-29。

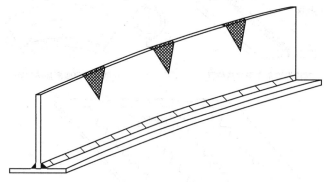

图 16-28　三角加热矫正

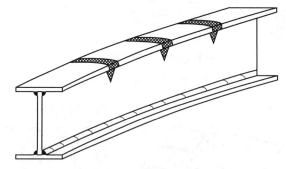

图 16-29　焊接 H 形梁弯曲变形的矫正

4）加热区温度　火焰矫正时，加热温度一般控制在 600~800℃之间，防止过烧。现场测温不方便，一般用眼睛观察加热部位的颜色来判断加热温度，表 16-2 给出了加热时钢板颜色及其相应温度。

表 16-2　钢板加热颜色及其相应温度

钢 板 颜 色	温度/℃	钢 板 颜 色	温度/℃
深褐红色	550~580	亮樱红色	830~960
褐红色	580~650	橘黄色	960~1050
暗樱红色	650~730	暗黄色	1050~1150
深樱红色	730~770	亮黄色	1150~1250
樱红色	770~800	白黄色	1250~1300
淡樱红色	800~830		

第十七章　焊接装配图

第一节　焊接装配图概述

一、焊接装配图特点

装配图就是用来表达机器及其零件、部件的工作原理、结构形状和装配关系的图样。而焊接装配图就是用来表达需要焊接的产品零件、部件上有关焊接技术要求的图样。焊接装配图的特点是必须清楚地表示与焊接有关的技术要求，如接头形式、坡口形式、焊接方法、焊接材料型号及焊缝验收技术要求等。

二、焊缝的图示要求

为了简化图样上焊缝的绘制，可采用特定的符号来表示焊缝，从而比较简单、明确地表示所要说明的焊缝，而且不使焊缝增加过多的注释，方便识读。

三、识读焊接装配图的方法和步骤

识读焊接装配图的目的是通过焊缝符号标注，来了解构件间焊缝的要求，包括接头形式、坡口形式、焊脚尺寸、焊接方法、使用的焊接材料及焊缝检查验收技术要求等。要正确地识读焊接装配图，除了需要掌握有关机械制图的识图知识外，还需要懂得焊缝符号表示方法的有关国家标准规定。

识读焊接装配图的步骤是：

（1）看标题栏和明细表，了解焊接结构件的名称、材质、焊接件的板厚、焊缝长度、结构件的数量等。

（2）看焊接结构视图，了解焊缝符号标注内容，包括坡口形式、坡口深度、焊缝有效厚度、焊脚尺寸、焊接方法和焊缝数量等。

（3）分析各部件间的关系，以及焊接变形趋势，分析确定合理的组装和焊接顺序。

（4）通过想象分析焊缝空间位置，判断焊缝能否施焊，以便为焊接确定较为适宜的焊接位置。

（5）分析焊缝的受力状况，明确焊缝质量要求，包括焊缝外观质量、内部无损检测质量等级和对焊缝力学性能的要求。

（6）选择适宜的焊接方法和焊接材料，确定合理的焊接工艺。

（7）了解对焊缝的其他技术要求，例如焊后打磨、后热、焊后热处理和锤击要求等。

第二节　焊接装配图的识读

一、焊接装配图的组成

1. 标题栏和明细表

在标题栏中注明焊接构中的名称、图号、比例及绘制人和复核人的姓名。在明细表中注明组成焊接构件的部件编号、规格尺寸、材质、数量和重量等。

2. 焊接构件视图

运用必要的视图和各种表达方式，表达出焊接构件的装配与组合情况，各零件间的相互位置、接头形式和配合关系，通过分析视图，能够了解构件的工作情况、使用性能和焊缝的受力状况等。

所谓视图，就是将构件向投影面投影所得到图形。视图有四种，分别为基本视图、局部视图和斜视图。

（1）基本视图　基本视图是将构件向上、下、左、右、前、后六个投影面投影所得到的视图，六个基本视图的名称分别为：主视图、俯视图、左视图、右视图、仰视图、后视图。

六个基本视图之间仍然保持着三视图相同的投影规律，即主视图、俯视图、仰视图、后视图长对正；主视图、左视图、右视图、后视图高平齐；俯视图、仰视图、左视图、右视图宽相等。六个基本视图中，最常用的是主视图、俯视图和左视图。图17-1为一个构件的六个基本视图。

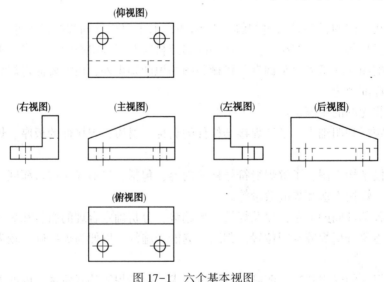

图 17-1　六个基本视图

（2）局部视图　将构件的某一部分向基本投影面投影得到的视图称为局部视图。

局部视图是不完整的基本视图，利用局部视图可以减少基本视图的数量，补充基本视图尚未表达清楚地部分，如图17-2所示。局部视图的上方应标明"X"字样，并在相应的视图附近用箭头指明投影方向和标注相同的字母。

（3）斜视图　　将构件向不平行于任何基本投影面的平面投影所得的视图称为斜视图，如图17-3所示，斜视图的画法和标注基本上与局部视图相同。在布置引起误解时，可不按照投影关系配置，还可将图形旋转摆正，此时图形上方应标明"X"字样，同时加注旋转符号，表示该视图名称的大写字母应靠近旋转符号的箭头端。

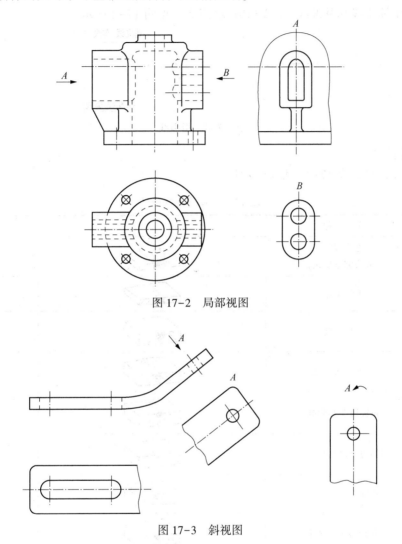

图 17-2　局部视图

图 17-3　斜视图

3. 焊缝代号及标注

（1）焊缝符号

焊缝符号是工程语言的一种，是用符号在焊接结构设计的图样中标注出焊缝形式、焊缝和坡口的尺寸及其他焊接要求。我国的焊缝符号是由国家标准 GB/T 324 统一规定的。

完整的焊缝符号包括基本符号、指引线、补充符号、尺寸符号及数据等。为了简化，在图样上标注焊缝时通常只采用基本符号和指引线，其他内容一般在有关的文件中（如焊接工艺规程等）明确。

1）基本符号

基本符号是表示焊缝横截面基本形状或特征的符号，见表17-1。标注双面焊缝或接头时，基本符号可以组合使用，如表17-2所示。

2）补充符号

补充符号是为了补充说明焊缝或接头的某些特征(诸如表面形状、衬垫、焊缝分布、施焊地点等)而采用的符号，见表17-3。

3）指引线

指引线由箭头线和基准线(实线和虚线)组成，见图17-4所示。

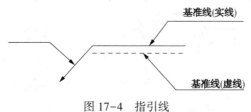

图 17-4　指引线

4）尺寸符号

焊缝尺寸符号如表17-1~表17-4所示。

表 17-1　焊缝基本符号

序　号	名　　称	示　意　图	符　　号
1	卷边焊缝 (卷边完全熔化)		ハ
2	I 形焊缝		‖
3	V 形焊缝		∨
4	单边 V 形焊缝		Ⅴ
5	带钝边 V 形焊缝		Y
6	带钝边单边 V 形焊缝		Ⅴ
7	带钝边 U 形焊缝		Y
8	带钝边 J 形焊缝		Ⅴ
9	封底焊缝		⌣
10	角焊缝		△
11	塞焊缝或槽焊缝		⊓
12	点焊缝		○

序 号	名 称	示 意 图	符 号
13	缝焊缝	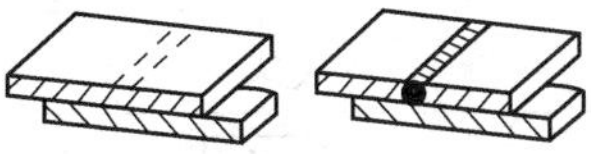	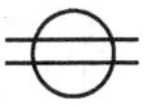 ⊖
14	陡边 V 形焊缝		|/
15	陡边单 V 形焊缝		 |/
16	端焊缝		‖‖
17	堆焊缝		 ⌒⌒
18	平面连接(钎焊)	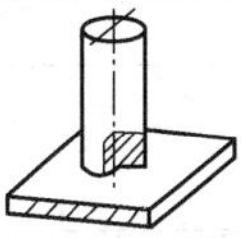 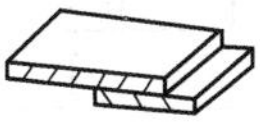	=
19	斜面连接(钎焊)	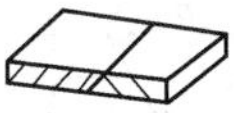	⫽
20	折叠连接(钎焊)		↻

表 17-2　基本符号组合

序 号	名 称	示 意 图	符 号
1	双面 V 形焊缝 (X 焊缝)		 X
2	双面单 V 形焊缝 (K 焊缝)	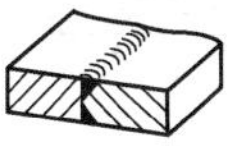	 K
3	带钝边的双面 V 形焊缝		 X
4	带钝边的双面单 V 形焊缝		 K
5	双面 U 形焊缝		 X

表 17-3　补 充 符 号

序 号	名 称	符 号	说 明
1	平面	 ——	焊缝表面通常经过加工后平整
2	凹面	⌣	焊缝表面凹陷
3	凸面	⌢	焊缝表面凸起

序 号	名 称	符 号	说 明
4	圆滑过渡		焊趾处过渡圆滑
5	永久衬垫	M	衬垫永久保留
6	临时衬垫	MR	衬垫在焊接完成后拆除
7	三面焊缝		三面带有焊缝
8	周围焊缝	○	沿着工件周边施焊的焊缝 标注位置为基准线与箭头线的交点处
9	现场焊接		在现场焊接的焊缝
10	尾部	<	可以表示所需的信息

表 17-4　尺 寸 符 号

符号	名 称	示 意 图	符号	名 称	示 意 图
δ	工件厚度		c	焊缝宽度	
α	坡口角度		K	焊脚尺寸	
β	坡口面角度		d	点焊：熔核直径 塞焊：孔径	
b	根部间隙		n	焊缝段数	$n=2$
ρ	钝边		l	焊缝长度	
R	根部半径		e	焊缝间距	
H	坡口深度		N	相同焊缝数量符号	$N=3$
S	焊缝有效厚度		h	余高	

（2）焊缝符号在图样上的表示方法

1）基本符号和指引线的位置规定

a. 基本要求

在焊缝符号中，基本符号和指引线为基本要素。焊缝的准确位置通常由基本符号和指引线之间的相对位置决定，具体位置包括：

——箭头线的位置

——基准线的位置

——基本符号的位置

b. 箭头线

箭头直接指向接头侧为"接头的箭头侧"，与之相对则为"接头的非箭头侧"，如图17-5所示。

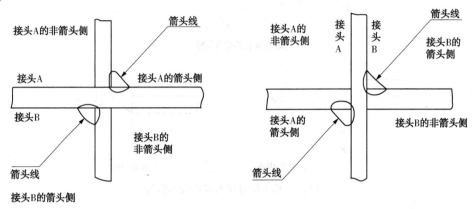

图 17-5　接头的"箭头侧"及"非箭头侧"示例

c. 基准线

基准线一般应与图样的底边平行，必要时也可与底边垂直。

实线和虚线的位置可根据需要互换。

d. 基本符号与基准线的相对位置

基本符号在实线侧时，表示焊缝在箭头侧，如图17-6(a)所示。

基本符号在虚线侧时，表示焊缝在非箭头侧，如图17-6(b)所示。

对称焊缝允许省略虚线，如图17-6(c)所示。

在明确焊缝分布位置的情况下，有些双面焊缝也可省略虚线，如图17-6(d)所示

2）尺寸及标注

必要时，可以在焊缝符号中标注尺寸。

a. 尺寸标注规则

尺寸标注方法如图17-7所示。

横向尺寸标注在基本符号的左侧；纵向尺寸标注在基本符号的右侧；坡口角度、坡口面角度、根部间隙标注在基本符号的上侧或下侧；相同焊缝数量标注在尾部；当尺寸较多不易分辨时，可在尺寸数据前标注相应的尺寸符号。

b. 尺寸标注的其他规定

确定焊缝位置的尺寸不在焊缝中标注，应将其标注在图样上。

在基本符号的右侧无任何尺寸标注又无其他说明时，表示焊缝在工件的整个长度方向上是连续的。

在基本符号的左侧无任何尺寸标注又无其他说明时，表示对接焊缝应完全焊透。

塞焊缝、槽焊缝带有斜边时，应标注其底部的尺寸。

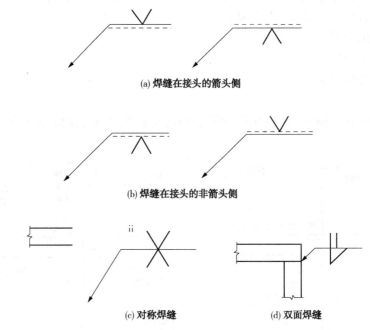

(a) 焊缝在接头的箭头侧

(b) 焊缝在接头的非箭头侧

(c) 对称焊缝   (d) 双面焊缝

图 17-6　基本符号相对基准线的位置

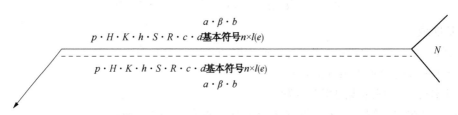

图 17-7　尺寸标注方法

（3）焊缝符号的应用示例

1）基本符号应用示例

基本符号的应用示例见表 17-5。

表 17-5　基本符号的应用示例

序号	符号	示　意　图	标　注　示　例	备　注
1	V			
2	⊔			

序号	符号	示 意 图	标注示例	备 注
3				
4				
5				

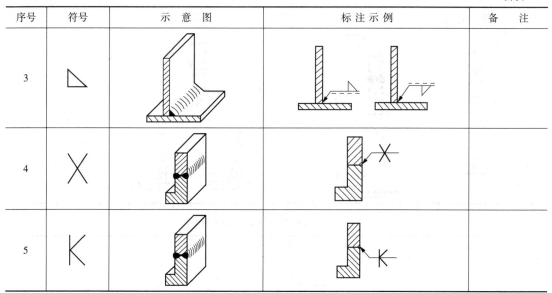

2）补充符号应用示例

补充符号应用示例见表 17-6，补充符号标注示例见表 17-7，其他补充符号标注见表 17-8。

表 17-6　补充符号的应用示例

序 号	名 称	示 意 图	符 号
1	平齐的 V 形焊缝		
2	凸起的双面 V 形焊缝		
3	凹陷的角焊缝		
4	平齐的 V 形焊缝和封底焊缝		
5	表面过渡平滑的角焊缝		

表 17-7　补充符号的标注示例

序号	符 号	示 意 图	标注示例	备 注
1				

序号	符 号	示 意 图	标注示例	备 注
2		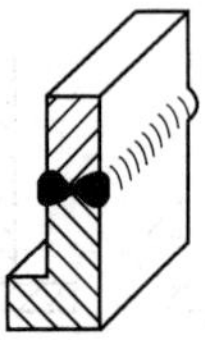	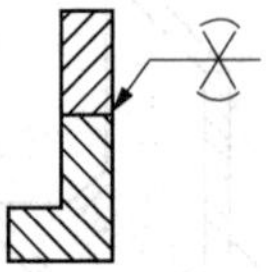	
3		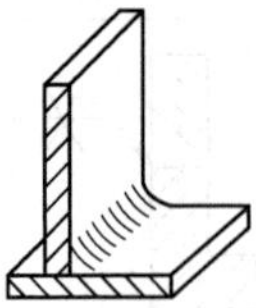	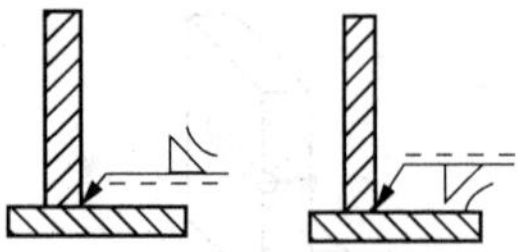	

表 17-8　其他补充符号的标注示例

序号	名 称	示 意 图	说 明
1	周围焊缝	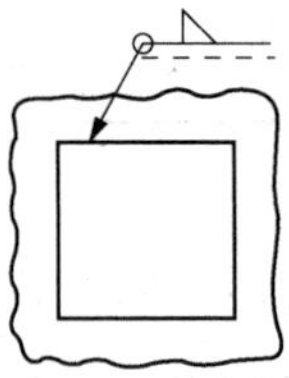	焊缝围绕工件周边时，采用圆形符号标注
2	现场焊缝	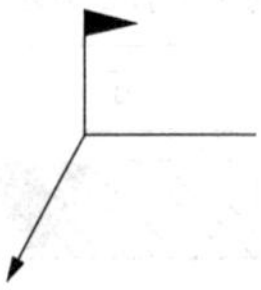	小旗表示野外或现场焊缝
3	焊接方法的标注	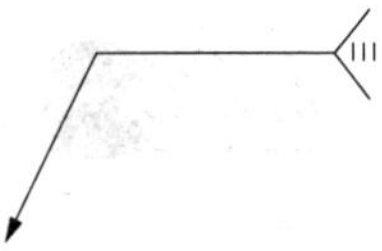	需要时，可以在尾部标注焊接方法代号

3）尺寸标注示例

尺寸标注应用示例见表 17-9。

表 17-9　尺寸标注示例

序号	名 称	示 意 图	尺寸符号	标注方法
1	对接焊缝	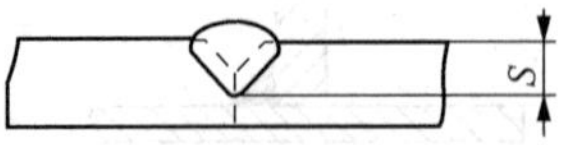	S：焊缝有效厚度	
2	连续角焊缝	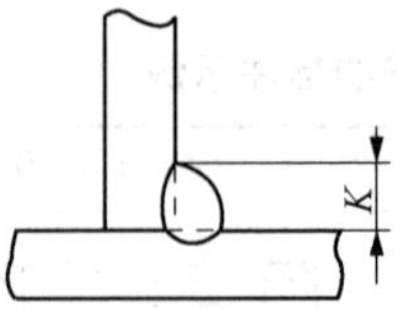	K：焊脚尺寸	
3	断续角焊缝	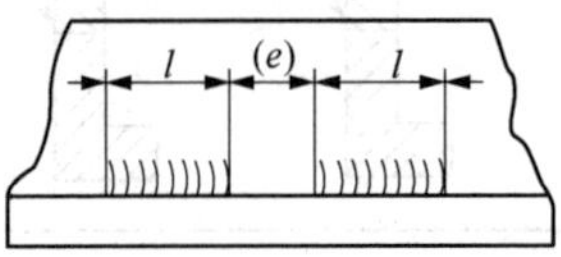	l：焊缝长度 e：间距 n：焊缝段数 K：焊脚尺寸	

序号	名　称	示　意　图	尺寸符号	标注方法
4	交错断续角焊缝		l：焊缝长度 e：间距 n：焊缝段数 K：焊脚尺寸	
5	槽焊缝		l：焊缝长度 e：间距 n：焊缝段数 c：槽宽	
6	塞焊缝		e：间距 n：焊缝段数 d：孔径	
7	点焊缝		e：焊点间距 n：焊缝数量 d：熔核直径	
8	缝焊缝		l：焊缝长度 e：间距 n：焊缝段数 c：焊缝宽度	

（4）焊缝符号在图样上的识别

焊缝符号在图样上识别的原则如下：

1）根据箭头线的指引方向了解焊缝在焊件上的位置；

2）看图样上焊件的结构形式（组焊焊件的相对位置）识别出接头形式；

3）通过基本符号可以识别焊缝（即焊缝的坡口）形式；

4）在基本符号的上（下）方有坡口角度及装配间隙。

焊缝符号在图样上的识别示例如表17-10所示。

表17-10　焊缝符号在图样上的识别示例

焊缝形式	图样代号	备　注
		单面坡口对接焊缝
		不开坡口，双面对接焊缝

焊 缝 形 式	图 样 代 号	备　　注
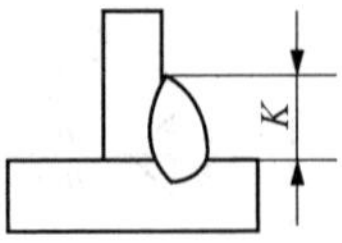	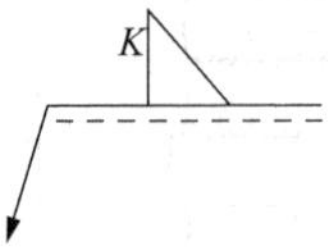	单边角焊缝
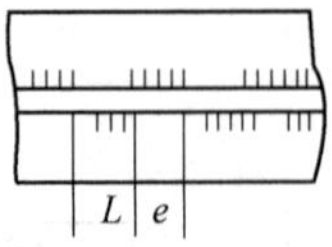	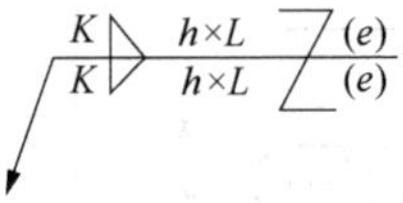	交错双面角焊缝
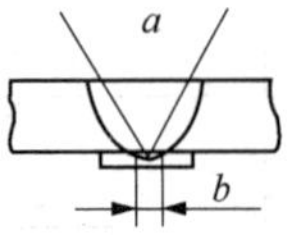	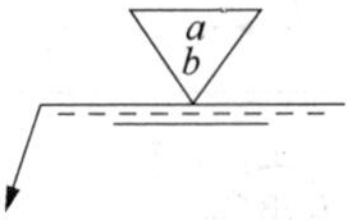	单面坡口带垫板对接 焊缝要求焊缝表面平
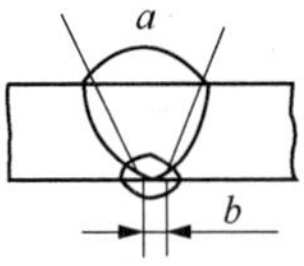	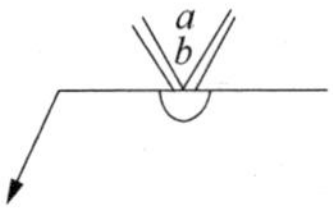	单面坡口带封底对接焊缝
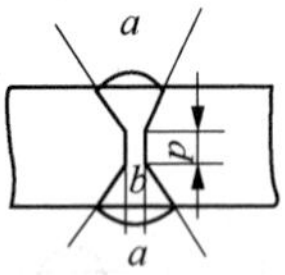	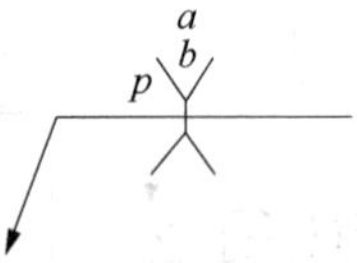	对称 X 型坡口双面对接焊缝
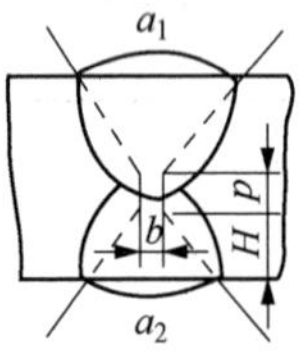	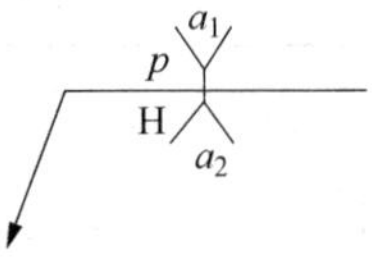	不对称 X 型坡口双面对接焊缝

4. 焊接装配图的识读

装配图是表达机器或零、部件的工作原理、结构形状和装配关系的图样。

焊接装配图是指实际生产中的产品零部件或组件的工作图。它与一般装配图的不同在于图中必须清楚表示与焊接有关的问题，如坡口与接头形式、焊接方法、焊接材料型号和焊接及验收技术要求等。见图 17-8。

（1）看标题栏和明细表，作概况了解

了解装配体的名称、性能、功用和零件的种类名称、材质、厚度、数量、及其在装配图上的位置。

（2）分析视图

了解物体的尺寸及形状，分析整个装配图上有哪些视图，采用什么剖切方法，表达的重点是什么，反映哪些装配关系，零件之间的连接方式如何，了解有关的焊接坡口形状、焊缝尺寸、焊接方法等。

（3）分析零件

主要是了解零件的主要作用和基本形式，以便弄清楚装配体的工作原理、装配关系等。

（4）了解技术要求

了解设计图纸中或设计技术文件的技术要求。

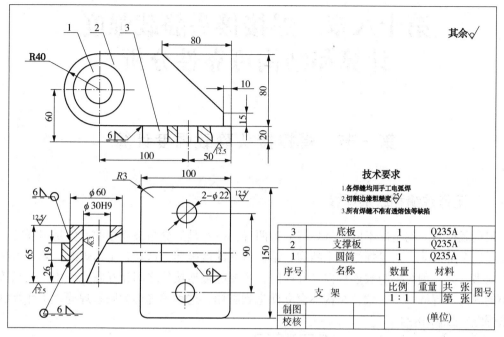

图 17-8　焊接装配图

第十八章 焊接接头静载强度 计算和结构可靠性分析

第一节 焊接接头静载强度计算

一、工作焊缝和联系焊缝

根据载荷传递的情况不同，将焊缝分为两种：一种是焊缝与被连接的元件是串联的，焊缝传递这全部载荷，一旦焊缝发生断裂，结构就立即被破坏，这就是工作焊缝，其应力称为工作应力。另一种焊缝与被连接件是并联的，主要起被连接件之间相互联系作用，它只传递很小的载荷，焊缝一旦失效，结构不会立即遭到破坏，这种焊缝称为联系焊缝。工作焊缝和联系焊缝，见图18-1。

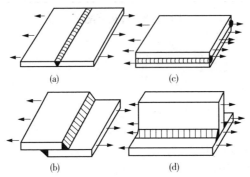

图 18-1 工作焊缝和联系焊缝

在进行焊缝强度设计计算时，工作焊缝的强度必须经过计算，符合设计安全要求时，才能进行焊接生产。而联系焊缝的强度则可不必进行计算。对于既具有工作焊缝，又具有联系焊缝的双重性焊缝，在设计时，只计算其工作焊缝强度而不考虑联系焊缝的强度。

二、焊接接头静载强度计算的假设

由于焊接接头的应力分布非常复杂，精确计算焊接接头的强度是很困难的，为了计算方便，常在静载条件下做如下简化：

（1）残余应力对于接头强度没有影响；

（2）焊趾、余高等处的应力集中，对于接头强度没有影响；

（3）在接头内工作应力是均匀分布的，一律按平均应力来计算；

（4）余高和少量的熔深对于接头强度没有影响，但熔深较大时应予以考虑。

三、接头强度计算

1. 对接接头受拉应力静载强度计算

$$\sigma_\text{t} = F/l\delta \leqslant [\sigma_\text{t}^1]$$

式中　σ_t——焊缝所承受的拉应力，MPa；

　　$[\sigma_\text{t}^1]$——焊缝的许用拉应力，MPa；

　　　F——焊接接头所承受的拉力，N；

　　　l——焊缝长度，mm；

　　　δ——焊接接头中较薄的板材厚度，mm。

受拉应力的焊缝见图 18-2(a)。

例1：两块板厚 $\delta = 10\text{mm}$ 的 Q235A 钢板对接焊，已知焊缝长度 $l = 100\text{mm}$，Q235A 钢的许用应力 $[\sigma_\text{t}^1] = 167\text{MPa}$，求该焊缝能承受的最大拉力，见图 18-2(b)。

解：由

$$\sigma_\text{t} = F/l\delta \leqslant [\sigma_\text{t}^1]$$

得 $F \leqslant [\sigma_\text{t}^1]l\delta$

故 $F \leqslant 167\text{MPa} \times 10\text{mm} \times 100\text{N} \leqslant 167 \times 10^3\text{N} \leqslant 167\text{kN}$

答：该焊缝能承受 167kN 的力。

2. 对接接头受压应力静载强度计算

焊缝受压应力见图 18-2(c)，其强度计算公司如下：

$$\sigma_\text{p} = F/l\delta \leqslant [\sigma_\text{p}^1]$$

式中　σ_p——焊缝所承受的压应力，MPa；

　　$[\sigma_\text{p}^1]$——焊缝的许用压应力，MPa；

　　　F——焊接接头所承受的压力，N；

　　　l——焊缝长度，mm；

　　　δ——焊接接头中较薄的板材厚度，mm。

例2：两块钢厚 $\delta = 10\text{mm}$ 的 Q235A 钢板对接焊，焊缝承受压应力 $F = 167\text{kN}$，见图 18-2(c)，求该焊缝的长度 l。

已知：$\delta = 10\text{mm}$，$F = 167\text{kN}$，$[\sigma_\text{p}^1] \leqslant 167\text{MPa}$

$$\sigma_\text{p} = F/l\delta \leqslant [\sigma_\text{p}^1]$$

$l = F/\delta[\sigma_\text{p}^1] = 167 \times 10^3\text{N}/10\text{mm} \times 167\text{MPa} = 100\text{mm}$

答：该焊缝长度为 100mm。

3. 对接接头受切应力静载强度计算

焊缝受切应力见图 18-2(d)，其强度计算公式如下：

$$\tau = F/l\delta \leqslant [\tau^1]$$

式中　τ——焊缝所承受的切应力，MPa；

　　$[\tau^1]$——焊缝的许用切应力，MPa；

　　　F——焊接接头所承受的切力，N；

　　　l——焊缝长度，mm；

　　　δ——焊接接头中较薄的板材厚度，mm。

例 3：钢材对接焊接承受切应力，当焊缝长度 $l = 200\text{mm}$，板厚 $\delta = 10\text{mm}$ 时，求焊缝能承受最大切应力是多少？

已知：$l = 200\text{mm}$，$\delta = 10\text{mm}$，$[\tau^1] = 100\text{MPa}$

解：

$$\tau = F/l\delta \leqslant [\tau^1]$$

$$F = [\tau^1]l\delta = 100\text{MPa} \times 10\text{mm} \times 200\text{mm}$$

$$= 100\text{N}/\text{mm}^2 \times 10\text{mm} \times 200\text{mm}$$

$$= 200000\text{N} = 200\text{kN}$$

答：该结构焊缝能承受 200kN 的切应力。

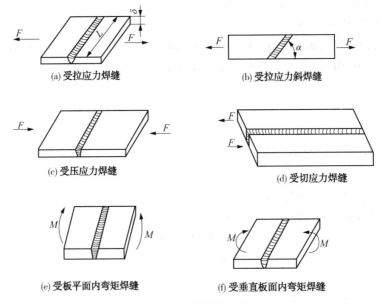

(a) 受拉应力焊缝   (b) 受拉应力斜焊缝

(c) 受压应力焊缝   (d) 受切应力焊缝

(e) 受板平面内弯矩焊缝   (f) 受垂直板面内弯矩焊缝

图 18-2　焊缝受力图

四、许用应力

许用应力有基本金属许用应力和焊缝许用应力两种。

1. 基本金属许用应力

构件在受拉伸(压缩)的外力作用，材料在破坏时的极限应力为 σ_{jx}，而构件既能承受最大的工作应力，又不发生破坏的应力为许用应力 $[\sigma]$，所以，构件的最大工作应力小于极限应力 σ_{jx}，两者的比值为安全系数 n。

$$[\sigma] = \frac{\sigma_{jx}}{n}$$

式中　$[\sigma]$——材料在拉伸(压缩)时的许用应力，N/cm^2；

　　　σ_{jx}——材料在破坏时的极限应力，N/cm^2。对于塑性材料，σ_{jx} 值取 σ_s 或 $\sigma_{0.2}$；对于脆性材料，σ_{jx} 值取 σ_b；

　　　n——安全系数。一般结构设计时，规定塑性材料安全系数 $n_s = 1.5 \sim 2.0$；脆性材料安全系数 $n_b = 2 \sim 5$。

2. 焊接许用应力

焊缝许用应力与许多因素有关，它不但与焊接工艺和材料有关，还与焊接检验方法的精确度有关。确定焊缝许用应力有两种方法：

（1）用基本金属许用应力值，乘以一个系数来确定焊缝的需用应力。通常采用一般焊条焊接的焊缝，选用安全系数的下限；用低氢型焊条或自动焊条焊接的焊缝，则采用安全系数的上限。多用于机器焊接结构上。

（2）采用已规定的具体数值，多为某类产品行业所用。

第二节　焊接结构的脆性断裂

一、焊接结构脆性断裂分类

焊接结构的断裂主要分为延性断裂和脆性断裂。延性断裂在断裂前，有较大的塑性变形；而脆性断裂在断裂前没有或只有少量的塑性变形，断裂发生和发展速度极快（裂纹扩展速度达 1500~2000m/s）。脆性断裂由于是突发性和不可预见的，甚至是灾难性的，其后果非常严重，应引起人们的重视。

1. 延性断裂

材料在断裂前发生较大的塑性变形，继续增加载荷，金属将进一步产生变形，继而产生微裂口或空隙，在随后的加载过程中，这些微裂口和空隙汇总形成宏观裂纹。当宏观裂纹发展到一定的尺寸后，则因为失稳扩张而导致最终开裂。

延性裂纹的断口一般呈纤维状，在边缘有剪切唇，断口灰暗并且在附近有宏观塑性变形。

2. 脆性断裂

材料在没有产生或只产生少量塑性变形后发生断裂的，称为脆性断裂（脆断）。脆断应力并不高，往往在结构设计应力以下，没有明显变形的情况下发生，有突然破坏的性质。

脆性断裂的断口平整，在断口处不仅有金属光泽，而且与主应力的方向垂直，没有可以觉查到的塑性变形。

二、焊接结构产生脆性断裂的原因

脆断是一种低应力破坏，产生脆断的原因很多，主要有以下三个方面：

1. 焊接结构存在裂纹等缺陷

断裂是从缺陷处开始的，因为缺陷处不仅会造成应力集中，而且，缺陷还降低了材料的塑性，形成脆断的裂源。常见的缺陷有裂纹、未熔合和未焊透等，值得提出的是，裂纹又是缺陷中最危险的缺陷，这些缺陷都是在焊接操作的过程中产生的，完全避免还是比较困难的。

2. 材料的韧性不足

由于材料的韧性低，造成在缺口尖端处材料的微观塑性变形能力差。因此，材料随着温度的降低，其韧性也急剧下降，而此时的低应力破坏一般是在较低的温度下产生的。脆断多发生在焊接区，焊缝和热影响区的韧性不足，往往是造成低应力破坏的主要原因。

3. 设计考虑不周

不合理的结构和制造，会产生较大的焊接残余应力和应力集中，而装配不良也会带来附加应力。因此，对于焊接结构来说，除了工作应力外，还必须考虑焊接残余应力、应力集中程度和附加应力的作用。

三、影响脆性断裂的主要原因

1. 应力状态影响

在结构受均匀拉应力时，在缺口根部会出现高应力和应力集中，存在的缺口越深、越尖，其局部应力和应变也越大。

在受力过程中，缺口根部材料伸长，必然会引起此处材料沿宽度和厚度方向的收缩，而这个横向收缩值又不均，由于缺口尖端以外的材料受到的应力较小，缺口根部受到的应力最大，在缺口根部产生横向和厚度方向的拉应力，形成在缺口根部产生三轴拉应力。在三轴应力拉伸时，最大的应力可能超出单轴屈服应力，形成很高的局部应力而材料尚不发生屈服，结果使材料的塑性降低，进而使该处材料变脆。这说明脆断事故——般都起源十具有严重应力集中效应的缺口处。

2. 温度的影响

对于一定的应力状态，当温度降至某一临界值时，将出现塑性到脆性断裂的转变。这个温度称之为转变温度。转变温度随最大切应力与最大正应力之比值的降低而提高。所以，随着温度的降低，它们的破坏也发生变化，即从塑性破坏变为脆性破坏。

3. 加载速度的影响

从实验得知：提高加载速度能促使材料的脆性破坏，其作用相当于降低温度，其原因是钢的剪切屈服极限，不仅取决于温度、而且还取决于加载速度。

4. 材料状态的影响

材料本身的状态对其塑性、脆性也有重要影响：

（1）厚度的影响

厚板在缺口处容易形成三轴拉应力，因为沿厚度方向的收缩和变形受到较大的限制，形成了平面应变状态；当板比较薄时，材料在厚度方向能比较自由地收缩，故厚度方向的应力较小，接近于平面应力状态，所以，平面应变的三轴应力使材料变脆。

一般说来，薄钢板轧制温度较低，压延量较大，金属组织细密，韧性比厚钢板好；而厚钢板由于轧制的次数少，轧制终结温度较高，所以厚钢板组织疏松，韧性比薄板较差。

（2）晶粒度的影响　低碳钢和低合金钢的晶粒度，对钢的脆性—塑性转变温度有很大的影响，即晶粒越细，其转变温度越低。

（3）化学成分的影响　如果钢中含有 C、N、O、H、S、P 等元素时。则将增加钢的脆性；而钢中含有适量的 Mn、Mo、Cr、V 等，将有助于减少钢的脆性。

四、焊接结构预防脆性断裂的措施

焊接结构之所以产生脆性断裂的原因是，所选用的材料在工作条件下韧性不足、结构上存在严重的应力集中，这些应力集中是由于设计考虑不周，或在焊接生产过程中由于采用的工艺措施不当而造成的，以及焊接结构存在着过大的拉应力（工作应力、残余应力和温度应力），对以上各个不利因素，如果能正确地解决其中一个因素，就能显著降低结构发生脆性断裂的可能性。解决焊接结构预防脆性断裂的措施主要有：

1. 正确选用材料

选择焊接结构用材料的原则是，既要保证结构的安全使用，又要注重经济效果。具体做法如下：

（1）选用结构用材料和焊接材料时，应保证该材料在使用温度下具有合格的缺口韧度。

（2）根据使用要求，进行所选用材料的缺口冲击韧度试验，该材料是否入选，由冲击韧度值的大小决定。

（3）用断裂韧度来评定选用的材料。通常用材料的 KIC/σ_s（KIC：材料断裂韧度；σ_s：材料屈服强度）的比值，将材料分为三类：

1）$KIC/\sigma_s > 1.5$，对裂纹不太敏感的低屈服强度合金，裂纹的增长常伴随着大量塑性变形产生，此时破坏的形式是缓慢的。用这种材料制成的压力容器，常常是在断裂前先发生泄漏。

2）$KIC/\sigma_s > 0.5$，表明该材料各种合金有很宽的屈服强度范围，这种材料的破坏常常呈现塑性—脆性混合的形式，设计这种材料制成的部件，比用第一种材料复杂。

3）$KIC/\sigma_s < 0.5$，这个范围内的材料是临界缺陷尺寸极小、破坏呈脆性断裂的超高强度钢，它们不能承受较大的塑性变形。

2. 采用合理的焊接结构设计

设计有脆断倾向的焊接结构时，应遵守以下原则：

（1）尽量减少焊接结构或接头部位的应力集中

1）焊接结构截面发生改变的地方，不要形成尖角，必须设计成平缓、圆滑过渡。

2）焊接结构最好采用应力集中系数较小的对接接头形式。应尽量避免应力集中系数较大的搭接接头。

3）不同板厚焊接的对接接头，其接头处应尽量圆滑过渡。

4）应将焊缝设计、布置在易于焊接和检验的位置，避免和减少焊缝的缺陷。

5）避免焊缝的过量集中，图 18-3 为容器焊缝之间最小距离。

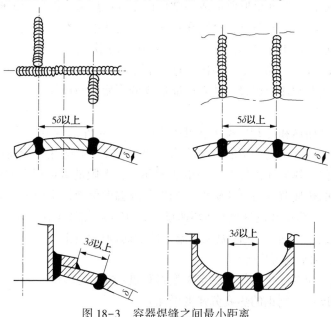

图 18-3　容器焊缝之间最小距离

（2）尽量减少焊接结构的刚度　在满足焊接结构使用条件下，应当尽量减小结构的刚度，以期降低应力集中和附加应力的影响。

（3）尽量不采用过厚的截面　在满足焊接结构强度的同时，尽量不采用很厚的截面，因为增大厚度的结果会使钢材的转变温度提高，从而降低其断裂韧度值，反而容易引起脆断。

（4）同一结构上的焊缝，应和主要承力焊缝一样给予足够重视，因为脆性裂纹一旦由这些不受到重视的接头部位产生，就会迅速扩散到主要受力的元件中，使结构破坏。因此，对于一些次要的附件亦应该仔细考虑，不要在受力构件上随意增焊附件。

（5）减少和消除焊接残余拉伸应力的不利影响　在编制焊接工艺过程中，应当尽量考虑减少焊接残余应力值，如果条件许可，要考虑对焊接结构进行除应力的热处理。

第三节　焊接结构的疲劳断裂

一、疲劳断裂的基本概念

材料或焊件在交变应力的重复作用下，发生的破坏称为疲劳断裂或疲劳失效。疲劳断裂是金属结构失效的主要形式，大量的统汁资料显示，由于疲劳失效的金属结构约占失效结构的90%；疲劳也是在低应力水平下发生的，与脆性断裂相比较，虽然二者在断裂时的变形都很小，但是，疲劳断裂需要经过多次加载，裂纹的扩展是缓慢的，有时则需要长达数年时间，疲劳断裂受温度的影响很小。而脆性断裂则不需要多次加载，结构的脆断完全是在瞬时完成的，同时，温度对脆断影响是很重要的，随着温度的降低，脆断的危险性迅速增加。

二、焊接结构疲劳断裂的形式

1. 低周疲劳

对焊接结构反复进行塑性变形所造成的破坏称作低周疲劳。低周疲劳的循环应力往往是很高的，接近或超过材料的屈服点，材料在每次应力循环中，都会产生一定的塑性变形。加载时的能率一般为 $0.2 \sim 5Hz$，断裂周次很低，在 $10^4 \sim 10^5$ 次以下。例如，锅炉及压力容器在每一次升压和降压的过程，都产生了一次塑性变形循环。因此，在锅炉和压力容器的使用期内，这种反复塑性变形循环的积累，就有可能造成低周疲劳破坏。

2. 热疲劳

焊接结构在反复加热和冷却的交变温度作用下，在元件的内部产生了较大的交变热应力，由于热应力的反复作用而产生的破坏称为热疲劳破坏。影响热疲劳破坏的因素有：

（1）热循环条件　热循环条件主要是指热循环上、下限的温度（当下限温度恒定上限循环温度提高时，钢的热疲劳寿命迅速降低；如果上限温度保持恒定而下限温度提高时，则钢的热疲劳强度增加）、热循环的速度（循环速度由每10min循环1次，增加到每1min循环1次，则钢的热疲劳强度增加）、在高温和低温停留的时间（在上限循环温度停留的时间越长，钢的疲劳强度越低）和平均温度等。

（2）应变硬化　应变硬化的作用决定于变形程度（构件变形程度大，则钢的热疲劳强度降低；构件变形程度小，则钢的热疲劳强度增加）。

（3）应力集中　热疲劳过程中，应力集中有两种形式：其一是由小孔或缺口造成的应力集中，其二是连续式的应力集中。由于构件在热膨胀及冷收缩时受到约束，因而在局部或不均匀区产生较大的局部变形，同时伴有较大的应力集中，容易引起热疲劳裂纹和损坏，降低钢的疲劳强度。

（4）晶粒细化　晶粒细化的材料，热疲劳强度增强。晶粒粗化

3. 腐蚀疲劳

在循环载荷和腐蚀介质的共同作用下，焊接结构发生的破坏称为腐蚀疲劳。影响腐蚀破坏的主要因素是，组织状态，在腐蚀介质中工作的构件，必须检验稳定的电化学性能(马氏体组织的碳素钢对腐蚀介质十分敏感。合金元素，在钢中加入大量的合金元素形成不锈钢时，能明显地提高腐蚀疲劳强度。

三、疲劳断裂的过程

疲劳断裂的过程一般分为三个阶段：第一阶段为裂纹成核阶段；第二阶段为宏观裂纹扩展；第三阶段为瞬时断裂。

第一阶段：裂纹走向通常与最大切应力方向一致，首先在 45°方向出现滑移线，然后在驻流带上萌生疲劳裂纹，并沿 45°方向扩展；一般认为：第一阶段裂纹扩展长度大约局限于几个晶粒尺寸范围内，从工程应用出发，疲劳裂纹成核的长度确定为 0.05~0.1mm。

第二阶段：当裂纹走向由 45°转向与拉应力轴正交时，便可认为裂纹进入第二阶段的扩展。疲劳断口的形貌也是多种多样的如解理、沿晶、韧窝和疲劳条带等。其中疲劳条带是材料在疲劳条件下所独有的微观断口特征。任何零件的断口上出现疲劳条带，均可视作疲劳失效的主要判据。

第三阶段：瞬时断裂，这是疲劳断裂的最后一个阶段，当经过第一、二个阶段的材料或焊件，有效截面不能承受应力时，即产生瞬时断裂。其断口的形貌具有与静载断裂相同的形式。

四、疲劳断裂的特点

1. 疲劳断裂与静载荷作用下的断裂不同，疲劳断裂是低应力下的破坏，破坏在远低于材料的静载极限强度、甚至低于屈服点时发生。

2. 疲劳断裂是与时间有关的一种失效方式，具有多阶段性，而疲劳断裂的过程则是积累损伤的过程。

3. 疲劳破坏在宏观上无塑性变形，因此，疲劳断裂比静载下的破坏具有更大的危险性。

4. 疲劳断裂与单向静载断裂相比，对材料的微关组织和材料的缺陷更加敏感，断裂总是在材料表面的缺陷处发生。

5. 疲劳断裂受载荷历程的影响较大。

焊接结构中的疲劳裂纹，大多产生于焊接接头表面的应力集中处(由于几何形状不连续性而引起)，少数起源于内部较大的缺陷。由于焊接接头中，不仅有应力集中，而且还有焊接缺陷，以及较高的焊接残余应力，所以，在焊接接头中，产生疲劳裂纹的循环次数，要比其他连接形式少。

五、影响焊接结构疲劳强度的因素

影响焊接结构疲劳强度的因素很多，如应力集中、截面尺寸、表面状态、加载情况、介质等，除此之外，还有焊接接头部位近缝区性能的改变、焊接残余应力大小等的影响。

1. 应力集中的影响

在焊接结构中，由于接头形式不同，具有不同的应力集中，它们对接头疲劳强度也发生不同的影响。

（1）对接接头焊缝，由于焊缝形状变化不大，因此，对接接头应力集中比其他的接头形式要小。但是，焊缝余高过大、焊缝和基本金属之间的过渡角大小，都会增加应力集中，使接头的疲劳强度下降。

另外，焊缝表面经过机械加工，将使应力集中程度大大减小，此时的对接接头疲劳强度也相应地提高。由于表面进行机械加工，生产成本很高，非特别重要的焊缝，一般不采取这种加工。焊缝表面带有严重缺陷或焊缝背面未焊透，其缺陷处或焊缝根部的应力集中，要比焊缝表面应力集中严重得多，所以焊缝表面再进行机械加工已没有意义。

（2）T形（丁字接头和十字接头）接头，由于焊缝向基本金属过渡有明显的截面变化，其应力集中系数比对接接头高，所以，T形（丁字接头和十字接头）接头的疲劳强度远低于对接接头。

未开坡口角焊缝连接接头，在传递工作应力时，当焊缝的计算厚度与板厚 δ 之比，即：$a/\delta < 0.6 \sim 0.7$ 时，一般断于焊缝；当 $a/\delta > 0.7$ 时，一般断于母材。提高 T 形接头疲劳的根本措施，是开坡口焊接和焊后加工焊缝过渡区使之圆滑过渡。

（3）仅有侧面焊缝的搭接接头，其疲劳强度最低，只能达到基本金属的 34%；焊脚尺寸为 1∶1 的正面焊缝的搭接接头，其疲劳强度比仅有侧面焊缝的搭接接头高一些，但是，也只能达到基本金属的 40%；只有当盖板的厚度比，按强度要求增加一倍，焊脚尺寸比例为 1∶3.8，并且机械加工方法使焊缝向基本金属平滑过渡，这样的搭接接头的疲劳强度才等于基本金属的疲劳强度。由于这种形式已经丧失了搭接接头简单易行的优点，因此不宜采用。对接接头用"加强"盖板来加强对接接头的疲劳强度，是极其不合理的，它大大削弱了对接接头原来较高的疲劳强度。

2. 近缝区金属性能变化的影响

大量研究表明，用合理的焊接热输入焊接低碳钢，热影响区和基本金属的疲劳强度相当接近，低碳钢的近缝区金属力学性能的变化，对接头的疲劳强度基本上没有影响。只有实际生产中很少应用的、非常高的焊接热输入焊接时，才能使热影响区对应力集中的敏感性下降，其疲劳强度可比基本金属高得多。

在实际的焊接结构中，如果热影响区的尺寸变化不大，就不会降低焊接接头的疲劳强度。如果在硬加软接头中，软加层有严重的应力集中因素时，此时接头的疲劳强度大大降低，而数值取决于软部位本身的力学性能。

3. 残余应力的影响

采用 14Mn2 钢作试样，在交变载荷作用下，当应力最小值与最大值比值等于 0.3 时，内应力在载荷的作用下，进一步降低，实际上对疲劳强度已不起作用，而热处理的消除内应力的同时，也消除了焊接过程对材料疲劳强度的有利影响，因而，疲劳强度在热处理后反而下降。由此可以看出焊接内应力对疲劳强度的影响，与疲劳载荷的应力循环系数有关，在应力最小值与最大值比值较低时，影响比较大。

另外有两组应力集中比较严重的试件，一组试样焊后经过热处理，另一组不经过热处理。两组试样都做脉动载荷疲劳强度试验，结果表明：消除内应力试验的试样疲劳强度，均高于未热处理的试样，说明内应力的影响在应力集中较高时更为突出。

4. 缺陷的影响

焊接缺陷对疲劳强度影响的大小，与缺陷的种类、尺寸、方向和位置有关。片状缺陷（如裂纹、未熔合、未焊透）比带圆角的缺陷（如气孔）影响大；表面缺陷比内部缺陷影响大；与作用力方向垂直的片状缺陷的比其他方向的大；位于残余拉应力场内的缺陷的影响比在残余压应力区内的大；位于应力集中区中的缺陷（如焊缝趾部裂纹）的影响比在均匀应力场中同样缺陷影响大。

由于不同材料具有不同的缺口敏感性，同样尺寸的缺陷对不同材料焊接结构的疲劳强度的影响并不相同。试验表明，在均匀应力场及应力集中区中的裂纹，在相同应力循环下的扩展，焊趾裂纹的扩展速率远高于平板表面裂纹。在裂纹穿透板厚时的裂纹尺寸，比平板表面裂纹达到穿透时大得多，所以，焊趾裂纹具有更大危险性。

第十九章　焊接工艺规程制定

第一节　焊接工艺规程

一、焊接工艺规程概述

焊接工艺规程是一种经过评定合格的书面焊接工艺文件，用以按照有关法规要求指导焊制产品焊缝的文件。具体地说，焊接工艺规程可以用来指导焊工和焊接操作者施焊产品焊接接头，以保证焊缝的质量符合法规的要求。

焊接工艺规程必须由生产该焊件的企业自行编制，不得沿用其他企业的焊接工艺规程，也不得委托其他单位编制用以指导本企业焊接生产的焊接工艺规程。因此，焊接工艺规程也是技术监督部门检查是否具有按法规要求生产焊接产品资格的证明文件之一，目前已经成为焊接结构生产企业认证检查中的必查项目之一。因而，焊接工艺规程是焊接结构生产企业质量保证体系和产品质量计划中最重要的质量文件之一。

二、制定焊接工艺规程的依据

对于简单的焊接结构，未采用新材料、新工艺的产品，焊接工艺规程可直接按照产品的技术条件、产品图样、工厂的有关焊接标准、焊接材料和焊接工艺试验报告以及积累的生产经验数据编制焊

焊接工艺规程，经过一定的审批程序即可投入使用，不需事先经过焊接工艺评定。

对于受监督的重要焊接结构，每一份焊接工艺规程必须有相应的焊接工艺评定报告支持，根据已经评定合格的焊接丁艺评定报告来编制焊接工艺规程，即焊接工艺规程必须以相应的焊接工艺评定报告为依据。如果所采用的焊接工艺规程中的重要参数，已经超出本企业现有焊接工艺评定报告中规定的参数范围，则必须对该焊接工艺规程所采用的焊接参数进行重新评定试验。只有经过评定并合格的焊接工艺规程才能够用于指导生产。

焊接工艺规程原则上是以产品接头形式为单位进行编制，如果某焊接接头采用两种或两种以上的焊接方法施焊，对于这种接头的焊接工艺规程，则可根据所采用的不同焊接方法分别进行评定试验，以两份或两份以上的焊接工艺评定报告为依据。

三、制定焊接工艺规程的内容

一份完整的焊接工艺规程，应当列出为完成符合质量要求的焊缝所必需的全部焊接参数，除了规定直接影响焊缝力学性能的重要焊接参数外，还应规定可能影响焊缝质量和外形

的次要焊接参数。在 GB/T 19867.1《电弧焊焊接工艺规程》中规定了焊接工艺规程的技术内容，以及焊接工艺规程应当包含执行操作的必要信息。

焊接工艺规程的具体项目包括如下：

1. 编制单位名称

编制单位的名称应以醒目的字体在焊接工艺规程的显著位置，表明焊接工艺规程是企业的重要质量文件，并且该文件只对本企业适用。

2. 焊接工艺规程的编号

为厂便于技术文件的管理和检索，对每份焊接工艺规程应进行编号，对相应的焊接工艺指导书也应编号，并注明相应评定报告编号。如果对焊接工艺规程进行了修改，对其版本号应进行标注。

3. 焊接接头

在焊接工艺规程中，应对焊接接头进行详细描述，包括母材金属类别及钢号、厚度范围、管子外径、接头形式、坡口尺寸和坡口间隙等，如果采用衬垫，对其材质(钢衬垫或陶质衬垫)和尺寸应

进行规定。明确接头制备的方法、清理、去污要求，以及接头的装夹和对定位焊焊接的要求等。

4. 焊接方法、焊接位置和焊接材料

焊接方法是编制焊接工艺规程的重要内容之一。对焊接方法应进行明确规定，焊接方法也可按照 GB/T 5185《焊接及相关工艺方法代号》的规定进行标注。焊接的位置应按照 GB/T 16672《焊缝、工作位置、倾角和转角定义》要求填写。对焊接材料的牌号(或型号)、规格应规定，明确焊接材料的保管和使刚要求(烘干、大气暴露时间、再烘干等)。如果采用保护气体(单一保护气体或混合保护气体)，应注明气体的纯度、组分和混合气体混合比例，并规定保护气体的流量。

5. 焊接参数

对于常用的电弧焊方法，其焊接参数包括电流种类、极性、焊接电流、电弧电压和焊接速度等。

6. 预热和层道间温度

需要进行焊前预热的焊缝，对具加热方法、预热范围、加热温度范围进行规定。无预热要求时，规定开始焊接之前焊件的最低温度。规定各焊道之间的最高温度(必要时为最低温度)；焊接中断时，焊接区域应当预热，保持最低的层间温度。

7. 后热和焊后热处理

需要进行后热(去氢处理)或焊后热处理的焊缝，对加热方法、温度范围、保温时间、温度升降速度进行规定，应明确热处理名称(调质、正火、正火+回火、回火等)。

8. 操作技术

焊接操作技术包括焊前清理、焊接位置、背面清根、焊丝伸出长度、焊枪角度和运条方式等，对于厚板焊件或形状复杂易变形的焊件，还应规定焊接方向和焊接顺序。

9. 焊缝的检验方法

焊缝的检验应包括外观检查、内部质量检验方法、验收标准等。

10. 有关焊接方法的特殊内容

（1）焊条电弧焊　规定每根焊条熔敷的焊道长度或焊接速度。

（2）埋弧焊　对多丝系统而言，为焊丝的数量、配置和极性；导电管/导电嘴至焊件表面的距离；附加的填充金属。

（3）熔化极气体保护焊　保护气体的流量和喷嘴直径；焊丝的数量；附加的填充金属；导电嘴/导电管至焊件表面的距离；金属过渡形态。

（4）非熔化极气体保护焊　钨极的直径和型号；保护气体的流量和喷嘴直径；附加的填允金属。

焊接工艺规程的格式，可以根据自己的经验设计编写，应从本企业实际需要出发，方便生产使用。

对于典型焊缝，需要编制焊接工艺指导书（WPS），焊接工艺指导书可以做成卡片形式，便于焊接操作者携带参照，方便生产。

表 19-1 是对接焊缝、坡口角焊缝、T 形角焊缝埋弧焊的焊接工艺指导书的实例。

表 19-1　焊接工艺指导书实例

×××公司	×××工程		
	工艺文件 焊接工艺指导书	修订：0	
		日期：××××	
		相应焊接工艺评定号：××	

评定标准：TB 10212—1998 及设计要求

母材规格（试板）：δ24+δ24、δ20+δ20	材料类别：Q345qD	允许碳当量最大：0.43%
接头类型：横向对接（平位）	适合范围：Q345qD 钢板对接埋弧焊	

焊前准备详图：	焊接顺序+焊道布置：
 当 δ=20 时，α=8；δ=24 时，α=10	

装配公差/mm：　　　　倾角/(°)：	认可板厚范围/mm：17~24
根部间隙/mm：　　　　钝边/mm：5	
表面处理：钢板经过预处理除锈	预热温度/℃：
处理方法：机加工坡口	室温/℃：不低于 5
接头清洁方法：焊前对待焊区进行打磨，露出金属光泽	加热方法：
背面处理：用碳弧气刨清根	层间温度/℃：200 以下
定位焊：焊条电弧焊，焊条 J507	检测方式：点温计（测点：坡口 50~80mm 范围内）

焊材（焊条/焊剂）	焊条、焊剂焙烘温度/℃：350	保温时间/h：2	保存温度/℃：100~150

×××公司	×××工程		修订：0		
	工艺文件 焊接工艺指导书		日期：××××		
			相应焊接工艺评定号：××		

焊面	焊道	工位	方法	焊接材料					极性 AC/DC	电弧 电压/ V	焊接 电流/ A	焊接 速度/ (m/h)
				规格 φ/mm	牌号	符合标准	焊剂	符合标准				
①	1	平位	121	5	H10Mn2	GB/T 14957—1994	SJ101q	GB/T 5293—1999	直流 反接	32±2	700±30	22±2
②	2	平位	121	5	H10Mn2	GB/T 14957—1994	SJ101q	GB/T 5293—1999	直流 反接	32±2	700±30	22±2
②	中间	平位	121	5	H10Mn2	GB/T 14957—1994	SJ101q	GB/T 5293—1999	直流 反接	33±2	700±30	22±2
②	盖面	平位	121	5	H10Mn2	GB/T 14957—1994	SJ101q	GB/T 5293—1999	直流 反接	33±2	700±30	24±2

备注：111——焊条电弧焊；121——埋弧焊；135——实芯焊丝 CO_2 气体保护焊

焊缝热处理工艺要求		无		
	编制	复核	技术部长	批准
签名				
日期				

第二节 焊接工艺评定

一、焊接工艺评定的意义

焊接工艺评定是通过对焊接接头的力学性能或其他性能的试验，证实焊接工艺规程的正确性和合理性的一种程序。通过焊接工艺评定试验前的坡口加工、接头清理等可以检验焊前坡口尺寸、焊前准备工作是否合理；通过实际焊接，验证焊接参数是否适宜，焊接设备等环境因素是否满足焊接需要，焊缝的空间位置是否可操作；通过焊后对接头进行内部质量、力学性能或其他性能的试验，证明焊接材料是否合理，接头力学性能是否满足技术要求，从而验证施焊单一位所制定的工艺是否合理，能否生产出符合技术要求的焊接接头。焊接工艺评定是保证焊接结构制造质量的重要前提，针对钢制压力容器焊接，我国在 2011 年颁布了 NB/T 47014—2011《承压设备焊接工艺评定》和 NB/T 47015—2011《压力容器焊接规程》。为了保证焊接结构的焊接质量，每个制造焊接结构的企业，都应该按照有关的国家标准、监督规程、技术标准进行焊接工艺评定工作，任何制造商不准将焊接工艺评定的关键工作，如焊接工艺评定任务书的编制、评定试板的焊接等委托另一个单位完成。

二、焊接工艺评定的程序和步骤

1. 焊接工艺评定的程序

焊接工艺评定的主要目的在于证明某一个焊接工艺是否能够获得符合要求的焊接接头，判断该工艺的正确性，而不是评定焊工的技艺水平。焊接工艺评定对焊接工人只要求熟练。焊接工艺评定报告并不直接指导生产，只是焊接工艺规程的支持文件，没有一份或多份焊接工艺评定报告支持的焊接工艺规程是没有意义的。

2. 焊接工艺评定的步骤

（1）提出焊接工艺评定项目　明确焊缝质量要求和评定试验遵循的标准。根据焊接结构的施工图，归纳出焊缝的形式和板厚组合，根据不同的焊接方法、焊接位置、坡口形式和代表板厚范围，选出典型焊缝进行工艺评定。对于新钢种或首次采用的钢材，在工艺评定试验前还应进行焊接性试验，包括斜 Y 坡口焊接裂纹试验、热影响区最高硬度试验、系列温度冲击试验、钢板 Z 向性能试验等。

（2）编制焊接工艺评定任务书　根据焊接结构件对焊缝的技术要求编制焊接工艺评定任务书，其内容包括焊接工艺评定的依据、评定用钢板、焊缝质量要求（包括焊缝无损检测、力学性能或耐腐蚀性能等）、试验件的制取标准和数量、焊后热处理和试验进度安排等。

（3）编制焊接工艺评定指导书　对需要进行焊接工艺评定的每一组试件，编制焊接工艺评定指导书（PWPS），指导操作者焊接进行试验。

（4）试板的焊接和试验　试板的焊接应严格按照焊接工艺评定指导书的规定，焊后按要求对焊缝进行无损检测、接头力学性能试验和焊后热处理等，并做好施焊记录、探伤记录、热处理记录和接头力学性能试验结果记录。

（5）整理焊接工艺评定试验报告　工艺评定试验报告应由有关人员审核、最后报总工程师批准。根据工艺评定施焊记录、探伤记录、热处理记录和接头力学性能试验结果记录整理焊接工艺评定试验报告。焊接工艺评定试验报告的内容应包括：

1）母材的牌号、规格、化学成分和力学性能等。

2）焊接材料（包括保护气体和燃气）的牌号、规格、化学成分和力学性能等。

3）试板的组装图示。

4）试件的焊接条件和施焊焊接参数和热处理工艺参数等。

5）焊缝的无损检测结果。

6）接头的力学性能试验结果。

7）结论。

第二十章　焊接质量管理

第一节　焊接质量管理概述

一、焊接结构质量管理，检验与验收的意义

质量管理是指：指导和控制某组织（如企业）与质量有关的彼此协调的活动。指导和控制与质量有关的活动，通常包括质量方针和质量目标的建立，进行质量策划，质量控制，质量改进和质量保证，以达到质量要求，实现质量目标和对顾客的质量保证。

焊接结构的质量管理就是根据前述质量管理的内涵，企业组织从事焊接结构施工和生产的人力资源、技术装备资源和施工生产的场地、设施资源，有效地控制焊接产品形成的全过程，以达到满足顾客要求的焊接产品有一组固有特性（例如符合或满足相应标准、规范、合同或其他有关规定的一组质量数据）。

检验，就是通过观察和判断，必要时结合测量和试验所进行的符合性评价。试验就是对给定的产品（或过程，服务），按照规定程序确定其一个或多个特性的技术作业。

验收，焊接产品的验收是指规定要求已满足的客观证据的认定和提供，以及特定预期使用或应用要求已得到满足的客观证据的认定和提供，也就是焊接产品得到验证和确认。有时验收还包括产品的产权的移交。

焊接结构的管理质量，是企业整个质量管理体系的一个重要组成部分。强化焊接质量管理，不仅有助于焊接产品质量的提高，向用户提供满足使用需要的产品，保证石化生产企业安、稳、长、满、优地正常生产和运行，而且可以更有效地增强企业全员的质量意识，推动企业的技术进步，提高企业的经济效益，适应我国加入 WTO 的需要，增强产品和企业的竞争能力。

二、焊接质量管理与焊接检验的关系

为确定焊接产品是否具有符合性质量，就必须测定其质量特性数据。焊接检验是指通过调查、检查、测量、试验、检测等方法和途径获得的焊接产品的一种或多种特性的数据，与施工图纸及有关标准、规范、合同规定相比较，以确定其符合性的活动，焊接检验的作用是确认企业正在生产或已生产的焊接产品是否满足符合性质量要求，或者定期检查在役的焊接产品是否仍具有符合性质量，焊接检验在焊接产品形成的过程中，具有一定的监控作用。它是焊接质量管理的一个重要组成部分和手段。而焊接质量管理是指导和控制企业所有与焊接产品的质量有关的质量要素彼此协调，以保证焊接产品符合性质量。

三、焊接结构检验方法的分类

在焊接结构(产品)生产的过程中,根据检验对象选择相应的检验方法是控制和鉴定焊接结构质量的重要环节。一般地讲,选择的检验方法要具有科学性,可靠性,准确性和可达到性。检验方法的分类一般有以下几种:

1. 按检验的数量分类

抽检:用随机抽样的方法检验局部焊缝质量,以评判或代表整个焊缝的质量。这种方法就称为抽检。就压力容器而言,被抽检的焊缝中,必须包括筒体纵缝和环缝的交叉部位,而且对全部焊缝来讲,要有代表性。抽检的比例一般由有关国家标准、规范或合同规定。抽检比例的计算方法为:

(1)按焊缝长度计算　在单条焊缝较长的情况下(如压力容器的纵缝和环缝):

$$抽检比例 = \frac{抽检焊缝长度}{焊缝总长度} \times 100\%$$

(2)按检验焊缝条数计算　在单条焊缝较短且同类型焊缝数量较多的情况下(如成批焊的口径较小的压力管道对接焊缝——加热炉管对接焊缝等)

$$抽检比例 = \frac{抽检焊缝条数}{焊缝总条数} \times 100\%$$

全检:即对焊接产品的所有焊缝均进行检验。一般重要的压力容器,如三类压力容器和压力管道(如加氢裂化装置的临氢管线)的焊缝均被规定为全检。全检方法的焊接产品的可靠性(质量)比较高,但生产成本也较高。

2. 按检验方法分类

焊接结构(产品)常用的检验方法如图 20-1 所示:

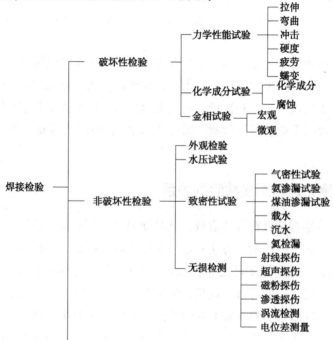

图 20-1　焊接结构(产品)常用的检验方法

在焊接检验方法中，破坏性检验一般用于产品试板的检验，以验证在相同焊接环境、工艺参数下焊接结构的质量(如压力容器焊接过程中的产品试板)。非破坏性检验方法都用于焊接结构生产过程中，形成产品后或在役产品的焊接检验。

除上述常用焊接结构无损检测方法以外，近20年来还出现了焊接过程实时监控的高温传感器、检测带保温层的压力管道和压力容器的检测技术、焊接检测机器人等。

按照焊接质量管理的要求，焊接检验以可按焊接结构形成的过程分为焊前准备检验、焊接过程中的检验和焊后检验三部分，各部分的检验因内容不同所选用的检验方法和检测设备或工具也不同。焊接检验按被检对象分类，还可以分为在役产品的焊接检验和检修期间的检验。这些也是我们在工作中经常遇到的检验工作。

四、焊接结构质量检验的依据

焊接检验是一个技术性较强，责任重大而又很严肃的工作，必须依照有关标准、规范、合同、设计文件及相应的检验工艺性文件进行，一般焊接检验所依据的技术文件包括：

（1）施工图样等设计文件及合同中对顾客的承诺。一般在合同及设计图纸和文件中都规定了对焊接结构的质量要求，检验应执行的标准，规范等，要认真查明弄清具体要求。

（2）相关的技术及检验标准或规范和工程质量验收标准这些技术标准、规范等都规定了检验方法和质量评级的具体内容，是指导焊接检验工作的法规性或强制性文件。

（3）检验的工艺文件　这类文件具体规定检验方法、所使用的仪器设备和工具、检验程序及实施过程，是焊接检验工作者指导性实施细则或必须遵守的工作程序。

此外在施工过程中经常出现的设计变更单，材料代用单以及根据现场焊接质量的波动情况追加、改变检验要求的通知单等都是焊接检验必须执行的检验依据。

五、焊接质量管理及检验档案的建立

为保证焊接结构(产品)的质量，焊接质量管理要求焊接产品的每个重要工序或质量要素，特别是焊接检验都要有记录文件，并且做到及时、准确、完整、有可追溯性。因此，必须建立焊接结构质量管理及检验的档案。这些档案大体有以下内容：

（1）焊接质量管理体系评审记录，有关质量责任人员的审核记录，焊接设备及施焊场地的评审记录，等等。

（2）焊接检验记录：

包括：

焊接产品的编号、名称和图纸。

焊接工艺评定号及焊接工艺文件。

焊接母材、焊材的牌号、规格和入库检验证明。

焊接方法、焊工姓名和钢印，焊缝编号记录。

实际焊前预热、层间及后热温度记录和热处理记录。

焊接检验方法与检验结果报告。

焊缝返修部位、返修方案和返修次数及返修人记录。

以上所有记录文件等档案都要有当事人，记录人等有关责任人员签字并有记录或签字日期。

（3）检验证书：

检验证书是表明焊接产品具有符合性质量的重要凭证。它是在焊接产品制造完成之后，根据图纸、焊接工艺、焊接检验等的原始记录及资料编制的质量证明文件。锅炉、压力容器检验证书还兼有安全保险证明的作用及用户对焊接产品质量进行复验或在定期检查中发现质量问题时拟定产品修复方案的依据或参考。

以质量证明书的形式提供用户的检验证书一般应包括下述内容：

焊接产品名称、编号和图号。

产品生产中使用的技术规范、标准和使用条件。

产品使用的母材及焊接材料的牌号。

使用的焊接方法及工艺等技术资料。

焊接检验的方法及检验报告资料。

焊接返修有关资料。

检验证书的编制人和有关人员的签字或印章，企业质量合格章与签发日期等。

（4）检验档案：

焊接产品的检验档案在产品售后服务过程中具有重要作用。焊接产品在服役过程中如果发生破坏事故，其检验档案是分析事故原因的重要参考凭据。如果在役期间发生部分损坏而要修复，它又是帮助制定修复方案或措施的参考，如果对该焊接产品进行技术改造，检验及技术档案也是改造方案制定的重要依据之一。

焊接产品的检验档案一般应收入下列资料：

产品的施工图及有关设计文件。

该产品的制造的原始记录，包括质量管理评审记录，检验记录、检验证书、各种检验报告、包括力学试验、化学分析、无损检测，水压试验，致密性试验，产品质量证明书或合格证等等。

所有入档的检验或施工资料必须有有关人员签字或盖章，并做到齐全、完整、真实、可靠、具有可追溯性。所有这些工件必须在一个科学、完整的质量管理体系正常运行中才能做好检验档案的工件。

第二节　焊接缺陷及其对焊接结构质量的影响

在现代化工业国家里，多数焊接结构都是巨大工业财富的组成部分。按照美国 20 世纪 90 年代的估算，因焊接接头失效引起的经济损失高达国民生产总值的 5%。据 90 年代有统计，我国有固定式压力容器近 112 万台，年增长率为 10%。但是据 1984 年和 1991 年两次不完全统计，万台锅炉压力容器年爆炸事故率是发达国家的 10 倍以上。因此搞清焊接缺陷及其对焊接结构质量的影响，保证含有焊接结构生产装置的安全运行是一个具有重大经济技术意义的研究课题。

一、焊接缺陷及其分类

1. 焊接缺陷

与理想的完整的金属结晶点阵相比，实际使用的金属的晶体结构中出现差异的区域称为缺陷。缺陷的存在，使金属的显微组织、物理化学性能以及力学性能显出不连续性。焊接不连续是指焊接过程在焊接接头区域造成的不连续性。这种不连续达到一定程度的尺度或数量，就会严重影响焊接结构的使用功能。但是，并非焊接接头中绝不允许焊接不连续的存在。只是当其不连续的程度超出焊接产品质量标准、规范规定的容限尺度或数量时才称为焊接缺陷。

焊接缺陷产生的原因十分复杂。它与被焊材料性能、焊接工艺、焊接设备、熔池大小、工件形状、施工现场、残余应力状态及冶金因素变化等因素都有关系。尽管不同焊接缺陷产生的条件各异，但是选用尽量合理的焊接工艺、设备及方法，采取预防缺陷产生的各种有效措施，培训高技能、熟练的焊工是可以防止焊接缺陷产生的。

2. 焊接缺陷的分类

焊接缺陷有不同的分类方法。

（1）按缺陷的形态分类

按缺陷的几何形态划分，可将焊接缺陷分为平面型缺陷和体积型缺陷。平面型缺陷的特征是缺陷在某一空间方向上的尺寸很小（如裂纹和未熔合）；体积型缺陷的特征是缺陷在空间三个方向上的尺寸较大（如气孔和夹渣）。

（2）按缺陷出现的位置分类

按缺陷出现的位置划分，可将焊接缺陷分为表面缺陷和内部缺陷。表面缺陷用外观或表面无损检测方法便可发现；内部缺陷只有用解剖、金相或内部无损检测方法才能发现。表面缺陷和内部缺陷举例如下。

表面缺陷：坡口形状或装配等不合要求；焊缝形状、尺寸不合要求，工件变形；咬边表面气孔、夹渣、裂纹等。

内部缺陷：焊缝或接头内部的各种缺陷，如气孔、夹杂物、裂纹、未熔合等；焊缝或接头内出现偏析、显微组织不合要求等。

（3）按缺陷的尺寸分类

按缺陷的尺寸的大小划分，用目测或放大镜便可发现的焊接缺陷称为宏观缺陷；在金相显微镜下才能看到的缺陷称为微观缺陷。

（4）按缺陷的性质分类

焊接接头中存在的缺陷，按其性质基本上可归纳为如下三类：

1）焊缝形状与尺寸缺陷　这类缺陷可以通过外观和尺寸测量检查发现，并可用补焊修磨方法消除。

2）焊接工艺性缺陷　裂纹、未熔合、未焊透、气孔及夹渣等工艺性缺陷的存在破坏了金属的连续性，削弱了焊接接头的承载能力。这类缺陷可通过无损检测方法发现，并可用局部返修补焊方去消除。

3）接头性能缺陷　焊接接头的力学性能或物理化学性能不符合要求称为接头的性能缺陷。性能缺陷不能通过局部返修的方去消除，只有通过选择合适的焊接材料，采用合理的焊接工艺并辅以其他加工工艺（如热处理工艺）才能改善接头的力学性能和物理化学性能。

二、焊接缺陷分类标准

国家标准 GB 6417《金属熔化焊接头缺欠分类及说明》，将金属熔化焊焊缝缺陷分为 6 类，即裂纹、孔穴、固体夹杂、未熔合与未焊透、形状缺陷和其他缺陷。

1. 裂纹

裂纹是在焊接应力及其他致脆因素的共同作用下，焊接接头中局部区域的金属原子结合遭到破坏，从而形成了新界面而造成的缝隙。

GB 6417 将裂纹分成 7 种。

（1）微观裂纹　在金相显微镜下才能观察到的裂纹即微观裂纹。

（2）纵向裂纹　走向基本上与焊缝轴线平行的裂纹即纵向裂纹。纵向裂纹可能存在于焊缝金属中、熔合线上、热影响区以及母材金属中。

（3）横向裂纹　走向基本上与焊缝轴线垂直的裂纹即横向裂纹。横向裂纹可能位于焊缝金属、热影响区或母材金属中。

（4）放射状裂纹　具有一个公共点而呈放射状的裂纹称为放射状裂纹（亦称星形裂纹）。这种裂纹可能位于焊缝金属、热影响区或母材金属中（见图20-2）。

（5）弧坑裂纹　在焊缝的弧坑中产生的裂纹称为弧坑裂纹。弧坑裂纹可能是纵向的，也可能是横向的或者是星形的。（见图20-3）。

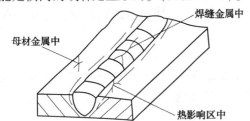

图 20-2　放射状裂纹的形态及可能出现的部位

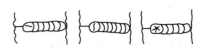

(a)纵向弧坑裂纹　(b)横向弧坑裂纹　(c)星形弧坑裂纹

图 20-3　弧坑裂纹的形态

（6）间断裂纹群　一组间断的裂纹即间断裂，这种裂纹可能位于焊缝金属、热影响区或者母材金属中，如图20-4所示。

（7）枝状裂纹　由一条共有裂纹派生出的一组裂纹称为枝状裂纹。这种裂纹与放射裂纹和间断裂纹群的形态不同，不容混淆（对比图20-5与图20-2和图20-4）。

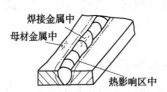

图 20-4　间断裂纹群的形态及其部位

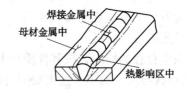

图 20-5　枝状裂纹的形态及其部位

2. 孔穴

孔穴分为气孔和缩孔。

（1）气孔　熔池中的气泡在焊缝金属凝固过程中未能及时逸出，残留在焊缝金属中形成的孔穴称为气孔。

GB 6417 将气孔分成 7 种。

1）球形气孔　形状近似球形的单个气孔称为球形气孔。

2）均布气孔　大量气孔比较均匀地分布在整个焊缝金属中（见图20-6）即均布气孔。

3）局部密集气孔　在焊缝金属局部区域中存在的密集气孔群（见图20-7）即局部密集气孔。

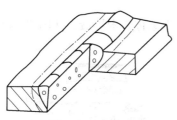

图 20-6　均布气孔的分布形态

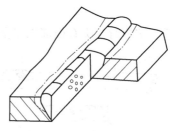

图 20-7　局部密集气孔

4）链状气孔　链状气孔是与焊缝轴线平行的成串气孔，如图 20-8 所示。

注意不要把链状气孔与均布气孔相混淆，试对比图 20-8 和图 20-6。

5）条形气孔　气孔的长度方向与焊缝轴线近似平行的非球形长条气孔即条形气孔，如图 20-9 所示。

6）虫形气孔　因气泡在焊缝凝固过程中上浮而形成的管状孔穴即虫形气孔，其位置和形态取决于焊缝的凝固形式和气泡来源，通常，虫形气孔成群出现，并排成人字形，如图 20-10 所示。

7）表面气孔　裸露在焊缝表面的气孔称为表面气孔。

（2）缩孔

因熔化金属在凝固过程中收缩而产生的、残留在熔池中心部位的孔穴称为缩孔。

GB 6417—86 将缩孔分为 4 种。

1）结晶缩孔　结晶缩孔是焊后冷却过程中，在焊缝中心形成的长条形成缩孔穴，其中可能有残留气体。这种缺陷通常在垂直于焊缝表面的方向上出现，如图 20-11 所示。

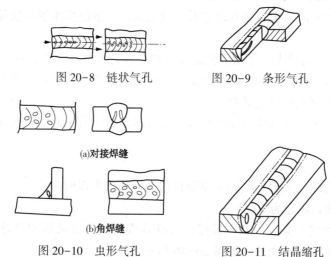

图 20-8　链状气孔　　　　图 20-9　条形气孔

(a)对接焊缝

(b)角焊缝

图 20-10　虫形气孔　　　　图 20-11　结晶缩孔

2）微缩孔　微缩孔是在显微镜下才能观察到的缩孔。

3）枝晶间微缩孔　它在显微镜下观察到的枝晶间微缩孔。

4）弧坑缩孔　弧坑缩孔是指焊道未端弧坑中的凹陷。这种凹陷在后续焊道之前或在施焊后续焊道时未消除，如图 20-12 所示。

3. 未熔合和未焊透

（1）未熔合　未熔合是指在焊缝金属和母材之间或焊道金属与焊道金属之间未完全熔合的部位。未熔合有以下几种形式：侧壁未熔合、层间未熔合和焊根未熔合，如图 20-14

所示。

（2）未焊透　熔焊时接头有根部未完全熔透的现象称为未焊透，如图 20-15 所示。

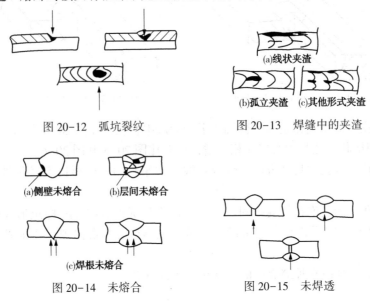

图 20-12　弧坑裂纹

图 20-13　焊缝中的夹渣

图 20-14　未熔合

图 20-15　未焊透

4. 固体夹杂

固体夹杂是指在焊缝金属中残留的固体夹杂物。GB 6417 将固体夹杂分为 5 种。

（1）夹渣　残留在焊缝中的熔渣，根据某形态可分为线状夹渣、孤立夹渣和其他形式的夹渣，如图 20-13 所示。

（2）焊剂或熔剂夹渣　定义及其分布形态同夹渣，只不过具体指出这种夹渣源于焊剂或熔剂而已。

（3）氧化物夹杂　这种夹杂是指熔池凝固后在焊缝金属中残留的金属氧化物夹杂。

（4）皱褶　在某些情况下，特别是在铝合金焊接时，由于对焊接熔池保护不良或熔池中造成紊流而产生大量氧化膜引起皱褶。

（5）金属夹杂　来自外部的金属颗粒残留在焊缝金属中所引起的夹杂即金属夹杂。这种颗粒可能是钨、铜或其他金属。

5. 形状缺陷

形状缺陷是指焊缝的表面形状相对原设计的几何形状出现的偏差。

GB 6417 将形状缺陷分为 19 种。

（1）咬边　因焊接电流过大和焊接操作欠佳在焊缝的焊趾或焊根处造成的构槽称为咬边。咬边可以是连续的或间断的，如图 20-16 所示。

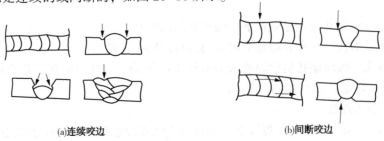

(a)连续咬边

(b)间断咬边

图 20-16　咬边

（2）缩沟　由于焊缝金属的收缩在焊缝根部焊道两侧产生的浅沟称为缩沟，如图20-17所示。

（3）焊缝超高　对接焊缝表面上的焊缝金属过高称为焊缝超高。

（4）凸度过大　角焊缝表面的焊缝金属过高称为凸度过大。

（5）下塌　穿过单层焊缝根部或在多层焊的接头中穿过前道熔敷金属塌落的过量焊缝金属称为下塌，如图20-18所示。

（6）局部下塌　在整条焊缝背面的局部位置上产生的熔敷金属的塌落称为局部下塌。

（7）焊缝型面不良　焊缝型面不良指母材金属的表面与靠近焊趾处的焊缝表面的切面之间的夹角α过小，如图20-19所示。

（8）焊瘤　在焊接过程中，熔化金属流淌到焊缝之外未熔化的母材上所形成的金属瘤称为焊瘤，如图20-20所示。

（9）错边　由于两块被焊板材没有对正而造成的两块板材表面之间的平行偏差称为错边，如图20-21所示。

（10）角度偏差　由于两块被焊板材没有对正，或因焊接变形造成的两块板材的板面不平行或未构成预定的角度称为角度偏差，如图20-22所示。

（11）下垂　由于重力作用造成的焊缝金属塌落的现象称为下垂。下垂分为横焊缝垂直下垂、平焊缝或仰焊缝下垂、角焊缝下垂和边缘下垂几种，如图20-23所示。

（12）烧穿　在焊接过程中，熔化金属自坡口背面流出，形成的穿孔缺陷称为烧穿。

（13）未焊满　由于填充金属不足，在焊缝表面形成的连续或断续的沟槽称为未焊满，如图20-24所示。

（14）焊脚不对称　角焊缝的焊脚尺寸不相等称为焊脚不对称，如图20-25所示。

（15）焊缝宽度不齐　焊缝宽度的变化过大称为焊缝宽度不齐。

（16）表面不规则　焊缝表面过分粗糙即表面不规则。

（17）根部收缩　由于对接焊缝根部收缩造成的单道浅沟即根部收缩，如图20-26所示。

（18）根部气孔　在凝固过程中，自焊缝背面逸出的气体在焊缝根部造成的多孔状组织称为根部气孔。

（19）焊缝接头不良　焊缝衔接处的局部表面不规则称为焊缝接头不良，如图20-27所示。

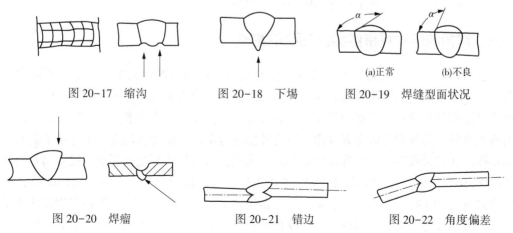

图20-17　缩沟　　　　图20-18　下塌　　　　图20-19　焊缝型面状况

图20-20　焊瘤　　　　图20-21　错边　　　　图20-22　角度偏差

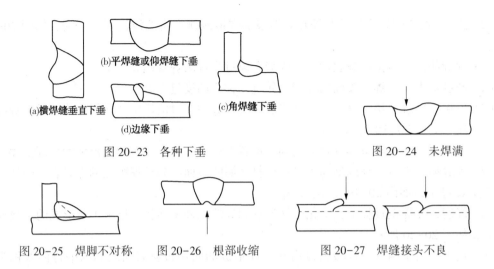

图 20-23　各种下垂

(b)平焊缝或仰焊缝下垂

(a)横焊缝垂直下垂

(d)边缘下垂

(c)角焊缝下垂

图 20-24　未焊满

图 20-25　焊脚不对称　　图 20-26　根部收缩　　图 20-27　焊缝接头不良

6. 其他缺陷.

指包括以上 5 类缺陷不能包括的 9 种焊接缺陷。

（1）电弧擦伤　在焊缝坡口外部引弧或打弧时在母材金属表面上造成的局部损伤称为电弧擦伤。

（2）飞溅　在熔焊过程中，熔化金属的颗粒和熔渣会向周围飞散，这种现象称为飞溅。习惯上把飞溅散出的金属颗粒和渣粒称为飞溅。

（3）钨飞溅　从钨电极过渡到母材金属表面或凝固在焊缝金属表面上的钨颗粒称为钨飞溅。

（4）表面撕裂　不按操作规程拆除临时焊接的工艺性附件，结果在母材金属表面造成的损伤称为表面撕裂。

（5）磨痕　按操作规程打磨所引起的母材或焊缝表面的局部损伤称为磨痕。

（6）凿痕　不按操作规程使用扁铲或其他工具铲凿金属而造成的表面局部损伤称为凿痕。

（7）打磨过量　由于打磨不慎，使工件或焊缝的减薄量超出了允许值，称为打磨过量。

（8）定位焊缺陷　定位焊缺陷是指定位焊时产生的各种焊接缺陷。

（9）层间错位　不按规定程序熔敷的焊道称为层间错位。

三、焊接缺陷对焊接结构（产品）的影响

焊接结构（产品）在制造过程中遗留下来的缺陷与运行中发生的裂纹，都在不同程度上对其失效产生影响。以压力容器和压力管道为例，在石油化工与电力工业中运行的压力容器和压力管道都具有开裂、泄露和爆炸危险的设备。一但发生破裂或泄露，往往就会导致灾难性的重大事故。为探索失效宏观规律，国内外都进行了许多统计和研究。统计结果表明，压力容器投产初期失效偏高。在容器使用寿命末期也会因为材质恶化或裂纹扩展等因素促成失效率再次升高。据英国对 1962～1978 年间对 229 起压力容器与压力管道失效的统计，失效原因中裂纹占 216 起，占 94.3%，是压力容器失效的主要原因，裂纹多数都在焊接接头处产生。特别应该注意的是，当钢材中含有碳化物形成元素时，应力释放处理（如消除应力、热处理法、锤击法等等）是引起焊缝金属及热影响区出现裂纹的原因。石化系统在七十年代制

造的储存石油液化气的400m³球罐，因在焊缝上和热影响区出现大量裂纹和穿透性裂纹而严重泄露，造成4台球罐失效而报废，仅1979年我国就发生了三次球罐断裂事故，造成8台球罐破坏。同年吉林液化石油气罐站发生的球罐爆炸，造成了震惊全国的巨大损失。

至于因为发现焊接缺陷而停产检修造成经济损失，在我国更是司空见惯的事。北京某化工厂引进的4个大型乙烯贮罐，在1975年检验时发现有大量的焊接延迟裂纹。有的贮罐上裂纹竟达100多处以上，深度为7.5~10mm，占壁厚的20%~25%。云南省某氮肥厂检验10台进口高压容器，发现8台存在严重的裂纹，其中铜液洗涤塔的焊缝中就有深4mm以上的裂纹18处，最深的裂纹达7.8mm(壁厚度40mm)，裂纹长度达480mm。

综上所述可以看出，焊接结构中存在焊接缺陷，到达一定尺寸时，会明显降低焊接结构的承载能力，焊接缺陷的存在，不仅直接减少了焊接接头的有效承载截面，当焊接结构受力或结构中有大量残余应力时，还会造成局部应力集中(如微小裂纹尖端、条形夹杂、根部未焊透未熔合的尖角处等)。非裂纹类的应力集中源(如未熔合尖端处等等)，在焊接结构服役过程中，也极易演变为裂纹源或产生裂纹，最终导致产品的失效。

此外，焊接缺陷的存在还会降低焊接结构的耐蚀性和疲劳寿命，焊接结构在高温、高压下工作时(如加氢裂化氢加热炉炉管等)焊接缺陷的存在还会直接影响焊接结构的高温持久强度。所以，在焊接结构制造过程中，采取各种正确的预防措施，防止焊接缺陷的产生，以及在役设备在使用过程中定期检测，以及时发现缺陷、采取补救措施，对于安全生产，减少不必要的财产损失是至关重要的。

四、焊接缺陷产生的原因及预防措施

国家标准GB 6417《金属熔化焊焊缝缺陷分类及说明》中，将金属熔化焊焊缝缺陷分为裂纹、孔穴、固体夹渣、未熔合与未焊透、形状缺陷和其他缺陷共六大类。这只是大体分类，详细分类本身也是个复杂的问题，如GB 6417中将裂纹又分成七种，即微观裂纹、纵向裂纹、横向裂纹、放射状裂纹、弧坑裂纹、间断裂纹群，枝状裂纹。气孔也分为七种。由于焊接缺陷的多样性和焊接环境，产品结构、工艺、设备、方法、焊工等因素的多变性，要分析出每个焊接缺陷产生的确切原因以及制定出相应的可靠的预防措施是一个非常复杂而困难的问题。只有具体问题具体分析，才能做出比较合理的预防措施方案。因此本节只能简略地介绍一下焊接缺陷产生的一般规律和预防措施。

1. 影响焊接接头质量的技术因素

要弄清焊接缺陷产生的原因首先要考虑的是影响焊接接头质量的技术因素．这些技术因素有时可能是产生焊接缺陷的根本性因素或是主要因素．

这些技术因素主要是：

(1) 材料　材料包括母材金属和填充金属。母材的化学成分、机械性能、均匀性、表面状况和厚度等都会对焊缝金属的热裂、母材和焊缝金属的冷裂、脆性断裂和层状撕裂倾向产生影响。因此，根据母材金属的化学成分和所焊工件的形状与尺寸，应选择与母材相匹配的焊缝金属材料(焊条、焊丝等)、焊接方法及适当的线能量等。

(2) 焊接方法和工艺　焊接方法应适合被焊接头材料的性能和接头施焊位置，同样的材料和焊接方法及工艺适合于在车间里施焊，就可能不适合在现场焊接。所有的熔化焊接方法都会对接头的显微组织产生影响。焊接材料或焊接工艺参数的少许变化就可能会导致焊接接头性能和质量的很大变化，焊前或焊后的冷、热加工也都会对接头的机械性能带来不可忽视的影响。

（3）应力　焊接接头中存在应力(如组装应力、焊接过程产生的应力，特别是应力集中以及残余应力等)是产生各类裂纹的原因之一。为了防止裂纹的产生，任何熔化焊方法及工艺、焊接产品结构、组对安装和操作都要注意尽可能减少各种各样的应力。

（4）几何形状　接头的几何形状对应力的分布状况影响很大，设计接头的几何形状尽可能不干扰设计应力的分布(接头截面尽可能避免突变、必要时也要使截面对称平滑过渡或逐渐过渡等)，因为应力集中系数值越高，对焊接接头产生裂纹的影响越大。

（5）环境　是指焊接接头的任意一个侧面接触腐蚀介质时，或使用环境中存在腐蚀、中子辐射、高温、低温和气候条件变化时，更要考虑材料对接头产生焊接缺陷和接头质量影响。

（6）焊后处理　焊后热处理目的是为了减少残余应力或为了获得所需要的性能或二者兼得。但若热处理工参数选择不当，也会出现达不到目的的问题。焊后机械处理(如锤击)，是为了改变改善残余应力的分布，减少由焊接引起的应力集中，以减少或消除产生变形或裂纹的可能性。

2. 影响焊接接头质量的人为因素和气候因素

因为焊工技能水平和熟练程度不同，会在相同的接头形式、相同的设备、工艺参数和操作环境下产生不同质量的焊接接头，即产生不同形态或数量的焊接缺陷，也会因为设计人员技术水平不同设计成合理程度不同的接头形式，产生不同形态或数量的焊接缺陷而影响接头质量，这也是常见的情况。天气环境的变化对焊接缺陷的产生影响也很大。如大风阴雨天气，会招致焊缝产生气孔，天气温度很低(如-10℃以下)会对某些淬硬倾向大的或厚度大(如$\delta=36mm$以上)的焊接接头造成产生裂纹的可能性增大等等。

第三节　焊接结构质量检验程序

根据我国等同采用 ISO 9000—2000 版质量管理体系的规定，焊接产品和其他产品或服务一样，为了使产品质量控制在要求的水平内，不仅要对产品生产过程和产品本身进行质量检验，而且还要对生产产品的组织(生产企业)的人力资源、技术装备、设施资源和质量保证体系文件及运行情况进行评审或审查，这样才能从源头开始就能控制住产品质量。因此，我们把焊接结构的质量检验程序分为焊接产品质量管理体系的评审、焊接产品焊接前的检验、焊接过程中的检验、焊接后的检验及焊接产品的最终检验。

一、焊接产品质量管理体系的评审

焊接产品质量管理体系的评审包括三个主要内容，即企业资质及业绩水平，人力资源及技术装备资源水平，质量体系文件及其运行状况。

1. 企业资质及业绩

生产焊接结构的企业，其生产的产品是否在其企业资质及经营业务范围之内，要进行检查审核。该企业过去是否有生主这些焊接结构的业绩(如一、二、三类压力容器、压力管道)等等，都要进行核对审查，只有符合国家有关法规的规定并有该类产品的生产许可证才能进行生产。

2. 人力及技术装备资源

从事焊接产品生产的组织(如企业)，不仅企业资质、经营范围要合法，而且企业的工程技术人员的专业、资格以及焊工和检验人员、无损检测人员等，都要有国家有关部门颁发的资格证书，并且在人员数量上满足生产该类产品的需要，才能保证产品质量受控，例如，质量检验人员、焊工、无损检测人员都要有专业的资格证书、并满足生产需要才可进行这类焊接品的生产，如压力容器和管道都是如此。

在技术装备上，根据焊接产品生产的需要，技术装备必须满足相应要求，如电焊机、起重设备，热处理设备，无损检测设备，试压设备，理化试验检验设备，计量检定设备，施工生产车间或场地等等，其数量和技术水平均满足需要并且完好，能正常使用才可以生产这类焊接产品。

3. 质量管理体系的评审

为了使企业生产的产品质量受控，企业必须建立完善的质量管理体系并达到正常运行，才能进行生产。质量体系文件包括质量管理手册，程序文件、管理制度、作业文件、样表样、通用工艺等、这些文件建立是否符合企业实际并且符合国家行业的标准，规范或规程、规定的要求，质量控制机构、质量控制环节和质量控制点是否得到有效控制，整个质量体系是否进行正常等等，都要在焊接产品生产之前进行认真核查和评审，如果本节所要核查和评审的内容不符合有关焊接产品生产的要求，是不能保证焊接结构质量的。

二、焊接结构的焊前检验

1. 图样审查及技术条件分析

设计图样的审查和技术条件的分析是保证焊接产品得以顺利生产的重要环节。图样审查的主要依据是焊接产品的制造合同、设计图样以及国家或第三方的有关法规和技术规范。图样的审核一般分为合同审图和工艺审图两类。

（1）合同审图　这是签订合同之前要进行的审图工作。审查的主要内容有：

1）根据本企业的技术装备和工艺条件，确定能否承担制造任务，有无超出正常工装能力或特殊要求的工件。

2）设计图样和技术条件是否符合国家现行的有关标准或技术规范的规定。

3）图样设计单位是否具备相应的设计资格。例如钢制焊接压力容器的设计单位是否持有相应的《压力容器设计单位批准书》。

4）审查图样是否有设计、校对、审核和批准人的签字。标题栏内的主要内容，如设备名称、图号、位号及材料规格表中各零部件的重量及总重量等，是否与合同或协议内容相同。

（2）工艺审图　工艺审图主要是进行技术条件分析和产品结构焊接可达到性分析，其主要内容为：

1）审查设计图样的技术条件是否符合现行国家、行业或第三方有关技术规范或标准的规定。

2）审核图样的各部位尺寸、总图和分图及节点与大样图的相关尺寸是否一致。

3）审核各种无损检测及耐压和气密试验的要求是否合理、可操作。

4）审查各类钢材，特别是承压部件材料的焊接性。有无新材料或新钢种要做焊接性试验或焊接工艺评定试验。审核焊接接头结构形式的合理性，估计母材厚度、结构形状、坡口形式、拘束度、塑性变形及冷作硬化等因素对焊接可达到性与焊接接头质量的影响程度。

5）审查图样对焊接过程的要求及这些要求是否合理。这包括焊前预热、层间温度控制及焊后热处理温度的选择是否合理；这些温度及其恒温时间是否与该材料的脆性温度重合或接近。

6）分析图样给出的该产品的服役条件和制造环境。 服役条件包括设计温度、设计压力和服役介质。如果服役介质有腐蚀性，应审核图样中给出的焊缝系数和腐蚀裕度是否合理。此外还要分析产品的制造环境对焊接质量的影响。

2. 材料检验

材料检验包括焊接产品的母材检验和焊接材料的检验，这也是焊接前检验的重要组成部分。

（1）母材检验 母材检验包括焊接产品主材及外协委托加工件的检验。母材检验的内容有：

1）材料入库要有材质证明书。实物上要有符合规定的材料标记符号。要对材料的数量和几何尺寸进行检验复核，对材料的表面质量进行检查验收（如表面光洁情况、生锈腐蚀情况、变形情况和表面机械损伤情况等）。

2）根据有关规定，需要时要对材料进行化学成分检验或复验。

3）必要时，按重要设备的合同要求，对母材应进行力学性能试验或复验。这包括拉伸试验、弯曲试验、脆性试验、断裂试验、蠕变试验，以及各向异性试验等。

4）根据合同或标准、规范或规程的要求，有些用作重要设备（如三类压力容器、高压厚壁容器等）的母材还要做无损检测（如超声波测厚或检测、磁粉或着色渗透检测等）、显微检验（如金相检验、铁素体含量检验等）和必要的腐蚀检验（如晶间腐蚀检验）及硬度检验。

（2）焊接材料检验 焊接材料检验主要是指对焊条-焊丝等填充金属化学成分、力学性能（主要指熔敷金属）的检验及腐蚀检验等，同时包括对焊剂和保护气体纯度检验。这些检验一般在焊接材料生产厂内完成。但在特殊情况下，使用厂还应在使用前进行认真的复验，以保证产品的焊接质量。

3. 焊接工艺评定审核

焊接工艺评定的审核是焊接前检验的一项关键性内容。它是确定焊接工艺参数的重要前提。审核的主要内容包括：

（1）审核焊接工艺评定是否符合工艺评定标准和设计技术条件的要求，是否与产品的实际制造情况及生产条件相符合等。若已有的工艺评定都不符合该焊接产品的要求，则要重新设计一个符合该产品要求与有关标准的工艺评定方案，再进行工艺评定试验。

（2）审查焊接工艺评定的相关试验数据。对焊接工艺参数及试件尺寸、坡口形式与尺寸以及试件的外观检验报告、无损检测报告、力学性能试验报告、焊缝金属的化学成分分析报告、显微检验报告和腐蚀试验报告等进行认真审查，以确认所选的焊接工艺评定试验项目是否齐全，所有项目的数据是否合格，并估计该工艺评定保证焊接接头质量的可靠程度，以便正式选用。

4. 焊工技能评定

根据国家标准 GB/T15169《钢熔化焊手焊工资格考试办法》或《压力容器安全监察规程》和 GB50236《现场设备、工业管道焊接工程施工及验收规范》的规定，凡从事其所辖范围的压力容器、设备和工业管道焊接的手弧焊、埋弧焊、CO_2 气体保护电弧焊及氩弧焊的焊工和操作工，都应按有关规定参加考试并取得有关部门认可的合格证，才能进行相应材料与位置的焊接。因此，在焊接产品制造之前，必须检查该焊工所持合格证的有效性。这包括审核焊工考试记录表上的焊接方法、试件形式、焊接位置及材料类别等是否与焊接产品要求的一致，所有的考试项目是否都合格。同时还要检查焊工近期(6个月)内有无从事用预定的焊接工艺焊接的经历，及近期(比如一年)内实际焊接的成绩(例如焊缝X射线检测的一次合格率及Ⅰ、Ⅱ级底片占总片数的比例等)。在特殊条件下，还要考核焊工在焊接位置难于达到情况下的技能

5. 焊前准备工作检查

焊前准备工作检查主要包括以下内容：

(1) 切割下料前，板材(或重要管道)超声波测厚或检测，板材表面的腐蚀及机械损伤情况检查。

(2) 坡口外观尺寸(如角度与钝边等)的检查。区别实际情况，用磁粉或着色渗透检验方法检查坡口表面是否存在裂纹和夹层。

(3) 工件组装的间隙大小、平直度与错边量的检查。

(4) 坡口内及距坡口边缘10mm以内的油污等有机物及锈蚀情况的检查。

(5) 工件组装尺寸的精度检查和焊接用胎卡具的牢固度和稳定性的检查等。

6. 审查检测手段及其人员资格

检验焊接质量的方法很多。对于某一个具体的焊接产品，用什么方法和仪器、设备或工具进行质量检验，要由焊接或检验工程师事先审定并进行必要的检查。检查内容如下：

(1) 检查所选用的检测方法是否正确，审查这种检测方法的可靠性和准确性。

(2) 检查所选定的检测仪器、仪表和工具是否符合有关标准的要求，是否经过有关部门的计量检定。对无损检测设备和仪器及长度、温度、压力、电气和热量等计量仪器、仪表和工具等都要进行计量检定检查。

(3) 对有关检验人员资格证书及实能际检验技能进行审定，以保证检验结果客观性与可靠性。

7. 焊接前还要按规定检查安全、防火、环保措施

三、焊接过程中的检验

焊接过程中的检验主要包括以下几方面的内容：

1. 核对焊工的技能及其对规定工艺的适合性

焊工的实际操作技能一般均记载在其合格证上，但这还无法体现其实际操作经验的多少，所以一定要检查焊工的实际技能和经验及对规定焊接工艺的适合性。要保证焊工不仅有相应的焊接合格证书，还要具备使用规定工艺进行焊接的实践经验。

2. 焊接环境的检查

焊接时，焊工与有关检查人员一定要对焊接时的实际环境(包括环境温度、湿度、风力、风向及焊接场地上的易燃易爆物等)进行检查，并采取相应的防护措施，以保证焊接过程不受外界环境的影响。

3. 焊接过程中焊缝质量的检验

焊接产品的焊缝一般不是一次，而是用多层或多层多道的方法焊成的。因此在焊接过程中应根据具体情况进行以下内容的检验：

(1) 焊完第一道后的检验　检查焊道的成形和清渣情况及是否存在未熔合、未焊透、夹渣、气孔或裂纹等焊接缺陷。不合格的焊缝要作过适当处理后再继续焊接。

（2）多层多道焊焊道间检验　主要检查焊道间的清渣和焊道衔接情况及是否存在焊接缺陷。

（3）清根质量检查　这是保证焊接质量的重要检查环节。若清根不彻底，焊缝中遗留下夹渣、气孔或未熔合等焊接缺陷，后续焊道就会将其埋在里面，造成焊缝的严重质量问题。

（4）外观检验　焊缝成形后，要进行焊缝尺寸（如焊缝宽度和焊缝平直度）及表面缺陷的检查。对不合格处要进行必要的处理，出现重大缺陷要报告有关技术人员。

（5）焊缝层间质量的无损检测　对于重要的焊接产品（如高温高压反应器等），在焊接焊缝的各层或各道时，一般要进行表面甚至内部质量的无损检测。对射线检测的Ⅰ级焊缝，通常都要就层间质量进行检验。

4. 工艺纪律检查

在焊接过程中，焊工必须严格遵守焊接工艺规程和焊接工艺参数，并做好相应的焊接记录。对于违反工艺纪律的现象必须及时检查制止。这就要在生产过程中由检查人员经常检查焊工施焊时的工艺参数，如焊接电流、电弧电压、焊接速度、焊接线能量、预热温度、层间温度和后热温度及相应的记录。发现问题要及时纠正。

5. 预热与层间温度控制

有些焊接产品所用的材料及其结构要求焊前预热，焊接过程中保持一定的层间温度，才能保证焊接质量。所以在焊接过程中一定要采用适当的手段检查预热与层间温度是否控制在规定的范围之内，并检查温度记录是否齐全可靠。

6. 消氢与热处理温度控制的检查

有些焊接产品要求焊后立即对焊缝进行消氢处理，有的要求焊后进行消除应力等热处理。有关人员要对这些热处理工艺的执行情况进行检查。对升温速度、恒温温度的误差水平、恒温时间、降温速度、测温点布局及保温情况等，都要进行检查，以确保严格执行有关工艺。

四、焊接后的检验

焊接后的检验是对焊接质量的综合性检验。具体有以下内容：

1. 外观检验

外观检验主要包括焊缝的平直度偏差、厚度及余高的检查；表面裂纹检查；咬边检查；焊肉不足检查；角焊缝腰高与尺寸检查；焊接件或产品的几何尺寸检查（包括直径、形状及变形量是否超过技术规范的规定等）以及焊工钢印和焊缝编号钢印的检查。

2. 焊接接头的无损检测

焊接接头的无损检测应安排在焊缝外观检查和硬度检查合格之后，强度试验（如水压试验）和致密性试验（如气密试验）之前进行。其中的渗透检测和磁粉检测应在热处理的前后各进行一次，或仅在热处理之后进行。无损检测的主要目的是检查焊缝的表面与内部裂纹、夹渣、气孔、未熔合和未焊透等工艺性缺陷。关于被检焊缝的数量及焊接接头焊缝表面和内部的质量应按国家的有关标准或行业标准执行（如 ASME 标准等）。

3. 硬度检验

对于某些耐热低合金钢或规定焊后要进行热处理的焊缝，焊后及热处理后应进行硬度检验。硬度检验应包括接头的母材、焊缝和热影响区三部分。检验数量及合格标准执行有关有标准或规范的规定。

4. 其他检验

在产品的技术条件中有要求进行奥氏体钢中铁素体含量检查的或某些低合金高强度钢焊接接头要求进行延迟裂纹测定的，一定要按有关规定进行这些检查和测定。

5. 产品试板的检验

在焊接产品的制造过程中，用和产品相同的材料、相同的工艺、相同的焊接环境，以及由具备同样技能的焊工制备出来的试板称为产品试板。压力容器的产品试板必须在容器纵缝的延长部位，与容器纵缝同时焊接加工。需经热处理的焊接产品，产品试板必须随同产品一起同炉热处理。

产品试板的外观检验、无损检测及硬度检验等办法和质量标准应与产品完全相同。

产品试板的力学性能试验内容一般有以下几项：焊接接头、熔敷金属以及母材的常温或高温拉伸试验；焊缝的横向断面弯曲、反面弯曲、侧面弯曲和焊缝的纵向弯曲和轴向反弯曲试验；熔敷金属、热影响区及母材的冲击试验和其他规定的脆性断裂试验。

产品试板的硬度检验、微观检验、腐蚀试验以及铁素体含量检验和疲劳试验等应根据产品的技术条件来具体确定。

最后，还要检查产品试板所有的试验和检验记录、试验报告和评定结论。

五、总体检验及最终检验

总体检验一般在焊接产品消除应力热处理和压力及密封性试验之前进行。总体检验时，除个别工序(如耐压试验、热处理与防腐处理等外，其他的检验工序及产品的资料整理都已进行完毕。总体检验一般分为产品检验和资料检验两部分。

1. 产品检验

产品检验的主要目的是核实产品的材料使用及材料标记情况，以及焊工钢印、产品外观与几何尺寸，若产品为容器还包括其内部构件的检验与清理、产品的设计变更实施情况等。

2. 资料检验

资料检验的内容包括产品的竣工图、设计变更单、产品检验报告与记录、质量问题及其处理结果记录、产品试板的试验报告(产品试板的焊接记录及各种试验或检验报告)和产品铭牌等。

3. 最终检验

最终检验是产品出厂之前的最后一次综合性检验。它也包括两个方面的检验内容：

(1) 产品检验

最终检验中的产品检验是指对总体检验时尚未完成工序进行质量检验。这主要包括产品(如压力容器或压力管道)耐压与气密性试验、热处理以及产品的防腐油漆和包装等内容的检查或试验。

耐压试验及气密性试验一般在产品总体检验合格及热处理后进行。进行耐压试验时，要检查试压使用的介质(水或空气等)，试压时的温度(介质温度和环境温度)与保压时间，以及保压时容器上的任何部位有无泄漏点。卸压以后还要对产品进行一次全面检查，包括几何尺寸检查(以确认产品没有产生较大的永久变形)及焊缝的磁粉或着色渗透检测等。气密性试验无强度检查的内容，主要目的是确保产品在服役条件下不发生泄漏，保证生产的正常进行。

（2）资料检验

最终检验中的资料检验包括以下内容：

1）核对总体检验的资料是否齐全、可靠。

2）核实总体检验时尚未形成的资料。包括热处理记录、耐压和气密性试验报告、耐压试验后的无损检测报告(如磁粉检测、着色渗透检测和超声检测报告等)、硬度检验报告、防腐油漆记录、酸洗钝化记录、产品的质量评定级别和产品的铭牌等内容。如果产品要经国家劳动部门监检时，还要附有劳动部门的监检证书。最终要出具产品质量证明书和产品合格证，才能让产品出厂。

六、焊接产品的检验程序

焊接产品质量检验程序的设计是焊接质量管理的重要组成部分。程序设计是否科学合理，不仅直接关系到产品的质量保证，而且直接影响生产效率和经济效益的提高。因此，焊接工程技术人员应该认真研究和设计出一个尽可能合理、适用的焊接质量检验程序。

1. 检验程序的设计原则

（1）遵守组装与焊接的工艺流程

焊接产品是多种多样的。产品的用途不同、结构不同，其制造工艺的差别是很大的。因此，检验程序必须按照不同产品的不同组装与焊接的工艺流程来设计，绝不能脱离具体产品的组装焊接工艺流程来搞检验程序的设计或制定。另外，根据产品特点和检验的不可重复性的要求，有些检验项目必须纳入到组装焊接工艺流程中去，作为产品生产的一道工序来设计。比如在重要压力容器的生产过程中进行焊道的层间着色渗透检测，双面焊时焊道清根面质量的宏观和无损检测等等。

（2）符合质量标准

产品质量检验的依据是质量标准。这些质量标准不仅限于与产品有关的国标、行标或设计图样中规定的技术条件，还应包括产品合同中有关质量的要求。有关的质量标准中规定了一些必要的检验操作程序，这些程序也是设计整个产品焊接质量检验程序时必须遵守的。

（3）先进性、可靠性原则

检验程序设计必须遵循先进性与可靠性原则。即在程序设计中，在结合产品及企业实际情况的前提下，尽量选择技术上先进、灵敏度与可靠性较高的检验方法和设备，使用最新版本的质量标准和技术规范。

（4）经济性原则

在产品成本中，检验费用是产品质量成本的主要内容。焊接产品质量大多数是符合性质量(即必须符合国家标准、产品合同或第三方规定的质量标准)，因此应在保证产品达到符合性质量要求的前提下，尽量简化检验程序，包括不盲目增加一些不必要检验项目。不惜工本讲质量是行不通的。

2. 检验程序的设计

检验程序与产品的组装焊接工艺流程、检验内容、检验方法及企业的检验设备条件密切相关。在设计检验程序时必须认真分析，周密考虑，才能设计出一个比较科学合理并切实可行的检验程序。

（1）分析组装焊接工艺流程.

产品的组装焊接工艺流程是根据产品特点、企业技术装备、人员技术素质、产品质量要求等情况作综合分析后制定出来的。即使是同一种规格和型号的产品，例如装焊 400m³ 石油液化气球罐，在不同的企业也有不同的组装焊接工艺流程。因此必须对具体产品生产的具体工艺流程的每一道工序，进行质量影响因素的分析，以确定质量检验的重点和停点(停点是指在本工序进行的质量检验未合格之前不许流入下道工序的工序点)以及相应的项目和检查内容。

质量检验程序和内容总是和生产工艺流程相伴的。只有熟知并分析组装焊接的工艺流程，才能设计出合理可行的检验程序、检验项目和检验内容。

产品组装之前的原材料和焊接材料的检验、焊接工艺评定、焊工技能考评，以及焊后的总体检验、热处理检验、水压试验，及其以后的无损检测和气密性试验，安装后的沉降试验观测等内容都应列入到总的检验程序中去。一般来讲，产品的组装焊接工艺流程分析完了，检验程序也就基本上确定下来了。本例只是概要分析了组装焊接工艺流程和检验程序及内容。实际施工中的检验程序要比这细致得多，每一道工序都要进行有关的质量检验，才能保证质量。

（2）提出检验内容

前已提及关于检验内容，实际上在分析组装焊接工艺流程时，就针对每道工序，特别是重点和停点工序，提出了具体的检验内容。这里特别强调的一点是，检验内容一定要和检验程序相配套，一定要把每一项检验内容落实到相应的检验程序中去。

（3）选择检验方法

一般而言，检验方法是根据检验内容的要求来确定的。比如宏观检验，一般都用 5 倍放大镜检查。但多数检验内容都可以用几种以上的检验方法来完成。例如焊缝内部质量检测可以用 X 射线检测，也可以用 γ 射线检测，还可以用超声检测来实现。焊缝的表面缺陷可以用渗透检测，也可以用磁粉检测来实现。但对具体的产品和企业来讲，选择检验方法和设备时要考虑以下因素：

1）检验方法及设备的精度和可靠性。

2）检验方法及设备的可达到性。

3）企业的检验装备及人员的素质。在能达到检验目的的条件下，应尽量用现有的检验装备及人员。

4）考虑经济上的合理性。

一般来讲，在保证检验质量的前提下，为了降低产品成本，选用一种经济可靠的检验方法即可。有时为了判断焊缝中某一个缺陷的尺寸、位置及性质，例如是否为裂纹或局部未熔合，就要用两种或更多的方法来检验，这也是在选择检验方法和进行程序设计时应该考虑到的内容。

（4）制定检验流程

在完成组装焊接工艺流程分析、提出检验内容、确定检验方法和选定了检验质量标准、检验方法标准、检验检验部位、检验数量和检验设备、仪器和工具之后，就可以制定检验流程了。图 20-28 是加热炉炉管 Cr5Mo 钢管焊接检验的流程图。Cr5Mo 钢管是 Ⅰ 类管道，其焊缝为 Ⅱ 级焊缝，按 GB 50236 的规定，管道焊缝的射线检测数量为 100%，射线检验标准执行 NB/T 47014。焊缝表面质量标准执行 GB 50235《工业管道工程施工及验收规范》。焊缝内部质量标准执行 GB 50236《现场设备、工业管道焊接工程施工及验收规范》。

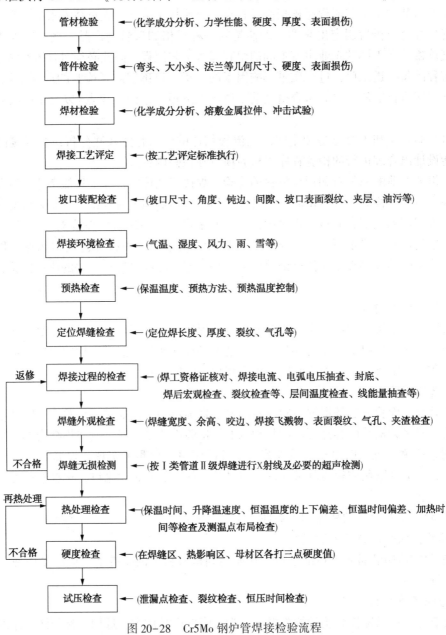

图 20-28　Cr5Mo 钢炉管焊接检验流程

第四节　焊接接头探伤检验

一、射线探伤(RT)

射线探伤的原理是利用 X 射线和 γ 射线通过被检查的焊缝时，在缺陷处和无缺陷处被吸收的程度不同，通过接头后强度的衰减有明显差异，作用在胶片上使胶片的感光程度也不一样(通过缺陷处的射线在胶片上的感光较强，冲洗后颜色较深，无缺陷处则底片的感光较弱，冲洗后颜色较淡），这样，通过观察底片上的影像，就能够发现焊缝内有无缺陷及缺陷的种类、大小和分布。射线探伤示意图见图20-29；射线探伤一般使用在重要的结构上，由射线探伤专业人员操作。

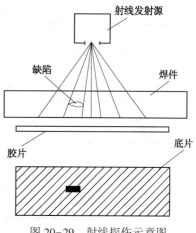

图 20-29　射线探伤示意图

1. 焊接缺陷在胶片上的特征

作为焊工，应具备一定水平的评定射线照片的知识，能够根据底片成像正确判断缺陷的种类和部位，对焊缝返修工作大有好处。常见的焊接缺陷主要有裂纹、未焊透、气孔、夹渣和夹钨等。下面对焊接缺陷在胶片上的成像特征进行介绍。

（1）裂纹　裂纹在底片上多呈现略带曲折的、波浪状的黑色条纹，有时也呈现细纹直线状，轮廓较分明，两端尖细，中部稍宽，两端黑度逐渐变浅，最后消失。

（2）未焊透　未焊透在底片上是一条断续或连续的黑直线。在不开坡口的对接焊缝中，宽度是较均匀的；V形坡口焊缝中的未焊透在胶片上的位置多是偏离焊道中心呈断续直线状，即使连续也不会太长，宽度不一致，黑度不太均匀，线状条纹一边较直而黑；双V形坡口双面焊中的中部或底部未焊透，在底片上呈现黑色较规则的直线状。角焊缝、T形接头、搭接接头中的未焊透，一般呈断续线状分布。

（3）气孔　气孔在底片上多呈圆形或椭圆形黑点，一般其中心黑度较大，向边缘均匀减小；分布不一致，有稠密的，也有稀疏的；

（4）夹渣　夹渣在底片上呈现为不同形状的点状或条状。点状夹渣呈单独黑点，外观不太规则，带有棱角，黑度均匀；条状夹渣呈宽而短的粗线条状；长条形的夹渣，线条较宽，宽度不太一致，

（5）夹钨　在底片上呈现圆形或不规则的亮斑点，且轮廓清晰。

2. 焊接缺陷等级评定

《钢熔化焊对接接头射线照相及质量分级》GB/T 3323 焊缝质量作了如下分级：

（1）按缺陷性质和数量分级　共分为四级，见表20-1。

表 20-1　按缺陷性质和数量进行焊缝质量分级

序　号	级　　别	缺陷描述
1	Ⅰ级	焊缝内无裂纹、未熔合、未焊透和条状夹渣
2	Ⅱ级	焊缝内无裂纹、未熔合和未焊透
3	Ⅲ级	焊缝内无裂纹、未熔合以及双面焊和加垫板的单面焊中的未焊透。不加垫板的单面焊中的未焊透允许长度按照条状夹渣长度的Ⅲ级评定
4	Ⅳ级	焊接缺陷超过Ⅲ级者

（2）圆形缺陷的分级　长宽比小于或等于3的缺陷定义为圆形缺陷，它可以是圆形、椭圆形、锥形或带有尾巴(在测定尺寸时应包括尾部)等不规则形状，包括气孔、夹渣、夹钨。圆形缺陷是以给定区域内缺陷点数进行分级的。而评定区域大小按照母材厚度由表20-2确定；缺陷点数按照缺陷大小由表20-3确定，不计点数的缺陷尺寸见表20-4。表20-5是圆形缺陷分级。

表 20-2　圆形缺陷的评定区尺寸

母 材 板 厚	≤25	25~100	>100
评定区尺寸	10×10	10×20	10×30

表 20-3　圆形缺陷的等效点数

缺陷长/mm	≤1	1~2	2~3	3~4	4~6	6~8	>8
点数	1	2	3	6	10	15	25

表 20-4　不计点数的缺陷尺寸

母 材 板 厚	≤25	25~50	>50
缺陷长径	≤0.5	≤0.7	≤1.4%δ

表 20-5　圆形缺陷分级

评定区/mm 质量等级 \ 母材厚度/mm	10×10			10×20	10×30	
	≤10	10~15	15~25	25~50	50~100	>100
Ⅰ	1	2	3	4	5	6
Ⅱ	3	6	9	12	15	18
Ⅲ	6	12	18	24	30	36
Ⅳ	点数超出Ⅲ级者					

（3）条状夹渣的分级　长宽比大于 3 的缺陷定义为条状夹渣。条状夹渣以夹渣长度进行分级，见表 20-6。

表 20-6　条状夹渣的分级

质 量 等 级	单个夹渣最大长		条状夹渣总长
Ⅱ	δ≤12	4	在任意直线上，相临两夹渣间距不超过 6L 的一组夹渣，其累计长度在 12δ 焊缝长度内不超过 δ
	12<δ<60	1/3δ	
	δ≥60	20	
Ⅲ	δ≤9	6	在任意直线上，相临两夹渣间距不超过 3L 的一组夹渣，其累计长度在 6δ 焊缝长度内不超过 δ
	9<δ<45	2/3δ	
	δ≥45	30	
Ⅳ	大于Ⅲ级者		

（4）综合评级　在圆形缺陷评定区域内，同时存在圆形缺陷和条状夹渣（或未焊透）时，应各自评级，将级别之和减 1 作为最终级别。

二、超声波探伤(UT)

超声波探伤是利用超声波(频率高于 20kHz 的机械波)探测材料表层和内部缺陷的无损检验方法。对焊缝进行超声波探伤，是利用焊缝中的缺陷与正常组织具有不同的声阻抗，声波在不同声阻抗的异质介面上会产生反射的原理来发现缺陷的。探伤过程中，由探头中的压电换能器发射脉冲超声波，超声波通过偶合介质(水、油、甘油或糨糊等)传到焊件中，遇到缺陷会发生反射,反射波被探头接收后,经过换能器转换成电信号,电信号被放大器放大后在荧光屏上显示:探伤员根据探头位置和声波的传播时间(在荧光屏上的回波位置)可确定缺陷位置,通过观察反射波的波幅大小可以近似地评估缺陷的大小超声波探伤框图见图20-30。

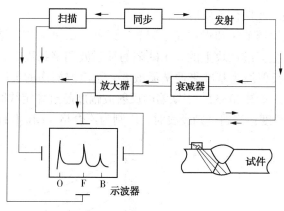

图 20-30　超声波探伤框图

1. 超声波探伤的检验等级

GB/T 11345《钢焊缝手工超声波探伤方法和探伤结果分级》对厚度不小于 8mm 的铁素体钢全熔透熔化焊对接焊缝脉冲反射法手工超声波探伤检验等级规定为三级,即 A 级、B 级和 C 级,依据检验工作的完善程度,A 级最低,B 级一般,C 级最高。一般来讲,A 级检验适用于普通碳素钢结构,B 级检验适用于压力容器,C 级检验适用于核容器与管道。各级中的探伤侧、探头角度见图 20-31 和表 20-7。

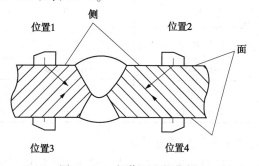

图 20-31　探伤面和探伤侧

表 20-7　探伤面、探伤侧、探头角度

板厚/mm	探伤面			探 伤 方 法	探头的折射角或 K 值
	A	B	C		
<25	单面单侧	单面双侧(位置1和位置2或位置3和位置4)或双面单侧(位置1和位置3或位置2和位置4)		直射法及一次反射法	70°(K2.5,K2.0)
>25~50				直射法	70°或60°(K2.5,K2.0,K1.5)
>50~100					45°或60°;45°和60°;45°和70°并用(K1 或 K1.5;K1 和 K1.5,K1 和 K2.0 并用)
>100		双面双侧			45°和60°并用(K1 和 K1.5 或 K2 并用)

2. 超声波探伤的灵敏度

超声波探伤的灵敏度是指在确定的探伤范围内的最大声程处发现最小缺陷的能力。灵敏度越高，发现最小缺陷的能力越强，单灵敏度的选择不是越高越好，否则会因为杂波和始波展宽而使缺陷判断困难，而且会造成一些产品不必要的返修，一般应根据焊件的使用要求及设计要求确定适宜的超声波探伤灵敏度。

灵敏度的调节有试块调节法和焊件底波调节法两种。试块调节法是通过调整探伤仪器上的控制灵敏度的旋钮，把标准试块上的人工缺陷的反射波调整到规定高度。焊件底波调节法是以被检验焊件的底面反射波为基准来调整灵敏度。超声波探伤的灵敏度规定为三档，即评定线、定量线和判废线，见图20-32。当缺陷的反射波幅度超过评定线时，应评定其性质；超过定量线时，应测定其长度；当超过判废线时，应判为不合格。GB/T 111345 规定各级灵敏度见表20-8。

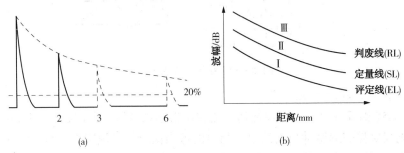

图 20-32　距离波幅曲线

表 20-8　距离波幅曲线的灵敏度

检验级别	A	B	C
板厚/mm 灵敏度 DAC	8~50	8~300	8~300
判废线	DAC-4dB	DAC-4dB	DAC-2dB
定量线	DAC-10dB	DAC-10dB	DAC-8dB
评定线	DAC-16dB	DAC-16dB	DAC-14dB

3. 超声波探伤缺陷的评定和焊缝质量等级

（1）缺陷的评定　CB/T 11345—1989 规定，超过评定线的信号应注意它是否具有裂纹等危害性缺陷特征，如怀疑时，应采取改变探头角度、增加探伤面、观察动态波形，结合结构特征作出判定，

如果不能准确判定，应辅以其他检验作综合判定。当最大反射波幅位于Ⅱ区的缺陷，其指示长度不小于10mm时，按5mm计；当相邻缺陷间距小于8mm时，两缺陷长度指示长度之和作为单个缺陷的指示长度：

（2）焊缝质量等级

GB/T 11345 规定，最大反射波幅位于Ⅱ区的缺陷，根据缺陷的指示长度按照表20-9的规定对焊缝进行评级；最大反射波幅不超过评定线的缺陷，评为Ⅰ级；最大反射波幅超过评定线的缺陷，检验者判定为裂纹等危害性缺陷时，无论其波幅和尺寸如何，均评定为Ⅳ级；不合格的焊缝应给予返修，返修焊应按原质量要求进行复验，复探部位的缺陷也应按上述方法评定。

表 20-9 缺陷的等级分级

检验等级	A	B		C	
板厚/mm	8~50	8~300		8~300	
评定等级 Ⅰ	2δ/3 最小 12mm	δ/3	最小 10mm 最大 30mm	δ/3	最小 10mm 最大 30mm
评定等级 Ⅱ	3δ/4 最小 12mm	2δ/3	最小 12mm 最大 50mm	δ/2	最小 10mm 最大 30mm
评定等级 Ⅲ	<δ 最小 20mm	3δ/4	最小 16mm 最大 75mm	2δ/3	最小 12mm 最大 50mm
评定等级 Ⅳ	超过Ⅲ级者				

三、磁粉探伤(MT)

磁粉探伤是利用在强磁场中,铁磁性材料表层缺陷产生漏磁场吸附磁粉的原理进行无损检验的方法:对于铁磁性材质如铁、钴、镍,当其表面或近表层有缺陷时,一旦被强磁场磁化,就会在缺陷部分产生磁力线外溢,形成漏磁,见图 20-33,它对试件表面的磁粉产生吸附作用,从而显现出缺陷的痕迹,根据磁粉的痕迹可以判断缺陷的位置、取向和大小。

由于磁粉探伤对表面缺陷具有较高的灵敏度,因此适用于施焊前对焊接坡口的检查,焊接过程中对焊道的检查、焊缝表面的检查,临时定位件去除后表面的检查等。

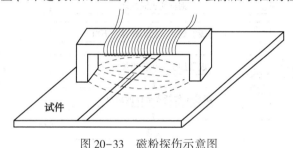

图 20-33 磁粉探伤示意图

四、渗透探伤(PT)

渗透探伤是利用某些液体渗透性等物理特性来发现和显示缺陷的无损探伤方法。它是以液体对固体的浸润能力和毛细现象为基础,先将含有染料且具有高渗透能力的液体渗透剂,涂敷到被检查焊件表面,由于液体的湿润作用和毛细作用,渗透剂渗入表面开口缺陷中;然后去除表面多余的渗透剂,再涂一层吸附力很强的显像剂,将缺陷中的渗透剂吸附到焊件表面上来,在显像剂上便显示出缺陷的痕迹,通过观察痕迹对缺陷进行评定。渗透探伤可检验表面开口缺陷,几乎适用于所有材料和各种形状的表面的检查。

第二十一章　焊接结构生产

第一节　石油化工装置中焊接结构生产工艺过程

一、焊接结构制造工艺过程总体流程

焊接结构制造包括从看图纸、制作工艺、备料、装配、焊接等，直至质量检验与出厂验收的全过程。焊接结构制造工艺过程总体流程。如图 21-1 所示。

图 21-1　焊接结构制造工艺过程总体流程

二、一般工艺过程

1. 看懂设计图纸

施工前，必须看懂设计图纸，弄清楚结构特点及技术要求。重点了解结构中的难点及特殊要求。

严格执行设计技术文件中要求执行的各个标准、规范。

2. 设计施工工艺与方案

按照设计图纸、技术要求、执行的标准及规范、施工条件、施工设备能力等等来设计施工工艺与方案。

3. 备料

根据设计图纸及其设计技术要求，来准备焊接结构的主要材料及辅助材料。

主要材料包括板材、型材、管材等。

辅助材料包括焊接材料及其他辅助用料。

焊接材料包括焊条、焊丝、焊剂、气体等。

其他辅助用料包括焦炭、油漆、螺钉、砂轮片、碳棒等。

所备用的主要材料与焊接材料除了符合设计施工图纸及其设计技术要求外，还应符合相应的标准及规范。

备料的过程包括采购、到货后的验收、保管与发放。

（1）采购按设计施工图纸及技术文件要求进行。

（2）验收

材料验收的主要内容为：

材料炉号、批号、型号、化学成分和金属力学性能（包括屈服强度、抗拉强度、伸长率、断面收缩率、抗弯强度、常温冲击韧性、低温冲击韧性、疲劳强度、断裂韧度等）。

（3）材料的保管

1）钢材的保管　钢材在入库后，应按不同种类、材质、规格、型号、批号、炉号等分别存放保管，并设有明显的标牌，注明钢材规格、型号、材质、炉号、批号等有关项目。钢材储存要充分考虑材料的吊运方便。

最底层钢板不得直接放在地面上，应该在由方木或型钢组成的垫架上，如图21-2所示。

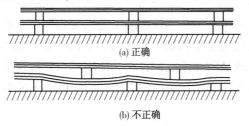

图21-2　钢材放置要求

各种型钢要排放整齐，最好放置在格式架中或支柱架中，如图21-3所示。不同材质、规格、型号的型钢应分别在不同的格内，并有明显标牌标注。

露天堆放时，钢板、宽扁钢、工字钢及槽钢堆放高度，在成排放置未经勾连时不应该大于钢材堆放的宽度，而在互相勾连放置时如图21-4所示，堆放高度不应该大于钢材堆放高度的两倍。钢板及宽扁钢正常放成一排。

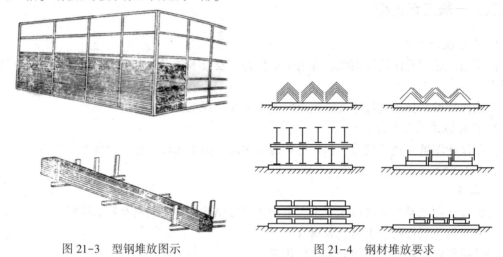

图 21-3　型钢堆放图示　　　　　　　图 21-4　钢材堆放要求

2）焊接材料的保管　各种焊接材料(焊条、焊丝、焊剂等)皆应有出厂单位的材质单及质量合格证，符合要求方可入库。焊接材料的存放与保管也是焊接结构生活中重要的一环，防止焊接材料吸潮、生锈、牌号搞混。要求焊接材料库一定要保证室内有一定的温度与干湿度，存放要有框架，不许存放在地上。在格架上按不同型号、规格的焊条、焊剂、焊丝等设有标记明显的标牌。

厂级材料库设有焊接材料一级库，焊接车间设有焊接材料二级库，负责焊条与焊剂的保管，烘干与发放。烘干的温度与时间应按各种焊条、焊剂的使用规定进行。焊接材料二级库的室内也要保持一定的干湿度与温度，湿度不高于60%，温度不低于5℃。焊接材料一级库、二级库皆应该有去湿机、通风机。

3）发放

钢材应严格按生产计划提出的材料规格与需要量发放。

对锅炉、压力容器等重要结构及对材质有严格要求的产品，应当执行"标记移植"的规定。即将原钢材上的关于材质、规格、炉号、批号等标记，用钢印打到使用部分的钢材的某一规定部位。或打到剩余钢材上规定的明显的部位上，以免失去标记，而造成事故。这是在实行全面质量管理，贯彻质量保证体系中的一个很重要的控制点。

焊条的发放手续应严格执行，必须按产品工艺规定的型号、规格、数量发放。尤其车间焊接材料二级库，必须发放完全达到烘干要求的焊条或焊剂。如有剩余焊条需退回库中时，必须在确认焊条的型号、规格后才能收回，再次使用前仍要按规定烘干。为了保证焊条在使用过程中不吸潮，焊工必须持焊条保温筒领焊条，防止已烘干的焊条长时间暴露在空气中吸潮，失去烘干的效果。

4. 钢材的表面清理

清理钢材表面上的锈、油污和氧化物等是焊接生产中常被忽视的一道工序。对钢材的表面清理安排在切割前保证数控切割的连续性和焊接质量都是必要的，安排在焊后进行对涂漆质量也是有益的。其方法主要有两类。

(1) 机械法　包括喷砂或喷丸、手动风砂轮或钢丝刷等方法。喷砂、喷丸法较彻底，效率高，但粉尘大、劳动条件差，需在专用场所进行。对4mm以下的薄钢板采用喷丸法容易造成损伤。

（2）化学法　即用溶液进行清理，此法效率高，质量均匀又稳定，但成本高并污染环境。

将钢板浸入 2%~4% 硫酸液的槽内一定时间，取出后放入 1%~2% 温石灰液的槽内，洗去钢板上残留的硫酸液，取出干燥，板面上留有石灰粉膜，可防止金属表面再发生氧化，可在切割或焊前将割口处或坡口处擦干净，以便切割或焊接。

现代先进的钢材表面处理，已在流水线中配有抛丸除锈、酸洗钝化、喷涂底漆和烘干等成套设备，将许多道工序连在一起完成。

5. 压力容器排版图绘制原则

（1）排版图的图面应符合 GB/T 14689~14691《机械制图》的要求，图面布局合理，文字整齐，数据准确，也可以采用计算机给制排版图。

（2）排版图应依据合同技术条款、技术协议、设计图纸、有关设计变更通知单以及板材规格逐台绘制。

（3）设计图纸已标注方位时，按设计图纸要求标注四条方位线。

（4）设计图纸没有明确方位要求时，按以下原则确定四条方位线。

1）立式容器以俯视图上方为 0°，左方为 90°，下方为 180°，右方为 270°。

2）卧式容器以右视图上方为 0°，左方为 90°，下方为 180°，右方为 270°。

3）组合容器可按上述原则分别绘制。

（5）排版图一般应为外展开，即图示的图样为壳体外表面，如局部或全部图样为内展开时，应在图样上作出明显标志并作出特殊说明。

6. 划线、号料

（1）号料的概念

在生产批量较大的构件时，采用划线方法效率低，且有可能出现误差，此时可制作样板或样杆，用样板或样杆在待下料的材料上划线，效率高，质量好，又可在材料上合理布置，提高材料利用率，这样的工序称为号料。

（2）准备工作及注意事项　划线所用的卷尺、钢尺都必须经计量部门检查合格，方可使用。平尺也要经过验证。

每个样板、样杆都必须注明产品合同号、图号、材质、规格尺寸、每台数量、图形符号、各种孔的直径和加工方法等。样板、样杆、胎具等必须经过检查员检查合格方可使用。样板、样杆在制作时，应该考虑焊接收缩变形量及零件加工余量。可参考表 21-1。样板、样杆应具备一定刚度。不用时应注意存放，防止产生变形。

表 21-1　焊接收缩量

	焊缝横向收缩量近似值						
接头型式	板厚/mm						
	3~4	4~8	8~12	12~16	16~20	20~24	24~30
	收缩量/mm						
V 型坡口对接接头	0.7~1.3	1.3~1.4	1.4~1.8	1.8~2.1	2.1~2.6	2.6~3.1	—
X 型坡口对接接头	—	—	—	1.6~1.9	1.9~2.4	2.4~2.8	2.8~3.2
单面坡口十字接头	1.5~1.6	1.6~1.8	1.8~2.1	2.1~2.5	2.5~3.0	3.0~3.5	3.5~4.0

接头型式	焊缝横向收缩量近似值						
	板厚/mm						
	3~4	4~8	8~12	12~16	16~20	20~24	24~30
	收缩量/mm						
单面坡口角焊缝		0.8		0.7	0.6	0.4	—
无坡口单面角焊缝		0.9		0.8	0.7	0.4	—
双面断续角焊缝	0.4		0.3	0.2	—	—	—
焊缝纵向收缩量的似值/(mm/m)							
对接焊缝	0.15~0.30						
连续角焊缝	0.20~0.40						
断续角焊缝	0~0.10						

号料时必须根据工件形状、大小和钢材规格尺寸，利用预先计算法、颠倒插角法等合理布置进行套裁，做到合理用料，节约钢材，提高材料利用率。

号料、划线时必须用尖锐的划针、尖薄的石笔、细粉线。用石笔划线时，线条宽度不得大于 0.5mm，用粉线打线时，线条宽度不得大于 1mm。

号料、划线时，对中心线应在其两端各打上 3 个小冲孔，并标注上中心线符号，明显地与切割线相区别，以免发生错误，同时也作为组装时的依据。

7. 下料

下料即为按标识的尺寸线进行剪切的过程。

钢材的剪切可以采用剪板机，也可以采用热切割，如气割、等离子切割、电弧切割、激光切割等。

下料后，需要开坡口的，可以采用刨边机进行坡口加工。

8. 标识移植

对于所有材料在领取、发放过程中，都需要进行标识移植，以免在后续使用中因标识不清造成材料用错。

9. 成形加工

成形加工包括滚弧、冲压、机加工等工艺。

圆筒形构件都需要经弯曲加工采用卷板机(亦称滚床)成型。

焊接结构中的冲压件，主要是应用冲压设备制出各种各状的孔、冲压出各种形状的零件(如封头)等。

冲压工艺使用的设备有各种吨位的冲床、油压机、压力机、折边机等。

10. 组装

按设计图纸或工艺文件的公差要求进行定位与组装。

组装时可以采用各种夹具进行，以保证组装质量。

11. 焊接

组装合格后，按焊接工艺文件(或规程)的要求进行焊接。包括焊接方法、焊接材料、预热、后热、焊工资格等。

12. 矫形

焊接后，由于存在焊接应力，会导致构件变形。矫形工作应在无损检验前进行。具体的矫形方法详见其他章节所介绍。

13. 质量检验

焊接构件的质量包括外观的检验与焊缝内部质量的检验。

外观检验包括构件几何尺寸的检验、焊缝外观质量的检验及焊接接头常规力学性能的检验、硬度、化学分析等。

焊缝内部质量检验主要是无损检验。

14. 返修

经质量检验不合格的焊接构件需按相应的要求进行返修。

15. 热处理

焊后热处理可分为整体热处理和局部热处理。

(1)焊后热处理的目的：

消除或降低焊接残余应力；

软化焊接热影响区的淬硬组织，提高焊接接头韧性；

促使残余氢逸出；

对有些钢材(如低碳钢、500MPa级高强钢)的断裂韧性得到提高。但对另一些钢材(如800MPa级高强钢)由于有产生回火脆性而使其断裂韧性降低，对这类钢不宜采用焊后热处理。

提高结构的几何稳定性；

增强构件抵抗应力腐蚀的能力。

(2)焊后热处理工艺：

工件进炉时炉温不得高于400℃。

焊件升温至400℃后，加热区升温速度不得超过$5000/\delta_{PWHT}$(℃/h)，且不得超过200℃/h，最小可为50℃/h。

焊件升温期间，加热区内任意长度为5000mm内的温差不得大于120℃。

焊件保温期间，加热区最高与最低温度之差不宜大于65℃。

焊件温度高于400℃时，加热区降温速度不得超过$6500/\delta_{PWHT}$(℃/h)，且不得超过260℃/h，最小可为50℃/h。

焊件出炉时，炉温不得高于400℃时，出炉后应在静止的空气中冷却。

测温方法宜采用热电偶，并用自动记录仪记录热处理温度–时间曲线，测温点应在加热区域内。

(3)焊后热处理加热方法：电加热、火焰加热等。

16. 耐压试验和气密试验

耐压试验分为液压试验和气压试验两种。

耐压试验的压力应符合设计图样要求。

压力容器耐压试验的介质要求及试验过程要求应符合《压力容器安全技术监察规程》

压力管道耐压试验的介质要求及试验过程要求应符合压力管道的相应制造验收标准。

17. 除锈、刷漆

焊接结构制造完毕，交于用户前应除锈、刷漆(或喷漆)，包括底漆和面漆。

18. 交付

设备总体合格后，方可交于用户。

表 21-2　常用钢号焊后热处理规范

钢　号	焊后热处理温度/℃		最短保温时间/h
	电弧焊	电渣焊	
10，20，20R，20G，20g，Q235-A，B，C	600~640	—	（1）当焊后热处理厚度 $\delta_{PWHT} \leqslant$ 50mm 时，为 $\delta_{PWHT}/25$h，但最短时间不低于 1/4h。 （2）当焊后热处理厚度 $\delta_{PWHT} > 50$mm 时，为：$2+1/4 \times (\delta_{PWHT}-50)/25$h
09MnD	580~620	—	
16MnR	600~640	900~930 正火后，600~640 回火	
16Mn，16MnD，16MnDR		—	
15MnVR，15MnVNbR	540~580	—	
20MnMo，20MnMoD	580~620	—	
18MnMoNbR，13MnNiMoNbR	600~640	950~980 正火后，600~640 回火	
20MnMoNb	600~640		
07MnCrMoVR，07MnNiCrMoVDR，08MnNiCrMoVD	550~590		
09MnNiD，09MnNiDR，15MnNiDR，	540~580		
12CrMo，12CrMoG	≥600	—	（1）当焊后热处理厚度 $\delta_{PWHT} \leqslant$ 125mm 时，为 $\delta_{PWHT}/25$h，但最短时间不低于 1/4h。 （2）当焊后热处理厚度 $\delta_{PWHT} > 125$mm 时，为：$5+1/4 \times (\delta_{PWHT}-125)/25$h
15CrMo，15CrMoG	≥600	—	
15CrMoR	≥600	890~950 正火后，≥600 回火	
12Cr1MoV，12Cr1MoVG，14Cr1MoR，14Cr1Mo	≥640	—	
12Cr2Mo，12Cr2Mol，12Cr2MolR，12Cr2MolG	≥660	—	
1Cr5Mo	≥660	—	

第二节　立式圆筒形大型储罐生产工艺过程

立式圆筒形储罐是由中心轴垂直于地面的圆形罐壁、平的圆盘形罐底和不同形式罐顶组成的罐体，以及附件（指焊到罐体上的固定件，如梯子、平台等）和配件（指与罐体连接的可拆部件，如装在罐体上的液面测控计量设备、消防设施）构成的储罐。公称容积大于 100m³ 的储罐称为大型储罐。随着生产和市场经济的发展，大型立式圆筒形储罐需求量日益增加。单台储罐容量不断增大，结构呈多样化发展，更多地使用了高强钢，这些都增加了施工的难度，对焊接提出了更加严格的要求，大型储罐建造是工程建设的重要组成部分，储罐焊接在工程焊接中占有很大的份额。

一、立式圆筒形大型储罐预制、组装及焊接

目前国内设计建造的立式圆筒形大型储罐施工标准采用国家标准 GB128《立式圆筒形钢制焊接油罐施工及验收规范》或化工部标准 HGJ210《圆筒形钢制焊接储罐施工及验收规范》。

1. 储罐材料验收

建造储罐选用的材料和配件，应具有质量合格证明书，当无质量合格证明书或对质量合格证明书有疑问时，应对材料和配件进行复验，复验合格的可以使用。

焊接材料应具有合格证明书。焊条质量合格证明书应包括熔敷金属的化学成分和力学性能。低氢型焊条还应包括熔敷金属扩散氢含量。当无质量合格证明书或对质量合格证明书有疑问时，应对焊接材料进行复验。

建造储罐的钢板，必须逐张进行外观检查，其表面质量应符合钢板标准的规定。

钢板表面锈蚀减薄量、划痕深度与钢板实际负偏差之和，应符合表 21-3 规定的允许偏差。

表 21-3　钢板厚度允许的偏差　　　　　　　　　　　　　　　　mm

钢板厚度	允许偏差	钢板厚度	允许偏差
4	-0.3	25~30	-0.9
4.5~5.5	-0.5	32~34	-1.0
6~7	-0.6	36~40	-1.1
8~25	-0.8		

储罐底圈和相邻一圈罐壁的钢板，当厚度大于或等于23mm 时，应按 ZBJ 74003《压力容器用钢板超声波探伤》，进行检查，检查结果达到 Ⅲ 级标准为合格。对屈服点小于或等于 390MPa 的钢板，应取钢板张数 20% 的进行抽查，当发现不合格钢板时，应对全部钢板逐张检查；对屈服点大于 390MPa 的钢板，应逐张检查。

2. 预制的一般要求

（1）预制、组装及检验中使用的样板，应符合下列要求：

当构件的曲率半径小于或等于 12.5m 时，弧形样板的弦长不得小于 1.5m；曲率半径大于 12.5m 时，弧形样板的弦长不得小于 2m。

直线样板的长度不得小于 1m。

测量焊缝角变形的弧形样板，其弦长不得小于 1m。

（2）钢板切割和加工坡口，宜采用机械加工或自动、半自动火焰切割。罐顶板和罐底边缘板的弧形边缘，可采用手工火焰切割。

用于对接接头、厚度大于 10mm 的钢板和用于搭接接头、厚度大于 16mm 的钢板，板边不宜采用剪切加工。

当普通碳素钢工作环境温度低于-16℃；低合金钢工作环境温度低于-12℃时不得采用剪切加工。

（3）钢板边缘加工面应平滑，不得有夹杂、分层、裂纹及熔渣。火焰切割坡口可能产生的表面硬化层，应予磨除。

（4）屈服点大于 390MPa 的钢板，当用于底圈和相邻一圈罐壁时，应对坡口表面进行磁粉或渗透探伤。

（5）如果图纸对焊接接头的坡口形式和尺寸无具体要求，应按 GB 985 及 GB 986 规定确定。但纵缝气电焊及环缝埋弧焊的焊接接头形式，可按下面要求确定：

纵缝气电焊的对接接头的间隙，应为 4~6mm，钝边不应大于 1mm，坡口宽度应为 16~18mm（图 21-5）。

环缝埋弧焊的对接接头的坡口角度应为 45°±2.5°，钝边不应大于 2mm，间隙应为 0~1mm（图 21-6）。

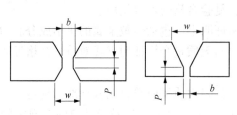

图 21-5　纵缝气电焊的对接接头形式

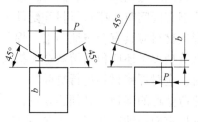

图 21-6　环缝弧焊的对接接头形式

（6）普通碳素钢工作环境温度低于 -16℃ 或低合金钢工作环境温度低于 -12℃ 时，不得进行冷矫正和冷弯曲。

（7）所有预制构件在保管、运输及现场堆放时，应采取有效措施防止变形、损伤和锈蚀。

二、壁板预制

（1）壁板排板图：

壁板预制前应根据实际到货钢板尺寸绘制排板图，排板图应符合下列要求：

罐壁板宽度变更时，各圈罐壁的厚度不应小于设计规定中相应高度的厚度。

各圈壁板纵向焊缝宜向同方向错开板长的 1/3，且不得小于 500mm。

底圈壁板的纵向焊缝与罐底边缘板对接焊缝之间的距离，不得小于 200mm。

罐壁开孔接管或开孔接管补强板外缘与罐壁纵向焊缝之间的距离，不得小于 200mm；与环向焊缝之间的距离，不得小于 200mm。

抗风圈、包边角钢对接接头与壁板纵向焊缝之间的距离，不得少于 200mm。

直径小于 12.5m 的储罐，其壁板宽度不得小于 500mm；长度不得小于 1000mm。直径大于或等于 12.5m 的油罐，其壁板宽度不得小于 1000mm；长度不得小于 2000mm。

（2）壁板预制尺寸允许偏差及测量部位见表 21-4 及图 21-7。

表 21-4　壁板尺寸允许偏差

测量部位		环缝对接/mm		环缝搭接/mm
		板长 AB（CD）≥10m	板长 AB（CD）<10m	
宽度 AC、BD、EF		±1.5	±1	±2
长度 AB、CD		±2	±1.5	±1.5
对角线之差 |AD—BC|		≤3	≤2	≤3
直线度	AC、BD	≤1	≤1	≤1
	AB、CD	≤2	≤2	≤3

（3）壁板滚圆前，两端宜预弯。滚圆后，立放在平台上用样板检查。垂直方向上用直线样板检查，其间隙不得大于1mm；水平方向上用弧形样板检查，其间隙不得大于4mm。

（4）对于板厚大于12mm，且屈服点大于390MPa的罐壁板上的人孔、清扫孔等有补强板的开口，在补强板及开口接管与相应罐壁板组装焊接并检查合格后，应进行消除应力热处理。

三、底板预制

（1）底板排板图：

底板预制前应按实际到货钢板的尺寸绘制排板图，排板图应符合下列要求：

1）为补偿焊接收缩，罐底排板直径，应比设计直径放大0.1%～0.2%。

2）边缘板沿罐底半径方向的最小尺寸不得小于700mm（图21-8）。

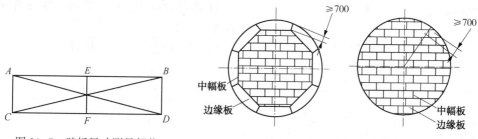

图21-7　壁板尺寸测量部位　　　　图21-8　边缘板最小尺寸

3）弓形边缘板的对接接头，宜采用不等间隙（图21-9）。外侧间隙 e_1 为6～7mm；内侧间隙 e_2 宜为8～12mm。以保证最后焊内侧时仍有合适的间隙。

4）中幅板的宽度不得小于1000mm；长度不得小于2000mm。

5）底板任意相邻焊缝之间的距离，不得小于200mm。

（2）当中幅板采用对接接头时，中幅板尺寸允许偏差及测量部位见表21-5及图21-8。

（3）弓形边缘板的尺寸允许偏差及测量部位见表21-5及图21-10。

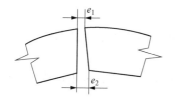 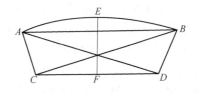

图21-9　弓形边缘板对接接头间隙　　　图21-10　弓形边缘板尺寸测量部位

（4）厚度大于或等于12mm的弓形边缘板，应在两侧100mm范围（图21-11中 AC、BD）内按ZBJ 74003《压力容器用钢板超声波探伤》的规定进行检查，检查结果应达到Ⅲ级标准为合格，并应在坡口表面进行磁粉或渗透探伤。

表21-5　弓形边缘板尺寸允许偏差

测 量 部 位	允许偏差/mm	测 量 部 位	允许偏差/mm
长度 AB、CD	±2	对角线之差丨AD-BC丨	≤3
宽度 AC、BD、EF	±2		

四、浮顶和内浮顶预制

（1）浮顶和内浮顶预制前应绘排板图。浮顶顶板、底板、单盘板排板图的要求与罐底板相同。

（2）船舱边缘侧板预制滚圆后尺寸允许偏差及形状检查要求与罐壁板相同。船舱底板及顶板预制后，其平面度用直线样板检查，间隙不得大于 4mm。

（3）船舱进行分段预制，应符合下列要求：

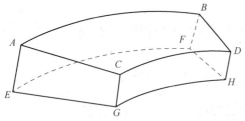

图 21-11　分段预制船舱几何尺寸测量部位

1）船舱底板、顶板平面度用直线样板检查，间隙不得大于 5mm。

2）船舱内、外侧边缘板滚圆成形后用弧形样板检查，间隙不得大于 5mm。

3）船舱分段预制后，几何尺寸的测量部位见图 21-11。

几何尺寸允许偏差见表 21-6。

表 21-6　分段预制船舱几何尺寸允许偏差

测量部位	允许偏差/mm	测量部位	允许偏差/mm
高度 AE、BF、CG、DH	±1	对角线之差｜CH-DG｜和	≤4
弦长 AB、EF、CD、GH	±2	｜EH-FG｜	
｜AD-BC｜			

五、固定顶顶板预制

（1）固定顶顶板排板图

预制前按实际到货钢板尺寸绘制排板图，排板图应符合下列要求：

1）顶板任意相邻焊缝的间距，不得小于 200mm。

2）单块顶板本身拼接，可采用对接或搭接。

（2）拱顶顶板、加强肋预制成形后，用弧形样板进行检查。加强肋与弧形样板间隙不得大于 2mm；顶板与弧形样板间隙不得大于 10mm。

（3）加强肋的拼接采用对接时，应加垫板，必须完全焊透，采用搭接时，搭接长度不得小于加强肋宽度的 2 倍，且应进行双面连续角焊。

经向加强肋与纬向（环向）加强的肋间的 T 型接头应采用双面连续角焊缝。

顶板与加强肋之间应采用双面断续角焊，焊接时应采取防变形措施。

六、抗风圈、加强圈、包边角钢等构件的预制

（1）弧形构件预制滚圆成型后，用弧形样板检查，间隙不得大于 2mm；放在平台上检查，翘曲变形不得超过构件长度的 0.1%，且不得大于 4mm。

（2）热煨成型的构件，不得有过烧、变质现象，厚度减薄量不得超过 1mm。

不锈钢构件不宜采用热煨成型。

（3）预制浮顶支柱，应预留 80mm 的调整量。

七、预制构件的编号及标志

预制完成的构件应有编号，并应用油漆作清晰的标志。

八、储罐基础检查

储罐安装施工前必须对储罐的基础进行检查。检查按基础施工图及标准要求，测量基础尺寸，检查表面质量，并核对基础施工单位提供的基础施工检验记录。基础合格方可进行储罐安装施工。

（1）基础位置及形状允许偏差

1）基础中心坐标允许偏差为±20mm。

2）基础中心标高允许偏差为±20mm。

3）支承罐的基础表面，其高差应符合下列要求：

有环梁时，每10m弧长内任意两点的高差不得大于6mm；整个圆周长度内任意两点的高差不得大于12mm。

无环梁时，每3m弧长内任意两点高差不得大于6mm；整个圆周长度内任意两点高差不得大于12mm。

4）基础环形墙内径允许偏差为±50mm，宽度允许偏差为+50mm。

（2）基础沥青砂表面应平整密实，无起包、凹陷、分层及贯穿裂纹。基础沥青砂表面的平整度可以按下列要求检查

1）当储罐直径等于或大于25m时，以基础中心为圆心，以不同直径作同心圆，将各圆周分成若干等分，在各等分点测量基础表面标高。测量标高与按设计坡度计算的标高之差不得大于12mm，同心圆直径和各圆周上应测量的最少点数见表21-7。

2）当储罐直径小于25mm时，可从基础中心向基础周边拉线测量，基础表面每100m² 范围内测点不得少于10点（小于100m² 的基础，按100m² 计算），基础表面凹凸度允许偏差不得大于25mm。

表 21-7　检查沥青砂层表面凹凸度的同心圆直径及测量点数

油罐直径 D/m	同心圆直径/m					测量点数				
	Ⅰ圈	Ⅱ圈	Ⅲ圈	Ⅳ圈	Ⅴ圈	Ⅰ圈	Ⅱ圈	Ⅲ圈	Ⅳ圈	Ⅴ圈
$D \geqslant 76$	$D/6$	$D/3$	$D/2$	$2D/3$	$5D/6$	8	16	24	32	40
$45 \leqslant D < 76$	$D/5$	$2D/5$	$3D/5$	$4D/5$		8	16	24	32	
$25 \leqslant D < 45$	$D/4$	$D/2$	$3D/4$			8	16	24		

九、组装的一般要求

（1）储罐组装前，应将构件的坡口和搭接部位的泥砂、铁锈、水及油污等清理干净。

（2）焊接和拆除组装所需的临时构件和工卡具时，不得损伤母材，表面伤痕深度等于或大于1mm时应予焊补，残留疤痕应予打磨修整使其平滑过渡。

（3）借助储罐本体支承或吊装时，应采取加固措施，不应使罐体受到损坏和造成塑性变形。

（4）不锈钢储罐表面在施工过程中产生的伤痕、刻槽等影响耐腐蚀性能的缺陷，应修整打磨，打磨深度不得超过钢板的负偏差。

（5）施工中储罐处于敞口状态时，应采取措施，防止大风等自然灾害可能造成的储罐失稳。

十、底板组装

（1）底板铺设前，应在底板下表面涂刷防腐涂料，每块底板需焊接的边缘50mm范围内不刷。

（2）罐底采用带垫板的对接接头时，对接焊缝应完全焊透，表面应平整。垫板应与对接的两块底板紧贴，其间隙不得大于1mm。罐底带垫板对接接头间隙，就符合表21-8要求。

表21-8　罐底对接接头间隙

焊接方法		钢板厚度 δ/mm	间隙/mm
手工电弧焊		$\delta \leq 6$	5±1
		$\delta > 6$	7±1
埋弧自动焊	不开坡口	$\delta \leq 6$	3±1
		$6 < \delta \leq 10$	4±1
	开坡口	$10 < \delta \leq 16$	2±1
		$\delta > 16$	3±1
手工电弧焊打底，埋弧自动焊作填充焊		$10 < \delta \leq 21$	8±2

（3）中幅板采用搭接接头时，其搭接宽度允许偏差为±5mm。

（4）中幅板与弓形边缘板之间采用搭接接头时，中幅板应搭在弓形边缘板的上面，搭接宽度可适当放大。

（5）搭接接头三层钢板重叠部分，应将上层底板切角。切角长度应为搭接长度的2倍，其宽度应为搭接长度的2/3。在上层底板铺设前，应先焊接上层底板覆盖部分的角焊缝(图21-12)。

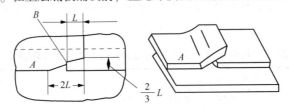

图21-12　底板三层钢板重叠部分的切角
A—上层底板；B—A板覆盖的焊缝；L—搭接宽度

十一、罐壁组装

（1）壁板组装前，应对预制壁板进行复验，合格者方可组装。需校正者，应防止产生锤痕。

（2）采用对接接头的罐壁组装，应符合下列要求：

1）底圈壁板相邻两壁板上口水平的允许偏差，不应大于2mm。在整个圆周上任意两点水平的允许偏差，不应大于6mm。

底圈壁板的铅垂允许偏差，不应大于3mm。

底圈壁板组装焊接后，在罐壁1m高处，内表面任意点半径允许偏差应符合表21-9要求。

表 21-9　底圈壁板 1m 高处内表面任意点半径的允许偏差

油罐直径 D/m	半径允许偏差/mm	油罐直径 D/m	半径允许偏差/mm
$D \leqslant 12.5$	±13	$45 < D \leqslant 76$	±25
$12.5 < D \leqslant 45$	±19	$D > 76$	±32

2）倒装法施工的顶圈壁板及包边角钢组装焊接后，在罐壁 1m 高处，内表面任意点半径允许偏差也应符合表 21-10 要求。

3）底圈以外其他各圈壁板的铅锤允许偏差，不应大于亥该圈壁板高度的 0.3%.

4）壁板对接接头的组装间隙，当图纸无要求时，罐壁环向对接接头的组装间隙应符合表 21-12 的要求，罐壁纵向对接接头的组装间隙应符合表 21-11 要求。

表 21-10　罐壁环向对接接头的组装间隙

坡口型式	手工焊		埋弧焊	
	板厚/mm	间隙/mm	板厚/mm	间隙/mm
	$\delta_1 \leqslant b$	$b = 2_0^{+1}$		
	$b \leqslant \delta_1 \leqslant 15$ $15 < \delta_1 \leqslant 20$	$b = 2_0^{+1}$ $b = 3 \pm 1$	$12 \leqslant \delta_1 < 20$	$b = 0_0^{+1}$
	$12 \leqslant \delta_1 \leqslant 38$	$b = 2_0^{+1}$	$20 \leqslant \delta_1 \leqslant 38$	$b = 0_0^{+1}$

表 21-11　罐壁纵向对接接头的组装间隙

坡口型式	手工焊		气电立焊	
	板厚/mm	间隙/mm	板厚/mm	间隙/mm
	$\delta < 6$	$b = 1_0^{+1}$		
	$6 \leqslant \delta \leqslant 9$	$b = 2 \pm 1$		
	$9 < \delta \leqslant 15$	$b = 1_0^{+1}$	$12 \leqslant \delta \leqslant 38$	$b = 5 \pm 1$
	$12 \leqslant \delta \leqslant 38$			

5）壁板组装时，应保证内壁齐平，错边量应符合下列要求：

a. 纵向焊缝错边量：当板厚小于等于10mm时，不应大于1mm；当板厚大于10mm时，不应大于板厚的1/10，且不应大于1.5mm。

b. 环向焊缝错边量：当上圈壁板厚度小于8mm时，任何一点的错边量均不得大于1.5mm；当上圈壁板厚度大于或等于8mm时，任何一点的错边量均不得大于板厚的2/10，且不应大于3mm。

6）组装焊接后，焊缝的角变形用1m长的弧形样板板检查，应符合表21-12的要求。

7）组装焊接后，罐壁不得有明显突然起伏的凹凸变形。局部平缓的凹凸变形应符合表21-13要求。

局部凹凸变形沿水平方向用弧形样板、沿垂直方向用直线样板测量间隙。

表 21-12　罐壁焊缝的角变形

板厚 δ/mm	角变形/mm	板厚 δ/mm	角变形/mm
$\delta \leqslant 12$	$\leqslant 10$	$\delta > 25$	$\leqslant 6$
$12 < \delta \leqslant 25$	$\leqslant 8$		

表 21-13　罐壁的局部凹凸变形

板厚 δ/mm	罐壁的局部凹凸	板厚 δ/mm	罐壁的局部凹凸
$\delta \leqslant 25$	$\leqslant 13$	$\delta > 25$	$\leqslant 10$

（3）罐壁采用搭接接头时，应符合下列要求：

1）搭接宽度的允许偏差为±5mm，搭接间隙不应大于1mm，T型焊缝搭接处的局部间隙不得大于2mm。

2）组装焊接后，罐壁局部凹凸变形要求与对接接头壁板相同。

十二、固定顶组装

（1）固定顶安装前，应检查包边角钢上口水平宽，在整个圆周上任意两点水平允许偏差，不应大于6mm。

（2）柱支承罐顶支承柱的铅锤允许偏差，不应大于柱高的0.1%，且不大于10mm。

（3）顶板应按画好的等分线对称组装。顶板搭接宽度允许偏差为±5mm。

十三、浮顶组装

（1）浮顶的组装应在罐底检查合格后进行。组装焊接宜在支架上进行。

（2）浮顶板的搭接宽度允许偏差为±5mm。

（3）浮顶内侧边缘板、外侧边缘板对接接头错边量应符合罐壁纵向焊缝错边量要求。

（4）外侧边缘板铅锤的允许偏差，不得大于3mm。浮顶应与底圈壁板同心，外侧边缘板与底圈罐壁间隙允许偏差为±15mm。

（5）组焊后外侧边缘板局部凹凸变形，用弧形样板检查，间隙不得大于5mm。

十四、附件组装

（1）罐壁开孔接管组装应符合下列要求：

1）开孔接管的中心位置偏差，不得大于 10mm；接管外伸长度允许偏差为 ±5mm。

2）开孔补强板的曲率，应与罐体曲率一致。

3）开孔接管法兰的密封面应平整，不得有焊瘤和划痕，法兰的密封面应与接管的轴线垂直，倾斜不应大于法兰外径的 1%，且不得大于 3mm，法兰的螺栓孔，应跨中安装。

（2）量油导向管的铅垂允许偏差，不得大于管高的 0.1%，且不得大于 10mm。

（3）浮顶支柱高度，应在储罐充水时进行调整。

（4）中央排水管采用旋转接头时，安装前应在动态下以 390kPa 进行水压试验，无渗漏为合格。

（5）密封装置在安装前应进行检查，安装中应注意保护，不得损伤。刮蜡板应紧贴罐壁，局部间隙，不得超过 5mm。

（6）转动扶梯中心线的水平投影，应与轨道中心线重合，允许偏差不应大于 10mm。

（7）加热器的安装应符合施工图要求，其坡度应符合设计规定。

（8）在不锈钢储罐上安装碳钢附件时，必须先在不锈钢罐壁上焊不锈钢垫板，然后将碳钢附件焊在垫板上。

十五、储罐的焊接

1. 焊接工艺评定

（1）储罐施工前，应按国家现行标准《钢制压力容器焊接工艺评定》规定方法进行焊接工艺评定。

（2）施工单位首次使用的钢种，应根据钢号、板厚、焊接方法及焊接材料等，按国家现行的焊接性试验标准进行焊接性试验，以确定合适的焊接工艺。

（3）焊接工艺评定采用对接焊缝试件及 T 型角焊缝试件。

焊接工艺评定试验应适用于底圈壁板厚度的立焊及横焊位置的对接，底圈壁板及罐底边缘板的 T 型角焊。

（4）对接焊缝的试件，作拉伸和横向弯曲试验。

2. 焊工考核

（1）从事手工电弧焊、埋弧焊和气电立焊的焊工，应按《现场设备、工业管道焊接工程施工及验收规范》焊工考试的有关规定进行考核，并应符合下列规定：

1）考试试板的接头型式、焊接方法、焊接位置及材质等，均应与施焊的储罐一致。

2）对于埋弧焊焊工除应进行埋弧焊平焊或横焊位置的考试外，还应进行手工电弧焊平焊位置的考试。

3）气电立焊焊工应通过立焊板状试板的考试。

4）试板必须进行外观检查、射线探伤检查和冷弯试验。射线探伤检查以不低于 GB 3323《钢熔化焊对接接头射线照相和质量分级》的 Ⅱ 级为合格。

（2）按《锅炉压力容器焊工考试规则》考试合格并取得劳动人事部门颁发的相应钢材类别、组别和试件分类代号合格证的焊工，可以从事储罐相应部位的焊接，不再考试。

3. 焊前准备

（1）储罐施工前，应根据焊接工艺评定报告，制定储罐焊接施工技术方案。

（2）焊接设备应满足储罐焊接施工的要求。

（3）抗拉强度大于 430MPa（44kgf/mm^2）、板厚大于 13mm 的罐壁对接焊缝，应采用低氢型焊条进行焊接。

（4）焊接材料应设专人负责保管，使用前应按产品说明书或表 21-14 的规定进行烘干和使用。烘干后的低氢型焊条，应保存于 100~150℃ 的恒温箱中，随用随取。低氢型焊条在现场使用时，应备有性能良好的保温筒，超过允许使用时间后须重新烘干。

（5）气电立焊所使用的保护气体，水分含量不应超过 0.005%（质量分数）。使用前应经预热和干燥。

表 21-14　焊接材料烘干和使用

种　　类		烘干温度/℃	恒温时间/h	允许使用时间/h	重复烘干次数
非低氢型焊条（纤维素型除外）		100~150	0.5~1	8	≤3
低氢型焊条		350~400	1~2	4	≤2
焊剂	熔炼型	150~300	1~2	4	
	烧结型	200~400			
药芯焊丝		200~350	1~2		

药芯密封的焊丝和密封盒装的药芯焊丝原则上不再烘干。药芯焊丝烘干后应冷却至室温才能装机使用，以免堵塞导电嘴。

4. 焊接施工

（1）定位焊及工卡具的焊接，应由持证合格焊工担任，焊接工艺与储罐焊接相同。引弧和熄弧都应在坡口内或焊道上。

每段定位焊缝的长度，普通碳素钢和低合金钢，不宜小于 50mm；屈服强度大于 390MPa 的低合金钢，不宜小于 80mm。

（2）焊接前应检查组装质量，清除坡口面及坡口两侧 20mm 范围内的泥砂、铁锈、水分和油污，并应充分干燥。

（3）焊接中应保证焊道始端和终端的质量。始端应在坡口内采用后退起弧法，必要时可采用引弧板。终端熄弧时应将弧坑填满。多层焊的层间接头应错开。

（4）板厚大于或等于 6mm 的搭接角焊缝，至少应焊两遍。

（5）双面焊的对接接头在背面焊接前应清根。当采用碳弧气刨时，清根后应用砂轮修磨，清除渗碳层；当母材的屈服强度大于 390MPa 时，应在清根后作渗透探伤。

（6）在下列任何一种气候环境下，如不采取有效的防护措施，不得进行焊接。

1）雨天或雪天

2）手工焊时，风速超过 8m/s；气电立焊或气体保护焊时，风速超过 2.2m/s。

3）焊接环境温度：普通碳素钢焊接时低于 -20℃；低合金钢焊接时低于 -10℃；屈服强度大于 390MPa 的低合金钢焊接时低于 0℃。

4）大气相对湿度超过 90%。

（7）预热温度，应根据钢板的材质、厚度、接头拘束度、焊接材料及气候条件等因素，经焊接性试验及焊接工艺评定确定。预热温度可参考表 21-15 的要求。

预热时应均匀加热。预热的范围，不得小于焊缝中心线两侧各 3 倍板厚，且不小于 100mm。预热温度，应采用测温笔或表面温度计在距焊缝中心线 50mm 处对称测量。

焊前预热的焊缝，焊接层间温度不应低于预热温度。

（8）需后热进行消氢处理的焊缝，应在焊接完毕后立即进行消氢处理。消氢处理的加热温度一般为 200~250℃，保温时间约为 0.5~1h。

表 21-15　钢材预热温度

钢　种		钢板厚度 δ/mm	焊接环境气温/℃	预热温度/℃
普通碳素钢		20≤δ≤30	−20~0	50~100
		30<δ≤38	−20~0	75~125
低合金钢	屈服点 σ_s<390MPa	25<δ≤32	−10~0	75~125
		32<δ≤38	−10~常温	100~125
	390MPa≤σ_s<440MPa	20<δ≤25	0~常温	75~125
		25<δ≤32		100~150
		32<δ≤38		125~175
	440MPa≤σ_s<490MPa	δ≤20	0~常温	75~125
		20<δ≤25		100~125
		25<δ≤32		125~175
		32<δ≤38		150~200

（9）屈服强度大于 390MPa 的低合金钢焊接时，除应满足上列各项要求外，尚应符合下列要求：

1）手工电弧焊用的焊条，其熔敷金属的扩散氢含量不应超过 5mL/100g。

2）当板厚大于 25mm 时，如采用碳弧气刨清根，需进行预热，预热温度为 100~150℃。

3）焊接时应按焊接工艺要求控制线能量输入。

4）当气温高于 30℃、相对湿度超过 85% 时，不宜进行现场焊接。

5）对板厚大于 32mm 的钢板，在焊接后，应立即进行消氢处理，加热温度为 200~250℃，保温时间为 0.5~1h。

（10）强度不同的钢材焊接时，宜选用与强度较低的钢材相匹配的焊接材料和采用与强度较高的钢材相应的焊接工艺。

（11）不锈钢储罐焊接尚需满足下列要求：

1）不锈钢焊前应将坡口两侧 20mm 范围内的水、油、污垢清除干净，在 100mm 范围内涂白垩粉或防飞溅涂料。

2）奥氏体不锈钢在保证焊透及熔合良好的条件下，应选用小线能量、短电弧和多层多道焊工艺，层间温度不宜过高。

3）而腐蚀性能要求高的双面焊焊缝，与介质接触表面的焊缝应最后施焊。

4）不锈钢储罐焊缝表面是否进行酸洗、钝化处理，应按设计文件的要求确定。如进行酸洗钝化处理，应采取措施，防止污染工地其他建筑物及环境。

（12）不锈复合钢板储罐焊接尚应符合下列要求：

1）严防基层和过渡层焊条（当过渡层焊条性能不能满足覆层性能要求时）熔敷在复层上。

2）焊接过渡层时，为减少合金元素的稀释，宜选用小电流、窄焊道、短电弧焊接。

3）焊接复层前，应将落在复层坡口表面的飞溅仔细清理干净，复层应在最后施焊。

5. 储罐的焊接顺序

储罐的焊接顺序，首先应尽量减少焊接残余变形，满足储罐形状尺寸的要求。但是在结构刚度较大处，也应防止产生焊接裂纹和尽量减少焊接残余应力。具体的顺序安排可按下列要求。

（1）中幅板焊接，应先焊短焊缝，后焊长焊缝。长焊缝焊接时，焊工应均匀对称分布，由中心向外施焊。首层焊道采用分段退焊或跳焊。

（2）边缘板的对接焊缝焊接顺序可按下列要求安排：

1）首先焊接边缘板外侧位于罐壁下方的300mm对接焊缝。

2）再焊罐壁与罐底连接的角焊缝，角焊缝焊完后，焊接边缘板剩余的对接焊缝。

3）边缘板对接焊缝、中幅板连接焊缝焊完后，焊接底板边缘板与中幅板之间的搭接缝。此条环焊缝有较多的搭接量以补偿收缩变形，所以这条环缝又称为收缩缝。

（3）边缘板对接缝焊接时，焊工应对称布置，由外向里施焊。

（4）罐底与罐壁环形角焊缝施焊时，应由数对焊工分别对称布置在罐内和罐外，罐内焊工约在罐外焊工前方500mm处。然后沿同一方向分段施焊，初层焊道采用分段退焊或跳焊。如罐内、罐外角缝不应同时焊接，应先焊罐内角缝，焊工布置及焊接方法相同。

（5）收缩缝的焊接，焊工应对称布置，沿同方向焊接，首层用分段退焊或跳焊。

（6）罐壁焊接宜按下列顺序：

1）罐壁的焊接，应先焊纵向焊缝，后焊环向焊缝。底圈纵缝焊完后，再焊底圈罐壁与罐底的角缝。其他相邻两圈壁板的纵缝焊完后，再焊其间的环向焊缝，焊接时，焊工对称布置，沿同一方向施焊。

2）纵焊缝采用气电立焊时，自下向上焊接，对接环焊缝采用埋弧自动焊时，焊机应对称分布，沿同方向施焊。

3）罐壁环向搭接焊缝，应先焊罐壁内侧焊缝，后焊罐壁外侧焊缝，焊工应对称布置，沿同方向施焊。

（7）固定顶顶板的焊接，宜按下列顺序：

1）先焊顶板内侧断续焊缝，后焊外侧长焊缝。

2）连续焊缝应先焊环向短焊缝，再焊径向长焊缝。长缝的施焊宜采用隔缝对称的由中心向外分段退焊。

3）顶板与包边角钢焊接，焊工应对称布置，沿同方向分段退焊。

（8）包边角钢与壁板对接时，应先焊角钢连接的对接缝，后焊角钢与罐壁的对接缝；包边角钢与壁板搭接时，在完成角钢的对接缝后，再焊角钢与壁板搭接缝。

（9）浮顶的焊接按下列顺序：

1）船舱内、外侧边缘板，应先焊纵焊缝，后焊角焊缝。

2）单盘板、船舱底板，船舱顶板焊接顺序与罐底中幅板的焊接顺序相同。

3）船舱与单盘板的连接焊缝，应待船舱和单盘板全部焊缝焊完后再进行焊接。焊接时，焊工均匀对称布置分段退焊。

4）浮顶如直接在罐底铺设组装时，则其下表面所有焊缝，应待浮顶升起，并落到支柱上后，再进行焊接。

（10）不锈钢储罐，罐底与罐壁连接的角焊缝，为防止过热，不应罐内、罐外同时施焊。应先焊罐内侧角缝，再焊罐外侧角缝。

6. 表面缺陷的焊补及焊缝缺陷的返修

（1）在制造、运输和施工过程中产生的各种表面缺陷的焊补，应符合下列要求：

1）深度超过 0.5mm 的划伤、电弧擦伤、焊疤等有害缺陷，应打磨平滑。打磨修整后的钢板厚度，应大于或等于钢板公称厚度扣除允许负偏差值。

2）缺陷深度或打磨深度超过 1mm 时，应进行焊补，焊补后应打磨平整。

（2）焊缝缺陷的返修应符合下列要求：

1）焊缝表面缺陷超过标准要求时，应进行返修。返修打磨深度超过 1mm 时，应进行补焊。

2）焊缝内部的超标缺陷在返修前，应探测缺陷的埋置位置及深度，确定缺陷的清除范围。清除的深度不宜大于板厚的 2/3（大于板厚 2/3 的缺陷应从两面清除）。采用电弧气刨清除缺陷时，缺陷清除后应修磨刨槽。

3）返修后的焊缝，应按原规定的方法进行探伤，并达到合格标准。

（3）返修时焊接，必须严格按照储罐焊接工艺或经过单独焊接工艺评定的返修焊接工艺进行。返修焊道长度，不应小于 50mm。

（4）屈服强度大于 390MPa 的低合金钢，焊接修补，还应符合下列要求：

1）缺陷清除后，应进行渗透探伤，确认缺陷清除干净后方可进行返修焊接。

2）焊接时宜采用回火焊道。

3）焊后应打磨修整，使其表面平滑。并进行渗透或磁粉探伤。当焊接缺陷深度超过 3mm 时，应对返修部位进行射线探伤。

（5）同一部位的返修次数，不宜超过二次，当超过二次时，须经施工单位技术总负责人批准。

十六、储罐的检查及验收

1. 焊缝外观检查

（1）所有焊缝焊后都应进行外观检查，检查前应将熔渣、飞溅清理干净。

（2）焊缝的表面质量，应符合下列要求：

1）焊缝的表面及热影响区，不得有裂纹、气孔、夹渣和弧坑等缺陷。

2）对接焊缝的咬边深度，不得大于 0.5mm；咬边的连续长度，不得大于 100mm；焊缝两侧的咬边总长度，不得超过该焊缝的 10%。

3）屈服强度大于 390MPa 或厚度大于 25mm 的低合金钢的底圈壁板，纵缝如有咬边，应打磨圆滑。

4）边缘板的厚度，大于或等于 10mm 时，底圈壁板与边缘板的 T 型接头罐内角焊缝靠罐底一侧的边缘，应平滑过渡，咬边应打磨平滑。

5）罐壁纵向对接焊缝不得有低于母材表面的凹陷。罐壁环向对接焊缝和罐底对接焊缝低于母材表面的凹陷深度，不得大于 0.5mm。凹陷的连续长度，不得大于 100mm。凹陷的总长度，不得大于该焊缝总长度的 10%。

6）浮顶及内浮顶储罐罐壁内侧焊缝的余高，不得大于 1mm。其他对接焊缝的余高，应符合表 21-16 的要求。

7）焊缝宽度，应按坡口宽度两则各增加 1~2mm 确定。

8）对接接头的错边量应符合壁板组装要求。

9）屈服强度大于390MPa的钢板，其表面的焊疤，应在磨平后进行渗透或磁粉探伤。

表 21-16　对接焊缝的余高　　　　　　　mm

板厚/δ	罐壁焊缝的余高		罐底焊缝的余高
	纵　　向	环　　向	
δ≤12	≤2	≤2.5	≤2
12<δ≤25	≤3	≤3.5	≤3
δ>25	≤4	≤4.5	

2. 焊缝无损探伤及严密性试验

（1）从事储罐焊缝无损探伤的人员，必须具有国家有关部门颁发的并与其工作相适应的资格证书。

（2）屈服强度大于390MPa的钢板，焊接完毕后至少经过24h方可进行无损探伤。

（3）罐底的焊缝，应进行下列检查：

1）所有焊缝应采用真空箱法进行严密性试验，试验负压值不得低于53KPa，无渗漏为合格。

2）屈报强度大于390MPa的边缘板的对接焊缝，在根部焊道焊接完毕后，应进行渗透探伤，在最后一层焊接完后，应进行渗透探伤或磁粉探伤。

3）厚度大于或等于10mm的罐底边缘板，每条对接焊缝的外侧300mm范围内，应进行射线探伤；厚度为6~9mm的罐底边缘板，每个焊工施焊的焊缝，应按上述方法至少抽查一条。

4）底板三层钢板重叠部分的搭接接头焊缝和对接罐底板的T型焊缝的根部焊道焊完后，在沿三个方向各200mm范围内，应进行渗透深伤，全部焊完后，应进行渗透探伤或磁粉探伤。

（4）罐壁的焊缝应进行下列检查：

1）纵向焊缝，每一焊工焊接的每种板厚（板厚差不大于1mm时可视为同等板厚），在最初焊接的3m焊缝的任意部位取300mm进行射线探伤。以后不考虑焊工人数，对每种板厚在每30m焊缝及其尾数内的任意部位取300mm进行射线探伤。探伤部位中的25%应位于T型焊缝处，且每台罐不少于2处。

2）环向对接焊缝，每种板厚（以较薄板厚计算），在最初焊接的3m焊缝的任意部位取300mm进行射线探伤。以后对于每种板厚，在每60m焊缝及其尾数内的任意部位取300mm进行射线探伤。上述检查均不考虑焊工人数。

3）底圈壁板当厚度小于或等于10mm时，应从每条纵向焊缝中任取300mm进行射线探伤；当板厚大于10mm；小于或等于25mm时，应从每条纵向焊缝中取两个300mm进行射线探伤，其中一个应靠近底板。

4）厚度大于25mm，小于或等于38mm的各圈壁板，每条纵向焊缝应全部进行射线探伤；厚度大于10mm的壁板，全部T型焊缝均应进行射线探伤检查。

5）除T型焊缝外，可用超声波探伤代替射线探伤，但其中20%的部位应采用射线探伤进行复验。

6）射线探伤或超声波探伤不合格时，应在该探伤长度的两端延伸300mm作补充探伤，但缺陷的部位距离底片端部或超声波检查端部75mm以上者可不再延伸。如延伸部位的探伤结果仍不合格时，应继续延伸进行检查。

（5）底圈罐壁与罐底 T 型接头角焊缝罐内侧应进行下列检查：

1）当罐底边缘板的厚度大于或等于 8mm，且底圈壁板的厚度大于或等于 16mm，或屈服强度大于 390MPa 的任意厚度钢板，在罐内及罐外角焊缝焊完后，应对罐内角焊缝进行渗透探伤或磁粉探伤，在储罐充水试验后，应采用同样方法进行复验。

2）屈服强度大于 390MPa 的钢板，罐内角焊缝初层焊完后，还应进行渗透探伤。

（6）浮顶底板的焊缝，应采用真空箱法进行严密性试验，试验负压值不低于 53kPa；船舱内、外侧边缘板及隔舱板的焊缝，应用煤油试漏法进行严密性试验；船舱顶板的焊缝，应逐舱鼓入压力为 785Pa（80mm 水柱）的压缩空气进行严密性试验，以无泄漏为合格。

（7）在屈服强度大于 390MPa 的钢板上，或在厚度大于 25mm 的普通碳素钢板及低合金钢板上的接管角焊缝和补强板角焊缝，应在焊完后或消除应力热处理后和充水试验后进行渗透探伤或磁粉探伤。

（8）开孔补强板焊完后，由信号孔通入 100～200kPa 压缩空气，检查焊缝严密性，无渗漏为合格。

（9）焊缝无损探伤的方法和合格标准，应符合下列要求：

1）射线检测应按现行行业标准《承压设备无损检测　第 2 部分：射线检测》（NB/T 47013）的规定执行，检测技术等级不应低于 AB 级；采用钢板标准屈服强度下限值大于 390MPa 的壁板，以及厚度不小于 25mm 的碳素钢和厚度不小于 16mm 的低合金钢壁板，焊缝质量不应低于该标准规定的Ⅱ级；其他材质及厚度的焊缝质量不应低于该标准规定的Ⅲ级。

2）超声检测应按现行行业标准《承压设备无损检测　第 3 部分：超声检测》（NB/T 47013）的规定执行，焊缝质量应不低于标准规定的Ⅱ级。

3）磁粉检测和渗透检测部位不得存在任何裂纹和白点，并应按现行行业标准《承压设备无损检测　第 4 部分：磁粉检测》（NB/T 47013）和《承压设备无损检测　第 5 部分：渗透检测》（NB/T 47013）的规定进行缺陷等级评定，焊接接头质量不应低于标准规定的Ⅱ级。

3. 罐体几何形状和尺寸检查

（1）罐壁组装焊接后，几何形状和尺寸，应符合下列要求：

1）罐壁高度的允许偏差，不应大于设计高度的 0.5%，且不应大于 50mm。

2）罐壁铅垂的允许偏差，不应大于罐壁高度的 0.4%，且不大于 50mm。

3）罐壁的局部凹凸变形应平缓，不应有突然起伏，且应符合 GB 50182 中表 5.4.2-5 的规定。

4）底圈壁板内表面半径允许偏差，应在底圈壁板 1m 高处测量，并应符合 GB 50128 第 5.4.2 条的规定。

5）罐壁上的工卡具焊迹，应清除干净，焊疤应打磨平滑。

（2）罐底焊接后，其局部凹凸变形的深度，不应大于变形长度的 2%，且不应大于 50mm。

（3）浮顶的局部凹凸变形，应符合下列要求：

1）船舱顶板的局部凹凸变形，应用直线样板测量，不得大于 10mm。

2）单盘板的局部凹凸变形，不应影响外观及浮顶排水。

（4）固定顶的局部凹凸变形，应采用样板检查，间隙不得大于 15mm。

4. 充水试验

（1）储罐建造完毕后，应进行充水试验，充水试验时，应进行下列检查：

1）罐底严密性。

2）罐壁强度及严密性。

3）固定顶的强度、稳定性及严密性。

4）浮顶及内浮顶的升降试验及严密性。

5）中央排水管的严密性。

6）基础沉降的观测。

（2）充水试验应符合下列要求：

1）充水试验前，所有附件及其他与罐体焊接的构件，应全部完工。

2）充水试验前，所有与严密性试验有关的焊缝，均不得涂刷油漆。

3）充水试验应采用淡水，罐壁采用普通碳素钢或 16MnR 钢板时，水温不应低于 5℃。罐壁为其他低合金钢时，水温不得低于 15℃。

对于不锈钢储罐，试验用水的氯离子含量不得超过 25ppm。

4）充水试验必须始终在监视下进行，并与土建专业密切配合，掌握基础沉降情况。充水速度应根据基础设计要求确定。在充水过程中，基础沉降量超过设计规定时，必须停止充水，并检查罐体的变形和有无渗漏，待基础处理后，方可继续充水。

5）充水和放水过程中，应打开透光孔。放水管口应远离基础，防止基础地基浸水。

6）与罐体相连接的工艺管线，在充水试验合格前不得连接。

（3）罐底的严密性，应以充水试验过程中罐底无渗漏为合格。若发现罐底与基础接触间有水渗出，或基础下排水管有水渗出，应查出罐底渗漏处缺陷，进行焊补。

（4）罐壁的强度及严密性，应以充水到设计最高液位并保持48h后，罐壁无渗漏、无异常变形为合格。发现渗漏时应放水，使液面比渗漏处低 300mm 左右，然后对缺陷进行处理，焊补。

（5）固定顶的强度及严密性试验，罐内水位应在最高设计液位下 1m 时，将所有开口封闭，然后继续缓慢充水升压，当罐内空间压力升至试验压力时，暂停充水。在罐顶焊缝表面涂肥皂水，如未发现渗漏，且无异常变形为合格。试验后应将开口打开，恢复常压。当天气变化剧烈时不宜作固定顶强度及严密性试验。

（6）固定顶的稳定性试验，应在充水到最高设计液位，罐壁检查完毕后进行。试验前将罐顶所有开口封闭，缓慢放水降压，当罐内空间压力达到设计规定试验负压时，再向罐内充水，使罐内空间恢复常压，检查罐顶，无残余变形和其他损坏为合格。

（7）浮顶的升降试验，应以升降平稳、导向机构及密封装置无卡涩现象、转动扶梯运动灵活、浮顶与液面接触部分无渗漏为合格。

（8）内浮顶升降试验，应以升降平稳、导向机构及密封装置等无卡涩现象，内浮顶及其附件与固定顶及安装在固定顶或罐壁上的附件无干扰为合格。在内浮顶漂浮状态下，还应检查内浮盘板及边缘侧板的全部焊缝，无渗漏为合格。

（9）中央排水管的严密性试验，应符合下列要求：

1）以 390kPa 压力进行水压试验，维持压力 30min 应无渗漏。

2）在浮顶升降过程中，中央排水管的出口，应保持开启状态，不得有水从开口流出。

（10）基础沉降观测，应符合下列规定：

1）在罐壁下部(或基础环梁外壁)每隔 10m 左右，设一个观测点，点数宜为 4 的整数倍，且不得少于 4 点。

2）充水试验时，应按设计文件的要求对基础进行沉降观测，设计无要求，可按下列要求进行：

新建罐区，每台罐充水前，均应进行一次观测，记录观测值。

坚实地基基础，预计沉降量很小时，第一台罐可快速充水到罐高的 1/2，进行一次沉降观测，记录后与充水前观测值进行对照，计算沉降量。当沉降量及不均匀沉降量未超过设计规定时，可继续充水至罐高 3/4，再进行一次沉降观测，当沉降量和不均匀沉降量均未超过设计规定时，可继续充水至最高设计液位，观测沉降量，然后在 48h 后再观测一次沉降量。如沉降量无明显变化，可停止观测，并放水。如沉降量有明显变化，则应保持液位，每天定时观测，直至沉降稳定为止。

当第一台罐基础沉降量符合要求，且其他储罐基础构造、地质条件、施工方法和第一台罐相同时，可直接充水至最高液位进行观测。

软地基基础，预计沉降量超过 300mm 或可以发生滑移失效时，应以 0.6m/d 的速度向罐内充水，当水位高度达到 3m 时，停止充水，每天定期进行沉降观测并绘制时间—沉降量的曲线图，当日沉降量减少时，可继续充水，但应减少日充水高度，以保证在荷载增加时，日沉量仍保持下降趋势。当罐内水位接近最高设计液位时，应在每天清晨作一次观测后再充水，并在当天傍晚再作一次观测，当发现沉降量增加，应立即把当天充入的水放掉，并以较少的日充水量重复上述的沉降观测，直到沉降量无明显变化，沉降稳定为止。

十七、储罐的工程验收

（1）储罐竣工后，建设单位应按设计文件和标准对工程质量进行全面检查和验收。

（2）施工单位提交的竣工资料，应包括下列内容：

1）储罐交工验收证明书。

2）竣工图或施工图附设计修改文件及排板图。

3）材料和附件出厂质量合格证书或检验报告。

4）储罐基础检查记录。

5）储罐罐体几何尺寸检查记录。

6）隐蔽工程检查记录。

7）焊缝射线探伤报告。

8）焊缝超声波探伤报告。

9）焊缝磁粉探伤报告。

10）焊缝渗透探伤报告。

11）焊缝返修报告(附标注缺陷位置及长度的排板图)。

12）强度及严密性试验报告。

13）基础沉降观测记录。

第三节　球形储罐的生产工艺过程

一、概述

球形储罐是一种大容量的有压储存容器，广泛用于液化气体等储存。

球形储罐由壳体(包括上、下极板，上、下温带和赤道带板)、支柱、拉杆、操作平台、爬梯及各种附件(包括人孔、接管、液面汁、压力计、温度计、安全阀等等)组成。

球壳是球罐的主体。球壳的分割方式常见的有三种：

① 纯桔瓣式球壳；②足球瓣式球壳；③足球桔瓣混合式球壳。

球罐组装方法，常使用的有三种：①整体组装法；②分带组装法；③分带、整体混合组装法。

目前，我国球罐建造标准有国家标准 GB 12337《钢制球形储罐》及 GB 50094《球形储罐施工及验收规范》。

二、现举例说明球形储罐的生产工艺过程

某工程一台 1000m³ 粗丙烯储罐，预制厂预制球壳板，现场组装成整体。本球罐设计参数见表 21-17。

表 21-17 1000m³ 粗丙烯储罐设计参数

设计压力：2.16MPa	全容积：974m³	设计雪压：250Pa
设计温度：50℃	腐蚀裕度：2mm	水压试验压力：2.7MPa
工作温度：常温	焊缝系数：1.0	气密性试验压力：2.27MPa
工作压力：1.941MPa	设计基本风压：400Pa	容器类型：Ⅲ类
操作介质：丙烯	地震烈度：7度（近震）	场地土类型：Ⅲ类
材质：16MnR（正火）	热处理要求：整体热处理	几何尺寸：φ12300×14725×48

预制厂内预制深度：

（1）上、下极中板上所有接管、人孔均焊接完毕出厂。

（2）赤道带与支柱组焊为一体，其余球壳板均净料出厂。

现场安装工作量：

球罐现场主要安装实物量如表 21-18 所示。

表 21-18 球罐现场主要安装实物量

项目名称	1000m³ 球罐		
	数量	单重/t	总重/t
极中板	2片	4.08	8.17
极侧板	4片	3.92	15.69
极边板	8片	3.63	29.01
上温带板	20片	2.80	55.95
赤道板	20片	3.58	71.68
支柱	10个	1.08	10.77
拉杆	20个	0.09	1.74
平台	1个	0.72	0.72
消防水管支架	1套	2.41	2.41
合计		196.05t	

1. 材料准备

球罐用钢材应附有质量证明书，并按施工图纸的要求对钢板进行验收。

球壳用 16MnR 钢板应在正火状态使用，要求对钢板进行 100%UT 检验，按 NB/T 47013 Ⅱ级合格。

本球罐所用锻件应符合 JB4726《压力容器用碳钢和低合金钢锻件》Ⅲ级标准，并应进行正火加回火热处理。

球壳的对接焊缝及与球壳直接焊接的焊缝，采用的低氢型焊条应具有质量证明书，质量证明书应包括熔敷金属的化学成分、力学性能、扩散氢含量等。

2. 材料复验

球壳用钢板必须按炉批号进行复验，复验内容为材料的力学性能、弯曲性能及化学成分。并每批取两张钢板进行夏比(V 型缺口)低温冲击试验。实验温度-20℃，取样方向为横向，三个试样冲击功的平均值指标为 $A_{KV} \geq 34J$。

焊接采用的低氢型焊条，按批号进行扩散氢含量复验。扩散氢实验方法按 GB/T 3965 的规定进行，烘干后的实际扩散氢含量应 ≤5mL/100g。

锻件复验应按 JB 4726《压力容器用碳素钢和低合金钢锻件》的标准进行硬度、化学成分和力学性能复验。

3. 下料

下料前应核对钢板规格与材质，确认材料已按要求进行复验，并进行外观检查，要求钢材表面良好，无明显压痕、划伤和严重的麻点等缺陷，腐蚀严重的钢板应更换。

按排版图要求放样下毛料，周边留有 20~40mm 余量，每块球壳板不得拼接。

切割采用氧气-乙炔气精密切割，作好标记移植，除净毛刺、熔渣。

4. 球壳板的压制

使用 2000t 油压机进行球壳板的压制，胎具的选择与球壳曲率相符。

压制采用冷点压成型工艺，球壳点压成型按照 S 形压延加工顺序路线，逐渐且反复的向球壳板胚料施加点压力，使达到所需的曲率要求。

在压制过程中应采用十字样板进行检查，当球壳板弦长大于或等于 2000mm 时，样板的弦长不得小于 2000mm，当球壳板弦长小于 2000mm，样板的弦长不得小于球壳板的弦长。样板与球壳板的间隙不得大于 3mm，如图 4-14 所示。样板制作完毕后必须由质检人员确认方能使用。

在压制过程中，需考虑压制回弹量，以保证曲率的精度。

钢板表面应保持清洁，及时去除氧化皮等杂物，并随时检查钢板表面，防止产生裂纹、折痕等缺陷。

吊装使用专用卡具，以防止吊装过程中产生变形。

(1) 净料样板的制作及使用

1) 净料样板根据排版图绘制出球壳尺寸，在压制成形曲率合格的球壳板上实样制作，选用 1.5~2mm 厚，宽 80~100mm 的扁钢做筋条，组焊成网络状，并根据球壳板大小确定长度及宽度方向的筋条数。筋条用机械方法加工，并除去加工毛刺。组焊后将使用侧的焊缝至母材平齐。样板与球壳贴附的接触面积，按扁钢条长度计算，不能小于 90%。样板制成后，须经质量检验人员检查合格并打上确认钢印，方可使用。

2) 划线时，将样板与球壳板贴附后，用 6~8 个卡兰将样板固定在球壳板上，使之全面接触且不能移位。按样板在球壳板上画出中心线、周边标准线、切割线，并用样冲和铅油标记。每一环带切割后的首件必须进行检查确认，以验证准确性，保证球壳板几何尺寸达到要求，否则需修整样板直至合格方可使用。样板使用后，须妥善存放，防止变形，影响精度。

（2）净料及坡口加工

1）采用自动或半自动切割机、双嘴割炬在专用切割胎具上同时进行切割(除局部处理外不许使用手工切割)。先加工纵向坡口，后加工环向坡口。球壳板下净料后须经质检员进行检验确定，以保证球壳板的制造几何尺寸准确。切割后的球壳板应具有互换性。

2）坡口质量

a. 坡口表面应平滑，表面粗糙度≤25μm。

b. 熔渣与氧化皮应用砂轮机清除干净. 坡口表面不得存在

裂纹和分层等缺陷。若有缺陷时，应修磨或补焊，焊补时应将缺陷清除干净，并经渗透探伤确认无缺陷后方可补焊。补焊工艺与球罐焊接工艺相同，补焊部位应修磨，使其保持设计坡口的形状及尺寸。

c. 坡口角度允差±2.5，钝边±2mm。每条焊缝坡口至少检查10点。

5. 球壳板几何尺寸及成形后无损检查

（1）外观检查：目测确认钢板表面及端面是否存在重皮、分层、夹渣、裂纹等有害缺陷。对于目视检查怀疑存在的缺陷，采用磁粉或渗透探伤方法进行复检。

（2）球壳板曲率检查：

采用上述制作的样板按图21-13所示进行球壳板曲率检查要求任意部位的间隙 E ≤3mm。检查样板使用前，应经检验人员确认合格。

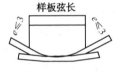

图 21-13

（3）几何尺寸的检查(见图21-14)

1）长度方向弦长允差 A ±2.5mm；

2）宽度方向弦长允差 B ±2mm；

3）对角线允许偏差 C ±3mm；

4）两条对角线应在同一平面上。用两直线对角测量时，两直线的垂直距离偏差不得大于5mm。

5）球壳板的最小厚度不得小于47.75mm。

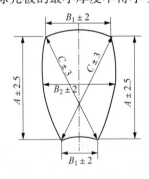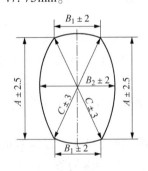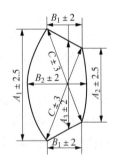

图 21-14

（4）成形后无损检验

1）球壳板周边100mm范围内进行100%UT检验，按JB 4730Ⅱ级合格。

2）成形后的球壳板应进行UT抽查。UT抽检数量不得少于球壳板总数的20%，且每带不少于两块，上、下极板不少于一块，检查结果按JB 4730Ⅱ级为合格。

3）成形后的球壳板应进行内、外表面MT抽查。抽检数量

不得少于两块(其中一块极板,一块与支柱连接的球壳板)

检查结果按 JB 4730 Ⅱ 级为合格。

上述(2)(3)条抽查若发现超标缺陷应加倍抽查,若仍有超标缺陷则应100%抽查。

6. 人孔、接管的组对、焊接

(1)按图纸要求划线,确定无误后开出极中板上各孔并加工坡口,坡口形式按图纸或排版图要求,切割后用砂轮机打磨氧化层及熔渣。

(2)开孔球壳板周边 100mm 范围内及开孔中心一倍开孔直径范围外用弦长不小于 1000mm 的样板检查极板曲率,最大间隙不得大于 3mm。

(3)组焊人孔和各接管执行本措施第4条,人孔补强件与壳体进行无间隙组对,组对错边量<1.5mm。

(4)嵌入式接管与球壳的对接焊缝和球壳自身的对接焊缝焊后立即进行后热消氢处理。

(5)带有人孔、接管的上、下极带板的尺寸检查见表21-19。

表 21-19 带有人孔、接管的上、下极带板的尺寸检查

位 置 说 明	允 许 偏 差
法兰与接管的对口错边量	≤1.0mm
人孔补强件与球壳板的对口错边量	≤1.5mm
接管伸出高度允差	±5mm
接管的坡口角度偏差	≤2.5
接管安装位置偏移	≤5mm
法兰的倾斜度(法兰外径 D_g)	≤D_g%,最大 3mm
极带板曲率检查(样板弦长≥1000mm)	≤3mm

7. 支柱制作

(1)支柱采用无缝管制作下料顺序为:

下料→切割→外观及尺寸检查。

(2)支柱采用钢板卷制,制造顺序为:

下料→切割→滚制→纵缝组对→焊接→RT→环缝组对→焊接→RT→外观及尺寸检查。

(3)支柱的尺寸检验见表21-20。

表 21-20 支柱的尺寸检验

位 置 说 明	允 许 公 差	位 置 说 明	允 许 公 差
支柱的椭圆度	≤4mm	支柱的弯曲度	≤L/1000mm 且≤5mm
支柱的长度 L_1, L_2	上支柱±2mm;总长≤10mm		

8. 支柱与球壳板的组装

(1)支柱安装时,用千斤顶等工具将赤道板按要求的曲率加以固定并检测合格后,将支柱放在适当位置并定位,如图21-15所示。

(2)支柱焊接见焊缝表及焊接部分的要求。

(3)尺寸检验见图21-16和表21-21。

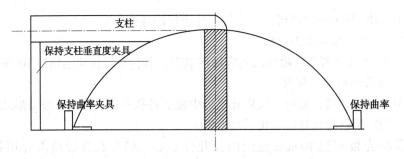

图 21-15

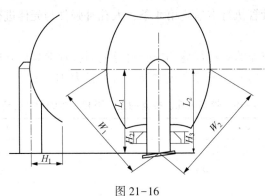

图 21-16

表 21-21

位 置 说 明	允 许 偏 差	位 置 说 明	允 许 偏 差
支柱端口的椭圆度	≤2mm	支柱长度 L_1，L_2	±2mm
支柱的垂直度 H_1	上支柱±2mm 总长≤10mm	耳板倾度 C_1，C_2	≤±2.5°
		耳板的高度 H_2，H_3	±2mm
支柱的位置 | W_1-W_2 |	≤3mm	组焊赤道带曲率 （用大于1m样板检查）	≤3mm
支柱与底板的垂直度	≤2mm		

9. 极带板预组装

（1）组装准备

首先对组装胎面找平，其基准面水平误差≤1mm。在经检验的钢平台上，标出基础中心和中心线，所用的各种样板应经质检人员检查合格后方可使用。拉杆、加紧丝、螺栓等的选用，应具有足够的强度。

（2）组装要求

组装时利用工卡具调整对接焊缝的间隙错边量及角变形，不允许强力组对，组对间隙3mm±1mm，对口错边量≤2mm，组对角变形<7mm，应选用弦长不小于1m的样板检查，每500mm长测量一点。组装时板号顺序按排版图编号，不得互换，极带板整体预组装。

10. 包装运输

（1）坡口表面和内外边缘50mm范围内打磨除锈后，立即涂可焊性防锈涂料。

（2）法兰等所有加工表面应进行可靠性保护，拉杆螺纹部位应涂油脂并采用破布包裹妥善保护。

（3）运输球壳板需采用胎具。

11. 现场施工准备

（1）基础验收

1）球罐基础尺寸验收按表21-22中规定的项目和允许偏差进行。

表21-22　球罐基础尺寸允许偏差

序　号	项　目		允许偏差/mm
1	基础中心园直径		±6
2	基础方位		1°
3	相邻支柱基础中心距(S)		±2
4	基础标高	支柱基础上表面的标高	-12.3
		相邻支柱基础的标高差	≤4
5	单个支柱基础表面的平面度	预埋底脚板固定的基础	2

2）基础上应标有中心线及标高测量标记。

3）基础混凝土强度符合设计要求，表面无疏松、孔洞、露筋等缺陷。

（2）球壳板及零部件的验收

1）球罐在组装前应检查制造厂所提供的球壳板及附件质量证明书。

2）各种材料及零部件质量证明书，球壳板原材料的复验报告符合设计要求，材料代用要有设计审批手续。

3）钢板及球壳板周边超声波探伤合格报告。

4）制造厂施焊焊缝的无损探伤报告。

5）球罐对接焊缝坡口100%磁粉探伤报告。

6）球壳板的数量。

（3）球壳板的外观检查

1）表面质量良好，无明显压痕、划伤和严重的麻点等缺陷。

2）坡口形式符合排版图的要求，表面平滑，无裂纹、分层、夹渣及氧化皮，局部凹凸不应大于2mm。

3）球壳板几何尺寸及成形质量检查，其质量均应符合下列各种要求，并如实做好记录。

4）坡口加工尺寸用焊缝角度尺检查，允许偏差如下：

a. 坡口角度　　±2.5°

b. 坡口钝边　　±1.5mm

c. 坡口深度　　±1.5mm

5）球壳板曲率用样板检查，并符合表21-23规定。

表21-23

球壳板弦长 L/m	采用样板弦长 L/m	允许间隙/mm
L≥2	2	≤3
L<2	球壳板弦长	

6）球壳板几何尺寸用钢卷尺检查，测量时在坡口处放定位样规，其允差见表21-24。

7）焊于极板上的人孔和接管用板尺检查测量：

人孔、接管开孔位置及外伸高度允许偏差不大于5mm。

法兰面应垂直接管中心线，安装接管法兰应保持法兰面的水平，其偏差不得超过法兰外径的1%（法兰外径小于100mm时，按100mm计算），且不大于3mm。

表 21-24　球壳板几何尺寸允许偏差

序　　号	项　　目	允许偏差/mm
1	长度方向弦长	±2.5
2	任意宽度方向弦长（B_1，B_2，B_3）	±2
3	对角线弦长 D	±3
4	两对角线的垂直距离	≤5

8）焊于赤道带上的支柱用钢卷尺检查长度，全长长度允许偏差≤3mm。

9）支柱与底板的垂直度允许偏差≤2mm。

10）支柱上斜拉撑的支耳方位，用样板检查，其间隙≤4mm。

支柱的直线度允许偏差≤$L/1000$（L 支柱长度）且≤10mm。

12. 组装

（1）球罐施工工序流程

球罐施工工序流程见图 21-17。

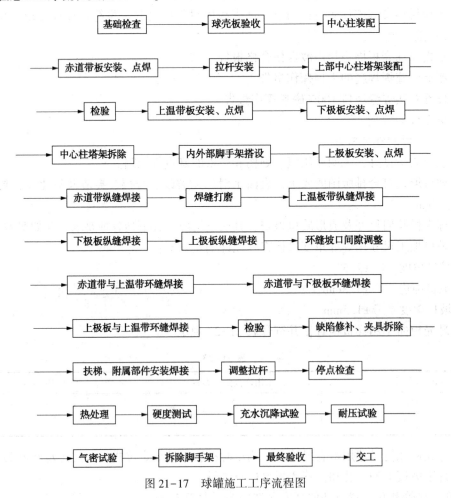

图 21-17　球罐施工工序流程图

（2）组装准备

1）基础处理及平台铺设

基础检查验收合格后，支柱安装前在滑动底板上抹上润滑脂。

基础上土方夯实，铺设碎石，然后铺设道木及2m×2m钢平台，使平台有一定的承载能力，并找出中心圆。

2）下极板吊装就位

先将下极板吊装安放在钢平台上，并将方位基本找准。

3）中心柱伞架安装

球罐钢平台2×2m²中心上竖一中心柱（穿过下极板人孔），用四根拉绳和锚点固定，将预制好的中心柱伞架在立柱下部进行组对并焊接上部拖架，焊缝应全部满焊以使焊缝有足够的承载能力。根据需要将跳板安装到上部拖架上，提升上部拖架至设计高度，将固定螺杆把紧。再在中心柱下部组对焊接下部拖架，提升下部拖架至设计高度，将固定螺杆把紧并将下部拖架和立柱架焊接在一起，再逐层搭上跳板，不得有未捆绑的探头跳板。

4）方帽、吊卡具的确定

球壳板在安装前应先将方帽、对中板、吊耳等点焊完。方帽的数量和间距应根据球壳板的长度和厚度、成型曲率偏差情况而定。纵向方帽间距在0.8~1m左右为宜，环向方帽间距在0.5~0.8m左右为宜。方帽中心线距球壳板边缘距离为140mm，并牢固焊于球壳板内侧。

利用方帽作为吊耳，不能利用时，可在外侧焊接一吊耳。赤道带组装前应在两侧各焊一块对中板。

（3）球壳板吊装

1）赤道带球壳板吊装

a. 吊装第一块带支柱的赤道板，用经纬仪测量，并调整好支柱及赤道板的垂直度，将支柱底板固定。然后吊装第二块带支柱的赤道板，按同样方法调整和固定。

b. 吊装一块不带支柱的赤道板，插入两块已安装就位带支柱赤道板之间，使对中板靠紧，用卡具固定。

c. 按上述程序依次吊装赤道带板，使之组装成环，并安装柱间的拉杆，调整赤道板的间隙、错边量、角变形及上口水平度、椭圆度，其允许偏差见表21-25。

表 21-25

序　号	检查项目	允许偏差/mm	备　　注
1	支柱垂直度	≤10	$H \leqslant 8000$
2	赤道线水平度	±3	
3	赤道带椭圆度	≤3‰D 且 ≤50	
4	焊缝间隙	3±1	按焊接要求
5	对口角变形	E≤7	焊前用大于1000mm样板，测点每隔500mm测一点
6	对口错边量	≤1/4t 且≤3	

注：表中符号：H—支柱高度；D—赤道带内径；t—球壳板厚度；E—曲率样板与壳板间的间隙。

2）上温带球壳板吊装

a. 吊装上温带第一块球壳板，用卡具和赤道带组装。调整上温带和赤道带的曲率，上温带上口中心点到赤道带板相邻纵缝距离差(L_1-L_2)不得大于3mm。用$\phi89×3$的钢管将上温带支承在中心柱上。

b. 按上述程序依次吊装上温带各球壳板，调整组对间隙、错边量、角变形均应符合表7的有关要求。

（4）球壳板的检测、调整和点焊

1）对组装好的赤道板、温带板进行全方位的检测、调整，使各部位间隙、错边量、角变形、直径、椭圆度均达到表中要求。

2）检查、调整合格后，在内侧进行点焊。

（5）上、下极板吊装

赤道带、上温带点焊完后，调整上、下极盖环口椭圆度和角变形。

组对上、下极板，调整组对间隙、错边量、角变形符合要求后点焊。

（6）附件安装

1）球罐人孔、接管在金属结构厂内组对焊接完毕，并应完成所有的检验工作。

2）法兰密封表面的锈蚀应清除干净。

3）法兰连接用的螺栓、垫片应按设计选用。安装时应按规定抹油膏，试压用的临时垫片和螺栓应有标记，以免用混。

4）阀门、液面计应进行强度试验和严密性试验，合格后方可安装。

5）直接与球壳板连接的构件，如支耳、垫板、铭牌架等必须在球罐整体热处理前按施工图要求组焊完。所用材料、焊条必须符合设计规定。

6）球罐内的附件如进料管、直梯等，应事先考虑搬运和安装条件，应在上极板安装前放入或适当分割。吊架、垫板应在球体退火前组对焊接完。

13. 焊接

（1）焊接前准备

1）焊接材料的要求

本球罐主体材质为16MnR（正火），主体焊缝的焊接采用熔化极气体保护焊和手工焊。药芯焊丝选用三英焊业公司SQJ501，ϕ1.2。返修采用手工焊，焊条选用E5016（或E5015），ϕ3.2或ϕ4.0。要求焊丝和焊条应有项目齐全的材质证明书或合格证，使用前焊材应按批号进行扩散氢复验合格，并经材料责任工程师盖章认可。材质证明书应包括熔敷金属的化学成分、机械性能、扩散氢含量等，各项指标均应符合相应国家标准。

焊材使用前检查外观质量，焊条有脱皮及裂纹严重者不得使用。

在现场应设置标准并取的使用许可证的焊条烘干室及储存库，用以存放、烘烤焊条，配备高温烘箱和恒温箱及附属设备。

2）焊工要求

担任焊接任务的焊工必须按《锅炉压力容器焊工考试规则》考试合格，具备相应资格。

焊接前由焊接工程师交底，使每名焊工了解焊接顺序、方法，焊接中注意的问题。

焊接记录要按日、部位、焊接方法分别记录，并经焊工本人签字。

3）电焊机配备

焊机的配备应与焊接工作量，工期要求相适应，焊机的容量应满足焊接工艺的要求，焊机应尽量设置在靠近施焊的地方。

4）预后热方法

焊前预热与焊后后热采用液化气加热。

5）对焊接环境的要求

风速在 2m/s 以下（手工焊时在 8m/s 以下）。

环境温度在 5℃ 以上。

相对湿度在 90% 以下。

当不满足上述条件时应采用防护措施，达到上述要求方能施焊。

6）焊条存放及焊条烘干与发放

现场设置的焊条库内应有去湿装置，相对湿度不超过 60%，焊条堆放离地 300mm 以上。

焊条使用前必须经过烘干，烘干规范见表 21-26 或遵守焊条生产厂家的规定。

表 21-26

种　类	烘干温度/℃	烘干时间/h	恒温温度/℃
J507	350~400	2	100~150

焊条的重复烘干次数不得超过 2 次，否则焊条不得用于受压部件的焊接。

焊工领用焊条时，每次不得超过 3~5kg，且应装在保温筒内。焊条在保温筒内的时间不得超过 4 小时，否则应重新烘干。焊丝领用数量每次不得超过 20kg。

（2）焊接工艺

球罐内外主体焊接采用熔化极气体保护焊，预制厂焊接采用手工电弧焊，球罐返修均采用手工电弧焊。

1）预热

为防止冷裂纹的产生，对罐体施焊前应进行预热，预热温度见表 21-27，预热方法为液化气加热，用表面测温仪进行测温，预热温度应在球壳非加热侧距中心线 50mm 处测量，预热宽度为焊缝中心线两侧各 100mm 以上。

表 21-27

焊接方法	焊接位置	焊材及规格	焊道及层数	焊接电流/A	焊接电压/V	焊速/(cm/min)	预热温度/℃	后热温度及保温时间/(℃/2h)	工艺评定编号
熔化极气体保护焊	立焊	SQJ501 ϕ1.2	外侧 7~8 层 内侧 6~7 层	120~220	23~25	6~16	125~150	200~250	110
熔化极气体保护焊	横焊	SQJ501 ϕ1.2	外侧 6~7 层 内侧 5~6 层	120~220	23~25	15~25	125~150	200~250	1106
手工焊	立焊	J507 ϕ4.0	外侧 7~8 层 内侧 6~7 层	150~170	24~26	4.5~10	125~150	200~250	28
手工焊	平仰焊	J507 ϕ3.2 ϕ4.0	外侧 4~5 层 5~10 道 内侧 3~4 层 3~5 道	100~130 160~190	22~25 24~28	5~25	125~150	200~250	27 30
手工焊	角焊	J507 ϕ4.0		150~180	24~28	8~20	125~150	200~250	28 302

不同强度的钢焊接时，应采用强度较高的钢所适用的预热温度。

预热的焊道层间温度不得低于预热温度。

2）定位焊及工卡具焊接

a. 定位焊及工卡具焊接工艺应与球壳焊接工艺相同，采用氧-乙炔火焰预热，预热范围在距中心至少 150mm 内，预热温度为 125~150℃。

b. 定位焊顺序

赤道带纵缝→上温带纵缝→赤道带与上温带环缝→下极板纵缝→赤道带与下极板环缝→上极板纵缝→上极板与上温带环缝

c. 定位焊长度应大于 80mm，厚度 10~16mm，间距 300~500mm，定位焊不得有裂纹，引弧和熄弧应在坡口内，定位焊全部在内侧进行且应避开丁字接头。

d. 定位焊均采用手工焊焊接方法。

（3）焊接工艺参数

（4）对接焊缝坡口示意图

对接焊缝坡口示意图见图 21-18。

（5）焊接顺序及控制措施

1）焊接前坡口角度、间隙、错边量应检查合格，并办理交接手续，坡口两侧各 50mm 范围内的铁锈、油污等须清除干净。

图 21-18

2）焊接顺序

赤道带纵缝→上温带纵缝→下极板纵缝→上极板纵缝→赤道带和上温带环缝→赤道带和下极板环缝→上温带和上极板环缝

3）每个环带的纵焊缝都应采用多名焊工、多台焊机同时对称施焊的办法，每条环缝也应分段对称同步施焊。

4）每条焊缝的一侧宜一次连续焊完，如因故中断焊接应采取后热措施。

5）每层焊道焊完后，应将熔渣清除干净，并抽查测量层间温度。整条焊缝焊完后应将飞溅和熔渣打磨干净，并作好表面质量检查记录。

6）焊接时应严格控制线能量，多层多道焊接，每层焊肉厚度不宜超过 5mm。

7）所有对接焊缝在焊完一侧后，都必须进行气刨清根，并用砂轮打磨，将渗碳层去除，检查是否有裂纹。

（6）后热

每次焊接结束后，应立即进行 200~250℃/0.5~1h 的后热消氢处理。

14. 质量检验

（1）焊缝外观质量

焊缝及热影响区表面不得有裂纹、气孔、夹渣、凹陷和熔合性飞溅，焊缝不得有咬边现象。

对接焊缝宽度以每边超过坡口边缘 2~4mm 为宜，余高限制在 0~1mm 范围内，且与母材平滑过渡(用砂轮机打磨)。

角焊缝高度应符合规定尺寸。焊缝表面应圆滑过渡到母材，几何形状上凸下凹不超过 1.0mm。

（2）焊后尺寸检验

对接焊缝焊后角变形≤10mm，错边量≤3mm。

两极板净距离与球内径之差及赤道带椭圆度应小于 80mm。

（3）无损探伤检验

球罐对接焊缝须在焊后 24h 方可进行 100%RT 检验，按 JB 4730 Ⅱ 级合格后，再进行 20%UT 复验，按 JB 4730 Ⅰ 级合格。

球罐对接焊缝的内外表面和支柱角焊缝的外表面及接管的 D 类焊缝，应全部打磨平滑后在热处理前进行 100% 的磁粉检验，按 JB 4730 Ⅰ 级合格。

热处理前应将方帽及工装卡具等切除、补焊并打磨，对打磨部位进行 100% 的磁粉检验，按 JB 4730 Ⅰ 级合格。

水压试验合格后及致密性试验之前，对所有对接焊缝内、外表面，角焊缝表面应进行磁粉复验，复验数量应为焊缝全长的 20%，复验部位包括球罐内外 T 型焊缝和每个焊工所焊焊缝的一部分，按 JB 4730 规定 Ⅰ 级合格。

15. 焊缝返修及外观质量处理

（1）焊缝表面及球壳表面缺陷返修用砂轮机打磨修整，对于打磨深度超过 2mm 应进行补焊，补焊后表面打磨光滑并进行磁粉探伤，补焊深度超过 3mm 时应增加射线探伤。

（2）焊缝内部缺陷超标处用碳弧气刨彻底清除。

清除缺陷的刨槽长度不得小于 100mm，采用砂轮清除渗碳层，经着色检验确认无缺陷后进行手工补焊。缺陷清除深度从球壳板表面算起不应超过板厚的 2/3，如在 2/3 深度处缺陷仍未消除，应打磨后焊接填平，然后在背面再次清除缺陷并重新打磨检验及补焊。

（3）返修必须编制返修工艺，一次和二次返修由焊接责任人员编制，焊接责任工程师审核，组焊项目质保工程师批准，超次返修由焊接责任工程师编制，质保工程师审核，公司质保工程师批准。

（4）返修次数、部位和补焊情况应作详细记录。

16. 产品试板制备

（1）试板的钢号、厚度及坡口与球壳板相同。

（2）试板的数量及其检验要求

每台球罐应同时作横焊位置、立焊位置、平焊+仰焊位置各一块，规格为 650×360×48 的试板。

试板由指定焊工焊接，采用与球罐焊缝焊接相同的条件、相同的焊接工艺。

试板经外观检查后，应进行 100% 射线探伤和超声波探伤复验，其标准与代表的焊缝标准相同。

球罐产品试板放置在球罐热处理的高温区外侧并与球罐同时进行热处理后，才可加工试样进行试验。

试板评定按 JB 4744 执行。

17. 焊后整体热处理

（1）热处理方法

根据设计图纸要求，整个球罐所有焊接工作全部完毕后，应进行整体热处理(退火)。球罐热处理方法拟采用内燃法，加热时，由测温仪表进行监测，用计算机根据输入的工艺曲线，自动调节火焰大小，从而控制球体的加热温度。

（2）热处理工艺要求

1）热处理温度为 625℃±25℃。

2）升温速度：加热温度 ≥300℃ 时，升温速度宜控制在 50~80℃/h 范围内。

3）降温速度：温度降至 300℃ 之前，降温速度宜控制在 30~50℃/h 范围内，300℃ 以下自然冷却。

温差控制：300℃以上升降温，球壳表面上任意两测温点的温差不得大于120℃。恒温时任意两测温点的温差小于65℃。

恒温时间：135min。

（3）保温

保温材料选用：保温材料选用被状无碱超细玻璃棉。

（4）测温系统

1）测温点布置

各测温点间距不大于4.5m，各点在球壳外表面均匀分布，测温点总数为18点，其中赤道线上8点，上温带5点，南北极各1点，上下人孔附近各1点，试板上1点。

产品焊接试板应放置在热处理高温区的外侧，并与球壳紧贴。

2）热电偶安装

将热电偶测温端固定在球壳表面，以提高测温的准确性。

（5）热处理过程中柱脚移动

为减少滑动阻力，在球罐安装过程中须在柱脚垫板与基础预埋钢板之间注入甘黄油。在热处理过程中，要随时调整柱脚位置，以保持支柱垂直度，温度每变化100℃，调节一次，做好记录。

柱脚移动量为：

$$L = R \cdot a \cdot t$$

式中　L——每个柱脚移动量；

R——球罐半径 mm；

t——温度变化值（t 最高温度——初始温度）℃；

α——钢铁16MnR膨胀系数，$\alpha = 1.17 \times 10^{-6}$℃。

（6）硬度测试要求

热处理后进行硬度测试，按设计图纸要求焊缝中心处的硬度不得大于HB200，且在焊缝中心每3米抽查一点。

18. 水压试验

（1）进行水压试验前，应具备以下条件：

球罐本体及附件的组装、焊接、检验工作已全部结束。

球罐热处理工作已全部结束并检验合格。产品焊接试板经检验合格。

支柱底板与基础予埋件焊接完。

支柱拉杆调整紧固完毕。

工卡具定位焊迹打磨完毕并检验合格。

水压试验前的停点检查完毕，并经锅检所确认。

（2）试验前的准备工作

1）铺设临时管线，安装试压泵和压力表，压力表用3块，一块设在顶部，一块设在底部，另一块装在泵出口处。压力表量程为0~6MPa，表盘直径不小于150mm，精度不低于1.5级，压力表经校验合格并加铅封。

2）用消防水龙带将水充满罐内。

3）准备好测量基础沉降的测点和仪器，进行充水前基础原始数据测量。

（3）试压参数及合格标准：

参数：试验压力：2.7(2.21)MPa

试验介质：洁净水（>5℃）

合格标准：a. 无渗漏；b. 无可见变形；c. 试验过程中无异常现象。

（4）试压步骤：

1）升压应缓慢进行，压力升到1.35MPa时保压15min，对球罐所有焊缝和连接部位进行渗漏检查，确认无误后继续升压。

2）压力升到2.43MPa时保压15min，进行第二次检查，确认无误后继续升压。

3）压力升至试验压力2.7MPa时保压30min，然后降至设计压力2.16MPa进行检查，以无渗漏为合格。

4）试压结束后，首先打开放空阀，然后将水排尽。排放点应远离球罐基础。

（5）基础沉降观测

1）球罐水压试验过程中，充水应缓慢进行。同时应进行基础沉降观测，观测工作应在下列各阶段进行。

a. 充水前；b. 充水高度到1/3球壳内直径时；c. 充水高度到2/3球壳内直径时；d. 充满水24h后；e. 放水后。

2）每个支柱基础均应分别测量沉降量，每次测量时均应通过基准点校正。

3）各支柱基础沉降应均匀，放水后基础沉降差不得大于12.3mm，相邻支柱基础沉降差不应大于2mm。

4）如观测过程中发现沉降量超标，应停止上水，待研究解决办法后方可继续上水。

19. 气密试验

（1）气密试验的条件和准备

气密试验应在液压试验合格并进行完最后一遍球罐内、外焊缝MT或PT探伤复查后进行。

锅检所监检人员确认合格。

所用气体、试验压力应按图纸规定。

安全阀要采用已校验完且定好压的正式产品，。安全阀的定压值为2.497MPa安全阀的回座压力值为1.816MPa

压力表同水压试验时的要求。

试验区域设置警戒标志。

（2）试验参数

a. 介质：干燥空气；b. 温度>15℃；c. 试验压力：2.27MPa。

（3）试验步骤

1）首先升压到1.135MPa保持10min，检查所有焊缝、阀门、法兰及连接处有无泄漏。

2）逐步将压力升到试验压力，保持10min，对所有焊缝、阀门及法兰连接等部位涂肥皂水检查，检查无泄漏为合格。

3）发现泄漏时应在泄压后进行修理，并再次进行试验。

4）试验合格后降压应缓慢进行。

20. 交工资料

（1）交工技术文件目录

（2）交工技术文件说明

（3）产品质量监督检验证书(正本及复印件)

（4）开工报告

（5）球罐工程交工验收证明书(附排板图)

（6）中间交工证书(基础交工、热处理确认等)

（7）隐蔽工程记录(封孔记录等)

（8）合格焊工登记表

（9）设计变更明细表

（10）焊接工艺资料

（11）球罐基础验收记录

（12）球罐几何尺寸检查报告

（13）球罐立柱检查记录

（14）基础沉降观测记录

（15）球罐热处理工艺报告曲线图

（16）球罐焊接试板试验报告

（17）焊缝无损检验报告

（18）球罐耐压试验记录

（19）球罐气密试验记录

参 考 文 献

[1] 天津大学，中国石油化工总公司第四建设公司编著. 金属结构的电弧焊. 北京：机械工业出版社，1993 年

[2] 中国机械工程学会焊接学会编. 焊接手册(第二版). 北京：机械工业出版社，2001 年

[3] 姜焕中编著. 电弧焊及电渣焊. 北京：机械工业出版社，1988 年

[4] 周兴中编著. 焊接方法与设备. 北京：机械工业出版社，1990 年

[5] 中国机械工程学会焊接学会、中国焊接学会、机械工业部哈尔滨焊接研究所编. 焊工手册. 北京：机械工业出版社，1998 年

[6] 中国标准出版社、全国焊接标准化技术委员会编. 中国机械工业标准汇编(第二版). 北京：中国标准出版社，1998 年